Hilfsbuch für Mineralöltechniker

Stoffkonstanten und Berechnungsunterlagen für Apparatebauer
Ingenieure, Betriebsleiter und Chemiker der Mineralölindustrie

Von

A. F. Orlicek   und   **H. Pöll**

Dipl.-Ing. Dr. techn., Privatdozent an der   Dipl.-Ing. Dr. techn., titl. a. o. Professor
Technischen Hochschule in Wien   Privatdozent an der Technischen Hochschule in Wien

In zwei Bänden

Erster Band

**Die Eigenschaften von Kohlenwasserstoffen
Mineralölprodukten und Hilfsstoffen**

Mit 40 Textabbildungen, 134 Tafeln und 41 Tabellen

Springer-Verlag Wien GmbH 1951

ISBN 978-3-7091-7797-6   ISBN 978-3-7091-7796-9 (eBook)
DOI 10.1007/978-3-7091-7796-9

Vorwort

Die vorliegende Sammlung von Stoffkonstanten und Berechnungsunterlagen soll dem in der Mineralölindustrie tätigen Ingenieur die Zahlenwerte und die Rechenmethodik vermitteln, derer er bei der Planung und beim Entwurf von Anlagen sowie bei der Konstruktion von Apparaten bedarf. Darüber hinaus hoffen die Verfasser einen Behelf geschaffen zu haben, der dem Betriebsmann bei seiner täglichen Arbeit ebenso von Nutzen ist wie dem jüngeren Fachkollegen, der erst im Begriffe steht, in die Technik der Erdölverarbeitung einzudringen.

Wenn es auch viele Lehr- und Handbücher gibt, welche die Verarbeitung des Erdöles in einer technologisch-beschreibenden Darstellungsweise behandeln, so mußten die Verfasser bei ihrer eigenen Tätigkeit in der Mineralölindustrie doch den Mangel von verfahrenstechnischen Hilfsbüchern schmerzlich verspüren; gibt es doch außer dem sehr umfangreichen Sammelwerk „The Science of Petroleum" auch in der ausländischen Literatur kaum einen derartigen Behelf. Durch den Zwang, die für die tägliche Arbeit benötigten Unterlagen mühsam aus der Literatur zusammenzutragen und meist aus dem amerikanisch-englischen Maßsystem umrechnen zu müssen, wurden die Verfasser angeregt, zunächst für ihren eigenen Gebrauch Zahlenwerte und andere Unterlagen zu sammeln. Schon damals mußte die Herausgabe einer solchen Sammlung wünschenswert erscheinen und es war nur dem Drang unmittelbarer Aufgaben zuzuschreiben, daß sie zunächst unterblieben ist; doch hoffen die Verfasser, daß die relativ lange Zeit, auf die sich die Zusammenstellung des vorliegenden Buches erstreckte, dem Werk nur zum Vorteil gereicht hat, konnten doch im Laufe dieser Zeit und aus der praktischen Tätigkeit viele Erfahrungen geschöpft werden, die nun der endgültigen Fassung zugute kommen, ebenso wie manches, dessen Zuverlässigkeit nicht bestätigt werden konnte, ausgeschieden wurde. Leider ist durch die Kriegs- und Nachkriegsereignisse ein nicht unwesentlicher Teil des Materials verlorengegangen, der bei der Abfassung des Handbuches hätte von Nutzen sein können, und auch die zu berücksichtigende Auslandsliteratur konnte nicht so vollständig beschafft werden, als wünschenswert gewesen wäre.

Die Verfasser haben sich bemüht, den Benützern des Buches möglichst gesicherte Unterlagen zu bieten und es wurden daher die in der Literatur verstreuten und leider manchmal widersprechenden Zahlenangaben ebenso wie die Rechenmethodik kritisch gesichtet. Aus der Erkenntnis, daß mangels sicherer Zahlenangaben auch rohe Annäherungswerte bei technischen Rechnungen von Nutzen sein können, und im Interesse der Vollständigkeit der Darstellung wurden aber gelegentlich auch weniger zuverlässige Näherungswerte aufgenommen, wie auch Wert darauf gelegt wurde, Methoden anzugeben, die es gestatten, Stoffeigenschaften, für die experimentelle Werte fehlen, auf Grund bekannter physikalischer Eigenschaften mehr oder weniger genau vorauszusagen.

Naturgemäß können die meisten mitgeteilten Zahlen nicht eine Genauigkeit und Zuverlässigkeit beanspruchen, wie sie etwa der Dampftafel für Wasserdampf zukommt — was nicht verwunderlich erscheint, hat es doch jahrzehntelanger Bemühungen der Wärmeingenieure bedurft, um die Werte nur für diesen einen Stoff sicherzustellen, während sich die wesentlich jüngere Verfahrenstechnik der Erdölverarbeitung mit einer Vielzahl von Stoffen beschäftigen muß, von denen die meisten wenig definierte Gemische unbekannter chemischer Individuen darstellen.

Der Umfang des vorliegenden Buches wurde gemäß der Aufgabe, die sich die Verfasser gestellt haben, auf die Verfahrenstechnik der Erdölverarbeitung beschränkt; es konnte somit der Stoff, der üblicherweise in den Handbüchern des allgemeinen Maschinenbaues behandelt wird, wegbleiben, von welcher Regel nur bei wenigen, für die Mineralölindustrie besonders wichtigen oder häufig vorkommenden Dingen abgegangen wurde, wie etwa Umrechnungszahlen für englisch-amerikanische Einheiten. Anderseits haben sich die Verfasser bemüht, neben den verfahrenstechnisch wichtigen Eigenschaften der Mineralölprodukte und der Kohlenwasserstoffe auch die häufigsten Hilfsstoffe der Mineralölverarbeitung zu berücksichtigen. Dabei wurde der Rahmen des zu Behandelnden bewußt weit gespannt, um auch einer künftigen Entwicklung nach Möglichkeit Rechnung zu tragen.

Die weitgehende Benutzung graphischer Darstellungen bedarf in einem Buch, das sich an Ingenieure wendet, wohl keiner Begründung. Wenn diese jedoch auch für die Wiedergabe der Abhängigkeit einer einzigen Stoffeigenschaft von einem Parameter angewendet wurden, die an sich auch in Tabellenform möglich gewesen wäre, so ist das nicht nur in der Absicht geschehen, das Interpolieren zu vereinfachen. Durch die gemeinsame graphische Darstellung einer Stoffeigenschaft von einer Gruppe von Substanzen sollte es auch ermöglicht werden, auf Grund von Analogieschlüssen gewisse Aussagen hinsichtlich dieser Eigenschaft über Substanzen zu machen, die in der Zusammenstellung nicht enthalten sind.

Die Einteilung des Stoffes ist in der Weise erfolgt, daß im ersten Band zunächst die Systematik der Kohlenwasserstoffe mit einigen Hinweisen auf die allgemeine Systematik der organischen Chemie und eine kurze Darstellung über die chemische Konstitution der natürlichen Mineralöle und Mineralölprodukte gegeben wird. Nach dieser Einführung in die Mineralölchemie, die insbesondere den rein maschinentechnisch vorgebildeten Ingenieuren die Beschäftigung mit der Verfahrenstechnik des Erdöls erleichtern dürfte, werden in den darauffolgenden Abschnitten die technisch wichtigen Eigenschaften der im Mineralöl häufig vorkommenden Kohlenwasserstoffe, sowie der Mineralöle, aber auch der wichtigsten Hilfsstoffe der Mineralölverarbeitung behandelt. An der Spitze eines jeden dieser Abschnitte werden die Definitionen der benutzten physikalischen Größen und gegebenenfalls auch andere notwendige Erläuterungen gestellt, die besonders den jüngeren Fachkollegen erwünscht sein dürften. Aus technischen Gründen wurden der Text und die graphischen Darstellungen (Tafeln) für sich zusammengestellt; der Text wurde an die Spitze des Bandes gestellt, Zitierungen verweisen jeweils auf die dazugehörigen Tafeln.

Im zweiten Band wird zunächst eine Übersicht über die Grundzüge der Rohölverarbeitung gegeben, anschließend die chemische Thermodynamik und die Thermochemie der Erdölverarbeitung behandelt und nach den Kapiteln, welche der Hydromechanik, dem Wärmeübergang und dem Stoffaustausch gewidmet sind, auf die wichtigsten Grundoperationen der Erdölverarbeitung eingegangen. Eine Anzahl von Hilfstafeln, wie Angaben über das korrosive Verhalten von Werkstoffen, Umrechnungstafeln und das Sachverzeichnis für beide Bände beschließen den Band.

Um das Nachschlagen zu erleichtern, wurde der Erläuterung der verwendeten Formelzeichen besondere Aufmerksamkeit geschenkt und in dieser Hinsicht im Interesse des eiligen Lesers manche Wiederholung in Kauf genommen.

Die benützte Literatur wurde möglichst weitgehend zitiert. Damit sollte den Benützern, welchen die knappe Darstellung des vorliegenden Buches nicht genügt, ein tieferes Eindringen in die Materie erleichtert werden. Die benutzten Sammelwerke und Handbücher wurden in einer besonderen Liste zusammengestellt.

Es ist den Verfassern ein Bedürfnis, auch an dieser Stelle allen Fachkollegen, die durch wertvolle Hinweise und Beistellung von Unterlagen und Sonderdrucken die Abfassung des Werkes erleichtert haben, zu danken. Gleichzeitig soll der Hoffnung Ausdruck gegeben werden, daß alle Kollegen ihre Hilfe und Mitarbeit auch weiterhin leihen, indem sie Vorschläge für Verbesserungen und Ergänzungen, ebenso wie Hinweise auf Mängel, die sich bei der praktischen Benützung der Sammlung ergeben mögen, dem Verlag oder den Verfassern mitteilen.

Besonderen Dank schulden die Verfasser dem British Council für die Unterstützung bei der Beschaffung von Fachliteratur, Herrn Dipl.-Ing. Hans Walenda für die Durchsicht des Manuskriptes und das Lesen der Korrekturen und Frau Dr. Eva Schramke für ihre Hilfe bei vielen rechnerischen Vorarbeiten und bei der Bearbeitung der Literatur.

Dem Verlag danken wir für die gediegene Ausstattung des Werkes und insbesondere für die hervorragende Wiedergabe der graphischen Darstellungen in einem Maßstab, welcher die unmittelbare Benützung der Kurvenblätter und Nomogramme bei allen Berechnungen erlaubt.

Möge dieses Buch unseren Fachkollegen eine Hilfe sein und mit beitragen zur Entwicklung der Mineralölindustrie in Österreich.

Wien, im Januar 1951

Die Verfasser

Inhaltsverzeichnis

Seite

I. Einführung in die Mineralölchemie 1

  1. Grundzüge der Nomenklatur in der organischen Chemie 1

    a) Einteilung der Kohlenwasserstoffe 2

    b) Die aliphatischen gesättigten Kohlenwasserstoffe 4

    c) Die cyclischen gesättigten Kohlenwasserstoffe 6

      Monocyclische gesättigte Kohlenwasserstoffe 6. — Polycyclische gesättigte Kohlenwasserstoffringe 7.

    d) Die aromatischen Kohlenwasserstoffe 8

      Monocyclische aromatische Kohlenwasserstoffe 8. — Polycyclische aromatische Kohlenwasserstoffe 12

    e) Die ungesättigten Kohlenwasserstoffe 15

    f) Substitutionsprodukte der Kohlenwasserstoffe 18

      Substitutionsprodukte mit nichtfunktionellen Substituenten 18. — Substitutionsprodukte mit funktionellen Substituenten 18.

  2. Der chemische Aufbau von natürlichen Mineralölen und Mineralölprodukten 24

  3. Die Einteilung und Charakterisierung der Rohöle und Mineralölprodukte nach technologischen Gesichtspunkten 28

  Literatur 34

II. Dichte und spezifisches Gewicht 34

  1. Definition und Einheiten 34

    a) Die Dichte 34

    b) Das spezifische Gewicht 34

    c) Relative Einheiten 35

    d) Konventionelle Einheiten 35

  2. Die Umrechnung von Dichteangaben auf andere Einheiten und Bezugstemperaturen 36

  3. Zahlenangaben über die Dichte von Kohlenwasserstoffen, Mineralölprodukten und Hilfsstoffen 38

  4. Die Änderung der Dichte mit Temperatur und Druck 60

  5. Die Dichte von Mischungen 62

  Literatur 63

III. Die Zustandsgleichungen für Gase und Dämpfe 64

  1. Ideale Gase 64

  2. Zustandsgleichungen für reale Gase und Dämpfe 65

  3. Die Speicherfähigkeit von Druckgasbehältern 69

  4. Zustandsgleichungen für Gemische 69

  5. Der kritische Zustand von einheitlichen Stoffen 72

  6. Der kritische Zustand von Gemischen 73

  Literatur 75

IV. Viskosität 75

  1. Definition und Einheiten 75

    a) Die Einheiten des physikalischen (c. g. s.) Maßsystems 75

    b) Die Einheiten des technischen Maßsystems 75

    c) Relative Einheiten 76

    d) Konventionelle Einheiten (Englergrade) 76

  2. Umrechnung von Viskositätsangaben auf andere Einheiten 76

  3. Viskosität und chemische Konstitution 77

Seite

4. Die Änderung der Viskosität mit der Temperatur 79
   a) Gase und Dämpfe 79
   b) Flüssigkeiten 79
   c) Mineralöle 80
      Gleichung für die Temperaturabhängigkeit 80. — Viskositätspol und Polhöhe 80. —
      Der Viskositätsindex (V. I.) nach DEAN und DAVIES 81. — Die Viskosität bei
      tiefen Temperaturen 82.
5. Die Änderungen der Viskosität mit dem Druck 83
   a) Gase und Dämpfe 83
   b) Mineralöle und Flüssigkeiten 84
6. Die Viskosität von Mischungen 85
   a) Gasgemische 85
   b) Mineralölgemische 85
   Literatur 85

V. Der Dampfdruck 85
1. Definition 85
2. Die Änderung des Dampfdruckes mit der Temperatur 86
3. Die Änderung des Dampfdruckes mit dem Druck (der Preßeffekt) 87
4. Der Dampfdruck von Gemischen 88
5. Der Dampfdruck von Mineralölen 89
   a) Der Verlauf der Dampfdruckkurven 89
   b) Der Dampfdruck nach REID 89
   c) Der Zusammenhang zwischen Dampfdruck, Flammpunkt und Brennpunkt . . . 90
   Literatur 90

VI. Die spezifische Wärme und die Molwärme 91
1. Definition 91
2. Die Änderung mit dem Druck 92
3. Die Änderung der spezifischen Wärme mit der Temperatur 92
4. Die Ermittlung der Molwärme organischer Verbindungen (dampfförmig) aus dem
   Molekülbau 94
   Literatur 95

VII. Verdampfungswärme, Schmelzwärme, Lösungs- und Mischungswärmen (latente Wärmen) 96
1. Schätzung der Verdampfungswärme beim normalen Siedepunkt 96
2. Abhängigkeit von Druck und Temperatur 96
3. Andere latente Wärmen 97
4. Hinweise für Berechnungen 97
   Literatur 98

VIII. Enthalpie (Wärmeinhalt) und Entropie 98
1. Definitionen 98
   a) Die Enthalpie und der Wärmeinhalt 98
   b) Die innere Energie 99
   c) Die Entropie 99
2. Die graphische Darstellung des kalorischen Verhaltens von Stoffen in Diagrammen 100
   a) Enthalpie (Wärmeinhalt) Temperatur-(H, T bzw. i, t)-Diagramme 100
   b) Entropie-Temperatur (S, T bzw. s, t)-Diagramme 102
   c) Entropie-Enthalpie (s, i)-Diagramme 106
3. Der Wärmeinhalt von Mineralölen 106
4. Die Veränderung der Enthalpie mit dem Druck, der Joule-Thomson-Effekt 107
   Literatur 124

IX. Wärmeleitfähigkeit 124
1. Definitionen und Maßeinheiten 124
2. Umrechnung von Angaben der Wärmeleitfähigkeit in andere Einheiten 125
3. Die Änderung der Wärmeleitfähigkeit mit Temperatur und Druck 125
   Literatur 128

Seite

X. Siedeverhalten und Phasengleichgewicht 128

   1. Allgemeines 128

      a) Begriffsbestimmung 128

      b) Die Phasenregel 129

      c) Konzentrationsangaben 130

   2. Das Gleichgewicht bei der Verdampfung und bei der Kondensation 132

      a) Einteilung der Gemische in Typen 132

      b) Ideale Gemische 134

         Der Siedepunkt 134. — Der Taupunkt 135. — Ideale Gemische mit zwei Komponenten 136.

      c) Unideale, unbeschränkt lösliche Gemische 137

         Allgemeines Verhalten 137. — Der Zusammenhang zwischen Partialdruck und Konzentration in der Flüssigkeit, der Aktivitätskoeffizient 137. — Formel für binäre Systeme 137. — Die Berechnung der Aktivitätskoeffizienten aus der Mischungswärme 138. — Die Berechnung der Aktivitätskoeffizienten aus der Zusammensetzung des Azeotrops 140. — Die Konstruktion von Gleichgewichtskurven im Thiele-McCabe-Diagramm 140.

      d) Beschränkt lösliche Gemische 142

         Allgemeines 142. — Binäre Gemische mit beschränkter Löslichkeit 142. — Berechnung der bevorzugten Dampfzusammensetzung 143. — Die Konstruktion der Gleichgewichtskurve 143.

      e) Der Einfluß des Druckes auf das Verdampfungsgleichgewicht 143

         Die Fugazität oder Flüchtigkeit 143. — Die Berechnung der Fugazität von Gasen und Dämpfen 144. — Die Fugazität von Flüssigkeiten und festen Stoffen 145. — Benützung von Gleichgewichtskonstanten für die Berechnung des Verdampfungsgleichgewichtes 145.

      f) Besondere Fälle der Gleichgewichtseinstellung und deren rechnerische Behandlung 147

         Die rechnerische Verfolgung der Gleichgewichtseinstellung im geschlossenen System 148. — Binäre Gemische 148. — Ideale Mehrstoffgemische 148. — Ideale Mehrstoffgemische bei höheren Drücken 150. — Die rechnerische Verfolgung der Gleichgewichtseinstellung im offenen System 150.

      g) Die rechnerische Behandlung des Phasengleichgewichtes in Dreistoffgemischen . . 151

         Allgemeine Eigenschaften der Dreieckskoordinaten 152. — Die graphische Darstellung des ternären Verdampfungsgleichgewichtes im Dreieckskoordinatensystem 152. — Ternäre Systeme mit zwei Destillationsfeldern. Ternäre Systeme mit drei Destillationsfeldern 155.

      h) Das Verdampfungsgleichgewicht bei Mineralölen 155

         Die Siedeanalyse, aus der Siedeanalyse abgeleitete Kenngrößen, die 50%-Siedetemperatur $t_{E\,50}$, die Steilheit der Siedekurve s_E 156. — Die mittlere Siedetemperatur t_E, die mittlere molare Siedetemperatur t_M, die Ermittlung der physikalischen Eigenschaften von Mineralölen aus der Siedeanalyse 157. — Das Verdampfungsgleichgewicht bei Mineralölen 158. — Thiele-McCabe-Kurven für Mineralöle 160.

   3. Die Löslichkeit von Gasen in Flüssigkeiten 160

      a) Die Änderung der Löslichkeit mit dem Partialdruck des gelösten Gases 160

      b) Veränderung der Löslichkeit von Gasen mit der Temperatur 161

   4. Das Gleichgewicht zwischen kondensierten Phasen 162

      a) Die gegenseitige Löslichkeit von Flüssigkeiten 162

         Binäre Systeme 162. — Ternäre Systeme 162. — Vielkomponentensysteme 164.

   5. Das Gleichgewicht zwischen flüssigen und festen Phasen 166

      a) Die Löslichkeit von Paraffin in Mineralölen 166

      b) Das heterogene Gleichgewicht zwischen niedrigen Kohlenwasserstoffen und Wasser 169

     Literatur 169

Verzeichnis der benutzten Sammelwerke 170

Tafel 1 bis 134 171

I. Einführung in die Mineralölchemie

1. Grundzüge der Nomenklatur in der organischen Chemie

Die Chemie benutzt zur Bezeichnung von Substanzen Symbole (die chemischen Formeln), denen sowohl die Zusammensetzung als auch Angaben über den Aufbau und damit über gewisse Eigenschaften der betrachteten „chemischen Verbindung" zu entnehmen sind. Die Grundstoffe, aus denen sich diese Verbindungen aufbauen, nämlich die chemischen Elemente, sind — wenigstens im Sinne der klassischen Chemie[1] — nicht weiter zerlegbar und nicht ineinander umwandelbar. Sie werden in den Formeln durch Symbole bezeichnet, von denen in der Chemie der Mineralöle am häufigsten die folgenden vorkommen:

Kohlenstoff	(Symbol C)	Atomgewicht 12,000
Wasserstoff	(Symbol H)	Atomgewicht 1,0008
Sauerstoff	(Symbol O)	Atomgewicht 16,000
Schwefel	(Symbol S)	Atomgewicht 32,060
Stickstoff	(Symbol N)	Atomgewicht 14,000

Bei den chemischen Formeln sind Struktur- und Summenformeln zu unterscheiden. Durch die Strukturformel wird ein schematisches Bild vom räumlichen Aufbau des Moleküls aus den Atomen vermittelt, wobei die zwischen den einzelnen Atomen vorhandenen Bindungskräfte oder Valenzen durch Striche angedeutet werden. Die Zahl der Valenzen, die in einer Strukturformel von einem Atom ausgehen, gibt die Wertigkeit desselben in dieser Verbindung an. Dies muß deshalb besonders erwähnt werden, weil viele Atome mehrere Wertigkeitsmöglichkeiten haben, wie z. B. der Schwefel und der Stickstoff, während der Kohlenstoff in fast allen Verbindungen vierwertig ist. Die Summenformeln hingegen geben kein Bild über die Art des Aufbaues der Moleküle, ja in vielen Fällen kommt die gleiche Summenformel einer ganzen Reihe von verschiedenen Stoffen zu und sie erlaubt daher keinerlei Aussagen über den chemischen Charakter der Verbindung; sie gibt einzig und allein Aufschluß über das Molgewicht und die gewichtsmäßige Zusammensetzung. Um diese Größen zu ermitteln, ist die Gesamtzahl der in einem Molekül vorhandenen Atomarten jeweils mit dem betreffenden Atomgewicht zu multiplizieren. Beispielsweise erhält man für die Verbindung „Äthylalkohol" mit der chemischen Formel C_2H_5OH folgende Werte:

Element	Atomgewicht	Anzahl der Atome im Molekül	Gewichtsteile pro Mol	Gewichts- prozente
C	12,000	2	24,00	52,1
H	1,008	6	6,05	13,1
O	16,001	1	16,00	34,8
		Summe = Molgewicht	46,05	100,0
				Summe in Prozenten

---

[1] Entgegen den alten Anschauungen, daß ein Element ein nicht weiter zerlegbarer und unveränderlicher Grundkörper sei, welcher unveränderliche spezifische Eigenschaften aufweist, sieht man heute im Atom wohl auch eine Einheit, doch hat man erkannt, daß dieselbe aus weiteren kleineren Einheiten zusammengesetzt ist.

Man erhält somit für das Molgewicht 46,05, während die gewichtsmäßige Zusammensetzung in der Spalte 5 angegeben ist.

Das chemische Element Kohlenstoff (C) hat im Gegensatz zu den meisten anderen Elementen die Fähigkeit, sich in fast unbegrenztem Maße mit sich selber zu verbinden und Moleküle zu bilden, deren Skelett gelegentlich aus 20000 Kohlenstoffatomen und mehr besteht.

Sind die Wertigkeiten der C-Atome, soweit sie nicht an Kohlenstoffatome gebunden sind, ausschließlich mit Wasserstoffatomen abgesättigt, so erhält man die in der organischen Chemie wichtige Gruppe der Kohlenwasserstoffe, die fast ausschließlich die Mineralöle aufbauen. Von den Kohlenwasserstoffen sind aber auch alle anderen organischen Verbindungen als „Substitutionsprodukte" abzuleiten, indem andere Atome oder Atomgruppen an die Stelle eines oder mehrerer Wasserstoffatome gesetzt werden. Je nach der Art, wie das Kohlenstoffskelett aus den Kohlenstoffatomen aufgebaut ist, unterscheidet man zwei große Gruppen von Verbindungen, nämlich die kettenförmigen oder aliphatischen und die ringförmigen oder cyclischen.

a) Einteilung der Kohlenwasserstoffe

Sind in einer Kohlenstoffkette die Kohlenstoffatome nur durch je eine Wertigkeit miteinander verbunden und alle freien Valenzen der Kohlenstoffatome, soweit sie nicht wieder an Kohlenstoffatome gebunden sind, durch Wasserstoffatome (H) besetzt, so hat man eine gesättigte Kohlenwasserstoffkette (oder einen gesättigten Kettenkohlenwasserstoff) vor sich, womit gesagt ist, daß eine solche Kohlenwasserstoffverbindung nicht mehr imstande ist, weitere Wasserstoffatome oder Atome anderer Elemente anzulagern.

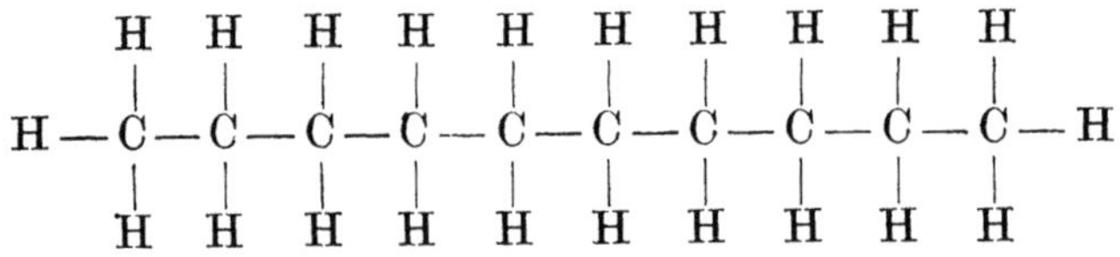

$$H-\underset{\underset{H}{|}}{\overset{\overset{H}{|}}{C}}-\underset{\underset{H}{|}}{\overset{\overset{H}{|}}{C}}-\underset{\underset{H}{|}}{\overset{\overset{H}{|}}{C}}-\underset{\underset{H}{|}}{\overset{\overset{H}{|}}{C}}-\underset{\underset{H}{|}}{\overset{\overset{H}{|}}{C}}-\underset{\underset{H}{|}}{\overset{\overset{H}{|}}{C}}-\underset{\underset{H}{|}}{\overset{\overset{H}{|}}{C}}-\underset{\underset{H}{|}}{\overset{\overset{H}{|}}{C}}-\underset{\underset{H}{|}}{\overset{\overset{H}{|}}{C}}-\underset{\underset{H}{|}}{\overset{\overset{H}{|}}{C}}-H$$

Sind die Kohlenwasserstoffketten derart zu einem Ring geschlossen, daß die endständigen Kohlenstoffatome der Kette statt mit einem dritten Wasserstoffatom miteinander verbunden sind, so ergibt sich ein gesättigter Kohlenwasserstoffring, welcher wohl im Molekül zwei Wasserstoffatome weniger aufweist, ansonsten aber ähnliche Eigenschaften zeigt wie die gesättigten Kohlenwasserstoffketten.

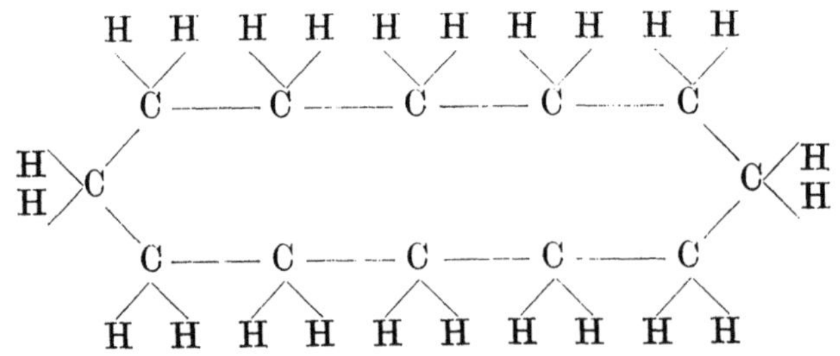

Beide Kohlenwasserstoffarten können auch als ungesättigte Verbindungen auftreten, wenn nicht alle freien Valenzen der Kohlenstoffatome durch Wasserstoffatome abgesättigt sind. In den Formeln deutet man dies dadurch an, daß man die freien Valenzen der Kohlenstoffatome miteinander verbindet.

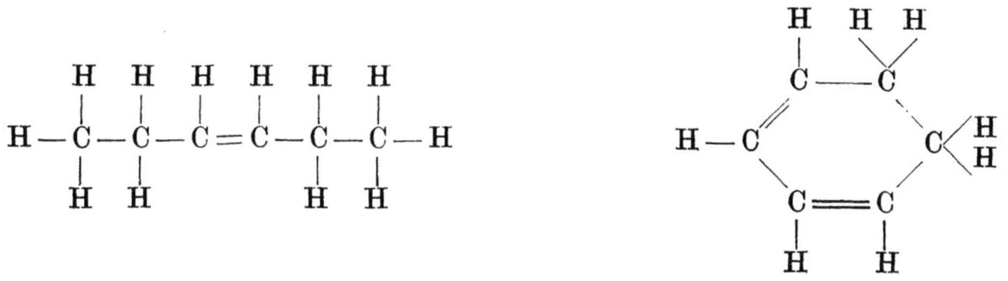

Eine etwas kompliziertere Schreibweise für ungesättigte Verbindungen, welche gleichzeitig die von J. THIELE stammende Partialvalenztheorie andeutet, soll hier ebenfalls wiedergegeben sein, weil aus dieser der Unterschied zwischen einfachen Doppelbindungen, wie in der ersten Formel, und konjugierten Doppelbindungen, wie in der zweiten Formel, recht anschaulich wiedergegeben wird, wenn auch diese Hypothese den heutigen Auffassungen der Valenztautomerie nur nahekommt.

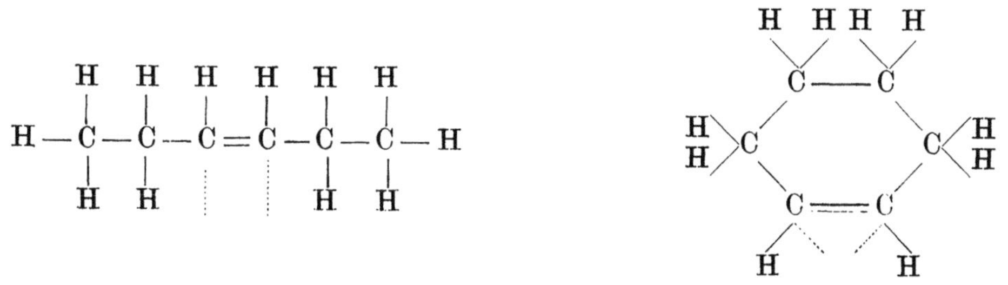

Einfache Doppelbindungen im Ketten- und Ringsystem.

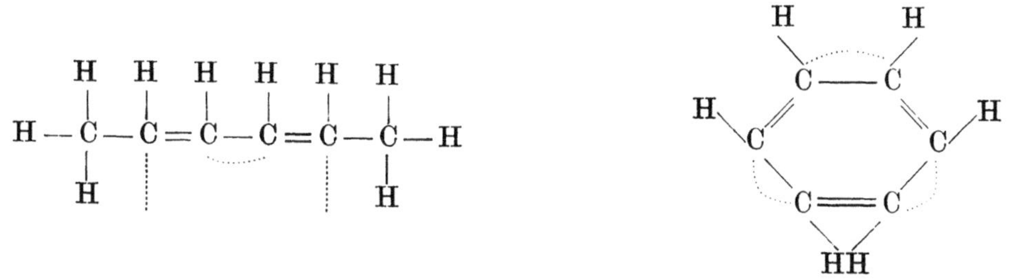

Konjugierte Doppelbindungen im Ketten- und Ringsystem.

Die THIELEsche Theorie beruht auf der Vorstellung, daß bei dem Vorhandensein einer sogenannten Doppelbindung ($C=C$) nicht die gesamte zur Verfügung stehende Valenzkraft der beiden beteiligten Kohlenstoffatome völlig verbraucht wird, sondern an jedem C-Atom noch ein gewisser, wenn auch geringer Teil der „Valenzkraft" frei verfügbar bleibt, was durch punktierte Linien ausgedrückt wird. Die chemischen Reaktionen sollen sich nun in der Weise abspielen, daß z. B. Wasserstoff- oder Halogenatome an diese Partialvalenzen angelagert werden, worauf schließlich eine feste, normale Wasserstoff- oder Halogenbindung unter Aufhebung der Doppelbindung den Reaktionsvorgang beendet. Das Vorhandensein dieser Partialvalenzen oder Restaffinitäten wäre demnach die Ursache für das leichte Eintreten zahlreicher Additionsreaktionen an $C=C$ Doppelbindungen.

In einem konjugierten System sind mehrere Partialvalenzen vorhanden, von denen sich z. B. beim Hexadien die mittleren gegenseitig absättigen. Man erhält dann ein Bindungssystem, das an den Enden die zur Reaktion erforderlichen Restaffinitäten trägt und so vor allem an solchen Dienen beobachtete 1, 4-Addition anschaulich wiedergibt. In Ringsystemen beobachtet man ähnliche Verhältnisse wie in Kettensystemen. Ringsysteme mit einfachen Doppelbindungen verhalten sich ähnlich wie Kettensysteme gleicher Art. Ringsysteme mit konjugierten Doppelbindungen, wie z. B. als Hauptvertreter das Benzol (C_6H_6), besitzen die Eigenschaften von konjugierten Doppelbindungen in Kettensystemen in noch weit verstärkterem Maße. Infolge der gegenseitigen Absättigung der Partialvalenzen im Ring entsteht eine völlig gleichmäßige Valenzverteilung innerhalb des Ringes, die nach außen hin keine Restaffinitäten mehr zu erkennen gibt. Dadurch wird es erst verständlich, daß z. B. das Benzol trotz seiner Doppelbindungen normalerweise keine Additionsreaktionen eingeht und Wasserstoffatome erst bei Anwendung extremer katalytischer Reaktionsbedingungen anlagert, wobei es dann als gesättigter Kohlenwasserstoffring auch dessen Eigenschaften annimmt.

In der Reaktionsfähigkeit reihen sich somit die besprochenen Kohlenwasserstoffgruppen nach steigender Tendenz wie folgt:

1. Gesättigte Kohlenwasserstoffketten (Paraffine).

2. Gesättigte Kohlenwasserstoffringe (Naphthene).

3. Ungesättigte Kohlenwasserstoffringe mit konjugierten Doppelbindungen, insbesondere mit 6 Kohlenstoffatomen (Aromaten).

4. Ungesättigte Kohlenwasserstoffketten und Kohlenwasserstoffringe, welche keine konjugierten Doppelbindungen aufweisen, wie z. B. Äthylene, Acetylene und andere.

Alle diese Kohlenwasserstoffverbindungstypen bilden jede für sich sogenannte homologe Reihen, d. h. eine Reihe von Substanzen, welche eine Zusammensetzungsdifferenz von CH_2 oder einem Multiplum von CH_2 zeigen und einander im chemischen Verhalten sehr ähnlich sind.

b) Die aliphatischen Kohlenwasserstoffe

Die gesättigten Kohlenwasserstoffketten (acyclischen Kohlenwasserstoffe) C_nH_{2n+2} bezeichnet man als Grenzkohlenwasserstoffe, weil in ihren Molekülen die Aufnahmefähigkeit des Kohlenstoffskelettes für Wasserstoff bis zur äußersten Grenze ausgenützt ist. Bezüglich ihrer Trägheit des chemischen Verhaltens bei den meisten Reaktionen werden dieselben auch Paraffine (von parum affinis = wenig verwandt) genannt.

In den rationellen Namen, welche für die einzelnen Glieder dieser homologen Reihe gebildet werden, benützt man die Endung „an" als Charakteristikum des gesättigten Zustandes. In Verbindung mit dem Gebrauch, die einwertigen Radikale der Grenzkohlenwasserstoffe „Alkyle" zu bezeichnen, ergibt sich als rationelle Klassenbenennung die Benennung „Alkane".

Die unverzweigten „normalen" Kohlenwasserstoffketten werden nach den Bestimmungen eines internationalen Nomenklaturkongresses, der in Genf 1892 tagte, von C_1 bis C_4 mit den Trivialnamen

$$CH_4 \quad \text{Methan}$$
$$C_2H_6 \quad \text{Äthan}$$
$$C_3H_8 \quad \text{Propan}$$
$$C_4H_{10} \quad \text{Butan}$$

bezeichnet, von fünf C an werden die Verbindungen meist mit der altgriechischen Zahl ihrer Kohlenstoffatome benannt. In der Anwendung griechischer Zahlwörter ist man leider nicht konsequent geblieben, so daß in geringem Maße auch lateinische Zahlwörter verwendet werden, wodurch die Einheitlichkeit der Namen leidet, wie aus folgender Aufstellung zu ersehen ist:

C_5H_{12} Pentan (griechisch)
C_6H_{14} Hexan (griechisch)
C_7H_{16} Heptan (griechisch)
C_8H_{18} Oktan (griechisch)
C_9H_{20} Nonan (lateinisch)
$C_{10}H_{22}$ Decan (griechisch)
$C_{11}H_{24}$ Undecan (halb lateinisch, halb griechisch)
$C_{20}H_{42}$ Eikosan (griechisch)
$C_{21}H_{44}$ Heneikosan (griechisch) und so weiter.

Die verzweigten Kohlenwasserstoffe dieser homologen Reihe werden im Gegensatz zu den unverzweigten, „normalen" Paraffinen als Isoparaffine[1] bezeichnet. Bei Bedarf wird durch den Präfix „normal" oder „iso" (abgekürzt n- und i-) ein Kohlenwasserstoff als geradekettig oder verzweigt gekennzeichnet.

Die verzweigten Kohlenwasserstoffketten werden nach den Beschlüssen des Genfer Kongresses als Substitutionsprodukte unverzweigter Kohlenwasserstoffketten betrachtet. Die längste unverzweigte Kohlenwasserstoffkette der Verbindung, welche auch Hauptkette genannt wird, führt die gewöhnliche Bezeichnung, wie Hexan, Heptan, Eikosan usw. Die Seitenketten, welche von der Hauptkette abzweigen, führen, als Radikale aufgefaßt, die gleiche Grundbezeichnung, jedoch statt der Endung -an die Endung -yl, also

CH_3 — Methyl
C_2H_5 — Äthyl
C_3H_7 — Propyl
C_4H_9 — Butyl
C_5H_{11} — Amyl (einzige Ausnahme)
C_6H_{13} — Hexyl und so weiter.

Die Stellung der Seitenketten wird durch Ziffern bestimmt, die angeben, an welchem Kohlenstoffatom der Hauptkette die Seitenketten haften. Die Numerierung beginnt an dem Ende der Hauptkette, das einer Seitenkette am nächsten steht. Sind die beiden äußersten Seitenketten symmetrisch gestellt, so bestimmt die einfachere unter ihnen die Reihenfolge.

$$\overset{1}{C}H_3 - \overset{2}{C}H_2 - \overset{3}{C}H - \overset{4}{C}H_2 - \overset{5}{C}H_2 - \overset{6}{C}H_3$$
$$\mid$$
$$CH_3$$

3-Methyl-hexan

$$\begin{array}{ll}
\quad\quad CH_3 & \overset{1}{C}H_3 - \overset{2}{C}H_2 - \overset{3}{C}H - \overset{4}{C}H - \overset{5}{C}H_2 - \overset{6}{C}H_3 \\
\overset{1}{C}H_3 - \overset{2}{C} - \overset{3}{C}H_2 - \overset{4}{C}H - \overset{5}{C}H_3 & \qquad\qquad\quad CH_3 \quad CH_2 \\
\quad\quad CH_3 \qquad\quad CH_3 & \qquad\qquad\qquad\qquad\quad CH_3
\end{array}$$

2,2,4-Trimethylpentan („Isooktan")   3-Methyl-4-äthyl-hexan

Die Kohlenstoffatome einer Seitenkette werden durch die gleiche Zahl bezeichnet wie das Kohlenstoffatom der Hauptkette, an welches die Seitenkette angefügt ist. Sie erhalten einen Index, welcher ihre Stellung innerhalb der Seitenkette bestimmt, wobei man von der Verzweigungsstelle ausgeht. Die Radikale der Seitenkette führen die gleiche Grundbezeichnung, jedoch die Endung -o.

---

[1] Allgemein bezeichnet man in der Chemie Verbindungen mit gleicher Summenformel, aber verschiedenem Bau des Moleküls als Isomere.

$$CH_3 \;-\!-\; \text{Metho}$$
$$C_2H_5 \;-\; \text{Ätho}$$
$$C_3H_7 \;-\; \text{Propo}$$
$$C_4H_9 \;-\; \text{Buto}$$
$$C_5H_{11} \;-\; \text{Pento und so weiter.}$$

$$\overset{1}{C}H_3 - \overset{2}{C}H - \overset{3}{C}H_2 - \overset{4}{C}H_2 - \overset{5}{C}H - \overset{6}{C}H_2 - \overset{7}{C}H_2 - \overset{8}{C}H_2 - \overset{9}{C}H_3$$

$$CH_3 5^1\ CH - CH_3$$

$$ 5^2\ CH_2$$

$$ 5^3\ CH_3$$

2-Methyl-5¹-metho-5-propyl-nonan

Sind zwei Seitenketten an das gleiche Kohlenstoffatom gebunden, so wird die einfachere zuerst angegeben, bei beiden die Positionsziffer (Index) eingesetzt und die Positionsziffer der einfacheren Seitenkette akzentuiert. z. B.

$$\overset{1}{C}H_3 - \overset{2}{C}H_2 - \overset{3}{C}H_2 - \overset{4}{C} - \overset{5}{C}H_2 - \overset{6}{C}H_2 - \overset{7}{C}H_3$$

$$(4^{1\prime})\ CH_2 \quad CH_2\ (4^1)$$

$$(4^{2\prime})\ CH_3 \quad CH_2\ (4^2)$$

$$CH_3\ (4^3)$$

4-Äthyl-4-Propyl-heptan

Außer nach den Genfer Bestimmungen können zweckmäßige rationelle Namen auch nach anderen Prinzipien gebildet werden; um die Übersichtlichkeit nicht zu stören, wird in diesem Buche davon abgesehen.

c) Die cyclischen gesättigten Kohlenwasserstoffe

Monocyclische gesättigte Kohlenwasserstoffe. Die gesättigten Kohlenwasserstoffringe, deren Moleküle nur einen Kohlenstoffring enthalten, besitzen die allgemeine Zusammensetzung C_nH_{2n} und werden nach der Genfer Nomenklatur unter Voraussetzung des Präfixes „Cyclo-" mit den gleichen Namen wie die acyclischen Kohlenwasserstoffketten bezeichnet, ihr Sammelname ist demnach „Cycloalkane".

$$CH_2 - CH_2 \qquad CH_2 - CH_2 \qquad CH_2 - CH_2$$
$$\diagdown \;\; \diagup \qquad\qquad || \qquad\qquad |\diagdown$$
$$CH_2 \qquad\qquad CH_2 - CH_2 \qquad CH_2 - CH_2 \diagup CH_2$$

Cyclopropan   Cyclobutan   Cyclopentan

Um die Position von Radikalen oder Substituenten eindeutig ausdrücken zu können, beziffert man die einzelnen Kohlenstoffatome der Ringe fortlaufend; die einzelnen Kohlenstoffatome der Seitenketten werden hiebei durch die Ziffer des Ringkohlenstoffatoms bezeichnet, mit welchem die Seitenkette verknüpft ist, unter Hinzufügung eines Index, der ihre Stellung innerhalb der Seitenkette — gezählt von der Anknüpfungsstelle — angibt, z. B.:

$$\begin{array}{l}
\overset{4}{CH_2}-\overset{1}{CH}-CH_3 \\
\overset{3}{|}\qquad\overset{2}{|} \\
CH_2-CH-CH_3
\end{array}$$

1,2-Dimethyl-cyclobutan

$$\overset{4^3}{CH_3}\!\!\diagdown\!\!\underset{CH_3}{\overset{4^2}{CH}}-\overset{4^1}{CH_2}-\overset{4}{CH}\!\!\diagup\!\!\underset{CH_2-CH_3}{\overset{CH_2-CH_2}{\diagdown}}\!\!CH-CH_2$$

1-Methyl-4-(4²-metho-propyl)-cyclohexan

Es ist gebräuchlich, den Anfangspunkt und die Bezifferung derart zu wählen, daß C-arme Seitenketten den Vorrang vor C-reicheren Seitenketten, Seitenketten vor Substituenten haben.

Aus den Genfer Namen der cyclischen Kohlenwasserstoffe ergeben sich für ihre einwertigen Radikale Cyclopropyl, Cyclobutyl usw. Allgemein werden die einwertigen Radikale der gesättigten Ringkohlenwasserstoffe als Cycloalkyle bezeichnet.

Polycyclische gesättigte Kohlenwasserstoffringe. Bei den Kohlenwasserstoffen, welche zwei oder mehr Kohlenstoffringe enthalten, sind folgende drei Fälle zu unterscheiden:

1. Die Ringe sind durch dazwischen geschaltete Kohlenstoffatome (Methylengruppen) miteinander verbunden. Eindeutige Benennungen dieser Kohlenwasserstoffe ergeben sich durch die Auffassung, die Ringe als Substituenten der Kohlenstoffkette, welche die Ringe verbindet, anzusehen, z. B.

$$\begin{array}{cc}
CH_2-CH_2\diagdown & \diagup CH_2-CH_2 \\
|\qquad\quad |\;\;CH-CH_2-CH & |\qquad\quad | \\
CH_2-CH_2\diagup & \diagdown CH_2-CH_2
\end{array}$$

Dicyclopentylmethan

2. Die Ringe sind direkt miteinander verknüpft, ohne daß aber ein Glied eines Ringes einem anderen Ringe angehört. Eine bequeme Bezeichnung der einzelnen Vertreter ergibt sich, wenn man einen Kohlenstoffring als Stamm, die anderen als dessen Substituenten ansieht, z. B.

$$\begin{array}{cc}
CH_2-CH_2\diagdown & \diagup CH_2-CH_2 \\
|\qquad\quad |\;\;CH-CH & |\qquad\quad | \\
CH_2-CH_2\diagup & \diagdown CH_2-CH_2
\end{array}$$

Cyclopentylcyclopentan

3. Die Ringe sind derart direkt aneinander geschlossen, daß Glieder eines Ringes zugleich einem anderen Ringe oder zwei anderen Ringen angehören. Für die Art der Ringkondensation kommen bei Zusammentritt zweier Einzelringe folgende Möglichkeiten in Betracht:

a) Nur ein Ringglied ist gemeinsamer Bestandteil der beiden miteinander verschmolzenen Einzelringe. Diese Verbindungen werden spirocyclische Kohlenwasserstoffe genannt. Man kann die möglichen Isomeren eindeutig bezeichnen, wenn man sie sich aus Cycloalkanen durch Substitution zweier gemeinsamer Wasserstoffatome mittels eines zweiwertigen Radikals hervorgehend denkt, z. B.

$$\begin{array}{cc}
CH_2\diagdown\qquad\diagup CH_2-CH_2 \\
|\qquad C\qquad | \\
CH_2\diagup\qquad\diagdown CH_2-CH_2
\end{array}$$

1,1-Äthylen-cyclopentan

$$\begin{array}{c}
\diagup CH_2\diagdown\qquad\diagup CH_2\diagdown \\
CH_2\qquad\quad C\qquad\quad CH_2 \\
\diagdown CH_2\diagup\qquad\diagdown CH_2\diagup
\end{array}$$

1,1-Trimethylen-cyclobutan

b) Zwei benachbarte Ringglieder sind gemeinsame Bestandteile der beiden miteinander verschmolzenen Einzelringe. Diese Verbindungen werden auch orthokondensierte Kohlenwasserstoffe genannt. Man kann die einzelnen Isomeren eindeutig bezeichnen, wenn man in dem Namen die Gesamtzahl der Ringkohlenstoffatome mit dem Präfix „Bicyclo" und einer Charakteristik vereinigt; die Charakteristik gibt durch Ziffern an, wieviel Kohlenstoffatome auf jeder der drei „Brücken" sich zwischen den beiden tertiären, an den Stellen der Ringverzweigung befindlichen Kohlenstoffatome lagern, z. B.

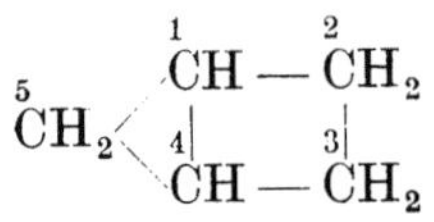

$$
\begin{array}{cc}
\overset{5}{CH_2}\Big\langle\ \begin{matrix}\overset{1}{CH}-\overset{2}{CH_2}\\ \overset{4}{CH}-\overset{3}{CH_2}\end{matrix} & \qquad \overset{7}{CH_2}\Big\langle\ \begin{matrix}\overset{1}{CH}-\overset{2}{CH_2}-\overset{3}{CH_2}\\ \overset{6}{CH}-\overset{5}{CH_2}-\overset{4}{CH_2}\end{matrix}
\end{array}
$$

Bicyclo-(0,1,2)-pentan 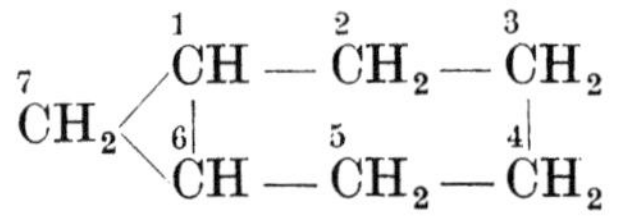   Bicyclo-(0,1,4)-heptan

Die Bezifferung beginnt an einem durch die Ringverzweigung tertiär werdenden Kohlenstoffatom, geht erst im weiteren, dann im engeren Kreise herum und springt zuletzt zu den Kohlenstoffatomen der kürzesten Brücke über.

c) Es sind mehr als zwei Ringglieder gemeinsame Bestandteile der beiden miteinander verschmolzenen Einzelringe. Solche Verbindungen nennt man Kohlenwasserstoffe mit endocyclischen, zweiwertigen Atombrücken. Man kommt zu einer rationellen Benennung. indem man den Namen der Brücke mit dem Namen des ihr die Stützpunkte gebenden Ringes und den Ziffern dieser Stützpunkte verbindet, z. B.

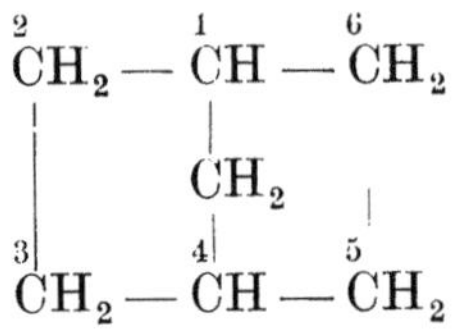

1,4-Methylencyclohexan 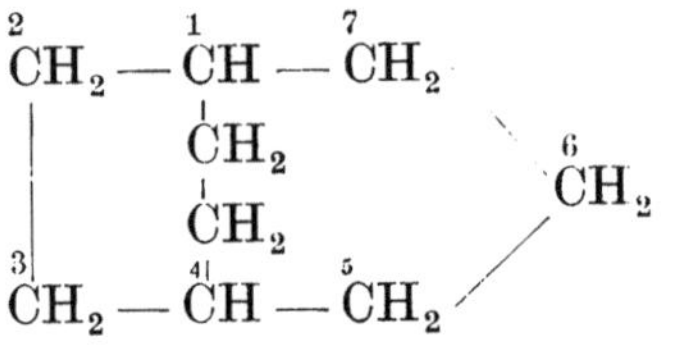   1,4-Äthylencycloheptan

d) Einige Ringglieder sind gemeinsamer Bestandteil von mehr als zwei Einzelringen; man nennt solche Verbindungen Kohlenwasserstoffe mit tricyclisch oder tetracyclisch gebundenen Ringgliedern. Die Benennung erfolgt fast ausnahmslos durch Trivialnamen, bei sehr einfach liegenden Fällen kann man eventuell Namen nach der Genfer Konvention kombinieren, z. B.

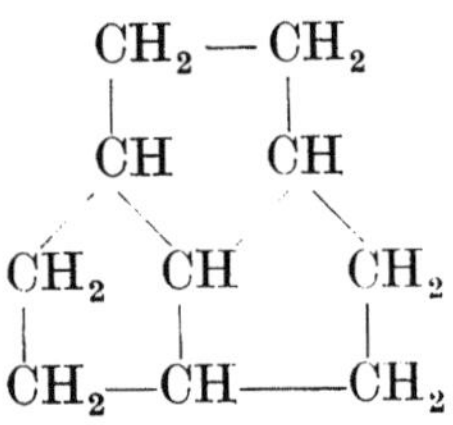

Adamantan 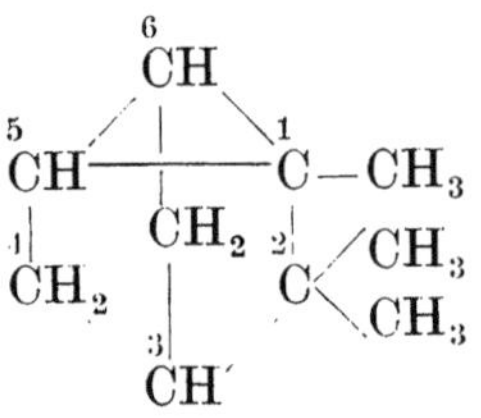   Tricyclen oder 1,2,2-Trimethyl-3,6-methylen-bicyclo-(0,1,3)-hexan.

d) Die aromatischen Kohlenwasserstoffe.

Monocyclische aromatische Kohlenwasserstoffe. Ungesättigte Kohlenwasserstoffringe, aus 6 Kohlenstoffatomen bestehend, mit konjugierten Doppelbindungen, welche derart symmetrisch im Ring angeordnet sind, daß sich eine völlig gleichmäßige Valenzverteilung einstellt und Restaffinitäten kaum mehr zu erkennen sind, heißen Benzolkohlenwasserstoffe oder Aromaten.

Für das Anfangsglied dieser Reihe ergibt sich die Strukturformel:

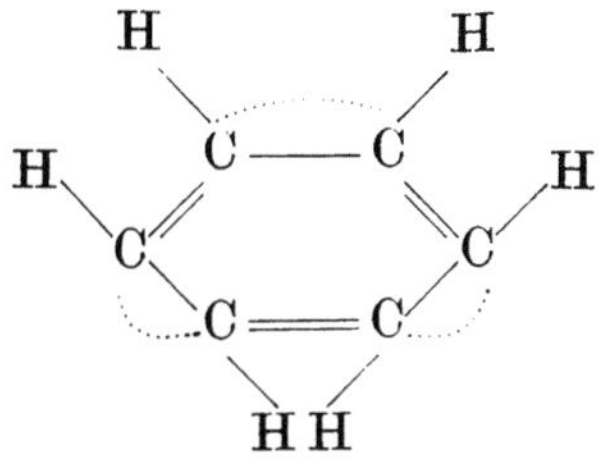

$$\text{Benzol} \qquad \text{oder einfacher geschrieben:} \qquad \text{Benzol}$$

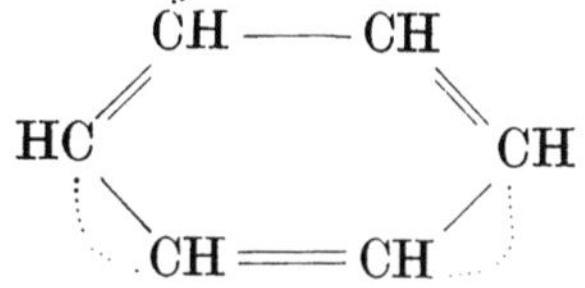

In der Literatur bedient man sich allgemein folgender symbolischer Bezeichnungen:

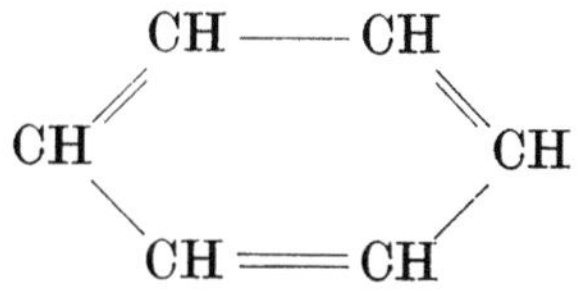

$$\text{Benzol} \qquad \text{oder} \qquad \text{Benzol} \qquad \text{oder} \qquad C_6H_6 \quad \text{Benzol}$$

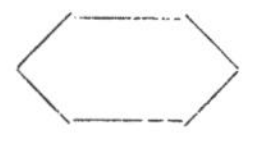

Für das Benzol wäre nach der Genfer Nomenklatur eigentlich der Name Cyclohexatrien-(1,3,5) zu nehmen, in welchem der Sechserring mit drei konjugierten Doppelbindungen eindeutig gekennzeichnet ist. Man wendet diesen Namen jedoch nicht an, weil die Struktur des Benzols nicht vollkommen einwandfrei festgestellt ist. Es ist wohl sicher, daß sein Molekül aus sechs völlig gleichartig zu einem Ring vereinigten CH-Gruppen besteht; ob die 18 von den 6 CH-Gruppen ausgehenden Kohlenstoffvalenzen sich derart ausgleichen, daß drei Doppelbindungen angenommen werden dürfen, ist noch eine offene Frage. Aus diesem Grunde verzichtet man für diesen Kohlenwasserstoff auf die rationelle Bezeichnung und begnügt sich mit dem Trivialnamen *Benzol*.

Die rationellen Namen der Homologen des Benzols werden hingegen wieder nach der Genfer Nomenklatur ähnlich wie bei den Naphthenen gebildet, wobei die 6 Kohlenstoffatome mit den Ziffern 1 bis 6 bezeichnet werden. Neben der Stellungsbezeichnung mit Ziffern benützt man allgemein für Disubstitutionsderivate (Benzole, in welchen zwei Wasserstoffatome durch Alkyle = Radikale ersetzt sind) die Bezeichnungen *ortho* (abgekürzt o-) bei 1,2-Stellung, *meta* (abgekürzt m-) bei 1,3-Stellung und *para* (abgekürzt p-) bei 1,4-Stellung, z. B.

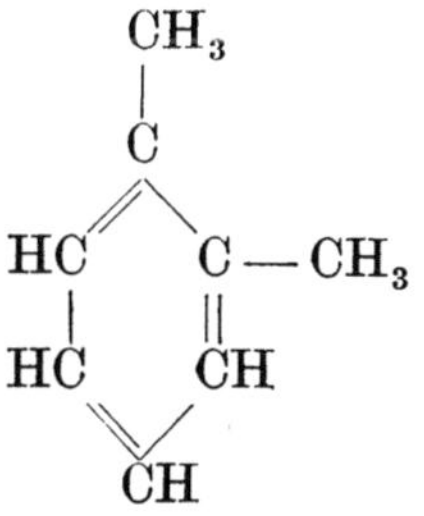

1,2-Dimethylbenzol
oder
ortho-Dimethylbenzol

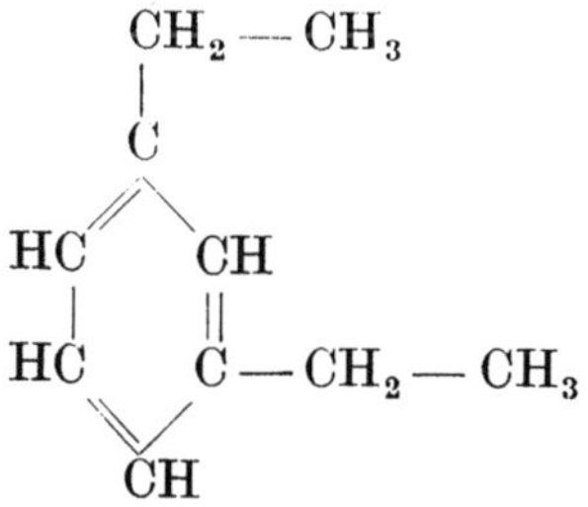

1,3-Diäthylbenzol
oder
meta-Diäthylbenzol

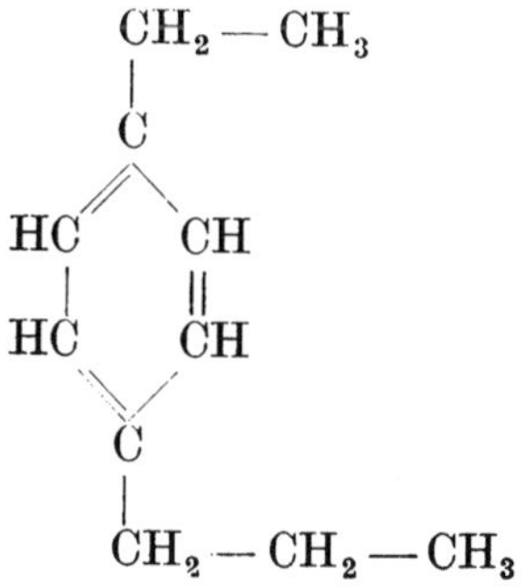

1,4-äthylpropylbenzol
oder
para-Äthylpropylbenzol

Für einige Homologe des Benzols sind ebenfalls sehr bequeme Trivialnamen vorhanden, welche in der Literatur fast ausnahmslos statt der Genfer Bezeichnung gebraucht werden und daher hier angeführt werden müssen. Es sind dies:

Toluol	Methylbenzol
o-Xylol	1,2-Dimethylbenzol
m-Xylol	1,3-Dimethylbenzol
p-Xylol	1,4-Dimethylbenzol
Cumol	Isopropylbenzol
Hemellithol	1,2,3-Trimethylbenzol
Pseudocumol	1,2,4-Trimethylbenzol
Mesitylen	1,3,5-Trimethylbenzol
Cymol	1-Methyl-4-Isopropylbenzol
Prehnitol	1,2,3,4-Tetramethylbenzol
Isodurol	1,2,3,5-Tetramethylbenzol
Durol	1,2,4,5-Tetramethylbenzol

Allen diesen Trivialnamen ist die Endung -ol gemeinsam, ausgenommen Mesitylen. Als man später diese Endung für Hydroxylverbindungen (OH) verwendete, bemühte man sich, für Benzolkohlenwasserstoffe die für ungesättigte Verbindungen gebräuchliche Endsilbe -en einzuführen. Seitdem aber der Genfer Kongreß die Endung -en nur für Kohlenwasserstoffe mit *einer* Doppelbindung vorgeschrieben hat, beließ man wieder die alten Namen. In der westeuropäischen und amerikanischen Welt hat jedoch die damalige Umbenennung der Aromaten Fuß gefaßt und daher kommt es, daß in der westlichen Literatur durchwegs statt der Bezeichnung Benzol, Toluol, Xylol usw. die Bezeichnung benzene, toluene, xylene usw. verwendet wird.

Entsprechend der Besonderheit des Benzolkernes ist es notwendig, bei den Radikalen der Benzolkohlenwasserstoffe zu unterscheiden, ob die freien Valenzen dem Benzolkern oder den ihm angefügten Seitenketten angehören. Die einwertigen Reste, deren freie Valenz dem Kern angehören, faßt man unter der Bezeichnung „Aryl" zusammen, während für diejenigen, deren freie Valenz einer Seitenkette angehört, „Aralkyl" (aryliertes Alkyl) als Bezeichnung gebraucht wird.

Zusammenstellung der gebräuchlichsten Radikalbezeichnungen: 1. Aryle:

C_6H_5 —   Phenyl

$CH_3C_6H_4$ —   Tolyl, auch Kresyl; die drei Stellungsisomeren werden als o-, m-, und p-Tolyl (Kresyl) bezeichnet.

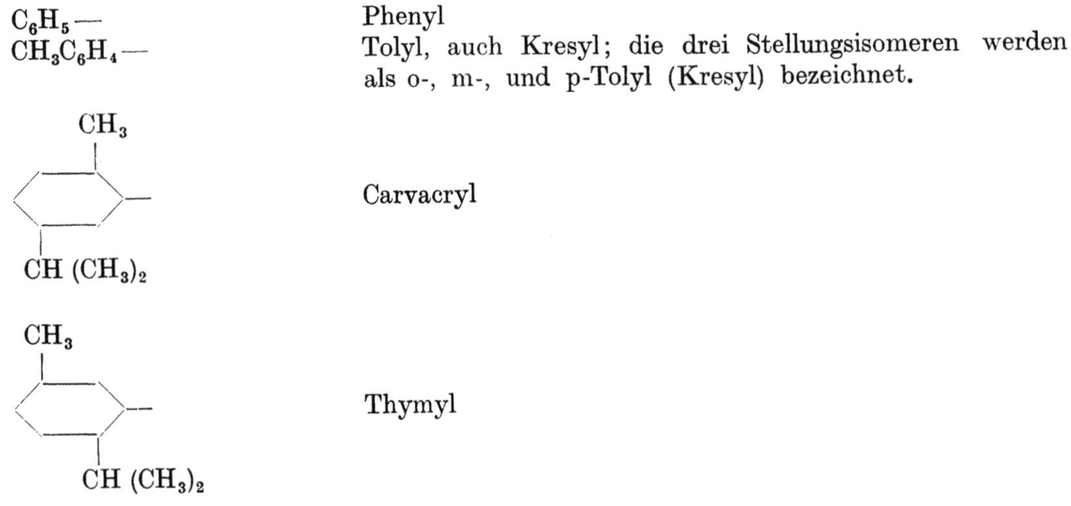

Carvacryl

Thymyl

2. Aralkyle:

$C_6H_5.CH_2-$	Benzyl
$C_6H_5.CH\,(CH_3)-$	α-Phenäthyl, sekundäres Phenäthyl
$C_6H_5.CH_2.CH_2-$	β-Phenäthyl, primäres Phenäthyl
$CH_3.C_6H_4.CH_2-$	Xylyl, Tolubenzyl (die stellungsisomeren Radikale werden als o-, m- und para-Xylyl bezeichnet)
$(CH_3)_2{}^{3.5}\,C_6H_3.CH_2-$	Mesityl
$(CH_3)_2.CH-C_6H_4-CH_2-$	Cuminyl

Es folgen nun die gebräuchlichen Bezeichnungen für zweiwertige Radikale:

$C_6H_4\big\langle$ Phenylen; die drei stellungsisomeren Radikale werden als o-, m- und p-Phenylen unterschieden

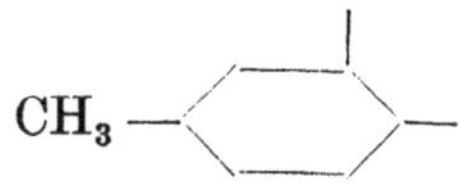

o-Toluylen

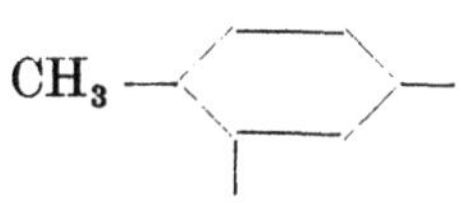

m-Toluylen

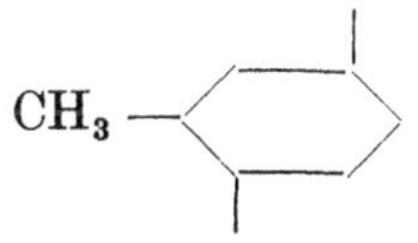

p-Toluylen

$C_6H_5.CH\big\langle$ Benzyliden = Benzal

$-C_6H_4.CH_2-$ Benzylen; die drei stellungsisomeren Radikale werden als o-, m- und p-Benzylen unterschieden

$CH_3.C_6H_4CH\big\langle$ Xyliden, zu unterscheiden als o-, m- und p-Xyliden

$-CH_2.C_6H_4.CH_2-$ Xylylen, zu unterscheiden als o-, m- und p-Xylylen

$(CH_3)_2.CH-C_6H_4-CH\big\langle$ Cuminyliden oder Cuminal

Für dreiwertige Radikale ist nur eine Bezeichnung zu erwähnen:

$C_6H_5.C\big\langle$ Benzenyl

Mit den oben angeführten Bezeichnungen von Arylen und Aralkylen ist es möglich, Namen zu bilden: Es genüge in diesem Falle das Beispiel: Phenylmethan = Toluol. Diese Bezeichnung ist von Vorteil, wenn dem Benzolkern Seitenketten eingefügt sind, für welche man Trivialnamen nicht zur Hand hat, besonders wenn es sich darum handelt, die Stellung von Substituenten in solchen Seitenketten anzugeben. Als Grundsatz gilt hiebei, daß die Stellung im Ring durch Ziffern, die Stellung in der offenen Kette durch griechische Buchstaben gekennzeichnet wird, z. B.

$C_6H_5 \cdot CH (CH_3) \cdot CH \cdot (CH_3)_2$ β-Methyl-γ-phenyl-butan, welches man auch zum besseren Verständnis der Benennung folgendermaßen schreiben kann:

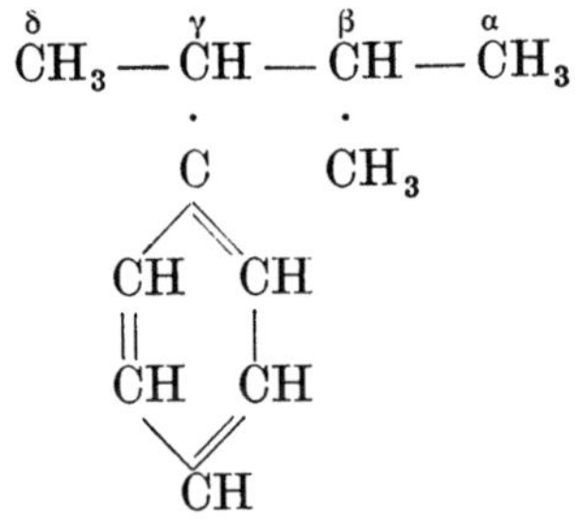

$$\overset{\delta}{CH_3} - \overset{\gamma}{CH} - \overset{\beta}{CH} - \overset{\alpha}{CH_3}$$

$$C \qquad CH_3$$

$$CH \quad CH$$
$$CH \quad CH$$
$$CH$$

Polycyclische aromatische Kohlenwasserstoffe. Hier gelten dieselben Unterteilungen wie in der Naphthenreihe, jedoch mit dem Unterschied, daß fast ausnahmslos Trivialnamen benützt werden.

1. Ringe, welche durch dazwischengeschaltete Kohlenstoffatome miteinander verkettet sind, werden allgemein als acyclische Kohlenwasserstoffe mit Arylsubstituenten aufgefaßt, z. B.

$C_6H_5 - CH_2 - C_6H_5$ Diphenylmethan

$\begin{matrix} C_6H_5 \\ C_6H_5 \end{matrix} \!\! > \!\! CH - C_6H_5$ Triphenylmethan

Sind in den Benzolringen Substituenten vorhanden, wird ihre Stellung durch folgende Bezifferung klargelegt:

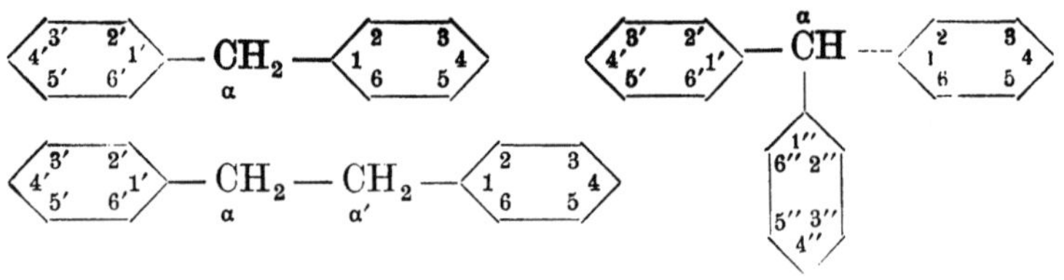

Als Radikalbezeichnungen sind üblich:

$(C_6H_5)_2CH -$ Benzhydryl
$(C_6H_5)_3C -$ Trityl, Triphenylmethyl

2. Ringe, welche durch eine Bindung verbunden sind, bezeichnet man einfach, in dem man einen Kohlenstoffring als Stamm, den anderen als Substituenten auffaßt; z. B. als

$C_6H_5 - C_6H_5$ Phenylbenzol

$CH_3 -$ ⟨ ⟩ $-$ ⟨ ⟩ $- CH_3$ p-Tolyl-p-Toluol

Man kann diese Verbindungen aber auch als die Verbindung zweier gleicher Radikale auffassen, dann kann man natürlich ebenso richtig diese beiden Verbindungen als Diphenyl und als pp-Ditolyl benennen.

3. Ringe, welche durch ein oder zwei gemeinsame Kohlenstoffatome miteinander verbunden sind (kondensierte Ringe), bezeichnet man durchgehend mit Trivialnamen wie folgt:

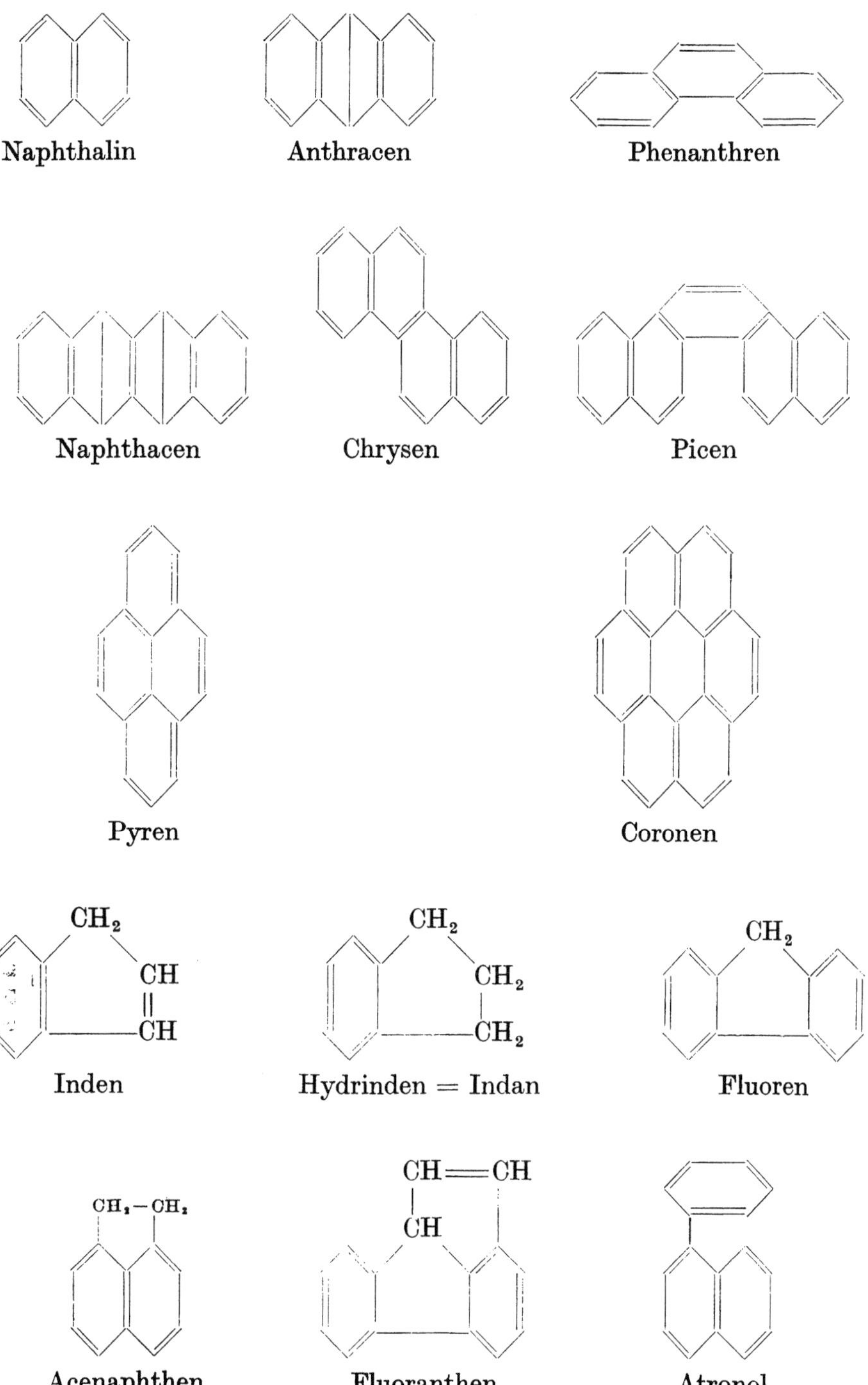

Sind in den Ringkombinationen Substituenten vorhanden, werden deren Stellungen ebenfalls mittels Bezifferung festgelegt, und zwar nach folgenden Richtlinien:

Als Anfangspunkt der Bezifferung wird ein Glied eines seitenständigen Ringes gewählt, das einer Kondensationsstelle benachbart ist, z. B.

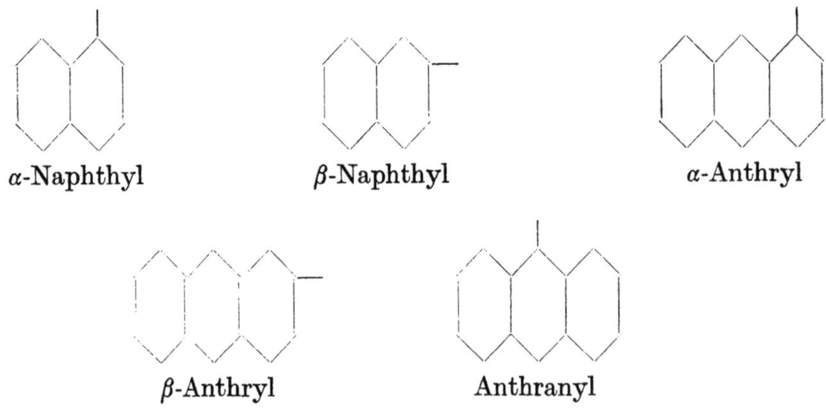

Man ersieht daraus, daß diejenigen Kohlenstoffatome, welche an benachbarten Kohlenstoffatomen abgesättigt sind und infolgedessen keine Substituenten aufnehmen können, nicht beziffert werden. So wird z. B. der folgenden Verbindung als eindeutige Bezeichnung nachstehender Name gegeben:

2-Methyl-9, 10-diphenyl-anthracen

Außer der fortlaufenden Bezifferung durch arabische Zahlen benützt man noch generelle Stellungsbezeichnungen durch die griechischen Buchstaben α und β beim Naphthalin und Anthracen zur Unterscheidung derjenigen Stellen der seitenständigen Ringe, welche den Kondensationsstellen benachbart (α) und nicht benachbart (β) sind, z. B. für Radikale:

α-Naphthyl β-Naphthyl α-Anthryl

β-Anthryl   Anthranyl

Somit bei Naphthalin als α-Stellung: 1, 4, 5 und 8
als β-Stellung: 2, 3, 6 und 7

Das gleiche gilt für Anthracen für die beiden Außenringe, während die Stellung in dem Innenring als meso-Stellung gekennzeichnet wird. Schließlich wäre die sehr gebräuchliche Bezeichnung „peri" für die 1,8-Stellung im Naphthalinkern zu erwähnen.

Da bei den Erdölkohlenwasserstoffen die Aromaten eine untergeordnete Rolle spielen, wird von weiteren Nomenklaturangaben abgesehen.

e) Die ungesättigten Kohlenwasserstoffe

Die ungesättigten Kohlenwasserstoffketten kommen in den rohen Erdölen wohl nicht vor, bilden sich jedoch leicht aus den gesättigten Kohlenwasserstoffketten durch Spalten derselben. Sie werden nach den Bestimmungen des Genfer Kongresses dadurch gekennzeichnet, daß die Grundbezeichnung der Kohlenwasserstoffkette statt der Endung -an die Endung -en erhält, wenn eine Doppelbindung vorliegt; enthält die Kohlenwasserstoffkette eine dreifache Bindung, wird die Endung -in verwendet, z. B.

$$CH_3{-}CH_3 \quad \text{Äthan}$$
$$CH_3{=}CH_3 \quad \text{Äthen}$$
$$CH{\equiv}CH \quad \text{Äthin}$$

Das Vorkommen mehrerer Doppelbindungen wird durch die Endungen „dien", „trien", tetraen", das Vorhandensein mehrerer dreifacher Bindungen durch die Endungen „diin", „triin", „tetrain" usw. charakterisiert. Wegen des Wohlklanges schaltet man zwischen diese mit einem Konsonanten beginnenden Endungen und den mit einem Konsonanten endigenden Stamm ein „a" ein, also z. B. Pentadien statt Pentdien. Bei gleichzeitigem Vorhandensein von Doppelbindungen und dreifachen Bindungen werden die Endungen -en und -in miteinander kombiniert, wobei -en vor -in gestellt wird; z. B. -enin, -dienin, endiin usw. Daraus ergeben sich folgende Klassenbezeichnungen:

Alkene   Kohlenwasserstoffe mit einer Doppelbindung

Alkine   Kohlenwasserstoffe mit einer dreifachen Bindung

Alkadiene Kohlenwasserstoffe mit zwei Doppelbindungen

Alkadiine Kohlenwasserstoffe mit zwei dreifachen Bindungen

Alkenine Kohlenwasserstoffe mit einer Doppelbindung und einer dreifachen Bindung
         usw.

Gerade unverzweigte Kohlenwasserstoffketten ungesättigten Charakters werden somit wie oben angeführt mit den Grundbezeichnungen und der angefügten Endsilbe -en benannt. Zur Charakterisierung der Stellung der Doppelbindungen beziffert man die einzelnen Kettenglieder wieder mit arabischen Ziffern und beginnt die Zählung an demjenigen Ende der Kette, welches einer mehrfachen Bindung am nächsten steht. Stehen zu den Enden der Kette eine zwei- und eine dreifache Bindung in gleicher Entfernung, so bestimmt die dreifache Bindung vor der Doppelbindung den Anfang der Bezifferung. Der Ort der mehrfachen Bindung wird durch die Ziffer, welche dem ersten an ihr beteiligten Kohlenstoffatom zukommt, angegeben, welche in Klammern der Kettenbezeichnung nachgesetzt wird, z. B.

$$\overset{1}{CH_2} = \overset{2}{CH} - \overset{3}{CH_2} - \overset{4}{CH_3} \qquad \text{Buten-(1) oder } \alpha\text{-Butylen}$$

$$\overset{1}{CH_3} - \overset{2}{CH} = \overset{3}{CH} - \overset{4}{CH_3} \qquad \text{Buten-(2) oder } \beta\text{-Butylen}$$

$$\overset{1}{CH} = \overset{2}{C} - \overset{3}{CH} = \overset{4}{CH_2} \qquad \text{Buten-(3)-in-(1)}$$

$$\overset{1}{CH_2} = \overset{2}{CH} - \overset{3}{CH_2} - \overset{4}{C} = \overset{5}{C} - \overset{6}{CH_3} \qquad \text{Hexen-(1)-in-(4)}$$

Verzweigte Kohlenwasserstoffketten mit mehrfachen Bindungen erhalten somit nach der Genfer Nomenklatur folgende Bezeichnungen, z. B.

$$\overset{1}{C}H_3 - \overset{2}{C}H - \overset{3}{C}H_2 - \overset{4}{C}H = \overset{5}{C}H_2 \qquad \text{2-Methyl-penten-(4)}$$
$$CH_3$$

Solche Bezeichnungen mit doppelter Bezifferung nach der Genfer Nomenklatur haben sich nicht recht eingebürgert und man verwendet fast in der ganzen Literatur die älteren Bezeichnungen, auf welche aus diesem Grunde hier näher eingegangen werden muß. In diesem Falle verwendet man statt der Genfer Endung -en für Kohlenwasserstoffketten mit einer Doppelbindung meist die Endung -ylen, also:

$$CH_2 = CH_2 \qquad \text{Äthylen, Äthen}$$
$$CH_2 = CH - CH_3 \qquad \text{Propylen, Propen}$$

Die gesamte Reihe benennt man demnach als Alkylene oder Alkene. Die zuerst bekanntgewordene Eigenschaft der Alkylene war ihr Vermögen, mit Chlor oder Brom zu Verbindungen zusammenzutreten, welche in den niederen Reihen ölige Flüssigkeiten darstellen. Aus dieser Beobachtung heraus nannte man das Äthylen = Äthen das ölbildende Gas (französisch: gas olefiant) und danach die ganze homologe Reihe Olefine.

Nach dieser Anschauungsweise ist es gebräuchlich, die Namen der Homologen auf die Namen der einfachsten Glieder zurückzuführen, wie z. B.

$$CH_3 - CH = CH - CH_3 \qquad \text{symmetrisches Dimethyläthylen}$$
$$(CH_3)_2 : C = CH_2 \qquad \text{asymmetrisches Dimethyläthylen}$$
$$(CH_3)_2 : C = CH - CH_3 \qquad \text{Trimethyläthylen}$$

So wie beim Äthylen hat sich für die Verbindung $CH \equiv CH$ die alte Bezeichnung Acetylen erhalten, so daß Homologe dieser Verbindung nach gleichen Anschauungen wie oben folgendermaßen bezeichnet werden:

$$CH_3 - C \equiv C - CH_2 - CH_3 \qquad \text{Methyl-äthyl-acetylen}$$

Außerdem sind für Stoffe, welche in der Industrie oder in der Natur sehr häufig vorkommen, vielfach auch Trivialnamen gebräuchlich, wie z. B.

$$CH_2 = C = CH_2 \qquad \text{Allen}$$
$$CH_3 - C \equiv CH \qquad \text{Allylen}$$
$$CH_2 = CH - CH = CH_2 \qquad \text{Erythren}$$
$$CH_2 = C(CH_3) - CH = CH_2 \qquad \text{Isopren usw.}$$

Für einwertige Radikale ungesättigter Kohlenwasserstoffe wird nach den Genfer Beschlüssen die Endung -yl dem vollständigen Namen des Kohlenwasserstoffes angehängt. Es bedeutet somit:

die Endung -enyl die Gegenwart einer Doppelbindung
die Endung -inyl die Gegenwart einer dreifachen Bindung
die Endung -dienyl die Gegenwart zweier Doppelbindungen usw.

Allgemein gebräuchlich sind folgende Radikalbezeichnungen ungesättigter Radikale, welche teils der Genfer Bezeichnung entnommen sind, teils Trivialnamen vorstellen:

$$CH_2 = CH —$$ Vinyl

$$CH \equiv CH —$$ Äthinyl, Acetylenyl

$$CH_3 — CH = CH —$$ Propenyl

$$CH_2 = CH — CH_2 —$$ Allyl

$$CH_3 — \overset{\|}{\underset{CH_2}{C}} —$$ Isopropenyl

$$CH \equiv C — CH_2 —$$ Propargyl

$$CH_3 — CH_2 — CH = CH —$$ Butenyl

$$CH_3 — CH = CH — CH_2 —$$ Crotyl

$$CH_2 = CH — CH_2 — CH_2 —$$ Allylomethyl

Ungesättigte Kohlenwasserstoffringe, welche keine konjugierten Doppelbindungen enthalten, werden mit den gleichen Namen wie die Naphthene bezeichnet und tragen nach der Genfer Nomenklatur die Endsilbe -en, also z. B.

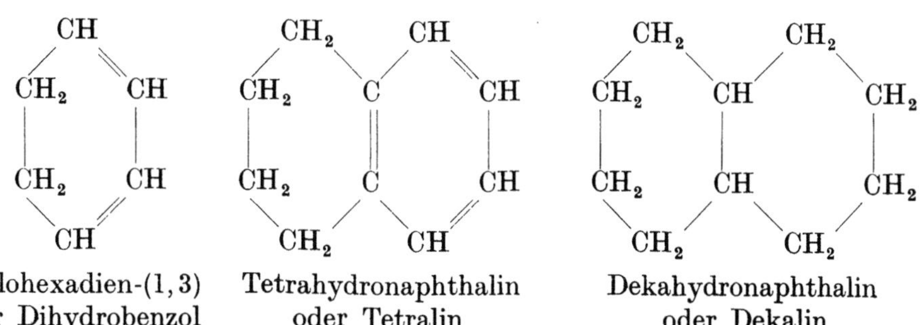

Cyclobuten

Sind mehrere Doppelbindungen in einem Naphthenkern enthalten, so wird derselbe als Cyclo- - - dien, Cyclo- - - trien usw. benannt. Die Ortsbezeichnung etwaiger Radikale als Seitenketten erfolgt wie gewöhnlich, z. B.

1-Methyl-cyclohexadien-(1, 4)   1-Methyl-4-methoäthenyl-cyclohexadien-(2, 5)

Vielfach werden in der Literatur für Cyclohexene, Cyclohexadiene, Bicyclodekatriene usw. Trivialnamen gebraucht, wenn sich dieselben als teilweise hydrierte Aromaten auffassen lassen, besonders dann, wenn sie konjugierte Doppelbindungen aufweisen, z. B.

Cyclohexadien-(1, 3)   Tetrahydronaphthalin   Dekahydronaphthalin
oder Dihydrobenzol   oder Tetralin   oder Dekalin

f) Substitutionsprodukte der Kohlenwasserstoffe

Von den Kohlenwasserstoffen lassen sich die meisten anderen organischen Verbindungen durch den Ersatz von Wasserstoffatomen durch „Substituenten" ableiten. Im Hinblick auf die Wichtigkeit vieler organischer Verbindungen als Hilfsstoffe bei der Mineralölverarbeitung soll im folgenden ein kurzer Abriß der Systematik und der Nomenklatur organischer Verbindungen gegeben werden.

Eine Zusammenstellung der im Hinblick auf die Mineralölverarbeitung wichtigsten organischen Verbindungen ist in Tab. 2 wiedergegeben, in der auch Angaben über die physikalischen Eigenschaften dieser Stoffe enthalten sind.

Substitutionsprodukte mit nichtfunktionellen Substituenten. Die nichtfunktionellen Substituenten enthalten keinen austauschbaren Wasserstoff und bieten somit keine Möglichkeit für mannigfache weitere Veränderungen; von diesen interessieren in der Erdöltechnik vor allem folgende Gruppen:

1. Die Halogene Fluor, Chlor, Brom, Jod mit der chemischen Bezeichnung -F, -Cl, -Br, -J.

2. Die zwei Nitrosubstituenten: -NO (Nitroso) und NO_2 (Nitro).

Die Stellung der Substituenten wird genau so wie bei den Seitenketten durch Ziffern festgelegt, wie beispielsweise folgende gechlorte Kohlenwasserstoffe zeigen:

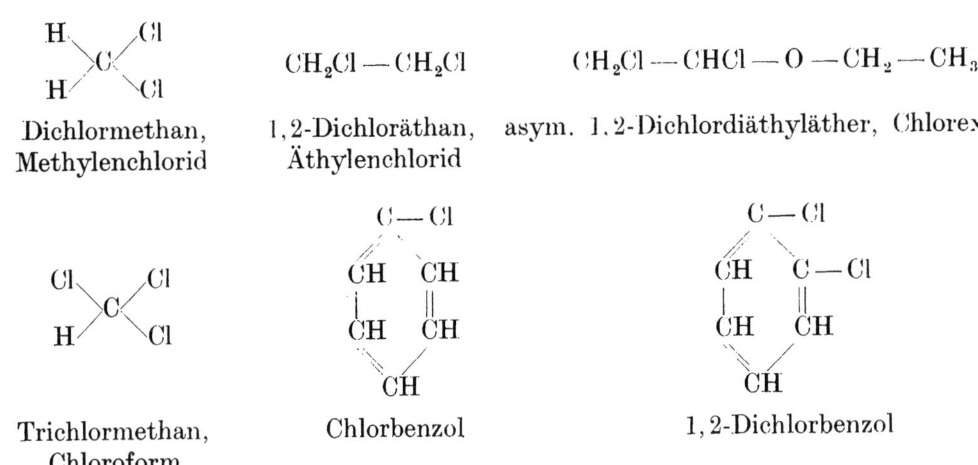

Dichlormethan, Methylenchlorid   1,2-Dichloräthan, Äthylenchlorid   asym. 1,2-Dichlordiäthyläther, Chlorex

Trichlormethan, Chloroform   Chlorbenzol   1,2-Dichlorbenzol

Bei den nitrierten Kohlenwasserstoffen gilt dieselbe Regel, z. B.

1-Nitropropan   Nitrobenzol   2,3,4-Trinitro-1-methyl-benzol

Substitutionsprodukte mit funktionellen Substituenten. Diese Gruppen bieten infolge ihres Wasserstoffgehaltes die Möglichkeit für mannigfache weitere Veränderungen durch Austausch von Wasserstoff gegen anorganische oder organische Gruppen.

1. Oxyverbindungen, charakteristische Gruppe -OH. Diese Verbindungen werden nach der Genfer Nomenklatur dadurch bezeichnet, daß man an den Stammkern die Silbe -ol anhängt, nach altem Brauch nennt man diese Verbindungen „Alkohole", wie z. B.

Methanol, Methylalkohol $CH_3 - OH$

Äthanol, Äthylalkohol $CH_3 - CH_2 - OH$

Propanol-(1), prim. Propylalkohol, norm. Propylalkohol $CH_3 - CH_2 - CH_2 - OH$

Propanol-(2), sek. Propylalkohol, Isopropylalkohol $CH_3 - CH(OH) - CH_3$ usw.

Treten an den Stammkern mehr als eine -OH-Gruppe, so erhält man dementsprechend -diole, -triole, -tetrole usw., wobei die Stellung der -OH-Gruppen wie oben in Klammern nachgesetzt wird, z. B.

Äthandiol, Äthylenglykol $CH_2(OH) - CH_2(OH)$

Propantriol-(1,2,3), Glycerin $CH_2(OH) - CH(OH) - CH_2(OH)$

In der Naphthenreihe werden die Alkohole auf gleiche Weise bezeichnet, wenn die -OH-Gruppe am Stammkern sitzt, wie z. B.

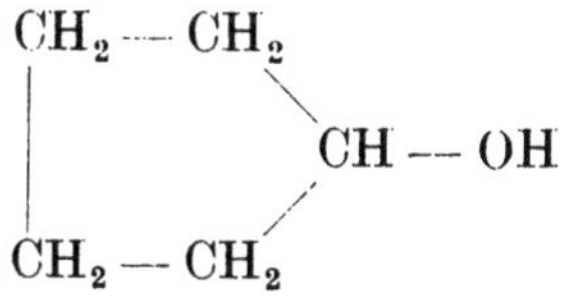

Cyclopentanol

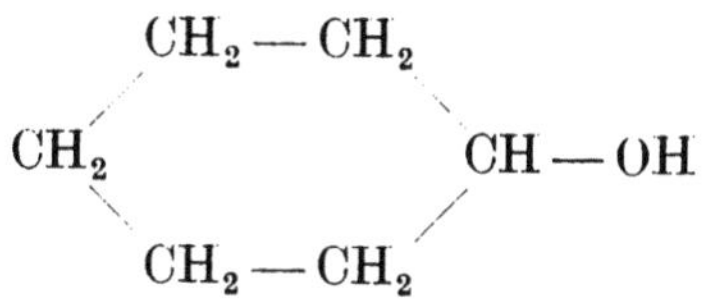

Cyclohexanol

Befindet sich jedoch die -OH-Gruppe in der Seitenkette, wird die Verbindung als naphthensubstituierter Alkohol aufgefaßt

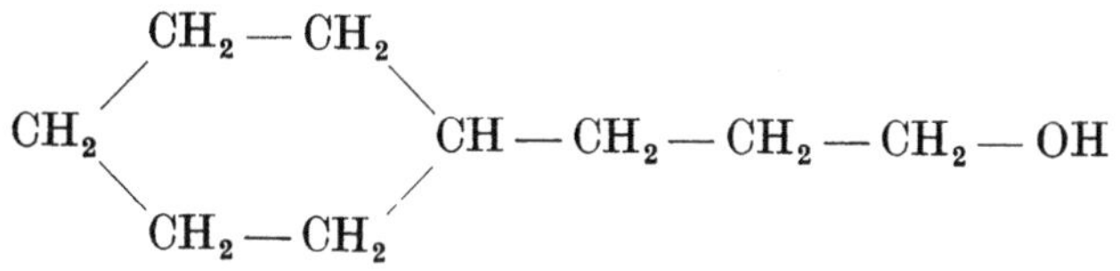

3-Cyclohexyl-Propanol-(1)

In der aromatischen Reihe heißen diese Verbindungen allgemein Phenole; nach der Genfer Nomenklatur bezeichnet man sie als Oxyverbindungen ihrer Stammkerne, wie z. B.

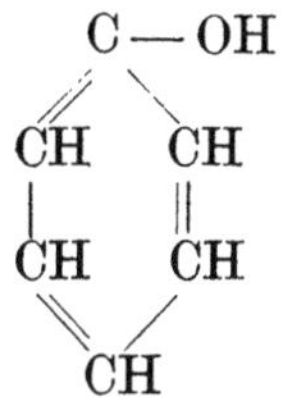

Oxybenzol, Phenol

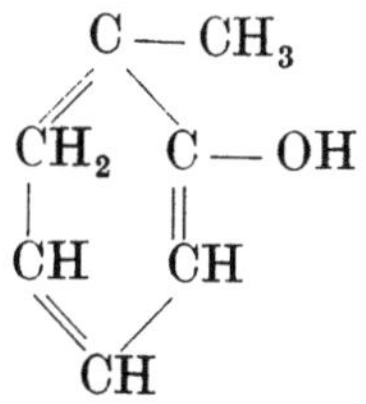

2-Oxy-1-methylbenzol, Kresol

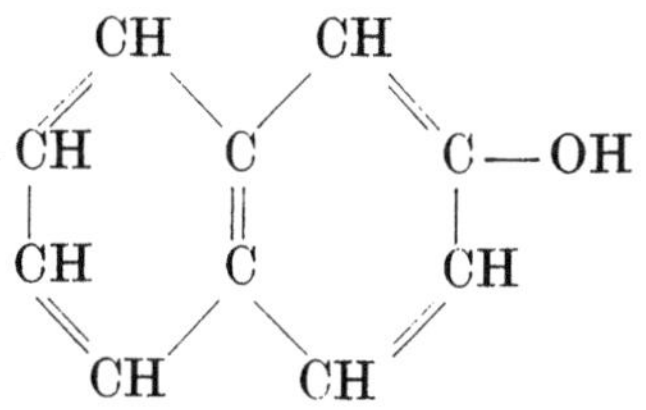

2-Oxynaphthalin, β-Naphthol

Die Oxyverbindungen der paraffinischen und naphthenischen Reihe sind neutrale Alkohole, die Oxyverbindungen der Aromaten haben sauren Charakter und sind teilweise korrosiv.

2. Oxoverbindungen, charakteristische Gruppe $=O$. Diese Verbindungen werden allgemein nach der Genfer Nomenklatur dadurch bezeichnet, daß man an den Stammkern die Silbe -al anhängt, wenn die $=O$-Gruppe endständig ist; ist die $=O$-Gruppe mittelständig, wird an den Stammkern die Silbe -on angehängt und ihre Stellung im Molekül durch Ziffernbezeichnung in Klammern angefügt, also z. B.

$$H-C\diagup^{O}_{\diagdown H} \quad \text{Methanal, Formaldehyd}$$

$$CH_3-C\diagup^{O}_{\diagdown H} \quad \text{Äthanal, Acetaldehyd}$$

$$CH_3-CH_2-C\diagup^{O}_{\diagdown H} \quad \text{Propanal, Propionaldehyd}$$

$$CH_3-\underset{\underset{O}{\|}}{C}-CH_3 \quad \text{Propanon, Aceton} = \text{Dimethylketon}$$

$$CH_3-CH_2-CH_2-C\diagup^{O}_{\diagdown H} \quad \text{Butanal, Butyraldehyd}$$

$$CH_3-\underset{\underset{O}{\|}}{C}-CH_2-CH_3 \quad \text{Butanon, Methyläthylketon}$$

$$CH_3-CH_2-CH_2-CH_2-C\diagup^{O}_{\diagdown H} \quad \text{Pentanal, Valeraldehyd}$$

$$CH_3-\underset{\underset{O}{\|}}{C}-CH_2-CH_2-CH_3 \quad \text{Pentanon-(2), Methylpropylketon}$$

$$CH_3-CH_2-\underset{\underset{O}{\|}}{C}-CH_2-CH_3 \quad \text{Pentanon-(3), Diäthylketon}$$

$$CH_3-CH_2-\underset{CH_3}{CH}-C\diagup^{O}_{\diagdown H} \quad \text{2-Methyl-butanal-(1), Methyläthylacetaldehyd}$$

$$CH_3-\underset{\underset{O}{\|}}{C}-\underset{\underset{CH_3}{|}}{CH}-CH_3 \quad \text{2-Methyl-butanon-(3), Methylisopropylketon}$$

Für die Naphthenreihe gilt dieselbe Regel, z. B.

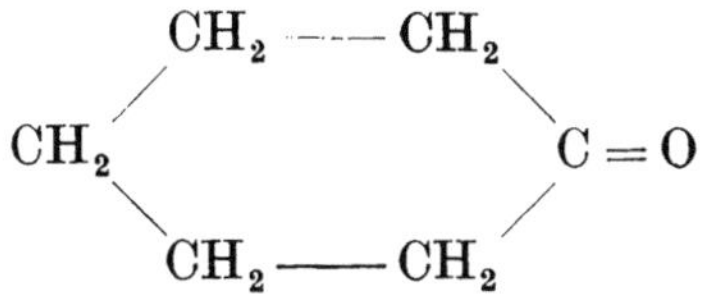

$$CH_2—CH_2—CH_2—CH_2—CH_2—CH_2 \quad C=O$$

Cyclohexanon

(In dieser Klasse gibt es natürlich keine endständigen =O-Gruppen, also keine Aldehyde, ausgenommen in Seitenketten.)

In der Aromatenreihe kommen derlei Verbindungen nicht vor, weil die Kohlenstoffe des Benzolringes nur eine vollwertige freie Valenz besitzen.

Zu den Oxoverbindungen gehören noch folgende Klassen, welche bei der Mineralölalterung eine Rolle spielen dürften:

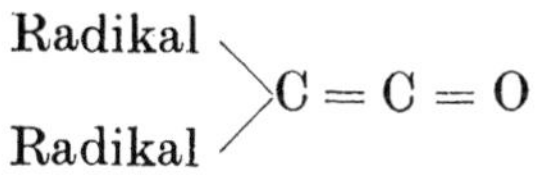

Radikal $\quad$ Radikal $\quad$ C = C = O

Ketene

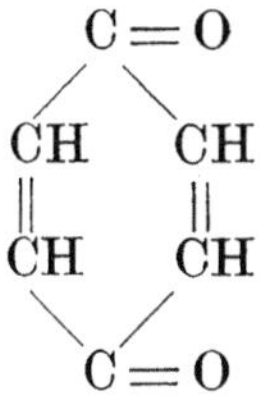

$$C=O, \; CH, \; CH, \; CH, \; CH, \; C=O$$

Chinone

$$CH_2—C=O, \; CH_2—CH_2, \; O$$

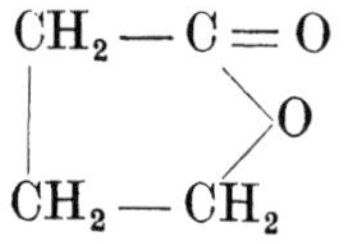

Laktone

3. Karbonsäuren, charakteristische Gruppe $C{<}^{O}_{OH}$. Diese Verbindungen haben durchwegs sauren Charakter und werden daher auch als organische Säuren bezeichnet. Da die Karbonsäuregruppe einen Kohlenstoff mit drei freien Valenzen voraussetzt, kann dieselbe nur in der aliphatischen Reihe (Reihe der Kohlenwasserstoffketten) auftreten, in der Naphthen- und Aromatenreihe nur in den Seitenketten. Nach der Genfer Nomenklatur bezeichnet man dieselben eindeutig dadurch, daß man dem Namen der Kohlenstoffkette die Bezeichnung -säure anhängt, wie z. B. (danebengesetzt sind die Trivialnamen):

$H—COOH$ Methansäure, Ameisensäure

$CH_3—COOH$ Äthansäure, Essigsäure

$CH_3—CH_2—COOH$ Propansäure, Propionsäure

$CH_3—CH_2—CH_2—COOH$ Butansäure, Buttersäure

$CH_3—CH_2—CH_2—CH_2—COOH$ usw. Pentansäure, Valeriansäure

Seitenketten oder naphthenische und aromatische Ringe als Seitenketten werden genau so festgelegt wie die Seitenketten bei den Kohlenwasserstoffketten, z. B.

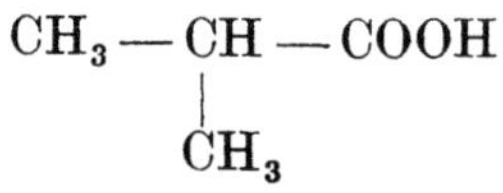

$$CH_3—CH—COOH \quad CH_3$$

2-Methyl-äthansäure-(1), Dimethylessigsäure

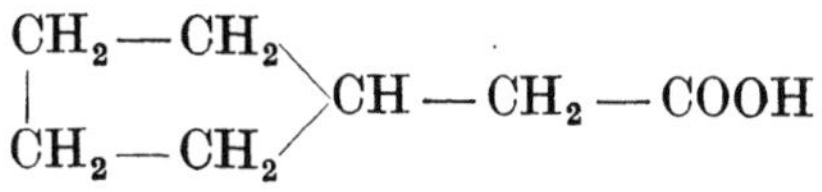

$$CH_2—CH_2, \; CH_2—CH_2 \quad CH—CH_2—COOH$$

Cyclopentyläthansäure, Cyclopentylessigsäure

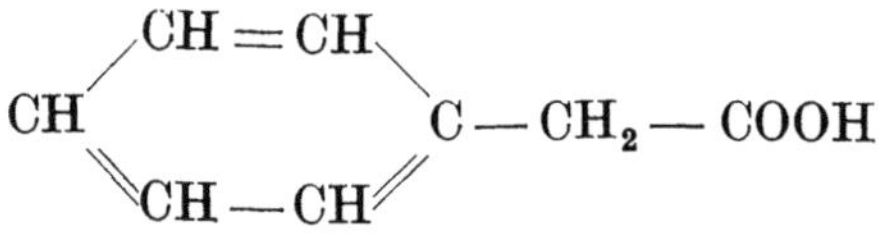

$$CH, \; CH=CH, \; CH—CH, \; C—CH_2—COOH$$

Phenyläthansäure, Phenylessigsäure

4. Einige dieser Verbindungen können sich unter Wasserabspaltung miteinander verbinden und ergeben auf diese Weise folgende Verbindungen oder Gruppen:

Äther. Diese Verbindungen entstehen dadurch, daß zwei Alkohole unter Wasserabspaltung sich zu einer Verbindung (Äther) zusammenschließen, z. B.

$$CH_3 \cdot CH_2 \cdot OH + CH_3 \cdot CH_2 \cdot OH = CH_3—CH_2—O—CH_2—CH_3 + H_2O$$

Äthanol   Äthanol   Diäthyläther   Wasser

Ebenso entstehen aus

$$\begin{matrix} CH_2—CH_2 \\ | \qquad | \\ CH_2—CH_2 \end{matrix} CH \cdot OH + CH_3 \cdot CH_2 \cdot OH = \begin{matrix} CH_2—CH_2 \\ | \qquad | \\ CH_2—CH_2 \end{matrix} CH—O—CH_2 \cdot CH_3 + H_2O$$

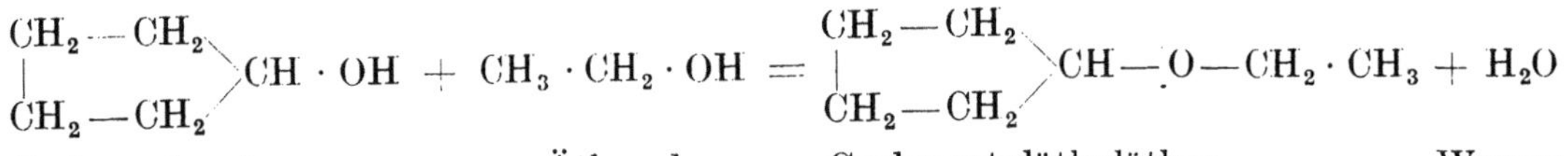

Cyclopentanol   Äthanol   Cyclopentyläthyläther   Wasser

$$\bigcirc—OH + CH_3 \cdot CH_2 \cdot OH = \bigcirc—O—CH_2 \cdot CH_3 + H_2O$$

Oxybenzol,   Äthanol   Oxybenzyläthyläther,   Wasser
Phenol   Phenyläthyläther

Ester. Diese Verbindungen entstehen dadurch, daß ein Alkohol und eine Säure unter Wasserabspaltung sich zu einer Verbindung (Ester) zusammenschließen, z. B.

$$CH_3 \cdot CH_2 \cdot OH + CH_3 \cdot COOH = CH_3 \cdot CH_2—O—CO \cdot CH_3 + H_2O$$

Äthylalkohol   Essigsäure   Essigsäureäthylester   Wasser

Ebenso entstehen aus

$$\begin{matrix} CH_2—CH_2 \\ | \qquad | \\ CH_2—CH_2 \end{matrix} CH \cdot OH + CH_3 \cdot COOH = \begin{matrix} CH_2—CH_2 \\ | \qquad | \\ CH_2—CH_2 \end{matrix} CH—O—CO \cdot CH_3 + H_2O$$

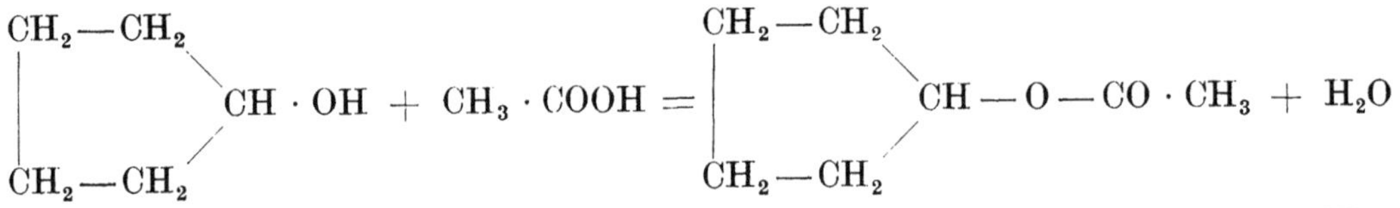

Cyclopentanol   Essigsäure   Essigsäurecyclopentylester   Wasser

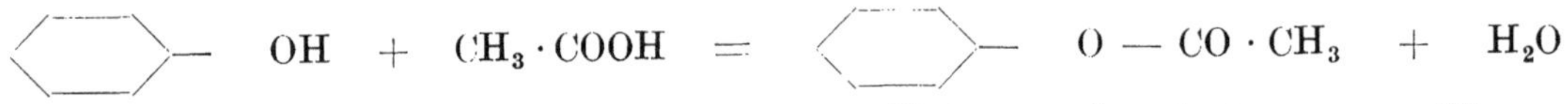

$$\bigcirc—OH + CH_3 \cdot COOH = \bigcirc—O—CO \cdot CH_3 + H_2O$$

Phenol   Essigsäure   Essigsäurephenylester   Wasser

Säureanhydride. Diese Verbindungen entstehen dadurch, daß zwei organische Säuren unter Wasserabspaltung sich zu einer Verbindung zusammenschließen, z. B.:

$$CH_3 \cdot CH_2 \cdot COOH + CH_3 \cdot CH_2 \cdot COOH = CH_3 \cdot CH_2 \cdot CO—O—CO \cdot CH_2 \cdot CH_3 + H_2O$$

Propionsäure   Propionsäure   Propionsäureanhydrid   Wasser

5. Ebenso wie die Carbonsäuren können sich auch anorganische Säuren mit organischen Radikalen bilden. Für den Erdöltechniker sind von dieser Gruppe nur folgende Klassen von besonderem Interesse:

a) Sulfinsäuren. Diese Verbindungen entstehen theoretisch dadurch, daß ein Kohlenwasserstoff sich mit einem Molekül der schwefeligen Säure unter Wasserabspaltung zu einer neuen Verbindung zusammenschließt, z. B.:

$$CH_3-CH_2-CH_3 \ + \ H_2SO_3 \ = \ CH_3-CH_2-CH_2-SO_2H \ + \ H_2O$$

Propan   schweflige Säure   Propylsulfinsäure   Wasser

Genau das gleiche gilt auch für die Naphthene und Aromaten.

b) Sulfonsäuren. Diese Verbindungen entstehen theoretisch dadurch, daß ein Kohlenwasserstoff sich mit einem Molekül der Schwefelsäure unter Wasserabspaltung zu einer neuen Verbindung zusammenschließt, z. B.:

$$CH_3-CH_2-CH_3 \ + \ H_2SO_4 \ = \ CH_3-CH_2-CH_2-SO_3H \ + \ H_2O$$

Propan   Schwefelsäure   Propylsulfonsäure   Wasser

Benzol   Schwefelsäure   Benzolsulfonsäure   Wasser

6. Ebenso wie organische Säuren und Alkohole Ester bilden, entstehen aus anorganischen Säuren und Alkoholen oder Phenolen unter Wasserabspaltung ebenfalls Ester, z. B.:

$$CH_3-CH_2-CH_2-OH \ + \ H_2SO_4 \ = \ CH_3-CH_2-CH_2-O-SO_3H \ + \ H_2O$$

Propylalkohol   Schwefelsäure   Schwefelsäureester des Propylalkohols   Wasser

Auf gleiche Weise bildet sich aus drei Molekülen Kresol und einem Molekül Phosphorsäure unter Abspaltung von drei Molekülen Wasser ein Molekül Trikresylphosphat:

Kresol   Phosphorsäure   Trikresylphosphat   Wasser

7. *Amine.* Charakteristische Gruppe -NH_2. Diese Verbindungen haben basischen Charakter, sind nicht korrosionsgefährlich und bilden mit Säuren Salze. Man bezeichnet diese Klasse von Kohlenwasserstoffen mit der Gruppe -NH_2 als Substituent als Amine. Nach der Genfer Nomenklatur wird die Stellung der -NH_2-Gruppe genau auf gleiche Weise gekennzeichnet wie die Stellung von Seitenketten, also z. B.:

$$CH_3-CH_2-CH_2-NH_2$$
1-Aminopropan

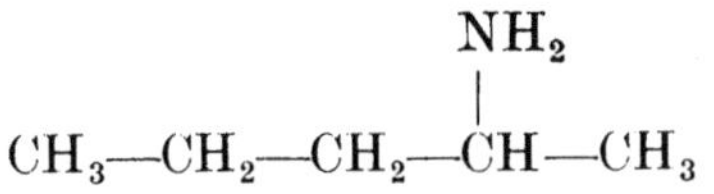

$$CH_3-CH_2-CH_2-\overset{\displaystyle NH_2}{\underset{|}{CH}}-CH_3$$
2-Amino-Pentan

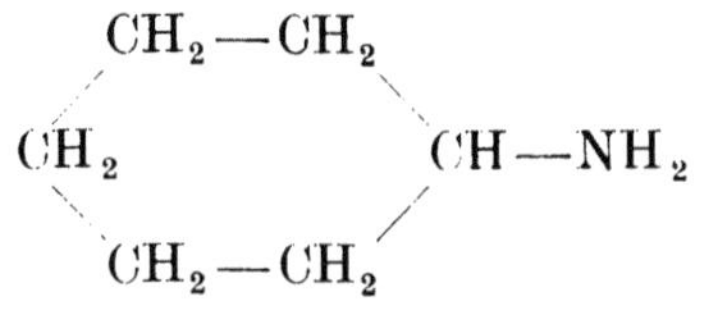

Aminocyclohexan

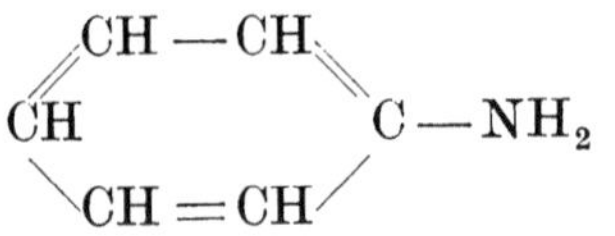

Aminobenzol = Anilin

2. Der chemische Aufbau von natürlichen Mineralölen und Mineralölprodukten

Die Erdöle bestehen im Wesen aus reinen Kohlenwasserstoffen, welche, wie ihr Name schon besagt, aus den Elementen Kohlenstoff und Wasserstoff aufgebaut sind und enthalten nur verschwindend kleine Mengen an sauerstoff-, stickstoff- und schwefelhaltigen Kohlenwasserstoffverbindungen. Während die im Erdgas vorhandenen Verbindungen vollkommen bekannt sind, weiß man von der Zusammensetzung der Benzin- und Petroleumdestillate heute schon so viel, daß man sich darüber ein verhältnismäßig klares Bild machen kann. Über die chemischen Verbindungen, aus denen sich die höheren Fraktionen des Erdöles, besonders aber die Erdöl- und Naturasphalte aufbauen, besteht noch vielfach Unklarheit.

Die Erdgase enthalten hauptsächlich Methan, Äthan, Propan, Butan, Isobutan sowie höhere Kohlenwasserstoffe mit tiefem Siedepunkt. Als Begleitgase treten meist Kohlensäure, Kohlenmonoxyd, Schwefelwasserstoff, Stickstoff, Wasserstoff, Sauerstoff, Helium und Argon auf. Die Zusammensetzung der Erdgase hängt hauptsächlich von ihrer geologischen Lagerung ab, ob dieselben für sich allein vorkommen oder ob sie über Rohölen lagern. Im ersten Falle spricht man von trockenen Erdgasen, welche hauptsächlich aus Methan und Äthan bestehen, nebenbei aber in wechselnden Mengen alle anderen oben erwähnten Bestandteile, soweit sie bei normaler Temperatur gasförmig sind, enthalten. Im zweiten Falle spricht man von nassen Erdgasen, welche je nach der Zusammensetzung des darunter liegenden Rohöles auch noch Pentan, Hexan, Heptan und Oktan als normale oder verzweigte Verbindungen enthalten, ferner die Naphthene Cyclopentan und Cyclohexan mit ihren nächsten Homologen und schließlich die Aromaten Benzol, Toluol und Xylol usw., entsprechend ihrem Dampfdruck.

Die leichten Rohölfraktionen. Während im Erdgas entsprechend den Dampfdrücken hauptsächlich nur Kettenkohlenwasserstoffe vorhanden sein können und auch tatsächlich vorhanden sind, liegen die Verhältnisse bei den leichten Erdölfraktionen schon wesentlich anders. Das Vorkommen sämtlicher Kohlenwasserstofftypen, also Paraffine, Isoparaffine, Naphthene und Aromaten liegt hier im Bereich der Möglichkeit und ist nur von der Art des Rohöles abhängig. Während z. B. im pennsylvanischen Rohöl der paraffinische Charakter vorherrscht, bilden in Borneo- und Sumatra-Rohölen die Aromaten einen gewichtigen Prozentsatz, welcher dem daraus hergestellten Benzin charakteristische, technologisch wichtige Eigenschaften verleiht.

Nach den bisherigen Untersuchungen wurden in straightrun Benzinen folgende Verbindungen festgestellt:

Von den Paraffinen Pentan, Hexan, Heptan, Oktan, Nonan, Dekan, Undecan und deren Isomere.

An cyclischen gesättigten Kohlenwasserstoffen Cyclopentan und Methylcyclopentane, Cyclohexan und einige seiner Methylsubstitutionsprodukte sowie Cycloheptan. Während die Methylcyclonaphthene merkwürdigerweise vorherrschen, hat man doch auch einige Äthylsubstitutionsprodukte nachweisen können, welche allerdings nur vereinzelt festgestellt werden konnten. Die Aufklärung der Konstitution der Naphthene über $C_{10}H_{20}$ ist nur vereinzelt gelungen, es wurden aber auch hier hauptsächlich methylsubstituierte Naphthene gefunden.

An Aromaten Benzol und seine Methyl- und Äthylsubstitutionsprodukte sowie Naphthalin und dessen Methyl- und Äthylsubstitutionsprodukte. Derivate des Anthracens oder höherer Ringverbindungen sind bis heute nicht festgestellt worden. Über die Zusammensetzung der Petroleumfraktionen der verschiedenen Rohöle liegen nur wenige wissenschaftliche Arbeiten vor, doch scheinen sich die Erkenntnisse bezüglich der Benzinfraktionen bei den Petroleumfraktionen fortzusetzen.

Die höheren Rohölfraktionen sind Gemische sämtlicher Kohlenwasserstoffarten wie Paraffine, Naphthene und Aromaten mit wechselnder Zusammensetzung. Vollkommen eindeutig wurde jedoch festgestellt, daß keine Verbindungen mit aktiven Doppelbindungen im Rohöl vorkommen. Solche Verbindungen entstehen erst bei der Krackung von Erdölkohlenwasserstoffen; gegenteilige Untersuchungsergebnisse sind darauf zurückzuführen, daß eine Krackung auch bei einer sehr schonenden Destillation nicht vollkommen vermieden werden kann.

Die Rohöle sind nicht nur sehr komplexe Gemische aus einer großen Anzahl von Individuen, welche den verschiedenen aufgezählten Reihen von Kohlenwasserstoffen angehören, sondern die Grenzen zwischen Paraffinen, Naphthenen und Aromaten sind auch besonders dadurch verwischt, daß vorwiegend Verbindungen vorkommen, wie gerade oder verzweigte Kohlenwasserstoffketten, welche gleichzeitig einen oder mehrere aromatische Kerne enthalten oder aber gesättigte Kohlenwasserstoffringe mit mehreren paraffinischen Seitenketten oder aromatische Kohlenwasserstoffringe mit mehreren paraffinischen Seitenketten oder aber gesättigte Kohlenwasserstoffringe kombiniert mit aromatischen Ringen und schließlich Benzolkerne kombiniert mit gesättigten Kohlenwasserstoffringen und mit paraffinischen Seitenketten und dergleichen mehr.

Bei den Versuchen, die Konstitution der Rohöle aufzuklären, wurde nun wegen der offensichtlichen Schwierigkeit, einzelne Kohlenwasserstoffe aus den Ölen rein abzutrennen und zu identifizieren, der Weg eingeschlagen, Kohlenwasserstoffe der verschiedenen Typen synthetisch herzustellen und ihre physikalischen Eigenschaften mit denen der entsprechenden Erdölfraktionen zu vergleichen.

Außer den Kohlenwasserstoffen der Paraffin-, Naphthen- und Aromatenreihe sind in den natürlichen Mineralölen noch sehr geringe Mengen sauerstoff-, stickstoff- und schwefelhaltiger Verbindungen vorhanden. Ungesättigte Verbindungen wie Olefine, Diene und Triene usw. fehlen im Rohöl vollkommen, wohl aber sind diese Verbindungen in vielen Mineralölprodukten infolge einer während der Verarbeitung (Destillation) eingetretenen Krackung vorhanden und sie bilden einen wesentlichen Teil jener Mineralölprodukte, welche aus dem Rohöl durch thermisches oder katalytisches Kracken hergestellt werden wie Krackbenzin, Krackpetroleum und Krackgasöl.

Von den Verbindungen, welche außer den Kohlenwasserstoffen in geringen Mengen in den Rohölen vorkommen, sind noch die folgenden von Wichtigkeit:

1. Die Sauerstoffverbindungen:

a) Paraffinkarbonsäuren mit der Summenformel $C_nH_{2n}O_2$, wie z. B.

$$CH_3-CH_2-CH_2-CH_2-CH_2-C\diagup^{\textstyle O}_{\textstyle OH,} \qquad {CH_3-CH_2 \atop CH_3-CH_2}\!\!\diagdown\!\!{}^{\textstyle}CH-CH_2-C\diagup^{\textstyle O}_{\textstyle OH}$$

n-Hexylsäure   Diäthylpropionsäure

b) Cyclische Karbonsäuren mit der Summenformel $C_nH_{2n-2}O_2$ und $C_nH_{2n-4}O_2$, wie z. B.:

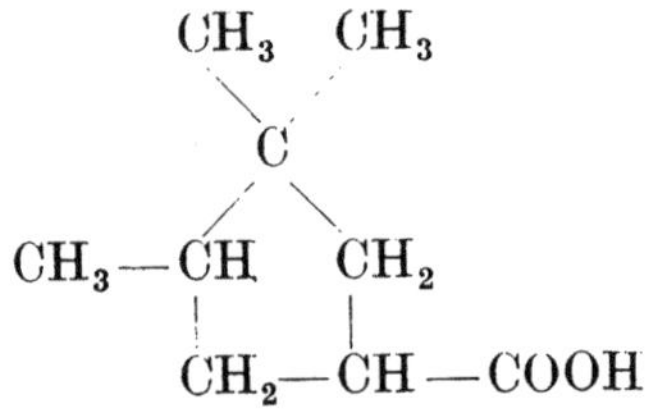

1, 1, 5-Trimethylcyclopentankarbonsäure-(3)

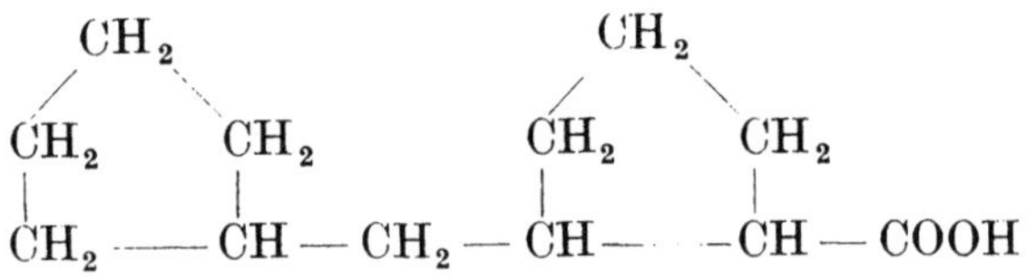

Schema einer bicyclischen Dodecanaphthensäure

c) Aromatische Oxyverbindungen, auch Phenole genannt, mit der Summenformel $C_nH_{2n-6}O$, wie z. B.:

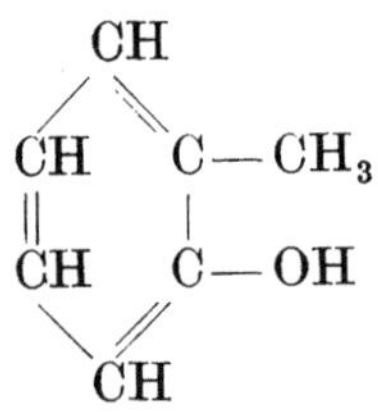

2-Oxy-1-methylbenzol
o-Kresol

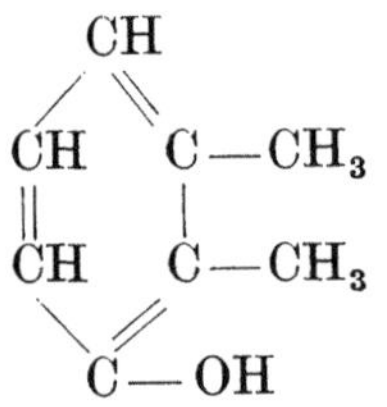

3-Oxy-1, 2-dimethylbenzol
1, 2, 3-Xylenol

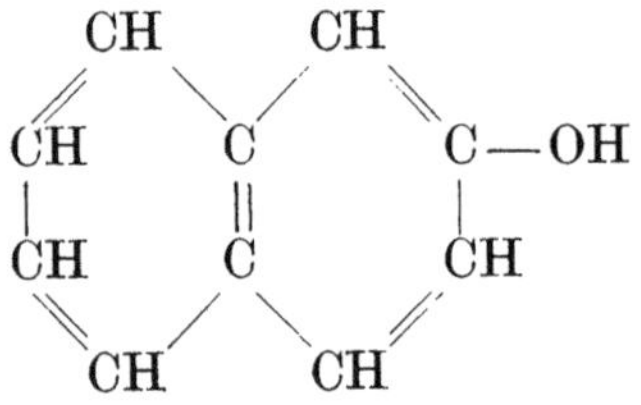

β-Naphtol

Diese drei Gruppen von Sauerstoffverbindungen haben sauren Charakter und sind daher korrosionsgefährlich; sie werden im Zuge der Verarbeitung des Erdöles entweder durch Vorlaugung, durch Schwefelsäureraffination mit nachfolgender Laugung oder durch Selektivraffination entfernt. In reiner Form gewonnen werden sie Spezialzwecken zugeführt.

2. Die Schwefelverbindungen:

Diese unterteilen sich in

a) Schwefel in reiner Form, chemische Bezeichnung: S,

b) Schwefel an Wasserstoff gebunden als Schwefelwasserstoff mit der Formel: H—S—H = Summenformel: H_2S,

c) Schwefelkohlenstoff mit der Formel: S=C=S, Summenformel = CS_2,

d) Mercaptane, das sind Schwefelverbindungen, welche sich chemisch vom Schwefelwasserstoff ableiten, wobei ein Wasserstoffatom des Schwefelwasserstoffes durch ein Radikal ersetzt ist, z. B.:

$CH_3—CH_2—S—H$

Äthylmercaptan

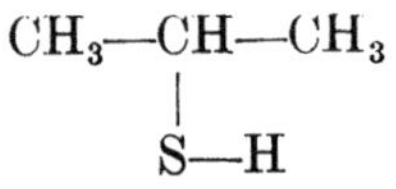

Isopropylmercaptan

$CH_3—CH_2—CH_2—CH_2—S—H$

Butylmercaptan

e) Alkyldisulfide, das sind Schwefelverbindungen, welche sich chemisch ebenfalls vom Schwefelwasserstoff ableiten, in denen jedoch beide Wasserstoffatome des Schwefelwasserstoffes durch Radikale ersetzt sind, z. B.:

$CH_3 — S — CH_3$

Methylsulfid

$CH_3 — CH_2 — CH_2 — S — CH_2 — CH_3$

Äthylpropylsulfid

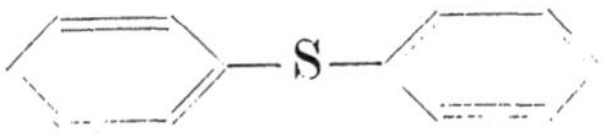

Diphenylsulfid

f) Hydrothiophene sind cyklische Sulfide gesättigter Natur; ihre Struktur wird am leichtesten verständlich, wenn man sich in einem gesättigten Kohlenwasserstoffring ein —CH_2— durch —S— ersetzt denkt, z. B.:

Tetrahydrothiophen   4-Methyltetrahydrothiophen   Pentamethylensulfid

g) Thiophene, das sind cyclische Sulfide ungesättigter Natur, z. B.:

Thiophen   4-Methylthiophen   2,3-Dimethylthiophen

Diese sieben Gruppen von Schwefelverbindungen sind in den Erdölen und deren Spaltprodukten (Krackprodukten) mehr oder weniger vorhanden. Während alle Schwefelverbindungen, in welchen der Schwefel ringförmig gebunden ist, kaum korrosionsgefährlich sind, verursachen alle Schwefelverbindungen, welche sich vom Schwefelwasserstoff ableiten, also der Schwefelwasserstoff selbst, die Mercaptane und wohl in geringerem Maße auch die Alkyldisulfide, besonders in den Destillationsapparaturen schwere Korrosionen, so daß dieselben, wenn sie in größeren Mengen im Erdöl vorhanden sind, durch Vorlaugung des Rohöles vor dessen Destillation entfernt werden müssen.

3. Die Stickstoffverbindungen:

Die Stickstoffverbindungen, welche bisher aus dem Erdöl isoliert werden konnten, zeigen alle den Stickstoff nur ringförmig gebunden; ihre Struktur wird am leichtesten verständlich, wenn man sich in einem Benzolkern oder im Naphthalin eine —CH=- Gruppe durch —N= ersetzt denkt, z. B.:

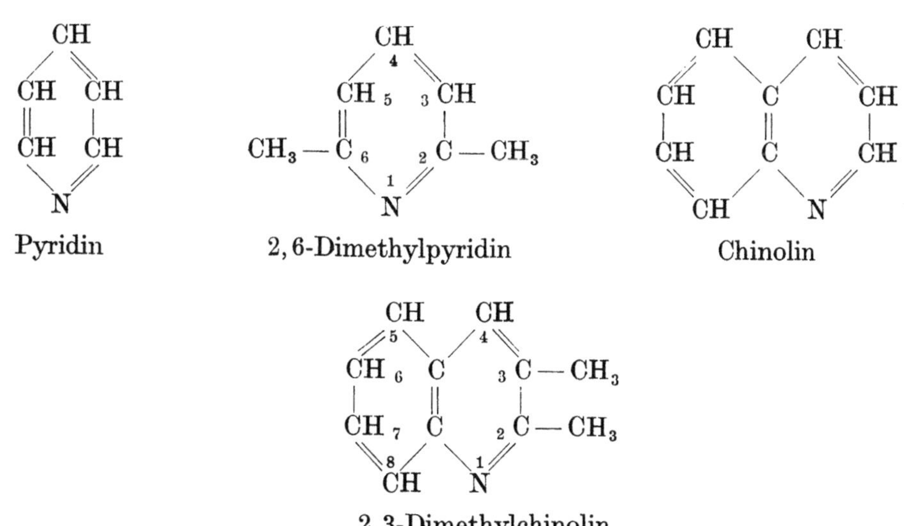

Pyridin   2,6-Dimethylpyridin   Chinolin

2,3-Dimethylchinolin

$$7,8\text{-Benzochinolin} \qquad\qquad 2,3\text{-Dimethyl-}7,8\text{-Benzochinolin}$$

Die Stickstoffverbindungen sind für den Erdöltechniker uninteressant, weil sie bei der Verarbeitung kaum stören und anderseits nicht für Spezialzwecke isoliert und weiterverarbeitet werden, da sie in zu geringen Mengen vorkommen.

3. Die Einteilung und Charakterisierung der Rohöle und Mineralölprodukte nach technologischen Gesichtspunkten

Das Rohöl, welches auch Erdöl, Rohpetroleum, Rohnaphtha oder Mineralöl genannt wird, ist gewöhnlich dunkelbraun in der Durchsicht und zeigt im auffallenden Licht eine blaugrüne bis gelbgrüne Fluoreszenz. Je nach seinem Gehalt an leichtsiedenden Anteilen ist es dünnflüssig bis zähflüssig, bei hohem Paraffingehalt in der Kälte salbenartig bis fest. Die selten vorkommenden hellen (asphaltfreien) Erdöle sind gelb bis rot und wurden früher sehr hoch geschätzt, da sie sich sehr leicht auf lichte Öle und Vaseline verarbeiten lassen, heute spielt dies keine ausschlaggebende Rolle mehr, da die Erdölindustrie durch die neueste Entwicklung der Raffinerietechnik von der Art des Rohöls mehr oder minder unabhängig geworden ist.

Die heute bekannten Erdöle in bestimmte, festumrissene Klassen einzuteilen ist infolge der ungleichmäßigen Ausführung der Analysen in den verschiedenen Ländern nur schwer durchzuführen. Nach Prof. St. v. Pilat ist es vom Standpunkt des Erdöltechnikers am besten, die Erdöle vom Gesichtspunkt der raffineriemäßigen Verarbeitung in paraffinhaltige und paraffinfreie einzuteilen. Jede dieser Gruppen ist weiter in asphalthaltige und asphaltfreie Erdöle zu unterteilen, wodurch sich folgendes Grundschema ergibt:

In Amerika werden die Rohöle nach gleichen Gesichtspunkten eingeteilt in:

Paraffinbasisch (Topprückstand paraffinhaltig, asphaltfrei)

Asphaltbasisch (Topprückstand paraffinfrei, asphalthaltig)

Gemischtbasisch (Topprückstand paraffinhaltig, asphalthaltig)

Diese beiden Klassifikationsarten, welche sich in der ganzen Erdölindustrie eingebürgert haben, werden in absehbarer Zeit wohl etwas abgeändert werden müssen, da es sich bei Selektivraffinationen gezeigt hat, daß die meisten sogenannten paraffinfreien Erdöle Raffinate ergeben haben, welche nicht nur schlechte Stockpunkte aufwiesen, sondern nach längerem Stehen Paraffin direkt ausschieden. Dies ist leicht erklärlich, weil bei der Selektivraffination die Paraffinlöser, wie Aromaten, polycyclische Verbindungen usw. ausgeschieden werden, so daß sich im Raffinat hauptsächlich die flüssigen und festen Paraffinkohlenwasserstoffe konzentrieren, welche keine große gegenseitige Löslichkeit aufweisen. Berücksichtigt man diese Tatsachen, so ergibt sich, daß die meisten Erdöle paraffin- und asphalthaltig sind und somit eigentlich als gemischbasisch anzusprechen sind.

Die Einteilung der Rohöle in paraffinische, naphthenische und aromatische Rohöle, je nach der Art der Kohlenwasserstoffe aus denen sie hauptsächlich bestehen, wurde wohl von W. A. GRUSE versucht, vermochte sich jedoch nicht durchzusetzen, da, wie erwähnt, die mehr oder weniger vollkommene analytische Zerlegung eines Öles in chemische Individuen nur bei den leichtesten Fraktionen gelungen ist.

In technologischer Beziehung werden Mineralöle vor allem durch ihre physikalischen Eigenschaften charakterisiert. Durch den Vergleich mit synthetisch hergestellten Modellkohlenwasserstoffen gelingt es auch, aus dem Zahlenwert, den eine der physikalischen Eigenschaften annimmt, gewisse Aussagen über die Art der Kohlenwasserstoffe zu machen, welche überwiegend am Aufbau des betrachteten Produktes beteiligt sind. Erleichtert wird dies dadurch, daß man bei einer homologen Reihe von Kohlenwasserstoffen die meisten physikalischen Eigenschaften als eine empirische Funktion der Kohlenstoffzahl oder auch des Molgewichtes angeben und auch in eine Relation zueinander bringen kann [1]. Beispielsweise ist es möglich, die Dichte als eine Funktion des Siedepunktes anzugeben, wie dies in Abb. 1 geschehen ist.

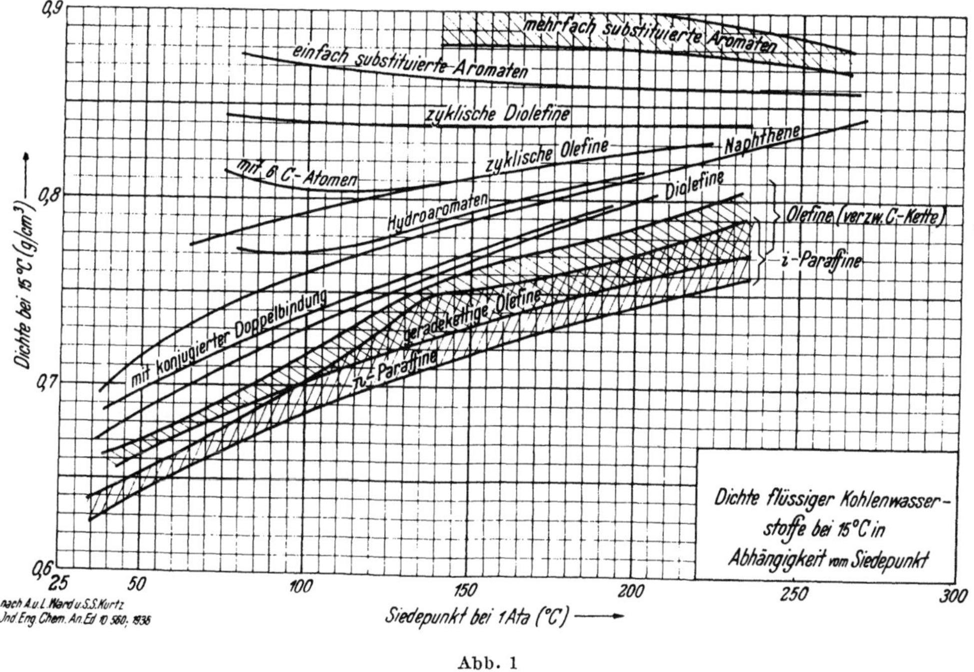

Abb. 1

Für die Charakterisierung werden vor allem folgende Eigenschaften herangezogen, die für reine Kohlenwasserstoffe zum Teil der Tab. 3 entnommen werden können.

---

[1] Siehe auch FRANCIS [11] und KURTZ und LIPKIN [12].

1. Physikalische Eigenschaften:

a) die Dichte oder das spezifische Gewicht (s. S. 34 ff),

b) die Viskosität (s. S. 75 ff.),

c) der Stockpunkt (s. S. 82),

d) der Siedepunkt (s. S. 156 ff.),

e) Die Lichtbrechung. Der Brechungsindex von Kohlenwasserstoffen steigt innerhalb derselben Kohlenwasserstoffklasse mit zunehmendem Molgewicht stark an. Für Kohlenwasserstoffe gleichen Molgewichtes nimmt der Brechungsindex etwa in der Reihenfolge Isoparaffine, Paraffine, Olefine, Naphthene, Aromaten zu[1]. Häufig wird als Kennzeichnungswert aus der Lichtbrechung die Molekularrefraktion (M. R.) oder die spezifische Refraktion (S. R.) abgeleitet, die durch die Gl.

$$\text{M. R.} = \frac{n^2 - 1}{n^2 + 2} \cdot \frac{M}{\varrho} \tag{1}$$

$$\text{S. R.} = \frac{n^2 - 1}{n^2 + 2} \cdot \frac{1}{\varrho} \tag{2}$$

definiert sind, in welchen n den Berechnungsindex, ϱ die Dichte und M das Molgewicht bedeutet.

2. Chemische Eigenschaften:

a) Der Wasserstoffgehalt. Der Wasserstoffgehalt eines Kohlenwasserstoffes kann sowohl in Gewichtsprozenten als auch durch das molare oder gewichtsmäßige Verhältnis von Kohlenstoff zu Wasserstoff und schließlich durch die Summenformel angegeben werden. Die Umrechnung derartiger Angaben dürfte an Hand der Erläuterungen klar sein. Wie der Abb. 2 zu entnehmen ist, in welcher der Wasserstoffgehalt der verschiedenen Klassen von Kohlenwasserstoffen gegen das Molgewicht aufgetragen ist, enthalten den meisten Wasserstoff die Paraffine und den wenigsten die Aromaten; Olefine und Naphthene liegen dazwischen.

b) Der Anilinpunkt. Anilin und Kohlenwasserstoffe sind im allgemeinen ineinander nur beschränkt löslich, erst oberhalb einer bestimmten, für jeden Kohlenwasserstoff charakteristischen Temperatur, der kritischen Lösungstemperatur, herrscht unbeschränkte

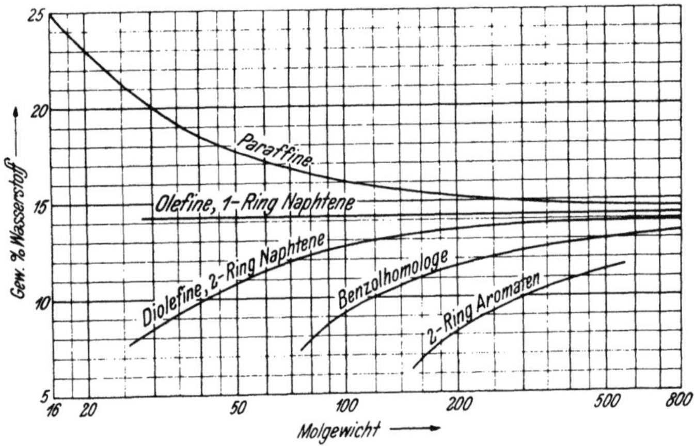

Abb. 2. Wasserstoffgehalt von Kohlenwasserstoffen in Abhängigkeit vom Molgewicht.

Löslichkeit. Wiewohl die Löslichkeit eines Stoffes zweifellos zu seinen physikalischen Eigenschaften gerechnet werden muß, ist es doch richtiger, den Anilinpunkt als eine chemische Eigenschaft aufzufassen, da er vor allem Aufschluß über die chemische Konstitution der Kohlenwasserstoffe gibt. Der Anilinpunkt gibt jene Temperatur an, bei welcher sich ein in der Hitze homogenes Gemisch aus Anilin und dem betrachteten Kohlenwasserstoff oder Mineralöl beim Abkühlen infolge Entmischung trübt. Die zu

---

[1] Angaben von Brechungsindices der Kohlenwasserstoffe s. D'Ans Lax, Seite 700, und The Sience of Petr. Vol. II, Seite 1326ff.

untersuchende Substanz wird dabei mit dem Anilin im Verhältnis 1:1 gemischt. Als „verschärften Anilinpunkt" bezeichnet man die höchste Temperatur, bei welcher durch Zusatz von Anilin über das Verhältnis 1:1 eine Trübung erhalten werden kann. Wie der Abb. 3 entnommen werden kann, nimmt der Anilinpunkt bei allen Kohlenwasserstoffen mit steigendem Molekulargewicht zu und steigt bei gleichem Molgewicht in der Reihenfolge Aromaten, Naphthene, Paraffine. Substituenten aus einer anderen Kohlenwasserstoffreihe beeinflussen den Anilinpunkt erheblich.

c) Der Flammpunkt. Der Flammpunkt eines Mineralöls gibt lediglich Aufschluß über die Anwesenheit von leichtflüchtigem Kohlenwasserstoff und sagt über die Art

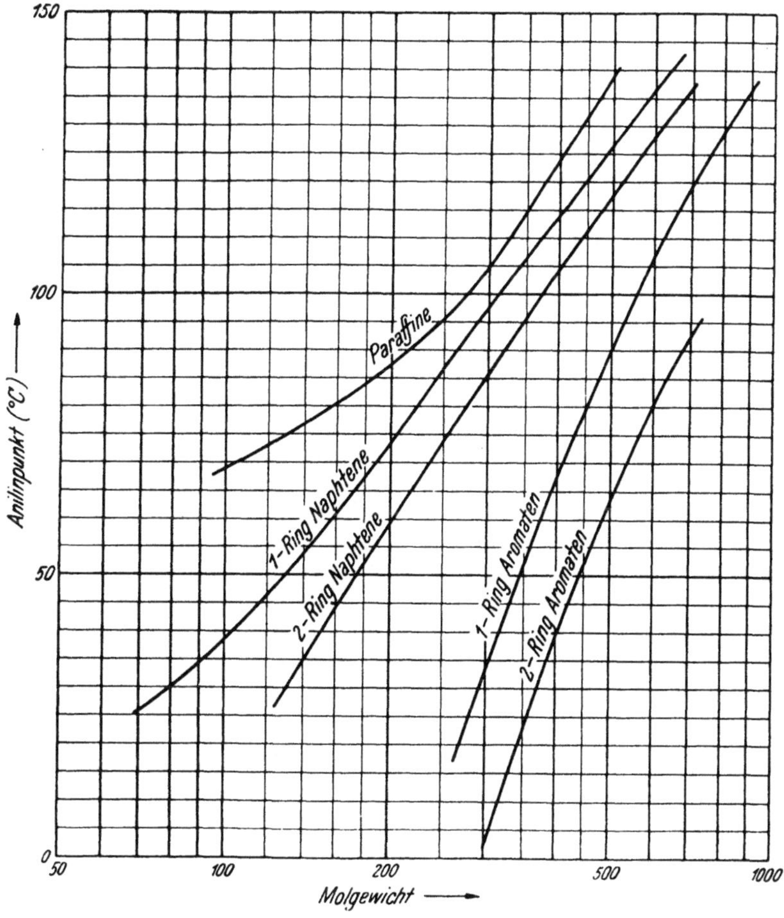

Abb. 3. Anilinpunkt von Kohlenwasserstoffen in Abhängigkeit vom Molgewicht.

der Kohlenwasserstoffe nichts aus. Ein Zusammenhang zwischen Flammpunkt und Dampfdruck bzw. Siedepunkt kann der Tafel 52 entnommen werden.

Wie aus den Abb. 1, 2 und 3 zu ersehen ist, kann man durch die Angabe einer einzigen physikalischen Eigenschaft einen Kohlenwasserstoff ohne Kenntnis, welcher homologen Reihe derselbe angehört, nicht identifizieren; man kann daher auch ein Mineralöl, in dem ja Kohlenwasserstoffe der verschiedensten Klassen nebeneinander vorhanden sind, durch die Angabe einer einzigen physikalischen Eigenschaft nicht hinreichend kennzeichnen. Man bemüht sich deshalb schon seit geraumer Zeit, aus der Kombination mehrerer physikalischer Eigenschaften einen Zahlenwert abzuleiten, durch den eine eindeutige Kennzeichnung von Kohlenwasserstoffen oder Mineralölen möglich ist. Die wichtigsten der bisher vorgeschlagenen Charakterisierungskonstanten sind:

1. Der Watsonsche Kennfaktor K_W (vgl. WATSON und NELSON [1]), zu dessen Bestimmung die Dichte und der Siedepunkt herangezogen werden und der durch die Gl.

$$K_W = 1{,}22 \frac{\sqrt[3]{T_s}}{D_{15,6}^{15,6}} \tag{3}$$

definiert ist.

Dabei bedeutet T_s die Siedetemperatur in Graden Kelvin (Graden Celsius in absoluter Zählung) und $D_{15,6}^{15,6}$ die relative, auf Wasser von 15,6° C bezogene Dichte bei eben dieser Temperatur (vgl. S. 35).

Da Mineralöle als Gemische keinen Siedepunkt, sondern einen Siedebereich besitzen, ist bei Ölen an Stelle der Siedetemperatur ein korrigierter Mittelwert, die mittlere molare Siedetemperatur $\bar{t}_M$, einzuführen. Näheres darüber s. S. 157. Die Ermittlung des Watsonschen Kennfaktors K_W kann mit Hilfe der Tafel 105 unmittelbar aus der Dichte und dem Siedeverhalten erfolgen.

Da es gelungen ist, mit Hilfe des Watsonschen Kennfaktors eine Reihe von verfahrenstechnisch wichtigen Größen in eine gegenseitige Beziehung zu bringen, wird diese Größe bei technischen Berechnungen sehr häufig benützt, obwohl, infolge der rein empirischen Grundlage, die Ergebnisse keineswegs exakt sind, noch sein können. In der folgenden Liste ist eine Übersicht der wichtigsten Diagramme gegeben, in denen eine solche gegenseitige Beziehung von physikalischen Eigenschaften hergestellt wurde.

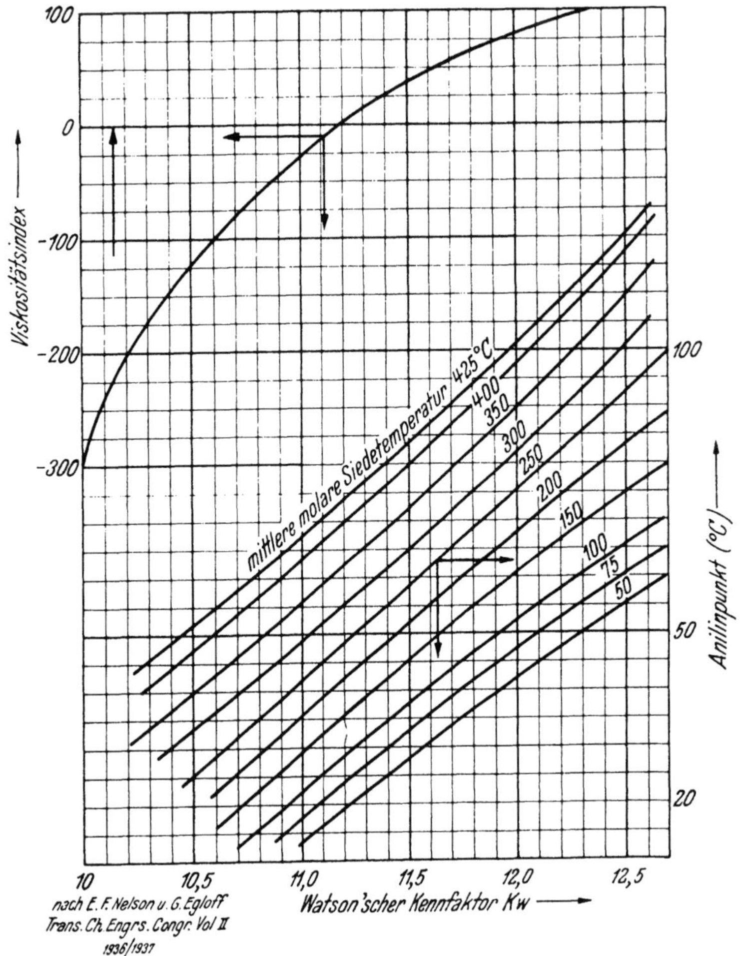

Abb. 4. Anilinpunkt und Viskositätsindex von Mineralölen als Funktion des Watsonschen Kennfaktors.

Wenn zwei beliebige von den in einem Diagramm enthaltenen Eigenschaften bekannt sind, dann sind die weiteren Eigenschaften damit festgelegt und können dem betreffenden Diagramm entnommen werden. Es muß jedoch betont werden, daß die zuverlässigsten Ergebnisse erhalten werden, wenn für die Kennzeichnung die Dichte und das Siedeverhalten herangezogen werden.

Abb. 4 .... K_W, Viskositätsindex, Anilinpunkt und mittlere molare Siedetemperatur.

Abb. 5 .... K_W, Wasserstoffgehalt, und mittlere molare Siedetemperatur.

Tafel 105 .... K_W, mittlere molare Siedetemperatur, Dichte und Molgewicht.

Tafel 44, 45, 46 ... K_W, Viskosität und mittlere molare Siedetemperatur.

In den Tafeln 57, 58, 65 und 83 bis 87, in denen die Verdampfungswärme, die spezifische Wärme und der Wärmeinhalt von Ölen und Öldämpfen in Abhängigkeit von der Temperatur angegeben ist, wurde ebenfalls der Watsonsche Kennfaktor benutzt, um die Qualität des Öles zu kennzeichnen.

Als rohe Anhaltswerte für die Größe des Kennfaktors bei verschiedenen Ölen können folgende Zahlen gelten:

$$\begin{array}{ll}
\text{Paraffinische Rohöle} & K_W = 12{,}5 \\
\text{Naphthenische Rohöle} & K_W = 11{,}2 \\
\text{Aromatenreiche Rohöle} & K_W = 10{,}5 \\
\text{Krackbenzine} & K_W = 11{,}5 \\
\text{Krackrückstände} & K_W = 9{,}7 \text{ bis } 11
\end{array}$$

2. Der Parachor P (s. SUGDEN [2] u. MEISSNER [10]) ist durch die Gl.

$$P = \frac{\sigma^{1/4}\, M}{\varrho_l - \varrho_g} \tag{4}$$

definiert, wobei σ die Oberflächenspannung in Dyn/cm, M das Molgewicht, ϱ_g die Dichte des Dampfes und ϱ_l die Dichte der Flüssigkeit bedeutet. Der Parachor ist nur sehr wenig temperaturabhängig und verhält sich außerdem additiv[1], d. h. der Parachor einer Verbindung setzt sich additiv aus den Parachoren der am Aufbau des Moleküls beteiligten Atome bzw. Radikale und den Parachorwerten für die Bindungen zusammen. In der Mineralöltechnologie ist diese Kenngröße jedoch weniger gebräuchlich.

3. Die Viskositätsdichtekonstante (V. G. C.) wurde von HILL und COATS [3] (s. auch FENSKE [4]), insbesondere für die Kennzeichnung von Schmierölen in Vorschlag gebracht und ist durch die Gl.

$$\text{V. G. C.} = \frac{10\, D_{15{,}6}^{15{,}6} - 1{,}0752 \log(\nu_{100} - 38)}{10 - \log(\nu_{100} - 38)} \tag{5}$$

definiert, in welcher ν_{100} die kinematische Viskosität bei 100° F in Saybolt-Sekunden und $D_{15{,}6}^{15{,}6}$ die auf Wasser von 15,6 °C bezogene Dichte bei eben dieser Temperatur bedeuten. Für schwere Öle, deren Viskosität bei 100° F schlecht bestimmt werden kann, verwendet man die Gl.

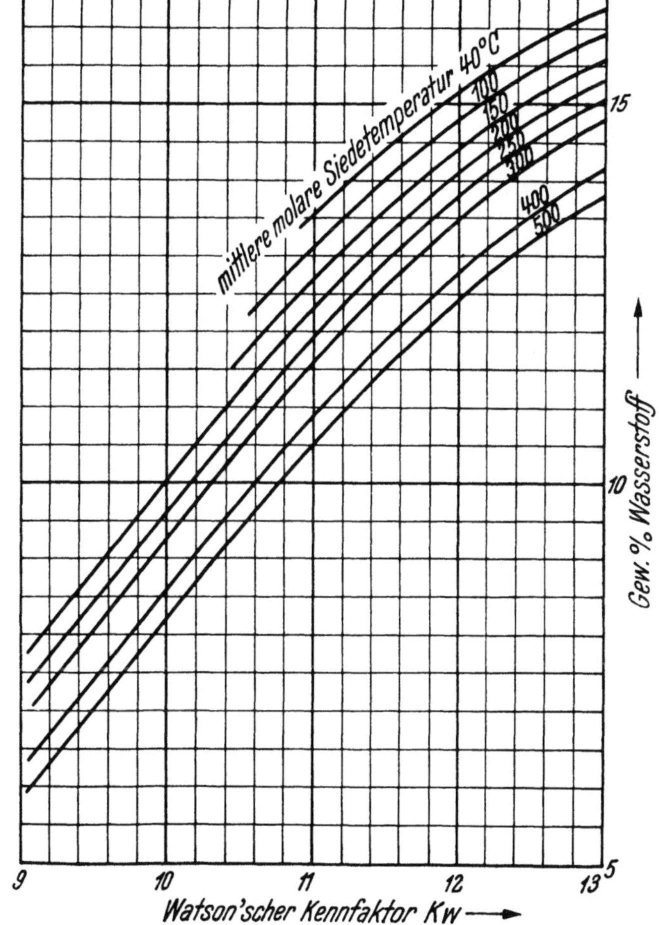

Abb. 5a.   Wasserstoffgehalt von Mineralölen als Funktion des Watsonschen Kennfaktors.

---

[1] Siehe D'ANS u. LAX, Taschenb. für Chemiker u. Physiker, S. 1014.

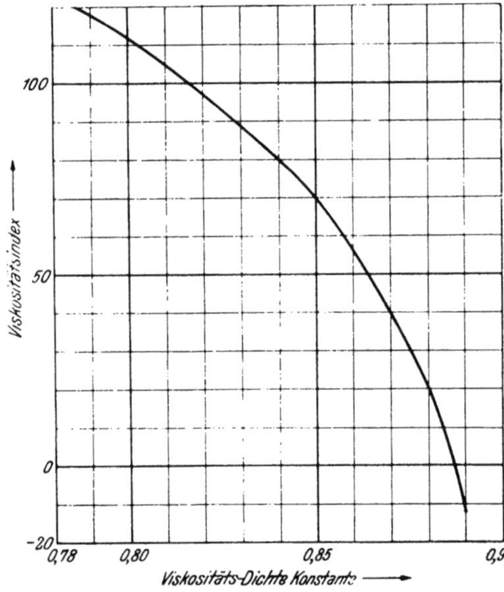

Abb. 5 b. Zusammenhang zwischen Viskositätsindex und Viskositäts-Dichtekonstante.

$$\text{V. G. C.} = \frac{D_{15,6}^{15,6} - 0{,}24 - 0{,}022 \log (\nu_{210} - 35{,}5)}{0{,}755} \tag{6}$$

in welche die in Saybolt-Sekunden bei 210° F gemessene Viskosität einzusetzen ist. Wie FENSKE und McCLURE empirisch festgestellt haben, kann man auch aus dem Wert der Viskositäts-Dichtekonstante auf den Viskositätsindex (s. BELL [9]) schließen. Dieser Zusammenhang ist in Abb. 5b wiedergegeben. Die V. G. C. nimmt für pennsylvanische Öle Werte von etwa 0,807, für Öle von der Golfküste 0,902 an (s. auch HILL und FERRIS [5]).

4. Die Watermansche Ringanalyse (s. WATERMAN u. a. [6], ferner GROSSE [7], SCHULTZE und NICOLAS [8]). Diese Methode benützt die spezifische Refraktion, das Molekulargewicht und den Anilinpunkt, um die chemische Konstitution der Kohlenwasserstoffe festzustellen, welche am Aufbau des betrachteten Öles beteiligt sind. Die Methode wird insbesondere für die Charakterisierung von Schmierölen benützt.

Literatur

[1] K. M. WATSON u. E. F. NELSON; Ind. Eng. Chem. 25, 880; 1933. [2] SUGDEN; J. Chem. Soc. 125, 1177; 1924. [3] J. B. HILL u. H. B. COATS: Ind. Eng. Chem. 20, 641; 1928. [4] M. R. FENSKE: ebenda, 24, 1317; 1932. [5] J. B. HILLS u. S. W. FERRIS: ebenda, 17, 1250; 1925. [6] H. J. WATERMAN und andere: J. Inst. Petr. Techn. 21, 661; 1935. [7] L. GROSSE: Z. VDI. Beih. Verf. 1942, 112. [8] C. R. SCHULTZE u. J. C. NICOLAS: Öl und Kohle, 37, 617; 1941. [9] H. S. BELL: American Petroleum Refining New York 1945; [10] H. P. MEISSNER; Chem. Engr. Progr. 45. 149; 1949,[11] A. W. FRANCIS: Ind· Eng. Chem. 33, 554; 1941. [12] S. S. KURTZ u. M. R. LIPHIN ebenda 33, 781 41.

II. Dichte und spezifisches Gewicht
(Dazu die Tafeln 1 bis 15)[1]

1. Definition und Einheiten

a) Die Dichte

Die Dichte (ϱ) bezeichnet die Masse der Volumeinheit eines Stoffes. Die Dichte 1 besitzt ein Stoff, von dem 1 cm³ die Masse 1 g hat. Wasser von 4° C hat die Dichte von 0,999973 g/cm⁻³. Bei technisch-konstruktiven Berechnungen setzt man die Dichte von Wasser meist gleich 1 und hat dann zwischen spezifischem Gewicht (s. unten) und Dichte nur den Unterschied der Dimension zu beachten.

b) Das spezifische Gewicht

Das spezifische Gewicht ist nach der Definition der österreichischen[2] und der Schweizer Norm das wahre (im Vakuum beim Normalwert der Erdanziehung $g_n = 9{,}80665$ m/sek⁻² bestimmte) Gewicht der Volumeinheit, gemessen in g $_{\text{gew.}}$/Milliliter. Bei sehr genauen

---

[1] Die Tafeln befinden sich am Schluß des Bandes.
[2] ÖNORM C 200b.

Rechnungen ist zu beachten, daß ein Milliliter gleich 1,000027 cm³ ist. Die Normaltemperatur beträgt nach der österreichischen Norm 15° C. Das so definierte spezifische Gewicht ist zahlenmäßig gleich der bei 15° C bestimmten Dichte. Leider wird die Bezeichnung spezifisches Gewicht wohl in Anlehnung an den amerikanischen Ausdruck spezific gravity auch für die relative Dichte gebraucht.

Als Wichte (γ) eines Stoffes bezeichnet man vereinzelt (z. B. in der deutschen Literatur) das Gewicht der Volumeinheit unter der jeweiligen Erdanziehung, die im physikalischen Maßsystem die Dimension $cm^{-2}g/sek^{-2}$, im technischen Maßsystem $kg_{gew}m^{-3}$ hat. Bei hohen Ansprüchen an die Genauigkeit wäre also die Veränderung des Wertes der Wichte mit der Erdanziehung zu berücksichtigen. Beim Normalwert der Schwerbeschleunigung sind Wichte (etwa in $kg_{gew}dm^{-3}$) und Dichte (etwa in $g_{masse}cm^{-3}$) zahlenmäßig gleich und es besteht nur der Unterschied in der Dimension.

c) Relative Einheiten

Sehr häufig wird das Gewicht der Volumeinheit bzw. die Dichte eines Stoffes durch Vergleich mit einer Standardsubstanz angegeben. Bei gasförmigen Stoffen benützt man häufig als Bezugssubstanz Luft, für flüssige und feste Stoffe wohl nur chemisch reines Wasser. Die relative Dichte oder das Relativgewicht sind identisch mit dem in der amerikanischen Literatur gebräuchlichen Begriff spezific gravity (leider und unlogischerweise verwendet man dafür auch oft den Ausdruck spezifisches Gewicht, was mit der obigen Definition im Widerspruch ist). Sie bezeichnen jene dimensionslose Zahl, die das Verhältnis des Gewichtes der Volumeinheit eines Stoffes zum Gewicht der Volumeinheit von Wasser angibt. Das Relativgewicht ist also zahlenmäßig gleich der relativen Dichte, soferne man als Standardsubstanz Wasser der gleichen Temperatur verwendet. Häufig bezieht man sich auf Wasser von 4° C, doch kommen auch andere Bezugstemperaturen vor. Insbesondere in der amerikanischen Erdölliteratur ist es üblich, als Bezugstemperatur 60° F entsprechend 15,56° C zu wählen. Als eindeutig kann eine Angabe des Relativgewichtes (der relativen Dichte) nur dann gelten, wenn sowohl die Temperatur des betrachteten Stoffes als auch des als Standardsubstanz dienenden Wassers angegeben ist. Beispielsweise bedeutet D_4^{20} oder $D\,20/4$ den Quotienten aus der Masse oder dem Gewicht des betrachteten Stoffes bei 20° C, gebrochen durch die Masse oder das Gewicht von Wasser bei 4° C.

Für viele technische Rechnungen sind jedoch die Unterschiede zwischen diesen Größen zu vernachlässigen. Beispielsweise ist die Dichte ϱ nur um 1,0 Promille kleiner als die auf Wasser von 15,56° C bezogene relative Dichte.

d) Konventionelle Einheiten

In manchen Ländern wird die Dichte von Mineralölprodukten häufig nach willkürlichen Aräometerskalen gemessen, so in den Vereinigten Staaten von Amerika, wo die Dichte in API-Graden angegeben wird. (Vergleiche API-Standard 526-37 des American Petroleum Institute bzw. A. S. T. M.-Designation D 287-37 der American Society for Testing Materials.) Zwischen API-Graden und relativer Dichte bei 60° F (= 15,6° C), bezogen auf die Dichte von Wasser bei 60° F, besteht der Zusammenhang

$$^0\text{API} = \frac{141,5}{D\,15,6/15,6} - 131,5 \qquad (1)$$

Bezüglich der anderen konventionellen Dichteeinheiten wie Grade Baumé und andere, s. D'Ans-Lax S. 1488, Domke und Reimerdes [1] S. 142ff. Besonders muß auf die Verwechslungsgefahr verwiesen werden, die daraus resultiert, daß eine Reihe verschiedener voneinander abweichender Baumé-Skalen in Gebrauch steht.

2. Die Umrechnung von Dichteangaben auf andere Einheiten und Bezugstemperaturen

Die Umrechnung von API-Graden und Baumé-Graden der rationellen Skala in die relative Dichte 15,6/15,6 kann mit Hilfe der Tafel 1 erfolgen. Eine Zusammenstellung von Umrechnungsfaktoren von anderen amerikanisch-englischen Einheiten in die entsprechenden metrischen Einheiten findet sich in Tab. 1.

Tabelle 1. *Umrechnung amerikanisch-englischer Dichteeinheiten in das metrische System*

amerikanisch-englische Einheit	1 amerikanisch-englische Einheit = metrische Einheiten	1 metrische Einheit = amerikanisch-englische Einheiten
grain per cubic foot	2,289 g/m³	0,4369
grain per cubic foot (60° F 30 inch Hg)	2,413 g/Nm³ (0° C 760 mm Hg)	0,4144
grain per cubic foot (60° F 30 inch Hg)	2,2134 g/Nm³ (15° 735 mm Hg)	0,4518
pound per cubic inch	27,680 g/cm³	0,036127
pound per cubic foot	16,019 kg/m³	0,062424
pound per cubic yard	0,5933 kg/m³	1,6854
pound per U. S. gallon	119,8 kg/m³	0,008347
pound per Imp. gallon	100,0 kg/m³	0,01
tons (2000 lb) per cubic yard	1,18654 t/m³	0,8429
tons (2240 lb) per cubic yard	1,32892 t/m³	0,7525
Tonnen (metrisch)/barrel	6,2897 t/m³	0,15899

Um aus der relativen Dichte 15,6/15,6 von Mineralölprodukten die relative Dichte 15,6/4 oder 20/4 zu ermitteln, ist der Wert um eine Korrektur zu vermindern, die

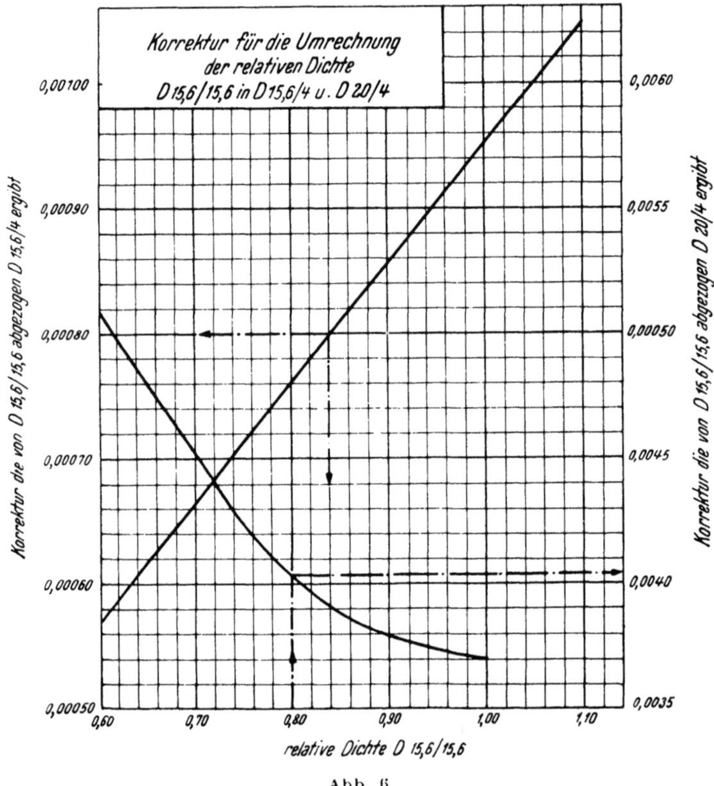

Abb. 6

aus der obenstehenden Abb. 6 abgelesen werden kann. (S. dazu Sience of Petr. Vol. II, S. 1148.)

Um auf andere Bezugstemperaturen umzurechnen, ermittelt man zunächst aus der gegebenen relativen Dichte durch Multiplikation mit der Dichte des Wassers bei der Bezugstemperatur, die aus der Tab. 2 entnommen werden kann, die Dichte des betrachteten Stoffes, rechnet diese auf die gewünschte Temperatur um, und dividiert durch die Dichte von Wasser bei der gewünschten Bezugstemperatur. Bei Mineralölprodukten kann die Dichte bei beliebigen Temperaturen etwa zwischen 10 und 30° C durch Vermehrung bzw. durch Verminderung um die aus dem Hilfsdiagramm der Tafel 1 entnommenen Korrekturen ermittelt werden.

Um aus der relativen Dichte 15,6/15,6 das nach der österreichischen Norm definierte spezifische Gewicht zu erhalten, sind die Werte um 1,0 Promille zu vermindern.

Besonders muß darauf verwiesen werden, daß die Umrechnung des spezifischen Gewichtes oder der Dichte von Mineralölen auf andere Temperaturen nur dann möglich ist, wenn das Öl im betrachteten Temperaturgebiet kein ausgeflocktes Paraffin enthält.

Im folgenden Beispiel sei die Umrechnung der Dichte eines Mineralöles erläutert.

Beispiel 1.

Gegeben: ein Mineralöl mit 45,4° A. P. I.

Gesucht: die relative Dichte (spezific gravity) dieses Öles bei 20° C bezogen auf Wasser von 4° C.

Tafel 1   Hauptdiagramm: 45,4° A. P. I. entspricht .... D 15,6/15,6 = 0,800

   Hilfsdiagramm: Korrektur für 1° C .... Δ = 0,00071

      für 20—15,56 = 4,4° C .... 0,00071 · 4,4 = 0,0031

   D 20/15,6 = 0,800 — 0,0031 = 0,7969

   $$D\ 20/15,6 = \frac{\varrho\ \text{Öl}\ 20^\circ\ \text{C}}{\varrho\ \text{Wasser}\ 15,6^\circ\ \text{C}}; \quad D\ 20/4 = \frac{\varrho\ \text{Öl}\ 20^\circ\ \text{C}}{\varrho\ \text{Wasser}\ 4^\circ\ \text{C}}.$$

   Demnach ist also: $D\ 20/4 = D\ 20/15,6\ \dfrac{\varrho\ \text{Wasser}\ 15,6^\circ\ \text{C}}{\varrho\ \text{Wasser}\ 4^\circ\ \text{C}} =$

Tab. 2: $= 0,7969\ \dfrac{0,999011}{0,999973} = \mathbf{0,7962.}$

Man erhält also als Ergebnis der Umrechnung D 20/4 = **0,7962**, was im besonderen Fall der vorliegenden Ermittlung von D 20/4 aus D 15,6/15,6 auch mit Hilfe des in Abb. 6 dargestellten Diagrammes hätte geschehen können.

Abb. 6. Für D 15,6/15,6 erhält man Δ = 0,004, also D 20/4 = 0,800 — 0,004 = 0,796.

Tabelle 2. *Dichte von luftfreiem Wasser in Abhängigkeit von der Temperatur*

Temp. (°C)	Dichte (g. cm⁻³)	Temp. (°C)	Dichte (g. cm⁻³)	Temp. (°C)	Dichte (g. cm⁻³)	Temp. (°C)	Dichte (g. cm⁻³)
0	0,999841	6	0,999941	12	0,999498	17	0,998774
1	9900	7	9902	13	9377	18	8595
2	9941	8	9849	14	9244	19	8405
3	9965	9	9781	15	9099	20	8203
4	9973	10	9700	15,56	9011		
5	9965	11	9605	16	8943		

Bei anderen Stoffen kann die Dichte ϱ_2 bei t_2 ° C aus der Dichte ϱ_1 bei t_1 ° C nach der Gl.

$$\varrho_2 = \varrho_1\ \frac{1}{1 + a\,(t_2 - t_1)} \tag{2}$$

berechnet werden, in der a den kubischen Ausdehnungskoeffizienten bedeutet. Fehlen Angaben über a, so wird es oft möglich sein, den Zusammenhang zwischen Temperatur und Dichte mit Hilfe des Theorems der korrespondierenden Zustände nach den Methoden zu ermitteln, die auf S. 61 näher erläutert sind.

3. Zahlenangaben über die Dichte von Kohlen-

Tabelle 3. *Physikalische Konstanten*

Stoff	Formel	Mol-gewicht	Dichte g/mL	Siedepunkt ° C
Methan..............	CH$_4$	16,031	0,7168 g/L	— 161,4
Äthan	CH$_3$—CH$_3$	30,05	1,356 g/L	— 88,6′
Propan	CH$_3$—CH$_2$—CH$_3$	44,06	2,0037 g/L	— 42,3
n-Butan	CH$_3$—CH$_2$—CH$_2$—CH$_3$	58,08	2,7003 g/L	— 0,5
i-Butan	CH$_3$>CH—CH$_3$ (CH$_3$)	58,08	2,668 g/L	— 11,7
n-Pentan..............	CH$_3$—(CH$_2$)$_3$—CH$_3$	72,09	0,6263	36,0
2-Methylbutan (Isopentan)	CH$_3$—CH—CH$_2$—CH$_3$ (CH$_3$)	72,09	0,620	28,0
2,2-Dimethylpropan (Neopentan)	(CH$_3$)$_2$C(CH$_3$)$_2$	72,09	0,588	9,5
n-Hexan	CH$_3$—(CH$_2$)$_4$—CH$_3$	86,11	0,65945	68,71
2-Methylpentan	CH$_3$—CH—CH$_2$—CH$_2$—CH$_3$ (CH$_3$)	86,11	0,6542	60,2
3-Methylpentan	CH$_3$—CH$_2$—CH—CH$_2$—CH$_3$ (CH$_3$)	86,11	0,6647	63,2
2,2-Dimethylbutan (Neohexan)...........	CH$_3$—C(CH$_3$)$_2$—CH$_2$—CH$_3$	86,11	0,6498	49,7
2,3-Dimethylbutan	CH$_3$—CH—CH—CH$_3$ (CH$_3$) (CH$_3$)	86,11	0,6618	58,0
n-Heptan	CH$_3$—(CH$_2$)$_5$—CH$_3$	100,12	0,68̄78	98,38
n-Octan................	CH$_3$—(CH$_2$)$_6$—CH$_3$	114,14	0,70279	125,59
2,2,3-Trimethylpentan ...	CH$_3$—C(CH$_3$)(CH$_3$)—CH—CH$_2$—CH$_3$	114,14	0,7213	110,7
2,2,4-Trimethylpentan („Isooctan")...........	CH$_3$—C(CH$_3$)$_2$—CH$_2$—CH(CH$_3$)—CH$_3$	114,14	0,6918	99,2
2,2,3,3-Tetramethylbutan .	CH$_3$—C(CH$_3$)$_2$—C(CH$_3$)$_2$—CH$_3$	114,14		106,3
n-Nonan	CH$_3$—(CH$_2$)$_7$—CH$_3$	128,15	0,71780	150,71

Spalte 4 enthält die Angabe der Dichte im flüssigen Zustand in Grammen pro Milliliter; wenn die Angabe auf den Gaszustand (Masse von 1 Liter bei 0° C und 760 mm Q. S.), dann ist der Zahl die Dimensionsangabe
Spalte 5, Siedepunkt. Wenn kein Zusatz gemacht ist, bezieht sich die Angabe auf 760 mm Q. S., eine
Spalte 6, Verdampfungswärme. Wenn sich die Angabe nicht auf die Temperatur des Siedepunktes bei
Spalte 13, Molwärme bei konstantem Druck; wenn die Angabe sich nicht auf 20° C bezieht, ist die Temperatur
Spalte 14. Der Anilinpunkt bezeichnet jene Temperatur, oberhalb welcher der betreffende Kohlenwasser-

wasserstoffen, Mineralölprodukten und Hilfsstoffen

von Kohlenwasserstoffen.

Verdampfungs-wärme kcal/Mol	Schmelz-punkt °C	Schmelz-wärme kcal/Mol	Kritische Temperatur		Kritischer Druck kg/cm²	Kritische Dichte g.mL	Molwärme cal/Mol °C	Anilin-punkt	Octan-zahl
			°C	°K					
1,93 (— 161,4)	— 182,5	0,2240	— 82,5	190,7	47,2	1,62	8,48		>100
3,49 (— 90)	— 183,2	0,682	32,2	305,4	50,6	0,21	12,7		>100
4,32 (— 30)	— 187,7	0,8415	96,81	369,9	43,4	0,226	17,9		100
5,35 (— 0,5)	— 138,3	1,132	152,8	425	35,6	0,225	23,1		92
5,08	— 159,6	0,8424	133,7	406,9	37,7	0,221	22,6		99
6,08 (40)	— 129,7	2,009	197	470	34,1	0,232		70,7	61
6,37 (28)	— 159,9	1,231	188	461	34	0,234	37,9 (68)	75,7	89
5,49 (9,5)	— 16,6	0,7776	184	457	35,5				83
6,916 (60)	— 95,32	3,112	234,8	508,0	31,0	0,234	45,4 (25)	68,6	25
6,59 (60)	— 153,7	1,499	224,9	598,1	30,9		46,7 (30)	74	73
6,41 (63)	— 118		231,2	504,4	32	0,235	45,9 (29)	69,5	75
6,36 (50)	— 99,7	0,138	212,5	485,7			44,9 (23)	81	96
6,69 (50)	— 128,4	0,194	227,3	500,5	32,0	0,241	45,8 (30)		95
7,58 (100)	— 90,56	3,355	266,8	540	27,7	0,234	49,9 (20)	69,4	0
8,76 (80)	— 56,8	4,927	296,2	569,4	25,5	0,233	57,7 (25)	71,8	< 0
7,68	— 112,3	2,061	285	558					
7,79 (100)	— 107,4	2,200	271	544	26,4	0,237	55,8 (22)	79,5	100
7,56	100,7	1,701					55,5 (22)		
8,54 (150)	— 53,68	5,28	323	596	23	0,232	64,6 (26)	74,4	< 0

sich nicht auf 20° C bezieht, dann ist die Temperatur, in Klammern gesetzt, beigefügt. Bezieht sich die Angabe
g/L beigefügt.
in Klammern beigefügte Zahl gibt den Druck in mm Q. S. an.
760 mm Q. S. bezieht, ist die Temperatur in Klammern hinzugesetzt.
in Klammern gesetzt, beigefügt.
stoff in jedem Verhältnis mit Anilin mischbar ist.

Fortsetzung auf Seite 40

Fortsetzung von Seite 39

Stoff	Formel	Mol-gewicht	Dichte g/mL	Siedepunkt °C
Isomere Nonane		128,15	0,707...0,756	126...146
n-Decan	$C_{10}H_{22}$	142,17	0,7301	174,06
Isomere Decane		142,17	0,718...0,767	137...167
n-Undecan	$C_{11}H_{24}$	156,18	0,74025	195,84
n-Dodecan	$C_{12}H_{26}$	170,20	0,74891	216,23
n-Tridecan	$C_{13}H_{28}$	184,22	0,757	234
n-Tetradecan	$C_{14}H_{30}$	198,23	0,765	252,5
n-Pentadecan	$C_{15}H_{32}$	212,25	0,7689	270,5
n-Hexadecan	$C_{16}H_{34}$	226,26	0,7751	287,5
n-Heptadecan	$C_{17}H_{36}$	240,28	0,7710 (30)	303
n-Oktadecan	$C_{18}H_{38}$	254,29	0,777	317
n-Nonadecan	$C_{19}H_{40}$	268,31	0,777 (32)	330
n-Eicosan	$C_{20}H_{42}$	283,32	0,778 (36,7)	344
n-Heneicosan	$C_{21}H_{44}$	296,34	0,775 (45,3)	356 215 (15)
n-Docosan	$C_{22}H_{46}$	310,35	0,778 (44,4)	368 224,5 (15)
n-Tricosan	$C_{23}H_{48}$	324,37	0,7799 (48)	380 234 (15)
n-Tetracosan	$C_{24}H_{50}$	338,39		
n-Pentacosan	$C_{25}H_{52}$	352,40	0,779	405 284 (40)
n-Hexacosan	$C_{26}H_{54}$	366,42	0,779	418 296 (40)
n-Heptacosan..........	$C_{27}H_{56}$	380,43	0,7796 (59,5)	423 270 (15)
n-Oktacosan	$C_{28}H_{58}$	394,45	0,779	446 318 (40)
n-Nonacosan	$C_{29}H_{60}$	408,46		480 348 (40)
n-Triacontan	$C_{30}H_{62}$	422,48		461 235 (1)
n-Pentatriacontan	$C_{35}H_{72}$	492,55	0,782 (74)	500 331 (15)
n-Pentacontan	$C_{50}H_{102}$	702,79		607 420 (15)
n-Hexacontan	$C_{60}H_{122}$	842,94		
n-Tetrahexacontan	$C_{64}H_{130}$	899,00		

Naphthene
(Zykloparaffine)

Stoff	Formel	Mol-gewicht	Dichte g/mL	Siedepunkt °C
Cyklobutan	$CH_2{-}CH_2$ / $CH_2{-}CH_2$	56,06	0,678	13
Cyklopentan..........	$CH_2{-}CH_2$ / $CH_2{-}CH_2$ $\rangle CH_2$	70,08	0,7454	49,3
Methylcyklobutan	$CH_2{-}CH{-}CH_3$ / $CH_2{-}CH_2$	70,08	0,694	42
Cyklohexan	$CH_2{-}CH_2{-}CH_2$ / $CH_2{-}CH_2{-}CH_2$	84,09	0,7784	80,8
Cykloheptan..........	$CH_2{-}CH_2{-}CH_2$ $\rangle CH_2$ / $CH_2{-}CH_2{-}CH_2$	98,11	0,8099	118,1

Verdampfungswärme kcal/Mol	Schmelzpunkt °C	Schmelzwärme kcal/Mol	Kritische Temperatur		Kritischer Druck kg/cm²	Kritische Dichte g/mL	Molwärme cal/Mol °C	Anilinpunkt	Octanzahl
			°C	°K					
8,55 (159,9)	—128...+33								
	— 29,76	6,87	346	619	21,2	0,230	71,1 (25)	77,6	< 0
	— 25,65	5,33	369	642	20		78,3 (25)	80,6	
	— 9,73	8,73	391	664	19,0		86,0 (16)	80,7	
	— 6,2						93,9 (25)		
	5,5		~ 429	~ 702	~ 17,0		98,3 (25)		
	10						105 (25)		
	18,2		~ 462	~ 735	~ 15,5		112 (25)	95,1	
	22,5								
	28		~ 491	~ 764	~ 14,5				
	32								
	36,4	14,7	~ 513	~ 786	~ 13,5				
	40,4								
	44,4								
	47,7								
	54								
	54	18,9							
	60								
	59,5								
	65								
	63,6								
	70		~ 593	~ 866	~ 10				
	74,7								
	93		~ 708	~ 981	~ 7				
	101								
	102								

Verdampfungswärme kcal/Mol	Schmelzpunkt °C	Schmelzwärme kcal/Mol	Kritische Temperatur		Kritischer Druck kg/cm²	Kritische Dichte g/mL	Molwärme cal/Mol °C	Anilinpunkt	Octanzahl
	— 50		°C	°K					
6,52	— 93,8	0,145	238,6	511,8	60,6	0,270	37,1	16,7	83
7,31	6,7	0,636	281	554	41,9	0,272	43,4	31,0	77
	— 12								

Orlicek u. Pöll, Mineralöltechniker I

Fortsetzung auf Seite 42

6

Fortsetzung von Seite 41

Stoff	Formel	Mol-gewicht	Dichte g/mL	Siedepunkt °C
Methylcyklohexan	$\begin{array}{l} CH_2-CH_2-CH-CH_3 \\ \quad\vert \qquad\quad \vert \\ CH_2-CH_2-CH_2 \end{array}$	98,11	0,7694	100,8
Äthylcyklopentan	$\begin{array}{l} CH_2-CH_2 \\ \quad\vert \qquad\;\vert \quad CH-CH_2-CH_3 \\ CH_2-CH_2 \end{array}$	98,11	0,7632	103,5
1,1-Dimethylcyklopentan	$\begin{array}{l} CH_2-CH_2 \qquad CH_3 \\ \quad\vert \qquad\;\vert \quad C \\ CH_2-CH_2 \qquad CH_3 \end{array}$	98,11	0,7551	87,5
Cyklooctan	$\begin{array}{l} CH_2-CH_2-CH_2-CH_2 \\ \quad\vert \qquad\qquad\qquad\quad \vert \\ CH_2-CH_2-CH_2-CH_2 \end{array}$	112,12	0,8349	148,5
Äthylcyklohexan	$\begin{array}{l} CH_2-CH_2-CH-CH_2-CH_3 \\ \quad\vert \qquad\qquad\quad \vert \\ CH_2-CH_2-CH_2 \end{array}$	112,12	0,7772	131,9
1,1-Dimethylcyklohexan	$\begin{array}{l} \qquad\qquad\qquad CH_3 \\ CH_2-CH_2-C \\ \quad\vert \qquad\qquad\;\; CH_3 \\ CH_2-CH_2-CH_2 \end{array}$	112,12	0,7818	120
Propylcyklopentan	$\begin{array}{l} CH_2-CH_2 \\ \quad\vert \qquad\;\vert \quad CH-CH_2-CH_2-CH_3 \\ CH_2-CH_2 \end{array}$	112,12		131,3

Ungesättigte Naphthene:

Stoff	Formel	Mol-gewicht	Dichte g/mL	Siedepunkt °C
Cyklobuten	$\begin{array}{l} CH-CH_2 \\ \;\Vert \qquad\;\vert \\ CH-CH_2 \end{array}$	54,05	0,706	2
Cyklopenten	$\begin{array}{l} CH-CH_2 \\ \;\Vert \qquad\;\;\; CH_2 \\ CH-CH_2 \end{array}$	68,06	0,7722	46
1,3-Cyklopentadien	$\begin{array}{l} CH=CH \\ \quad\vert \qquad\;\; CH_2 \\ CH=CH \end{array}$	66,05	0,805	42,5
Cyklohexen	$\begin{array}{l} CH-CH_2-CH_2 \\ \quad\qquad\qquad\quad \vert \\ CH-CH_2-CH_2 \end{array}$	82,08	0,8109	83

Aromatische Kohlenwasserstoffe:

Stoff	Formel	Mol-gewicht	Dichte g/mL	Siedepunkt °C
Benzol	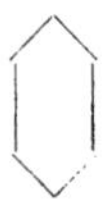	78,046	0,8790	80,08
Methylbenzol (Toluol)	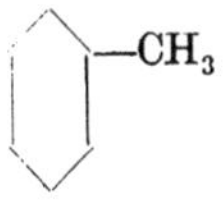 $-CH_3$	92,06	0,8668	110,6
1,2-Dimethylbenzol o-Xylol	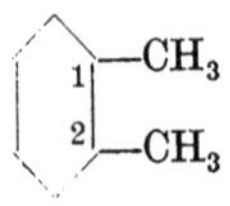 $\begin{array}{l} 1\;-CH_3 \\ 2\;-CH_3 \end{array}$	106,8	0,8800	144,4

Verdampfungs-wärme kcal/Mol	Schmelz-punkt °C	Schmelz-wärme kcal/Mol	Kritische Temperatur		Kritischer Druck kg/cm²	Kritische Dichte g/mL	Molwärme cal/Mol °C	Anilin-punkt	Octan-zahl
			°C	°K					
7,54	−126,3		299,5	562,7	46,7	0,267	43,5	41,0	
7,68	−138,4	10,89	296,3	569,5	45,6	0,262			
7,32	− 69,73	3,30							
		14,3							
8,26								43,8	
7,93									
								44,5	
								<−10	
	−135,1	0,80					28,9	<−10	
7,28 (81,6)	−103,7	0,79					34,7	<−20	
7,364	5,53	2,349	288,5	561,7	49,5	0,304	31,8		
7,64	− 95,1	1,584	320,6	594	41,5	0,292	36,9		
8,75	− 25,2	3,27	358	631	37	0,288	43,5		

Fortsetzung auf Seite 44

6*

Fortsetzung von Seite 43

Stoff	Formel	Mol-gewicht	Dichte g/mL	Siedepunkt °C
m-Xylol		106,8	0,8641	139,2
p-Xylol		106,8	0,8610	138,4
Aethylbenzol		106,8	0,8671	136,1
1,3,5-Trimethylbenzol (Mesitylen)		120,09	0,8651	164,64
1,2,4-Trimethylbenzol (Pseudocumol)		120,09	0,8762	169,2
1,2,3-Trimethylbenzol		120,09	0,8944	176,1
n-Propylbenzol		120,09	0,862	159,45
i-Propylbenzol (Cumol) ..		120,09	0,8618	152,4
1,2-Diäthylbenzol		134,11	0,8646	184,5
n-Butylbenzol		134,11	0,862	183,1
Diphenyl...............		154,08	0,9919 (73)	256,1
Pentamethylbenzol		148,12	0,847 (107)	230

Verdampfungs-wärme kcal/Mol	Schmelz-punkt °C	Schmelz-wärme kcal/Mol	Kritische Temperatur		Kritischer Druck kg/cm²	Kritische Dichte g/mL	Molwärme cal/Mol °C	Anilin-punkt	Octan-zahl
			°C	°K					
8,68	— 47,9	2,78	344	617	36	0,282	41,9		
8,60	13,3	4,11	343	616	35	0,281	43,2		
8,6	— 95	2,20	346	619	38	0,284	44,6		
9,32	— 44,7	2,28	368	641	33				
9,37	— 43,8	2,95	381	654	33		50,7		
9,56	— 25,4	2,00							
9,13	— 99,6	2,04	366	639	32		49,3(0)		
8,97	— 96,0	2,31	363	636	32				
	— 88,5	2,61	387,8	661		0,270			
11,47 (255,3)	70,5	4,44	528	801	41	0,343	47,3		
11,65	54,3	2,948					66,2		

Fortsetzung auf Seite 46

Fortsetzung von Seite 45

Stoff	Formel	Mol-gewicht	Dichte g/mL	Siedepunkt °C
Hexamethylbenzol	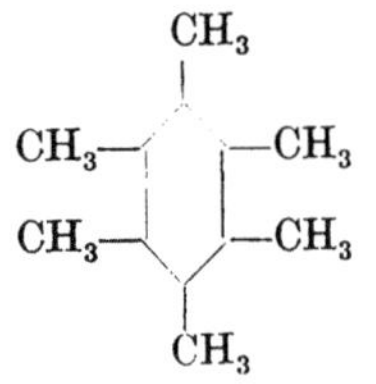	162,14		265
Kondensierte Aromaten				
Naphthalin	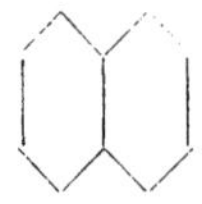	128,06	1,145	217,9
α-Methylnaphthalin	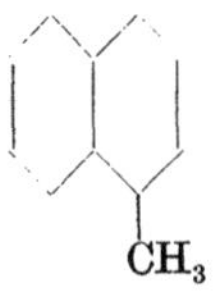	142,08	1,025	243
β-Methylnaphthalin	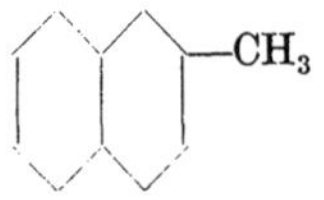	142,08	1,029	245
1,4-Dihydronaphthalin		130,18	0,997...1,003	203...207
1,2,3,4-Tetrahydro-naphthalin (Tetralin)		132,09	0,9662 (25)	207,4
Hexahydronaphthalin		134,11	0,934	205,5
cis-Dekahydronaphthalin (Dekalin)		138,14	0,8953	193
trans-Dekahydronaphtha-lin (Dekalin)		138,14	0,8689	185
Anthracen	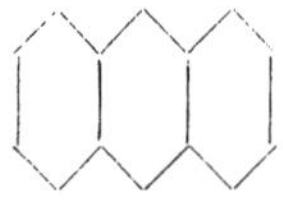	178,08	1,25 (27)	339,9
Phenanthren	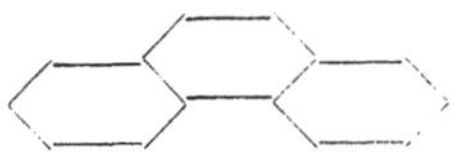	178,08	1,063 (100)	340,2
Azenaphthen	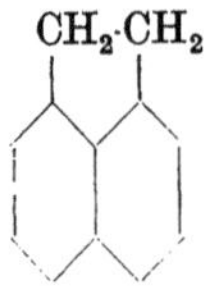	154,08	1,024 (99,2)	277,5
Fluoren	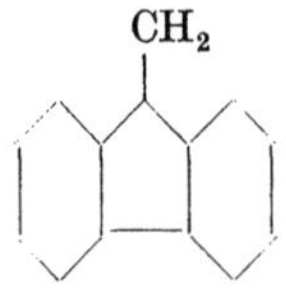	166,08		295
Monoolefine				
Äthylen	$CH_2{=}CH_2$	28,03	0,5699- [103,9]	— 103,7
Propylen	$CH_2{=}CH{-}CH_3$	42,05	0,6095- [47]	— 47,7
Butylen-(1)	$CH_2{=}CH{-}CH_2{-}CH_3$	56,06	0,6261- [6,6]	— 6,1

Verdampfungswärme kcal/Mol	Schmelzpunkt °C	Schmelzwärme kcal/Mol	Kritische Temperatur		Kritischer Druck kgc/m²	Kritische Dichte g/mL	Molwärme cal/Mol °C	Anilinpunkt	Octanzahl
			°C	°K					
12,87	165,5	4,93					61,6		
9,57 (218)	80,22	4,61	476,5	749,7	39	0,314	39,6		
	— 30,8								
	— 34,4	2,85					54,4		
	25	2,92					45		
10,48	— 35						53,3		
9,81 (119,7)	— 43,3						56,9	35,3	
	— 31,5						56,9		
	217	6,89					49,5		
	100,5	4,45					55,7		
	95	4,45	530	803					
	116								
3,51	— 169,5	0,800	9,5	282,7	52,4	0,216	9,87 (0)	—	81
4,6	— 185,2	0,717	92,3	365,5	46,8	0,24			85
5,39	— 185,4	0,919	144	417	37,5				80

Fortsetzung auf Seite 48

Fortsetzung von Seite 47

Stoff	Formel	Mol-gewicht	Dichte g/mL	Siedepunkt °C
cis-Butylen-(2)	$CH=CH$ / CH_3 CH_3	56,06	$0,6289^{1,7}$	3,7
trans-Butylen-(2)	CH_3 / $CH=CH$ / CH_3	56,06	$0,6289^{1,7}$	0,88
Isobutylen	$CH_3{>}C=CH_2$ / CH_3	56,06	$0,6268^{-6,6}$	— 7,0
Penten-(1)	$CH_2=CH-CH_2-CH_2-CH_3$	70,08	0,6411	30,0
cis-Penten (2)...........	$CH_3-CH=CH-CH_2-CH_3$	70,08	0,6505	36,4
3-Methylbuten-(1)	$CH_2=CH-CH-CH_3$ / CH_3	70,08	0,627	20,1
Isomere des Pentens		70,08	0,627—0,662	20—38,4
Hexen-(1)	$CH_2=CH-(CH_2)_3-CH_3$	84,09	0,6736	63,5
Isomere des Hexens		84,09	0,653—0,728	41—73
Hepten-(1)	$CH_2=CH-(CH_2)_4-CH_3$	98,11	0,6993	93,6
Isomere des Heptens		98,11	0,693—0,719	80—98
Octen-(1)	$CH_2=CH-(CH_2)_5-CH_3$	112,12	0,7155	123
Isomere des Octens		112,12	0,711—0,816	102—125
Nonen-(1)	$CH_2=CH-(CH_2)_6-CH_3$	126,14	0,743	139,5
Decen-(1)	$CH_2=CH-(CH_2)_7-CH_3$	140,15	0,748	172
Dodecen-(1)	$CH_2=CH-(CH_2)_9-CH_3$	168,19	0,759	213—215
Tetradecen-(1)	$CH_2=CH-(CH_2)_{11}-CH_3$	196,22	0,775	246
Hexadecen-(1)	$CH_2=CH-(CH_2)_{13}-CH_3$	224,25	0,789	274
Oktadecen-(1)	$CH_2=CH-(CH_2)_{15}-CH_3$	252,28	0,791	312 (179) 15
Heneicosen-(9)	$CH_2=CH-(CH_2)_{18}-CH_3$	294,32	0,802	350 (202) 11

Diolefine

Stoff	Formel	Mol-gewicht	Dichte g/mL	Siedepunkt °C
Propadien	$CH_2=C=CH_2$	40,03	$0,663^{-32}$	— 32
Butadien-(1,3)	$CH_2=CH-CH=CH_2$	54,05	$0,650^{-6}_{0}$	— 3
Pentadien-(1,3)	$CH_2=CH-CH=CH-CH_3$	68,06	0,696	44
2-Methylbutadien-(1,3) (Isopren)	$CH_2=C-CH=CH_2$ / CH_3	68,06	0,6805	34,3
2,3-Dimethylbutadien-(1,3)	$CH_2=C-C=CH_2$ / CH_3 CH_3	82,08	0,7246	69—70

Acetylene

Stoff	Formel	Mol-gewicht	Dichte g/mL	Siedepunkt °C
Acetylen	$CH{\equiv}CH$	26,015	$0,6208^{-83,66}$	— 83,6
Methylacetylen	$CH_3-C{\equiv}CH$	40,03	$0,6785^{-27,5}$	— 23,1
Äthylacetylen	$CH_3-CH_2-C{\equiv}CH$	54,05	$0,638^{0}$	18,5
Dimethylacetylen	$CH_3-C{\equiv}C-CH_3$	54,05	0,694	27,2

Verdampfungs- wärme kcal/Mol	Schmelz- punkt °C	Schmelz- wärme kcal/Mol	Kritische Temperatur		Kritischer Druck kgc/m²	Kritische Dichte g/mL	Molwärme cal/Mol °C	Anilin- punkt	Octan- zahl
			°C	°K					
5,39	—138,9	1,745	156	429	36,5		31,1 (25)		93
5,39	—105,6	2,33							93
5,20	—140,4	1,42	144	417	40	0,234			87
5,26 (12,5)	—165,3	1,18	201	474				19	92
5,25 (12,5)	—						36,1 (16)	18,3	
	—168,5	1,26							
	—		~200	~473	~34				
	—139		243,5	516,7			42,3 (25)	22,8	
	—								
	—119	3,02					47,7 (25)	27,2	
	—								
	—		305	578			54,5 (25)	32,5	
	—								
	—						61,2 (25)	38,0	
	— 87								
	— 31,5						76,6 (25)		
	— 12								
	4								
	18								
	3								
	—146		121	394					
5,84	—109	1,91	152	425	44,1	0,245	33,0 (23)		
	—								
6,27 (25)	—146	1,14					39,6 (25)		
	— 65								
4,27	— 81,8	0,60	35,7	308,9	63,6	0,231	10,18 (0)		
	—104,7		122	395					
	—130								
	—32,3	2,21	215	488					

Tabelle 4. *Physikalische*

Stoff	Formel	Mol-gewicht	Dichte g/mL	Siedepunkt °C
Anorganische Stoffe				
Wasserstoff	H_2	2,0156	0,08987 g/L	— 252,78
Sauerstoff	O_2	32,000	1,42895 g/L	- 182,97
Stickstoff	N_2	28,016	1,2505 g/L	— 195,81
Luftstickstoff		28,155	1,2567 g/L	—
Luft		28,96	1,2928 g/L	— 193
Chlor	Cl_2	70,914	3,22 g/L	— 33,95
Wasser	H_2O	18,0156	0,768 g/L	100,00
Chlorwasserstoff	HCl	36,465	1,6391 g/L	— 85
Schwefelwasserstoff	H_2S	34,08	1,5392 g/L	— 60,4
Schwefeldioxyd	SO_2	64,06	2,9263 g/L	— 10,0
Ammoniak	NH_3	17,031	0,7714 g/L	— 33,4
Kohlenoxyd	CO	28,01	1,2500 g/L	— 191,5
Kohlendioxyd	CO_2	44,01	1,9768 g/L	— 78,48
Kohlenoxysulfid	COS	60,07	2,72 g/L	— 48
Halogenierte Kohlenwasserstoffe				
Methylfluorid	CH_3F	34,03	1,5454 g/L	— 78,2
Methylchlorid	CH_3Cl	50,49	2,3075 g/L	— 23,7
Methylenchlorid	CH_2Cl_2	84,94	1,3255	40,2
Chloroform	$CHCl_3$	119,39	1,49845(15)	61,21
Tetrachlorkohlenstoff	CCl_4	153,84	1,5985(18)	76,75
Monofluortrichlormethan (Freon-11)	$CFCl_3$	137,38	1,532(0)	23,65
Difluordichlormethan (Freon-12, Frigen)	CF_2Cl_2	120,92	1,394(0)	— 29,8
Trifluormonochlormethan (Freon-13)	CF_3Cl	104,46	1,118(0)	— 81,5
Äthylchlorid	C_2H_5Cl	64,52	0,9171(6/6)	12,4
Äthylenchlorid (1,2)	$CH_2Cl—CH_2Cl$	98,97	1,2576(17)	83,5
Äthylenchlorid (1,1)	$CHCl_2—CH_3$	98,97	1,1755	57,3
cis-Dichloräthylen	Cl—C—H ‖ Cl—C—H	96,95	1,2913(15)	60,3
trans-Dichloräthylen	Cl—C—H ‖ H—C—Cl	96,95	1,2651(15)	48,4

Spalte 4 enthält die Angabe der Dichte im flüssigen Zustand in Grammen pro Milliliter; wenn die Angabe
angegeben wird, ist auch die Bezugstemperatur hinzugesetzt. Der Zusatz (15/0) bedeutet also z. B., daß die
     Spalte 5, Siedepunkt. Wenn kein Zusatz gemacht ist, bezieht sich die Angabe auf 760 mm Q. S., eine in
     Spalte 6, Verdampfungswärme. Wenn sich die Angabe nicht auf die Temperatur des Siedepunktes bei
     Spalte 13 Molwärme bei konstantem Druck; wenn sich die Angabe nicht auf 20 °C bezieht, ist die Temperatur
     Spalte 14 gibt die Temperatur des Flammpunktes (im offenen Tiegel bestimmt) in Grad Celsius an. Der
     Spalte 15 bis 17 enthält Angaben über die Mischbarkeit mit Wasser, bzw. die Löslichkeit. In (15) ist die
In der (16) und (17) ist angegeben, wieviel Gewichtsprozent des Stoffes in den beiden koexistierenden Phasen enthalten
mit einem Stern versehen ist, dann gibt die Zahl an, wieviel Gramm der Substanz sich in 100 g Wasser
gaben kommt naturgemäß nur eine sehr relative Bedeutung zu. Ein ∞ bedeutet, daß der Stoff mit Wasser
pro Vol. Lösungsmittel, wenn der Partialdruck des Gases 760 mm Q. S. beträgt) angegeben und in Klammern

Konstanten verschiedener Stoffe.

Verdampfungswärme cal/Mol °C	Schmelzpunkt °C	Schmelzwärme cal/Mol °C	Kritische Temperatur °C	Kritische Temperatur °K	Kritischer Druck ata	Kritische Dichte g/mL	Molwärme Cp cal/Mol °C	Flammpunkt °C	Temp.	Löslich in Wasser I	Löslich in Wasser II
225,0	—259,20	28,0	—239,9	33,3	13,2	0,031	6,90(25)	—	20	(0,0182)	
1630	—218,83	106	—118,8	154,4	51,4	0,43	6,99(25)	—		(0,0310)	
1320	—210,02	170	—147,1	126,1	34,6	0,311	6,95(25)	—		(0,0157)	
—	—	—	—		—	—		—		(0,0155)	
—	—213	—	—140,7	132,5	38,5	0,31		—		(0,0187)	
4878	—100,5	1530	144	417,2	78,6	0,573	8,08(25)	—			
9732	0,000	1437	374,2	647,4	225,6	0,329	18,02(15)	—			
3860	—113	476	51,4	324,6	85,8	0,61	6,95(25)	—			
4463	—85,6	568,7	100,4	373,6	92,0	—	8,12(25)	—		(2,582)	
5960	—75,3	1760	157,3	430,5	80,4	0,524	9,52(25)	—			
5580	—77,7	1351	132,4	405.6	115,2	0,235	8,49(25)	—			
1440	—205	201	140,2	413,4	35,6	0,301	6,95(25)	—		(0,0232)	
3880	—56	1900	31,0	304,2	75,5	0,46	8,76(25)	—		(0,878)	
4830	—138,2	1130	105	378,2	67,3	—	10,11(25)	—			

Verdampfungswärme cal/Mol °C	Schmelzpunkt °C	Schmelzwärme cal/Mol °C	Kritische Temperatur °C	Kritische Temperatur °K	Kritischer Druck ata	Kritische Dichte g/mL	Molwärme Cp cal/Mol °C	Flammpunkt °C	Temp.	Löslich in Wasser I	Löslich in Wasser II
			44,9	318,1	64,1						
4890(0)	—93		143,1	416,3	68,1	0,353	9,3(0)	—			
6650	—97,7	1000	245	518	45,5		11,86(0)	k	20	1,960	
7020	—63,5	2280	263	536	56,8	0,496	26,87(20)	k	54	0,165	—
7040	—22,9	640	283,15	556,4	46,5	0,558	31,1(20)	k	50		99,976
6210(0)	—111		198	471	44,6	0,554	25,3(—43)	k			
4480(0)	—155		111,5	384,7	40,9	0,555		k			
2230(0)	—181		28,75	302,0	39,4	0,581		k			
5950	—138,7		187,2	460,4	53,8	0,33	26,6(4)				
7750	—35,3		290	563		0,45	30,2(30)	13	15	0,872*	
6740	—98						27,2(15)	—8,5 k	20	0,550	0,0092
7120(30)	—80,5							8,5			
7193(30)	—50,0						26,9(15)	k			

sich nicht auf 20° C bezieht, ist die Temperatur in Klammern gesetzt beigefügt. Wenn die relative Dichte
relative Dichte der Substanz bei 15° C bezogen, auf Wasser von 0° C angegeben ist.
Klammern beigefügte Zahl gibt den Druck in Millimeter Q. S. an.
760 mm Q. S. bezieht, ist die Temperatur in Klammern hinzugesetzt.
in Klammern beigefügt.
Buchstabe K bedeutet, daß die Substanz nicht entflammt werden kann.
Temperatur in Grad Celsius angegeben, auf die sich die Löslichkeitsdaten beziehen. ZT bedeutet Zimmertemperatur.
sind. (16) bezieht sich also auf die wäßrige und (17) auf die nichtwäßrige Schicht. Wenn die Zahl in (16)
lösen. Die Buchstaben ul, wl, und swl bedeuten unlöslich, wenig löslich und sehr wenig löslich. Diesen An-
in allen Verhältnissen mischbar ist, bei Gasen ist in Spalte 16 der Bunsensche Absorptionskoeffizient (Vol. Gas
gesetzt.

Fortsetzung auf Seite 52   7*

Fortsetzung von Seite 51

Stoff	Formel	Mol-gewicht	Dichte g/mL	Siedepunkt °C
1,1-Dichloräthylen	$CH_2=CCl_2$	96,95	1,250[15]	34
1,1,1-Trichloräthan	CCl_3-CH_3	133,41	1,325[26]	74,1
1,1,2-Trichloräthan	$CHCl_2-CH_2Cl$	133,41	1,441	113,5
Trichloräthylen	$CCl_2=CHCl$	131,40	1,4660[18]	87,2
Tetrachloräthan	$\begin{matrix} CHCl_2 \\ \vert \\ CHCl_2 \end{matrix}$	167,86	1,6002	146,2
Tetrachloräthylen	$CCl_2=CCl_2$	165,85	1,6239	120,8
Pentachloräthan	CCl_3-CHCl_2	202,3	1,688[15]	162
Propylchlorid	$CH_2ClC_2H_5$	78,54	0,8918	46,6
Fluorbenzol	C_6H_5-F	96,10	1,0252	84,85
Chlorbenzol	C_6H_5-Cl	112,56	1,1062	131,75

Alkohole

Stoff	Formel	Mol-gewicht	Dichte g/mL	Siedepunkt °C
Methanol	CH_3OH	32,04	0,7913	64,7
Äthanol	C_2H_5OH	46,07	0,7892	78,3
Glykol	$HO.CH_2.CH_2.OH$	62,07	1,1131	197,4
n-Propylalkohol	$C_2H_5CH_2OH$	60,09	0,8044	97,2
i-Propylalkohol	$CH_3C(HO)HCH_3$	60,09	0,7851	82,2
Glycerin	$CH_2OH.CHOH.CH_3OH$	92,09	1,2613	290
Allylalkohol	$CH_2=CH-CH_2OH$	58,08	0,8703[0]	97,1
n-Butylalkohol	$C_3H_7CH_2OH$	74,12	0,8096	117,8
i-Butylalkohol	$(CH_3)_2CHCH_2OH$	74,12	0,8020	108
sek.-Butylalkohol	$C_2H_5CH(OH)CH_3$	74,12	0,8109[15]	99,5
tert.-Butylalkohol	$(CH_3)_3COH$	74,12	0,7867	82,6
n-Amylalkohol	$C_5H_{11}OH$	88,14	0,8184[15]	138,0
i-Amylalkohol	$(CH_3)_2CHCH_2CH_2OH$	88,14	0,8130[15]	131,9
tert.-Amylalkohol	$C_2H_5C(OH)(CH_3)_2$	88,14	$0,8066\binom{25}{0}$	102,3
n-Hexanol	$C_5H_{13}OH$	102,17	$0,8204\binom{20}{20}$	157,8
Cyclohexanol (Hexalin)	$\begin{matrix} CH_2-CH_2 \\ \diagup \qquad \diagdown \\ CH_2 \qquad\quad CHOH \\ \diagdown \qquad \diagup \\ CH_2-CH_2 \end{matrix}$	100,15	0,9369[34]	160,5
Phenol	C_6H_5-OH	94,11	1,0545[45]	181,8

Verdampfungswärme cal/Mol °C	Schmelzpunkt °C	Schmelzwärme cal/Mol °C	Kritische Temperatur °C	Kritische Temperatur °K	Kritischer Druck ata	Kritische Dichte g/mL	Molwärme Cp cal/Mol °C	Flammpunkt °C	Löslich in Wasser Temp.	I	II
								k			
	— 32,7							k			
	— 37							k			
7420	— 73						29(20)	k			
9240	— 42,5						44,65(16)	k			
8300	— 22,4						32,8(0)	k			
9100	— 29						42(20)	k			
	— 122,8		230,0	503	46,7				20	0,304	
	— 41,2	2590	286,55	559,8	46,1	0,354			30	0,154*	
8730	— 45,2	2310	359,2	632,4	46,1	0,365	34,8(20)	28,5	30	0,049*	

Verdampfungswärme cal/Mol °C	Schmelzpunkt °C	Schmelzwärme cal/Mol °C	Kritische Temperatur °C	Kritische Temperatur °K	Kritischer Druck ata	Kritische Dichte g/mL	Molwärme Cp cal/Mol °C	Flammpunkt °C	Löslich in Wasser Temp.	I	II
8430	— 97,1	757	240	513	78,7	0,272	18,44(20)	6,5		∞	∞
9300	— 114,15	1105	243,1	516,3	65,1	0,275	25,66(20)	12		∞	∞
12060	— 12,6	2780					34,85(20)	117		∞	∞
11050(25)	— 126	1241	263,7	536,9	51,7	0,273	31,35(1,4)	25		∞	∞
9600	— 89,5	1284	234,6	507,8	54,9		39,0(20)	18		∞	∞
18170(195)	— 18,1	4414					35,9(8)			∞	∞
9480	— 129	—	271,9	545,1			38,6(60)			∞	∞
10470	— 89,9	2215	287	560	50,2		43,8(20)	22	20	6,4	80,2
10240	— 108		265,0	538,2	49,6		44,7(30)	30	15	10*	—
9960			265,2	538,4	49,9		48,0(40)		20	22,0	59,8
9480	— 25,4	1620	234,9	508,1			53,8(27)			∞	∞
12450(25)	— 78,5	2349					50,0(24,8)		25	0,208	
10570			306,6	579,8			47,2(20)	44	13	2*	
11000(20)	— 8,4	1074	271,77	545,0			58,3(21,2)		22	12,5*	
15500(20)	— 51,6	3670					55,57(17)		25	0,624	
10870	— 25,5	427					49,93(25)	68	11	5,67*	
11500	41	2690	419,0	692	62,6		31,8(22,6)		15 >65,3	8,2* ∞	∞

Fortsetzung auf Seite 54

Fortsetzung von Seite 53

Stoff	Formel	Mol-gewicht	Dichte g/mL	Siedepunkt °C
o-Kresol	CH_3 —OH (Ring)	108,13	1,0482	191
m-Kresol..............	CH_3—(Ring)—OH	108,13	1,0341	202
p-Kresol	CH_3—(Ring)—OH	108,13	1,0347	202
Benzylalkohol	(Ring)—CH_2OH	108,13	1,0454[1]	205,4

Aldehyde, Ketone

Stoff	Formel	Mol-gewicht	Dichte g/mL	Siedepunkt °C
Aceton	CH_3COCH_3	58,08	0,7960[15]	56,11
Methyläthylketon (Butanon)	$CH_3COC_2H_5$	72,10	0,8255[0]	79,6
Diäthylketon	$C_2H_5COC_2H_5$	86,13	0,8159[19]	101,7
Methylisopropylketon.....	$CH_3COCH(CH_3)_2$	86,13	$0,803\,\binom{20}{0}$	93,5
Dipropylketon	$(C_3H_7)_2CO$	114,18	0,8205[15]	144,1
Cyclohexanon	$\begin{array}{c} CH_2-CH_2 \\ CH_2\qquad C=O \\ CH_2-CH_2 \end{array}$	98,14	0,9466	155,7
Furfurol	$\begin{array}{c} HC-CH \\ \| \quad\| \\ HC.O.C.CHO \end{array}$	96,08	1,1598	161,6
Methylfurfurol	$\begin{array}{c} HC-CH \\ \| \quad\| \\ CH_3.C.O.C-CHO \end{array}$	110,11	1,1072[18]	187
Methylcyclohexanon	$C_6H_9OCH_3$	112,16	0,919	170
Acetophenon	(Ring)—CO—CH_3	120,14	1,0254[25]	202

Äther

Stoff	Formel	Mol-gewicht	Dichte g/mL	Siedepunkt °C
Dimethyläther..........	CH_3—O—CH_3	46,07	2,1096 g/L	— 24,9
Methyläthyläther	CH_3—O—C_2H_5	60,09	0,7260[0]	6,4/724
Diäthyläther	C_2H_5—O—C_2H_5	74,12	0,71925[15]	34,60
Äthylpropyläther	C_2H_5—O—C_3H_7	88,14	0,7330	63,6

Verdampfungswärme cal/Mol °C	Schmelzpunkt °C	Schmelzwärme cal/Mol °C	Kritische Temperatur		Kritischer Druck ata	Kritische Dichte g/mL	Molwärme Cp cal/Mol °C	Flammpunkt °C	Löslich in Wasser		
			°C	°K					Temp.	I	II
	31		422,3	695,5	51,1		53,9 [10]		25	2,6*	
10900	11,5		432	705	46,5		51,8 [10]		25	2,42*	
	34,8	2840	426,0	699,2	52,6		52,6 [18]		40	2,29*	
12060	— 15,3	2143					51,6 [25]		17	4,0*	
7270 [60]	— 94,9	1366	235	508	48,6	0,268	29,9 [19]	<—10		∞	∞
7640	— 86,4	1780						— 14	25	22,6	90,1
7820	— 42						47,8 [60]		20	4,6*	
7740	— 92,0						45,2 [50]				
8640	— 34						81,5 [66]			swl	
10720 [30]	— 26						42,5 [16]	44			
10320	— 36,5						39,9 [0]		30	7,72	94,8
									100	19,14	83,82
									20	3,3*	
							49,5 [16]	48			
9270	19,7	3980					57 [110]				
5140	—141,5	1180	127	400	54,8	0,271					
	—		164,7	437,9	47,8	0,272					
6380	—116,3	1800	193,8	467,0	36,7	0,263	40,8 [17]		20	6,48	98,78
	—		227,4	500,6	33,2	0,258			25	1,87	98,87

Fortsetzung auf Seite 56

Fortsetzung von Seite 55

Stoff	Formel	Mol-gewicht	Dichte g/mL	Siedepunkt °C
Anisol	C_6H_5—O—CH_3	108,13	0,9940	153,8
Phenetol	C_6H_5—O—C_2H_5	122,16	0,9666	170,0
Furan	(Strukturformel)	68,07	0,937[19]	32
Dioxan	(Strukturformel)	88,10	1,0337	100,8
Dichlordiäthyläther (Chlorex)..............	CH_2Cl—$CHCl.OC_2H_5$	143,02	1,174[23]	142
Diphenylenoxyd	(Strukturformel)	168,8		287

Ester

Stoff	Formel	Mol-gewicht	Dichte g/mL	Siedepunkt °C
Ameisensäureäthylester ..	$HCOOC_2H_5$	74,08	0,9229[10]	54,1
Essigsäureäthylester	$CH_3COOC_2H_5$	88,10	0,9006	77,1
Buttersäureäthylester.....	$C_3H_7COOC_2H_5$	116,15	0,879	121,7

Schwefel- und Stickstoffverbindungen

Stoff	Formel	Mol-gewicht	Dichte g/mL	Siedepunkt °C
Methylamin	CH_3NH_2	31,06	1,3425 g/L[15]	— 6,5
Äthylamin	$C_2H_5NH_2$	45,08	0,6892$\binom{15}{15}$	16,6
Dimethylamin	$(CH_3)_2NH$	45,08	0,6865(−5,8)	7
Diätylamin	$(C_2H_5)_2NH$	73,13	0,7108[18]	55,5
Anilin	$C_6H_5NH_2$	93,12	1,0217	184,4
o-Toluidin..............	$CH_3.C_6H_4.NH_2$	107,15	0,9986	200,4
m-Toluidin	$CH_3.C_6H_4.NH_2$	107,15	0,9891	203,2
Methylanilin............	$C_6H_5NH.CH_3$	107,15	0,9868	196,2
Dimethylanilin	$C_6H_5N(CH_3)_2$	121,17	0,9555	194,3
Nitrobenzol	$C_6H_5NO_2$	123,11	1,2032	210,9
Pyridin	(Strukturformel)	79,10	0,9772[25]	115,5
Tiophen	(Strukturformel)	84,13	1,0705[15]	84
Acetonitril	CH_3CN	41,05	0,7823	81,6
Propionitril	C_2H_5CN	55,08	0,7818	97,2

Ver- dampfungs- wärme cal/Mol °C	Schmelz- punkt °C	Schmelz- wärme cal/Mol °C	Kritische Temperatur		Kritischer Druck ata	Kritische Dichte g/mL	Molwärme Cp cal/Mol °C	Flammpunkt °C	Löslich in Wasser		
			°C	°K					Temp.	I	II
8800	— 37,4		368,5	641,7	42,6		45,7(24)			swl.	
	— 30,2		374,0	647,2	34,9		54,6(20)				
6497	—						44,3(17)			swl.	
7590	— 11,8	3010					36,5(25)	+ 5		∞	∞
	—										
	80										
7200	— 80,5	2200	233,1	506,3	48,2	0,323	35,36(21)	— 20	18	11*	
7720	— 83	2250	250,1	523,3	39,3	0,308	40,4(20)	— 5	20	8,53*	
8680	— 93,3		292,8	565,0	31,3	0,276	52,6(24)			swl.	
6410	— 92,5		157	430	76,1		23,75(15)				
6530	— 80,6		183,6	456,8	57,9	0,248	31,1(20)		ZT	∞	∞
6310	— 92		164,68	437,9	52,4		16,58(25)				
6640(58)	— 50		223,3	496,5	37,9	0,234	37,9(22)			∞	∞
9710	— 6,2	2521	425,65	698,9	54,1		45,6(25)		18	3,61*	
9700	— 24,4 — 16,3		395,0	668,2	31,8		48,2(15)		25	1,50*	
	— 31,2	930								swl.	
10840	— 57		428,6	601,8	53,1		54,9(100)				
10600	2,4		414,45	687,7	37,0		50,1(16)		ZT	swl.	
11670	5,7	2895					44,1(30)		20	0,19*	
8490	— 42	1975	~ 344,0	617	62		33,5(20)			∞	∞
	— 38,3	1046	317,3	590,5	49,3					swl.	
7790(90)	— 44,9	2130	274,7	547,3	47,7	0,237	21,25(18)			∞	∞
7400	— 91,9	1450	291,2	564,4	42,8	0,241	27,8(15)		40	11,9	

                         Dichte und spezifisches Gewicht

Tabelle 5. *Spezifisches Gewicht von Mineralölprodukten. (Richtwerte für technische Berechnungen.)*

		Spez. Gewicht bei 15° C
Rohöl		0,7 —1,06
Flüssiggas	Propan und Butan	0,509—0,576
Petroläther	Pentane und Hexane	0,626—0,654
Leichtbenzin	Siedeende 140° C	0,680—0,710
Autobenzin	Siedeende 200°—220° C	0,710—0,760
Lackbenzin	Siedegrenzen 130°—200° C	0,770—0,790
Petroleum	Siedegrenzen 200°—300° C	0,800—0,830
Gasöl	Siedegrenzen 300°—360° C	0,830—0,875
Transformatorenöle	Viskosität bei 20° 2°—8° E	0,870—0,920
Spindelöle	Viskosität bei 20° 2°—12° E	0,870—0,920
Maschinenöle	leicht	0,870—0,930
Maschinenöle	mittel	0,880—0,940
Maschinenöle	schwer	0,885—0,950
Autoöle		0,880—0,930
Zylinderöle	für Satt- und Heißdampf	0,890—0,970
Brightstock	penns., russ. oder selekt. Raff.	0,890—0,930
Heizöle	leicht (Destill.-Verschn.)	0,850—0,930
Rückstandsheizöl	schwer (aus Rohöl)	0,940—0,980
Rückstandsheizöl	schwer (gekrackt)	0,950—1,000
Erdölbitumen	Rückstände	0,980—1,100
Erdölextrakte	selektiv hergestellt	0,980—1,070
Paraffin	je nach Herkunft	0,860—0,935
Synthetische Öle	AlCl$_3$-Polymerisate, paraffinisch	0,830—0,860
Synthetische Öle	AlCl$_3$-Polymerisate, gemischt	0,870—0,915

Weitere Zahlenangaben über die Dichte von Kohlenwasserstoffen s. a. CALINGAERT [5], KURTZ [6], Timmermans [9] und EGLOFF [7]. Über den Zusammenhang zwischen Dichte, mittlerer molarer Siedetemperatur und anderen Eigenschaften von Mineralölprodukten s. die Tafel 105 und Abb. 1. Zahlenangaben über die Dichte von verschiedenen organischen Verbindungen; s. a. OTHMER [8].

Tabelle 6. *Spezifisches Gewicht von Natronlauge, Kalilauge und Schwefelsäure*
(nach I. d'ANS und E. LAX).

Spez. Gew. bei 15° C	°Bé	Natronlauge		Kalilauge		Schwefelsäure	
		gew. % NaOH	g NaOH/L	gew. % KOH	g KOH/L	gew. % H$_2$SO$_4$	g H$_2$SO$_4$/L
1,000	0,0	—	—	—	—	—	—
010	1,4	0,95	9,57	1,18	11,97	1,57	16,0
020	2,7	1,83	18,69	2,27	23,17	3,03	31,0
030	4,1	2,72	27,97	3,36	34,60	4,49	46,0
040	5,4	3,61	37,51	4,44	46,20	5,96	62,0
050	6,7	4,51	47,30	5,52	57,98	7,37	77,0
060	8,0	5,41	57,29	6,60	69,99	8,77	93,0
070	9,4	6,31	67,47	7,68	82,14	10,19	109,0
080	10,6	7,21	77,81	8,75	94,45	11,60	125,0
090	11,9	8,10	88,28	9,79	106,7	12,99	142,0

Fortsetzung auf Seite 59

Fortsetzung von Seite 58

Spez. Gew. bei 15° C	°Bé	Natronlauge		Kalilauge		Schwefelsäure	
		gew. % $NaOH$	g NaOH/L	gew. % KOH	g KOH/L	gew. % H_2SO_4	gH_2SO_4/L
1,100	13,0	9,00	99.00	10,86	119,5	14,35	158,0
110	14,2	9,90	109.9	11,92	132,3	15,71	175,0
120	15,4	10,80	121,0	12,97	145,3	17,01	191,0
130	16,5	11,70	132,2	14,03	158,5	18,31	207,0
140	17,7	12,60	143,7	15,07	171,8	19,61	223,0
150	18,8	13,50	155,3	16,09	185,0	20,91	239,0
160	19,8	14,40	167,1	17,10	198,4	22,19	257,0
170	20,9	15,32	179,2	18,12	212,0	23,47	275,0
180	22,0	16,22	191,4	19,14	225,9	24,76	292,0
190	23,0	17,12	203,7	20,16	239,9	26,04	310,0
1,200	24,0	18,02	216,2	21,16	253,9	27,32	328,0
210	25,0	18,93	229,0	22,17	268,2	28,58	346,0
220	26,0	19,83	241,9	23,16	282,5	29,84	364,0
230	26,9	20,73	255,0	24,15	297,0	31,11	382,0
240	27,9	21,64	268,3	25,13	311,6	32,28	400,0
250	28,8	22,55	281,8	26,11	326,3	33,43	418,0
260	29,7	23,46	295,5	27,10	341,5	34,57	435,0
270	30,6	24,36	309,4	28,07	356,5	35,71	453,0
280	31,5	25,28	323,5	29,00	371,2	36,87	472,0
290	32,4	26,19	337,9	29,95	386,4	38,03	490,0
1,300	33,3	27,11	352,4	30,90	401,7	39,19	510,0
310	34,2	28,03	367,2	31,84	417,1	40,35	529,0
320	35,0	28,96	382,3	32,78	432,6	41,50	548,0
330	35,8	29,90	397,6	33,71	448,3	42,66	567,0
340	36,6	30,84	413,2	34,63	464,1	43,74	586,0
350	37,4	31,79	429,2	35,55	479,9	44,82	605,0
360	38,2	32,74	445,3	36,46	495,9	45,88	624,0
370	39,0	33,70	461,6	37,37	512,0	46,94	643,0
380	39,8	34,66	478,3	38,28	528,3	48,00	662,0
390	40,5	35,64	495,4	39,19	544,7	49,06	682,0
1,400	41,2	36,62	512,6	40,08	561,1	50,11	702,0
410	42,0	37,60	530,2	40,97	577,7	51,15	721,0
420	42,7	38,60	548,1	41,87	594,5	52,15	740,0
430	43,4	39,61	566,4	42,75	611,3	53,11	759,0
440	44,1	40,62	585,0	43,62	628,2	54,07	779,0
450	44,8	41,65	603,9	44,50	645,2	55,03	798,0
460	45,4	42,69	623,2	45,37	662,3	55,97	817,0
470	46,1	43,73	642,8	46,23	679,6	56,90	837,0
480	46,8	44,77	662,6	47,09	696,9	57,83	856,0
490	47,4	45,81	682,6	47,94	714,3	58,75	876,0
1,500	48,1	46,86	703,0	48,79	731,8	59,70	896,0
510	48,7	47,92	723,5	49,64	749,5	60,65	916,0
520	49,4	48,97	744,3	—	—	61,59	936,0
530	50,0					62,53	957,0
540	50,6					63,43	977,0
550	51,2					64,26	997,0
560	51,8					65,20	1017,0
570	52,4					66,09	1038,0
580	53,0					66,95	1058,0
590	53,6					67,83	1078,0

Fortsetzung auf Seite 60

8*

Fortsetzung von Seite 59

Spez. Gew. bei 15° C	°Bé	Natronlauge		Kalilauge		Schwefelsäure	
		gew. % NaOH	g NaOH/L	gew. % KOH	g KOH/L	gew. % H_2SO_4	gH_2SO_4/L
1,600	54,1					68,70	1099,0
610	54,7					69,56	1120,0
620	55,2					70,42	1141,0
630	55,8					71,27	1162,0
640	56,3					72,12	1182,0
650	56,9					72,97	1204,0
660	57,4					73,82	1225,0
670	57,9					74,66	1246,0
680	58,4					75,50	1268,0
690	58,9					76,38	1289,0
1,700	59,5					77,17	1312,0
710	60,0					78,04	1334,0
720	60,4					78,92	1357,0
730	60,9					79,80	1381,0
740	61,4					80,68	1404,0
750	61,8					81,56	1427,0
760	62,3					82,44	1452,0
770	62,8					83,51	1478,0
780	63,2					84,50	1504,0
790	63,7					85,70	1534,0
1,800	64,2					86,92	1564,0
810	64,6					88,30	1598,0
820	65,0					90,05	1639,0
830	65,4					92,10	1685,0
840	65,9					95,60	1759,0
8415	66,0					97,35	1792,0

Tabelle 7. *Spezifisches Gewicht von rauchender Schwefelsäure* (nach Cl. WINKLER)

Spez. Gew. bei 20° C	gew. % SO_3 gesamt	gew. % SO_3 frei	Spez. Gew. bei 20° C	gew. % SO_3 gesamt	gew. % SO_3 frei
1,861	81,99	2	1,933	86,03	24
1,869	82,36	4	1,936	86,40	26
1,878	82,73	6	1,940	86,76	28
1,889	83,09	8	1,947	87,14	30
1,899	83,46	10	1,952	87,50	32
1,912	83,82	12	1,957	87,87	34
1,916	84,20	14	1,960	88,24	36
1,921	84,56	16	1,963	88,60	38
1,924	84,92	18	1,965	88,97	40
1,928	85,30	20	1,967	89,33	42
1,931	85,66	22	1,969	89,70	44

4. Die Änderung der Dichte mit Temperatur und Druck

Einen Überblick über die Veränderung der Dichte der niedrigen Kohlenwasserstoffe im flüssigen Zustand unter dem Einfluß des Druckes und der Temperatur, geben die Tafeln 2 bis 10, in denen das spezifische Volumen, also der reziproke Wert der Dichte von leichten Kohlenwasserstoffen in Abhängigkeit von Temperatur und Druck aufgetragen ist.

Die Dichte im flüssigen Sättigungszustand, also der jeweils unter ihrem eigenen Dampfdruck stehenden, siedenden Flüssigkeit von n-Paraffinkohlenwasserstoffen kann der Tafel 11, von paraffinischen Mineralöldestillaten der Tafel 12 entnommen werden, welche unter Zugrundelegung der A. S. T. M.-Designation 154 berechnet ist. Bei Temperaturen, die nicht erheblich über dem Siedepunkt bei Atmosphärendruck liegen, ist der Siededruck so klein, daß er die Dichte der Flüssigkeit praktisch nicht beeinflußt. In diesem Gebiet sind die Angaben der Tafeln 11 und 12 identisch mit der bei 1 ata gemessenen Dichte.

Beispiel 2.

Zu ermitteln die Dichte von flüssigem Oktan unter den folgenden, in den Spalten 1 und 2 der untenstehenden Tabelle angeführten Bedingungen:

Temperatur (1)		Druck (2)	Spezifisches Volumen (3)	Dichte (4)
1. bei 112⁰ C	und	5,4 ata	1,59	0,628
2. ,, 190⁰ C	,,	8,0 ,,	1,82	0,550
3. ,, 270⁰ C	,,	120,0 ,,	1,875	0,533

Tafel 10. Für die obigen Bedingungen erhält man die in der dritten Spalte der Tabelle verzeichneten spezifischen Volumina, deren reziproke Werte in der vierten Spalte angegeben sind und die gesuchte Dichte darstellen.

Würde für Oktan die Tafel 10 nicht zur Verfügung stehen, dann wären die Dichten in folgender Weise zu bestimmen:

Für 112⁰ und 5,4 ata:

Hier ist der Druck so niedrig, daß dadurch die Dichte der Flüssigkeit nicht erheblich beeinflußt wird, es kann also, wiewohl die Flüssigkeit unter einem höheren Druck steht als dem Sättigungszustand entsprechen würde, mit Tafel 12 gerechnet werden.

Tab. 3   Dichte bei   15⁰ C 0,7028

Tafel 12   ,,   ,,   112⁰ C 0,628

Für 190⁰ C und 8 ata:

Auch hier kann die Tafel 12 verwendet werden, da sich die Flüssigkeit unter diesen Bedingungen, wie der Tafel zu entnehmen ist, nahezu im Sättigungszustand befindet. Man erhält eine Dichte von 0,555.

Für 270⁰ C und 120 ata.:

Hier könnte eine näherungsweise Bestimmung der Dichte mit Hilfe der Tafel 13 erfolgen, wobei entsprechend dem für die Erläuterung dieser Tafel gegebenen Beispiele vorzugehen wäre.

Für die Ermittlung der Dichte von Kohlenwasserstoffen, Kohlenwasserstoffgemischen und Mineralölprodukten bei höheren Temperaturen und bei Drücken, die den Sättigungsdruck übersteigen, können Methoden benutzt werden, die denen für die Behandlung der PVT-Beziehungen von gasförmigen Mineralölprodukten bzw. Kohlenwasserstoffgemischen analog sind (s. S. 65ff.) und im wesentlichen eine Anwendung der an dieser Stelle entwickelten Lehre von den korrespondierenden Zuständen darstellen. Wie von WATSON, NELSON und MURPHY [2] gezeigt wurde, läßt sich die Dichte eines Kohlenwasserstoffes bzw. eines Mineralöles, die durch die Angabe des spezifischen Gewichtes 15,6/15,6 und der kritischen Temperatur charakterisiert sind, als Funktion des reduzierten Druckes π und der reduzierten Temperatur δ darstellen. Allerdings sind dann, wenn kein reiner Kohlenwasserstoff, sondern ein Gemisch von Kohlenwasserstoffen (bzw. ein Mineralölprodukt) betrachtet wird, an Stelle der kritischen Eigenschaften die pseudokritischen Eigenschaften (s. S. 69ff) zu verwenden und für die Ermittlung der pseudoreduzierten Größen heranzuziehen. Ein unter Benutzung der Arbeit von WATSON, NELSON und MURPHY l. c. entwickeltes Nomogramm, das die Anwendung der Methode sehr vereinfacht, ist auf Tafel 13 dargestellt, dessen Gebrauch an Hand des folgenden Beispiels erklärt sei.

Beispiel 3.

Gegeben: Ein Mineralöl mit D 15,6/15,6 = 0,825, dessen pseudokritischer Druck $P_k{}^*$ 23,5 ata und dessen pseudokritische Temperatur 405⁰ C beträgt. (Über die Ermittlung der „pseudokritischen" Eigenschaften von Mineralölen und Mischungen von Kohlenwasserstoffen s. S. 70 und Beispiel 13 und 14.

Gesucht: Die Dichte ϱ bei einem Druck P von 45 atü und einer Temperatur t von 385 ° C. Man berechnet:

$$\text{die ,,pseudoreduzierte`` Temperatur } \vartheta^* = \frac{385 + 273,2}{405 + 273,2} = 0,971$$

$$\text{den ,,pseudoreduzierten`` Druck } \pi^* = \frac{45 + 1}{23,5} = 1,96.$$

Tafel 13. Ausgehend von der gegebenen Temperatur von 385⁰ C geht man von der links oben gelegenen Skala der strichpunktierten Linie nach bis zu der Kurve, die der pseudokritischen Temperatur entspricht, dann nach unten bis zum Schnittpunkt mit der entsprechenden Linie für die Dichte bei 15,5⁰ C und von dort horizontal rechts. Eine zweite Ableselinie beginnt an der rechts oben gelegenen Skala für den reduzierten Druck, geht bis zur Kurve für die reduzierte Temperatur und dann nach unten bis zum Schnitt mit der ersten Ableselinie. Die Lage dieses Schnittpunktes ergibt die gesuchte Dichte zu $\varrho = 0,475$.

5. Die Dichte von Mischungen

Beim Vermischen von Flüssigkeiten treten sehr häufig Änderungen in der Dichte ein, weil sich das Volumen der Mischung nicht additiv aus den Volumina der Komponenten zusammensetzt. Abgesehen davon, daß diese Erscheinung beträchtlich sein kann, wenn durch das Mischen Änderungen in der Molekülgröße eintreten (wie etwa bei der Mischung von Wasser mit Schwefelsäure) oder chemische Reaktionen vor sich gehen, können Abweichungen auch bei vollkommen indifferenten Flüssigkeiten auftreten. Die beim Mischen unpolarer Flüssigkeiten bei Zimmertemperatur auftretende Volumsveränderung kann durch die Gl.

$$\Delta V = 4 \, \Delta \, V_{0,5} \, X \, (1 - X) \tag{3}$$

wiedergegeben werden, die von DUNKEN [3] angegeben wurde s. a. HARMS [4]. In dieser Gleichung bedeutet ΔV die in ccm gemessene Volumsverminderung, die bei der Herstellung von 1 g - Mol des Gemisches und $\Delta V_{0,5}$ die Volumsverminderung in ccm, die beim Mischen von je einem halben g - Mol der beiden Komponenten beobachtet wird. X bedeutet den Molenbruch einer der Komponenten. In Tab. 8 sind die Werte von $\Delta V_{0,5}$ in cm³/g-Mol für eine Reihe von Mischungen angegeben.

Die Auswertung der Gleichung kann mit Hilfe des Nomogrammes auf Tafel 14 erfolgen und sei im folgenden an Hand eines Beispieles näher erläutert.

Beispiel 4.

Gesucht: Die Dichte eines Gemisches von Benzol und Schwefelkohlenstoff, das 15,6 Molprozent Benzol enthält.

Tab. 3. Benzol Molgewicht $M = 78,1$ Dichte $\varrho = 0,8786$

Tab. 4. Schwefelkohlenstoff Molgewicht $M = 76,13$,, $\varrho = 1,261$

Tab. 8. $\Delta V_{0,5} = 0,56$ cm³/g-Mol

Gl. (3) $\Delta V = 0,294$,,

Die weitere Rechnung ergibt sich aus der folgenden Tabelle:

	Mole	Gramme	cm³
Schwefelkohlenstoff .	1—0,156	64,3	50,8
Benzol	0,156	12.2	13,9
		76,5	64,7 cm³

$$\text{Tafel 14 ...} \qquad -\Delta V \quad 0,29 \text{ ,,}$$

$$\text{1 g-Mol der Mischung} = 64,41 \text{ cm}^3$$

$$\varrho = \frac{76,5}{64,41} = 1,187 \text{ g/ccm}$$

Die Dichte von Gemischen, die aus flüssigen Paraffinkohlenwasserstoffen bestehen, kann dann, wenn sich die Komponenten im Molgewicht nicht allzu sehr unterscheiden, der Tafel 11 entnommen werden, wobei für die Mischung ein durch die Bildung des arithmetischen Mittels auf molarer Basis errechnetes scheinbares Molgewicht einzusetzen ist.

Die Dichte eines Mineralöles, in dem leichte Kohlenwasserstoffgase gelöst sind, ist in der Weise zu ermitteln, daß mit Hilfe der Tafel 15 eine scheinbare Dichte der gelösten Gase bestimmt wird; daraus und aus der Dichte des noch nicht mit Gas beladenen Mineralöles ist die Dichte der Lösung durch Mittelwertbildung auf Basis der gewichtsmäßigen Zusammensetzung zu berechnen. Diese Methode kann bis zu Temperaturen angewendet werden, die einer reduzierten Temperatur des Lösungsmittels von 0,85 entsprechen.

Beispiel 5.

In 100 kg eines Waschöles mit der Dichte $\varrho = 0,82$ bei 15^0 C und einer mittleren volumetrischen Siedetemperatur 240^0 C sind 18,1 Nm³ Butan und 8,2 Nm³ Propan gelöst. Es ist die Dichte des beladenen Waschöles bei 120^0 C zu berechnen.

Das mittlere Molgewicht des Gases errechnet sich zu

$$\frac{18,1 \cdot 58 + 8,2 \cdot 44}{18,1 + 8,2} = 53,7.$$

Tafel 15. Die scheinbare Dichte der gelösten Gase ergibt sich zu 0,515.

Die Gewichtsmenge des Gases ergibt sich nach Einsetzen der Gewichte in Normalkubikmeter

Tab. 3.

$$\begin{aligned}
\text{Butan } 18,1 \times 2,70 &= 48,8\\
\text{Propan } 8,2 \times 2,00 &= \underline{16.4}\\
& 65,2 \text{ kg}
\end{aligned}$$

Tafel 12. Die Dichte des unbeladenen Öles beträgt bei 120^0 C 0,75, die Dichte des beladenen Öles ergibt sich durch die Mittelwertbildung

$$\frac{100 \cdot 0,750 + 65,2 \cdot 0,515}{100 + 65,2} = 0,657.$$

Die Zulässigkeit der obigen Rechnung bezüglich der Bedingung, daß die betrachtete Temperatur nicht über einem Wert von 0,85 für die reduzierte Temperatur des Lösungsmittels liegt, ergibt sich aus folgendem:

Tafel 28. Für eine mittlere volumetrische Siedetemperatur von 240^0 C und eine Dichte von 0,82 erhält man

$$T_k = 698^0\ K$$

bei 120^0 C entsprechend $393^0\ K$ ist $\vartheta = \dfrac{393}{698} = 0,56$. Die Tafel 15 konnte also benützt werden.

Tabelle 8. *Volumsverminderung beim Vermischen unpolarer Flüssigkeiten*

	$\Delta V_{0,5}$		$\Delta V_{0,5}$
Cyclohexan/Benzol.............	0,65 ccm	Tetrachlorkohlenstoff/Cyclohexan	0,24 ccm
Schwefelkohlenstoff/Benzol	0,56 ,,	Dioxan/Cyclohexan	1,00 ,,
Hexan/Benzol.................	0,42 ,,	Schwefelkohlenstoff/Dioxan	0,84 ,,
Cyclopentan/Benzol.............	0,32 ,,	Propionsäure/Hexan	0,50 ,,
Schwefelkohlenstoff/Cyclohexan ..	0,55 ,,	Tetrachlorkohlenstoff/Heptan	0,23 ,,
Schwefelkohlenstoff/Tetrachlor-		Hexadecan/Heptan	0,02 ,,
kohlenstoff	0,31 ,,	Äthanol/Methanol	0,005 ,,

[1] Domke u. Reimerdes: Handbuch der Aräometrie, Berlin 1912. Springer. [2] K. M. Watson, E. F. Nelson u. J. B. Murphy: Oil and Gas J. Nov. 1936, 36. [3] H. Dunken: Z. phys. Chem. B **53**, 264; 1943. [4] Harms: ebenda B **53** 280; 1943. [5] G. Calingaert u. Mitarb. Ind. Eng. Chem. **33** 103; 1941 [6] S. S. Kurtz u. M. R. Liphin ebend. **33** 779; 1941. [7] G. Egloff u. R. C. Kuder J. Inst. Petrol. **27** 260, 1941. [8] D. F. Othmer S. Josefowitz u. A. E. Schmutzler: Ind. Eng. Chem. **40** 883; 1948. [9] J. Timmermans: Physico-Chemical Constants of pure organic Compounds, New York 1950.

III. Die Zustandsgleichungen für Gase und Dämpfe

(Dazu die Tafeln 16 bis 29, 119, 120)

1. Ideale Gase

Nach dem Gesetz von AVOGADRO sollen von allen Gasen gleiche Volumina bei gleicher Temperatur und gleichem Druck die gleiche Anzahl Moleküle enthalten. Daraus ergibt sich die Zweckmäßigkeit des Rechnens auf einer molaren Basis, denn im Sinne des Gesetzes von AVOGADRO ist das Volumen eines Mols bei sonst gleichen Bedingungen unabhängig von der Art des Gases und beträgt beispielsweise bei $0°$ C und 760 mm Quecksilbersäule 22,419 L/g-Mol. Dieses Gesetz gilt allerdings nicht streng und es ergeben sich gewisse Abweichungen, insbesonders bei höheren Drucken und in der Nähe des Kondensationspunktes. Näheres über ihre Berücksichtigung siehe unten.

Nach dem Gesetz von BOYLE-MARIOTTE und GAY-LUSSAC ergibt sich als Zusammenhang zwischen dem Volumen V, dem Druck P und der (absoluten) Temperatur T die Zustandsgleichung

$$P V = R T \qquad (1)$$

die streng nur für ideale Gase gilt. Rechnet man auf einer molaren Basis, so ist R eine stoffunabhängige Konstante und an Stelle des Gesamtvolumens V, tritt das Molvolumen v. In Tab. 9 sind die Zahlenwerte wiedergegeben, die R annimmt, wenn die Molzahl, der Druck, das Volumen und die Temperatur in verschiedenen Einheiten ausgedrückt werden.

Tabelle 9. *Zahlenwerte für die Gaskonstante*

Masse (Molzahl)	Druck	Volumen	Temperatur	R
g-Mol	(phys.) Atm	Liter		0,08206 L. Atm/$°$K g-Mol
g-Mol	—	—	$°$K ($°$C in abs. Zählung)	1,9871 cal/$°$K g-Mol
kg-Mol	kg/cm²	m³		0,08479 m³ at/$°$K kg-Mol
kg-Mol	—	—		0,002309 kWh/$°$K kg-Mol
Lb-Mol	Lb./sq. ft	cu. ft	$°$R ($°$Rankine = $°$F in abs. Zählung)	1543 ft. lb./$°$R Lb.-Mol

Führt man die Molzahl $n = \dfrac{G}{M}$ ein, wobei G das Gewicht und M das Molgewicht bedeutet, dann erhält man die Gl.

$$P V = n R T = \frac{G}{M} R T \qquad (2)$$

Je nachdem, ob die Molzahl in g-Mol oder kg-Mol (bzw. das Gewicht in g oder kg) eingesetzt wird, ist das Volumen in Liter (genau dm³) oder m³ auszudrücken. Bei der Berechnung von Kompressionsarbeiten ist es oft zweckmäßig, R in kWh einzusetzen.

Bei der Dichteumrechnung idealer Gase in verschiedene Maßsysteme können die in Tab. 10 angegebenen Faktoren von Nutzen sein.

Tabelle 10. *Umrechnung von Dichteeinheiten (ideale Gase)*

Molgewicht	g/Nm³ ($0°$C 760 mm)	g/nm³ ($15°$ C 735,5 mm)
1	44,61	40,92
0,02242	1	0,9174
0,02444	1,090	1

2. Zustandsgleichungen für reale Gase und Dämpfe

Kohlenwasserstoffdämpfe erfüllen ebenso wie andere Dämpfe und unter höherem Druck stehende Gase die ideale Zustandsgleichung nur sehr angenähert. Der einfachste Weg, die experimentell bestimmte Abweichung zu berücksichtigen, ist der, in die Gasgleichung einen Korrekturfaktor einzuführen, so daß man erhält

$$P V = \mu \frac{G}{M} RT. \tag{3}$$

Experimentell ermittelte Werte von μ für die wichtigsten Gase sind in den Tafeln 16 bis 23 angegeben, weitere Angaben s. MICHELS [11] (Äthylen), H. MARCHMANN u. Mitarb. [12] (Propylen), SAGE [13] (Propan), GORNOWSKI [14] u. COMINGS [22]; eine umfangreiche Literaturzusammenstellung bringt HOUGEN [15] u. Natl. Bur. of Stand. [23]. (Leider existieren keine zuverlässigen Messungen der Kompressibilität von Schwefeldioxyd. Es kann daher keine Tafel der μ-Werte für diesen Stoff berechnet werden, doch können μ-Werte nach den unten erläuterten Methoden abgeschätzt werden.) Bei Kohlenwasserstoffen kann das spezifische Volumen für den dampfförmigen Sättigungszustand ferner der Tafel 24 entnommen werden.

Von der großen Anzahl von Zustandsgleichungen für reale Gase, die angegeben wurden, seien hier nur die Gleichungen von VAN DER WAALS und von BERTHELOT erwähnt, die jede zwei Stoffkonstanten enthalten. Bezüglich anderer Zustandsgleichungen, wie der ausgezeichneten von BEATTIE und BRIDGEMAN [1], sei wegen der durch die größere Anzahl von Konstanten komplizierten Rechnung, aber auch mangels experimenteller Werte dieser Konstanten für die höheren Kohlenwasserstoffe auf die Literatur verwiesen (s. insbesondere JUSTI [2]; über die Berechnung der Konstanten s. MARON [9] und BROWN [10]).

Die van der Waalssche Gleichung lautet für 1 Mol:

$$\left(P + \frac{a}{v^2}\right)(v - b) = RT, \tag{4}$$

wobei a und b individuelle Konstanten des betrachteten Gases bedeuten, die ebenfalls auf 1 Mol zu beziehen sind. Die Gleichung gibt das Verhalten von Dämpfen auch in der Nähe des Kondensationspunktes und im flüssigen Zustand einschließlich des Verhaltens im kritischen Punkt (über den kritischen Zustand s. Seite 72) qualitativ richtig wieder, ohne allerdings bezüglich der quantitativen Übereinstimmnng mit dem Experiment voll zu befriedigen. Führt man an Stelle von T, v und P die Quotienten aus diesen Variablen und der zugehörigen kritischen Größe P_k, v_k und T_k ein, so erhält man den reduzierten Druck $\pi = P/P_k$, das reduzierte Volumen $\varphi = v/v_k$ und die reduzierte Temperatur $\vartheta = T/T_k$. Bei der Benützung der reduzierten Größen, deren Ermittlung mit Hilfe der Nomogramme, Tafel 10 bis 12, erfolgen kann, bekommt die van der Waalssche Gleichung in der Schreibweise für 1 Mol die Form

$$\left(\pi - \frac{3}{\varphi^2}\right)\left(\varphi - \frac{1}{3}\right) = \frac{8}{3}\,\vartheta, \tag{5}$$

die frei von individuellen Stoffkonstanten ist.

Eine Verbesserung der van der Waalsschen Gleichung, die insbesondere bezüglich der Ableitung kalorischer Daten einen wesentlichen Fortschritt darstellt, wurde von T. BERTHELOT angegeben. Sie lautet:

$$\left(P + \frac{a'}{v^2\,T}\right)(v - b) = RT \tag{6}$$

oder in reduzierter Form und für ein Mol

$$\left(\pi + 0,53 \ \frac{1}{\vartheta^2}\right)(\varphi - 0,25) = 3,45 \ \vartheta. \tag{7}$$

Beschränkt man ihre Gültigkeit auf mäßige Drücke bis etwa $\pi = 0,7$, so erhält man folgende vereinfachte Gl.

$$PV = \left[1 + 0,0703\left(1 - \frac{6}{\vartheta^2}\right)\frac{\pi}{\vartheta}\right] \cdot \frac{G}{M} \ RT = \mu \ \frac{G}{M} \ RT. \tag{8}$$

Bei dieser Schreibweise ist die Abweichung vom idealen Verhalten durch den in den eckigen Klammern stehenden Ausdruck berücksichtigt, der dem Korrekturfaktor μ entspricht.

Kohlenwasserstoffe mit mehr als 3 Kohlenstoffatomen gehorchen zwar nicht genau der van der Waalschen Gleichung, wie aber LEWIS u. LUKE [3] und JOFFE [16] gezeigt haben, kann μ als eine empirische Funktion der reduzierten Temperatur und des reduzierten Druckes angegeben werden. In Tafel 23 sind solche Werte von μ für Kohlenwasserstoffe mit mehr als 3 Kohlenstoffatomen für die reduzierten Temperaturen von 0,65 bis 1,70 und reduzierte Drücke bis 12 dargestellt. (Vgl. a. OBERT [25].)

Die Tatsache, daß das Verhalten eines Stoffes, der zum Beispiel der van der Waalschen Gleichung gehorcht, einzig aus seinen kritischen Eigenschaften hergeleitet werden kann, hat auch zur Aufstellung des Theorems der korrespondierenden Zustände geführt. Dieses Theorem gilt für alle Stoffe, soferne sie als einheitlich zu betrachten sind, also kein Gemisch darstellen, und kann in folgender Form ausgesprochen werden: Bezeichnet man mit K eine beliebige physikalische Eigenschaft eines Stoffes, wie z. B. die Dichte, die Verdampfungswärme oder die Oberflächenspannung, und mit K' die gleiche Eigenschaft einer Vergleichssubstanz, dann bleibt das Verhältnis $\frac{K}{K'}$ konstant, solange K und K' sich auf „korrespondierende" Zustände beziehen, d. h. auf Zustände, welche bei beiden Stoffen durch die gleiche reduzierte Temperatur und den gleichen reduzierten Druck gekennzeichnet sind. Das Theorem der korrespondierenden Zustände gilt nicht exakt, sondern nur näherungsweise, kann aber sehr oft, wenn andere Unterlagen mangeln, außerordentlich wertvoll sein; am genauesten wird es erfüllt, wenn die beiden Vergleichsstoffe einander sehr ähnlich sind.

Bei der praktischen Benützung der Zustandsgleichungen ist es sehr wesentlich, welche der Variablen gegeben sind und welche aufgesucht werden sollen. Die Benützung der Berthelotschen und der van der Waalschen Zustandsgleichung empfiehlt sich im allgemeinen nur dann, wenn das Volumen bekannt ist, weil diese Gleichungen im Volumen vom dritten Grad sind und es daher zeitraubend ist, sie nach dem Volumen aufzulösen. Die Benützung des Korrekturfaktors μ hingegen ist dann am einfachsten, wenn der Druck und die Temperatur gegeben sind, weil in den anderen Fällen die Lösung nur graphisch gefunden werden kann.

Zur Erläuterung mögen die folgenden Beispiele dienen:

Beispiel 6.

Gesucht das effektive Volumen von 980 Nm³ Methan bei — 25° und 33 ata.

Da für das vorliegende Beispiel ein Korrekturfaktor μ der Tafel 19 entnommen werden kann, benützt man die Formel III-3.

$$
\begin{aligned}
\text{Tab. 3} \ldots \quad 1 \ \text{Nm}^3 &= 0,7168 \ \text{kg} \\
980 \ \text{,,} &= 703 \quad \text{,,} \\
\text{Molgewicht} &= 16,04 \\
R &= 0,08479 \ \text{m}^3 \ \text{kg/cm}^2 \ ^0\text{C kg-Mol} \\
T &= 273,2 + (-25) = 248,2 \ ^0\text{K} \\
\text{Tafel 19} \ldots \ \mu &= 0,895
\end{aligned}
$$

Formel III-3 ...
$$V = \mu \frac{G}{M} \frac{RT}{P} = 0{,}895 \frac{703 \cdot 0{,}08479 \cdot 248{,}2}{16{,}04 \cdot 33} = 25{,}0 \text{ m}^3.$$

Stünde für Methan keine μ-Tafel zur Verfügung, dann könnte man, da der Druck erheblich unter dem Wert für P_k liegt, mit der Formel III-8 rechnen. An Stoffkonstanten sind nur die kritischen Daten notwendig, die man der Tab. 3 auch entnehmen kann. Man erhält

$$\pi = 0{,}70; \ \vartheta = 1{,}30$$

Formel III-8
$$\mu = 1 + \frac{\pi}{\vartheta} 0{,}0703 \left(1 - \frac{6}{\vartheta^2}\right)$$

und nach dem Einsetzen der Zahlenwerte $\mu = 0{,}90$ und demnach in befriedigender Übereinstimmung mit der Tafel 19 ein Volumen von 25,2 m³.

Beispiel 7.

Gesucht das spezifische Volumen von Kohlenoxyd bei 773 ata und 50° C. Da Tafel 17 die μ-Werte nur bis 300 ata enthält, könnte man versuchen, das Volumen aus der Berthelotschen oder der van der Waalschen Zustandsgleichung zu berechnen. Nun sind diese Gleichungen in bezug auf das Volumen vom 3. Grad, können also nur ziemlich umständlich aufgelöst werden. Man macht hier besser vom Theorem der korrespondierenden Zustände Gebrauch. Zu diesem Zweck wählt man einen hinreichend genau untersuchten, nach Möglichkeit in der chemischen Konstitution ähnlichen Vergleichsstoff. Wählt man zum Beispiel Methan als Vergleichsstoff, dann ergibt sich folgendes

Tab. 4 ...   Kohlenoxyd $P_k =$ 35,6 ata
$t_k = -$ 140,2 °C,

daraus ergibt sich

$$\pi = \frac{773}{35{,}6} = 21{,}7$$

$$\vartheta = \frac{50 + 273}{-140 + 273} = 2{,}43$$

Als vergleichbare Bedingungen erhält man für die nebenstehenden π- und ϑ-Werte bei Methan einen Druck von 995 ata und eine Temperatur von 190° C.

Tafel 19 ...   Für Methan erhält man bei 995 ata und 190° C $\mu = 1{,}59$; daraus ergibt sich das spezifische Volumen von Kohlenoxyd unter den obigen Bedingungen zu

$$V = \mu \frac{G}{M} \cdot \frac{RT}{P} = 1{,}59 \frac{1}{28{,}01} \cdot \frac{0{,}08479 \cdot 323{,}2}{773} = 0{,}00200 \text{ m}^3/\text{kg} = 2{,}00 \text{ cm}^3/\text{g}.$$

Beispiel 8.

Gesucht das Volumen von 56,8 kg Benzol bei 26,3 ata und 260° C.

Tab. 3 ...   Molgewicht $M =$ 78,11
kritischer Druck $P_k =$ 49,5 ata
kritische Temperatur $t_k =$ 288,5° C

$$\pi = \frac{26{,}3}{49{,}5} = 0{,}531; \quad \vartheta = \frac{260 + 273{,}2}{288{,}5 + 273{,}2} = 0{,}949.$$

Tafel 23 liefert daraus den μ-Wert $\mu = 0{,}708$

Gleichung III-3 ...
$$V = \mu \frac{G}{M} \frac{RT}{P} = 0{,}708 \frac{56{,}8}{78{,}11} \frac{0{,}08479 \cdot 533}{26{,}3} = 0{,}885 \text{ m}^3.$$

Beispiel 9.

Zu ermitteln die effektive Dampfgeschwindigkeit im freien Querschnitt am obersten Boden einer bei 7,4 atü arbeitenden Rektifizierkolonne von 2500 mm $\varnothing$, bei der stündlich 25,6 t Isobutan über Kopf gehen.

Tafel 24 ...   Spezifisches Volumen von i-Butan bei 8,4 ata = 0,051 m³/kg
Dampfvolumen = 0,051 . 25,6 . 1000 = 1306 m³/h
$$\frac{1306}{3600} = 0{,}363 \text{ m}^3/\text{sec}$$

Querschnitt = 4,9 m²;

daraus ergibt sich die gesuchte Dampfgeschwindigkeit $W = 0{,}074$ m/sec.

Beispiel 10.

Wie groß muß der Druck sein, damit das Molvolumen von n-Pentan bei 80° C 1,92 Liter beträgt?
Tab. 3. Wir erhalten (gegebenenfalls unter Benützung der Tafel 119), da die kritische Temperatur von n-Pentan 197° C beträgt, für die reduzierte Temperatur den Wert $\vartheta = (80 + 273)/(197 + 273) = 0{,}75$.

Die Gleichung III-3 kann man, wenn $P = \pi\,P_k$ u. $V = \mathrm{v}\,G/M$ eingesetzt wird, auch schreiben

$$\mu = \frac{\pi\,P_k\,\mathrm{v}}{R\,T} = \xi \cdot \pi,$$

wobei

$$\xi = \frac{P_k\,\mathrm{v}}{R\,T}$$

ist. Man erhält dann $\xi = \dfrac{33{,}1 \cdot 1{,}92}{0{,}084\,(80 + 273)} = 2{,}14$.

Zeichnet man auf Tafel 23 eine Gerade, die der Gleichung $\mu = \xi \cdot \pi = 2{,}14\,\pi$ entspricht, dann gibt der Schnittpunkt dieser Geraden mit der Kurve für $\vartheta = 0{,}75$ den gesuchten Wert von μ. Da das auf der Tafel 23 rechts unten gezeichnete Hilfsdiagramm, welches wir für Werte von $\vartheta = 0{,}75$ offenbar benützen müssen, den Nullpunkt des Koordinatensystems nicht enthält, erhalten wir die gesuchte Gerade durch Verbinden zweier Punkte, die der Gleichung $\mu = 2{,}14\,\pi$ genügen. Man erhält zum Beispiel für

$$\pi = 0{,}4, \quad \mu = 0{,}4 \cdot 2{,}14 = 0{,}856$$
$$\pi = 0{,}2, \quad \mu = 0{,}2 \cdot 2{,}14 = 0{,}428$$

und damit die in Tafel 23 strichpunktiert eingezeichnete Gerade, deren Schnittpunkt mit der Kurve für $\vartheta = 0{,}75$ für den Korrekturfaktor den Wert $\mu = 0{,}647$ ergibt. Für den Druck erhalten wir dann nach Formel III-3

$$P = \frac{\mu\,R\,T}{\mathrm{v}} = \frac{0{,}647 \cdot 0{,}084 \cdot 353}{1{,}92} = 10 \text{ ata.}$$

Beispiel 11.

Wie hoch muß die Temperatur von n-Pentan sein, damit das Molvolumen desselben bei 10 ata 1,92 Liter beträgt?

Nun wird in Gleichung III-3 für T das Produkt $\vartheta \cdot T_k$ eingesetzt und wir können für ein Mol schreiben:

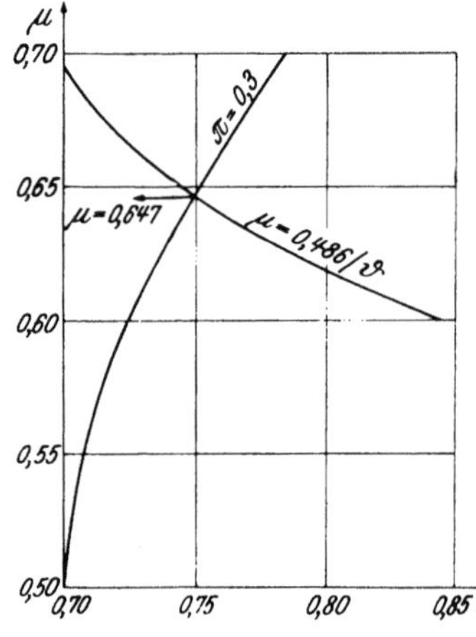

Abb. 7. Berechnung der Kompressibilität von Gasen. (z. Beisp. 11.)

$$\mu = \frac{PV}{R\,\vartheta\,T_k} = \frac{\eta}{\vartheta}, \quad \text{wobei } \eta = \frac{P\,\mathrm{v}}{R\,T_k} \text{ ist.}$$

Für die obigen Werte von P und v erhält man nun bei einer kritischen Temperatur von 470° K (s. Beispiel 10) $\eta = 10 \cdot 1{,}9/20{,}084 \cdot 470 = 0{,}486$.

Nun wird die in Abb. 7 dargestellte Hilfskonstruktion ausgeführt, und zwar werden zunächst jene Werte von μ über ϑ aufgetragen, welche für den Druck von 10 ata, bei $P_k = 33{,}0$, einem reduzierten Druck von 0,3 entsprechend, der Tafel 23 entnommen werden können. Sodann trägt man in der gleichen Figur jene Wertepaare von μ und ϑ auf, welche der Gleichung $\mu = 0{,}486/\vartheta$ genügen; so erhält man den gesuchten Wert von μ als Schnittpunkt dieser beiden Kurven.

Trägt man zum Beispiel die Werte

$$\vartheta = 0{,}80, \quad \mu = 0{,}486/0{,}80 = 0{,}608$$
$$\vartheta = 0{,}75, \quad \mu = 0{,}486/0{,}75 = 0{,}648$$
$$\vartheta = 0{,}70, \quad \mu = 0{,}486/0{,}70 = 0{,}694$$

auf, wie dies in Abb. 7 geschehen ist, und entnimmt man für $\pi = 0{,}3$ der Tafel 23 die in der nebenstehenden Tabelle zusammengefaßten Wertepaare, die ebenfalls in Abb. 7 eingetragen sind, so erhält man den Schnittpunkt der beiden Kurven, wie nach Beispiel 10 zu erwarten war, bei einem μ-Wert von 0,647. Die gesuchte Temperatur könnte nun durch Einsetzen in Gleichung III-3 gefunden werden.

ϑ	μ
0,85	0,775
0,80	0,720
0,75	0,647
0,70	0,507

3. Die Speicherfähigkeit von Druckgasbehältern

Die Gasmenge, die in einem Behälter unter Druck gespeichert werden kann, ist unter Berücksichtigung der Kompressibilität (unter Benützung der Tafeln 16 bis 23) zu berechnen. Dies gilt natürlich nur für Gase, die nicht durch den Speicherdruck verflüssigt werden. Für Gase, die unter Druck verflüssigt werden, sind die Mengen, welche in einem Behälter gefahrlos gespeichert werden können, in der untenstehenden Tabelle angegeben. Voraussetzung ist dabei, daß die Temperatur des Behälters nicht über 50° C steigen kann.

Tabelle 11. *Zulässige Füllung von Behältern für unter Druck verflüssigte Gase in Kilogramm pro Liter Behälterraum*

Gas	Füllung kg/Liter Behälterraum	Probedruck atü
Äthan	0,303	95
Äthylen	0,296	225
Propan	0,425	25
Propylen	0,445	35
Butan, Butylen	0,488	12
Butadien	0,540	10
Verflüssigte Kohlenwasserstoffe mit einem Druck, der bei 40° C kleiner ist als der Druck der Kohlensäure	0,400	190
mit einem Dampfdruck von maximal 25 atü bei 40° C	0,400	40
30 ,, ,, 50° ,,	0,400	45
16,5 ,, ,, 50° ,,	0,425	24
6,5 ,, ,, 50° ,,	0,480	10
Kohlensäure	0,747	190
Chlorwasserstoff	0,610	100
Chlor	1,25	22
Ammoniak	0,538	30
Schwefeldioxyd	1,25	12
Methylchlorid	0,800	16
Äthylchlorid	0,800	10
Vinylchlorid	0,795	5

4. Zustandsgleichungen für Gemische

Bei mäßigen Drücken verhalten sich Gasgemische dem Gesetz von DALTON entsprechend so, als ob jedes Gas das verfügbare Volumen unbeeinflußt von den anderen Komponenten ausfüllen würde. Jeder Komponente kann dementsprechend ein Partialdruck zugeordnet werden, der aus dem Gesamtdruck auf der Basis des molaren Mischungsverhältnisses errechnet werden kann. Die Partialdrücke p_1, p_2, p_3 usw. verhalten sich also ebenso wie die Molzahlen n_1, n_2 usw. entsprechend der Gl.

$$p_1 : p_2 = n_1 : n_2 \tag{9}$$

und der Gesamtdruck setzt sich additiv aus den Partialdrücken zusammen. Man erhält also

$$P = p_1 + p_2 + p_3 + \ldots = \Sigma\, p \tag{10}$$

oder, wenn man die Molzahlen durch die Molenbrüche ersetzt

$$p_1 = \frac{n_1 P}{\Sigma\, n}, \quad p_2 = \frac{n_2 P}{\Sigma\, n} \quad \text{usw.} \tag{11}$$

wobei zur Abkürzung die Summen durch das Zeichen Σ angedeutet werden. Bei höheren Drücken versagt das Daltonsche Gesetz, was zu erwarten ist, da der Begriff des Partialdruckes seinen physikalischen Sinn verliert (s. S. 87). Zur Berechnung des Zustandes von Gasmischungen verwendet man dann mit Vorteil das Gesetz von AMAGAT. Dieses besagt, daß sich das spezifische Volumen bzw. das vom arithmetischen Mittel der Molgewichte abgeleitete scheinbare Molvolumen additiv aus den spezifischen Volumina bzw. den Molvolumina der Komponenten aufbaut. Man erhält also, wenn v das Molvolumen des Gemisches und v_1, v_2 usw. die Molvolumina der Komponenten bedeuten, den Zusammenhang

$$v \, \Sigma \, n = v_1 \, n_1 + v_2 \, n_2 + \dots \tag{12}$$

oder, wenn man die Molenbrüche mit X bezeichnet

$$v = X_1 \, v_1 + X_2 \, v_2 + \dots \tag{13}$$

Dieses Gesetz gilt mit befriedigender Genauigkeit dann, wenn die Komponenten sich chemisch indifferent zueinander verhalten und wenn bei der Mischung der Gase keine wesentliche Wärmetönung beobachtet wird. Bei gasförmigen Mischungen von Kohlenwasserstoffen trifft das im allgemeinen zu. (Nicht aber z. B. bei Mischungen von Wasserdampf mit Kohlensäure!) Relativ am kleinsten sind die zu erwartenden Abweichungen, wenn sich die Molgewichte der Komponenten wenig unterscheiden. Bei der Berechnung des Molvolumens von Mischungen, etwa aus Wasserstoff und schweren Kohlenwasserstoffen, wird also Vorsicht am Platze sein.

Bei der Betrachtung der PVT-Beziehungen von Gemischen kann die Abweichung vom Daltonschen Gesetz auch in der Weise berücksichtigt werden, daß nach einem Vorschlag von KAY [4] für die Ermittlung der Funktion μ fiktive Werte der kritischen Eigenschaften eingeführt werden[1]. Diese Methode wird besonders häufig bei Kohlenwasserstoffmischungen und Mineralölen angewendet, sie versagt aber naturgemäß ebenso wie alle anderen Gesetzmäßigkeiten bei der Annäherung an das kritische Gebiet. (Über das Verhalten von Mischungen im kritischen Gebiet s. Seite 73.) Berechnet man unter Zugrundelegung dieser fiktiven Werte, der sogenannten pseudokritischen Temperatur $T_k{}^*$ (in ^{0} K) und des pseudokritischen Druckes $P_K{}^*$, die aus den kritischen Größen der Komponenten durch Mittelwertbildung auf Basis der Molenbrüche erhalten werden, die pseudoreduzierten Größen π^* und ϑ^*, so können der Tafel 23 auch μ-Werte für Kohlenwasserstoffmischungen entnommen werden. Die pseudokritischen Eigenschaften von Mineralölprodukten können aus dem Siedeverhalten und der Dichte mit Hilfe der Tafeln 25 und 26 berechnet werden. (Über die Bestimmung der dabei benutzten mittleren volumetrischen Siedetemperatur s. S. 157.) Zur Ermittlung der Kompressibilität von Mineralöldämpfen ist dies der einzig gangbare Weg, da naturgemäß die Anwendung des Amagatschen Gesetzes für die Berechnung der Kompressibilität infolge der Vielzahl der hinsichtlich ihrer Konstitution meist unbekannten Komponenten ausscheidet.

Im folgenden seien einige Beispiele für die Berechnung des spezifischen Volumens von Dampfmischungen angeführt.

Beispiel 12.
Gesucht die Dichte eines dampfförmigen Gemisches von 56,8 Gewichtsprozent Benzol und 43,2 Gewichtsprozent Toluol bei 260^0 C und 25,3 atü.

Tab. 3 ... Benzol $M = 78,11$
Toluol $M = 92,13$
1 kg enthält also:

$$\frac{1000 \cdot 0,568}{78,11} = 7,27 \text{ gr-Mole Benzol}$$

$$\frac{1000 \cdot 0,432}{92,13} = 4,69 \text{ gr-Mole Toluol}$$

---

[1] s. a. JOFFE [17] u. HOUGH [18].

Die kritischen Eigenschaften sind für
    Benzol $P_k = 49,5$ ata $t_k = 288,5^0$ C
    Toluol $P_k = 41,5$ ata $t_k = 320,6^0$ C
Daraus die reduzierten Größen

$$\text{Benzol } \vartheta = \frac{260 + 273,2}{288,5 + 273,2} = 0,949$$

$$\pi = \frac{25,3 + 1}{49,5} = 0,531$$

$$\text{Toluol } \vartheta = \frac{260 + 273,2}{321 + 273,2} = 0,897$$

$$\pi = \frac{25,3 + 1}{41,5} = 0,634.$$

Tafel 23 entnimmt man dafür folgende μ-Werte:
    Benzol $\mu = 0,708$
    Toluol $\mu = 0,478$

$$\text{Gleichung III-3} \ldots \text{ Benzol } \ldots V = \frac{0,708 \cdot 7,27 \cdot 0,08479 \cdot (260 + 273,2)}{26,3} = 8,85 \text{ Liter}$$

$$\text{Toluol} \ldots V = \frac{0,478 \cdot 4,69 \cdot 0,08479 \cdot (260 + 273,2)}{26,3} = 3,86 \text{ Liter}$$

1 kg des Gemisches hat ein Volumen von   12,71 Liter,

die Dichte ist also $\dfrac{1000}{13,04} = 78,7$ kg/m³ in guter Übereinstimmung mit dem von LEWIS und C. D. LUKE [3] experimentell gefundenen Wert von 78,5 kg/m³.

Hätte man, die Gültigkeit des Daltonschen Gesetzes annehmend, die μ-Werte für die Partialdrücke bestimmt, so hätte man für die Dichte den wesentlich unbefriedigenderen Wert von 58,0 kg/m³ erhalten, der zwar um 25 % zu niedrig, aber noch immer viel weniger fehlerhaft als der nach dem idealen Gasgesetz berechnete Wert von 41,3 kg/m³ ist.

Beispiel 13.

Gegeben: Ein Mineralöl mit einer mittleren volumetrischen Siedetemperatur von 195⁰ C, einer Neigung der Englerkurve von 2,4⁰ C/Vol.% und einer Dichte bei 15⁰ C von 0,74.

Gesucht: Die Dichte des bei der vollständigen Verdampfung gebildeten Dampfes unter dem Druck von 14,2 ata bei 320⁰ C.

Tafeln 25 und 26 ... $T_k^* = 617^0\ K$, $P_k^* = 22,5$ ata, daraus

$$\vartheta^* = \frac{320 + 273}{617} = 0,96 \,; \quad \pi^* = \frac{14,2}{22,5} = 0,63.$$

Tafel 23 .... $\mu = 0,66$

Tafel 104 ... Differenz zwischen mittlerer Siedetemperatur nach ENGLER und mittlerer molarer Siedetemperatur $= 18^0$ C; mittlere molare Siedetemperatur $= 195 - 18 = 177^0$ C.

Tafel 105 ... $M = 157$

$$\text{Gleichung 3} \ldots \frac{G}{V} = \frac{1}{\mu} \cdot \frac{M P}{R T} = \frac{1}{0,66} \frac{157}{0,08479} \frac{14,2}{593} = 67,2.$$

Die Dichte ist also 67,2 kg/m³.

Beispiel 14.

Zu bestimmen das Molvolumen einer Mischung von 50 Mol% Methan und 50 Mol% Propan bei 90⁰ C und 51,7 ata.

Bei der Rechnung nach Amagat (Additivität der Volumina) erhält man:

			Methan	Propan
Tab. 3	kritischer Druck	ata	47,2	43,4
	kritische Temperatur	⁰K	190,7	369,9
	reduzierter Druck	π =	1,09	1,19
	reduzierte Temperatur	ϑ =	1,90	0,98
Tafel 23 ..	Korrekturfaktor	μ =	0,97	0,20

Die erhaltenen Werte für π und ϑ zeigen, daß unter den vorliegenden Bedingungen reines Propan verflüssigt würde. Wenn auch der Tafel 23 ein näherungsweiser μ-Wert entnommen werden kann, so liegt es offensichtlich hart an der Grenze des Zulässigen, hier noch das Amagatsche Gesetz anzuwenden. Als molaren Mittelwert des Korrekturfaktors erhalten wir:

$$\mu = 0{,}97 \cdot 0{,}5 + 0{,}20 \cdot 0{,}5 = 0{,}58$$

$$\text{und daraus:} \quad v = \mu \frac{RT}{P} = \frac{0{,}58 \cdot 0{,}0848 \cdot 363}{51{,}7} = 0{,}345 \text{ Liter/Mol.}$$

Dieser Wert stimmt mit den Messungen von SAGE LACEY und SCHAAFSMA [5], nach denen das Molvolumen unter den obigen Bedingungen 0,477 Liter beträgt, nur sehr unbefriedigend überein. Wesentlich bessere Resultate ergibt die Rechnung nach KAY [4]; wir erhalten durch Mittelwertbildung auf molarer Basis für den pseudokritischen Druck $P_k{}^*$ und die pseudokritische Temperatur $T_k{}^*$:

$$P_k{}^* = 0{,}5 \cdot 47{,}2 + 0{,}5 \cdot 43{,}4 = 45{,}3 \text{ ata}$$
$$T_k{}^* = 0{,}5 \cdot 190{,}7 + 0{,}5 \cdot 369{,}9 = 280{,}3^0 \text{ K}$$

und daraus für die pseudoreduzierten Größen:

$$\pi^* = \frac{51{,}7}{45{,}3} = 1{,}14; \quad \vartheta^* = \frac{363}{280{,}3} = 1{,}29 \text{ und daraus nach}$$

Tafel 23 ... $\mu = 0{,}82$.

Das Molvolumen ergibt sich demnach zu

$$V = \frac{0{,}82 \cdot 0{,}0848 \cdot 363}{51{,}7} = 0{,}489 \text{ Liter/Mol,}$$

ein Wert, der von der experimentellen Bestimmung nur eine Abweichung von 2,5 % zeigt.

5. Der kritische Zustand von einheitlichen Stoffen

Wie bekannt, gelingt die Verflüssigung eines Dampfes bzw. eines Gases selbst bei Anwendung größter Drücke nur unterhalb einer Grenztemperatur, die als die kritische Temperatur t_k in ^{0} C bzw. T_k in ^{0} Kelvin bezeichnet wird. Die dazugehörigen Zustandsvariablen werden als das kritische Volumen V_k und der kritische Druck P_k bezeichnet[1]. Durch die kritischen Daten wird ein Stoff sowohl bezüglich der PVT-Beziehungen, als auch hinsichtlich vieler anderer physikalischer Eigenschaften weitgehend gekennzeichnet. Auf der Tatsache, daß individuelle Unterschiede im physikalischen Verhalten verschiedener Stoffe weitgehend verschwinden, wenn man ihre Eigenschaften in Bruchteilen der betreffenden Maßzahlen für die kritischen Bedingungen ausdrückt, beruht das Theorem der korrespondierenden Zustände (s. S. 66).

Besonders sei darauf verwiesen, daß mit der Annäherung an den kritischen Punkt die Verdampfungswärme gleich Null und die Dichte von Dampf und Flüssigkeit einander gleich werden, wie überhaupt der Unterschied im physikalischen Verhalten von gesättigtem Dampf und Flüssigkeit verschwindet. Damit wird auch die Zerlegung von Gemischen durch Destillieren oder Rektifizieren unmöglich.

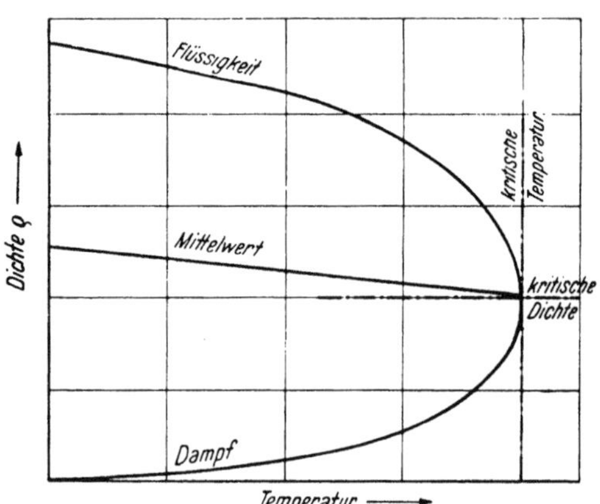

Abb. 8. Schematische Darstellung der Cailletet-Mathiasschen Regel

Trägt man die Dichten des gesättigten Dampfes und der siedenden Flüssigkeit gegen die Temperatur auf, so erhält man die in Abb. 8 schematisch dargestellte Kurve, deren Scheitelwert die kritische Dichte ϱ_k ist. Nach der meist sehr gut erfüllten Cailletet-Mathiasschen Regel soll das arithmetische Mittel aus der Dichte einer reinen, nicht assoziierten Flüssigkeit und der Dichte des koexistierenden Dampfes eine lineare Funktion der Temperatur sein. Wie aus der Abb. 8 zu ersehen ist, stellt also der Mittelwert eine Gerade dar, durch

---

[1] Das kritische Volumen wird gelegentlich für ein Gramm, oft aber auch für ein g-Mol angegeben. Der reziproke Wert des kritischen Volumens von ein Gramm ist die kritische Dichte.

deren Extrapolation bis zur kritischen Temperatur die kritische Dichte ermittelt werden kann. Sehr häufig kann diese Beziehung jedoch auch dazu dienen, aus der Dichte der Flüssigkeit die Dichte des Dampfes (seine Abweichung von der idealen Gasgleichung), oder umgekehrt, zu ermitteln.

Zwischen den kritischen Eigenschaften soll nach der van der Waalschen Gleichung der Zusammenhang

$$V_k = \frac{3}{8} R \frac{T_k}{P_k} \tag{14}$$

bestehen oder, wenn das kritische Volumen in m³/kg-Mol und der Druck in kg/cm² ausgedrückt wird

$$V_k = 0,0318 \frac{T_k}{P_k}, \tag{15}$$

der auch dazu benutzt werden kann, aus zwei gegebenen kritischen Konstanten die dritte zu schätzen. Leider kann der obige Faktor erheblich, etwa zwischen 0,0214 (Hexan), 0,0250 (Methan) und 0,0275 (Benzol) schwanken[1].

Häufig können über die kritischen Eigenschaften organischer Verbindungen auf Grund ihrer Konstitution gewisse Voraussagen gemacht werden. So haben MEISSNER und REDDING [6] gezeigt[2], daß das kritische Volumen aus dem Parachor ermittelt werden kann, der seinerseits aus der Strukturformel abzuleiten ist.

Die kritische Temperatur kann ferner nach der Gleichung von RAMSEY und SHIELDS (s. auch O. MASS und CH. WRIGHT [7]) berechnet werden:

$$\sigma_1 \left(\frac{M}{\varrho_1}\right)^{2/3} = 2,12 \, (t_k - t_1 - 6). \tag{16}$$

Hiebei bedeutet σ_1 die Oberflächenspannung und ϱ_1 die Dichte bei der Temperatur t_1, t_k die kritische Temperatur und M das Molgewicht.

Die kritischen Eigenschaften von Kohlenwasserstoffen können aus der Tab. 3 und den Tafeln 119 und 120 entnommen werden, mit deren Hilfe auch die reduzierten Größen berechnet werden können. Die kritischen Eigenschaften weiterer Stoffe sind in Tab. 4 zusammengefaßt.

6. Der kritische Zustand von Gemischen

Das Verhalten von Gemischen weicht im kritischen Gebiet erheblich von dem einheitlicher Stoffe ab, insbesondere ist zu beachten, daß auch bei Drücken bzw. Temperaturen, die wesentlich über den kritischen Bedingungen liegen, eine Phasengrenzfläche auftreten kann. Diese Erscheinung kann an Hand eines P.-T.-Diagrammes näher erläutert werden. Bei Einstoffsystemen ist die Grenzlinie zwischen dem flüssigen und dem dampfförmigen Zustand durch die Dampfdruckkurve gegeben (s. Abb. 9), die im kritischen Punkt endigt. Bei Drücken oder Temperaturen, die oberhalb des kritischen Punktes liegen, fehlt eine Unterscheidungsmöglichkeit zwischen Flüssigkeit und Dampf und damit verlieren diese Begriffe im überkritischen Gebiet ihren physikalischen Inhalt. Bei Gemischen aus zwei oder mehr Stoffen, die bekanntlich bei einem gegebenen Druck keinen Siedepunkt, sondern ein Siedeintervall besitzen (s. Abb. 10), schiebt sich zwischen Flüssigkeit und Dampf das zweiphasige Gebiet, weil bei Temperaturen innerhalb des Siedeintervalls Flüssigkeit und Dampf nebeneinander vorhanden sind. Dieses Zweiphasengebiet ist gegen die Flüssigkeit durch die Siedelinie und gegen den Dampf durch die Taulinie begrenzt. Die Siede- und die Taulinie treffen sich im kritischen Punkt. Die Temperatur- und Druckkoordinaten des kritischen Punktes hängen von der Zusammensetzung des Gemisches ab. Definiert ist der kritische Zustand durch das Verhalten beim Kondensieren bzw. Verdampfen — während bei Mehrstoffsystemen im allgemeinen der Dampf und die koexistierende Flüssigkeiten sich in der Zusammensetzung unter-

[1] S. a. GRUNBEY u. NISSAN [20].
[2] S. a. MEISSNER [19], GAMSON u. WATSON [24] u KURATA u. KATZ [25].

scheiden, sind bei den für das betrachtete Gemisch kritischen Bedingungen Dampf und
Flüssigkeit in der Zusammensetzung gleich.

Wie aus Abb. 10 ersichtlich ist, fällt der kritische Druck bei Gemischen nicht mehr
mit dem Punkt der maximalen Temperatur bzw. des maximalen Druckes der Begrenzungs-
linie des Zweiphasengebietes zusammen. Der kritische Punkt kann sowohl — wie in

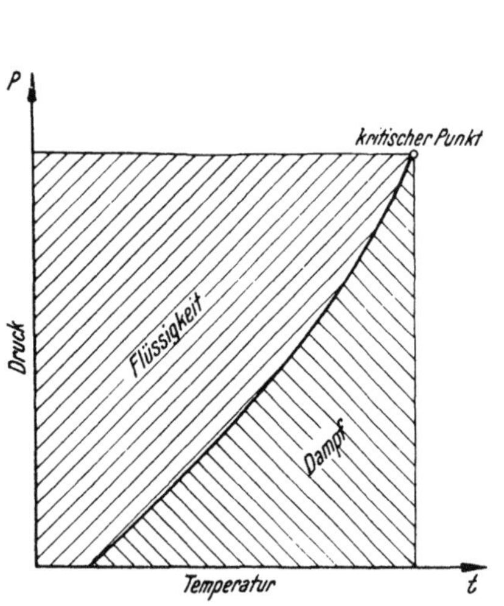

Abb. 9. Schematische Darstellung des Verhaltens von einheitlichen Stoffen im kritischen Gebiet

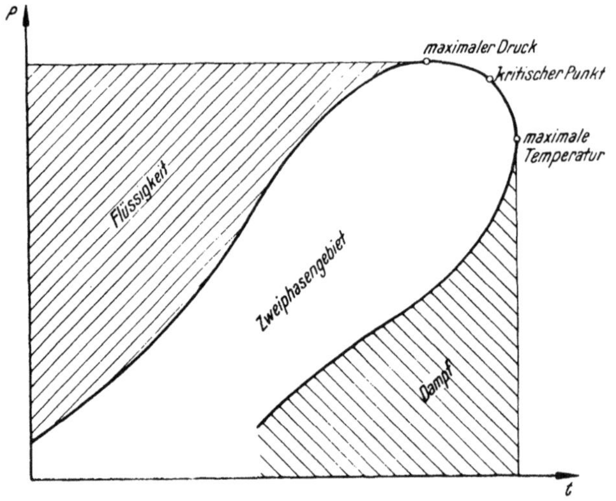

Abb. 10. Schematische Darstellung des Verhaltens von Gemischen
im kritischen Gebiet

Abb. 10 gezeigt ist — zwischen dem maximalen Druck und der maximalen Temperatur
als auch außerhalb dieses Gebietes liegen. Es können demnach sowohl bei Drücken als
auch bei Temperaturen oberhalb des kritischen Punktes zwei Phasen auftreten. Im
Gebiet zwischen maximaler Temperatur, kritischem Punkt und maximalem Druck treten
auch abnorme Kondensations- und Verdampfungserscheinungen auf. Zwischen maximaler und kritischer Temperatur ruft isotherme Kompression von einem bestimmten
Punkt an Verdampfung des zuerst gebildeten Kondensates hervor, zwischen kritischem
und maximalem Druck bewirkt isobare Erwärmung über einen bestimmten Punkt hinaus
Kondensation des primär gebildeten Dampfes (retrogrades Sieden und retrograde Kondensation).

Die Siede- und Taulinien von Gemischen sind in der Nähe des kritischen Punktes
der Berechnung nicht zugänglich und müssen experimentell bestimmt werden. Gewisse
Analogieschlüsse können hinsichtlich des Verhaltens von Kohlenwasserstoffmischungen
aus den Angaben der Tafel 27 gezogen werden, in der das kritische Verhalten von
Mischungen der niedrigen Paraffinkohlenwasserstoffe dargestellt ist (s. auch SAGE,
HICKS und LACEY [8]), ferner SMITH u. WATSON [21].

Tafel 27 stellt ein P.-T.-Diagramm dar, in dem die kritischen Punkte der Paraffinkohlenwasserstoffe eingetragen sind. Die Kurven, welche die kritischen Punkte zweier
Kohlenwasserstoffe verbinden, bezeichnen die Werte des Druckes und der Temperatur,
die in Abhängigkeit von der Zusammensetzung den kritischen Punkten der betreffenden
linären Gemische zugeordnet sind. Wie ersichtlich, liegen die kritischen Punkte der
Gemische um so mehr über denen der Komponenten, je weiter die Siedepunkte
auseinander liegen.

Für die Ermittlung der kritischen Eigenschaften von Mineralölen dienen die Tafeln 28
und 29. Die kritische Temperatur kann in Tafel 28, der kritische Druck in Tafel 29 aus
der Dichte des Mineralöles bei 15,6° C und dem Siedeverhalten ermittelt werden.
Über die Ermittlung der dabei benützten ,,mittleren volumetrischen Siedetemperatur''
und der ,,Steilheit der Englerkurve'' s. S. 157. Die Benützung der Tafeln dürfte an Hand
der eingezeichneten Beispiele klar sein.

Ausdrücklich sei darauf verwiesen, daß für das PVT-Verhalten von Mineralöldämpfen „pseudoreduzierte" Temperaturen und Drücke zugrunde zu legen sind, die nicht mit den kritischen Eigenschaften, sondern mit den den Tafeln 25 und 26 entnommenen pseudokritischen Eigenschaften berechnet sind.

Literatur

[1] J. A. Beattie u. A. C. Bridgeman: J. Am. Chem. Soc. 49, 1665; 1927. [2] F. Justi: Spezifische Wärme, Enthalpie, Entropie und Dissoziation technischer Gase, Berlin 1938, Springer. [3] W. K. Lewis u. C. D. Luke: Trans. Am. Soc. Mech. Eng. 54, 55; 1932. [4] W. B. Kay: Ind. Eng. Chem. 28, 1014; 1936. [5] Sage, Lacey u. Schaafsma: Ind. Eng. Chem. 26, 214; 1934. [6] H. P. Meissner u. E. M. Redding: Ind. Eng. Chem. 34, 521; 1942. [7] O. Mass u. Ch. Wright: J. Am. Chem. Soc. 43, 1098; 1929. [8] B. H. Sage, B. L. Hicks u. W. N. Lacey: Refiner 17, 350; 1938. [9] S. H. Maron u. D. Turnbull: Ind. Eng. Chem. 33, 408; 1941. [10] F. W. Brown: Ebenda 33, 1538; 1941. [11] A. Michels u. M. Geldermans: Physica 9, 967; 1942. [12] H. Marchman, H. W. Prenger u. R. L. Motard: Ind. Eng. Chem. 41, 2658; 1949. [13] H. H. Reamer, B. H. Sage u. W. N. Lacey: Ebenda 41, 482; 1949. [14] E. G. Gornowski u. Mitarbeiter: Ebenda 39, 1349; 1947. [15] D. A. Hougen: Ebenda 40, 1557; 1948 u. 41, 1825; 1949. [16] J. Joffe: Chem. Engr. Progr. 45, 160; 1949. [17] J. Joffe: Ind. Eng. Chem. 39, 837; 1947. [18] E. W. Hough u. B. H. Sage: Chem. Review 44, 193; 1949. [19] H. P. Meissner: Chem. Engr. Progr. 45, 149; 1949. [20] L. Grunbey u. A. H. Nissan: Nature 161, 170; 1948. [21] R. L. Smith u. K. M. Watson: Ind. Eng. Chem. 29, 1408; 1937. [22] E. W. Comings: Ebenda 39, 949; 1947. [23] Natl. Bur. of Stand: Tables of selected Thermodyn. Properties 1947ff. [24] B. W. Gamson u. K. M. Watson: Natl. Petrol. News 36, No 18 R 258; 1944. [25] F. Kurata u. D. L. Katz: Trans. Am. Inst. Chem. Engrs. 38, 995; 1942. [25] E. F. Obert: Ind. Eng. Chem. 40,, 2185; 1948.

IV. Viskosität

(Dazu die Tafeln 30 bis 47, 121 bis 123)

1. Definition und Einheiten

a) Die Einheiten des physikalischen (c. g. s.) Maßsystems

Die Viskosität ist durch den Newtonschen Ansatz

$$Q = \eta \cdot F \frac{dv}{dx} \tag{1}$$

definiert.

In dieser Formel bedeutet: Q ... die Kraft, die bei einer laminaren Strömung infolge der Reibung an einer parallel zur Strömung liegenden Fläche wirksam wird, v ... die Strömungsgeschwindigkeit des Mediums parallel zur betrachteten Fläche, x ... den senkrechten Abstand eines Flüssigkeitspunktes von dieser Fläche, $\frac{dv}{dx}$ ... den Gradienten der Strömungsgeschwindigkeit senkrecht zur Strömungsrichtung, F ... die Fläche und η ... die dynamische Viskosität. Werden alle Größen im CGS-System gemessen und haben die in der obigen Gleichung vorkommenden Größen jeweils den Wert der Einheit, dann ist dadurch die CGS-Einheit der dynamischen Viskosität definiert, sie heißt Poise (P) und hat die Dimension $g_{(Masse)}\,cm^{-1}\,sek^{-1}$. Die gebräuchliche Einheit ist der hundertste Teil dieser Größe und führt den Namen Centipoise (cP).

Als kinematische Viskosität v wird der Quotient aus der dynamischen Viskosität η durch die Dichte ϱ des strömenden Mediums definiert.

$$v = \frac{\eta}{\varrho} \cdot \tag{2}$$

Im CGS-System ist die Einheit der kinematischen Viskosität 1 Stoke (St) und hat die Dimension $cm^2\,sek^{-1}$. Die gebräuchliche Einheit ist wieder der hundertste Teil dieser Größe, die den Namen Centistoke (cSt) führt.

b) Die Einheiten des technischen Maßsystems

Im technischen Maßsystem ergibt sich für die beiden Einheiten der dynamischen und kinematischen Viskosität jeweils die Dimension $kg_{(Kraft)}\text{-}sek\,m^{-2}$ und $m^2\,sek^{-1}$.

c) Relative Einheiten

Sehr häufig wird die dynamische oder kinematische Viskosität eines Stoffes durch Vergleich mit der Viskosität einer Standardsubstanz angegeben. Für luftfreies destilliertes Wasser ist die Viskosität bei Zimmertemperatur sehr nahe 1 Centipoise bzw. 1 Centistokes. Wasser von 20,2° C hat die Viskosität 1,000 Centipoise, so daß die relative Viskosität einer Flüssigkeit, bezogen auf Wasser, zahlenmäßig annähernd gleich ist der Viskosität der Flüssigkeit in Centipoise bzw. Centistokes.

d) Konventionelle Einheiten (Englergrade)

Die kinematische Viskosität einer Flüssigkeit in Englergraden (° E) wird durch das Zahlenverhältnis $°E = \dfrac{t_1}{t_2}$ zwischen den Ausflußzeiten t_1 und t_2 ausgedrückt, die notwendig sind, um ein gegebenes Volumen der Versuchsflüssigkeit bei der Versuchstemperatur bzw. ein gleichgroßes Volumen Wasser bei 20° C unter dem Einfluß des Eigengewichtes aus dem Engler-Viskosimeter ausfließen zu lassen. Es ist zu beachten, daß das Verhältnis der Ausflußzeiten nicht dem Verhältnis der Viskositäten proportional ist, besonders macht sich das bei kleinen Viskositäten bis 60 cSt bemerkbar. Bei Geräten, die in ihren Abmessungen genau mit denen der genormten Geräte übereinstimmen, erhält man jedoch vergleichbare Resultate. Die Beziehung zwischen Englergraden und der kinematischen Viskosität in Centistokes v wird mit befriedigender Genauigkeit durch die von H. Vogel [1] angegebene Gl.

$$v = °E. \; 7{,}6^{\left(1 - \frac{1}{°E}\right)} \tag{3}$$

wiedergegeben.

Saybolt- und Redwood-Sekunden. Die Saybolt-Sekunde ist die amerikanische, die Redwood-Sekunde die englische konventionelle Einheit der kinematischen Viskosität. Beide Einheiten geben die Zeiten an, welche die zu messende Flüssigkeit zum Ausfluß aus dem betreffenden Viskosimeter braucht.

2. Umrechnung von Viskositätsangaben auf andere Einheiten

Im amerikanischen und englischen Maßsystem tritt an Stelle der Grammasse die Pfundmasse bzw. die Pfundkraft, der Fuß und die Sekunde. Die daraus resultierenden Umrechnungszahlen sind in Tab. 12 und 13 zusammengestellt.

Zur Umrechnung von Viskositäten, die in konventionellen Einheiten gemessen sind, in Centistokes, dient die Tafel 121. Ihre Benützung dürfte an Hand der eingezeichneten Beispiele klar sein. Besonders soll darauf verwiesen werden, daß mit Hilfe der Tafel auch direkt zwischen den konventionellen Einheiten, etwa zwischen Saybolt-Sekunden und Englergraden, umgerechnet werden kann. Bei Umrechnung von Saybolt- und Redwood-Sekunden ist zu beachten, daß diese Einheiten, wenn auch im geringen Maße, von der Meßtemperatur abhängen.

Tabelle 12. *Umrechnungszahlen für Einheiten der dynamischen Viskosität* (nach D'Ans und Lax)

Poise (P) $\dfrac{\text{g (masse)}}{\text{cm sek}}$	$\dfrac{\text{kg (gew) sek}}{\text{m}^2}$	$\dfrac{\text{kg (gew) h}}{\text{m}^2}$	$\dfrac{\text{lb (mass)}}{\text{ft.sec}}$	$\dfrac{\text{lb (force) sec}}{\text{sq ft}}$	$\dfrac{\text{lb (force) hr}}{\text{sq ft}}$
1	0,0102	$2{,}833 . 10^{-6}$	0,06720	0,002089	$0{,}5800 . 10^{-6}$
98,1	1	$277{,}71 . 10^{-6}$	6,5919	0,2049	$56{,}89 . 10^{-6}$
$0{,}35316 . 10^6$	3600	1	23 730	737,68	0,2048
14,882	0,1517	$42{,}139 . 10^{-6}$	1	0,03107	$8{,}630 . 10^{-6}$
478,8	4,881	$1{,}3558 . 10^{-3}$	32,185	1	$277{,}8 . 10^{-6}$
$1{,}7240 . 10^6$	17 578	4,882	115 870	3600	1

Tabelle 13. *Umrechnungszahlen für Einheiten der kinematischen Viskosität* (nach D'Ans und Lax)

Stokes $\dfrac{cm^2}{sek}$	$\dfrac{m^2}{sek}$	$\dfrac{m^2}{h}$	$\dfrac{Sq\ ft}{sec}$	$\dfrac{Sq\ ft}{hr}$
1	$1 \cdot 10^{-4}$	0,3600	0,0010764	3,875
$1 \cdot 10^4$	1	3600	10,7639	$3,875 \cdot 10^4$
2,778	$2,778 \cdot 10^{-4}$	1	$29,9 \cdot 10^{-4}$	10,7639
929,03	0,092903	334,45	1	3600
0,25806	$0,25806 \cdot 10^{-4}$	0,092903	$2,778 \cdot 10^{-4}$	1

Um bei 130° F oder bei 210° F gemessene Saybolt-Sekunden bzw. bei 140° F oder 200° F gemessene Redwood-Sekunden in andere Einheiten umzurechnen, kann ebenfalls die Tafel 121 benützt werden, ohne Rücksicht darauf, daß sich diese Tafel auf Saybolt-Sekunden bei 100° F bzw. Redwood-Sekunden bei 70° F bezieht. Doch muß vorher eine Korrektur angebracht werden, die der Tafel 30 zu entnehmen ist, deren Gebrauch durch das folgende Beispiel erläutert sei:

Beispiel 15.

Gegeben: Ein Öl mit 159,7 S'' bei 210° F.
Gesucht: Die Viskosität in Centistokes bei 210° F = 98,89° C.
Tafel 30 ... Korrektur = 1,15
        159,7 — 1,15 = 158,5
Tafel 121 .. gibt für 158,5 S'' den Wert 34,0 cSt an.

3. Viskosität und chemische Konstitution

Das Viskositätsverhalten von Mineralölen ist von der chemischen Konstitution der Kohlenwasserstoffe, die sie aufbauen, abhängig. Allgemeine Regeln bezüglich der drei Hauptgruppen der Kohlenwasserstoffe (Paraffine, Naphthene, Aromaten), wie man sie an Modellkörpern studiert hat, lassen sich für Mineralölprodukte nur sehr bedingt anwenden. Die in der Literatur vorhandenen Veröffentlichungen über diese Fragen sind fast durchwegs nur auf mittelbaren Schlußfolgerungen aufgebaut.

Untersuchungen an Modellkörpern ergaben für die niedriger molekularen Kohlenwasserstoffe folgende Grundregeln.

1. Gesättigte, unverzweigte Kohlenwasserstoffketten haben in flüssigem Zustande oberhalb ihres Stockpunktes eine relativ niedrige Viskosität, welche bei Temperatursteigerung in verhältnismäßig geringem Maße abfällt; diese Erscheinung bezeichnet man als „geringe Viskositätstemperaturabhängigkeit" oder mit anderen Worten: Gesättigte, unverzweigte Kettenkohlenwasserstoffe weisen eine flache Viskositätstemperaturkurve auf.

2. Eine Seitenkette bewirkt bei gleicher Molekülgröße einen schwachen Viskositätsabfall, die Temperaturabhängigkeit der Viskosität erfährt keine wesentliche Änderung.

3. Zwei und mehr Seitenketten bei gleicher Molekülgröße zeigen eine höhere Viskosität, die Viskositätstemperaturkurve wird steiler.

4. Ringschluß bei gleicher Kohlenstoffatomzahl (Naphthene) bewirkt neben starkem Ansteigen der Viskosität eine verhältnismäßig steile Viskositätstemperaturkurve.

5. Paraffinische Seitenketten am Naphthenkern senken die Viskosität stark herab, die Viskositätstemperaturkurve wird wesentlich flacher.

6. Benzolringe mit gleicher Kohlenstoffatomzahl weisen fast gleiche Eigenschaften auf wie die Naphthenringe, die Viskosität jedoch steigt nicht so hoch an wie bei den Naphthenen, die Viskositätstemperaturkurve ist dafür etwas steiler.

7. Paraffinische Seitenketten wirken sich bei den Benzolringen fast ebenso wie bei den Naphthenringen aus.

Beispiele:

Kohlenwasserstoffe mit 6 Kohlenstoffatomen.

	bei 0^0 C		bei 30^0 C		bei 60^0 C	
	c P	cst.	c P	cst.	c P	cst.
n-Hexan	0,40	0,57	0,29	0,44	0,22	0,35
2-Methylpentan	0,37	0,55	0,27	0,42	0,21	0,34
2,2-Dimethylbutan	0,47	0,70	0,33	0,51	—	—
Cyclohexan	1,50	1,88	0,80	1,04	—	—
Methylcyclopentan	0,66	0,86	0,45	0,61	—	—
Benzol	0,90	1,00	0,56	0,65	0,39	0,47

Kohlenwasserstoffe mit 7 Kohlenstoffatomen.

	bei 0^0 C		bei 30^0 C		bei 60^0 C	
n-Heptan	0,52	0,74	0,36	0,54	0,27	0,42
2-Methylhexan	0,47	0,67	0,34	0,51	0,25	0,39
2,2-Dimethyl-3-methylbutan	0,80	1,08	0,51	0,72	—	—
Methylcyclohexan	0,97	1,22	0,63	0,83	—	—
Toluol	0,77	0,87	0,53	0,62	0,38	0,52

(Die Viskositäten von Benzol, Cyclohexan und 2,2,3-Trimethylbutan bei 0^0 sind extrapoliert!)

Kohlenwasserstoffe mit 35, 28 und 30 Kohlenstoffatomen.

Gleichung:	spez. Gew. 20^0	Visk. b. 50^0	Polhöhe	Viskositäts-index
16-Butylhentriacontan	0,8327	$2,49^0$ E	1,13	148
1,1-Dicyclohexylhexadecan	0,8791	$2,92^0$ E	1,82	96
1,1-Diphenylhexadecan	0,9135	$2,27^0$ E	1,75	95
1,2-Dicyclohexylheptadecan	0,8860	$2,00^0$ E	2,00	80
1,2-Diphenylheptadecan	0,9165	$2,15^0$ E	2,15	68
Dihydrodioctylanthracen	0,9480	$15,85^0$ E	5,90	—70

Für die schweren Schmierölkohlenwasserstoffe haben wir bis heute zum Vergleich noch keine richtigen Modellkörper; zur Orientierung kann man aber die synthetischen Öle, welche aus bekannten Ausgangsprodukten durch Polymerisation mit Aluminiumchlorid hergestellt sind, heranziehen.

		Eigenschaften der Polymerisate mit Al Cl$_3$			
Ausgangsprodukt:	Spez. Gew. bei 20^0 C	Viskosität bei 50^0 C	Polhöhe	Viskositäts-index	Stockp.
Nonen	0,8477	$20,0^0$ E	1,37	127	—33^0
Pentadecen	0,8479	$27,4^0$ E	1,24	133	0^0
Heptadecen	0,8495	$33,1^0$ E	1,21	136	15^0
Dodecylcyclopenten	0,8820	$8,8^0$ E	1,58	116	—22^0
Octylcyclohexen	0,9045	$8,5^0$ E	2,23	79	—27^0
Dodecylcyclohexen	0,8747	$5,6^0$ E	1,57	118	—26^0
Propylbenzol	1,1213	$395,0^0$ E	3,10	31	15^0
Tetralin	1,1136	$2566,0^0$ E	über 6,00	<—50	41^0

Obwohl der Polymerisationsgrad dieser synthetischen Öle leider nicht bekannt ist und dadurch genaue Schlußfolgerungen nicht gezogen werden können, ersieht man daraus doch deutlich, daß die paraffinischen Öle die flachste Viskositätstemperaturkurve aufweisen, die Naphthene mit paraffinischen Seitenketten ähnlich wie bei den niederen Kohlenwasserstoffen nur etwas steilere, die Aromaten hingegen die steilsten Viskositätstemperaturkurven zeigen.

Vergleicht man hiezu z. B. pennsylvanisches und tschechoslowakisches (Egbeller) Rohöldestillat und die daraus gewonnenen Selektivraffinate, so ersieht man daraus, daß diese Öle niemals als rein paraffinisch oder rein aromatisch anzusprechen sind, sondern eben ein Gemisch aller Gattungen von Kohlenwasserstofftypen darstellen, in welchen der eine oder der andere Typus vorherrscht:

Ursprung	Art	Spez. Gew. bei 20⁰ C	⁰/₀	Viskosität bei 50⁰	Polhöhe	Viskositäts-index	Stockp.
Pennsyl.	Destill.	0,886	100	9,3⁰ E	1,86	100	—20⁰
Destillat	I. Raffin. ..	0,874	80	8,6⁰ E	1,60	114	—18⁰
entparaff.	II. Raffin. ..	0,890	10	9,3⁰ E	1,75	107	—20⁰
	Extrakt.	0,992	10	375,0⁰ E	über 6,00	<—50	—
Egbell	Destill.	0,952	100	16,5⁰ E	über 6,00	<—50	—20⁰
Destillat	I. Raffin. ..	0,907	35	9,4⁰ E	2,80	50	—19⁰
tiefstock.	II. Raffin. ..	0,933	27	15,5⁰ E	4,10	—11	—20⁰
	Extrakt.....	1,020	38	496,0⁰ E	über 6,00	<—50	—

4. Die Änderung der Viskosität mit der Temperatur

a) Gase und Dämpfe

Nach der kinetischen Gastheorie ergibt sich für die in Poisen gemessene Viskosität eines idealen Gases die Gl.

$$\eta = \frac{1}{2\,L\,r}\,\frac{M\,R\,T}{8} \tag{4}$$

in der M das Molgewicht, R die Gaskonstante in cgs-Einheiten, T die absolute Temperatur, L die Loschmidtsche Zahl und r den Molekülradius bedeutet. Die Gleichung gilt nur für den idealen Gaszustand und setzt ferner voraus, daß die freie Weglänge der Moleküle nicht von der gleichen Größenordnung ist wie die Dimension des Gefäßes. Diese Forderung dürfte bei technischen Apparaten wohl immer erfüllt sein, wenn der Druck mehr als etwa 1 mm Q. S. beträgt.

Bei realen Gasen und Dämpfen kann die Temperaturabhängigkeit der Viskosität durch die Gleichung von SUTHERLAND wiedergegeben werden.

$$\eta = T^{3/2}\,\frac{B}{T+C}\,, \tag{5}$$

wobei η die dynamische Viskosität, T die absolute Temperatur und B und C für den Stoff charakteristische Konstanten bedeuten.

Ist die Viskosität η_1 des betrachteten Stoffes bei einer Temperatur T_1 bekannt, so kann aus der obigen Gleichung die Viskosität η_2 für die Temperatur T_2 nach der Gl.

$$\frac{\eta_2}{\eta_1} = \left(\frac{T_2}{T_1}\right)^{3/2}\frac{T_1+C}{T_2+C} \tag{6}$$

berechnet werden.

Die dynamische Viskosität der wichtigsten Gase ist in ihrer Abhängigkeit von der Temperatur in den Tafeln 31 bis 36 graphisch dargestellt, Richtwerte für die Viskosität von Kohlenwasserstoffgasen bei 1 ata können der Tafel 37 entnommen werden.

b) Flüssigkeiten

Wie NISSAN, CLARK und NASH [2] gezeigt haben, läßt sich die Temperaturabhängigkeit der Viskosität von Flüssigkeiten sehr übersichtlich darstellen, wenn man den Logarithmus der dynamischen Viskosität gegen eine empirische Funktion der reduzierten Temperatur oder auch des Quotienten der absoluten Temperatur durch den absoluten Siedepunkt aufträgt. Die empirische Funktion wird dabei so bestimmt, daß als Viskositätskurve für einen beliebigen Standardstoff eine gerade Linie erhalten wird. Daraus bestimmt man nun die Teilung auf der Achse, auf welcher die reduzierte Temperatur aufgetragen wird. Dadurch werden die Viskositätskurven aller Flüssigkeiten zu geraden Linien.

Ein besonderer Vorteil dieser Darstellungsweise ist es, daß ferner die Viskositätsgeraden ähnlicher Stoffe zusammenfallen. Zahlenangaben über die Viskosität von Kohlenwasserstoffen und organischen Verbindungen finden sich auf den Tafeln 33 bis 36 und 38 bis 41, s. a. DAVIS [14].

c) Mineralöle

Gleichung für die Temperaturabhängigkeit. Die Abhängigkeit der Viskosität der Mineralöle von der Temperatur wird entscheidend durch die chemische Konstitution der Kohlenwasserstoffe, aus denen sie sich aufbauen, beeinflußt. Mit steigender Temperatur wird die Viskosität stets kleiner. Dieser Zusammenhang kann annähernd durch die Gleichung von WALTHER [3]

$$\frac{\log (\nu_1 + 0{,}8)}{\log (\nu_2 + 0{,}8)} = \left(\frac{T_2}{T_1}\right)^{m} \tag{7}$$

wiedergegeben werden. In der Gleichung bedeutet ν_1 und ν_2 die kinematische Viskosität eines Öles in Centistokes bei der jeweiligen absoluten Temperatur T_1 und T_2, m ist eine für das Öl charakteristische Konstante. Nach einer Umformung erhält man daraus, wenn man zugleich $\log [\log (\nu + 0{,}80)] = W$ setzt

$$m = \frac{W_1 - W_2}{\log T_2 - \log T_1} \, . \tag{8}$$

Sehr zweckmäßig ist es, diese Gleichung, die nur näherungsweise gilt, graphisch auszuwerten, wie dies von UBBELOHDE [4] vorgeschlagen wurde. Dazu trägt man die Funktion W (also die zweifach logarithmierten Werte der Viskosität) gegen den Logarithmus der absoluten Temperatur auf. Entsprechend den obigen Gleichungen muß sich durch die Meßpunkte eine Gerade mit der Neigung m legen lassen. Man kann auf diese Weise sehr einfach die Viskosität für jede beliebige Temperatur ermitteln, wenn sie für zwei Temperaturen bekannt ist. (Über die praktische Durchführung dieser Rechnung, die zweckmäßig im Nomogramm, Tafel 122, erfolgt, siehe unt Es seien.) nochmals erwähnt, daß die Walthersche Gleichung nur näherungsweise zwischen etwa 0° C und 200° C gilt; Extrapolationen über diesen Bereich hinaus sind somit mehr oder weniger unsicher. Zahlenmäßige Angaben bzw. Richtwerte für die Temperaturabhängigkeit der Viskosität und anderer Eigenschaften verschiedener Mineralölprodukte und Schmierstoffe finden sich in den Tafeln 42 und 43 und in Tab. 14. Der Zusammenhang zwischen der Viskosität, der Dichte D 15,6/15,6 und dem Watsonschen Kennfaktor ist in den Tafeln 44 bis 46 wiedergegeben.

Viskositätspol und Polhöhe. Verlängert man in der graphischen Darstellung nach UBBELOHDE die verschiedenen Schmieröldestillaten des gleichen Rohöls zugehörigen Viskositätsgeraden ohne Rücksicht auf einen allfälligen Stockpunkt in der Richtung der tiefen Temperaturen, so schneiden sich diese Geraden ungefähr in einem Punkt, der Viskositätspol genannt wird. Es sei betont, daß dies nur für die Destillate, nicht aber für die Raffinate (gleichgültig ob sie durch Behandlung mit Schwefelsäure oder selektiven Lösungsmitteln erhalten wurden) ein und desselben Rohöles gilt. Bei Destillaten anderer Rohöle wird ein anderer Schnittpunkt (Viskositätspol) erhalten, doch liegen, wieder mit einiger Näherung, alle Viskositätspole auf einer Geraden, die Polgerade genannt wird. (Unter Viskositätspol ist bei Raffinaten und Extrakten der Schnittpunkt der Viskositätsgeraden mit der Polgeraden zu verstehen.) Für die Polhöhe W_P (Höhe des Viskositätspoles über der Linie $W = 0$ im Diagramm nach UBBELOHDE) erhält man die Gl.

$$W_P = \frac{W_1 \dfrac{1}{m} (\log T_1 - 2{,}410)}{\dfrac{1}{m} - 0{,}194} \, . \tag{9}$$

Dabei bedeutet W_1 den aus der bei T_1 gemessenen Viskosität berechneten Wert der Funktion W. Für $T_1 = 323{,}2^0$ K $(= 50^0$ C) erhält man:

$$W_P = \frac{W_{50} \dfrac{1}{m} + 0{,}0992}{\dfrac{1}{m} - 0{,}194} \,. \tag{10}$$

Die Polhöhe W_P und die Richtungskonstante ist kennzeichnend dafür, wie stark beim betreffenden Mineralöl die Viskosität von der Temperatur abhängt. Durch die Angabe dieser beiden Werte ist das Öl in dieser Hinsicht vollständig beschrieben. Hiebei sind die hohen Werte der Polhöhe und Richtungskonstante der starken Temperaturabhängigkeit zugeordnet.

In diesem Zusammenhang darf nicht unerwähnt bleiben, daß man durch Behandlung von Mineralölen mit selektiven Lösungsmitteln Extrakte erhalten kann, bei denen die Änderung der Viskosität mit der Temperatur so stark ist, daß die Angabe einer Polhöhe wenig zweckmäßig erscheint. Beispielsweise würde man bei einem solchen Extrakt mit der Richtungskonstante $m = 5{,}155$ für W_P den Wert unendlich und bei größerem m sogar negative Werte erhalten. Derartige Öle werden daher zweckmäßigerweise durch Angabe von m und der Viskosität bei einer Standardtemperatur beschrieben, ein Verfahren, dessen allgemeine Einführung für alle Schmieröle sehr zu begrüßen wäre. W_P und m können aus Viskositätsmessungen bei zwei verschiedenen Temperaturen graphisch auf dem Koordinatenpapier mit der Einteilung nach UBBELOHDE (zu beziehen durch den Verlag S. Hirzel, Leipzig) bestimmt werden, bequemer geschieht das mit dem Nomogramm auf Tafel 122. Das Nomogramm besitzt eine Skala (links außen) für die Viskosität, und eine Skala (rechts außen) für die Temperatur. Verbindet man die zueinander gehörigen Wertepaare zweier Viskositätsmessungen, so erhält man einen Schnittpunkt, der für das untersuchte Öl charakteristisch ist; man kann hierauf im m- und W_P-Liniennetz die dazugehörigen Werte ablesen. Man kann aus dem Nomogramm entnehmen, daß sich die W_P-Werte im Gebiet mit m größer als 4,5 rasch dem Wert unendlich nähern und infolge des steilen Verlaufes der W_P-Linien wenig charakteristisch sind. Aus diesem Grunde wurde darauf verzichtet, W_P-Linien für Polhöhen über 60 bzw. für negative Polhöhen einzuzeichnen.

Die Benützung der Tafel 122 dürfte an Hand des folgenden Beispiels klar sein.

Beispiel 16.

Gegeben: Die Viskosität eines Öles bei 50^0 C mit 475 und bei 99^0 C mit 71,0 Centistokes.

Gesucht: Die Polhöhe und die Richtungskonstante.

Man legt je eine Gerade durch die Punkte, welche 50^0 C und 475 cst. bzw. 99^0 C und 71,0 cst. entsprechen. Als Schnittpunkt dieser in Tafel 122 strichpunktiert eingezeichneten Geraden erhält man den für das Öl charakteristischen Punkt im W_P- und m-Liniennetz und kann für die Polhöhe den Wert 1,42 und für die Richtungskonstante den Wert 2,65 ablesen.

Die Bestimmung von Wertepaaren von v und T bei gegebenem m und W_P erfolgt in analoger Weise, indem man beliebige Gerade durch den für das Öl charakteristischen Punkt im m-W_P-Liniennetz legt.

Der „Viskositätsindex" (V. I.) nach Dean und Davies [5] stellt ein konventionelles Maß für die Temperaturabhängigkeit der Viskosität von Mineralölen dar.

Der V. I. wird durch Vergleich der Viskosität bei 100^0 F und 210^0 F mit der Viskosität von Standard-Ölsorten bestimmt, von denen sich eine (Öl von der Golfküste) durch eine starke, die andere (pennsylvanisches Öl) durch eine schwache Temperaturabhängigkeit auszeichnet. Die Vergleichsöle werden so ausgewählt, daß sie bei 210^0 F die gleiche Viskosität haben wie das zu untersuchende Öl. Der Unterschied der Viskosität bei 100^0 F gemessen in Saybolt-Sekunden wird mit Hundert bezeichnet und nun dem zu untersuchenden Öl entsprechend seiner Viskosität bei 100^0 F eine Vergleichszahl, eben der V. I. zugeteilt. Man erhält also die Gl.

$$\text{V. I.} = 100 \, \frac{v_G - v_x}{v_G - v_P} \,. \tag{11}$$

Dabei bedeutet v_x die Viskosität des untersuchten Öles, v_P die des pennsylvanischen und v_G die des Golfküstenöles bei 100° F.

Für praktische Zwecke wird meist nur die Viskosität des zu untersuchenden Öles bei 100 und 210° F gemessen und der Wert des V. I. einem Kurvenblatt entnommen.

Mit Hilfe des Nomogrammes, Tafel 123, kann der Viskositätsindex nicht nur aus den Viskositäten bei zwei beliebigen Temperaturen bestimmt werden, sondern es ist auch möglich, den V. I. eines Öles abzulesen, von dem etwa die Polhöhe und die Richtungskonstante oder auch einer dieser Werte und die Viskosität bei einer Temperatur gegeben ist. Die Tafel 123 entspricht an sich vollkommen der Tafel 122, nur ist an Stelle des W_P-m-Liniennetzes eine Kurvenschar eingetragen, an welcher der V. I. abgelesen werden kann. Der für das betrachtete Öl charakteristische Punkt kann nun nicht nur durch zwei Gerade erhalten werden, welche zwei Wertepaare von Temperatur und Viskosität verbinden, sondern man kann eine oder beide Schnittgeraden auch aus einem W_P oder m-Wert erhalten. Dazu ist eine m-Teilung und eine W_P-Teilung am Rand der Kurvenschar für den Viskositätsindex eingetragen, welche vollkommen dem Liniennetz der Tafel 122 entspricht und mit dessen Hilfe nach Bedarf W_P- und m-Linien gezogen werden können. Der Gebrauch der Tafel dürfte an Hand der eingezeichneten Geraden, für welche ein Viskositätsindex von 20 abgelesen werden kann, klar sein. Es ist zu beachten, daß der Viskositätsindex infolge seiner willkürlichen Definition nicht ganz eindeutig festgelegt werden kann. Aus diesem Grunde ist der Kennzeichnung durch den V. I., die in der amerikanischen Literatur sehr verbreitet ist, die Angabe der Polhöhe und der Richtungskonstante vorzuziehen, wobei jedoch auf die Einschränkungen im vorigen Absatz verwiesen werden muß.

Die Viskosität bei tiefen Temperaturen. Bei der Abkühlung von Mineralölen unter eine gewisse Temperaturgrenze tritt sehr häufig ein abnormales Verhalten in bezug auf die Viskosität ein. Dieses resultiert daraus, daß mehr oder weniger große Mengen fester Stoffe (Paraffin, Petrolatum oder Asphalt) in kristalliner oder kolloidaler Form ausgeschieden werden. Bei der kolloidalen Ausscheidung von Petrolatum oder Asphalt wird im Gegensatz zur Ausscheidung von kristallinem Paraffin selten ein Trübungspunkt beobachtet. Für ein derartiges Öl gilt der Newtonsche Ansatz nicht mehr und die Viskosität des Öles kann durch mechanische Behandlung wie Rühren oder Fließen durch enge Kapillaren beeinflußt werden, so daß sie nicht mehr eine durch Temperatur und Druck des Öles definierte Zustandsgröße darstellt.

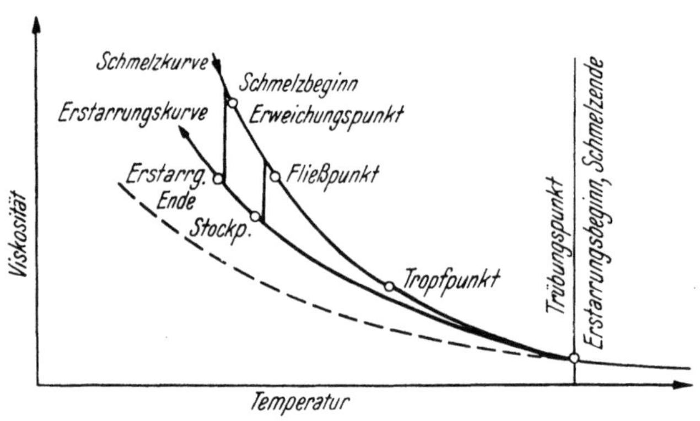

Abb. 11. Viskositätseigenschaften von Mineralölen bei tiefen Temperaturen. (Schematisch.)

Da Mineralöle keinen definierten Schmelzpunkt haben, wird der feste Aggregatzustand in einem allmählichen Übergang erreicht. Ihr Verhalten in diesem Bereich wird durch eine Reihe konventioneller Testpunkte beschrieben, deren Bedeutung durch Abb. 11 veranschaulicht wird (s. BAADER [6]). Da jedoch diese konventionellen Testpunkte in physikalischer Beziehung nicht völlig eindeutig definiert sind, ist bei ihrer Bestimmung die Benützung der jeweils vorgeschriebenen (genormten) Prüfgeräte und die Einhaltung der betreffenden Vorschriften Voraussetzung für die Reproduzierbarkeit der Messungen. In der Mineralölindustrie sind folgende Testpunkte gebräuchlich:

1. *Erweichungspunkt* heißt die Temperatur, bei der in einem Glasröhrchen eine Quecksilberschicht eine zuvor erstarrte Bitumenschichte eben durchbricht (Prüfgerät von KRAEMER-SARNOW).

Die Änderung der Viskosität mit dem Druck

2. *Fließpunkt* heißt die Temperatur, bei der eine zuvor feste, im Zustand des Erweichens oder Schmelzens befindliche Masse am unteren Ende eines Glas- oder Metallnippels unter vorgeschriebenen Bedingungen beim Erwärmen eine deutliche Kuppe bildet (Prüfgerät von Ubbelohde).

3. *Tropfpunkt* heißt die Temperatur, bei der unter den in Punkt 2 näher bezeichneten Bedingungen sich der erste Tropfen des schmelzenden Stoffes von dem Nippel ablöst.

4. *Trübungspunkt* heißt die Temperatur, bei der das Öl eine Trübung oder einen Schleier zeigt.

5. *Stockpunkt* heißt die Temperatur, bei der das Öl in einem Glas während der Abkühlung beim Neigen des Glases keine sichtbare Bewegung mehr zeigt.

Tabelle 14. *Eigenschaften von Schmierölen nach der österreichischen Norm*

Bezeichnung	ÖNORM	Zähigkeit in cst.			Flamm-punkt °C	Stock-punkt °C
		20°	50°	100°		
Spindelöl S 1	C 2030	21—37,5	3,9— 9,7		$\geq$ 155	$\leq$ 0
Spindelöl S 2	C 2030	53—91	11,8—19,5		$\geq$ 155	$\leq$ 0°
Lagerschmieröl LS 1	C 2020		17,5—29,5		$\geq$ 165	$\leq$ 5°
Lagerschmieröl LS 2	C 2020		29,5—37,5		$\geq$ 175	$\leq$ 5°
Lagerschmieröl LS 3	C 2020		37,5—45,2		$\geq$ 180	$\leq$ 5°
Gefettetes Lagerschmieröl LS 4	C 2021		37,5—91		$\geq$ 180	$\leq$ 0°
Dunkles Schmieröl DS/B 1 ...	C 2025		$\geq$ 37,5		$\geq$ 140	$\leq$ —5°
Dunkles Schmieröl DS/B 2 ...	C 2025		$\geq$ 37,5		$\geq$ 140	$\leq$ 0°
Waggonachsenöl			$\geq$ 37,5		$\geq$ 140	Winter $\leq$ 20°
Kompressorenöl K 1	C 2015		29,5—45,2		$\geq$ 190	$\leq$ 5°
Kompressorenöl K 2	C 2015		45,2—60,5		$\geq$ 200	$\leq$ 5°
Kompressorenöl K 3	C 2015		$\geq$ 39		$\geq$ 200	$\leq$ 5°
Kraftfahrzeuggetriebeöl FG 1 .	C 2023		190—418	$\geq$ 21	$\geq$ 180	$\leq$ 0°
Kraftfahrzeuggetriebeöl FG 2 .	C 2023		114—190	$\geq$ 14,8	$\geq$ 175	$\leq$ —10°
Kraftfahrzeugmotorenöl FM 1 .	C 2013	152—380	29,5—53	$\geq$ 3,92	$\geq$ 180	$\leq$ —15°
Kraftfahrzeugmotorenöl FM 2 .	C 2013		53—78	$\geq$ 6,25	$\geq$ 185	$\leq$ —5°
Kraftfahrzeugmotorenöl FM 3 .	C 2013		78—114	$\geq$ 9,65	$\geq$ 195	$\leq$ 0°
Kraftfahrzeugmotorenöl FM 4 .	C 2013		114—137	$\geq$ 11,8	$\geq$ 200	$\leq$ +5°
Kraftfahrzeugmotorenöl FM 5 .	C 2013		137—190	$\geq$ 13,8	$\geq$ 210	$\leq$ +5°
Zylinderöle für Ölgasmotoren						
OG 1	C 2012		29,5—53		$\geq$ 180	$\leq$ 0°
OG 2	C 2012		53—76		$\geq$ 190	$\leq$ 0°
OG 3	C 2012		76—121,5		$\geq$ 200	$\leq$ 0°
Dampfzylinderöle DZ 1	C 2010			41,3—49	$\geq$ 300	$\leq$ +5°
Dampfzylinderöle DZ 2	C 2010			22,8—41,3	$\geq$ 280	$\leq$ +5°
Dampfzylinderöle DZ 3	C 2010			16,7—33,4	$\geq$ 240	$\leq$ +5°
Kältemaschinenöl KM 1	C 2017	91—114	16,7—25,4		$\geq$ 165	$\leq$ —20°
Kältemaschinenöl KM 2	C 2017	29,5-45,2	7,45—11,8		$\geq$ 150	$\leq$ —25°

Trafo- und Turboöle sind noch nicht normiert.

Weitere Angaben über die Eigenschaften von Schmierölen siehe die angegebenen Normblätter. (Zu beziehen durch den ÖNIG, Wien III, Am Heumarkt 10.)

5. Die Änderungen der Viskosität mit dem Druck

a) Gase und Dämpfe

Die kinetische Gastheorie würde voraussetzen, daß die dynamische Viskosität von Gasen vom Druck unabhängig ist, während die kinematische Viskosität dem Druck verkehrt proportional sein müßte. Experimentell wird dieses Verhalten nur im Bereich des idealen Gaszustandes bestätigt. Eine allgemeine Theorie der Druckabhängigkeit der Viskosität, die das Verhalten von Gasen auch bei hohen Drücken wiedergibt, existiert nicht. Es kann aber für sehr viele Gase, insbesondere für Kohlenwasserstoffgase und -dämpfe im Sinne des Theorems der korrespondierenden Zustände der Quotient η_P/η_1, in welchem η_1 die dynamische Viskosität bei etwa einer Atmosphäre und η_P die Viskosität beim Druck P bedeutet als Funktion des reduzierten Druckes und der reduzierten Temperatur dargestellt werden (s. COMINGS und EGLY [7]). Tafel 47 ist die Wiedergabe eines derartigen Diagrammes von COMINGS und EGLY. Es muß ausdrücklich bemerkt werden, daß nicht alle Gase dieser Gesetzmäßigkeit gehorchen. Die Viskosität von Wasserdampf z. B. zeigt erhebliche Abweichungen. Im übrigen sei auf die Meßergebnisse hingewiesen, die in den Tafeln 32 bis 36 wiedergegeben sind und die häufig gewisse Analogieschlüsse zulassen dürften.

b) Mineralöle und Flüssigkeiten

Die Viskosität von Flüssigkeiten wächst im allgemeinen bei konstanter Temperatur mit steigendem Druck nach einem Exponentialgesetz. Trägt man den Logarithmus der dynamischen Viskosität über dem Druck auf, so erhält man also annähernd eine gerade Linie (s. KIESSKALT [8]) und man kann schreiben:

$$\log v_2 - \log v_1 = \frac{\mu}{1000}\,(p_2 - p_1).\tag{12}$$

Dabei bedeutet v_1 und v_2 die kinematische Viskosität beim Druck p_1 bzw. p_2 und μ einen Beiwert, der von der Natur der Flüssigkeit und der Temperatur abhängt. Wie WALTHER [9] gezeigt hat, wächst die relative Druckzunahme der Viskosität mit steigender Richtungskonstante m und fallender Temperatur. Dementsprechend wächst bei paraffinbasischen Ölen die Viskosität erheblich weniger mit dem Druck als bei aromatischen Ölen (s. DOW, FENSKE und MORGAN [10]).

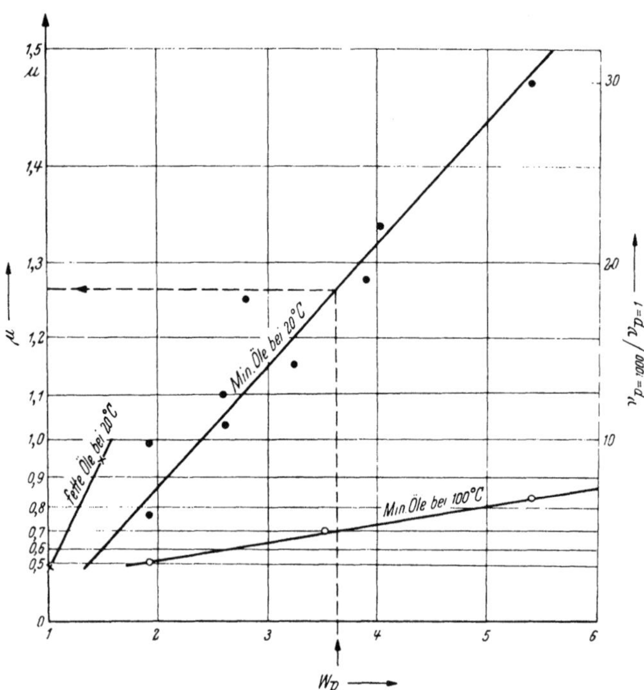

Abb. 12. Veränderung der Viskosität von Ölen bei hohen Drucken

Die relative Zunahme der Viskosität mit dem Druck kann in erster Annäherung proportional der Polhöhe gesetzt werden (s. KIESSKALT [11]. In Abb. 12 ist diese relative Zunahme für das Druckintervall 1 bis 1000 ata, also der Quotient aus der Viskosität bei 1000 ata und bei 1 ata gegen W_P aufgetragen. Um die Rechnung zu vereinfachen ist auch ein Maßstab für μ eingezeichnet. Die eingetragenen Punkte stellen Meßwerte dar, welche die zu erwartenden Streuungen verdeutlichen sollen. S. a. WEBER [15].

Beispiel 17.

Gegeben: Ein Mineralöl mit der Viskosität 264 cP bei 20° C und einer Polhöhe von 3,71.

Gesucht: Die Viskosität bei 293 atü und 20° C.

Abb. 12 ... $\mu = 1,27$

Gleichung IV-12 ... $\log v_2 = \log v_1 + \dfrac{293 \cdot 1,27}{1000} = 2,79$

$$v_2 = 617 \text{ cP.}$$

Die Veränderung der Viskosität mit dem Druck ist auch von Bedeutung für die Maschinenschmierung. Gewisse Laufeigenschaften geschmierter Lager lassen sich nur durch die Viskositätssteigerung unter dem Einfluß der Lagerpressung erklären. Es scheint, daß der leider wenig definierte Begriff der Schmierfähigkeit bzw. oiliness erheblich durch den Grad der Druckabhängigkeit der Viskosität beeinflußt wird.

6. Die Viskosität von Mischungen

Die Viskosität flüssiger und gasförmiger Mischungen läßt sich im allgemeinen nicht nach der Mischungsregel berechnen. Oft durchläuft die Viskositätskonzentrationskurve einen extremen Wert (Maximum oder Minimum).

a) Gasgemische

Eine Gleichung für die Berechnung der Viskosität von Mischungen wurde von THIESSEN [12] aufgestellt, doch wird die praktische Anwendung dieser Gleichung dadurch erschwert, daß sie vier empirische Konstanten enthält. Über das Ergebnis von Viskositätsmessungen an technischen Gasgemischen berichtet SCHMIDT [13].

b) Mineralölgemische

Auch hier gehorcht die Viskosität nicht der Mischungsregel, diese gilt aber wenigstens angenähert für die Funktion W. Graphisch kann die Viskosität einer Mischung also im Diagramm nach UBBELOHDE bestimmt werden, ebenso kann dazu der in Tafel 38 eingetragene Mischungsmaßstab dienen. Man zeichnet dazu auf der 0 %-Linie die Viskosität des Öles mit der kleineren und auf der 100 %-Linie die des Öles mit der höheren Viskosität ein. Die Verbindungslinie dieser beiden Punkte ergibt die Viskositäten der auf den Abszissen angegebenen Mischungsverhältnisse der beiden Öle. Die Durchführung dieser graphischen Rechnung dürfte im übrigen aus dem in Tafel 38 eingezeichneten Beispiel hervorgehen.

[1] H. VOGEL: Z. angew. Chem. **35,** 561; 1922. [2] NISSAN, CLARK u. NASH: J. Inst. Petr. Eng. **26,** 155; 1940. [3] C. WALTHER: Maschinenbau **10,** 671; 1931. [4] L. UBBELOHDE: Zur Viskosimetrie, Leipzig 1940, Hirzel. [5] DEAN u. DAVIES: Chem. Met. Eng. **36,** 618; 1929. [6] A. BAADER: Öl u. Kohle **38,** 432; 1942. [7] COMINGS u. EGLY: Ind. Eng. Chem. **32,** 714; 1940. [8] KIESSKALT: Petroleum **26,** 348, 1224; 1930. [9] C. WALTHER: Petroleum **26,** 882; 1930. [10] DOW, FENSKE u. MORGAN: Ind. Eng. Chem. 29, 511, 735; 1937. [11] KIESSKALT: VDI-Forschungsarbeiten **291;** 1927. [12] M. THIESSEN: Verh. Dtsch. Phys. Ges. **4,** 348; 1902. [13] CHR. SCHMIDT: Gas u. Wasserfach **85,** 92; 1942. [14] D. S. DAVIS: Ind. Eng. Chem. **33,** 1527; 1941. [15] W. WEBER: Ang. Chem. B **20,** 89; 1948.

V. Der Dampfdruck
(Dazu die Tafeln 48 bis 52, 124 bis 129)

1. Definition

Unter dem Dampfdruck eines Stoffes ist der Druck zu verstehen, der sich in dem über der kondensierten Phase bestehenden Dampfraum bei Abwesenheit anderer Gase einstellt. Ist ein Fremdgas anwesend, dann wird die Menge des im Gasraum vorhandenen Dampfes, wenigstens solange der Druck des Gases nicht wesentlich über dem Atmosphärendruck liegt, nicht erheblich verändert. Der Druck in der Gasphase setzt sich in diesem Falle nach dem Daltonschen Gesetz aus dem Partialdruck des Dampfes (gleich dem Dampfdruck) und dem Partialdruck des vorhandenen Gases zusammen.

Faktoren für die Umrechnung von Druckeinheiten sind in Tab. 15 zusammengestellt. Angaben über den Dampfdruck von Kohlenwasserstoffen, Mineralölprodukten und verschiedenen Hilfsstoffen siehe Tafel 124—129. Eine umfangreiche Sammlung von Dampfdrucken s. b. STULL [11].

Tabelle 15. *Umrechnungszahlen für Druckeinheiten*

Bar	ata = kg/cm²	Torr = mm Q. S.	Atm
1	1,01972	750,06	0,98693
0,980665	1	735,56	0,96784
$1,33323 . 10^{-3}$	$1,35951 . 10^{-3}$	1	$1,31579 . 10^{-3}$
1,01325	1,03323	760	1

Amerikanisch-englische Einheit	1 amerikanisch-englische Einheit = metrische Einheiten (ata)	1 metrische Einheit (ata) = amerikanisch-englische Einheiten
pound per square yard	$5,425 . 10^{-5}$	$1,843 . 10^{4}$
pound per square foot	$4,8824 . 10^{-1}$	2048,2
pound per square inch	0,070306	14,224
ton (2240 lbs) per square foot	1,09365	0,91437
ton (2000 lbs) per square foot	0,97648	1,0241
ton (2240 lbs) per square inch	157,48	0,00635
ton (2000 lbs) per square inch	140,61	0,0071119
inch of mercury (0° C)	0,03455	28,944
inch of water	0,002539	393,9

Der Zusammenhang zwischen der Konzentration eines Dampfes und dem Partialdruck kann, solange die idealen Gesetze gelten, nach der Gl.

$$g \cdot \frac{P}{p} = 44,6 \ M \tag{1}$$

ermittelt werden, in welcher g die Konzentration des Dampfes in g/Nm³ (0° C, 760 mm). P den Gesamtdruck, p den Partialdruck und M das Molgewicht des Dampfes bedeutet. Soll die Konzentration nicht auf 1 m³ des Gases bei 0° C und 760 mm (1 Nm³), sondern auf 1 m³ bei 15° C und 735,5 mm (1 nm³) ermittelt werden, dann ist der Zahlenfaktor 44,6 in der obigen Gleichung durch den Faktor 40,9 zu ersetzen.

Die obige Rechnung kann zweckmäßigerweise nach Nomogramm, Tafel 48, durchgeführt werden.

2. Die Änderung des Dampfdruckes mit der Temperatur

Der Zusammenhang zwischen dem Dampfdruck und der Temperatur wird durch die Clausius-Clapeyronsche Gleichung wiedergegeben.

$$\frac{\partial P}{\partial T} = \frac{\Delta S}{\Delta V} = \frac{L}{T \Delta V} . \tag{2}$$

Dabei bedeutet L die molare Verdampfungswärme, P den Druck, ΔS die Entropieänderung beim Verdampfen, ΔV die Differenz zwischen dem Volumen von einem g-Mol im gasförmigen und im flüssigen Zustand und T die absolute Temperatur. Setzt man ΔV in Liter/Mol und $\partial P/\partial T$ in ata/°K ein, dann ist die Verdampfungswärme in Literatmosphären/Mol (1 L. at = 10 m kg = 23,42 cal) auszudrücken. Wenn man annimmt, daß sich der Dampf wie ein ideales Gas verhält und das Volumen der Flüssigkeit vernachlässigt, so wird daraus, wenn L in cal/Mol eingesetzt wird,

$$\frac{\partial \log P}{\partial (1/T)} = 4,575 \ L. \tag{3}$$

In einem Koordinatensystem, bei dem als Abszisse der reziproke Wert der absoluten Temperatur und als Ordinate der Logarithmus des Druckes aufgetragen ist, wird der Zusammenhang zwischen Dampfdruck und Temperatur nach dieser Gleichung durch eine gerade Linie wiedergegeben. Da diese Geradlinigkeit auch außerhalb des Geltungsbereiches der Gl. 3 recht gut gewahrt bleibt, ist es zweckmäßig, die Dampfdruckkurven stets in diesem Koordinatensystem darzustellen[1].

Ein weiterer Vorteil dieses Koordinatensystems liegt darin, daß im Geltungsbereich der Gl. 3 (also höchstens bis zu Temperaturen, die etwa einem Dampfdruck von einer Atmosphäre entsprechen) die Verdampfungswärme eines Stoffes aus der Neigung der Dampfdruckkurve entnommen werden kann. Zu diesem Zweck ist ein Neigungsmaßstab in den Tafeln 124 bis 128 eingezeichnet, mit dem man einen ungefähren Wert für die Verdampfungswärme aus der Neigung der Dampfdruckkurve oder auch aus den Siedetemperaturen bei zwei verschiedenen Drücken bestimmen kann.

Beispiel 18.

Gegeben: Ein Stoff (n-Hexan) mit dem Siedepunkt von 68,7° C bei 760 mm und —15,5° C bei 21 mm.

Gesucht: Die Verdampfungswärme beim normalen Siedepunkt.

Man trägt die Punkte in Tafel 125 ein, verbindet sie durch eine Gerade und legt parallel dazu eine Gerade durch den Punkt *A*. (Auf der unteren Temperaturskala des Diagramms gelegen und durch einen Pfeil hervorgehoben.) Der Schnittpunkt dieser Parallelen mit der Skala für die Verdampfungswärmen am rechten Rand des Blattes ergibt eine Verdampfungswärme von 7300 cal/Mol (tatsächlicher Wert 7700 cal/Mol).

Über die Umrechnung der so ermittelten Verdampfungswärme für andere Drucke s. die Tafeln 60 bis 62.

3. Die Änderung des Dampfdruckes mit dem Druck (Der Preßeffekt)

Es ist zu beachten, daß der Dampfdruck einer Flüssigkeit nicht nur von der Temperatur abhängt, sondern auch verändert wird, wenn auf die Flüssigkeit, z. B. durch ein Gas, ein beträchtlicher Druck ausgeübt wird. Diese Erscheinung heißt Preßeffekt. Es wird also z. B. Preßluft, die mit Wasser in Berührung steht, mehr Feuchtigkeit (in Kilogramm pro effektiven Kubikmeter) enthalten, als mit Wasserdampf gesättigte Luft von Atmosphärendruck. (Auf die Luftmenge in kg oder nm³ gerechnet, enthält die Preßluft natürlich dank ihres kleinen effektiven Volumens, weniger Feuchtigkeit.) Qualitativ kann man den Preßeffekt aus der Gl.

$$5{,}12 \; V_l \, \frac{P-p}{T} = \log \frac{p^*}{p_0} \qquad (4)$$

entnehmen. Es bedeutet V_l das Volumen von 1 Mol der unter dem Gesamtdruck P stehenden Flüssigkeit, p^0 den Dampfdruck, p^* den infolge des Preßeffektes erhöhten

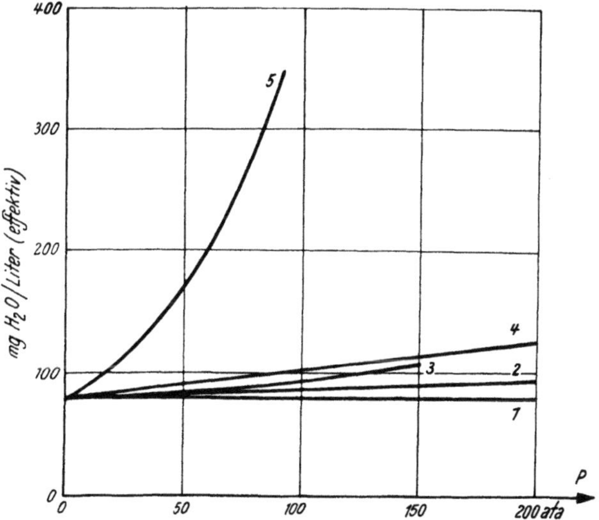

Abb. 13. Der Preßeffekt bei Wasser von 50° C. Kurve 1 = Sättigung ohne Preßeffekt, Kurve 2 = Sättigung nach Gl. 4, Kurve 3 = Sättigung von Wasserstoff, Kurve 4 = Sättigung von Luft, Kurve 5 = Sättigung von Kohlendioxyd (gasf.).

---

[1] Es wurde zwar, zum Beispiel von Cox [1], versucht, die noch verbleibende Abweichung von der Geradlinigkeit durch Veränderungen des Koordinationssystems zu beheben. Da sich aber zeigen läßt, daß es nicht möglich ist, einen exakt geradlinigen Verlauf beispielsweise aller Dampfdruckkurven der Paraffine in einem Koordinatensystem zu erzielen, ist die praktische Bedeutung dieser Versuche gering.

Dampfdruck und T die absolute Temperatur. Die Gleichung setzt voraus, daß sich der Dampf wie ein ideales Gas verhält, daß die Flüssigkeit inkompressibel ist und daß sich die Moleküle des Gases und des Dampfes weder untereinander noch gegenseitig anziehen (Van der Waalsche Kräfte). Da die letzte Annahme nur in Ausnahmefällen zutrifft, erhält man nach der Gleichung stets erheblich zu niedrige Werte. Besonders stark ist die Abweichung, wenn die chemische Natur der Flüssigkeit und des Preßgases das Auftreten einer Mischungswärme erwarten läßt (z. B. bei Wasser und Kohlensäure). Auch bei tiefen Temperaturen sind die Abweichungen besonders groß.

Ein Überblick über das zu erwartende Verhalten kann aus den Abb. 13 und 14 entnommen werden. Bei tiefen Temperaturen kann der Preßeffekt sogar so stark sein, daß dadurch die Konzentration des Dampfes in der Gasphase von einem gewissen Druck an wieder zunimmt (s. z. B. Kurve 3, Abb. 14). Wollte man also aus einem Gemisch durch Kompression und Kühlung einen dampfförmigen Bestandteil herauskondensieren, um so das Gemisch zu trennen, dann dürfte man diesen Druck nicht überschreiten, ohne die erzielte Trennung wieder zu

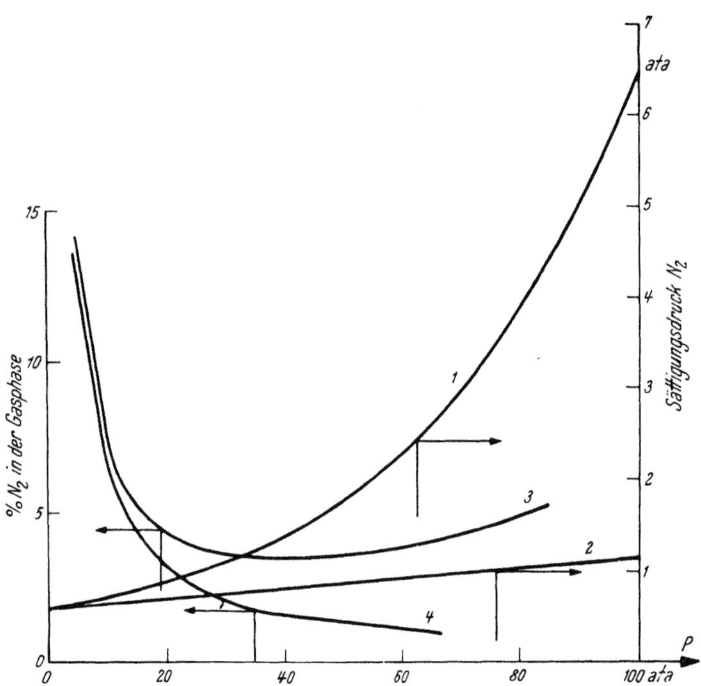

Abb. 14. Der Preßeffekt von Wasserstoff auf flüss. Stickstoff bei −200 °C. Kurve 1 = Dampfdruck von Stickstoff (exp.), Kurve 2 = Dampfdruck von Stickstoff (nach Gl. 4), Kurve 3 = °/₀ Stickstoff in der Gasph. (exp.), Kurve 4 = °/₀ Stickstoff in der Gasph. (nach Gl.4)

verschlechtern. Aus diesem Grunde ist es nicht zweckmäßig, bei derartigen Verfahren (etwa für die Aufarbeitung von Raffinerie- oder Krackgasen) mit dem Druck über etwa 15 bis 20 Atmosphären zu gehen.

Häufig wird es möglich und zweckmäßig sein (besonders wenn das Preßgas in der Flüssigkeit löslich ist), die Veränderung des Dampfdruckes bzw. das zu erwartende Phasengleichgewicht nach den Methoden der S. 128 ff. zu berechnen.

4. Der Dampfdruck von Gemischen

Die Dampfdrücke[1] von „idealen Gemischen" können nach der Mischungsregel auf einer molaren Basis berechnet werden. Kohlenwasserstoffgemische verhalten sich bei mäßigen Drücken meist mit einiger Annäherung ideal, insbesondere wenn es sich um Gemische aus ähnlich gebauten Kohlenwasserstoffen, etwa solchen der gleichen homologen Reihe, handelt. Ein ideales Gemisch aus X_1 Molprozenten des Stoffes I, der bei einer gegebenen Temperatur den Dampfdruck p_1 besitzt und $(100 - X_1)$ Molprozenten des Stoffes II mit dem Dampfdruck p_2, hat also bei dieser Temperatur den Dampfdruck p, der nach der Mischungsregel berechnet werden kann. Man erhält also

$$p = \frac{X_1}{100}\, p_{1,0} + \frac{100-X_1}{100}\, p_{2,0}, \text{ oder allgemein } p = \frac{\Sigma\, X_i\, p_{i,0}}{100}. \tag{5}$$

Bei Gemischen von Kohlenwasserstoffen mit organischen Verbindungen anderer chemischer Konstitution, z. B. mit Alkoholen, aber auch schon bei Gemischen von

Paraffinen mit Aromaten, können insbesondere bei höheren Drücken beträchtliche Abweichungen beobachtet werden (s. S. 137).

Es ist zu beachten, daß im $\frac{1}{T}$/log p-Koordinatennetz auch die Dampfdruckkurven idealer Gemische nur annähernd zu einer Geraden gestreckt werden. Der Verlauf dieser Kurven kann durch Berechnung der Gemischdampfdrücke für verschiedene Temperaturen nach der Gl. 5 ermittelt werden[1].

5. Der Dampfdruck von Mineralölen

a) Der Verlauf der Dampfdruckkurven

Die Dampfdruckkurven von Mineralölen verlaufen stets flacher als die von reinen Kohlenwasserstoffen mit dem gleichen Siedepunkt, wobei der Unterschied in der Neigung um so kleiner ist, je enger der Siedebereich des betrachtenden Öles ist. In einem $\frac{1}{T}$/log p-Koordinatennetz werden aber auch die Dampfdruckkurven der Mineralöle annähernd zu Geraden gestreckt. In Tafel 125 sind zur Orientierung die Dampfdruckkurven verschiedener Mineralölprodukte handelsüblicher Beschaffenheit eingezeichnet. Um für ein gegebenes Mineralöl die Dampfdruckkurve oder einzelne zusammengehörige Wertepaare des Druckes und der Temperatur abzuschätzen, verbindet man in einem $\frac{1}{T}$ log p-Koordinatensystem den kritischen Punkt mit dem Anfangspunkt der Gleichgewichtsverdampfungskurve (s. S. 158) durch eine gerade Linie. Die kritische Temperatur des gegebenen Mineralöls wäre dazu nach Tafel 28, der kritische Druck nach Tafel 29 und der Anfangspunkt der Gleichgewichtsverdampfungskurve beim Druck 1 ata nach Tafel 106 und 107 zu ermitteln. Es soll besonders darauf hingewiesen werden, daß der Dampfdruck beim Siedebeginn nach ENGLER nicht 1 ata beträgt, vielmehr erreicht das Mineralöl den Druck 1 ata erst bei einer höheren Temperatur, welche dem Anfangspunkt der Gleichgewichtsverdampfungskurve bei 1 ata entspricht. Als „Siedepunkt" eines Mineralöls ist also sinngemäß diese Temperatur zu verstehen. Für die Bestimmung der Siedetemperatur von Mineralölprodukten, z. B. im Sumpf einer Fraktionierkolonne, kann ferner die Tafel 49 dienen, deren Gebrauch aus dem eingezeichneten Beispiel hervorgeht. Zur Umrechnung von Siedepunktangaben auf andere Drücke, wie sie notwendig sind, wenn z. B. eine Engler-Destillation auf den normalen Barometerstand korrigiert werden soll oder wenn Angaben von Vakuumdestillationen auszuwerten sind, kann auch das Nomogramm, Tafel 129, dienen, das aus einer Rechentafel von BEALE [2] entwickelt wurde. Die Ablesung der Dampfdrücke von sehr engen Mineralölfraktionen kann im Nomogramm an der für Kohlenwasserstoffe vorgesehenen Skala erfolgen, während für sonstige Mineralöle je nach ihrem Siedebereich eine der mit A bis K bezeichneten Skalen zu verwenden ist. Dabei ist es notwendig, aus dem Dampfdruck bei zwei Temperaturen festzustellen, welche der Skalen für das vorliegende Mineralöl zu verwenden ist.

b) Der Dampfdruck nach Reid

Bei Auto- und Flugbenzinen ist der Dampfdruck von besonderer Bedeutung. Im Hinblick auf eine gute Start- und Beschleunigungsfähigkeit wäre es wünschenswert, möglichst leichtflüchtige Motortreibstoffe zu verwenden. Der Leichtflüchtigkeit sind

---

[1] Dies gilt für den „wahren" Dampfdruck der Mischung. Ermittelt man den Dampfdruck experimentell in einer Anordnung, bei welcher der Inhalt des Dampfraumes nicht gegen den Inhalt des mit Flüssigkeit gefüllten Raumes vernachlässigt werden kann (bei den üblichen Anordnungen ist dies meist der Fall!), so ändert sich im Verlauf der Messung die Zusammensetzung der Flüssigkeit und man erhält einen „scheinbaren" Dampfdruck, der mit steigender Temperatur immer mehr hinter dem wahren Dampfdruck zurückbleibt, da die Flüssigkeit an der (den) leichten Komponente(n) mehr und mehr verarmt.

aber in mehrfacher Hinsicht Grenzen gesetzt, und zwar durch die Forderung nach Sicherheit in der Handhabung und durch die Tatsache, daß leichtflüchtige Benzine stärker dazu neigen, in den Zuführungsleitungen der Pumpen, die den Treibstoff dem Vergaser zuführen, Dampfblasen (Vapor locks) zu bilden.

Zur Kennzeichnung der Neigung zur Dampfblasenbildung wurde neben dem ASTM-(ENGLER)-10 %-Punkt, von O. REID der Dampfdruck bei 100^0 F ($37,8^0$ C) vorgeschlagen. Für die Messung nach REID besteht eine amerikanische Norm (ASTM Designation D 323-38 T). Zur Berechnung der Temperatur, bei der die Gefahr der Dampfblasenbildung in der Ansaugleitung eines üblichen Automobilmotors besteht, wird vom U. S.-Bureau of Standards[1] die Gl.

$$t_g = 32 - 78 \log p_R \tag{6}$$

angegeben. Es bedeutet t_g die Temperaturgrenze in ^{0} C, über der mit Dampfblasenbildung zu rechnen ist und p_R den Dampfdruck bei $37,8^0$ C (nach REID) in ata. Diese Gleichung gilt für normalen Barometerstand und Benzine, deren ASTM-(Engler)-Kurve keinen ungewöhnlichen Verlauf zeigt. Eine Gleichung von BROWN [8] berücksichtigt den ASTM-10 %-Punkt.

Wie neue Untersuchungen von HAMMERICH [9] und KOCH [10] gezeigt haben, ist jedoch nicht nur der Dampfdruck und der ASTM-10 %-Punkt, sondern der ganze Verlauf der ASTM-(Engler)-Kurve für die Neigung zur Dampfblasenbildung maßgebend. Nach HAMMERICH wird diese gekennzeichnet durch die von ihm definierte „relative Abreißtemperatur", die aus der ASTM-Kurve und dem Dampfdruck nach REID in Tafel 50 berechnet werden kann.

Der zu erwartende Reid-Dampfdruck eines Gemisches (etwa aus Gasbenzin und Destillatbenzin) kann dem Raoultschen Gesetz entsprechend unter Anwendung der Mischungsregel auf einer molaren Basis errechnet werden. Zur Ermittlung des Dampfdruckes von Benzinen bei beliebigen Temperaturen aus dem Reid-Dampfdruck kann die Tafel 51 dienen, deren Benützung an Hand des eingezeichneten Beispiels klar sein dürfte. Dieser Tafel kann auch, sofern es sich um Benzine mit annähernd normaler ASTM-Kurve handelt, ein Zusammenhang zwischen der ASTM-10 %-Temperatur und dem Dampfdruck nach REID entnommen werden.

c) Der Zusammenhang zwischen Dampfdruck, Flammpunkt und Brennpunkt

Die Temperatur, bei welcher der Flammpunkt oder der Brennpunkt von Mineralölen erreicht wird, ist im wesentlichen vom Dampfdruck des Öles abhängig. Da die obigen Kennzeichenwerte sehr häufig angegeben werden, wird es oft möglich sein, aus diesen Angaben Dampfdrücke abzuleiten; dazu kann die Tafel 52 dienen, welche nach einem Nomogramm der Shell Development Co. gezeichnet wurde.

Literatur

[1] E. R. Cox: Ind. Eng. Chem. **15**, 592; 1923. [2] E. S. L. BEALE: J. Inst. Petr. Techn. **22**, 311; 1937. [3] O. C. BRIDGEMAN u. E. W. ALDRICH: S. A. E. JOURN. **27**, 344; 1930. [4] W. C. BAUER: ebenda, **26**, 736; 1930. [5] H. S. WHITE u. F. B. CARY: Oil and Gas J. **31**, 62; 1932. [6] O. C. BRIDGEMAN u. H. S. WHITE: S. A. E. JOURN. **28**, 315; **29**, 447; 1931. **30**, 129; 1932. [7] C. F. BURK: ebenda, **29**, 572; 1931. [8] E. H. CLARKE, H. B. COATS u. G. G. BROWN: Ind. Eng. Chem. **22**, 672; 1930. [9] TH. HAMMERICH: Öl u. Kohle **15**, 570; 1939. [10] F. KOCH: Kraftstoff **16**, 205; 1940. [11] D. R. STULL: Ind. Eng. Chem. **39**, 517; 1947.

---

[1] S. auch BRIDGEMAN u. ALDRICH [3], BAUER [4], WHITE u. CARY [5], BRIDGEMAN u. WHITE [6], BURK [7].

VI. Die spezifische Wärme und die Molwärme
(Dazu die Tafeln 53 bis 58)
1. Definition

Die spezifische Wärme c eines Stoffes ist jene Wärmemenge in Kalorien, welche 1 Gramm des Stoffes bei der Erwärmung um 1^0 C aufnimmt. Sie hat demnach die Dimension cal/g ^{0}C. Häufig wird nicht die spezifische Wärme für eine bestimmte Temperatur, sondern ihr Mittelwert über ein größeres Temperaturintervall, die mittlere spezifische Wärme $\bar{c}$, angegeben. Die spezifische Wärme wird im allgemeinen mit steigender Temperatur größer. Beim Extrapolieren über größere Temperaturbereiche ist jedoch zu beachten, daß ihre Änderung mit der Temperatur keineswegs gleichmäßig ist. Umwandlungserscheinungen (Schmelzen, Verdampfen usw.), Dissoziation oder auch Vorgänge im Molekül können beträchtliche Unregelmäßigkeiten bedingen.

Das Produkt aus spezifischer Wärme und Atom- (Molekular-) Gewicht heißt Atomwärme oder Molwärme. Häufig wird in der englischen und amerikanischen Literatur die spezifische Wärme nicht in Kalorien, sondern in British thermal units (B. t. u.) pro Pfund oder in Pound centigrade units (p. c. u.) pro Pfund ausgedrückt. Unter einer B. t. u. ist jene Wärmemenge zu verstehen, die notwendig ist, um ein Pfund Wasser um 1^0 F, und unter einer p. c. u. jene Wärmemenge, die notwendig ist, um ein Pfund Wasser um 1^0 C zu erwärmen. Aus diesen Definitionen ergeben sich die in Tab. 16 zusammengestellten Umrechnungszahlen.

Tabelle 16. *Umrechnungszahlen für Einheiten der spezifischen Wärme*

amerikanisch-englische Einheit	1 amerikanisch-englische Einheit = metrische Einheiten	1 metrische Einheit = amerikanisch-englische Einheiten
$\dfrac{\text{B. t. u.}}{\text{lb}\ ^0\text{F}}$	1,000 kcal/kg ^{0} C	1,000
$\dfrac{\text{p. c. u.}}{\text{lb}\ ^0\text{C}}$	1,000 kcal/kg ^{0} C	1,000
$\dfrac{\text{B. t. u.}}{\text{cu ft (60}\ ^0\text{F, 30 in Hg)}\ ^0\text{F}}$	16,882 kcal/Nm³ ^{0} C	0,0592
$\dfrac{\text{B. t. u.}}{\text{cu ft (60}\ ^0\text{F, 30 in Hg)}\ ^0\text{F}}$	15,488 kcal/nm³ ^{0} C	0,0646

Man kann die spezifische Wärme entweder bei konstantem Druck (c_p) oder bei konstantem Volumen (c_v) messen; c_v ist stets kleiner, da c_p die bei der thermischen Ausdehnung geleistete Arbeit mit enthält. Die Differenz $c_p - c_v$ kann nach der folgenden Gleichung berechnet werden:

$$c_p - c_v = \frac{a^2 \cdot T}{k \cdot \varrho}. \tag{1}$$

Dabei bedeutet a den linearen Ausdehnungskoeffizienten, ϱ die Dichte und k den kubischen Kompressibilitätskoeffizienten. Bei festen Körpern und Flüssigkeiten ist die Differenz, sofern man sich nicht dem kritischen Punkt nähert, sehr klein.

Gewisse Gesetzmäßigkeiten lassen es oft zweckmäßig erscheinen, nicht mit der spezifischen Wärme, sondern mit der Molwärme (Atomwärme) zu rechnen. So ist die Atomwärme fast aller Metalle bei mittleren Temperaturen etwa 6 cal/g-Atom. Für ideale Gase gilt bei mittlerer Temperatur $c_p - c_v = R = 2$ cal/g-Mol. Ferner läßt sich die Molwärme aus der Atomzahl des betrachteten Moleküls auf Grund der kinetischen Gastheorie abschätzen. So gilt für einatomige Gase (Helium usw.) $c_p = 5$ cal/g-Atom, für zweiatomige Gase (Sauerstoff, Stickstoff, Kohlenoxyd, Wasserstoff) $c_p = 7$ und für dreiatomige, nicht stabförmige Moleküle 8 cal/g-Mol (bezüglich der Berechnung der Molwärme für größere Moleküle, siehe unten) und daraus ergibt sich z. B. für ein-, zwei- und dreiatomige Gase der Wert $\varkappa = \dfrac{c_p}{c_v}$ zu 1,67, 1,40 und 1,33.

2. Die Änderung mit dem Druck

Setzt man die Gültigkeit der Berthelotschen Zustandsgleichung voraus, dann kann man die Abhängigkeit der Molwärme vom Druck bei Temperaturen, die über dem 1,5fachen Wert der kritischen Temperatur (in °K) liegen, aus den reduzierten Größen π und ϑ nach folgender Gleichung berechnen:

$$c_p = c_{p,0} + 5{,}03 \, \frac{p \, T_k^3}{p_k \, T^3} = c_{p,0} + 5{,}03 \, \frac{\pi}{\vartheta^3} \,. \tag{2}$$

Dabei dedeutet: c_p die Molwärme beim Druck p und der Temperatur T, $c_{p,o}$ die Molwärme beim Druck 0 (im idealen Gaszustand) und der Temperatur T, p den Druck (in kg/cm²), p_k den kritischen Druck (in kg/cm²), T die absolute Temperatur (in °K), T_k die kritische Temperatur in absoluter Zählung (in °K).

Der Wert von $5{,}03 \, \frac{p \, T_k^3}{p_k \, T^3}$, um welchen die bei der Temperatur T im idealen Gaszustand geltende Molwärme vermehrt werden muß, um die Molwärme bei der Temperatur T und dem Druck p im realen Gaszustand zu erhalten, kann in Tafel 53 ermittelt werden, deren Benützung durch folgendes Beispiel erläutert sei:

Beispiel 19.
Gesucht: Die spezifische Wärme von Methan bei 20° C und 95 ata.
                für $t = 20°$, Methan $\vartheta = 1{,}54$
                für $p = 95$ ata, Methan $\pi = 2{,}0$
Tab. 17 .....   die Molwärme bei 20° und im idealen Gaszustand $C_{p,0} = 8{,}40$ cal/Mol.
Tafel 53 .... $C_p - C_{p,0} = 2{,}8$; $C_p = 8{,}40 + 2{,}8 = 11{,}2$
              Molgewicht $M = 16{,}03$
              $c_p = \dfrac{C_p}{M} = \dfrac{11{,}2}{16{,}03} = 0{,}70$ kcal/kg in guter Übereinstimmung mit dem experi-
              mentellen Wert $c_p = 0{,}715$.

Unter der gleichen Voraussetzung erhält man für den adiabatischen Exponenten $c_p/c_v = \varkappa$ die Gl.

$$\frac{c_p}{c_v} = \varkappa = 1 - c_{p,0} R \left(1 - 1{,}69 \, \frac{\pi}{\vartheta^3} \right) . \tag{3}$$

3. Die Änderung der spezifischen Wärme mit der Temperatur

Zahlenangaben über die spezifischen bzw. Molwärmen von Kohlenwasserstoffen, Mineralölen und anderen Stoffen finden sich in den Tafeln 54 bis 58 und in Tab. 17. Angaben über die spezifische Wärme verschiedener Werkstoffe und Isoliermaterialien finden sich ferner in Tab. 38 und 39.

Die Ermittlung der spezifischen Wärme von Mineralölprodukten sei an Hand folgender Beispiele erläutert:

Beispiel 20.
Gegeben: Ein Mineralöl mit der Dichte 15,6/15,6 von 0,87 und einem Watsonschen Kennfaktor $K_W = 11{,}1$ (der seinerseits mit Hilfe der Tafel 105 aus der Dichte und dem Siedeverhalten oder gegebenenfalls mit Hilfe der Tafeln 44, 45, 46 oder der Abb. 2, 3 und 4 aus anderen Eigenschaften des Öles ermittelt wurde).
Gesucht: Spezifische Wärme in kcal/kg bei 208° C in flüssiger und dampfförmiger Form.
Tafel 57 (s. die eingezeichnete Ableselinie)
          c_p (flüssig) $= 0{,}616$ kcal/kg
Tafel 58 (s. die eingezeichnete Ableselinie an der Teilung rechts)
          c_p (gasförmig) $= 0{,}477$. kcal/kg

Ob mit der spezifischen Wärme für den Dampf oder mit der für die Flüssigkeit zu rechnen ist, hängt vom Druck ab. Die Ermittlung des Aggregatzustandes eines Mineralöles bei gegebenen Werten des Druckes und der Temperatur kann nach den auf S. 158 angegebenen Methoden erfolgen.

Die angenäherte Ermittlung der spezifischen Wärme von Kohlenwasserstoffgasen kann ebenfalls auf Tafel 58 erfolgen.

Die Änderung der spezifischen Wärme mit der Temperatur

Beispiel 21.

Gegeben: Ein Kohlenwasserstoffgas mit dem Molgewicht 18,5 [damit gleichwertig wäre die Angabe, daß das Gas eine Dichte von 0,76 kg/nm³ (15⁰ C, 735,5 mm Hg) oder 0,825 kg/Nm³ (0⁰ C, 760 mm/Hg) besitzt].

Gesucht: Die spezifische Wärme bei 284⁰ C.

Tafel 58 (s. die eingezeichnete Ableselinie obere Teilung)

$$c_p = 0{,}726 \text{ kcal/kg.}$$

Da bei dieser Methode die Zusammensetzung des Gases nicht berücksichtigt wird, erhält man nur angenäherte Ergebnisse. Genauer kann die spezifische Wärme eines Gasgemisches aus den spezifischen Wärmen der Komponenten nach der Mischungsregel errechnet werden.

Tabelle 17. *Wahre spezifische Wärmen bei konstantem Druck von einigen Gasen in kcal berechnet für den Druck Null* (nach E. JUSTI, „Spezifische Wärme, Enthalpie, Entropie und Dissoziation technischer Gase")

t°C	H₂ Wasserstoff kcal/kmol°C	kcal/Nm³°C	kcal/kg°C	N₂ Stickstoff kcal/kmol°C	kcal/Nm³°C	kcal/kg°C	O₂ Sauerstoff kcal/kmol°C	kcal/Nm³°C	kcal/kg°C	Luft kcal/kmol°C	kcal/Nm³°C	kcal/kg°C	CO Kohlenmonoxyd kcal/kmol°C	kcal/Nm³°C	kcal/kg°C	CO₂ Kohlendioxyd kcal/kmol°C	kcal/Nm³°C	kcal/kg°C
0	6,86	0,306	3,40	6,96	0,310$_4$	0,248	7,01	0,312	0,219	6,94$_5$	0,301	0,240	6,96	0,310$_5$	0,248$_5$	8,61	0,384	0,196
25	6,90	0,308	3,42	6,96	,310$_6$	,248	7,02	,312	,219	6,95$_4$	,310	,240	6,98	,310	,249	8,90	,397	,202
100	6,96	,311	3,45	6,98	,311$_6$	,250	7,14	,319	,223	6,99$_5$	,312	,241	7,00	,312$_5$	,250	9,69	,432	,220
200	6,99	,312	3,47	7,05	,314$_5$	,251$_5$	7,37$_5$	,329	,230	7,08$_5$	,317	,245	7,09	,316$_5$	,253	10,47	,467	,238
300	7,01	,312$_5$	3,47$_5$	7,16	,319$_5$	,255$_5$	7,61	,340	,238	7,23$_5$	,323	,250	7,23	,323	,258	11,23	,501	,255
400	7,03	,313$_5$	3,49$_7$	7,31	,326	,261	7,84	,350	,245	7,40	,330	,255	7,40	,330	,264	11,79	,526	,268
500	7,06	,315	3,50$_5$	7,47	,333	,267	8,02	,358	,251	7,56$_5$	,337	,261	7,57	,338	,270	12,25	,546$_5$	,278
600	7,12	,318	3,53	7,63	,340	,272	8,18	,365	,257	7,72	,344	,266	7,75	,345$_6$	,277	12,63	,563$_6$	,287
700	7,20	,321	3,57	7,78	,347	,278	8,31	,371	,260	7,86	,351	,271	7,90	,352$_4$	,282	12,94$_5$	,577$_5$	,294
800	7,28	,325	3,61$_5$	7,91	,353	,282$_5$	8,41	,375$_4$	,263	7,99$_4$	,357	,276	8,03	,358	,287	13,205	,589	,300
900	7,38	,329	3,66	8,03	,358	,287	8,51	,380	,266	8,10	,361	,279$_5$	8,14$_5$	,363$_4$	,291	13,41$_5$	,598$_5$	,305
1000	7,49	,334	3,71	8,14	,363	,290$_5$	8,59	,383	,268$_5$	8,20$_5$	,366	,283	8,24$_5$	,368	,294$_5$	13,60	,607	,309
1100	7,59	,339	3,76$_5$	8,24	,367	,294	8,66	,386$_5$	,271	8,29	,370	,286	8,33	,371$_6$	,297$_5$	13,74	,613	,312
1200	7,69	,343	3,82	8,32	,371	,297	8,73	,389$_4$	,273	8,37	,373	,289	8,41	,375	,300	13,87	,619	,315
1300	7,80	,348	3,87	8,38$_5$	,374	,299	8,79	,392	,275	8,43	,376	,291	8,47	,378	,302$_5$	13,98	,624	,318
1400	7,89	,352	3,91$_5$	8,44	,377	,301	8,85	,395	,276$_5$	8,49$_6$	,379	,293	8,53	,380$_4$	,304$_5$	14,07	,629	,320
1500	7,98	,356	3,96	8,50	,379	,303	8,90	,397	,278	8,54	,381	,295	8,57	,382$_5$	,306	14,15	,631$_4$	,322
1750	8,20	,366	4,07	8,61	,384	,307	9,04	,403	,282	8,66	,386	,299	8,67$_5$	,387	,310	14,31	,638	,325
2000	8,38	,374	4,16	8,70	,388	,310$_5$	9,19	,410	,287	8,76	,391	,303	8,75	,390$_5$	,312$_6$	14,42	,643	,328
2250	8,54	,381	4,24	8,77	,391	,313	9,32	,416	,291				8,82	,393	,315	14,50	,647	,329$_6$
2500	8,68	,387	4,30$_5$	8,83	,394	,315	9,43	,421	,295				8,87	,395$_6$	,317$_6$	14,57	,650	,331
2750	8,80	,393	4,37	8,87	,396	,317	9,53	,425	,298				8,90	,397	,318	14,62	,652	,332
3000	8,93	,398	4,43	8,90	,397	,318	9,62	,429	,301				8,93	,398	,319	14,66	,654	,333

t°C	H₂O Wasser (Dampf) kcal/kmol°C	kcal/Nm³°C	kcal/kg°C	SO₂ Schwefeldioxyd kcal/kmol°C	kcal/Nm³°C	kcal/kg°C	H₂S Schwefelwasserstoff kcal/kmol°C	kcal/Nm³°C	kcal/kg°C	CH₄ Methan kcal/kmol°C	kcal/Nm³°C	kcal/kg°C	C₂H₂ Acetylen kcal/kmol°C	kcal/Nm³°C	kcal/kg°C	C₂H₄ Aethylen kcal/kmol°C	kcal/Nm³°C	kcal/kg°C
0	7,98	0,356	0,443	9,31	0,415	0,145	8,10	0,361	0,245	8,24	0,367$_6$	0,515	10,13	0,452	0,389	10,02	0,447	0,357
25	8,00	,357	,444	9,52$_4$	,425	,149	8,17	,364	,247	8,48	,377$_5$	,529	10,60	,473	,407	10,63	,474$_5$	,379
100	8,10	,361	,449$_5$	10,17	,454	,159	8,41	,375	,254	9,40	,419	,586	11,76	,524$_5$	,452	12,42	,554	,443
200	8,32	,371	,462	10,94	,488	,171	8,78	,392	,265$_5$	10,70	,477	,668	12,98	,578	,499	14,74	,658	,526
300	8,56	,382	,475	11,53	,514	,180	9,18	,409	,278	12,15	,542	,758	13,71	,612	,527	16,73	,746	,597
400	8,84	,394	,491	12,03	,536$_5$	,188	9,60	,428	,290	13,35	,596	,836	14,39	,642	,553	18,42	,822	,657
500	9,12	,407	,506	12,38	,553	,193	10,01	,446$_5$	,303	14,60	,651	,911	15,01	,669$_5$	,577	19,90	,888	,710
600	9,41	,420	,522	12,65	,564$_5$	,198	10,41	,464$_4$	,315	15,65	,698	,976	15,55	,694	,598	21,17	,945	,755
700	9,72	,434	,539	12,86	,574	,201	10,77	,480$_5$	,326	16,60	,741	1,035	16,04	,716	,617	22,30	,995	,795
800	10,02	,447	,556	13,02	,581	,203	11,10	,495	,336	17,40	,776	1,085	16,49	,736	,634	23,30	1,039	,831
900	10,30	,459$_5$	,572	13,15	,587	,205	11,39	,508	,344	18,23	,813	1,137	16,90	,754	,649	24,17	1,078	,862
1000	10,58	,472	,587	13,25	,591	,207	11,65	,520	,352	18,93	,844$_5$	1,181	17,26	,770	,663	24,94	1,113	,890
1100	10,84	,484	,602	13,34	,595	,208	11,88	,530	,359									
1200	11,08	,494	,615	13,41	,598	,209	12,08	,539	,365									
1300	11,31	,505	,628	13,46	,601	,210	12,25	,546$_5$	,370									
1400	11,52	,514	,639	13,51	,603	,211	12,39	,553	,375									
1500	11,71	,522	,650	13,56	,605	,211$_6$	12,54	,559$_6$	,379									
1750	12,12	,541	,673	13,63	,608	,213	12,80$_5$	,571	,387									
2000	12,45	,555	,691	13,69	,610$_6$	,213$_6$	13,00	,580	,393									
2250	12,73	,568	,706	13,73	,612$_4$	,214$_3$	13,15$_5$	,587	,398									
2500	12,95	,578	,719	13,76	,614	,214$_7$	13,27$_5$	,592$_5$	,401									
2750	13,10	,584$_5$	,727	13,78	,614$_7$	,215	13,37	,596$_5$	,404									
3000	13,23	,590	,734	13,79$_5$	,615$_5$	,215$_3$	13,44	,599$_6$	,406$_6$									

4. Die Ermittlung der Molwärme organischer Verbindungen (dampfförmig) aus dem Molekülbau

Fehlen Angaben über die Molwärmen von Kohlenwasserstoffen oder anderen organischen Verbindungen in dampfförmigem Zustand, dann können diese ziemlich genau aus der Strukturformel vorausgesagt werden. Wie aus gaskinetischen und molekulartheoretischen Überlegungen hervorgeht, ist für die Molwärme neben der Masse der Atome, aus denen sich das betreffende Molekül aufbaut, die Kraft maßgebend, die zwischen den einzelnen Atomen wirksam ist und unter deren Einfluß die Moleküle gegeneinander schwingen. Diese Kräfte können für verschiedene Bindungstypen aus Messungen des Raman-Effektes ermittelt werden. Auf Grund derartiger Betrachtungen gelangte C. Y. Dobratz [1] zu folgender Gl.:

$$C_p = 4R + \frac{aR}{2} + (q' C_v' + q'' C_v'' + \ldots) + \frac{3n - 6 - a - \Sigma q}{\Sigma q} (q' C_\gamma' + q'' C_\gamma'' + \ldots). \qquad (4)$$

für die spezifische Wärme bei konstantem Druck (s. auch Bennewitz und Rossner [2] und Souders jr. [4]).

In dieser Gleichung bedeutet R die molare Gaskonstante, a die Zahl der Bindungen im Molekül, um welche freie Rotation möglich ist, wie z. B. aliphatische $C - C$-Bindungen oder $C - O$-Bindungen in äther- oder esterartigen Körpern, q', q'' usw. die Zahl der Bindungen einer bestimmten Art, Σ_q die Gesamtzahl der Bindungen überhaupt, und n die Gesamtzahl der Atome; C_v', C_v'' usw. bzw. C_γ', C_γ'' usw. sind temperaturabhängige Funktionen, die in Tab. 18 für die verschiedenen Arten von chemischen Bindungen angegeben sind.[1] Die Rechnung erfolgt am besten entsprechend dem untenstehenden Rechenschema, das für das Beispiel der Berechnung der spezifischen Wärme von Äthylalkohol aufgestellt ist.

Beispiel 22.
Gesucht die Molwärme von Äthanoldampf bei 137° C.
Aus der Strukturformel von Äthanol ergibt sich

```
    H    H                    n   = 9            3n  ... =      27
    |    |                   Σq   = 8                      6
H — C — C — O — H            a    = 2          Σq   =      8
    |    |                                      a   =      2      — 16
    H    H                               3n — 6 — a — Σq          = 11
```

Unter Benützung von Tab. 18 kann für die Temperatur 137° C = 410° K folgende Tabelle aufgestellt werden:

Bindungen	C_v	$q.C_v$	C_γ	$q.C_\gamma$
1 C—C	0,796	0,796	1,704	1,704
5 C—H	0,0077	0,039	0,427	2,135
1 C—O	0,742	0,742	1,902	1,902
1 O—H	0,0018	0,0018	0,598	0,598
		$\Sigma(q.C_v) = 1,578$		$\Sigma(q.C_\gamma) = 6,339$

Durch Einsetzen dieser errechneten Werte in Gleichung VI-4 ergibt sich

$$
\begin{array}{ll}
4R & 7,947 \\
aR/2 & 1,98 \\
\Sigma(q \cdot C_v) & 1,578 \\
\dfrac{3n - 6 - a - \Sigma q}{\Sigma q} \cdot \Sigma(q \cdot C_\gamma) & 8,72 \\
\hline
C_p = 20,22 \text{ cal/Mol °C}
\end{array}
$$

---

[1] Wiewohl es über den Rahmen der vorliegenden Arbeit hinausgeht, soll darauf verwiesen werden, daß die Funktionen C_v und C_γ ein Drittel der für die betreffende Temperatur und Schwingungsfrequenz berechneten Einstein-Funktion sind.

Die Ermittlung der Molwärme organischer Verbindungen (dampfförmig) aus dem Molekülbau 95

in guter Übereinstimmung mit einem experimentellen Wert von BENNEWITZ und ROSSNER [2] 19,85 cal/Mol °C. In ähnlicher Weise errechnet sich z. B. die Molwärme von n-Pentan bei der gleichen Temperatur zu 33,86 cal/Mol °C, während der experimentell bestimmte Wert (SAGE, WEBSTER und LACEY [3]) 34,1 cal/Mol °C beträgt.

Die Berechnung der Molwärmen aromatischer Verbindungen ergibt weniger befriedigende Resultate. Die Bindungen des Benzolkernes werden dabei wie aliphatische $C-C$-Bindungen in die Rechnung eingesetzt.

Tabelle 18. *Konstanten für die Berechnung der Molwärmen von organischen Verbindungen (dampfförmig)*

Bindung		$T=290$	330	370	410	450	490	530	570	610	650	690
$C-C$, $C-N$, $N-N$	$C\nu=$	0,362	0,513	0,660	0,796	0,921	1,031	1,128	1,214	1,289	1,355	1,412
	$C\gamma=$	1,470	1,572	1,647	1,704	1,746	1,784	1,813	1,833	1,851	1,867	1,880
$C-O$, $N-O$	$C\nu=$	0,320	0,463	0,606	0,742	0,867	0,979	1,079	1,167	1,245	1,314	1,373
	$C\gamma=$	1,824	1,859	1,884	1,902	1,916	1,927	1,935	1,942	1,947	1,952	1,955
$C=C$, $C=N$	$C\nu=$	0,0426	0,0867	0,148	0,223	0,308	0,397	0,490	0,581	0,669	0,754	0,834
	$C\gamma=$	0,549	0,718	0,871	1,005	1,122	1,222	1,308	1,381	1,444	1,498	1,546
$C=O$, $N=O$	$C\nu=$	0,0320	0,0677	0,119	0,186	0,262	0,345	0,432	0,520	0,606	0,690	0,769
	$C\gamma=$	1,470	1,572	1,647	1,704	1,746	1,784	1,813	1,833	1,851	1,867	1,880
$C-H$, $N-H$ (aliphatisch) ...	$C\nu=$	0,0002	0,0010	0,0031	0,0077	0,0157	0,0268	0,0463	0,0697	0,0983	0,132	0,171
	$C\gamma=$	0,125	0,213	0,317	0,427	0,540	0,651	0,755	0,852	0,942	1,025	1,099
$C-H$ (aromatisch)	$C\nu=$	0,0002	0,0006	0,0021	0,0053	0,0112	0,0214	0,0355	0,0547	0,0791	0,108	0,142
	$C\gamma=$	0,125	0,213	0,317	0,427	0,540	0,651	0,755	0,852	0,942	1,025	1,099
$O-H$	$C\nu=$	0,0001	0,0002	0,0006	0,0018	0,0043	0,0089	0,0164	0,0272	0,0418	0,0601	0,0886
	$C\gamma=$	0,220	0,340	0,469	0,598	0,721	0,835	0,939	1,033	1,117	1,186	1,260
$C-J$, $S-S$	$C\nu=$	1,223	1,360	1,465	1,552	1,615	1,668	1,708	1,741	1,773	1,796	1,815
	$C\gamma=$	1,741	1,786	1,825	1,854	1,875	1,892	1,903	1,917	1,920	1,932	1,938
$C-Br$	$C\nu=$	1,086	1,241	1,365	1,460	1,535	1,599	1,648	1,687	1,720	1,752	1,776
	$C\gamma=$	1,698	1,759	1,799	1,836	1,859	1,886	1,892	1,904	1,914	1,923	1,931
$C-Cl$, $C-S$	$C\nu=$	0,897	1,033	1,200	1,315	1,406	1,523	1,544	1,599	1,639	1,679	1,709
	$C\gamma=$	1,598	1,679	1,735	1,779	1,812	1,839	1,859	1,872	1,888	1,899	1,908
$C-F$, $C=S$	$C\nu=$	0,333	0,441	0,585	0,720	0,844	0,956	1,055	1,149	1,223	1,297	1,356
	$C\gamma=$	1,154	1,301	1,415	1,504	1,574	1,631	1,679	1,717	1,744	1,772	1,796
$S-H$	$C\nu=$	0,001	0,004	0,009	0,021	0,038	0,062	0,093	0,131	0,174	0,223	0,272
	$C\gamma=$	0,333	0,441	0,585	0,720	0,844	0,956	1,055	1,149	1,223	1,297	1,356

Die so erhaltenen Werte gelten für den idealen Gaszustand, also exakt nur für den Druck Null, bei mäßigen Drücken gelten dieselben nur näherungsweise. Unter Bedingungen, die erheblich davon abweichen, kann die Umrechnung auf andere Drücke nach Gl. (VI-2) bzw. mit Hilfe des Nomogrammes, Tafel 53, erfolgen.

Besonders sei darauf verwiesen, daß es sehr häufig bei wärmetechnischen Rechnungen möglich sein wird, mit den Wärmeinhalten zu arbeiten und diese direkt aus den Tafeln 67 bis 88 zu entnehmen, so daß sich die Ermittlung der spezifischen Wärmen vielfach erübrigt.

Literatur

[1] C. Y. DOBRATZ: Ind. Eng. Chem. **33**, 759; 1941. [2] K. BENNEWITZ u. R. ROSSNER: Z. phys. Chem. **39**, B, 26; 1938. [3] B. H. SAGE, D. C. WEBSTER u. W. N. LACEY: Ind. Eng. Chem. **29**, 1188 u. 1309; 1937. [4] M. SOUDERS jr. C. S. MATHEWS u. C. O. HURD: ebenda **41**, 1037; 1949.

VII. Verdampfungswärme, Schmelzwärme, Lösungs- und Mischungswärmen (latente Wärmen)

(Dazu die Tafeln 59 bis 66.)

1. Schätzung der Verdampfungswärme beim normalen Siedepunkt

Einen rohen Annäherungswert für die Verdampfungswärme kann man aus der sogenannten Troutonschen Regel ableiten. Bezeichnet man mit L die molare Verdampfungswärme und mit T_s die Siedetemperatur in °K (°C in absoluter Zählung) bei 1 ata, dann lautet diese Regel:

$$\frac{L}{T_s} = 21,0. \tag{1}$$

Zum Teil beträchtliche Abweichungen werden insbesondere bei assoziierenden Stoffen und bei niedrigem Siedepunkt beobachtet, doch zeigen auch die Kohlenwasserstoffe einen deutlichen Gang mit $\frac{L}{T_s} = 17,8$ bei Methan und $\frac{L}{T_s} = 22$ bei langkettigen Paraffinen mit 20 bis 30 Kohlenstoffatomen.

Für unpolare Flüssigkeiten, also auch für Kohlenwasserstoffe, kann die Troutonsche „Konstante" und damit auch die molare Verdampfungswärme durch die Formel von Kistiakowski [1] (s. auch Watson [2])

$$\frac{L}{T_s} = 8,75 + 4,575 \log T_s \tag{2}$$

ausgedrückt werden. Die Verdampfungswärme nach dieser Formel kann in Tafel 59 abgelesen werden.

Wenn der Dampfdruck bei einigen Temperaturen und damit die Neigung der Dampfdruckkurve bekannt ist, so kann daraus nach der Clausius-Clapeyronschen Gleichung die Verdampfungswärme ermittelt werden. Die Erfahrung zeigt, daß bis zu Drücken von etwa 1 ata die vereinfachte Formel

$$\frac{d \ln p}{d\,1/T} = \frac{L}{R} \tag{3}$$

anwendbar ist. Es bedeutet $\frac{d \ln p}{d\,1/T}$ die Neigung der Dampfdruckkurve in einem Koordinatensystem, in welchem der reziproke Wert der absoluten Temperatur gegen den natürlichen Logarithmus des Druckes aufgetragen ist, L die molare Verdampfungswärme in cal/Mol und R die Gaskonstante in cal/Mol °C. Da z. B. in den Tafeln 124 bis 128 $\ln p$ gegen $1/T$ aufgetragen ist, so ist in diesen Tafeln die Neigung einer Dampfdruckkurve ein Maß für die Verdampfungswärme. Man kann also für jeden Stoff, dessen Dampfdruckkurve in eine dieser Tafeln eingetragen wird (dazu genügen zwei Siedetemperaturen bei verschiedenen Drucken), die Verdampfungswärme an dem eingezeichneten Neigungsmaßstab direkt ablesen (s. S. 87 und Beispiel 18). Eine aus der Clausius-Clapeyronschen Gleichung abgeleitete Formel für die Verdampfungswärme von Kohlenwasserstoffen wird auch von Haggenmacher [6] angegeben. Über die Abschätzung der Verdampfungswärmen organischer Verbindungen aus der Strukturformel s. S. Wolf [7].

2. Abhängigkeit von Druck und Temperatur

Um die Verdampfungswärme auf andere Siededrücke als 1 ata umzurechnen, benützt man die Gl.

$$L_1 : L_2 = \omega_1 : \omega_2 \tag{4}$$

In dieser Formel bedeutet L_1 und L_2 die molare (oder spezifische) Verdampfungswärme eines beliebigen Stoffes bei der Temperatur t_1 und t_2 und ω_1 und ω_2 Verhältniszahlen, die aus der Tafel 60 abgelesen werden können. Um diese zu bestimmen, ermittelt man bei gegebenem Druck die dazugehörige Siedetemperatur aus der Dampfdruckkurve (Tafel 124 bis 128), berechnet aus t_1 und t_2 die reduzierten Temperaturen ϑ_1 und ϑ_2 (gegebenenfalls in den Tafeln 119 und 120) und entnimmt die Werte von ω_1 und ω_2 der Tafel 60. Um einen Überblick über die Leistungsfähigkeit dieser Methode zu ermöglichen, sind in Tafel 60 für eine Reihe von gut untersuchten Stoffen, die aus der gemessenen Verdampfungswärme berechneten Werte von ω eingetragen. Ein ähnliches Diagramm wird von MEISSNER [5] angegeben.

Bei geringerer Anforderung an die Genauigkeit kann diese Rechnung auch im Nomogramm auf Tafel 61 ausgeführt werden. Aus einem Wertepaar der molaren Verdampfungswärme (das gegebenenfalls den Tab. 3 und 4 entnommen werden kann) und der reduzierten Temperatur ϑ kann man sich den für den betrachteten Stoff charakteristischen Punkt auf der mittleren Skala des Nomogrammes aufsuchen und kann nun für alle beliebigen Werte von ϑ die molare Verdampfungswärme ablesen. Für eine Reihe von verschiedenen Stoffen sind diese Punkte auf der Mittelskala bereits aufgetragen, so daß von diesen Stoffen die molaren Verdampfungswärmen direkt abgelesen werden können. Im Nomogramm kann auch mit der Verdampfungswärme pro Gramm oder Kilogramm gerechnet werden, wenn der Punkt auf der mittleren Skala durch ein Wertepaar dieser Größe gewonnen wird. Dabei kann der Stellenwert der Zahlen auf der rechten Skala beliebig verändert werden.

Um die Verdampfungswärme in einem beschränkten Temperaturbereich mit recht guter Genauigkeit darzustellen, kann auch die Gleichung von THIESSEN [3] herangezogen werden, die lautet:

$$(t_k - t_s)^n = L \tag{5}$$

Dabei bedeutet t_k die kritische Temperatur in ⁰C, t_s die Siedetemperatur in ⁰C, L die molare Verdampfungswärme und n eine Stoffkonstante, die nur einen sehr minimalen Gang mit der Temperatur zeigt. Um die Gleichung für praktische Rechnungen nutzbar zu machen, kann eine nomographische Methode verwendet werden, die von CHILTON, COLBURN und VERNON [4] angegeben wurde. Die Benützung eines derartigen, in Tafel 62 dargestellten Nomogramms erfolgt in der Weise, daß aus zwei Wertepaaren der spezifischen (oder molaren) Verdampfungswärme und der Differenz aus Siedetemperatur und kritischer Temperatur ein für den betreffenden Stoff charakteristischer Punkt ermittelt wird. Legt man durch diesen Punkt eine gerade Linie, so verbindet diese die Wertepaare von $t_k - t_s$ und L. Es ist allenfalls zu beachten, daß mit dieser Methode nur ein relativ enger Temperaturbereich, dieser aber mit recht großer Genauigkeit, erfaßt werden kann.

3. Andere latente Wärmen

Die Lösungswärmen leichter Kohlenwasserstoffgase sind in ihrer Abhängigkeit von der Temperatur in Tafel 66 angegeben. Bei Temperaturen unterhalb des kritischen Zustandes kann unter Vernachlässigung der Mischungswärme angenommen werden, daß die Lösungswärme gleich der Kondensationswärme (negativen Verdampfungswärme) ist.

Angaben über Schmelzwärmen von Kohlenwasserstoffen finden sich in Tab. 3.

4. Hinweise für Berechnungen

Bei der Durchrechnung von Verdampfungsvorgängen wird es in einfachen Fällen und bei mäßigen Ansprüchen an die Genauigkeit genügen, den Wärmebedarf aus der Verdampfungswärme zu ermitteln. Werden Gemische betrachtet oder soll auch die fühlbare Wärme in Rechnung gestellt werden, so ist es zweckmäßig, ein Enthalpie-Temperatur- (H, T) oder Wärmeinhalt-Temperatur- (i, T) Diagramm zu benützen.

Soferne für den betrachteten Stoff ein i, T-Diagramm nicht vorliegt, können die nach den vorstehenden Methoden ermittelten Werte der spezifischen Wärme und der Verdampfungswärme für den Entwurf eines solchen herangezogen werden. Über die dabei einzuschlagende Arbeitsweise s. S. 101.

Zahlenangaben über spezifische oder molare Verdampfungswärme von Paraffinkohlenwasserstoffen in Abhängigkeit von der Temperatur können den Tafeln 63, 64 und Tab. 3, die spezifische Verdampfungswärme einer Reihe weiterer organischer Verbindungen der Tafel 59, 61 und der Tab. 4 entnommen werden. Die Verdampfungswärmen von Mineralölen sind Tafel 65 zu entnehmen, die unter Benutzung der Gleichung von KISTIAKOWSKI [1] und WATSON [2] entworfen wurde. Auf andere Drucke oder Temperaturen sind diese Werte mit Hilfe der Tafeln 60 und 61 umzurechnen.

Literatur

[1] KISTIAKOWSKI: Z. phys. Chem. **107**, 65; 1923. [2] K. M. WATSON: Ind. Eng. Chem. **23**, 360; 1931. [3] THIESSEN: Verh. Dtsch. Phys. Ges. **16**, 30; 1897. [4] CHILTON COLBURN u. VERNON in J. H. Perry Chemical Engineers Handbook, 1. Aufl. Seite 450. [5] H. P. MEISSNER: Ind. Eng. Chem. **33**, 1440; 1941. [6] J. E. HAGGENMACHER: ebenda **40**, 436; 1948. [7] K. L. WOLF: Theoretische Chemie, Leipzig 1944; Bd. 3 S. 490.

VIII. Enthalpie (Wärmeinhalt) und Entropie
(Dazu die Tafeln 67 bis 88.)

1. Definitionen

An sich wäre das kalorische Verhalten von Stoffen durch die Angabe der spezifischen Wärme und durch Angaben über die Schmelz- und Verdampfungswärme vollkommen und eindeutig festgelegt. Es ist jedoch bei praktischen Rechnungen vielfach üblich und auch durchaus zweckmäßig, mit den über einen bestimmten Temperaturbereich gezogenen Integralen dieser Größen zu arbeiten. An Stelle der spezifischen Wärme, welche die jeweilige Veränderung der Wärmekapazität mit der Temperatur darstellt, betrachtet man die gesamte Wärmemenge, welche etwa der Gewichtseinheit des betrachteten Stoffes zugeführt werden muß, um diese von einem Standardzustand in den jeweils gewählten Zustand überzuführen. Hiebei werden folgende Größen verwendet[1]:

a) Die Enthalpie und der Wärmeinhalt

Die Enthalpie H ist durch die Gleichung

$$\left(\frac{\partial H}{\partial T}\right)_P = c_p \tag{1}$$

bzw.

$$H = \int_0^T c_p \, dT \tag{2}$$

definiert. An sich wäre es logisch, ebenso wie bei der spezifischen bzw. Molwärme von einer spezifischen oder molaren Enthalpie zu sprechen, je nachdem, ob sich die Angabe auf die Gewichtseinheit oder auf ein Mol bezieht. Üblicherweise spricht man jedoch hier wie bei den unten definierten Größen von der Enthalpie schlechthin und überläßt die Unterscheidung der Dimensionsangabe (cal/g oder cal/Mol).

Bei der Behandlung von Fragen der chemischen Thermodynamik ist es notwendig, als untere Grenze des Integrals in Gl. 2 den absoluten Nullpunkt zu wählen, das heißt, die Enthalpie und auch die weiter unten definierten Größen vom absoluten Nullpunkt an zu zählen. Dadurch wird die Ermittlung von Zahlenwerten aber doch einigermaßen

---

[1] Hier und im folgenden wird vor allem die in der amerikanischen Literatur durch LEWIS und RANDALL eingeführte Bezeichnungsweise benützt. Es war dies nicht nur wegen der außerordentlichen Bedeutung der amerikanischen Arbeiten in der Mineralölliteratur geboten, sondern es war auch zweckmäßig diese Bezeichnungsweise zu wählen, weil die in der kontinentalen, insbesondere aber in der deutschen Literatur übliche Nomenklatur sehr uneinheitlich, aber auch wenig glücklich gewählt und daher unübersichtlich ist.

erschwert und aus diesem Grund wird bei den meisten technischen Untersuchungen die Enthalpie nicht vom absoluten Nullpunkt an, sondern von Null Grad Celsius, gelegentlich auch von — 200° F gleich — 128° C an, gerechnet. Die Enthalpie wird dann auch fast ausschließlich auf 1 kg bezogen und oft als der Wärmeinhalt i bezeichnet. Soll die Standardtemperatur, von der aus wir den Wärmeinhalt i zählen, T_0 °K sein, dann erhalten wir die Definitionsgleichung

$$i = \int\limits_{T_0}^{T} c_p\, d\,T \tag{3}$$

und da offenbar die Beziehung

$$\int\limits_{0}^{T} c_p\, d\,T = \int\limits_{0}^{T_0} c_p\, d\,T + \int\limits_{T_0}^{T} c_p\, d\,T \tag{4}$$

bestehen muß, sehen wir, daß sich die vom absoluten Nullpunkt gezählte Enthalpie H vom Wärmeinhalt i durch die additive Größe $\int\limits_{0}^{T_0} c_p\, d\,T$ unterscheidet.

b) Die innere Energie

Die innere Energie E, ist definiert durch die Gl.

$$\left(\frac{\partial E}{\partial T}\right)_V = c_v \tag{5}$$

bzw.

$$E = \int\limits_{0}^{T} c_v\, d\,T. \tag{6}$$

Bei technischen Rechnungen wird diese Größe, ebenso wie die spezifische Wärme bei konstantem Volumen c_v, seltener verwendet, weil unsere Betrachtungen sich meistens auf konstanten Druck (sei es 760 mm Q. S. oder höhere Drucke), aber fast nie auf konstantes Volumen beziehen.

c) Die Entropie

Die Entropie S ist definiert durch die Gl.

$$\left(\frac{\partial S}{\partial T}\right)_P = \frac{c_p}{T}\,; \tag{7} \qquad\qquad S = \int\limits_{0}^{T} \frac{c_p}{T}\, d\,T' \tag{8}$$

und

$$\left(\frac{\partial S}{\partial T}\right)_V = \frac{c_v}{T}\,; \tag{9} \qquad\qquad S = \int\limits_{0}^{T} \frac{c_v}{T}\, d\,T. \tag{10}$$

Die Bedeutung dieser Größe für die technische Thermodynamik ist unter anderem dadurch gegeben, daß sie bei adiabatischen Prozessen, bei Vorgängen also, bei denen eine Wärmezu- oder -abfuhr unterbunden wird, konstant bleibt.

Auch diese Größe wird in technischen Tafeln und Tabellen häufig in einer von Null ° C ausgehenden Zählung angegeben und mit s bezeichnet, während sie für alle Betrachtungen der chemischen Thermodynamik vom absoluten Nullpunkt aus gerechnet werden muß. Bei Temperaturen unterhalb von 0° C treten bei der in der Technik üblichen Zählweise also auch negative Werte auf. Zählt man vom absoluten Nullpunkt an, dann können naturgemäß bei der Entropie ebenso wie bei der Enthalpie keine negativen Werte auftreten.

Auf die Bedeutung dieser Größen wird im folgenden gleichzeitig mit der Erläuterung der verschiedenen Arten von graphischen Tafeln näher eingegangen.

2. Die graphische Darstellung des kalorischen Verhaltens von Stoffen in Diagrammen

a) Enthalpie (Wärmeinhalt) Temperatur-(H, T bzw. i, t)-Diagramme
Allgemeine Eigenschaften

Bei idealen Gasen ist der Wärmeinhalt nur von der Temperatur, nicht aber vom Druck abhängig, das i, T-Diagramm besteht daher aus einer einzigen, jeweils mit der Neigung der spezifischen Wärme c_p verlaufenden Linie. Bei realen Gasen und Dämpfen gilt jedoch diese Linie nur für den Druck Null. Man zeichnet daher in das Diagramm für andere, passend gewählte Werte Linien konstanten Druckes, Isobaren, ein. In Abb. 15 ist ein derartiges Diagramm für eine Flüssigkeit schematisch wiedergegeben.

Je nachdem, ob das Diagramm für 1 kg oder ein Mol gezeichnet ist, kann die spezifische Wärme c_p bzw. Molwärme C_p des betrachteten Stoffes aus der Steilheit der Isobaren als jener Wärmebetrag abgelesen werden, um den sich die Enthalpie bei der Erwärmung um ein Grad Celsius ändert. Praktisch entnimmt man natürlich die spezifische Wärme aus dem Diagramm so, daß im betrachteten Punkt (s. Abb. 15) eine Tangente an die Isobare gezeichnet und die Veränderung der Enthalpie an dieser Tangente über einen größeren Temperaturintervall abgelesen wird. Die wahre spezifische Wärme bei konstantem Druck c_p ist ein entsprechender Bruchteil der an der Tangente abgelesenen Enthalpiedifferenz, während die mittlere spezifische Wärme $\bar{c}_p$ erhalten wird, wenn man die Enthalpiedifferenz über dem betreffenden Intervall an der Isobare abliest.

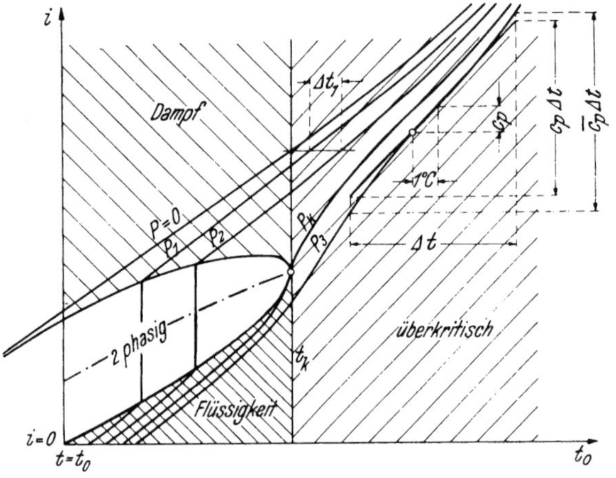

Abb. 15. i, t-Diagramm (schematisch)

Wird bei der Abkühlung entlang einer der Isobaren der Taupunkt, also der Sättigungszustand, erreicht, dann beginnt der Dampf zu kondensieren und die Enthalpie vermindert sich bei konstanter Temperatur, bis die ganze Menge verflüssigt ist. Im Zweiphasengebiet (Naßdampf) sind also die Isobaren zugleich auch Isothermen und verlaufen in Abb. 15 vertikal, wobei die Länge dieses vertikalen Teiles durch die Größe der Verdampfungswärme gegeben ist. Unterhalb des Kondensationspunktes verlaufen die Isobaren wieder mit einer endlichen Neigung, die durch die spezifische (Mol-) Wärme der Flüssigkeit gegeben ist.

Die Isobare für den kritischen Druck zeigt keinen Knick und hat bei der kritischen Temperatur eine vertikale Wendetangente.

Im Bereich des vertikalen Verlaufes der Isobaren bestehen Dampf und Flüssigkeit nebeneinander. Zur deutlicheren Kennzeichnung wird dieses Zweiphasen- oder auch Naßdampfgebiet meist in den Diagrammen umgrenzt. Die Isobare für den Druck Null trifft naturgemäß diese Umgrenzungslinie erst bei einer Temperatur, welche dem Dampfdruck Null entspricht, sollte sich also der Grenzlinie asymptotisch nähern; praktisch fällt diese Isobare schon bei relativ hohen Temperaturen mit der Grenzlinie zusammen. Der Wärmeinhalt einer Reihe von Gasen, welche wenigstens bei mäßigen Drucken als ideal angesehen werden können, ist in Tab. 19 wiedergegeben, i, t-Diagramme von einigen Stoffen sind in den Tafeln 67 bis 76, von Mineralölen in den Tafeln 83 bis 87 dargestellt. Weitere Angaben über den Wärmeinhalt finden sich in den „Dampftafeln" Tab. 20 bis 35 und in den s, t- und i, s-Diagrammen Tafel 77 bis 82. Eine umfangreiche Zusammenstellung neuerer Arbeiten über die thermodynamischen Eigenschaften verschiedener Stoffe insbesondere von Kohlenwasserstoffen findet sich bei HOUGEN [18].

Der Entwurf eines i, t- Diagrammes.

Sehr viele technische Rechnungen können mit großem Vorteil in einem i, t-Diagramm ausgeführt werden. Da es schon aus Gründen des Raumes nicht möglich ist, die Diagramme von allen Stoffen zu bringen, die gelegentlich etwa als Hilfsstoffe bei der Selektivraffination vorkommen können, so soll im folgenden kurz erläutert werden, welcher Weg bei der Aufstellung eines solchen Diagrammes einzuschlagen wäre. Man wählt zunächst den Zustand des Stoffes und die Basistemperatur, für welche der Wärmeinhalt i definitionsgemäß gleich Null gesetzt wird. Bei den hier interessierenden Fällen wird man oft den Wärmeinhalt der Flüssigkeit bei $0°$ C gleich Null setzen, gelegentlich kann es aber auch günstiger sein, von tieferen Temperaturen auszugehen, um zu vermeiden, daß negative Wärmeinhalte auftreten[1]. Zunächst zeichnet man (s. Abb. 15), ausgehend vom Ursprung des Koordinatensystems, die Isobare für die Flüssigkeit bei 1 ata, indem man eine Linie zieht, deren Neigung der spezifischen Wärme der Flüssigkeit gleich ist. Die Größe der spezifischen Wärme der Flüssigkeit muß dazu über ein entsprechendes Temperaturgebiet oberhalb der Basistemperatur bekannt sein. Bei Temperaturen, die etwa reduzierten Temperaturen unterhalb von $\vartheta = 0,80$ bis $\vartheta = 0,86$ entsprechen, ist die Kompressibilität der Flüssigkeit so klein, daß die Grenzkurve praktisch mit der Isobare für 1 ata zusammenfällt. (In Abb. 15 sind die Isobaren der Flüssigkeit nur der Deutlichkeit wegen so steil gezeichnet, daß sie auch bei tiefen Temperaturen nicht mit der Grenzkurve zusammenfallen.) Man hat also durch das Einzeichnen der Flüssigkeitsisobare auch den Verlauf der Grenzkurve für ein beträchtliches Stück festgelegt. Im Zweiphasengebiet verlaufen Isobaren geradlinig und sind zugleich Isothermen. Um sie zu zeichnen, entnimmt man der Dampfdruckkurve des betrachteten Stoffes jene Temperaturen, welche zu den Drücken gehören, für die Isobaren gezeichnet werden sollen und zeichnet bei diesen Temperaturen, von der Grenzkurve ausgehend, Isothermen. Wenn die Dampfdruckkurve des betrachteten Stoffes nicht bekannt ist, dann kann sie durch Eintragen der Siedetemperaturen für einige Drücke in das Koordinatennetz der Tafel 124 oder 125 erhalten werden.

Die Länge des geradlinigen Teiles der Isobaren ist durch den Zahlenwert der Verdampfungswärme bei den betreffenden Temperaturen gegeben. Sind die Verdampfungswärmen nicht bekannt, dann können sie nach den Methoden des Kapitels VII mit Hilfe der Tafeln 59 bis 65 bestimmt werden. Trägt man Strecken, welche den Verdampfungswärmen entsprechen, von der unteren Grenzkurve ausgehend auf den Isobaren auf, dann erhält man den oberen Teil der Grenzkurve. Um die Grenzkurve auch für jenes Gebiet zu erhalten, in dem ihr unterer Ast nicht mehr mit der 1-ata-Isobare zusammenfällt, macht man sich die Tatsache zunutze, daß die Halbierungspunkte der Isobarenstücke im Zweiphasen- (Naßdampf-) Gebiet meist auf einer nur wenig gekrümmten Linie liegen. Auf diese Weise kann man den Verlauf der Grenzkurve bis in die Gegend des kritischen Punktes extrapolieren und erhält gleichzeitig auch die Ansatzpunkte der Dampfisobaren.

Bei der gewählten Basistemperatur wird der Dampfdruck im allgemeinen so niedrig sein, daß man den Dampf noch als ein ideales Gas ansehen kann. Man kann daher am Ausgangspunkt des oberen Astes der Grenzkurve an der Ordinatenachse die Dampfisobare für den Druck Null ansetzen, die man dadurch erhält, daß eine Linie gezogen wird, deren Neigung jeweils der spezifischen Wärme c_p bzw. Molwärme C_p gleich ist. Die Ermittlung der spezifischen Wärmen könnte etwa nach den auf S. 91 ff. angegebenen Methoden erfolgen. Schließlich bestimmt man mit Hilfe der Tafel 88 für einige passend

---

[1] Auf die Vorgangsweise, die bei Stoffen einzuschlagen ist, welche bei der Basistemperatur fest sind, soll hier nicht eingegangen werden, sie ergibt sich sinngemäß aus den später folgenden Erläuterungen. Naturgemäß zeigen die Isobaren bei festen Stoffen zwei vertikale Stücke, von denen eines der Schmelz- und das andere der Verdampfungswärme entspricht.

gewählte Temperaturen jene Wärmebeträge, um welche die Enthalpie bei endlichen Drücken kleiner ist als im idealen Gaszustand, trägt diese Werte, ausgehend von der Isobare für den Druck Null nach unten auf und erhält so neben den Ansatzpunkten am oberen Ast der Grenzkurve weitere Punkte der Isobaren für die höheren Drücke. Damit wäre die Aufgabe, ein wenigstens näherungsweise geltendes Enthalpie-Temperaturdiagramm aufzustellen, im Wesen gelöst. Näheres über die Benützung der Tafel 88 s. S. 108.

b) Entropie-Temperatur (S, T bzw. s, t)-Diagramme

Diese Darstellung hat den Vorzug, daß nicht nur Wärmebeträge, sondern auch Beträge der mechanischen Arbeit, etwa Kompressions- oder Expansionsarbeiten, abgelesen werden können, da Arbeits- und Wärmebeträge durch den Flächeninhalt von Diagrammteilen ausgedrückt werden.

Bei den in der Technik üblichen Entropietemperaturdiagrammen wird fast stets die von einer willkürlichen Basistemperatur gezählte Entropie s benutzt, die für die Gewichtseinheit angegeben wird. In der chemischen Thermodynamik rechnet man hingegen ausschließlich mit der auf ein Mol bezogenen und vom absoluten Nullpunkt an gerechneten absoluten Entropie S.

In Abb. 16 ist ein S, T-Diagramm eines Stoffes schematisch dargestellt. Erwärmen wir den Stoff vom absoluten Nullpunkt ausgehend bei konstantem Druck, so bewegen wir uns entlang einer Isobare, welche jedoch zum Unterschied vom i, t-Diagramm nicht die Neigung c_p, sondern, wenn wie üblich T über S aufgetragen wird, T/c_p besitzt. (Je nachdem, ob das Diagramm für 1 kg oder 1 Mol gilt, ist unter c_p die spezifische bzw. die Molwärme zu verstehen.) Der Einfachheit halber und weil es für die folgenden Erläuterungen von keinem Belang ist, wird hier angenommen, daß der betrachtete Stoff bis zum absoluten Nullpunkt flüssig bleibt und daher keine Kristallisations- oder Umwandlungswärmen auftreten.

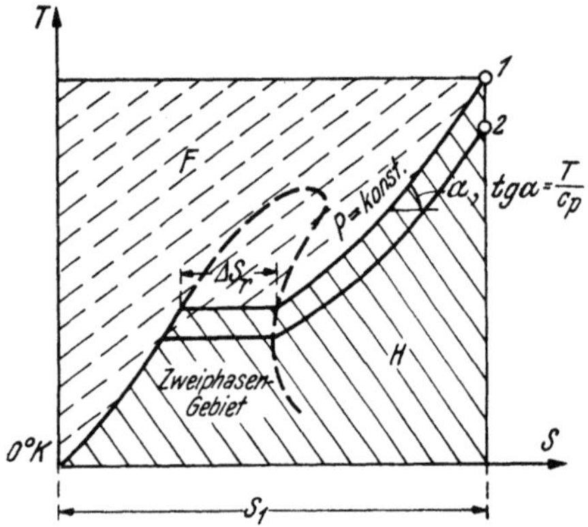

Abb. 16. S, T-Diagramm (schematisch)

Mit dem Erreichen der Siedetemperatur beginnt die Flüssigkeit zu verdampfen, dabei bleibt die Temperatur konstant, die Isobaren sind also auch hier im Zweiphasen- (Naßdampf-) Gebiet zugleich Isothermen. Die Länge des geradlinigen, in der Abb. 16 horizontalen Stückes ist dabei gleich der Verdampfungsentropie $\varDelta S_r$ bzw. der Differenz aus der Entropie des Dampfes S_d und der Flüssigkeit S_l, welche durch die Gl.

$$\varDelta S_r = S_d - S_l = \frac{L}{T} \tag{11}$$

gegeben ist, in welcher L die Verdampfungswärme und T die absolute Temperatur bedeutet, bei welcher die Verdampfung stattfindet. Im Gebiet des überhitzten Dampfes verläuft die Isobare dann wieder mit einer endlichen Neigung, deren Größe durch den Quotienten aus der absoluten Temperatur, gebrochen durch die spezifische Wärme des Dampfes (bei konstantem Druck) gegeben ist. Für einen Zustand, wie er beispielsweise durch den Punkt 1 in Abb. 16 dargestellt wird, ist die (absolute) Entropie des Stoffes S_1 durch die Abszisse ausgedrückt, während gemäß der Definition und nach Gl. VIII/2 die Enthalpie H_1 dieses Zustandes durch die schraffierte Fläche dargestellt wird. Wollten wir etwa die Enthalpiedifferenz zwischen zwei Zuständen kennenlernen, welche den Punkten 1 und 2 in Abb. 16 entsprechen mögen, dann hätten wir nur die Flächen zu bestimmen, durch welche die Enthalpien der beiden Zustände gegeben sind und die Differenz aus den beiden Flächen zu bilden. Ein Nachteil dieser Methode ist es aber, daß wir, um diese Fläche etwa mit dem Planimeter zu bestimmen, den Verlauf der Isobaren bis zur Basistemperatur kennen müssen. Um diese Schwierigkeiten zu vermeiden, aber auch, um die Bestimmung der Enthalpie ohne Messung der Fläche zu ermöglichen, werden in den s, t-Diagrammen meist Linien gleicher Enthalpie, Isenthalpen, eingezeichnet. Die Enthalpiedifferenz zwischen zwei Zuständen ergibt sich dann als die Differenz der Koten der durch die beiden Zustandspunkte gelegten Isenthalpen.

Im S, T-Diagramm kann nun auch eine weitere sehr wichtige thermodynamische Funktion dargestellt werden, die insbesondere bei Gleichgewichtsbetrachtungen sehr zweckmäßig anzuwenden ist, welche aber auch unter anderem ein unmittelbares Maß für die bei der Kompression eines Stoffes aufzuwendende mechanische Arbeit darstellt. Es ist dies die in der amerikanischen Literatur als Freie Energie F bezeichnete Größe, die in der neueren deutschen Literatur meist als die Freie Enthalpie G benannt wird. Die Freie Energie wird durch die Gl.

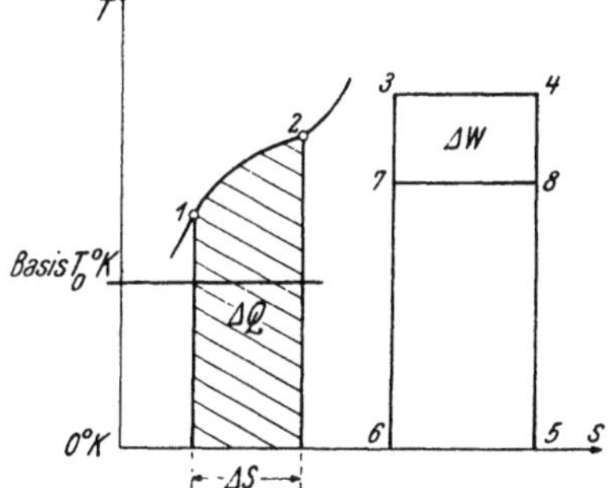

Abb. 17. S, T-Diagramm: Darstellung von Arbeits- und Wärmebeträgen

$$F = H - TS \qquad (12)$$

definiert. Wie erwähnt, ist die bei der Kompression eines Stoffes unter reversiblen Bedingungen aufzuwendende Arbeit gleich der Änderung der Freien Energie zwischen dem Anfangs- und Endzustand. Da für einen Zustandspunkt im S, T-Diagramm die Größe TS offenbar durch die Fläche des aus den Koordinaten des Punktes und den beiden Achsen des Koordinatensystems gebildeten Rechteckes gegeben ist, ist die Freie Energie, proportional in der Abb. 16 mit gestrichelten Linien schraffierte Fläche. Wegen der auf Übereinkommen beruhenden Art der Zählung von Entropien, Enthalpien und Freien Energien als positiv oder negativ (vergl. die Vorzeichensetzung der Gl. 12) entspricht die Fläche F dem nagativen Wert der Freien Energie, d. h. der Proportionalitätsfaktor ist negativ.

Die Entnahme von Arbeits- und Wärmebeträgen aus dem Diagramm

Bei allgemeinen Zustandsänderungen, etwa zwischen den Punkten 1 und 2 in Abb. 17, ist die hiebei auftretende Wärmemenge ΔQ durch die schraffierte Fläche gegeben. Dies gilt jedoch nur, wenn das Diagramm bei 0° K beginnt. Bei Entropiediagrammen mit einer Basistemperatur von T_0 °K muß dem Wärmebetrag, welcher durch die Fläche ausgedrückt ist, die Wärme $\Delta S T_0$ hinzugefügt werden.

Arbeitsbeträge können indirekt abgelesen werden, indem man geeignete Kreisprozesse einführt. Im allgemeinen ist das sehr einfach, denn es werden ja sowohl Isothermen als auch Adiabaten im Diagramm durch gerade Linien dargestellt. Der Carnotsche Kreisprozeß z. B. wird in einem s, t-Diagramm, unabhängig von den Eigenschaften des betrachteten Stoffes, durch ein Rechteck, etwa 3, 4, 8, 7 der Abb. 17, dargestellt, dessen Fläche gleich der aufgewendeten bzw. geleisteten Arbeit W ist, während die auf den beiden Temperaturniveaus auftretenden Wärmemengen durch die Rechtecke 3, 4, 5, 6 und 7, 8, 5, 6 gegeben sind.

Ferner ist zu beachten, daß die bei einer isothermen Zustandsänderung auftretende Wärmemenge durch den Betrag von $T \Delta s$ und die bei einer adiabatischen Änderung auftretende Arbeit durch den Betrag gegeben ist, um welchen sich die Enthalpie (der Wärmeinhalt) verändert.

Die Benützung von t, s-Diagrammen sei noch durch folgende Beispiele erläutert:

Beispiel 23.

Gesucht die Verdampfungswärme von Butan bei 70° C.

Die Verdampfungswärme (Kondensationswärme) ergibt sich aus der Verdampfungsentropie durch Multiplikation mit der absoluten Temperatur (Formel VIII-11). Die Verdampfungsentropie wird am geradlinigen Stück der betreffenden Isotherme, die zugleich auch Isobare ist, abgelesen.

Für die Entropie von 1 kg flüssigem Butan im Sättigungszustand bei 70° C erhält man nach Tafel 77

$$\text{(Punkt I)} \quad s_l = 0{,}388 \text{ kcal/}^0\text{C kg,}$$
$$\text{für den Sattdampf (Punkt II)} \quad s_g = 0{,}600$$

als Differenz die Verdampfungsentropie $\Delta s_r = 0{,}212$ kcal/^{0}C kg und daraus durch Multiplikation mit der absoluten Temperatur die Verdampfungswärme L_r zu

$$r = \Delta s_r \; T = 0{,}212 \, (70+273) = 72{,}7 \text{ kcal/kg.}$$

Beispiel 24.

Gesucht die zu leistende Arbeit und die dabei entwickelte Wärme bei der isothermen Kompression von 1 kg Butan bei 80° C von 1 ata auf 7 ata.

Der Zustand des (überhitzten) Butandampfes ist durch die in Tafel 77 mit III und IV bezeichneten Punkte gegeben. Die Entropieänderung kann mit 0,067 kcal/^{0}C kg abgelesen werden, während durch Interpolation zwischen den Isenthalpen die Änderung des Wärmeinhaltes mit 3,5 kcal/^{0}C kg ermittelt wird. Entsprechend der Gl. VIII-12 erhält man für die Kompressionsarbeit w unter Berücksichtigung der Vorzeichen den Ausdruck

$$w = - \Delta i + T \, \Delta s = - 3{,}5 + 0{,}067 \, (273 + 80) = 20{,}2 \text{ kcal/kg}$$

und die Umrechnung in kWh ergibt

$$w = 20{,}2/860 = 0{,}0235 \text{ kWh.}$$

Dieser Arbeitsbetrag stellt naturgemäß die auf den Stoff geleistete Arbeit dar und wäre bei nicht reversibler Ausführung der Kompression mit einem entsprechenden Wirkungsgrad zu multiplizieren und ferner um jene Arbeit zu vermehren, welche vom Kompressor geleistet wird, wenn das verdichtete Gas aus dem Kompressionszylinder in die Druckleitung gefördert wird (Ausschubarbeit).

Die Wärmemenge q, welche abzuführen ist, ergibt sich aus der Entropiedifferenz durch Multiplikation mit der absoluten Temperatur zu

$$q = T \, \Delta s = 0{,}067 \, (80 + 273) = 23{,}7 \text{ kcal/kg.}$$

Beispiel 25.

Wie groß ist die bei der adiabatischen Kompression von 1 kg Butan von 80° C und 1 ata auf 7 ata zu leistende Arbeit und um wieviel erhöht sich dabei die Temperatur?

Der Zustand vor und nach der Kompression ist durch die Punkte III und V in Tafel 77 gegeben. Da bei einer adiabatischen Zustandsänderung die Entropie konstant bleibt, ist der Arbeitsaufwand gleich der Enthalpiedifferenz, welche an den durch III und V gelegten Isenthalpen abgelesen werden kann, also gleich 21,7 kcal/kg; man erhält somit für die auf den Stoff geleistete Kompressionsarbeit w (vgl. Beispiel 24) den Betrag von

$$w = 21{,}7 \text{ kcal} = \frac{21{,}7}{860} = 0{,}0252 \text{ kWh.}$$

Die Temperaturänderung bei der adiabatischen Kompression kann direkt durch die vertikale Entfernung der Punkte abgelesen werden und ergibt sich zu 52,3° C.

Die Kompressionsarbeit auf einer Polytrope ergibt sich in gleicher Weise wie bei der isothermen Kompression, es ist jedoch zu beachten, daß das Vorzeichen der Änderung des Wärmeinhaltes wechselt, je nachdem, ob sich die Polytrope mehr einer Isotherme oder einer Adiabate nähert.

Beispiel 26.

Um wieviel kühlt sich Butan von 60° C bei der Expansion von 5 auf 1 ata ab, wenn die Expansion

a) unter Leistung von äußerer Arbeit in einer Expansionsmaschine (adiabatisch),

b) in einem Drosselventil erfolgt (isenthalpisch).

Der Ausgangszustand ist in Tafel 77 durch den Punkt VI gegeben. Bei der Arbeitsweise nach a) wird der auf der gleichen Isentrope liegende Punkt VII, bei der Arbeitsweise nach b) der auf der gleichen Isenthalpe liegende Punkt VIII erreicht. Die Temperaturverminderung ergibt sich zu 47,3 bzw. 6,6° C.

Der Entwurf eines s, t-Diagrammes

Die Vorgangsweise bei der Konstruktion eines s, t-Diagrammes ist sehr ähnlich der bei der Aufstellung eines i, t-Diagrammes. Man wählt wieder eine passende Basistemperatur, bei welcher die Entropie gleich Null gesetzt wird. Da sich die Entropie der Flüssigkeit nur wenig mit dem Druck ändert, ist es praktisch gleichgültig, ob man sich dabei auf die Flüssigkeit bei 1 ata oder im Sättigungszustand bezieht. Nun dividiert man die Verdampfungswärme bei der Basistemperatur (die gegebenenfalls nach den Methoden auf S. 66 ff. ermittelt werden kann) durch den Zahlenwert der Basistemperatur in absoluter Zählung (in °K) und erhält so die Verdampfungsentropie. Den Zahlenwert dieser Größe trägt man vom Ursprung des Koordinatensystems auf der Entropieachse auf (s. Abb. 18) und erhält so den Punkt, welcher dem gesättigten Dampf bei der Basistemperatur entspricht. Die Ermittlung der Grenzkurven des Zweiphasen- (Naßdampf-) Gebietes weicht etwas von der Arbeitsweise bei der Aufstellung eines i, t-Diagrammes ab. Man berechnet sich aus der spezifischen Wärme der Flüssigkeit $c_{p,l}$ und des Dampfes $c_{p,g}$ die Funktionen

$$\sigma_1 = c_{p,l}\, ln\, \frac{t+273}{t_0+273} \quad \text{und} \quad \sigma_2 = c_{p,g}\, ln\, \frac{t+273}{t_0+273}\,,$$

wobei t_0 die Basistemperatur bedeutet, und trägt diese Funktionen gegen t auf. Für die spezifische Wärme des Dampfes ist dabei der Wert für den idealen Gaszustand (den Druck Null) einzusetzen, der gegebenenfalls nach S. 91 ff. bestimmt werden kann. Bei niedrigen Drücken, bei welchen der Dampf dem idealen Gasgesetz folgt, verlaufen die Isobaren des überhitzten Dampfes parallel zu der Kurve der Funktion σ_1 (s. Abb. 18). Hat man, wie es zweckmäßig ist, die Basistemperatur hinreichend tief gewählt, so daß der Dampf wegen des kleinen Sättigungsdruckes bei dieser Temperatur dem Gasgesetz folgt, dann kann man also, ausgehend vom Zustandspunkt A des gesättigten Dampfes, die Isobare für den überhitzten Dampf parallel zur σ_1-Kurve einzeichnen.

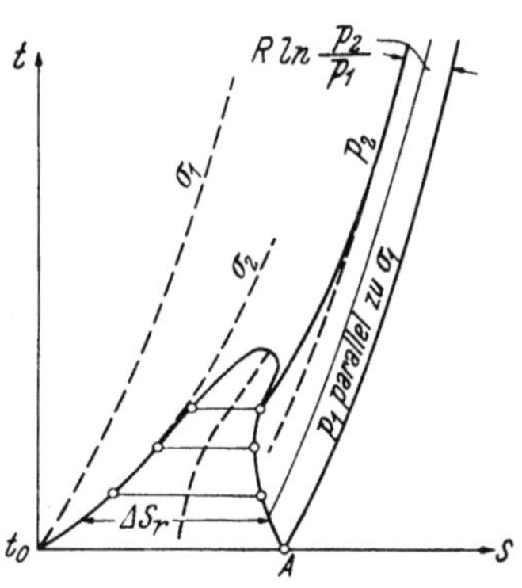

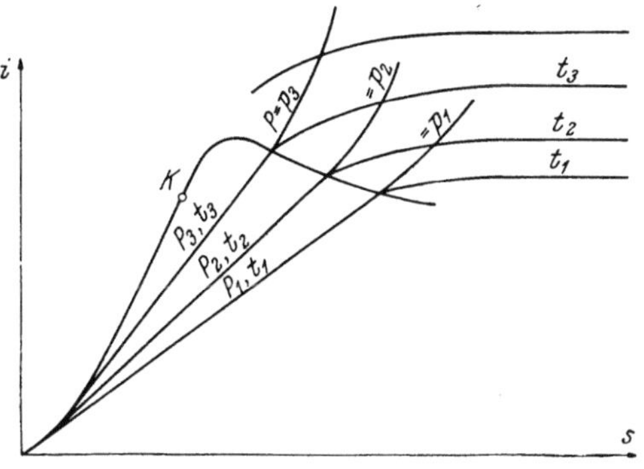

Abb. 18. Entwurf eines s, t-Diagrammes

Der linke Ast der Grenzkurve wird nun bis zu Drücken, die etwa reduzierten Temperaturen von $\vartheta = 0,8$ bis $0,86$ entsprechen, durch die Funktion σ_2 dargestellt. Aus einer Dampfdruckkurve entnimmt man nun jene Temperaturen, bei welchen die weiteren zu zeichnenden Isobaren im Naß-dampfgebiet verlaufen und erhält durch Auftragen der entsprechenden Verdampfungs-entropien von der σ_2-Kurve den in Abb. 18 rechts gelegenen Ast der Grenzkurve. Im einzelnen ist dabei analog vorzugehen, wie bei der Aufstellung von i, t-Diagrammen erläutert wurde. Um die Grenzkurve bis zum kritischen Punkt fortsetzen zu können, benützt man wieder am besten die Tatsache, daß die Linie, welche die Halbierungspunkte der im Naßdampfgebiet gelegenen Isobaren verbindet, meist nur wenig gekrümmt ist, so daß diese Linie sehr leicht bis zum kritischen Punkt extrapoliert werden kann. Bei mäßigen Drücken verlaufen die Isobaren des überhitzten Dampfes wie erwähnt parallel σ_1; und der in der Richtung der Entropieachse gemessene Abstand der Isobaren für die Drücke P_1 und P_2 ist gleich $R\, ln\, P_1/P_2$. Ausgehend von den hohen Temperaturen kann man also mit dem entsprechenden Abstand von der zuerst ge-zeichneten Isobare parallel zur σ_1-Kurve weitere Isobaren einzeichnen. Bei tieferen Temperaturen und höheren Drücken ver-laufen die Isobaren nicht mehr parallel zur σ_1-Kurve. Man zeichnet daher, wenn die Parallelen zu σ_1 nicht den Ansatzpunkt auf der Grenzkurve treffen, Kurvenstücke durch die Ansatzpunkte, welche sich den bereits gezeichneten Stücken der entsprechenden Isobaren anschmiegen und hat damit ein wenigstens näherungsweise geltendes s, t-Dia-gramm erhalten.

Abb. 19. i, s-Diagramm (schematisch)

c) Entropie-Enthalpie (s, i)-Diagramme

Ein besonderer Vorteil dieser zuerst von MOLLIER angegebenen Diagrammform liegt darin, daß Arbeits- und Wärmemengen als Strecken abgelesen werden können und nicht wie im S, T-Diagramm als Flächeninhalte bestimmt werden müssen. Die Benutzung erfolgt in sinngemäß gleicher Weise wie die der S, T-Diagramme.

In Abb. 19 ist ein i, s-Diagramm schematisch dargestellt. Im Zweiphasengebiet sind die Isobaren, welche zugleich Isothermen darstellen, wieder geradlinig. Die Isothermen im Gebiet des (überhitzten) Dampfes sind bei höheren Drücken stark gekrümmt, werden aber bei niedrigen Drücken, bei denen der Dampf dem idealen Gasgesetz gehorcht, geradlinig und fallen praktisch mit den Isenthalpen zusammen. Es ist zu beachten, daß der kritische Punkt K nicht mehr mit dem Gipfelpunkt der Grenzkurve zusammenfällt.

Die i, s-Diagramme für einige Kohlenwasserstoffe sind in den Tafeln 79 bis 82 wiedergegeben.

3. Der Wärmeinhalt von Mineralölen

Der Wärmeinhalt von Mineralölen kann den Tafeln 83 bis 87 entnommen werden. Die Art des Mineralöles wird in diesen Tafeln durch die Dichte bei 15,6° C und durch den Watsonschen Kennfaktor berücksichtigt (s. S. 32). Die Ermittlung des Kennfaktors erfolgt aus den Eigenschaften des Öles mit Hilfe der Tafeln 44, 45, 46, 105 oder im Notfall unter Benutzung der Abb. 4 oder 5. Vor der Ermittlung des Wärmeinhaltes ist zu untersuchen, ob das Mineralöl bei den gegebenen Bedingungen flüssig, ganz oder zum Teil verdampft vorliegt. Diese Ermittlung erfolgt nach den auf S. 158 angegebenen Methoden.

Soll die Zunahme des Wärmeinhaltes eines Mineralöles mit steigender Temperatur ermittelt werden, ist zu beachten, daß das Öl allmählich verdampft und über ein weites Temperaturgebiet zum Teil als Dampf, zum Teil als Flüssigkeit vorliegt. In manchen Fällen ist die vereinfachende Annahme zulässig, daß das ganze Öl bis zum mittleren molaren Siedepunkt flüssig vorliegt und bei dieser Temperatur vollständig verdampft. Für diese Bedingungen gelten die in den Tafeln 84 bis 87 voll ausgezogenen Isobaren.

Die Ermittlung des Wärmeinhaltes von Öldämpfen bei Drücken, welche von 1 ata erheblich abweichen, erfolgt nach den auf S. 108 angegebenen Methoden.

Beispiel 27.

Gegeben: Ein Benzin mit der Dichte 0,750 bei 15,0° C und dem Watsonschen Kennfaktor 11,93

Gesucht: Der Wärmeinhalt des Dampfes bei 490° C und 1,15 ata.

Der Kennfaktor des vorliegenden Benzins liegt zwischen den Werten $K_w = 11,88$ und $K_w = 12,50$, welche den Tafeln 84 und 85 zugrundegelegt sind. Wir erhalten:

Tafel 85 ($K_w = 11,88$)　　　　$i = 363$ kcal/kg

Tafel 84 ($K_w = 12,50$)　　　　$i = 345$ kcal/kg

Die Differenz zwischen den Kennfaktoren der Tafeln beträgt $12,50 - 11,88 = 0,62$; durch lineare Interpolation erhalten wir für den gesuchten Wärmeinhalt $i = 363 + \dfrac{345 - 363}{12,5 - 11,88}\,(11,93 - 11,88) = 361$ kcal/kg.

Eine Berücksichtigung des Druckes kann unterbleiben, da 1,15 ata nahe bei Atmosphärendruck liegt.

Beispiel 28.

Gegeben: Das Benzin mit der Dichte $D\ 15,6/15,6 = 0,753$, dessen Engler-Kurve in der Erläuterungsfigur der Tafel 107 eingezeichnet ist.

Gesucht: Der Wärmeinhalt der Flüssigkeit bei 8 ata und 220° C und der Wärmeinhalt des bei 4,7 ata und 255° C gebildeten Gemisches aus Dampf und Flüssigkeit.

Bei 8 ata und 220° C liegt das gegebene Benzin als Flüssigkeit vor und es besteht keine Dampfphase. Dies kann aus der Gleichgewichtsverdampfungskurve für 4,7 ata entnommen werden. Wie man in der Erläuterungsfigur zu Tafel 107 sieht, beginnt die Verdampfung selbst beim niedrigeren Druck von 4,7 ata erst bei 224⁰ C.

Wir entnehmen der Tafel 83 für D 15,6/15,6 = 0,753 bei 220⁰ C einen Wärmeinhalt von 128 kcal/kg und einen Korrekturfaktor für K_w = 12,5 von 1,03. Der Wärmeinhalt beträgt also:

$$i = 128 \cdot 1,03 = 132 \text{ kcal/kg}$$

Eine Berücksichtigung des Druckes (vgl. Abschn. 4) kann unterbleiben, weil der Wärmeinhalt von Flüssigkeiten durch den Druck nur relativ wenig beeinflußt wird.

Bei 4,7 ata und 255⁰ C ist, wie aus der Gleichgewichtsverdampfungskurve entnommen werden kann (vgl. Tafel 107 Erläuterungsfigur), die Hälfte der Flüssigkeit verdampft. Diese Mengenangabe bezieht sich an sich auf das Volumen der Flüssigkeit, doch ist die Genauigkeit so gering, daß man bei der weiteren Rechnung auch annehmen kann, es sei die halbe Gewichtsmenge verdampft. Auch der Qualitätsunterschied zwischen Dampf und Flüssigkeit (im Dampf sind naturgemäß die leichten Bestandteile des Öls angereichert) braucht nicht berücksichtigt zu werden. Wir entnehmen daher der Tafel 83 den Wärmeinhalt von 0,5 kg Flüssigkeit bei 255⁰ C zu 0,5 · 153 · 1,03 = 79 kcal und der Tafel 84 den Wärmeinhalt von 0,5 kg Dampf bei 255⁰ C zu 0,5 · 204 = 102 kcal.

Der Wärmeinhalt des Gemisches aus 0,5 kg Flüssigkeit und 0,5 kg Dampf beträgt also

$$79 + 104 = 183 \text{ kcal/kg}$$

Bei genaueren Rechnungen wäre, insbesondere wenn der Druck größer ist, der Einfluß des Druckes auf den Wärmeinhalt des Dampfes nach Abschn. 4 zu berücksichtigen.

Der Wärmeinhalt von Mischungen aus Kohlenwasserstoffen und Mineralölen kann durch Addition aus den Wärmeinhalten der Komponenten berechnet werden; es ist darauf zu achten, daß nur Wärmeinhalte, welche auf die gleiche Basistemperatur bezogen sind, addiert werden können.

Der Wärmeinhalt von beladenen Waschölen wird somit in der Weise bestimmt, daß man getrennt den Wärmeinhalt des nicht beladenen Öles und den des gelösten Kohlenwasserstoffgases ermittelt. Bei Temperaturen, die unter der kritischen Temperatur des gelösten Kohlenwasserstoffgases liegen, ist dessen Wärmeinhalt in der Lösung gleich dem Wärmeinhalt im verflüssigten Zustand bei der betreffenden Temperatur und kann den Tafeln 67 bis 74 entnommen werden. Für Temperaturen oberhalb des kritischen Punktes kann der Wärmeinhalt des gelösten Kohlenwasserstoffes in Tafel 75 abgelesen werden.

4. Die Veränderung der Enthalpie mit dem Druck, der Joule-Thomson-Effekt

Bei einem idealen Gas hängt die Enthalpie nur von der Temperatur nicht aber vom Druck ab, während bei realen Gasen und Dämpfen die Enthalpie auch vom Druck beeinflußt wird. Eine der Folgen dieser Tatsachen ist es, daß sich die Temperatur realer Gase beim Durchströmen eines Drosselventils ändert und diese Erscheinung heißt Joule-Thomson-Effekt. Die Größe des Joule-Thomson-Effektes wird dadurch ausgedrückt, daß man angibt, um wieviel sich die Temperatur jeweils verändert, wenn man bei konstant gehaltener Enthalpie, also z. B. in einem Drosselventil, den Druck um 1 ata vermindert. Man kann also den Joule-Thomson-Effekt ohne weiteres in einem i, t-, i, s- oder s, t-Diagramm ablesen, in dem Isenthalpen eingezeichnet sind, denn er beträgt die auf einer Linie konstanter Enthalpie (Isenthalpe) in Grad Celsius gemessene Entfernung zweier Isobaren, die sich um 1 ata unterscheiden. Meist hat man so nahe aneinanderliegende Isobaren nicht zur Verfügung und man erhält dann den Joule-Thomson-Effekt durch Division der abgelesenen Temperaturdifferenz zwischen zwei Isobaren durch das dazugehörige Druckintervall.

Wie bekannt, ergibt der Joule-Thomson-Effekt bei tiefen Temperaturen eine Abkühlung, bei hohen Temperaturen aber häufig eine Erwärmung. Bei einer zwischen diesen Extremen liegenden Temperatur verschwindet der Effekt auch bei realen Gasen. Diese

Temperatur, bei welcher sich die Isobaren im i, t-Diagramm schneiden, heißt Inversionstemperatur. Sie liegt bei den Kohlenwasserstoffen in einem so hohen Temperaturgebiet, daß sie meist praktisch nicht realisiert werden kann.

Eine Übersicht der bisherigen Arbeiten zur Bestimmung des Joule-Thomson-Effektes geben JOHNSTON u. WHITE [19]. Im Sinne des Theorems von den reduzierten Zuständen kann die Veränderung der molaren Enthalpie mit dem Druck auch allgemein dargestellt werden, wenn als Variable die reduzierten Größen verwendet werden. Tafel 88 gibt ein derartiges Diagramm wieder, wie es von K. M. WATSON und SMITH [1] aufgestellt wurde. Die Tafel kann auch für Mineralöle benützt werden, jedoch sind dann die pseudoreduzierten Größen (s. S. 70) zu verwenden. Mit Hilfe der Tafel 88 kann auch der Joule-Thomson-Effekt ermittelt werden. Ihr Gebrauch sei an Hand des folgenden Beispiels erläutert.

Beispiel 29.

Welche Wärmemenge muß aufgewendet werden, um 1 kg Methan, das einen Druck von 27 ata besitzt, von 10 auf 104° C zu erwärmen?

Würden für Methan keine i, t- oder s, t- bzw. i, s-Diagramme zur Verfügung stehen und wäre etwa nur die mittlere spezifische Wärme zwischen Null und 100° C bekannt, dann wäre diese Frage mit Hilfe der Tafel 88 zu beantworten. Wir erhalten

nach Tab. 3 für die kritische Temperatur 190,7° K
für den kritischen Druck 47,2 ata

Die reduzierten Größen ergeben sich somit nach

$$10^0 \text{ C} \qquad \vartheta_1 = \frac{10+273}{190,7} = 1,49$$

$$104^0 \text{ C} \qquad \vartheta_2 = \frac{104+273}{190,7} = 1,98$$

$$27 \text{ ata} \qquad \pi_2 = \frac{27}{47,2} = 0,57$$

Die gesuchte Wärmemenge ergibt sich als Differenz der Wärmeinhalte in den beiden gegebenen Zuständen. Wir erhalten, wenn die Wärmeinhalte auf den Zustand des Methans bei 0° C und dem Druck Null bezogen werden und wenn mit einer mittleren spezifischen Wärme von 0,54 kcal/kg ° C gerechnet wird, für den Wärmeinhalt im idealen Gaszustand

bei 10° C   5,54 kcal/kg
bei 104° C   56,1 kcal/kg

Für die Korrekturfunktion $\varkappa$ finden wir in

Tafel 88 für π_2 und ϑ_1 .... $\varkappa = 0,36$

$\qquad\qquad\;\; \pi_2$ und ϑ_2 .... $\varkappa = 0,01$

Wir erhalten nun den Wärmeinhalt im realen Gaszustand nach der Formel $H_r = H_i - \varkappa\, T$, welche wir, da unsere Rechnung für 1 kg gelten soll, durch das Molgewicht $M = 16,03$ dividieren müssen. Es ergibt sich somit

$$\text{bei 27 ata und }\;\; 10^0 \text{ C} \qquad i_r = i_i - \frac{\varkappa\, T}{M} = 5,4 - \frac{0,36 \cdot 283}{16,03} = -0,9 \text{ kcal/kg}$$

$$27 \text{ ata und } 104^0 \text{ C} \qquad\qquad\qquad\qquad = 56,2 - \frac{0,01 \cdot 377}{16,03} = 56,0 \text{ kcal/kg}$$

und der gesuchte Wärmebetrag aus der Differenz zu 56,9 kcal. in befriedigender Übereinstimmung mit den auf Tafel 67 abzulesenden Wert.

Weitere Angaben über die Entropie, die Enthalpie und andere Eigenschaften von einer Reihe von Stoffen können den Dampftafeln Tab. 20 bis 35 entnommen werden. Bei der Benützung dieser Tabellen ist zu beachten, daß die von verschiedenen Autoren stammenden Dampftafeln sich häufig auf verschiedene Normalzustände beziehen. So ist z. B. in den Tabellen 20, 22, 23 und 27 bis 31 i' = 100,00 und s' = 1,00, beides für 0° C, gesetzt, während in den Tabellen 24, 25, 26, 32, 33 und 35 für die gleiche Temperatur i' = 0,00 und s' = 0,00 gesetzt ist.

Tabelle 19. *Wärmeinhalt (Enthalpiedifferenz zwischen 0 und t ° C) von einigen Gasen, berechnet für den Druck Null (nach E. Justi [2])*

t °C	H_2 Wasserstoff			N_2 Stickstoff			O_2 Sauerstoff		
	kcal/kmol	kcal/Nm³	kcal/kg	kcal/kmol	kcal/Nm³	kcal/kg	kcal/kmol	kcal/Nm³	kcal/kg
0	0,0	0,00	0,0	0,0	0,00	0,00	0,0	0,000	0,00
25	172	7,67	85,3	174	7,75	6,20	175	0,781	5,47
100	692	30,87	343,3	697	31,10	24,9	705	31,45	22,0
200	1390	62,01	689,6	1400	62,46	49,95	1429	63,755	44,7
300	2094	93,24	1039	2113	94,27	75,4	2177	97,13	68,04
400	2792	124,6	1385	2837	126,6	101,0	2952	131,7	92,25
500	3496	156,0	1735	3576	159,5	127,6	3746	167,1	117,1
600	4207	187,7	2087	4326	193,0	154,3	4555	203,2	142,3
700	4925	219,7	2443	5094	227,3	181,7	5380	240,0	168,1
800	5645	251,8	2801	5880	262,3	209,8	6218	277,4	194,3
900	6376	284,5	3163	6680	298,0	238,3	7065	315,2	220,8
1000	7116	317,5	3531	7492	334,3	267,3	7920	353,35	247,5
1100	7876	351,0	3903	8312	370,8	296,5	8780	391,7	274,4
1200	8633	385,2	4283	9140	407,8	326,1	9648	430,45	301,5
1300	9407	419,7	4667	9976	445,1	355,9	10520	469,5	328,8
1400	10190	454,4	5054	10820	482,65	386,0	11400	508,7	356,3
1500	10980	489,9	5405	11660	520,4	416,0	12290	548,45	384,1
1750	12990	579,6	6446	13800	615,55	492,3	14540	648,7	454,4
2000	15060	672,1	7474	15960	712,05	569,4	16820	750,2	525,6
2250	17190	766,9	8529	18150	809,6	647,5	19130	853,5	597,8
2500	19340	863,1	9598	20350	907,9	726,0	21475	958,1	671,1
2750	21540	960,9	10686	22560	1006,6	804,8	23850	1064,1	745,3
3000	23770	1060,3	11791	24780	1105,6	884,0	26250	1171,1	820,3

t °C	Luft			CO Kohlenoxyd			CO_2 Kohlendioxyd		
	kcal/kmol	kcal/Nm³	kcal/kg	kcal/kmol	kcal/Nm³	kcal/kg	kcal/kmol	kcal/Nm³	kcal/kg
0	0,0	0,00	0,00	0,0	0,00	0,00	0,0	0,00	0,00
25	174	7,76	6,01	174	7,75	6,20	219	9,76	4,97
100	696	31,1	24,0	697	30,83	24,89	917	40,90	20,83
200	1401	62,5	48,4	1400	62,46	50,00	1930	86,11	43,86
300	2116	94,4	73,1	2118	94,49	75,64	3018	134,6	68,59
400	2848	127,1	98,3	2847	127,0	101,7	4160	185,6	94,55
500	3592	160,3	124,0	3596	160,4	128,4	5375	239,8	122,2
600	4361	194,6	150,6	4363	194,7	155,8	6618	295,3	150,4
700	5132	229,0	177,2	5142	229,4	183,6	7897	352,3	179,5
800	5932	264,7	204,8	5939	265,0	212,1	9196	410,3	209,0
900	6738	300,6	232,6	6748	301,1	241,0	10530	470,0	239,4
1000	7553	337,0	260,8	7570	337,7	270,4	11870	529,7	269,8
1100	8380	374,0	289,3	8401	374,8	300,0	13250	591,2	301,2
1200	9214	411,1	318,1	9242	412,3	330,1	14630	652,8	332,5
1300	10050	448,4	347,0	10090	450,1	360,4	16020	714,7	364,1
1400	10900	486,3	376,3	10930	487,7	390,4	17420	777,4	396,0
1500				11780	525,5	420,7	18840	840,4	428,1
1750				13930	621,5	497,6	22390	999,1	508,9
2000				16110	718,6	575,4	23990	1159,5	596,6
2250				18310	817,0	653,9	29600	1320,6	672,7
2500				20530	915,95	733,2	33240	1483,0	755,5
2750				22750	1014,9	812,5	36880	1645,5	838,2
3000				24960	1113,6	891,4	40550	1809,0	921,6

Fortsetzung auf Seite 110

Fortsetzung von Seite 109

t °C	H_2O Wasser(dampf)			SO_2 Schwefeldioxyd			H_2S Schwefelwasserstoff		
	kcal/kmol	kcal/Nm³	kcal/kg	kcal/kmol	kcal/Nm³	kcal/kg	kcal/kmol	kcal/Nm³	kcal/kg
0	0,0	0,00	0,0	0,0	0,0	0,00	0,0	0,0	0,00
25	199,5	8,90	11,1	235	10,5	3,68	252	11,3	7,634
100	803,0	35,83	44,57	974	43,45	15,24	826	36,8	24,97
200	1624	72,46	90,14	2030	90,6	31,68	1686	75,2	50,97
300	2466	110,3	136,9	3156	140,8	49,26	2583	115,2	78,1
400	3336	148,8	185,2	4336	193,5	67,7	3520	157,0	106,4
500	4235	188,9	235,1	5555	247,8	86,7	4500	200,8	136
600	5160	230,2	286,4	6810	303,8	106	5520	246,3	167
700	6118	273,0	339,6	8085	360,7	126	6580	293,6	199
800	7112	317,3	394,8	9376	418,3	146	7680	342,6	232
900	8136	363,0	451,6	10690	476,9	166	8964	392,7	271
1000	9160	409,6	509,5	12010	535,8	187,5	9960	444,4	301
1100	10250	457,4	569,1	13340	595,2	208	11130	496,7	336,5
1200	11340	505,9	629,5	14680	654,9	229	12340	550,4	373
1300	12454	555,6	691,3	16030	715,2	250	13550	604,3	409,7
1400	13610	607,1	755,4	17370	775,1	271	14770	659,0	446,5
1500	14760	658,5	819,3	18720	835,2	292	16020	714,7	484,3
1750	17760	792,5	985,9	22650	983,8	344	19200	856,6	580,5
2000	20820	928,9	1155	25540	1139	398,6	22420	1000	678
2250	23985	1070	1331	28960	1292	452	25680	1146	776,4
2500	27175	1212	1508	33200	1473	518	29000	1294	877
2750	30440	1358	1689	35830	1599	559	32310	1442	976,8
3000	33690	1503	1870	39300	1753	613,4	35700	1593	1079

t °C	CH_4 Methan			C_2H_2 Acetylen			C_2H_4 Äthylen		
	kcal/kmol	kcal/Nm³	kcal/kg	kcal/kmol	kcal/Nm³	kcal/kg	kcal/kmol	kcal/Nm³	kcal/kg
0	0,0	0,00	0,0	0,0	0,00	0,00	0,0	0,00	0,00
25	211	9,41	13,6	261	9,64	8,30	252	11,24	8,99
100	866	38,6	54,0	1100	49,08	42,3	1127	50,28	40,20
200	1880	83,9	117,3	2334	104,1	89,7	2492	111,2	88,89
300	3030	135,2	189,0	3675	164,0	141,2	4065	181,4	145,0
400	4308	192,2	268,7	5080	226,6	195,2	5828	260,0	207,9
500	5705	254,5	355,8	6550	292,2	251,7	7745	345,5	276,3
600	7218	322,0	450,2	8082	360,6	310,6	9798	437,1	349,5
700	8734	389,7	551,0	9660	431,0	371,3	11960	533,1	426,5
800	10540	470,3	657,1	11296	504,0	434,1	14320	638,9	510,8
900	12310	549,2	767,9	12296	578,2	498,1	16610	741,0	592,5
1000	14170	632,2	883,8	14670	654,5	563,8	19080	851,2	680,6

Tabelle 20. *Dampftafel für Äthan* (C_2H_6) (nach PLANK u. KAMBEITZ [3])

Tempe-ratur °C	Druck P ata	Spez. Volumen Flüssigk. v' l/kg	Dampf v'' m³/kg	Dichte Flüssigk. ϱ' kg/l	Dampf ϱ'' kg/m³	Entropie Flüssigk. s' kcal/kg °C	Dampf s'' kcal/kg °C	Verdpf.-Wärme $i''-i'=r$ kcal/kg	Enthalpie Flüssigk. i' kcal/kg	Dampf i'' kcal/kg
—100	0,5354	1,789	0,8888	0,5589	1,125	0,7145	1,4049	119,55	35,52	155,07
— 95	0,7229	1,808	0,6731	0,5531	1,486	0,7310	1,3932	117,97	38,42	156,69
— 90	0,9596	1,825	0,5177	0,5479	1,932	0,7472	1,3823	116,32	41,37	157,69
— 85	1,251	1,844	0,4048	0,5422	2,470	0,7632	1,3724	114,63	44,33	158,96
— 80	1,606	1,863	0,3209	0,5367	3,116	0,7785	1,3632	112,94	47,25	160,19
— 75	2,037	1,884	0,2570	0,5309	3,891	0,7935	1,3570	111,18	50,21	161,39
— 70	2,549	1,905	0,2084	0,5250	4,798	0,8081	1,3466	109,39	53,17	162,56
— 65	3,154	1,927	0,1706	0,5190	5,862	0,8223	1,3388	107,56	56,12	163,68
— 60	3,861	1,951	0,1409	0,5125	7,097	0,8364	1,3320	105,65	59,11	164,76
— 55	4,682	1,976	0,1173	0,5060	8,525	0,8504	1,3253	103,68	62,12	165,79
— 50	5,626	2,003	0,09832	0,4993	10,17	0,8634	1,3190	101,67	65,08	166,76
— 45	6,704	2,032	0,08301	0,4921	12,05	0,8767	1,3130	99,54	68,15	167,69
— 40	7,929	2,062	0,07046	0,4850	14,19	0,8901	1,3072	97,24	71,30	168,54
— 35	9,309	2,093	0,06013	0,4778	16,63	0,9037	1,3016	94,77	74,56	169,33
— 30	10,86	2,128	0,05153	0,4700	19,41	0,9173	1,2962	92,12	77,93	170,05
— 25	12,58	2,167	0,04436	0,4615	22,54	0,9313	1,2914	89,37	81,32	170,69
— 20	14,51	2,209	0,03830	0,4526	26,11	0,9446	1,2857	86,36	84,88	171,24
— 15	16,63	2,255	0,03316	0,4435	30,16	0,9586	1,2805	83,11	88,59	171,70
— 10	18,96	2,305	0,02879	0,4339	34,73	0,9723	1,2755	79,79	92,27	172,06
— 5	21,52	2,364	0,02502	0,4230	39,97	0,9861	1,2704	76,24	96,07	172,31
0	24,32	2,429	0,02175	0,4117	45,98	1,0000	1,2652	72,44	100,00	172,44
5	27,39	2,503	0,01880	0,3995	53,19	1,0142	1,2590	68,08	104,09	172,17
10	30,75	2,587	0,01613	0,3865	62,00	1,0290	1,2519	63,10	108,45	171,55
15	34,43	2,706	0,01366	0,3695	73,21	1,0449	1,2426	57,09	113,11	170,20
20	38,49	2,856	0,01143	0,3502	87,49	1,0610	1,2323	50,21	118,20	168,41
25	42,98	3,07	0,00937	0,3260	106,7	1,0791	1,2193	41,79	123,85	165,64
30	48,0	3,49	0,00706	0,286	142,0	1,1052	1,1943	27,01	132,09	159,71
31	49,1	3,69	0,00643	0,271	156,0	1,1145	1,1848	21,39	135,00	157,30
32,1	50,3	4,70	0,00470	0,213	213,0	1,1494	1,1494	0	145,75	145,75

Tabelle 21. *Dampftafel für Propan* (C_3H_8) (nach R. Plank [4], Deschner u. Brown [5], Finley u. Rohmann [17]

Tempe-ratur °C	Druck P ata	Spez. Volumen		Dichte		Entropie		Verdpf.-Wärme $i''-i'=r$ kcal/kg	Enthalpie	
		Flüssigk. v' l/kg	Dampf v'' m³/kg	Flüssigk. ϱ' kg/l	Dampf ϱ'' kg/m³	Flüssigk. s' $\frac{kcal}{kg\ °C}$	Dampf s'' $\frac{kcal}{kg\ °C}$		Flüssigk. i' kcal/kg	Dampf i'' kcal/kg
— 80	0,134	1,603	2,724	0,6240	0,367	—0,1000	0,4632	108,70	— 20,93	87,77
— 75	0,184	1,616	2,012	0,6186	0,497	—0,0852	0,4598	107,87	— 17,90	89,97
— 70	0,249	1,630	1,544	0,6134	0,648	—0,0704	0,4564	107,05	— 15,05	92,00
— 65	0,332	1,644	1,173	0,6080	0,852	—0,0568	0,4525	106,06	— 12,21	93,85
— 60	0,435	1,659	0,911	0,6025	1,098	—0,0436	0,4493	105,03	— 9,40	95,63
— 55	0,563	1,674	0,720	0,5971	1,389	—0,0311	0,4458	104,04	— 6,67	97,37
— 50	0,721	1,690	0,580	0,5910	1,725	—0,0186	0,4433	103,07	— 4,02	99,05
— 45	0,908	1,707	0,467	0,5853	2,141	—0,0067	0,4409	102,14	— 1,43	100,71
— 40	1,137	1,725	0,380	0,5793	2,630	+0,0049	0,4382	101,06	+ 1,24	102,30
— 35	1,406	1,743	0,318	0,5735	3,145	+0,0164	0,4361	99,97	+ 3,97	103,94
— 30	1,705	1,761	0,260	0,5680	3,845	+0,0278	0,4341	98,82	+ 6,68	105,50
— 25	2,057	1,780	0,215	0,5617	4,651	0,0393	0,4325	97,58	9,40	106,98
— 20	2,471	1,799	0,182	0,5555	5,495	0,0505	0,4310	96,35	12,10	108,45
— 15	2,946	1,820	0,1556	0,5493	6,427	0,0611	0,4291	95,05	14,80	109,58
— 10	3,472	1,842	0,1318	0,5430	7,595	0,0717	0,4277	93,70	17,55	111,25
— 5	4,094	1,864	0,1133	0,5367	8,826	0,0822	0,4257	92,10	20,35	112,45
0	4,776	1,887	0,0974	0,5300	10,28	0,0927	0,4238	90,44	23,26	113,70
5	5,561	1,911	0,0846	0,5230	11,82	0,1029	0,4223	88,70	26,18	114,88
10	6,464	1,935	0,0731	0,5160	13,69	0,1131	0,4203	86,98	29,05	116,03
15	7,442	1,963	0,0639	0,5090	15,65	0,1233	0,4190	85,18	32,00	117,18
20	8,498	1,992	0,0561	0,5015	17,80	0,1335	0,4175	83,25	34,95	118,20
25	9,676	2,023	0,0495	0,4940	20,20	0,1438	0,4162	81,22	37,98	119,20
30	11,02	2,055	0,0435	0,4860	22,98	0,1541	0,4148	79,04	41,10	120,14
35	12,46	2,095	0,0385	0,4777	25,97	0,1643	0,4137	76,66	44,39	121,05
40	14,01	2,135	0,0339	0,4690	29,95	0,1744	0,4114	74,21	47,67	121,88
45	15,76	2,178	0,0302	0,4595	33,11	0,1847	0,4101	72,03	51,14	123,17
50	17,61	2,222	0,0268	0,4500	37,33	0,1950	0,4088	69,12	54,50	123,62
60	21,3	2,313	0,0204	0,4328	49,0			61,9		
70	26,3	2,445	0,0156	0,4090	64,1			55,2		
80	32,0	2,656	0,0118	0,3764	84,8			45,0		
85	34,8	2,815	0,0099	0,3550	101,0			38,2		
90	37,3	3,009	0,00816	0,3230	122,5			27,3		
95	40,7	3,369	0,00606	0,2710	165,0			7,5		
96	42,5	4,460	0,00446	0,2240	224,0			0		

Tabelle 22. *Dampftafel für n-Butan* (C_4H_{10}) (nach FINLEY u. ROHMANN [17] und L. GROSSE [6]).

Tempe-ratur °C	Druck P ata	Spez. Volumen Flüssigk. v' l/kg	Dampf v'' m³/kg	Dichte Flüssigk. ϱ' kg/l	Dampf ϱ'' kg/m³	Entropie Flüssigk. s' kcal/kg °C	Dampf s'' kcal/kg °C	Verdpf.-Wärme $i''-i'=r$ kcal/kg	Enthalpie Flüssigk. i' kcal/kg	Dampf i'' kcal/kg
—100	0,0029	1,450		0,6900				113,5		
— 90	0,0069	1,465		0,6827				111,5		
— 80	0,015	1,482		0,6744				109,6		
— 70	0,030	1,500		0,6663				107,2		
— 60	0,057	1,521	5,385	0,6577	0,186			105,2		
— 50	0,105	1,542	3,075	0,6492	0,325			103,1		
— 40	0,183	1,562	1,850	0,6400	0,541			101,1		
— 30	0,300	1,585	1,170	0,6306	0,855			98,7		
— 20	0,478	1,609	0,755	0,6210	1,325	0,9609	1,3424	96,5	89,7	186,2
— 10	0,705	1,638	0,509	0,6107	1,967	0,9803	1,3378	94,0	94,7	188,7
0	1,06	1,662	0,352	0,6008	2,840	1,0000	1,3358	91,7	100,0	191,7
10	1,53	1,698	0,252	0,5898	3,970	1,0198	1,3350	89,2	105,5	194,7
20	2,11	1,730	0,187	0,5788	5,350	1,0406	1,3353	86,4	111,5	197,9
30	2,88	1,765	0,141	0,5665	7,095	1,0608	1,3381	84,0	117,5	201,5
40	3,84	1,806	0,106	0,5546	9,440	1,0807	1,3389	81,0	123,6	204,6
50	5,08	1,844	0,0828	0,5422	12,09	1,1011	1,3426	78,0	130,1	208,1
60	6,50	1,893	0,0647	0,5284	15,46	1,1218	1,3481	75,4	136,9	212,3
70	8,30	1,943	0,0512	0,5148	19,52	1,1408	1,3508	72,0	143,3	215,3
80	10,4	1,999	0,0408	0,5003	24,53			68,6		
90	12,8	2,020	0,0323	0,4848	30,99			64,8		
100	15,7	2,140	0,0260	0,4680	38,47			60,7		
110	18,7	2,232	0,0209	0,4492	47,90			56,0		
120	22,2	2,340	0,01665	0,4272	60,1			50,8		
130	26,2	2,500	0,01299	0,4003	77,0			44,5		
140	30,1	2,763	0,00960	0,3620	104,2			34,6		
150	35,2	3,452	0,00605	0,2900	165,2			15,5		
152	36,2	3,81	0,00522	0,2625	195,1			6,9		
153	37,0	4,33	0,00433	0,2310	231,0			0		

Tabelle 23. *Dampftafel für i-Butan* (C_4H_{10}) (nach FINLEY u. ROHMANN [17] und L. GROSSE [6]).

Tempe-ratur °C	Druck P ata	Spez. Volumen Flüssigk. v' l/kg	Dampf v'' m³/kg	Dichte Flüssigk. ϱ' kg/l	Dampf ϱ'' kg/m³	Entropie Flüssigk. s' kcal/kg °C	Dampf s'' kcal/kg °C	Verdpf.-Wärme $i''-i'=r$ kcal/kg	Enthalpie Flüssigk. i' kcal/kg	Dampf i'' kcal/kg
— 30	0,493	1,623	0,7080	0,6156	1,41	0,9435	1,3217	92,0	85,4	177,4
— 20	0,763	1,651	0,4820	0,6052	2,08	0,9608	1,3165	89,9	89,7	179,6
— 10	1,125	1,683	0,3280	0,5940	3,05	0,9802	1,3128	87,5	94,7	182,2
0	1,645	1,714	0,2320	0,5835	4,32	1,0000	1,3108	85,0	00,0	185,0
10	2,245	1,747	0,1680	0,5718	5,96	1,0205	1,3134	82,6	105,7	188,3
20	3,180	1,788	0,1240	0,5590	8,07	1,0423	1,3151	80,0	112,0	192,0
30	4,315	1,829	0,0933	0,5462	10,71	1,0657	1,3200	77,1	119.0	196,1
40	5,720	1,872	0,0722	0,5340	13,85	1,0901	1,3261	73,9	126,5	200,3
50	7,400	1,922	0,0560	0,5198	17,85	1,1149	1,3336	70,6	134,4	205,0
60	9,450	1,978	0,0444	0,5052	22,52	1,1417	1,3429	67,0	143.4	210.4
70	11,950	2,040	0,0370	0,4900	27,05	1,1695	1,3524	62,7	152,6	215,3

Tabelle 24. *Dampftafel für Benzol* (C_6H_6) (nach L. GROSSE [6])

Tempe-ratur °C	Druck P ata	Spez. Volumen Flüssigk. v' l/kg	Spez. Volumen Dampf v'' m³/kg	Dichte Flüssigk. ϱ' kg/l	Dichte Dampf ϱ'' kg/m³	Entropie Flüssigk. s' kcal/kg °C	Entropie Dampf s'' kcal/kg °C	Verdpf.-Wärme $i''-i'=r$ kcal/kg	Enthalpie Flüssigk. i' kcal/kg	Enthalpie Dampf i'' kcal/kg
0	0,0361	1,111	8,333	0,90006	0,12	0,0000	0,3945	107,8	0	107,8
10	0,0618	1,121	4,000	0,8920	0,25	0,0125	0,3880	106,2	4,0	110,2
20	0,1016	1,138	2,500	0,8790	0,40	0,0245	0,3815	104,5	8,1	112,6
30	0,1609	1,153	1,820	0,8675	0,58	0,0365	0,3755	102,8	12,3	115,1
40	0,2460	1,167	1,250	0,8576	0,80	0,0480	0,3710	101,4	16,3	117,7
50	0,3660	1,181	0,910	0,8460	1,10	0,0600	0,3670	99,5	20,8	120,3
60	0,5290	1,197	0,667	0,8357	1,50	0,0715	0,3635	98,3	24,7	123,0
70	0,7445	1,212	0,490	0,8248	2,04	0,0830	0,3610	96,3	29,4	125,7
80	1,025	1,229	0,361	0,8145	2,732	0,0950	0,3595	94,5	34,0	128,5
90	1,382	1,243	0,277	0,8041	3,610	0,1060	0,3590	92,6	38,8	131,4
100	1,830	1,262	0,213	0,7927	4,704	0,1175	0,3585	90,7	43,6	134,3
110	2,377	1,281	0,156	0,7809	6,420	0,1295	0,3590	88,8	48,5	137,3
120	3,043	1,300	0,1303	0,7692	7,675	0,1410	0,3595	86,8	53,6	140,4
130	3,840	1,321	0,1048	0,7568	9,551	0,1530	0,3610	84,5	59,1	143,6
140	4,787	1,344	0,0851	0,7440	11,76	0,1655	0,3630	82,5	64,4	146,9
150	5,89	1,369	0,0696	0,7310	14,37	0,1775	0,3655	80,0	70,3	150,3
160	7,18	1,392	0,0577	0,7185	17,34	0,1900	0,3680	77,8	76,0	153,8
170	8,67	1,421	0,0479	0,7043	20,87	0,2025	0,3715	75,4	82,0	157,4
180	10,37	1,448	0,0402	0,6906	24,87	0,2155	0,3750	72,6	88,6	161,2
190	12,30	1,480	0,0336	0,6758	29,77	0,2280	0,3785	69,9	95,1	165,0
200	14,50	1,514	0,0282	0,6605	35,46	0,2415	0,3825	66,9	102,1	169,0
210	16,97	1,557	0,0238	0,6432	42,07	0,2545	0,3865	63,9	109,1	173,0
220	19,75	1,598	0,01995	0,6255	50,15	0,2685	0,3910	60,5	116,5	177,0
230	22,90	1,649	0,01674	0,6065	59,77	0,2820	0,3955	57,0	124,3	181,3
240	26,35	1,710	0,01403	0,5851	71,38	0,2970	0,3995	52,8	132,3	185,1
250	30,2	1,782	0,01169	0,5609	85,54	0,3115	0,4035	48,3	140,6	188,9
260	34,5	1,878	0,00966	0,5328	103,4	0,3270	0,4075	43,0	149,2	192,2
270	39,3	2,006	0,00778	0,4984	128,7	0,3430	0,4100	36,6	158,3	194,9
280	44,6	2,217	0,00602	0,4514	166,0	0,3600	0,4090	27,6	167,7	195,3
290	50,5	3,280	0,00328	0,3045	304,5	0,3900	0,3900	0	185,0	185,0

Tabelle 25. *Dampftafel für Toluol* (C_7H_8) (nach NESSELMANN u. DARDIN [7])

Tempe-ratur °C	Druck P ata	Spez. Volumen		Dichte		Entropie		Verd.-Wärme	Enthalpie	
		Flüssigk. v' 1/kg	Dampf v'' m³/kg	Flüssigk. ϱ' kg/l	Dampf ϱ'' kg/m³	Flüssigk. s' $\frac{kcal}{kg\ °C}$	Dampf s'' $\frac{kcal}{kg\ °C}$	$i''-i'=r$ kcal/kg	Flüssigk. i' kcal/kg	Dampf i'' kcal/kg
—95,1	0,05172	1,026	95363	0,9745	$0,0_4105$	—0,1574	0,4690	111,5	—35,1	76,4
—90	0,05276	1,031	61110	0,9697	$0,0_4164$	—0,1481	0,4610	111,0	—33,5	77,5
—80	0,05746	1,041	23857	0,9604	$0,0_4419$	—0,1302	0,4398	110,0	—29,9	80,1
—70	0,04212	1,051	8808	0,9509	$0,0_3113$	—0,1126	0,4249	109,1	—26,3	82,8
—60	0,04606	1,061	3242	0,9419	$0,0_3308$	—0,0948	0,4127	108,1	—22,7	85,4
—50	0,03168	1,072	1220	0,9327	$0,0_3819$	—0,0774	0,4031	107,1	—19,0	88,2
—40	0,03444	1,082	484,2	0,9234	$0,0_2206$	—0,0617	0,3936	106,1	—15,4	90,7
—30	0,02112	1,094	200,4	0,9141	$0,0_2499$	—0,0458	0,3866	105,1	—11,7	93,4
—20	0,02225	1,105	95,29	0,9049	0,0105	—0,0303	0,3810	104,1	— 7,8	96,3
—10	0,02509	1,116	47,64	0,8956	0,0210	—0,0153	0,3764	103,0	— 4,0	99,0
0	0,02974	1,128	25,85	0,8863	0,0387	0	0,3738	102,0	0	102,0
10	0,0174	1,140	14,9	0,8769	0,0671	0,0137	0,3708	101,0	3,9	104,9
20	0,0304	1,153	8,952	0,8677	0,112	0,0277	0,3689	100,0	7,9	107,9
30	0,0499	1,165	5,550	0,8583	0,180	0,0415	0,3678	98,9	12,0	110,9
40	0,0799	1,178	3,555	0,8489	0,281	0,0550	0,3668	97,6	16,3	113,9
50	0,1234	1,191	2,396	0,8395	0,417	0,0686	0,3660	96,1	20,6	116,7
60	0,1900	1,204	1,608	0,8301	0,622	0,0804	0,3657	95,0	25,0	120,0
70	0,2742	1,218	1,125	0,8205	0,889	0,0923	0,3659	93,8	29,5	123,3
80	0,3893	1,234	0,8202	0,8110	1,22	0,1037	0,3664	92,7	34,2	126,9
90	0,5475	1,247	0,5983	0,8012	1,67	0,1145	0,3674	91,8	38.9	130,7
100	0,7499	1,264	0,4454	0,7914	2,24	0,1258	0,3685	90,5	43,2	133,7
110	1,012	1,280	0,3315	0,7813	3,02	0,1378	0,3699	88,9	48,0	136,9
120	1,292	1,297	0,2530	0,7710	3,95	0,1500	0,3720	87,3	52,7	140,0
130	1,775	1,315	0,1990	0,7608	5,02	0,1623	0,3754	85,9	57,7	143,6
140	2,290	1,332	0,1565	0,7501	6,39	0,1749	0,3788	84,2	62,8	147,0
150	2,88	1,353	0,1251	0,7392	7,99	0,1875	0,3822	82,4	68,4	150,8
160	3,63	1,373	0,1000	0,7280	10,0	0,2000	0,3857	80,4	74,2	154,6
170	4,53	1,396	0,0810	0,7164	12,3	0,2127	0,3892	78,2	80,0	158,2
180	5,55	1,418	0,06625	0,7044	15,1	0,2258	0,3932	75,8	85,6	161,4
190	6,80	1,446	0,05430	0,6918	18,4	0,2390	0,3971	73,2	91,3	164,5
200	8,06	1,473	0,04527	0,6788	22,1	0,2524	0,4024	70,9	97,1	168,0
210	9,68	1,503	0,03760	0,6651	26,6	0,2667	0,4075	68,0	104,0	172,0
220	11,45	1,537	0,03135	0,6504	31,9	0,2810	0,4128	65,0	111,1	176,1
230	13,48	1,574	0,02640	0,6352	37,9	0,2954	0,4183	61,8	118,3	180,1
240	15,80	1,616	0,02230	0,6190	44,8	0,3103	0,4244	58,5	125,9	184,4
250	18,06	1,663	0,01881	0,6013	53,2	0,3248	0,4287	55,3	133,9	188,3
260	20,93	1,716	0,01595	0,5826	62,7	0,3406	0,4373	51,5	142,6	194,1
270	23,90	1,781	0,01345	0,5617	74,3	0,3569	0,4439	47,2	151,7	198,9
280	27,05	1,856	0,01135	0,5387	88,1	0,3736	0,4514	43,0	161,2	204,2
290	30,55	1,951	0,00953	0,5126	104,9	0,3905	0,4573	37,6	170,8	208.4
300	34,30	2,078	0,007883	0,4813	126,9	0,4078	0,4624	32,9	180,4	213,3
310	38,35	2,261	0,006370	0,4421	157,0	0,4259	0,4699	25,3	190,7	216,0
320	42,73	2,970	0,003950	0,3366	253,2	—	—	7,0	206,5	213,5
320,6	43,0	3,395	0,003395	0,2946	294,6	(0,4620)	(0,4620)	0	210,0	210,0

Tabelle 26. *Dampftafel für Wasser* (H_2O) (nach J. D'Ans u. E. Lax [8] und W. Koch [9]

Temperatur °C	Druck P ata	Spez. Volumen Flüssigk. v' l/kg	Dampf v'' m³/kg	Dichte Flüssigk. ϱ' kg/l	Dampf ϱ'' kg/m³	Entropie Flüssigk. s' kcal/kg °C	Dampf s'' kcal/kg °C	Verdpf.-Wärme $i''-i'=r$ kcal/kg	Enthalpie Flüssigk. i' kcal/kg	Dampf i'' kcal/kg
0	0,00623	1,0002	206,3	0,9998	0,004846	0,0	2,1863	597,2	0,0	597,2
5	0,00889	1,0000	147,2	1,0000	0,006795	0,0182	2,1551	594,4	5,03	599,4
10	0,01251	1,0004	106,4	0,9996	0,009396	0,0361	2,1253	591,6	10,04	601,6
15	0,01738	1,0010	77,99	0,9990	0,01282	0,0536	2,0970	588,8	15,04	603,8
20	0,02383	1,0018	57,84	0,9982	0,01729	0,0708	2,0697	586,0	20,03	606,0
25	0,0323	1,0030	43,41	0,9970	0,02304	0,0876	2,0436	583,2	25,02	608,2
30	0,0433	1,0044	32,93	0,9956	0,03036	0,1042	2,0187	580,4	30,00	610,4
35	0,0573	1,0061	25,25	0,9939	0,03960	0,1205	1,9947	577,5	34,99	612,5
40	0,0752	1,0079	19,55	0,9922	0,05114	0,1366	1,9718	574,7	39,98	614,7
45	0,0977	1,0099	15,28	0,9902	0,06544	0,1524	1,9498	571,8	44,96	616,8
50	0,1258	1,0121	12,05	0,9881	0,08298	0,1679	1,9287	569,0	49,95	619,0
55	0,1605	1,0145	9,584	0,9857	0,1043	0,1833	1,9085	566,1	54,94	621,0
60	0,2031	1,0171	7,682	0,9832	0,1302	0,1984	1,8891	563,3	59,94	623,2
65	0,2550	1,0199	6,206	0,9806	0,1611	0,2133	1,8702	560,3	64,94	625,2
70	0,3177	1,0288	5,049	0,9720	0,1981	0,2280	1,8522	557,4	69,93	627,3
75	0,3931	1,0258	4,136	0,9749	0,2418	0,2425	1,8349	554,4	74,94	629,3
80	0,4829	1,0290	3,410	0,9718	0,2933	0,2567	1,8178	551,3	79,95	631,3
85	0,5894	1,0323	2,830	0,9687	0,3534	0,2708	1,8015	548,2	84,96	633,2
90	0,7149	1,0359	2,361	0,9654	0,4235	0,2848	1,7858	545,1	89,98	635,1
95	0,8619	1,0396	1,981	0,9619	0,5045	0,2985	1,7708	542,0	95,01	637,0
100	1,0332	1,0435	1,673	0,9583	0,5977	0,3121	1,7561	538,9	100,04	638,9
105	1,2318	1,0474	1,419	0,9548	0,7045	0,3255	1,7419	535,6	105,08	640,7
110	1,4609	1,0515	1,210	0,9510	0,8265	0,3387	1,7282	532,4	110,12	642,5
115	1,7239	1,0558	1,036	0,9472	0,9650	0,3519	1,7150	529,1	115,18	644,3
120	2,0245	1,0603	0,8914	0,9431	1,122	0,3647	1,7018	525,7	120,3	646,0
125	2,367	1,0650	0,7701	0,9390	1,299	0,3775	1,6895	522,4	125,3	647,7
130	2,754	1,0697	0,6680	0,9349	1,496	0,3901	1,6772	518,9	130,4	649,3
135	3,192	1,0746	0,5817	0,9307	1,719	0,4026	1,6652	515,3	135,5	650,8
140	3,685	1,0798	0,5084	0,9261	1,967	0,4150	1,6539	511,9	140,6	652,5
145	4,237	1,0850	0,4459	0,9217	2,243	0,4272	1,6428	508,2	145,8	654,0
150	4,854	1,0906	0,3924	0,9169	2,548	0,4395	1,6320	504,6	150,9	655,5
155	5,540	1,0963	0,3464	0,9122	2,887	0,4516	1,6214	500,8	156,1	656,9
160	6,302	1,1021	0,3068	0,9074	3,260	0,4637	1,6112	497,0	161,3	658,3
165	7,146	1,1082	0,2724	0,9024	3,671	0,4756	1,6012	493,1	166,5	659,6
170	8,076	1,1144	0,2426	0,8974	4,122	0,4874	1,5914	489,2	171,7	660,9
175	9,101	1,1210	0,2166	0,8921	4,617	0,4991	1,5818	485,2	176,9	662,1
180	10,225	1,1275	0,1939	0,8869	5,157	0,5107	1,5721	481,0	182,2	663,2
185	11,456	1,1345	0,1739	0,8815	5,749	0,5222	1,5629	476,8	187,5	664,3
190	12,800	1,1415	0,1564	0,8761	6,392	0,5336	1,5538	472,5	192,8	665,3
195	14,265	1,1490	0,1410	0,8703	7,094	0,5449	1,5448	468,1	198,1	666,2
200	15,857	1,1565	0,1273	0,8647	7,857	0,5562	1,5358	463,5	203,5	667,0

Temperatur °C	Druck P ata	Spez. Volumen		Dichte		Entropie		Verdpf.-Wärme	Enthalpie	
		Flüssigk. v' l/kg	Dampf v'' m³/kg	Flüssigk. ϱ' kg/l	Dampf ϱ'' kg/m³	Flüssigk. s' $\frac{\text{kcal}}{\text{kg °C}}$	Dampf s'' $\frac{\text{kcal}}{\text{kg °C}}$	$i''-i'=r$ kcal/kg	Flüssigk. i' kcal/kg	Dampf i'' kcal/kg
205	17,585	1,1645	0,1151	0,8587	8,687	0,5675	1,5270	458,8	208,9	667,7
210	19,456	1,1726	0,1043	0,8528	9,585	0,5788	1,5184	454,0	214,3	668,3
215	21,477	1,1812	0,09472	0,8466	10,56	0,5899	1,5099	449,0	219,8	668,8
220	23,659	1,1900	0,08614	0,8403	11,61	0,6010	1,5012	443,9	225,3	669,2
225	26,01	1,1991	0,07845	0,8340	12,75	0,6120	1,4926	438,7	230,8	669,5
230	28,53	1.2088	0,07153	0,8273	13,98	0,6229	1,4840	433,3	236,4	669,7
235	31,24	1,2186	0,06530	0,8206	15,31	0,6339	1,4755	427,6	242,1	669,7
240	34,14	1,2291	0,05970	0,8136	16,75	0,6448	1,4669	421,9	247,7	669,6
245	37,24	1.2400	0,05465	0,8065	18,30	0,6558	1,4584	415,9	253,5	669,4
250	40,56	1,2512	0,05006	0,7992	19,98	0,6667	1,4499	409,8	259,2	669,0
255	44,10	1,2629	0,04591	0,7918	21,78	0,6776	1,4413	403,4	265,0	668,4
260	47,87	1,2755	0,04213	0,7840	23,74	0,6886	1,4327	396,8	271,0	667,8
265	51,88	1,2888	0,03870	0,7759	25,84	0,6994	1,4240	389,9	277,0	666,9
270	56,14	1,3023	0,03557	0,7679	28,11	0,7103	1,4153	382,9	283,0	665,9
275	60,66	1,3169	0,03272	0,7594	30,57	0,7212	1,4066	375,6	289,2	664,8
280	65,46	1,3321	0,03010	0,7507	33,22	0,7321	1,3978	368,2	295,3	663,5
285	70,54	1,3484	0,02771	0,7416	36,09	0,7431	1,3888	360,3	301,6	661,9
290	75,92	1,3655	0,02552	0,7323	39,18	0,7542	1,3797	352,2	308,0	660,2
295	81,60	1,3837	0,02350	0,7227	42,56	0,7653	1,3706	343,9	314,4	658,3
300	87,61	1,4036	0,02163	0,7125	46,24	0,7767	1,3613	335,1	321,0	656,1
305	93,95	1,425	0,01991	0,7018	50,22	0,7880	1,3516	325,9	327,7	653,6
310	100,64	1,448	0,01830	0,6906	54,64	0,7994	1,3415	316,2	334,6	650,8
315	107,69	1,472	0,01682	0,6794	59,46	0,8110	1,3312	306,1	341,7	647,8
320	115,13	1,499	0,01544	0,6671	64,79	0,8229	1,3206	395,2	349,0	644,2
325	122,95	1,529	0,01415	0,6540	70,68	0,8351	1,3097	383,9	356,5	640,4
330	131,18	1,562	0,01295	0,6402	77,20	0,8476	1,2982	271,8	364,2	636,0
335	139.85	1,598	0,01183	0,6258	84,55	0,8604	1,2860	258,8	372,3	631,1
340	148,96	1,641	0,01076	0,6094	92,90	0,8734	1,2728	244,9	380,7	625,6
345	158,54	1,692	0,00976	0,5910	102,4	0,8871	1,2586	229,7	389,6	619,3
350	168,63	1,747	0,00880	0,5724	113,6	0,9015	1,2433	213,0	398,9	611,9
355	179,24	1,814	0,00788	0,5513	127,0	0,9173	1,2263	193,7	409,5	603,2
360	190.42	1,907	0,00696	0,5244	143,6	0,9353	1,2072	171,9	420,9	592,8
365	202,21	2,03	0,00606	0,493	165,0	0,9553	1,1833	145,4	434,2	579,6
370	214,68	2,23	0,00500	0,448	200,0	0,9842	1,1506	107,0	452,3	559,3
371	217,3	2,30	0,00476	0,435	210	0,9917	1,1417	96,6	457	554
372	219,9	2,38	0,00450	0,420	222	1,0007	1,1312	84,2	463	547
373	222,5	2,50	0,00418	0,400	239	1,0125	1,1176	67,9	471	539
374	225,2	2,79	0,00365	0,358	274	1,0386	1,0931	35,3	488	523
374,2 (kr)	225,5	3,066	0,003066	0,3262	326,2	—	—	0	—	—

Tabelle 27. *Dampftafel für Schwefeldioxyd* (SO_2) (nach SEGER u. CRAMER [10])

Tempe-ratur °C	Druck P ata	Spez. Volumen		Dichte		Entropie		Verdpf.-Wärme $i''-i'=r$ kcal/kg	Enthalpie	
		Flüssigk. v' l/kg	Dampf v'' m³/kg	Flüssigk. ϱ' kg/l	Dampf ϱ'' kg/m³	Flüssigk. s' $\frac{kcal}{kg\ °C}$	Dampf s'' $\frac{kcal}{kg\ °C}$		Flüssigk. i' kcal/kg	Dampf i'' kcal/kg
— 50	0,118	0,642	2,491	1,557	0,401	0,9341	1,3877	101,2	83,7	184,9
— 45	0,163	0,647	1,844	1,545	0,542	0,9412	1,3808	100,2	85,3	185,5
— 40	0,220	0,652	1,387	1,534	0,721	0,9485	1,3740	99,2	87,0	186,2
— 35	0,294	0,658	1,059	1,520	0,944	0,9556	1,3680	98,2	88,6	186,8
— 30	0,388	0,663	0,818	1,508	1,223	0,9624	1,3621	97,2	90,3	187,5
— 25	0,504	0,668	0,641	1,497	1,560	0,9691	1,3567	96,2	91,9	188,1
— 20	0,648	0,674	0,507	1,484	1,972	0,9755	1,3514	95,2	93,5	188,7
— 15	0,823	0,680	0,406	1,470	2,46	0,9819	1,3466	94,1	95,2	189,3
— 10	1,034	0,686	0,328	1,458	3,05	0,9879	1,3418	93,1	96,8	189,9
— 5	1,286	0,692	0,268	1,445	3,73	0,9942	1,3575	92,1	98,4	190,5
0	1,585	0,697	0,2200	1,435	4,55	1,0000	1,3332	91,0	100,0	191,0
5	1,936	0,704	0,1824	1,420	5,48	1,0060	1,3293	90,0	101,6	191,6
10	2,347	0,710	0,1523	1,408	6,57	1,0115	1,3253	88,9	103,2	192,1
15	2,823	0,716	0,1280	1,397	7,81	1,0173	1,3218	87,8	104,8	192,6
20	3,370	0,723	0,1084	1,383	9,23	1,0227	1,3183	86,7	106,4	193,1
25	3,997	0,730	0,0923	1,370	10,84	1,0282	1,3150	85,5	108,0	193,5
30	4,710	0,738	0,0790	1,355	12,66	1,0333	1,3117	84,4	109,6	194,0
35	5,518	0,745	0,0680	1,342	14,71	1,0386	1,3087	83,2	111,3	194,5
40	6,427	0,754	0,0588	1,326	17,01	1,0434	1,3057	82,1	112,8	194,9
45	7,447	0,763	0,0511	1,311	19,57	1,0486	1,3029	80,9	114,4	195,3
50	8,583	0,772	0,0446	1,295	22,4	1,0534	1,3001	79,7	116,0	195,7
157,3	80,4	1,640	0,00164	0,524	524	....	....	0,0	...	....

Tabelle 28. *Dampftafel für Ammoniak* (NH$_3$) (nach D'ANS u. LAX [8] und J. KUPRIANOFF [11]) Kälteind. **37**, 1; 1930

Temperatur	Druck	Spez. Volumen		Dichte		Entropie		Verdpf.-Wärme	Enthalpie	
		Flüssigk.	Dampf	Flüssigk.	Dampf	Flüssigk.	Dampf		Flüssigk.	Dampf
	P	v'	v''	ϱ'	ϱ''	s'	s''	$i''-i'=r$	i'	i''
°C	ata	l/kg	m³/kg	kg/l	kg/m³	$\dfrac{\text{kcal}}{\text{kg °C}}$	$\dfrac{\text{kcal}}{\text{kg °C}}$	kcal/kg	kcal/kg	kcal/kg
— 75	0,0763	1,368	12,85	0,731	0,0778	0,6633	2,4431	352,6	20,9	373,5
— 70	0,1114	1,379	9,01	0,725	0,1110	0,6878	2,4101	349,8	25,9	375,7
— 65	0,1592	1,390	6,45	0,719	0,1550	0,7123	2,3794	346,9	31,0	377,9
— 60	0,2233	1,401	4,70	0,714	0,213	0,7366	2,3504	343,9	36,1	380,0
— 55	0,3075	1,413	3,48	0,708	0,287	0,7601	2,3233	340,9	41,2	382,1
— 50	0,417	1,425	2,62	0,702	0,381	0,7832	2,2978	337,9	46,2	384,1
— 45	0,556	1,437	2,003	0,696	0,500	0,8065	2,2738	334,6	51,5	386,1
— 40	0,732	1,449	1,550	0,690	0,645	0,8295	2,2510	331,3	56,8	388,1
— 35	0,950	1,462	1,215	0,684	0,823	0,8520	2,2294	327,9	62,1	390,0
— 30	1,219	1,476	0,963	0,678	1,038	0,8742	2,2090	324,5	67,4	391,9
— 25	1,546	1,490	0,771	0,671	1,297	0,8960	2,1896	321,0	72,7	393,7
— 20	1,940	1,504	0,624	0,665	1,604	0,9174	2,1710	317,3	78,2	395,5
— 15	2,410	1,519	0,509	0,659	1,97	0,9385	2,1532	313,5	83,6	397,1
— 10	2,966	1,534	0,418	0,652	2,39	0,9593	2,1362	309,7	89,0	398,7
— 5	3,619	1,550	0,347	0,645	2,88	0,9798	2,1199	305,6	94,5	400,1
0	4,379	1,566	0,290	0,639	3,45	1,0000	2,1041	301,5	100,0	401,5
5	5,259	1,583	0,244	0,632	4,11	1,0200	2,0889	297,3	105,5	402,8
10	6,271	1,601	0,206	0,625	4,86	1,0397	2,0741	292,8	111,1	403,9
15	7,427	1,619	0,175	0,618	5,72	1,0592	2,0598	288,3	116,7	405,0
20	8,741	1,639	0,1494	0,610	6,69	1,0785	2,0459	283,5	122,4	405,9
25	10,225	1,659	0,1283	0,603	7,80	1,0976	2,0324	278,7	128,1	406,8
30	11,895	1,680	0,1107	0,595	9,03	1,1165	2,0191	273,6	133,8	407,4
35	13,765	1,702	0,0959	0,588	10,43	1,1352	2,0061	268,3	139,7	408,0
40	15,850	1,726	0,0833	0,580	12,00	1,1538	1,9933	262,9	145,5	408,4
45	18,165	1,750	0,0726	0,571	13,77	1,1722	1,9807	257,2	151,4	408,6
50	20,727	1,77	0,0635	0,563	15,76	1,1904	1,9681	251,3	157,4	408,7
132,4 (kr)	119,0	4,257	0,00425	0,235	235	—	—	0	--	—

Tabelle 29. *Dampftafel für Kohlendioxyd* (CO_2) (nach R. PLANK u. J. KUPRIANOFF [12])

Tempe-ratur	Druck	Spez. Volumen		Dichte		Entropie		Verdpf.-Wärme	Enthalpie	
		Flüssigk. v'	Dampf v''	Flüssigk. ϱ'	Dampf ϱ''	Flüssigk. s' $\frac{kcal}{kg\ °C}$	Dampf s'' $\frac{kcal}{kg\ °C}$	$i''-i'=r$	Flüssigk. i'	Dampf i''
°C	P ata	l/kg	m³/kg	kg/l	kg/m³			kcal/kg	kcal/kg	kcal/kg
— 56,6	5,28	0,849	0,0722	1,178	13,85	0,8885	1,2724	83,1	72,0	155,1
— 55	5,66	0,853	0,0676	1,172	14,79	0,8917	1,2700	82,5	72,7	155,2
— 50	6,97	0,867	0,0554	1,154	18,05	0,9020	1,2631	80,6	75,0	155,6
— 45	8,49	0,881	0,0458	1,135	21,8	0,9120	1,2565	78,6	77,3	155,9
— 40	10,25	0,897	0,0382	1,115	26,2	0,9218	1,2503	76,6	79,6	156,2
— 35	12,26	0,913	0,0320	1,095	31,2	0,9314	1,2443	74,5	81,9	156,4
— 30	14,55	0,931	0,0270	1,074	37,0	0,9408	1,2385	72,4	84,2	156,6
— 25	17,14	0,950	0,0229	1,053	43,8	0,9501	1,2328	70,1	86,5	156,7
— 20	20,06	0,971	0,0195	1,030	51,4	0,9594	1,2272	67,8	88,9	156,7
— 15	23,34	0,994	0,0166	1,006	60,2	0,9690	1,2218	65,3	91,4	156,7
— 10	26,99	1,019	0,01419	0,981	70,5	0,9787	1,2163	62,5	94,1	156,6
— 5	31,05	1,048	0,01214	0,954	82,4	0,9890	1,2109	59,5	96,9	156,4
0	35,54	1,081	0,01038	0,925	96,3	1,0000	1,2055	56,1	100,0	156,1
5	40,50	1,120	0,00885	0,893	113,0	1,0103	1,1985	52,4	103,1	155,5
10	45,95	1,166	0,00752	0,858	133,0	1,0218	1,1917	48,1	106,5	154,6
15	51,93	1,223	0,00632	0,818	158,0	1,0340	1,1835	43,1	110,1	153,2
20	58,46	1,298	0,00526	0,771	190,2	1,0468	1,1734	37,1	114,0	151,1
25	65,59	1,417	0,00417	0,706	240	1,0628	1,1585	28,5	118,8	147,3
30	73,34	1,677	0,00299	0,596	334	1,0854	1,1351	15,1	125,9	141,0
31 (kr)	74,96	2,156	0,002156	0,464	464	1,1098	1,1098	0	133,5	133,5

Tabelle 30. *Dampftafel für Methylchlorid* (CH_3Cl) (nach Tanner, Benning u. Mathewson [13] und D'Ans u. Lax [8])

Temperatur °C	Druck P ata	Spez. Volumen Flüssigk. v' l/kg	Dampf v'' m³/kg	Dichte Flüssigk. ϱ' kg/l	Dampf ϱ'' kg/m³	Entropie Flüssigk. s' kcal/kg °C	Dampf s'' kcal/kg °C	Verdpf.-Wärme $i''-i'=r$ kcal/kg	Enthalpie Flüssigk. i' kcal/kg	Dampf i'' kcal/kg
— 60	0,159	0,936	2,26	1,068	0,442	0,9110	1,4271	110,0	78,5	188,5
— 55	0,216	0,944	1,715	1,059	0,583	0,9191	1,4189	109,0	80,2	189,2
— 50	0,286	0,953	1,297	1,050	0,771	0,9270	1,4111	108,0	81,9	189,9
— 45	0,375	0,961	1,008	1,041	0,992	0,9349	1,4037	107,0	83,7	190,7
— 40	0,484	0,970	0,794	1,031	1,259	0,9425	1,3969	106,0	85,4	191,4
— 35	0,619	0,978	0,632	1,023	1,583	0,9500	1,3904	104,9	87,2	192,1
— 30	0,783	0,986	0,508	1,014	1,97	0,9575	1,3843	103,8	89,0	192,8
— 25	0,979	0,995	0,412	1,005	2,43	0,9648	1,3786	102,7	90,8	193,5
— 20	1,212	1,003	0,338	0,997	2,96	0,9720	1,3732	101,6	92,6	194,2
— 15	1,487	1,013	0,279	0,988	3,58	0,9792	1,3682	100,4	94,5	194,9
— 10	1,808	1,022	0,233	0,979	4,30	0,9862	1,3633	99,2	96,3	195,5
— 5	2,180	1,032	0,195	0,970	5,13	0,9931	1,3586	98,0	98,1	196,1
0	2,609	1,042	0,1648	0,960	6,07	1,0000	1,3542	96,8	100,0	196,8
5	3,099	1,053	0,1402	0,950	7,13	1,0068	1,3499	95,4	101,9	197,3
10	3,655	1,064	0,1198	0,940	8,34	1,0135	1,3459	94,1	103,8	197,9
15	4,284	1,075	0,1031	0,930	9,70	1,0201	1,3420	92,8	105,6	198,4
20	4,993	1,086	0,0891	0,921	11,22	1,0267	1,3383	91,4	107,5	198,9
25	5,783	1,098	0,0774	0,911	12,93	1,0331	1,3347	89,9	109,5	199,4
30	6,658	1,110	0,0675	0,901	14,82	1,0395	1,3312	88,4	111,4	199,8
35	7,625	1,123	0,0591	0,891	16,92	1,0459	1,3278	86,9	113,3	200,2
40	8,690	1,135	0,0520	0,881	19,2	1,0521	1,3247	85,4	115,2	200,6
45	9,86	1,149	0,0460	0,870	21,8	1,0583	1,3215	83,8	117,2	201,0
50	11,14	1,164	0,0408	0,859	24,5	1,0645	1,3187	82,1	119,2	201,3
143,0 (kr)	68,1	2,7	0,0027	0,37	370	—	—	0,0	—	—

Tabelle 31. *Dampftafel für Methylenchlorid* (CH_2Cl_2) (nach D'Ans u. Lax [8] und Churchill [14])

Temperatur °C	Druck P ata	Spez. Volumen Flüssigk. v' l/kg	Dampf v'' m³/kg	Dichte Flüssigk. ϱ' kg/l	Dampf ϱ'' kg/m³	Entropie Flüssigk. s' kcal/kg °C	Dampf s'' kcal/kg °C	Verdpf.-Wärme $i''-i'=r$ kcal/kg	Enthalpie Flüssigk. i' kcal/kg	Dampf i'' kcal/kg
— 30	0,0355	6,81	0,1469			0,9687	1,3286	87,5	91,9	179,4
— 25	0,0485	5,08	0,1969			0,9742	1,3251	87,0	93,3	180,3
— 20	0,0653	3,85	0,260			0,9795	1,3217	86,6	94,6	181,2
— 15	0,0867	2,95	0,339			0,9848	1,3184	86,1	95,9	182,0
— 10	0,114	2,28	0,439			0,9900	1,3153	85,6	97,3	182,9
— 5	0,148	1,79	0,559			0,9951	1,3123	85,0	98,7	183,7
0	0,190	1,416	0,706			1,0000	1,3094	84,5	100,0	184,5
5	0,241	1,131	0,884			1,0049	1,3066	83,9	101,3	185,2
10	0,304	0,912	1,096			1,0096	1,3039	83,3	102,7	186,0
15	0,380	0,741	1,349			1,0144	1,3012	82,6	104,0	186,6
20	0,470	0,608	1,645			1,0190	1,2987	81,9	105,4	187,3
25	0,577	0,502	1,99			1,0236	1,2961	81,2	106,7	187,9
30	0,703	0,417	2,40			1,0280	1,2937	80,5	108,1	188,6
35	0,850	0,349	2,86			1,0324	1,2913	79,7	109,4	189,1
40	1,020	0,295	3,39			1,0368	1,2889	78,9	110,8	189,7
239	64,8	—	—			—	—	0,0	—	—

Tabelle 32. *Dampftafel für Methylalkohol* (CH$_3$OH) (nach FIOCK u. HOLTON [15] und L. GROSSE [6])

Tempe-ratur °C	Druck P ata	Spez. Volumen Flüssigk. v′ l/kg	Dampf v″ m³/kg	Dichte Flüssigk. ϱ′ kg/l	Dampf ϱ″ kg/m³	Entropie Flüssigk. s′ kcal/kg °C	Dampf s″ kcal/kg °C	Verdpf.-Wärme i″−i′=r kcal/kg	Enthalpie Flüssigk. i′ kcal/kg	Dampf i″ kcal/kg
0	0,0389	1,232	17,710	0,810	0,056	0,000	1,048	286,5	0	286,5
10	0,0713	1,248	9,970	0,801	0,100	0,021	1,023	283,8	5,7	289,5
20	0,1251	1,261	5,851	0,792	0,171	0,041	0,999	280,9	11,5	292,4
30	0,2109	1,278	3,567	0,783	0,280	0,061	0,976	277,6	17,5	295,1
40	0,3427	1,291	2,249	0,774	0,445	0,081	0,956	274,0	23,6	297,6
50	0,5388	1,307	1,465	0,765	0,682	0,101	0,936	269,8	29,9	299,7
60	0,8255	1,323	0,9816	0,755	1,018	0,121	0,916	265,0	36,6	301,6
70	1,219	1,340	0,6755	0,746	1,48	0,141	0,899	260,1	43,3	303,4
80	1,764	1,359	0,4755	0,736	2,10	0,161	0,882	255,0	50,1	305,1
90	2,493	1,379	0,3413	0,725	2,93	0,181	0,868	249,9	57,4	307,3
100	3,451	1,400	0,2495	0,714	4,01	0,201	0,854	244,0	64,9	308,9
110	4,686	1,422	0,1856	0,702	5,39	0,221	0,841	237,9	72,6	310,5
120	6,252	1,447	0,1401	0,691	7,13	0,242	0,830	231,2	80,8	312,0
130	8,209	1,474	0,1069	0,678	9,36	0,263	0,819	224,0	89,0	313,0

Tabelle 33. *Dampftafel für Äthylalkohol* (C$_2$H$_5$OH) (nach FIOCK GINNINGS u. HOLTON [15] und L. GROSSE [6])

Tempe-ratur °C	Druck P ata	Spez. Volumen Flüssigk. v′ l/kg	Dampf v″ m³/kg	Dichte Flüssigk. ϱ′ kg/l	Dampf ϱ″ kg/m³	Entropie Flüssigk. s′ kcal/kg °C	Dampf s″ kcal/kg °C	Verdpf.-Wärme i″−i′=r kcal/kg	Enthalpie Flüssigk. i′ kcal/kg	Dampf i″ kcal/kg
0	0,0162	1,238	30,810	0,8080	0,032	0,000	0,828	226,0	0	226,0
10	0,0312	1,250	16,320	0,7990	0,061	0,019	0,809	223,7	5,3	229,0
20	0,0579	1,262	9,062	0,7902	0,110	0,039	0,794	221,0	11,1	232,1
30	0,1028	1,279	5,221	0,7815	0,191	0,059	0,780	218,3	17,0	235,3
40	0,1756	1,292	3,132	0,7726	0,319	0,078	0,766	215,5	23,0	238,5
50	0,2892	1,310	1,944	0,7634	0,514	0,098	0,756	212,3	29,3	241,6
60	0,4608	1,326	1,247	0,7546	0,802	0,118	0,746	208,8	35,7	244,5
70	0,7117	1,340	0,8244	0,7452	1,211	0,138	0,736	205,0	42,6	247,6
80	1,068	1,359	0,5599	0,7357	1,79	0,158	0,726	200,6	49,6	250,2
90	1,561	1,377	0,3899	0,7260	2,56	0,178	0,719	196,2	56,8	253,0
100	2,227	1,397	0,2776	0,7158	3,61	0,200	0,713	191,2	64,8	256,0
110	3,105	1,419	0,2019	0,7048	4,96	0,222	0,708	186,0	73,1	259,1
120	4,241	1,442	0,1494	0,6927	6,69	0.245	0,705	180,2	82,0	262,2
130	5,682	1,471	0,1123	0,6791	8,91	0,267	0,701	174,2	91,0	265,2

Tabelle 34. *Dampftafel für Dowtherm [eutektisches Gemisch Diphenyl $(C_6H_5)_2$ und Diphenyloxyd $(C_6H_5)_2O]$ (nach* J. N. DEAN [16] *und* L. GROSSE [6])

Tempe-ratur	Druck	Spez. Volumen		Dichte		Entropie		Verdpf.-Wärme	Enthalpie	
		Flüssigk.	Dampf	Flüssigk.	Dampf	Flüssigk.	Dampf		Flüssigk.	Dampf
	P	v'	v''	ϱ'	ϱ''	s'	s'	$i''-i'=r$	i'	i''
°C	ata	l/kg	m³/kg	kg/l	kg/m³	$\dfrac{\text{kcal}}{\text{kg °C}}$	$\dfrac{\text{kcal}}{\text{kg °C}}$	kcal/kg	kcal/kg	kcal/kg
250	1,03	1,141	0,284	0,875	3,52	0,306	0,439	69,5	120	189,5
255	1,04	1,148	0,240	0,870	4,16	0,311	0,441	68,75	122,2	190,95
260	1,09	1,155	0,215	0,865	4,65	0,316	0,444	68,25	124,7	193
265	1,19	1,161	0,1952	0,860	5,12	0,321	0,447	67,4	126,5	193,9
270	1,30	1,168	0,1731	0,855	5,77	0,327	0,450	66,8	129,8	196,6
275	1,44	1,175	0,160	0,850	6,25	0,333	0,454	66,25	133	199
280	1,60	1,182	0,145	0,845	6,89	0,339	0,458	65,7	136,2	202
285	1,79	1,190	0,1329	0,840	7,53	0,345	0,461	65,0	139,9	204
290	1,97	1,198	0,1222	0,835	8,17	0,351	0,465	64,3	143,6	207,9
295	2,15	1,205	0,1113	0,830	8,98	0,356	0,468	63,4	147,0	209,4
300	2,36	1,212	0,1022	0,824	9,77	0,361	0,471	62,9	150,1	213,0
305	2,57	1,220	0,0932	0,819	10,72	0,367	0,475	62,3	153,6	215,9
310	2,78	1,228	0,0834	0,814	12,0	0,373	0,479	61,75	157,0	218,75
315	3,02	1,236	0,0710	0,809	14,1	0,379	0,483	61	161	222,0
320	3,25	1,245	0,0637	0,803	15,7	0,385	0,487	60,1	164	224,1
325	3,52	1,253	0,0585	0,798	17,11	0,389	0,490	59,5	167,5	227,0
330	3,83	1,261	0,0548	0,793	18,25	0,395	0,493	59,0	171	230
335	4,15	1,269	0,0521	0,788	19,2	0,401	0,497	58,5	174,3	232,8
340	4,54	1,278	0,0495	0,783	20,2	0,406	0,500	57,6	178	235,6
345	4,91	1,286	0,0472	0,777	21,2	0,412	0,504	57,0	181,5	238,5
350	5,3	1,294	0,0453	0,772	22,1	0,417	0,507	56,25	184,9	241,15
355	5,73	1,303	0,0434	0,767	23,03	0,422	0,511	55,6	188,0	243,6
360	6,2	1,312	0,0417	0,761	24,0	0,428	0,515	55,0	191,5	246,5
365	6,66	1,322	0,0396	0,755	25,3	0,434	0,519	54,3	195,0	249,3
370	7,14	1,331	0,0372	0,750	26,9	0,440	0,523	53,75	198,5	252,25
375	7,63	1,341	0,03515	0,745	28,5	0,445	0,527	53,0	202	255
380	8,2	1,353	0,03302	0,739	30,25	0,450	0,530	52,35	206	258,35
385	8,8	1,366	0,03085	0,731	32,4	0,456	0,535	51,75	209,3	261,05
390	9,5	1,378	0,02893	0,726	34,6	0,462	0,539	51,0	212,4	263,6
395	10,28	1,392	0,02668	0,718	37,5	0,468	0,543	50,15	216	266,15
400	11,11	1,408	0,0244	0,710	41,0	0,474	0,547	49,5	219,5	269,0

Tabelle 35. *Dampftafel für Äthylchlorid* (C_2H_5Cl)

Temperatur °C	Druck P ata	Spez. Volumen		Dichte		Entropie		Verdpf.-Wärme $i''-i'=r$ kcal/kg	Enthalpie	
		Flüssigk. v' l/kg	Dampf v'' m³/kg	Flüssigk. ϱ' kg/l	Dampf ϱ'' kg/m³	Flüssigk. s' $\frac{\text{kcal}}{\text{kg } °C}$	Dampf s'' $\frac{\text{kcal}}{\text{kg } °C}$		Flüssigk. i' kcal/kg	Dampf i'' kcal/kg
− 30	0,155	1,034	2,15	0,967	0,465	—0,0884	0,655	181,3	— 23,1	158,2
− 25	0,201	1,041	1,68	0,960	0,595	—0,738	0,650	179,9	— 19,2	160,7
− 20	0,257	1,049	1,33	0,953	0,752	—0,583	0,646	178,5	− 15,4	163,1
− 15	0,327	1,057	1,065	0,946	0,939	−0,434	0,642	177,0	− 11,6	165,4
− 10	0,411	1,065	0,859	0,939	1,164	−0,286	0,636	175,5	− 7,7	167,8
− 5	0,512	1,074	0,699	0,931	1,430	−0,0142	0,634	174,0	− 3,8	170,2
0	0,632	1,083	0,575	0,923	1,740	0,0000	0,631	172,5	0,0	172,5
5	0,776	1,091	0,476	0,916	2,20	0,0139	0,628	170,9	+ 3,8	174,7
10	0,940	1,100	0,397	0,908	2,52	0,0277	0,625	169,3	+ 7,7	177,0
15	1,132	1,108	0,333	0,902	3,00	0,411	0,622	167,7	11,6	179,3
20	1,355	1,117	0,281	0,895	3,56	0,544	0,619	166,0	15,4	181,4
25	1,613	1,126	0,239	0,888	4,18	0,673	0,616	164,3	19,2	183,5
30	1,905	1,136	0,205	0,880	4,87	0,801	0,614	162,6	23,1	185,7
35	2,235	1,146	0,176	0,872	5,68	0,927	0,612	160,8	26,9	187,7
40	2,610	1,156	0,152	0,865	6,58	0,1050	0,611	159,0	30,8	189,9
45	3,031	1,166	0,133	0,858	7,52	0,1172	0,610	157,2	34,6	191,8
50	3,507	1,177	0,116	0,850	8,62	0,1292	0,609	155,3	38,5	193,8
55	4,03	1,187	0,102	0,842	9,80	0,1410	0,608	153,3	42,3	195,6

Literatur

[1] K. M. WATSON u. SMITH: Natl. Petr. News; 1. Jul. 1936. [2] E. JUSTI: Spezifische Wärme, Enthalpie, Entropie und Dissoziation technischer Gase; Berlin 1938. [3] R. PLANK u. J. KAMBEITZ: Z. ges. Kälteind. **43**, 237; 1936. [4] R. PLANK: Z. ges. Kälteind. **49**, 104; 1942. [5] DESCHNER u. BROWN: Ind. Eng. Chem. **32**, 836; 1940. [6] L. GROSSE u. Mitarb.: Arbeitsmappe f. Mineralölingenieure; Berlin 1943. [7] K. NESSELMANN u. F. DARDIN: Wiss. Veröff. Siemens **20**, 145; 1942. [8] J. D'ANS u. E. LAX: Taschb. f. Chemiker u. Physiker; Berlin 1943. [9] W. KOCH: V. D. I. Wasserdampftafeln; München u. Berlin 1937. [10] A. SEGER u. H. CRAMER: Z. ges. Kälteind. **46**, 183; 1939. [11] J. KUPRIANOFF: Ebenda **37**, 1; 1930. [12] R. PLANK u. J. KUPRIANOFF: Ebenda **36**, 41; 1929. [13] H. G. TANNER, A. F. BENNING u. W. F. MATHEWSON: Ind. Eng. Chem. **31**, 878; 1939. [14] CHURCHILL: Refr. Engng. **26**. 85; 1933. [15] E. F. FIOCK, D. C. GINNINGS u. W. B. HOLTON: Bur. Stand. J. Res. **6**, 881; 1931. [16] J. N. DEAN: Ind. Eng. Chem. **31**, 797; 1939. [17] FINLEY u. ROHMANN: Handbook of Propane and Butane Gases; Los Angeles 1935, [18] O. A. HOUGEN: Ind. Eng. Chem. **40**, 1556; 1948, **41**, 1825; 1949. [19] H. L. JOHNSTON u. D. WHITE: Trans. Am. Soc. Mech. Engrs. **60**, 651; 1948.

IX. Wärmeleitfähigkeit
(Dazu die Tafeln 89 bis 93)

1. Definitionen und Maßeinheiten

Das Wärmeleitvermögen (auch Wärmeleitfähigkeit oder Wärmeleitzahl) ist durch die Gl.

$$Q = F \cdot \lambda \frac{\partial t}{\partial z} \tag{1}$$

definiert, wobei λ die Wärmeleitzahl und Q jene Wärmemenge bedeutet, die in der Zeiteinheit infolge des Temperaturgefälles $\frac{\partial t}{\partial z}$ senkrecht durch die Fläche F fließt. Im physikalischen (absoluten) Maßsystem wird λ in cal/cm sek °C, im technischen Maßsystem in kcal/m h °C angegeben.

Werden zeitlich veränderliche Wärmeleitungsvorgänge betrachtet, wie z. B. die Abkühlung oder die Speicherung von Wärme in festen Körpern, dann wird zur Kennzeichnung des betrachteten Stoffes mit Vorteil die Temperaturleitzahl a herangezogen, die durch die Gl.

$$a = \frac{\lambda}{c_p \, \varrho} \tag{2}$$

definiert ist, in der ϱ die Dichte und c_p die spezifische Wärme bedeutet. a hat die Dimension cm²/sek im physikalischen und m²/h im technischen Maßsystem.

2. Umrechnung von Angaben der Wärmeleitfähigkeit in andere Einheiten

Tabelle 36. *Umrechnungszahlen für metrische Einheiten der Wärmeleitfähigkeit*

cal/cm sek °C	kcal/m h °C	Watt/cm °C	Kiloerg/cm sek °C
1	360	4,183	41 830
0,002778	1	0,01162	116,2
0,23899	86,04	1	10 000
0,000023899	0,008604	0,000100	1

Tabelle 37. *Umrechnungszahlen für amerikanisch-englische Einheiten der Wärmeleitfähigkeit*

amerikanisch-englische Einheit	1 amerikanisch-englische Einheit = metrische Einheiten	1 metrische Einheit = amerikanisch-englische Einheiten
$\dfrac{\text{B. t. u.}}{\text{ft hr °F}}$	$1{,}488 \; \dfrac{\text{kcal}}{\text{m h °C}}$	0,6720
$\dfrac{\text{B. t. u. in}}{\text{sq. ft hr °F}}$	$0{,}1240 \; \dfrac{\text{kcal}}{\text{m h °C}}$	8,0645
$\dfrac{\text{B. t. u.}}{\text{in hr °F}}$	$17{,}87 \; \dfrac{\text{kcal}}{\text{m h °C}}$	0,05596
$\dfrac{\text{B. t. u. in}}{\text{sq. ft day °F}}$	$0{,}005167 \; \dfrac{\text{kcal}}{\text{m h °C}}$	193,5
$\dfrac{\text{p. c. u.}}{\text{ft hr °C}}$	$1{,}488 \; \dfrac{\text{kcal}}{\text{m h °C}}$	0,6720
$\dfrac{\text{p. c. u. in}}{\text{sq ft hr °C}}$	$0{,}1240 \; \dfrac{\text{kcal}}{\text{m h °C}}$	8,0645

3. Die Änderung der Wärmeleitfähigkeit mit Temperatur und Druck

Die Wärmeleitfähigkeit von Gasen soll nach der kinetischen Gastheorie der Molwärme bei konstantem Volumen C_v und der Wurzel aus der absoluten Temperatur T proportional sein und durch den Druck nicht beeinflußt werden, so daß sich die Gl.

$$\lambda = \text{prop.} \; C_v \sqrt{T} \tag{3}$$

ergäbe. Ferner soll nach dieser Theorie das Wärmeleitvermögen mit der dynamischen Viskosität durch die Gl.

$$\lambda = \frac{C_v \, \eta}{M} = c_v \, \eta \tag{4}$$

verknüpft sein, in der C_v die Molwärme, c_v die spezifische Wärme in cal/g, η die Viskosität in Poisen und M das Molgewicht bedeutet. Dieser Zusammenhang gilt aber streng nur für ideale Gase und wird von Dämpfen nur näherungsweise erfüllt. Über die Wärmeleitfähigkeit von Dämpfen und Gasen bei hohen Drücken s. COMINGS [6] und GAMSON [7].

Die Wärmeleitzahlen von Flüssigkeiten und festen Stoffen sind nur relativ wenig mit dem Druck veränderlich. Einfache Regeln für ihre Abhängigkeit von Temperatur und Druck können nicht angegeben werden. Bei manchen viskosen Flüssigkeiten, z. B. Glycerin, steigt die Wärmeleitfähigkeit mit der Temperatur, bei Wasser durchläuft sie bei etwa 130° C ein Maximum. Bei den meisten anderen Stoffen wird sie mit zunehmender Temperatur kleiner. Ein allgemeiner Überblick über die Veränderung der Wärmeleitzahl in einem großen Temperatur- und Druckintervall kann aus den Tafeln 90 und 91 entnommen werden, in denen das Verhalten von Wasser und Kohlensäure dargestellt ist.

Eine Näherungsformel für die Wärmeleitzahl von Flüssigkeiten bei 30° C wird von SMITH [1] angegeben, die lautet:

$$\lambda = 0{,}197 \frac{\gamma^{2,15}\, c_p^{1,55}\, M^{0,192}}{\eta^{0,12}} \tag{5}$$

Dabei bedeutet λ die Wärmeleitfähigkeit in cal/cm sek °C, η die dynamische Viskosität in Centipoisen und γ das spezifische Gewicht, beides bei 30° C, und M das Molgewicht.

Für Mineralöle gibt CRAGOE [2] eine wesentlich einfachere Gleichung, in welcher nur die Dichte bei 15,6° C und die Temperatur vorkommt und die in Tafel 92 wiedergegeben ist.

Zahlenangaben über die Wärme- und Temperaturleitfähigkeit von Werkstoffen und Isoliermaterialien können ferner den Tab. 38 und 39 entnommen werden. Weitere Zahlenangaben über die Wärmeleitung von Flüssigkeiten s. a. PALMER [8], von Gasen und Dämpfen s. DAVIS [9].

Tabelle 38. *Richtwerte für die Wärmeleitfähigkeit metallischer Werkstoffe* (nach D'ANS u. LAX [3], PERRY [4] u. BOŠNJAKOVIĆ [5])

Stoffbezeichnung	Dichte kg/m³	spez. Wärme kcal/kg °C	Wärmeleitfähigkeit λ (kcal/m h °C)					
			− 100° C	20° C	100° C	200° C	400° C	600° C
Stahl und Eisen:								
Baustahl	7800	0,11			39	39	34	31
Holzkohlenroheisen					48	45	39	30
Gußeisen	7280	0,13		47	45	42	37	
Guß, hoch siliziumhaltig ...				44				
Chromstahl (rostfrei), 14 % Cr, 0,3 % C				21		22	22	
Chromstahl (hoch hitzebeständig), 26 % Cr, 0,1 % C				17	18	19	20	
Manganstahl, 16 % Mn, 0,5 % C				35	35	33	31	
Chromnickelstahl (rostfrei), 8 % Ni, 18 % Cr, 0,1 % C .				12,5	13,5	14,5	17	
Chromnickelstahl, 3,5 % Ni, 0,8 % Cr, 0,4 % C				30	31	32	32	
Chromnickelstahl (hochhitzebeständig), 27 % Ni, 15 % Cr, 3 % W, 0,5 % C .				9,7	11	12	14,5	
Leichtmetalle:								
Aluminium, 99,75 %	2770	0,214	208	198	198	198	185	160
Aluminium, 99,0 %			180	180	188	194	190	
Duralumin, 3 bis 5 % Cu, 0,5 % Mg	2700	0,22	108	142	156	166		
Silumin, 11 bis 14 % Si, 4 % Cu, 2 % Ni, 1,5 % Mg				139	147			
Alusil, 20 % Si, 80 % Al....			122	138	145	150		
Magnesium	1720	0,243	156	148	144	140		
Elektron, 93 % Mg, 0,5 % Cu, 4 % Zn, 2 % Al.........	1800			100				
Magnesiumlegierung, 10 % Al, 2 % Si................				35	50	59	65	

Fortsetzung auf Seite 127

Fortsetzung von Seite 126

Stoffbezeichnung	Dichte kg/m³	spez. Wärme $\frac{\text{kcal}}{\text{kg °C}}$	Wärmeleitfähigkeit λ (kcal/m h °C					
			− 100 °C	20 °C	100 °C	200 °C	400 °C	600 °C
Buntmetalle:								
Kupfer (elektr.)	8930	0,0915	396	338	338	333	322	
Kupfer (Hütten-)				320				
Messing, 38,5 % Zn	8600	0,091		68	76			
Messing, 30 % Zn			76	94	116	116	117	
Phosphorbronze, 8 % Sn, 0,3 % Pb				39	45	53		
Rotguß, 6,4 % Sn, 7 % Zn ..				52	61			
Monelmetall, 29 % Cu, 67 % Ni, 2 % Fe.........				19	21	24	29	
Neusilber, 22 % Zn, 62 % Cu, 15 % Ni		0,094	16,5	21	27	33	42	
Kupfer-Nickel, 18 % Cu				22	22			
Silber	10500	0,0559		353				
Nickel, 99,94 %	8800	0,107	83	75	72	65	52	47
Nickel, 97 bis 99 %			47	51	51	47		
Nickel-Chrom, 80 % Ni				11	12	13	16	
Blei (reinst)...............	11340	0,031	33	29	29	29		
Zink	7130	0,092		97				
Zinn	7280	0,054		57				

Tabelle 39. *Richtwerte für die Wärmeleitfähigkeit von Bau- und Isolierstoffen* (nach D'Ans u. Lax [3] Perry [4] und Bošnjaković [5])

Stoffbezeichnung	Temperatur	Dichte kg/m³	spez. Wärme kcal/kg °C	Wärmeleitfähigkeit kcal/hm °C
Asbestplatten		500	0,19	0,06
		1000		0,13
		2000		0,60
Asbestwolle		50		0,05
		300		0,08
	100	600		0,16
	200	600		0,18
	400	600		0,19
Beton, Kies-................		2200	0,21	1,10
Beton, Leicht-		1100	0,24	0,40
		500		0,16
Baumwolle	− 180	80		0,027
	100			0,038
				0,049
	100			0,058
Baumwolle, gewebt............		330		0,060
Bakelit......................		1700—1900		0,5—0,8
Kieselgursteine (bis 900° verwendbar)......................	100	200		0,070
	200			0,074
	400			0,087
	600			0,096
Kieselgursteine (bis 1370° verwendbar)......................	100			0,195
	200			0,206
	400			0,23
	600			0,25
	800			0,27
	1000			0,30

Fortsetzung auf Seite 128

Fortsetzung von Seite 127

Stoffbezeichnung	Temperatur	Dichte kg/m³	spez. Wärme kcal/kg °C	Wärmeleitfähigkeit kcal/hm °C
Eis		900	0,487	1,9
Glas, Pyrex		2240		0,91
Glas, gewöhnliches		2500	0,183	0,40—0,80
Glaswolle		50—100	0,157	0,032
Gummi, hart und weich		1200	0,34	0,136
Gummischwamm		224		0,047
Hartpapier		1300		0,18—0,30
Kesselstein	300	300—1200	0,20	0,07—0,2
		1000—2500		0,13—2,0
		2500—2700		0,6—2,0
Kork, Platten		100	0,33	0,036
		200		0,045
		300		0,054
Magnesitsteine	100	2500		3,3
	650			2,7
	1200			1,65
Porzellan		2300	0,19	0,9—1,6
Plexiglas	20			0,158
Quarzglas		2210	0,174	1,15
Schamottesteine	200	1700—2000	0,20	0,86
	600		0,27	1,2
	1000			1,4
	1400			1,5
Silicasteine	100	1700—2000		0,7—1,15
	500			1,0—1,3
	1000			1,2—1,6
Schlackenwolle		100	0,18	0,029
		200		0,034
		300		0,039
		500		0,050
Steinzeug		2100—2400		0,9—1,4
Torfmull (lufttrocken)		160		0,05—0,07
Torfplatten		200—400		0,04—0,08
Ziegelmauer		1800	0,22	0,75

Literatur

[1] J. F. D. Smith: Ind. Eng. Chem. **22**, 1246; 1930. [2] C. S. Cragoe: B. Stand. Misc. Publ. **97**; 1929. [3] J. D. Ans u. E. Lax: Taschenb. f. Chem. u. Physiker; Berlin 1943. [4] J. H. Perry: Chem. Engineers Handb.; New York 1941. [5] F. Bošnjaković: Technische Thermodynamik; Leipzig 1944. [6] E. W. Comings u. M. F. Nathan: Ind. Eng. Chem. **39**, 964; 1947. [7] B. W. Gamson: Chem. Eng. Progr. **45**, 154; 1949. [8] G. Palmer: Ind. Eng. Chem. **40**, 89; 1948. [9] D. S. Davis: ebenda **33**, 675; 1941.

X. Siedeverhalten und Phasengleichgewicht
(Dazu die Tafeln 94 bis 118, 130 bis 134)

1. Allgemeines

a) Begriffsbestimmung

Wie die Erfahrung zeigt, besitzt der aus einer stofflich nicht einheitlichen Flüssigkeit entwickelte Dampf im allgemeinen eine andere Zusammensetzung als die Flüssigkeit. Ebenso treten Unterschiede hinsichtlich der Konzentration der gelösten Stoffe auf, wenn man zwei nicht mischbare Flüssigkeiten oder eine Flüssigkeit und ein Gas in Kontakt bringt. Der gebildete oder vorhandene Dampf zusammen mit dem allenfalls vorhandenen Gas wird ebenso wie jede mit einer anderen nicht mischbaren Flüssigkeit als eine „Phase" bezeichnet. Ohne auf thermodynamische Erörterungen einzugehen, sollen zwei oder mehr Phasen als koexistierend oder miteinander im Gleichgewicht stehend betrachtet werden, wenn zwischen ihnen unter den gegebenen Bedingungen des Druckes und der Temperatur auch bei innigstem Kontakt und längerer Berührungszeit kein Stoffaustausch eintritt.

In der chemischen Ingenieurtechnik werden die in koexistierenden Phasen auftretenden Konzentrationsunterschiede dazu benützt, Stoffgemische zu zerlegen. Benützt man für eine Aufgabe der Stofftrennung den Unterschied in der Zusammensetzung einer Flüssigkeit und dem koexistierenden Dampf oder einer gasförmigen Phase, so spricht man von Destillation, Rektifikation oder Gaswäsche; benützt man zwei flüssige Phasen, so spricht man von Extraktion oder in der Erdölindustrie auch von Selektivraffination. Die Entwicklung der Rektifikations- bzw. Extraktionstechnik ist dabei so weit fortgeschritten, daß es gelingt, die Trennung der Komponenten eines Gemisches beliebig weit zu treiben, unabhängig davon, wie klein auch die Differenz in der Zusammensetzung der koexistierenden Phasen sein mag.

b) Die Phasenregel

Einen qualitativen Überblick über das Verhalten von einheitlichen Stoffen ebenso wie von Gemischen beim Verdampfen und auch bei anderen Phasenübergängen (heterogenen Gleichgewichten) gibt uns die „Phasenregel". Bezeichnet man mit P die Anzahl der Phasen, mit K die Anzahl der Komponenten und mit F die Anzahl der Freiheiten, dann kann die Phasenregel durch die Gl.

$$P + F = K + 2 \tag{1}$$

ausgedrückt werden. Dabei ist unter Phase jeder in sich homogene Teil des betrachteten Systems zu verstehen, welcher durch eine Oberfläche gegen den übrigen Teil des Systems abgegrenzt ist. Beispielsweise bildet jede Flüssigkeit, welche mit den übrigen vorhandenen Flüssigkeiten nicht mischbar ist, ebenso wie jeder feste Stoff eine Phase. Gase und Dämpfe sind stets miteinander mischbar, wir haben daher nie mehr als eine Gasphase vorliegen. Jeder der Stoffe, die wir brauchen, um das betrachtete System aufzubauen, bildet eine Komponente. Beschränkt man sich auf Gleichgewichte, bei welchen sich die vorhandenen Stoffe nicht chemisch verändern, dann ist die Zahl der Komponenten stets gleich der Zahl der vorhandenen Stoffe.

Unter Zahl der Freiheiten oder auch Freiheitsgrade versteht man die Anzahl der Größen, welche festgelegt werden müssen, um den Zustand des Systems eindeutig zu beschreiben. Ebenso kann man sagen, daß jede Größe, die in gewissen Grenzen verändert werden kann, ohne daß sich dadurch neue Phasen bilden, einen Freiheitsgrad darstellt. Die Größen, welche für die Definition des Zustandes in Frage kommen, sind Druck, Temperatur und die Konzentrationen der vorhandenen Stoffe in den verschiedenen Phasen. Dabei ist zu beachten, daß die Zusammensetzung einer Phase, in der i Stoffe vorhanden sind, durch die Angabe von $i-1$ Molenbrüchen festgelegt erscheint, weil die Summe der Molenbrüche offenbar stets gleich 1 sein muß. Einige Beispiele sollen das erläutern.

Beispiel 30.
Verdampfung einer reinen unvermischten Flüssigkeit. Es liegen offenbar zwei Phasen (Dampf und Flüssigkeit) und eine Komponente vor. Wir erhalten somit $P = 2$, $K = 1$, also Gl. (1)... $2 + F = = 1 + 2$; $F = 1$.
Von den Größen, die zur eindeutigen Festlegung des Zustandes des Systems notwendig sind, nämlich Druck und Temperatur, kann, weil ein Freiheitsgrad vorliegt, eine Größe (Druck oder Temperatur) frei gewählt werden. Dadurch ist die zweite Größe eindeutig festgelegt, was uns ja aus der Existenz von Dampfdruckkurven geläufig ist.

Beispiel 31.
Verdampfung eines Gemisches von zwei miteinander mischbaren Flüssigkeiten.
Die Zahl der Phasen beträgt zwei, jene der Komponenten auch zwei, die Anwendung der Phasenregel [Gl. (1)] ergibt also zwei Freiheiten. Wählen wir willkürlich zwei Variable, beispielsweise die

Temperatur und die Zusammensetzung der Flüssigkeit, dann sind damit auch die restlichen Variablen, nämlich Druck und Zusammensetzung des Dampfes, festgelegt.

In ähnlicher Weise kann die Zahl der Freiheiten für Gemische aus beliebig vielen Komponenten errechnet werden. Zu beachten ist, daß der „willkürlichen" Festlegung von Variablen doch gewisse Grenzen gesetzt sind. Wir dürfen nicht übersehen, daß durch die Auswahl von Temperatur und Druck auch die Zahl der Phasen beeinflußt wird, denn bei Temperaturen, die beträchtlich über der kritischen Temperatur liegen, kann offenbar nur eine Phase vorliegen (s. S. 72).

Für die Betrachtung von Wasserdampfdestillationen ist das folgende Problem von Bedeutung:

Beispiel 32.
Verdampfung dreier flüssiger Stoffe, von denen zwei miteinander mischbar, der dritte in den beiden ersten jedoch nicht löslich ist. Hier sind zwei Fälle zu unterscheiden, je nachdem, ob die mit den beiden anderen nicht mischbare Flüssigkeit nur dampfförmig vorhanden ist oder auch in flüssiger Phase vorliegt. Wenn nur die beiden Stoffe flüssig vorliegen, die miteinander mischbar sind, so gibt es offenbar eine flüssige und eine gasförmige Phase und drei Komponenten, die Phasenregel, Gl. (1) ergibt also drei Freiheiten. Zur Definition des Systems können außer Druck und Temperatur die Molenbrüche zweier Stoffe im Dampf und eines der Stoffe in der flüssigen Mischphase, also im ganzen fünf Variable, herangezogen werden. Legen wir also z. B. die Temperatur und die Zusammensetzung des Dampfes durch die Angabe zweier Molenbrüche fest, dann ist damit auch über den Druck und die Zusammensetzung der Flüssigkeit verfügt. Bei der Wahl der Zusammensetzung des Dampfes ist jedoch zu beachten, daß wir die Konzentration des Stoffes, welcher die nicht mischbare Flüssigkeit bildet, nicht größer wählen dürfen als dem Sättigungsdruck bei der gewählten Temperatur entspricht. Wählen wir die Konzentration höher, dann kondensiert offenbar ein Teil des Dampfes und das Problem geht in den zweiten Fall über, bei welchem zwei flüssige Phasen vorliegen. Bei drei Komponenten und drei Phasen ergibt die Phasenregel, Gl. (1), zwei Freiheiten. Die Zahl der Variablen beträgt wieder fünf, von denen wir aber nur mehr zwei frei wählen können. Der Zustand des Systems erscheint also bei der Anwesenheit zweier flüssiger Phasen, beispielsweise durch die Festlegung der Zusammensetzung des Dampfes, wofür die Angabe der Molenbrüche zweier Stoffe notwendig ist, eindeutig beschrieben.

Das Gleichgewicht zwischen den Phasen wird durch die Phasenregel in qualitativer Hinsicht beschrieben, das heißt, es kann vorausgesagt werden, ob unter bestimmten Bedingungen beispielsweise eine Dampfphase auftritt oder nicht. Es wird aber nichts über die Mengen oder die Zusammensetzung der Phasen ausgesagt. Die quantitative Darstellung der Phasengleichgewichte erfolgt meist graphisch durch sogenannte Zustandsdiagramme. Sehr häufig, insbesondere bei Mischungen, die aus chemisch ähnlich gebauten Stoffen bestehen, ist es möglich, das Phasengleichgewicht aus den Eigenschaften der Komponenten vorauszuberechnen; in den folgenden Abschnitten werden Wege für diese Berechnung gezeigt werden. In anderen Fällen wird das Ergebnis von Messungen meist graphisch wiedergegeben. Die Benützung der Gleichgewichtsangaben für die Berechnung von Extraktions- und Rektifikationsverfahren ist im zweiten Band erläutert.

c) Konzentrationsangaben

Die Zusammensetzung von Gemischen wird im allgemeinen in Molenbrüchen, seltener in Molprozenten, Gewichts- oder Volumprozenten angegeben. Bezeichnet man die Anzahl der in einer Phase vorhandenen Mole[1] der Komponenten I, II, III usf. mit x_1, x_2, x_3 usf., dann werden die Molenbrüche X durch die Gl.

$$X_1 = \frac{x_1}{x_1 + x_2 + x_3 + \ldots} \; ; \quad X_2 = \frac{x_2}{x_1 + x_2 + x_3 + \ldots} \ldots \text{ usw.} \tag{2}$$

oder, wenn man die Summe $x_1 + x_2 + x_3 + \ldots$ mit Σx bezeichnet, durch

$$X_1 = \frac{x_1}{\Sigma x} \; ; \quad X_2 = \frac{x_2}{\Sigma x} \ldots \text{ usw.} \tag{2a}$$

ausgedrückt.

---

[1] Unter 1 gr-Mol, kurz auch ein Mol genannt, ist jene Menge zu verstehen, welche der in Grammen ausgedrückten Maßzahl des Molgewichtes entspricht. Unter einem Kilomol (kMol oder kg-Mol) ist das Tausendfache dieser Menge zu verstehen.

Man ersieht aus dieser Definition, daß die Molenbrüche den hundertsten Teil der Konzentration in Molprozenten darstellen. Ebenso wie Molenbrüche, können auch Gewichts- oder Volumbrüche zur Konzentrationsangabe verwendet werden; um diese zu erhalten, sind in den obigen Gleichungen an Stelle der Anzahl der Mole x_1, x_2 usw. Gewichts- oder Volumsteile einzusetzen. Die Umrechnung von Molprozenten in Gewichts- oder Volumprozente (bei den letzteren allerdings mit Einschränkung auf Systeme, deren Komponenten beim Vermischen das Volumen nicht ändern) oder umgekehrt, sei an Hand des folgenden Beispiels erläutert:

Beispiel 33.

Gegeben: Die in der ersten Spalte der untenstehenden Aufstellung verzeichnete Zusammensetzung eines Gemisches von Kohlenwasserstoffen in Molenbrüchen.

Gesucht: Die Zusammensetzung in Gewichtsprozenten.

Die Rechnung wird zweckmäßigerweise in Tabellenform notiert. Man bestimmt zunächst die in 1 gr-Mol der Mischung vorhandenen Gewichtsmengen durch Multiplikation der Molenbrüche mit den Molgewichten der betreffenden Komponenten (Spalte 3) und ermittelt durch Dividieren der Gewichte durch das Gesamtgewicht die Gewichtsprozente.

Stoff	Molenbrüche	Molgewicht	In 1 gr-Mol der Mischung sind enthalten g	Gewichtsprozent
(1)	(2)	(3)	(4)	(5)
Methan	0,128	16,04	2,05	4,96
Äthan	0,179	30,07	5,38	13,04
Propan	0,452	44,09	19,9	48,10
Butan	0,241	58,12	14,0	33,90
	1,000	1 gr-Mol d.M. $= 41,33$ g		100,00

Bei anderen Umrechnungen wäre dementsprechend die in einer beliebigen Menge enthaltene Anzahl Volumteile, Gewichtsteile oder Mole zu berechnen. Bei gasförmigen Mischungen sind Angaben in Molprozenten und Volumprozenten als identisch anzusehen, weil sich die Volumina auf Atmosphärendruck beziehen und es üblich ist, mit einem einheitlichen Volumen für das kMol von $22,4$ m^3 bei 0^0 C und 760 mm bzw. $24,4$ m^3 bei 15^0 C und $735,5$ mm zu rechnen. Bei binären Gemischen kann die Umrechnung von Gewichtsprozenten in Molprozente bzw. Molenbrüche und mit der erwähnten Einschränkung die Umrechnung in Volumprozente mit Hilfe des Nomogramms Tafel 130 durchgeführt werden.

Die Benützung des Nomogramms ergibt sich aus dem folgenden Schema:

Bei der Umrechnung von	ist für Q einzusetzen	Ist für die mit dem Index 1 belegte Komponente abzulesen	
		unter Z	unter X
Mol-% — Gew-%	$\dfrac{M_1}{M_2}$	$\dfrac{\text{Gew.-}^0/_0}{100}$	$\dfrac{\text{Mol-}^0/_0}{100} =$ Molenbruch
Vol-% — Mol-%	$\dfrac{v_1}{v_2}$	$\dfrac{\text{Vol-}^0/_0}{100}$	$\dfrac{\text{Mol-}^0/_0}{100} =$ Molenbruch
Vol-% — Gew-%	$\dfrac{\varrho_2}{\varrho_1}$	$\dfrac{\text{Vol-}^0/_0}{100}$	$\dfrac{\text{Gew-}^0/_0}{100}$

Die Wahl der Indizes hat stets so zu geschehen, daß Q größer als 1 wird (M bedeutet das Molgewicht, v das Molvolumen und ϱ die Dichte). Im übrigen ergibt sich die Benützung aus dem eingezeichneten Beispiel.

Für $X = 0,88$ und $Q = 2,5$ erhält man $Z = 0,948$.

Die Löslichkeit von Gasen in Flüssigkeiten wird häufig durch Absorptionskoeffizienten ausgedrückt.

Der Bunsensche Absorptionskoeffizient gibt das von der Volumeinheit des Lösungsmittels bei der betreffenden Temperatur aufgenommene Volumen des Gases an (reduziert auf 0° C und 760 mm), wenn der Partialdruck des Gases 760 mm beträgt. Der Gesamtdruck ist also um den Partialdruck des Lösungsmittels größer als 760 mm.

Der Kuensche Absorptionskoeffizient gibt das Volumen (reduziert auf 0° C, 760 mm) des Gases an, das von 1 g des Lösungsmittels bei einem Partialdruck des Gases von 760 mm gelöst wird.

Der Raoultsche Absorptionskoeffizient gibt das Gewicht des Gases an, das von 100 cm³ des Lösungsmittels bei einem Partialdruck von 760 mm aufgenommen wird.

Die Umrechnung dieser Größen dürfte an Hand der Definitionen klar sein.

In der amerikanischen Literatur wird gelegentlich die Löslichkeit von Gasen auch durch die Henrysche Konstante $K = \frac{p}{X}$ angegeben, wobei

p den Partialdruck in mm Q. S. und

X den Molenbruch

der gelösten Substanz bedeutet. Die Umrechnung in den Bunsenschen Absorptionskoeffizienten α kann, wenn das Henrysche Gesetz bis zu so hohen Portialdrücken gilt, nach der Gl.

$$K = \frac{1{,}702 \cdot 10^7\, \varrho}{M\, \alpha} + 760 \text{ erfolgen,} \tag{3}$$

in welcher M das Molgewicht und ϱ die Dichte des Lösungsmittels bedeutet. Für wäßrige Lösungen erhält man

$$K = \frac{9{,}45 \cdot 10^5}{\alpha} + 760 \tag{4}$$

2. Das Gleichgewicht bei der Verdampfung und bei der Kondensation

a) Einteilung der Gemische in Typen

Bei der Betrachtung der physikalischen Eigenschaften von Gemischen und bei der rechnerischen Behandlung von Verdampfungsgleichgewichten ist es zweckmäßig, folgende Typen zu unterscheiden:

1. Ideale Gemische. Diesem Typ entsprechen mit mehr oder weniger starker Annäherung Mischungen aus chemisch ähnlichen Substanzen, z. B. Mischungen von homologen Kohlenwasserstoffen.

2. Uniideale Gemische. Dazu zählen alle übrigen Mischungen, soferne sie aus Substanzen bestehen, die im flüssigen Zustand ineinander unbeschränkt löslich sind.

3. Beschränkt lösliche Gemische.

Hierher gehören alle Gemische von Substanzen, die ineinander nicht oder nur beschränkt löslich sind, bei denen also eine Mischungslücke besteht, so daß in einem gewissen Konzentrationsbereich zwei oder auch mehr flüssige Phasen miteinander koexistieren.

Eine schematische Übersicht über diese verschiedenen Typen von Gemischen unter Beschränkung auf binäre Systeme ist in Abb. 20 gegeben, wobei gleichzeitig die verschiedenen graphischen Darstellungsmethoden für das Verhalten binärer Mischungen in Diagrammform einander gegenübergestellt sind. In der obersten Reihe der Abbildung sind die „Thiele-McCabe"-Diagramme der verschiedenen Typen wiedergegeben. Bei dieser Darstellungsweise, die bei der graphischen Durchrechnung von Rektifikationsaufgaben sehr oft angewendet wird, ist für eine gegebene Temperatur oder einen gegebenen

Druck der Molenbruch der flüchtigeren Komponente im Dampf Z_1 über den Molenbruch dieser Komponente in der Flüssigkeit X_1 aufgetragen. In der zweiten Reihe sind die „Baley-Kurven" dargestellt. Dabei wird für einen gegebenen Druck die Temperatur des Dampfes und der Flüssigkeit über den Molenbrüchen der flüchtigeren Komponente aufgetragen. Von den beiden erhaltenen Kurven bezieht sich die obere, die Taulinie,

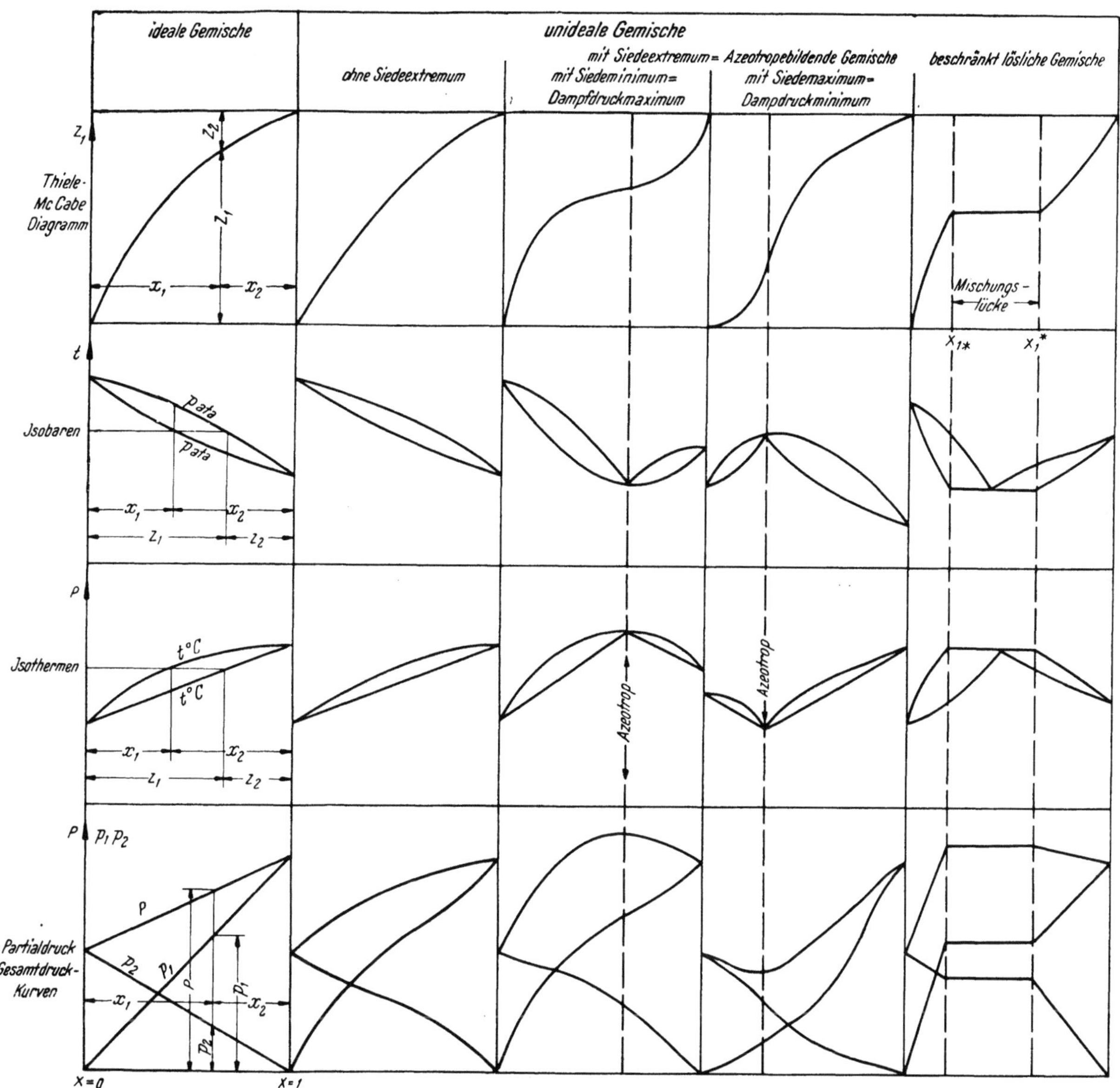

Abb. 20. Verdampfungsdiagramme verschiedener Typen binärer Gemische

auf den Dampf und die untere, die Siedelinie, auf die Flüssigkeit. In der dritten Reihe ist der (Gesamt-) Druck für eine gegebene Temperatur über den Molenbrüchen des Dampfes und der Flüssigkeit aufgetragen. Hier gibt die untere Kurve, die Taulinie, den Druck an, bei dem bei gegebener Temperatur und Zusammensetzung die Kondensation beginnt, während die obere Kurve den Druck angibt, bei dem die Kondensation beendet ist und somit das Sieden beginnt. In der untersten Reihe sind schließlich die Partialdrücke und der Gesamtdruck über den Molenbrüchen der Flüssigkeit aufgetragen.

b) Ideale Gemische

Diesem Typ folgen mit großer Annäherung u. a. die Gemische der Paraffine, der Naphthene, der Olefine und der Aromaten untereinander bei niedrigen Drücken (jedoch nicht etwa Gemische von Paraffinen mit Aromaten oder Olefinen). Es verhalten sich derartig aber ganz allgemein alle Mischungen chemisch ähnlicher Stoffe (z. B. Mischungen aus homologen organischen Verbindungen). Ideale Gemische sind dadurch gekennzeichnet, daß das Raoultsche und das Daltonsche Gesetz für alle Konzentrationen gilt.

Ideale Gemische mit beliebig vielen Komponenten

Bezeichnet man mit $p_i{}^0$ den Dampfdruck der betrachteten (i-ten) Komponente im reinen, ungemischten Zustand, mit p_i den Partialdruck und mit X_i den Molenbruch in der Flüssigkeit, dann lautet das Raoultsche Gesetz

$$p_i = p_i{}^0\, X_i \tag{5}$$

Es besteht also nach diesem Gesetz ein linearer Zusammenhang zwischen dem Partialdruck des Dampfes und dem Molenbruch einer Komponente in der Flüssigkeit.

Das Daltonsche Gesetz besagt, daß der Gesamtdruck P der Dampfphase sich additiv aus den Partialdrücken aufbaut. Unterscheidet man die Größen, die sich auf die Komponenten I, II, III usw. beziehen, durch die Indizes 1, 2, 3 usw., dann kann man also schreiben:

$$p_1 + p_2 + p_3 + \ldots + p_i = \sum_1^i p = P \tag{6}$$

Bezeichnet man die Molenbrüche in der Gasphase mit Z, so gilt offenbar

$$Z_1 = \frac{p_1}{\sum\limits_1^i p} = \frac{p_1}{P}\,. \tag{7}$$

Vereinigt man die Gleichungen (5) und (7), so erhält man die für das „ideale" Gleichgewicht grundlegende und für jede der Komponenten geltende Gl.

$$p_i{}^0\, X_i = P Z_i. \tag{8}$$

Das Verdampfungsgleichgewicht eines Systems von i-Komponenten ist also durch folgendes System von Gleichungen gekennzeichnet

$$\begin{aligned}
p_1{}^0\, X_1 &= P Z_1 \\
p_2{}^0\, X_2 &= P Z_2
\end{aligned} \tag{9}$$

$$p_i{}^0\, X_i = P Z_i,$$

das noch durch die Beziehungen

$$\begin{aligned}
X_1 + X_2 + X_3 + \ldots\ldots + X_i &= 1 \\
Z_1 + Z_2 + Z_3 + \ldots\ldots + Z_i &= 1
\end{aligned} \tag{10}$$

zu ergänzen ist.

Der Siedepunkt. Definiert man als Siedebeginn eines Gemisches jenen Punkt, bei welchem der Dampfdruck des Gemisches eben den darauf lastenden Druck erreicht bzw. überschreitet oder in gleichwertiger Weise als den Punkt, bei dem bei isothermer Kompression des dampfförmigen Gemisches infolge der fortschreitenden Kondensation die letzte Dampfblase verschwindet (dieser Punkt ist nicht identisch mit dem Siedebeginn nach ENGLER oder A. S. T. M.), dann erhält man für den Siedebeginn die Bedingung

$$\frac{X_1 p_1^0}{P} + \frac{X_2 p_2^0}{P} + \cdots + \frac{X_i p_i^0}{P} = \frac{\overset{i}{\underset{1}{\Sigma}} X p^0}{P} = 1. \tag{11}$$

Der Taupunkt. Für den Taubeginn, der als jener Punkt definiert ist, bei dem bei der isothermen Kompression des dampfförmigen Gemisches der erste Tropfen Flüssigkeit abgeschieden wird bzw. bei dem der letzte Tropfen des siedenden Gemisches verdampft, erhält man in gleicher Weise

$$\frac{Z_1 P}{p_1^0} + \frac{Z_2 P}{p_2^0} + \cdots + \frac{Z_i P}{p_i^0} = P \sum_{1}^{i} \frac{Z}{p^0} = 1. \tag{12}$$

Bei gegebener Temperatur kann aus den Formeln 11 und 12 unmittelbar der Druck berechnet werden, bei welchem der Siedepunkt oder der Taupunkt erreicht wird, soferne nur die Dampfdrücke der beteiligten Stoffe bekannt sind. Die Berechnung der Temperatur des Siede- oder Taupunktes bei gegebenem Druck muß hingegen durch Probieren erfolgen, indem man die Rechnung zunächst für eine geschätzte Temperatur ausführt. Stimmt, was gewöhnlich der Fall sein dürfte, der nach Gl. 11 oder 12 ermittelte Druck mit dem gegebenen Druck nicht überein, dann wird die Rechnung für eine zweite geschätzte Temperatur wiederholt und damit solange fortgefahren, bis man sich an die gesuchte Temperatur herangetastet hat oder bis sie durch Interpolieren zwischen zwei hinreichend nahen Werten ermittelt werden kann. Die Benützung der obigen Formeln sei an Hand der folgenden Beispiele erläutert:

Beispiel 34.

Gegeben ein Gemisch aus Propan, n-Butan, i-Butan und n-Pentan der Zusammensetzung, die in der zweiten Spalte der untenstehenden Tabelle verzeichnet ist.

Gesucht die Zusammensetzung des Dampfes, der mit einer Flüssigkeit dieser Zusammensetzung bei 10° C im Gleichgewicht steht, sowie der Dampfdruck des Gemisches bei dieser Temperatur.

Stoff (1)	Molenbrüche X (2)	Dampfdruck bei 10° C (3)	Partialdruck ata (4)	Molenbrüche Z (5)
Propan	0,04	ata 6,5	0,260	0,149
n-Butan	0,62	1,5	0,930	0,534
i-Butan	0,22	2,3	0,506	0,290
n-Pentan	0,12	0,39	0,047	0,027
	1,00		$P = 1,743$ ata	1,000

Durch Multiplizieren der in der zweiten Spalte angegebenen, mit X bezeichneten Molenbrüche der Komponenten in der Flüssigkeit mit den in der dritten Spalte verzeichneten Dampfdrücken, die der Tafel 125 zu entnehmen sind, erhält man die in der vierten Spalte angegebenen Partialdrücke. Ihre Summe ist nach dem Daltonschen Gesetz gleich dem Dampfdruck des Gemisches. Dividiert man die Partialdrücke durch diesen Wert, so erhält man die gesuchten, in der fünften Spalte verzeichneten Molenbrüche der Komponenten in der Dampfphase.

Beispiel 35.

Gesucht der Druck, bei dem das im Beispiel 34 gegebene, dampfförmig vorliegende Gemisch bei 10° C eben zu kondensieren beginnt (der Taupunkt).

Für die Berechnung des Taupunktes gilt die Gl. (12); setzt man die in der zweiten Spalte der Tabelle, Beispiel 34, gegebenen Zusammensetzungen und die in der dritten Spalte für die Dampfdrücke gegebenen Werte in die Gl. (12) ein, so erhält man:

$$\sum_{1}^{i} \frac{Z}{p^0} = \frac{0,04}{6.5} + \frac{0,62}{1,5} + \frac{0,22}{2,3} + \frac{0,12}{0,39} = 0,823 = \frac{1}{P}$$

$$P = \frac{1}{0,823} = 1,215 \text{ ata.}$$

Wird also das gegebene Gemisch im dampfförmigen Zustand bei 10° C komprimiert, so wird der erste Tropfen Flüssigkeit beim Erreichen eines Druckes von 1,215 ata abgeschieden.

Beispiel 36.

Gesucht die Temperatur, bei welcher das in Beispiel 34 gegebene Gemisch unter einem Druck von 1 Ata eben zu sieden beginnt.

Die erste Schätzung der Siedetemperatur kann auf folgende Weise geschehen: Aus Beispiel 34 ist bekannt, daß der Dampfdruck des Gemisches bei 10° C 1,743 ata beträgt. Zeichnet man in Tafel 125 von dem Punkt, der 1,743 ata bei 10° C entspricht, eine gerade Linie mit der Neigung, wie sie den Dampfdruckkurven in diesem Gebiet der Tafel entspricht, so schneidet diese Linie die 1 Ata- ($= 760$ mm Quecksilber-) Linie bei etwa —3° C. Diese Temperatur ist natürlich nur eine grobe Näherung, weil die Neigung der Dampfdruckkurve des Gemisches nur geschätzt wurde und weil auch die Gemische im Koordinatensystem der Tafel keine geradlinigen Dampfdruckkurven zeigen. In der untenstehenden Tabelle, die in der ersten Spalte die Zusammensetzung der Flüssigkeit und in der dritten Spalte den Dampfdruck der Komponenten bei —3° C enthält, sind in der vierten Spalte entsprechend der Gl. (11) die Werte von $X.p^0$ für 3° C berechnet. Da die Summe dieser Werte einen Siededruck von 1,135 ata ergibt, ist diese Temperatur offenbar zu hoch. Die für —5° C wiederholte Rechnung ergibt einen Siededruck von 1,035 ata, was hinreichend mit dem gegebenen Druck von 1 Ata $= 1,033$ ata übereinstimmt. Die Siedetemperatur ist also mit —5° C ermittelt.

| Stoff | Molenbrüche X | bei — 3° C | | — 5° C | |
| | | p^0 | Xp^0 | p^0 | Xp^0 |
(1)	(2)	(3)	(4)	(5)	(6)
Propan	0,04	4,7	0,188	4,35	0,1740
n-Butan	0,62	0,95	0,589	0,87	0,5390
i-Butan	0,22	1,5	0,330	1,35	0,2970
n-Pentan	0,12	0,23	0,028	0,21	0,0252
			$P = 1,135$ ata		$P = 1,0352$ ata

Ideale Gemische mit zwei Komponenten. Bei binären Gemischen vereinfacht sich die Berechnung des Gleichgewichtes erheblich und man erhält die Gl.

$$\frac{Z_1(1-X_1)}{X_1(1-Z_1)} = \frac{p_1^0}{p_2^0} = \alpha^0, \qquad (13)$$

welche den Zusammenhang des Molenbruches der flüchtigeren, stets mit dem Index 1 belegten Komponente in der Gasphase Z_1 mit dem Molenbruch X_1 dieser Komponente in der Flüssigkeit angibt. Die Auswertung dieser Gleichung, die oft

$$Z_1 = \frac{X_1 \alpha^0}{1 + X_1(\alpha^0 - 1)} \qquad (13a)$$

geschrieben wird, kann auch mit Hilfe des Nomogramms Tafel 130 erfolgen, wobei für den Quotienten $Q \ldots \alpha^0$ einzusetzen ist.

Für die Berechnung von Rektifizierkolonnen und ähnlichen Apparaten verwendet man vorteilhafterweise ein sogenanntes THIELE-McCABE-Diagramm, in welchem die in Molprozenten gemessene Konzentration der flüchtigeren Komponente im Dampf über der Konzentration der flüchtigeren Komponente in der Flüssigkeit aufgetragen ist. Man erhält dann die Gleichgewichtskurve in Form einer Hyperbel, die von links unten nach rechts oben symmetrisch zu der von links oben nach rechts unten gezogenen Diagonale verläuft. Die Konstruktion der Hyperbel wird dadurch erleichtert, daß ihre Neigung im Nullpunkt gleich dem Wert von α^0 ist. In Tafel 131 sind die für die Berechnun nach THIELE-McCABE notwendigen Gleichgewichtskurven für eine Reihe von idealen Gemischen mit verschiedenen α^0-Werten aufgetragen.

Hier muß noch auf eine besondere Eigenschaft der Gleichgewichtskurven von idealen Gemischen hingewiesen werden. Die Gleichgewichtshyperbel ändert nämlich ihre Form nicht, wenn die Konzentrationsangaben statt in Molprozenten in Gewichts- oder Volumprozenten erfolgen. Diese Eigenschaft geht darauf zurück, daß die Umrechnung von Gewichtsprozenten in Molprozente usw. nach einer Gleichung erfolgt, die ebenso gebaut ist wie die Gl. 13a. Infolgedessen kommt eine Änderung der Konzentrationsangabe etwa von Molprozent in Gewichtsprozent einer zwar ungleichförmigen, aber die Ordinate und Abszisse in gleicher Weise betreffenden Maßstabänderung gleich.

c) Unideale, unbeschränkt lösliche Gemische

Allgemeines Verhalten. Zu diesem Typ gehören alle Gemische, die nicht zu den unter b) behandelten idealen Gemischen gehören, soferne die Komponenten, aus denen sie bestehen, im flüssigen Zustande ineinander unbeschränkt löslich sind. Ein allgemeines Kennzeichen unidealer Gemische ist das Auftreten einer Wärmetönung beim Mischen und häufig setzt sich auch das Volumen der Mischung nicht additiv aus den Volumina der Komponenten zusammen. Beispielsweise gehören Mischungen von Toluol und Heptan eindeutig hierher, wenn sie sich auch nicht beträchtlich von einem idealen Gemisch unterscheiden, während bei anderen Systemen die Abweichung vom linearen Zusammenhang zwischen den Partialdrucken und der Zusammensetzung so groß ist, daß die Kurve des Gesamtdruckes einen extremen Wert zeigt. Ein Maximum in der Dampfdruckkurve entspricht dabei einem Minimum in der Siedekurve, und umgekehrt.

Bei solchen Systemen gibt es eine konstant siedende Mischung (Azeotrop, azeotropes Gemisch oder azeotrope Mischung), die sich bei der Destillation wie ein einheitlicher Stoff verhält. Versucht man derartige Gemische durch Destillation in ihre Komponenten zu zerlegen, dann kann nur einer der Stoffe, nämlich der, welcher in der Ausgangsmischung gegenüber dem Azeotrop im Überschuß vorhanden ist, mehr oder weniger rein gewonnen werden, während der andere Stoff in Form der konstant siedenden Mischung anfällt, die durch Destillieren oder Rektifizieren nicht weiter zerlegt werden kann.

Das Bestehen azeotroper Mischungen ist insbesondere dann zu erwarten, wenn die Siededifferenz der Komponenten klein ist. Zum Beispiel bilden aliphatische und aromatische Kohlenwasserstoffe mit geringer Siededifferenz, wie Hexan und Benzol, ein Azeotrop, während etwa Oktan und Benzol nur eine geringfügige Abweichung vom idealen Verhalten zeigen. Ähnlich verhalten sich auch Gemische aus Kohlenwasserstoffen und Alkoholen. In quantitativer Beziehung wird auf diese Erscheinung weiter unten eingegangen.

Hier sei auch darauf verwiesen, daß sich Gemische mit beschränkter Löslichkeit der Komponenten in mancher Beziehung ähnlich den Gemischen mit Dampfdruckmaximum verhalten.

Der Zusammenhang zwischen Partialdruck und Konzentration in der Flüssigkeit, der Aktivitätskoeffizient. Bei unidealen Gemischen gilt das Raoultsche und das Henrysche Gesetz nur für die verdünnte Lösung. Ein linearer Zusammenhang zwischen dem Partialdruck und dem Molenbruch der betrachteten Komponente in der Flüssigkeit, wie er durch diese Gesetze gefordert wird, besteht hier also jeweils nur in dem Gebiet, in welchem sich der Molenbruch dem Wert Null bzw. Eins nähert.

Die Abweichung des Partialdruckes p vom linearen Zusammenhang wird zweckmäßig durch eine Korrektur γ berücksichtigt, die als Aktivitätskoeffizient bezeichnet wird (s. LEWIS und RANDALL [1]. Man erhält

$$p = p^0 \gamma X, \qquad (14)$$

im Bereich des Raoultschen Gesetzes wird dann γ gleich eins, und im Bereich des Henryschen Gesetzes gleich der Henryschen Konstante.

Formel für binäre Systeme. Sind die Aktivitätskoeffizienten über den interessierenden Konzentrationsbereich etwa als Funktion von X_1 bekannt, so kann man bei binären Systemen die zu jeder Zusammensetzung X_1 der Flüssigkeit gehörende Dampfzusammensetzung Z_1 aus der Gl.

$$\frac{Z_1(1-X_1)}{X_1(1-Z_1)} = \frac{p_1{}^0\,\gamma_1}{p_2{}^0\,\gamma_2} = \frac{\alpha^0\,\gamma_1}{\gamma_2} =: \alpha \tag{15}$$

ermitteln, welche der Gl. 13 sehr ähnlich ist. Während aber bei einem idealen Gemisch die rechte Seite der Gleichung aus dem Quotienten aus den Dampfdrücken der beiden reinen Komponenten besteht, ist bei unidealen Gemischen die rechte Seite der Gleichung noch mit dem Quotienten aus den Aktivitätskoeffizienten zu multiplizieren, stellt also keine Konstante dar. Da die Aktivitätskoeffizienten oder auch deren Quotient unter gewissen vereinfachenden Annahmen als Funktion von α_0 und X_1 bestimmt werden können, ist das Gleichgewicht hier ebenso wie bei den idealen Gemischen rein rechnerisch zu ermitteln. Allerdings ist die Genauigkeit des Ergebnisses eben wegen der erwähnten Vereinfachungen nicht immer ganz zufriedenstellend, so daß bei unidealen Gemischen die experimentelle Ermittlung des Gleichgewichtes einen breiteren Raum einnimmt — im Gegensatz zu den idealen Gemischen, bei denen wenigstens bei kleinen Siededifferenzen der Komponenten die Rechnung wesentlich genauere und zuverlässigere Ergebnisse liefert als das Experiment.

Eine ziemlich vollständige Zusammenstellung der Methoden, die bisher vorgeschlagen wurden, um die Aktivitätskoeffizienten aus der Zusammensetzung der Flüssigkeit zu berechnen, gibt CARLSON und COLBURN [2]. Eine Methode, die sich weniger für die Berechnung des Verdampfungsgleichgewichtes als für die Interpolation und den Ausgleich experimenteller Messungen eignen dürfte, geht auf CLARK [3] zurück. Hier sollen nur zwei Methoden gezeigt werden.

Die Berechnung der Aktivitätskoeffizienten aus der Mischungswärme. Diese Methode, die sowohl auf Systeme, welche ein Azeotrop bilden, als auch auf andere Systeme angewendet werden kann, geht auf theoretische Überlegungen von VAN LAAR und HILDEBRAND zurück. Mit dieser Methode können die Aktivitätskoeffizienten für ein binäres System aus der Zusammensetzung der Flüssigkeit geschätzt werden, soferne nur die Mischungswärme der beiden Komponenten wenigstens für ein Mischungsverhältnis bekannt ist (s. auch W. JOST [4]). Unter gewissen vereinfachenden Annahmen ergibt sich für die mit α bezeichnete rechte Seite der Gl. 15 die Gl.

$$\alpha = \alpha^0\, e^{\frac{4\,\Delta\overline{H}\,(1-X_1)}{R\,T}}, \tag{16}$$

in der X_1 den Molenbruch der flüchtigeren Komponente in der Flüssigkeit, α^0 den Quotienten aus den Dampfdrücken der beiden reinen Komponenten, T die absolute Temperatur, R die Gaskonstante, e die Basis des natürlichen Logarithmus und $\Delta\overline{H}$ die bei der Vermischung von je 0,5 gr-Mol der beiden Komponenten auftretende Wärmetönung bedeutet, wobei eine exotherme Mischungswärme mit negativem Vorzeichen in die Rechnung einzuführen wäre. Die Auswertung dieser Formel kann mit Hilfe der Tafel 132 erfolgen, deren Gebrauch an Hand des folgenden Beispieles erläutert sei.

Beispiel 37.

Welche Zusammensetzung hat der Dampf, welcher bei 96° C von einem flüssigen Gemisch von 25 Molprozent iso-Oktan und 75 Molprozent Benzol entwickelt wird?

Gegeben die Wärmetönung, die bei der Vermischung von je 0,5 gr-Mol der Komponenten beobachtet wird, zu $\Delta\overline{H} = +250$ cal.

Tafel 126 ... Benzol: $p_1{}^0 = 1,60$

3,4 Dimethylhexan: $p_2{}^0 = 0,55$

Gl. (15) $\cdots \alpha^0 = \dfrac{p_1{}^0}{p_2{}^0} = \dfrac{1,60}{0,55} = 2,9;$

Tafel 132 . . .

. . . Da $\Delta \overline{H}$ positiv, die Mischung also endotherm und der gegebene Wert von $X_1 = 0,75$ größer als 0,5 ist, muß der Wert von $\dfrac{\Delta \overline{H}}{T} = \dfrac{250}{273 + 96} = 0,68$ am unteren Ast der Teilung abgelesen werden. Legt man durch den ermittelten Punkt und durch die Stelle $X_1 = 0,75$ eine Gerade und dazu eine Senkrechte durch den Punkt $a^0 = 2,9$, so erhält man $a = 1,43$.

Tafel 130 . . für $X = 0,75$ und $a = 1,43$ erhält man
$$Z = 0,81.$$

Es muß besonders betont werden, daß bei dieser Rechnung für $\Delta \overline{H}$ der bei der jeweiligen Siedetemperatur gemessene Wert einzusetzen wäre. Für die erreichbare Genauigkeit ist es jedoch meist ausreichend, wenn die bei Zimmertemperatur gemessene Mischungswärme eingesetzt wird.

Es sei noch bemerkt, daß ein Azeotrop nur dann auftritt, wenn die Mischungswärme im Verhältnis zur Siededifferenz der Komponenten oder genauer zum a^0-Wert hinreichend groß ist. Die absolute Größe der Mischungswärme, die notwendig ist, um bei einem gegebenen a^0 das Auftreten einer azeotropen Mischung zu bewirken, kann nach Gl. 16 oder im Nomogramm Tafel 132 bestimmt werden, wenn man a gleich 1 setzt. Ist die Mischungswärme kleiner, dann nähert sich zwar die Form der Thiele-McCabe-Kurven von Systemen mit endothermer Mischungswärme jener der Gemische mit Siedeminimum, die von Systemen mit exothermer Mischungswärme jener von Gemischen mit Siedemaximum, allerdings ohne daß die Kurve für $a^0 = 1$ geschnitten wird.

Sehr häufig beziehen sich Literaturangaben der Mischungswärme nicht auf das Molverhältnis $1 : 1$, sondern auf andere Konzentrationen. Unter den Vereinfachungen der Gl. 16 kann eine Umrechnung von Mischungswärmen für andere Konzentrationen nach der Gl.

$$\Delta H = 4 \, \Delta H_{0,5} \, X \, (1 - X) \tag{17}$$

erfolgen, wobei $\Delta H_{0,5}$ die Wärmetönung beim Vermischen von je 0,5 Molen der beiden Komponenten und X den Molenbruch einer der Komponenten in jener Mischung bedeutet, bei welcher die Herstellung von 1 Mol mit der Wärmetönung ΔH verbunden war.

Da Gl. (17) ebenso gebaut ist wie die durch das Nomogramm auf Tafel 14 dargestellte Gl. III/3, kann dieses Nomogramm auch im vorliegenden Fall verwendet werden. Es ist dabei ΔH an der Skala für ΔV und $\Delta H_{0,5}$ an der Skala für $\Delta V_{0,5}$ ohne Rücksicht auf das Vorzeichen von ΔH abzulesen. Reicht der Skalenbereich nicht aus, dann ist für die Rechnung auf dem Nomogramm ΔH und $\Delta H_{0,5}$ mit einem Proportionalitätsfaktor von etwa 0,1 oder 0,01 zu multiplizieren.

Ein Beispiel möge das verdeutlichen.

Beispiel 38.
Bei der Herstellung einer Mischung aus 60 Gew-% Benzol und 40 Gew-% Methanol tritt eine Wärmetönung von 2,27 cal/g auf.

Wie groß ist die Wärmetönung bei der Vermischung von je 0,5 Molen?

Zunächst ist das Molgewicht der beiden Stoffe aufzusuchen. Wir erhalten nach

Tabelle 2 Methanol Molgewicht $M_1 = 32$
Tabelle 1 Benzol   Molgewicht $M_2 = 78$

Ein Gramm des gegebenen Gemisches besteht aus

$\dfrac{0,60}{78} = 0,00769$ Molen Benzol und

$\dfrac{0,40}{32} = 0,0125$ Molen Methanol, also aus zusammen

0,02019 Molen. Die molare Mischungswärme ΔH beträgt also bei der gegebenen Zusammensetzung $2,27/0,0202 = 112$ cal/Mol und für den Molenbruch X des Methanols erhält man $X_1 = 0,0125/0,02019 = 0,62$.

Tafel 14 ... liest man auf der ΔV-Skala für $112.0{,}001 = 0{,}112$ und $X_1 = 0{,}62$ ab, dann erhält man auf der $\Delta V_{0,5}$-Skala den Wert $0{,}119$. Die Wärmetönung beim Vermischen von je 0,5 Molen beträgt also $\Delta H_{0,5} = 0{,}119/0{,}001 = 119\ \mathrm{cal/Mol}$.

Es muß besonders betont werden, daß die Gl. 16 bzw. das Nomogramm Tafel 132 nur Näherungswerte liefert. Bei Systemen, die ein Azeotrop bilden, wird sehr häufig die Zusammensetzung der konstant siedenden Mischung nicht richtig wiedergegeben. Man kann dann, um eine wenigstens ungefähr richtige Gleichgewichtskurve zu erhalten, für die Berechnung an Stelle des tatsächlichen Wertes der Mischungswärme einen fiktiven Wert verwenden. Diesen fiktiven Wert erhält man mit Hilfe der Tafel 132 aus dem Wert von α^0 und der Zusammensetzung des Azeotrops unter Beachtung der Tatsache, daß für diese Zusammensetzung $\alpha = 1$ ist.

Die Berechnung der Aktivitätskoeffizienten aus der Zusammensetzung des Azeotrops. Bei Systemen, welche ein Azeotrop bilden, ist es meist zweckmäßig, nach den von COLBURN [2] angedeuteten Methoden vorzugehen. Dabei kann α unmittelbar als Funktion der Dampfdrücke der beiden reinen Komponenten p_1^0 und p_2^0 und des Dampfdruckes P der azeotropen Mischung bei der betrachteten Temperatur sowie des Molenbruches X_1 und des Molenbruches X_{1*} der azeotropen Mischung mit guter Annäherung durch die Gl.

$$\log \alpha = \frac{4\,X_1 X_{1*} - 3\,X_1^2 - X_{1*}^2}{(1 - X_{1*})^2} \log \frac{P_*}{p_1^0} + \frac{3\,X_1^2 - 2\,X_1 - 4\,X_1 X_{1*} + 2\,X_{1*} + X_{1*}^2}{X_{1*}^2} \log \frac{P^*}{p_2^0} \tag{18}$$

wiedergeben werden.

Beispiel 39.

Welche Zusammensetzung hat der Dampf, der mit einer unter Atmosphärendruck siedenden Mischung aus 93,3 Mol-% Methanol und 6,7 Mol-% Benzol im Gleichgewicht steht?

Die leichterflüchtige Substanz ist Methanol, man erhält also:

Tabelle 40 $X_{1*} = 0{,}614$, $Kp\ (760) = 58{,}34$
Tafel 127 $p_1^0 = 0{,}85$ ata ⎫
Tafel 126 $p_2^0 = 0{,}53$ ata ⎭ Temperatur etwa 60^0 C
$\quad\quad P_* = 760$ mm $QS = 1{,}033$ ata,
durch Einsetzen in Gl. (18) erhält man

$$\log \alpha = \frac{-0{,}697}{0{,}149} \log \frac{1{,}033}{0{,}85} + \frac{-0{,}059}{0{,}377} \log \frac{1{,}033}{0{,}53} = -0{,}443.$$

$1\alpha = 3{,}6$; für $X_1 = 0{,}933$ erhält man daraus nach Gl. (15) oder auf dem Nomogramm, Tafel 130, $Z_1 = 0{,}80$ in guter Übereinstimmung mit experimentellen Ergebnissen, die auch der Tafel 133 entnommen werden können und nach denen $Z_1 = 0{,}81$ betragen sollte.

Exakt können die Aktivitätskoeffizienten nach einer von ORLICEK [23] angegebenen graphischen Methode aus dem Verlauf der Kurve des Gesamtdruckes ermittelt werden. Eine weitere rechnerische Methode s. Redlich u. Kister [29].

Eine Übersicht der Zusammensetzung und der Siedetemperaturen von einer Reihe azeotroper Systeme findet sich auf Tab. 40, weitere Angaben s. LANDOLT-BÖRNSTEIN, Critical Tables, LAX-D'ANS, insbesondere aber LECAT [5], HORSLEY [24] u. H. STAGE u. I. S. BAUMGARTEN [25].

Die Konstruktion von Gleichgewichtskurven im Thiele-McCabe-Diagramm. Man berechnet nach einer der obigen Methoden den Quotienten aus den Aktivitätskoeffizienten bzw. α für eine Reihe von X_1-Werten und ermittelt daraus mit dem Nomogramm Tafel 130 die entsprechenden Z_1-Werte, die über X_1 aufgetragen werden.

Es sei nur noch darauf verwiesen, daß unter den vereinfachenden Annahmen, welche die Gl. (16) beinhaltet, für den Wert $X_1 = 0{,}5$ die Abweichungen vom idealen Gemisch verschwinden, so daß α gleich α^0 wird.

In den Tafeln 133 und 134 sind die aus Gleichgewichtsmessungen ermittelten Thiele-McCabe-Kurven für eine Reihe von Systemen wiedergegeben. Weitere Literatur s. S. 147

Tabelle 40. *Siedepunkte und Zusammensetzung binärer azeotroper Gemische sowie Siedepunkte und ausgezeichnete Dampfzusammensetzung beschränkt löslicher Gemische bei einem Druck von 760 mm Q. S.*

System	Mol-% des erstgenannten Stoffes	Siedetemperatur bei 760 mm Q. S.
a) Systeme mit Wasser		
Wasser — Äthylalkohol	10,57	78,15
— Allylalkohol	54,50	88,20
— n-Propylalkohol	56,83	87,72
— i-Propylalkohol	31,46	80,37
— n-Butylalkohol[1]	71,00	92,25
— i-Butylalkohol[1]	67,14	89,92
— sec-Butylalkohol[1]	66,00	88,50
— tert.-Butylalkohol[1]	35,41	79,91
— n-Amylalkohol[1]	81,4	95,4
— i-Amylalkohol[1]	82,79	95,15
— tert.-Amylalkohol[1]	65,00	87,00
— Äthyläther[1]	5,00	34,15
— Methyläthylketon (Butanon)	33,00	73,45
— Furfurol[1]	90,9	97,5
— Benzol[1]	29,60	69,25
— Toluol[1]	44,40	84,10
— Dichloräthan[1]	37,9	69
— Trichloräthylen[1]	37,9	69
b) Systeme mit Kohlenwasserstoffen		
n-Pentan — Methanol	87	31
i-Pentan — Methanol	91	24,5
n-Hexan — Methanol	49	50,6
— Äthylalkohol	66,8	58,68
— Allylalkohol	93,5	65,5
— n-Propylalkohol	94	65,65
— i-Propylalkohol	71	61
— Chloroform	35	60
n-Heptan — Methanol	27	60,5
— Äthylalkohol	33	72
Oktan — n-Propylalkohol	13,3	95,0
Cyklohexan — Methanol	39,0	54,2
— Äthylalkohol	54,5	64,9
— Allylalkohol	73,4	74
— n-Propylalkohol	70,4	74,3
— i-Propylalkohol	54,7	68,6
— n-Butylalkohol	89	79,8
— i-Butylalkohol	84,4	78,1
Cyklohexen — Methanol	27,0	55,9
Benzol — Methanol	38,6	58,34
— Äthylalkohol	55,2	68,24
— Allylalkohol	77,8	76,75
— n-Propylalkohol	79,1	77,12
— i-Propylalkohol	60,7	71,92
— i-Butylalkohol	90,0	79,84
— Methyläthylketon (Butanon)	66,1	78,4
Toluol — Äthylalkohol	19	76,65
— Allylalkohol	38,5	92,4
— n-Propylalkohol	40	92,0
— i-Propylalkohol	23	80,6
— n-Butylalkohol	63	105,5
— i-Butylalkohol	50	101,15
o-Xylol — i-Amylalkohol	36	128
m-Xylol — i-Amylalkohol	42	127
p-Xylol — i-Amylalkohol	44	126,6
c) Systeme von Kohlenwasserstoffen		
Benzol — Cyklohexan	46,2	77,8
— Hexan	79,4	68,9

[1] Die Komponenten dieses Systems sind ineinander nur beschränkt löslich.

d) Beschränkt lösliche Gemische

Allgemeines. Für das Verhalten dieses Typs von Gemischen ist die Tatsache wesentlich, daß sich mehrere nebeneinander vorhandene flüssige Phasen im Dampfdruck nicht beeinflussen. Am einfachsten wird diese Tatsache durch ein Gemisch zweier ineinander vollkommen (oder wenigstens weitgehend) unlöslicher Stoffe, wie z. B. Benzol und Wasser, repräsentiert. Die Zusammensetzung der Dampfphase ist nur von der Temperatur, nicht aber vom „Mischungsverhältnis", das heißt, also den Mengen, abhängig, in denen die beiden Flüssigkeiten nebeneinander vorhanden sind. Der Partialdruck jeder der Komponenten ist gleich ihrem Dampfdruck bei der betreffenden Temperatur und der Gesamtdruck ist nach dem Daltonschen Gesetz gleich der Summe der Partialdrücke.

Beispiel 10.

Zu berechnen ist die Zusammensetzung des Dampfes, welcher von einer unter Atmosphärendruck siedenden Mischung von Benzol und Wasser entwickelt wird.

Man sucht durch Probieren jene Temperatur zu finden, bei der die Summe der Dampfdrücke von Benzol und Wasser gleich dem gegebenen Siededruck, hier also gleich 1 ata ist.

Tafel 126 . . . . entnimmt man die folgenden Werte:

	Temperatur	Dampfdruck ata		
		Wasser	Benzol	Summe
	60°	0,21	0,53	0,74
	70°	0,32	0,74	1,06

der gesuchte Wert liegt offenbar dazwischen, also:

	66°	0,27	0,63	0,90
	68°	0,29	0.68	0,97

durch Interpolation erhält man

	68,7°	0,30	0,70	1,00

Der Dampf besteht somit zu

30 Mol % aus Wasser und
70 Mol % aus Benzol

Binäre Gemische mit beschränkter Löslichkeit. Bei beschränkter Löslichkeit gilt das eben entwickelte Verfahren im Bereich der Mischungslücke. In Abb. 20 ist das Verhalten solcher Mischungen schematisch dargestellt; experimentell aufgenommene Partialdruck- und Thiele-McCabe-Kurven zeigen jedoch die Ecken an den Grenzen der Mischungslücke mehr oder weniger abgerundet. Mit einigen vereinfachenden Annahmen können sowohl die Gleichgewichtskurven als auch die Partialdruckkurven von Gemischen mit beschränkter Löslichkeit gezeichnet werden, wenn die Grenzen der Mischungslücke und die Dampfdrücke der reinen Komponenten bei der interessierenden Temperatur bekannt sind. Zur Konstruktion der Partialdruckkurven (s. Abb 20) werden, ausgehend vom Dampfdruck der beiden reinen Substanzen, die Partialdruckkurven ebenso wie bei einem idealen Gemisch in der Richtung auf den Nullpunkt geradlinig bis zum Schnitt mit der Begrenzung der Mischungslücke gezogen, von dort horizontal fortgesetzt und vom Schnitt der Horizontalen mit der zweiten Grenze der Mischungslücke geradlinig zum Nullpunkt (dem Punkt, welcher bei der betreffenden Komponente der Konzentration Null und dem Druck Null entspricht) fortgesetzt. Die Gesamtdruckkurve ergibt sich als die Summe der Partialdruckkurven.

Man kann der Abb. 20 entnehmen, daß beim vorliegenden Typ die Kurve des Gesamtdruckes ein Maximum zeigt. Diese Systeme zeigen daher in manchen Beziehungen ein ähnliches Verhalten wie die Systeme, welche ein azeotropes Gemisch mit Siedeminimum bilden. Es ist jedoch wenig zweckmäßig, hier von Azeotropismus zu sprechen, denn es gibt ja keine konstantsiedende Mischung, sondern vielmehr eine bevorzugte Dampfzusammensetzung, die sich im Gleichgewicht immer dann einstellt, wenn beide flüssige Phasen in beliebigen Mengen nebeneinander vorhanden sind.

Berechnung der bevorzugten Dampfzusammensetzung. Die Zusammensetzung des Dampfes, der im Gleichgewicht mit beiden flüssigen Phasen steht, kann aus der Näherungsgleichung

$$Z_1^* = \frac{p_1^0 X_1^*}{p_1^0 X_1^* + p_2^0 (1 - X_{1*})} \tag{19}$$

erfolgen, wobei bedeutet: Z_1^* den Molenbruch der flüchtigeren Komponente im Dampf, p_1^0 und p_2^0 den Dampfdruck der beiden reinen Komponenten, X_1^* und X_{1*} die Molenbrüche der flüchtigeren Komponente, welche der Mischungslücke entsprechen, wobei sich X_1^* auf jene flüssige Phase bezieht, welche mehr von dieser Komponente enthält. Es ist zu beachten, daß für X_1^*, X_{1*}, p_1^0 und p_2^0 Werte eingesetzt werden, die sich auf die gleiche Temperatur beziehen. Soll Z_1^* für einen gegebenen Druck errechnet werden, so ist folgendermaßen zu verfahren: Der Nenner der Formel ist gleich dem Gesamtdruck. Man rechnet daher für mehrere passend gewählte Temperaturen den Wert des Gesamtdruckes und ermittelt am besten durch graphisches Interpolieren, bei welcher Temperatur der Gesamtdruck den gewünschten Wert annimmt. Für diese Temperatur sucht man nun auch den Zähler der Gl. 19 auf und errechnet dann den Betrag von Z_1^*.

Die Konstruktion der Gleichgewichtskurve im Thiele-McCabe-Diagramm wird dadurch erleichtert, daß die Kurve in den beiden Teilen, die außerhalb der Mischungslücke liegen, angenähert den idealen Hyperbeln folgt (s. Abb. 20), wobei die für die beiden Äste einzusetzenden α^0-Werte aus den Gl. 20 und 21 berechnet werden können. Für den in der üblichen Darstellung links gelegenen Ast der Kurve (Molenbruch der flüchtigeren Komponenten von links nach rechts aufgetragen) ergibt sich α^0 nach dem Ausdruck

$$\alpha^0 = \frac{p_1^0 X_1^*}{p_2^0 X_{1*}}, \tag{20}$$

während für den rechts gelegenen Ast der Kurve die Gl.

$$\alpha^0 = \frac{p_1^0 (1 - X_1^*)}{p_2^0 (1 - X_{1*})} \tag{21}$$

gilt. Dabei bedeutet wieder p_1^0 den Dampfdruck der flüchtigeren und p_2^0 den Dampfdruck der weniger flüchtigen Komponente in reinem, ungemischtem Zustand, X_1^* und X_{1*} die Molenbrüche der mit dem Index 1 belegten Komponente in den beiden flüssigen Phasen, wobei X_1^* den Molenbruch in der Phase mit dem höheren Gehalt an Stoff I bedeutet. Wird bei der Gl. 20 oder 21 für α^0 ein echter Bruch erhalten, dann ist bei der Zeichnung der Gleichgewichtshyperbel zu beachten, daß sie in bezug auf die dem Wert $\alpha^0 = 1$ entsprechenden Diagonale symmetrisch zu der Hyperbel mit dem reziproken α^0-Wert verläuft. Die Hyperbel für $\alpha^0 = 0{,}5$ liegt also symmetrisch zur Hyperbel für $\alpha^0 = 2{,}0$.

e) Der Einfluß des Druckes auf das Verdampfungsgleichgewicht

Betrachtet man Systeme, die bei mäßigem Druck den idealen Gesetzen mit großer Annäherung folgen, bei hohen Drücken, bei denen der Dampfdruck schon mehrere Atmosphären beträgt, dann findet man erhebliche Abweichungen vom idealen Gleichgewicht.

Die Fugazität oder Flüchtigkeit. Für die rechnerische Behandlung derartiger Gleichgewichte benützt man zweckmäßigerweise den von Lewis und Randall [1] eingeführten Begriff der „Fugazität", für den O. Redlich den Ausdruck „Flüchtigkeit" benutzt. Die Fugazität ist eine dem Druck analoge Größe gleicher Dimension, die das unideale Verhalten von Gasen bzw. Dämpfen berücksichtigt. Die Fugazität kann ebenso wie der Druck in Atmosphären gemessen werden und ist für ideale Gase dem Drucke gleich.

Die im Abschnitt 2b angegebenen Gleichungen behalten somit auch bei höheren Drücken ihre Gültigkeit, wenn in ihnen sämtliche Druckgrößen durch die entsprechenden Fugazitäten ersetzt werden. Die Einführung der Fugazität gestattet also einen Kunstgriff, der darin besteht, die Rechnung in zwei Schritte zu zerlegen. Der erste Schritt umfaßt die Berücksichtigung der Abweichung vom idealen Gasgesetz und vom Daltonschen Gesetz durch die Ermittlung der Fugazität für die gegebenen Bedingungen des Druckes und der Temperatur, der zweite Schritt die weitere Rechnung, z. B. die Ermittlung des Gleichgewichtes nach den gleichen Methoden, die anzuwenden wären, wenn die idealen Gesetze befolgt würden, jedoch unter Ersatz des Druckes durch die Fugazität nach dem folgenden Schema.

Es ist jeweils zu ersetzen:

Der Partialdruck p einer Komponente in der Gasphase durch die Fugazität f dieser Komponente in der Gasphase.

Der Gesamtdruck P durch die Fugazität F der betrachteten Komponente im reinen, unvermischten Zustand unter dem Gesamtdruck bei der gegebenen Temperatur.

Der Dampfdruck der reinen, unvermischten Komponente p^0 durch die Fugazität f^0 des gesättigten Dampfes der betrachteten Komponente bei der gegebenen Temperatur.

Der Quotient aus den Dampfdrücken $\alpha^0 = \dfrac{p_1^0}{p_2^0}$ durch den Ausdruck

$$\alpha^0 = \frac{f_1^0 F_2}{f_2^0 F_1} . \tag{22}$$

Die Berechnung der Fugazität von Gasen und Dämpfen. Nach der Definition von Lewis und Randall [1] ist die Änderung, welche die Fugazität bei zunehmendem Druck erfährt, mit der für die Drucksteigerung aufzuwendenden Kompressionsarbeit L durch die Gl.

$$RT \ln \frac{f_2}{f_1} = L \tag{23}$$

verbunden. Die thermodynamische Bedeutung ebenso wie der Weg zur Berechnung der Fugazität wird an Hand eines PV-Diagramms klar. In Abb. 21 stellt die voll ausgezogene Kurve $A-C$ die Isotherme eines unvollkommenen Gases, z. B. Propan, dar, während die gestrichelt gezeichnete Hyperbel $B-C$ die Isotherme eines idealen Gases

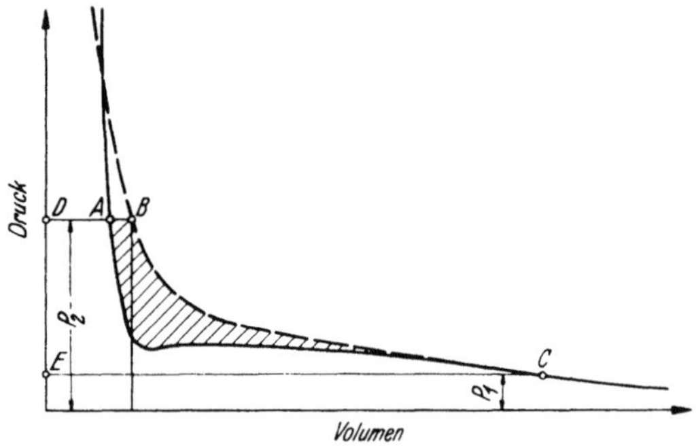

Abb. 21. Graphische Berechnung der Fugazität

darstellt. Mit kleiner werdendem Druck verschwindet die Abweichung des Propans vom idealen Gasgesetz immer mehr, so daß sich die beiden Kurven in Punkt C bei einem hinreichend kleinen Druck P_1 treffen. Die Änderung der Fugazität zwischen den Drücken P_1 und dem beliebig angenommenen höheren Druck P_2 ist nach der Definition:

$$RT \ln \frac{f_2}{f_1} = L = \int_{P_1}^{P_2} V dP = \text{Fläche } ECAD. \tag{24}$$

Nach dem Gasgesetz ist die Fläche $ECBD$ gleich $RT \ln \dfrac{P_2}{P_1}$. Beim Druck P_1, der nur hinreichend klein gewählt zu werden braucht, ist die Fugazität gleich dem Druck. Wir erhalten also die Beziehung

$$RT \ln f_2 = RT \ln P_2 - \text{Fläche } ABC, \tag{25}$$

aus welcher die Fugazität für jeden beliebigen Druck berechnet werden kann, sofern nur eine $P-V$-Isotherme für die betrachtete Temperatur vorliegt. Bei praktischen Berechnungen wird die Fläche ABC vorteilhafter in der Weise bestimmt, daß nicht P gegen V, sondern die Abweichung vom Gasgesetz a gegen den Druck aufgetragen wird, die mit Hilfe der Gl.

$$a = \frac{R\,T}{P} - V = \frac{R\,T}{P}(1 - \mu) \tag{26}$$

definiert und aus der Korrektur μ für das Gasgesetz (s. S. 65) zu ermitteln ist. Man planimetriert dann die in der Abb. 22 schraffierte Fläche, die der Fläche ABC in Abb. 21 gleich ist. Diese Fläche entspricht, wenn das Molvolumen in Litern und der Druck in Atmosphären aufgetragen ist, einer in Literatmosphären gemessenen Arbeit. Die Fugazität in kg/cm² wird dann aus dem ebenfalls in kg/cm² gemessenen Druck nach der Gl.

$$\log f = 0,00512 \, \frac{\text{Fläche } A\,B\,C}{T} \log P \tag{27}$$

berechnet, wobei für T die absolute Temperatur in °K einzusetzen ist.

Aus den Zustandsgleichungen für reale Gase, z. B. aus der Van der Waalschen Gleichung, kann die Fugazität, wenn der Druck und die Temperatur gegeben ist, nur schwer ermittelt werden, weil diese Gleichungen in bezug auf V vom dritten Grad sind. Graphische Methoden sind also vorzuziehen. Zur Ermittlung der Fugazität von Kohlenwasserstoffgasen mit drei oder mehr Kohlenwasserstoffatomen kann ferner die Tafel 94 dienen, in welcher der Quotient aus Flüchtigkeit und Druck f/p als Funktion des reduzierten Druckes π und der reduzierten Temperatur ϑ aufgetragen ist. (S. a. LEWIS u. LUKE [26] u. NEWTON [27].)

Die Fugazität von Flüssigkeiten und festen Stoffen. Da nach der Definition die Fugazitäten von koexistierenden (miteinander im

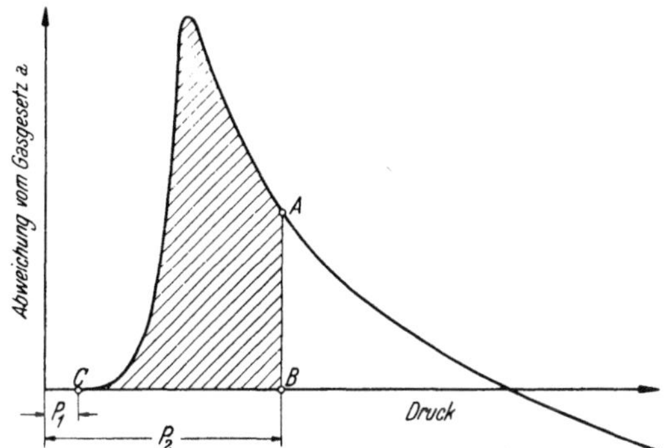

Abb. 22. Graphische Berechnung der Fugazität

Gleichgewicht stehenden) Phasen einander gleich sind, so ist die Fugazität einer flüssigen oder festen Phase offenbar jeweils gleich der Fugazität des gesättigten Dampfes bei der gleichen Temperatur, sie kann also nach den obigen Methoden berechnet werden.

Benützung von Gleichgewichtskonstanten für die Berechnung des Verdampfungsgleichgewichtes. Ersetzt man in der Gl. 8, welche den Zusammenhang zwischen der Konzentration einer Komponente in der Flüssigkeit und im Gas angibt, die Drücke durch die entsprechenden Fugazitäten, so erhält man aus $Z/X = p^0/P$ die Gl.

$$\frac{Z}{X} = \frac{f^0}{F} \, . \tag{28}$$

Der Quotient f^0/F, der nach den obigen Darlegungen beispielsweise mit Hilfe der Tafel 94 ermittelt werden könnte, kann nun auch direkt tabelliert werden. Diese meist als „Gleichgewichtskonstanten" $k = \dfrac{f^0}{F}$ bezeichneten Werte sind für die leichteren Kohlenwasserstoffe in den Tafeln 95 bis 102 in Abhängigkeit von Temperatur und Druck angegeben. Weitere Angaben s. a. BROWN [34], SOUDERS [35] u. WHITE [36], SMITH u. WATSON [37]. Für tiefe Temperaturen s. STUTZMANN u. BROWN [38]. Bei Gemischen, die neben anderen Kohlenwasserstoffen auch Komponenten, wie Methan oder Aethan enthalten, ist zu beachten, daß die „Gleichgewichtskonstanten" dieser beiden Komponenten auch erheblich von der Art der übrigen Komponenten abhängen. Es wurde daher in Tafel 95, welche die Werte für Methan wiedergibt, das mittlere Molgewicht der schweren Komponenten berücksichtigt. (S. a. HADDEN [30].)

Die Benützung der Gleichgewichtskonstanten bei der Rechnung erfolgt einfach in der Weise, daß in den betreffenden Gleichungen (etwa Gl. 8, 11 oder 12) der Quotient p^0/P

durch den jeweiligen Zahlenwert von K ersetzt wird. Für die Ermittlung des Taupunktes oder des Siedepunktes von Kohlenwasserstoffmischungen (s. Beispiel 34) wären also die Gl. 11 und 12 in folgender Weise aufzuschreiben:

Für den Siedepunkt
$$X_1 K_1 + X_2 K_2 + \ldots = \Sigma\, X\, K = 1 \tag{29}$$

für den Taupunkt
$$\frac{Z_1}{K_1} + \frac{Z_2}{K_2} + \ldots = \Sigma\, \frac{Z}{K} = 1. \tag{30}$$

Um den Druck oder die Temperatur des Taupunktes beziehungsweise des Siedepunktes zu ermitteln, wären für die gegebene Temperatur und einen geschätzten Druck (bei gegebenem Druck, für eine geschätzte Temperatur) die K-Werte der einzelnen Komponenten, welche den Tafeln 95 bis 102 entnommen werden können, in die Gl. 29 oder 30 einzusetzen. Ist die linke Seite der Formel nicht gleich eins, dann wurde der Druck (die Temperatur) nicht richtig geschätzt und das Probieren ist unter Einsetzen der für eine neue Schätzung des Druckes (der Temperatur) den Tafeln 95 bis 102 entnommenen K-Werte fortzusetzen, bis man sich hinreichend nahe an den gesuchten Druck (die gesuchte Temperatur) herangetastet hat. Ist Druck und Temperatur des Taupunktes (Siedepunktes) ermittelt, dann ergeben sich entsprechend der Gl. 28 die Molenbrüche der einzelnen Komponenten im koexistierenden Dampf (in der koexistierenden Flüssigkeit) als die Summanden der Gl. 29 (30).

Beispiel 41.
Gegeben ein dampfförmiges Gemisch aus Methan, Äthan und Propan, dessen Zusammensetzung in der zweiten Spalte der untenstehenden Tabelle verzeichnet ist.

Gesucht: Der Druck, unter welchem der Taupunkt bei 15° C erreicht wird und die Zusammensetzung der Flüssigkeit, welche unter dieser Bedingung mit dem Dampf im Gleichgewicht steht.

Um die Gleichgewichtskonstanten für Methan ermitteln zu können, muß auch das mittlere Molgewicht des schwerflüchtigeren Anteiles in der Flüssigkeit bekannt sein. Im vorliegenden Beispiel besteht dieser aus Äthan und Propan, im Dampf stehen Äthan und Propan etwa im Verhältnis 1 : 1; wir können somit erwarten, daß in der Flüssigkeit das Propan überwiegen wird. Das mittlere Molgewicht des schweren Anteiles der Flüssigkeit wird daher mit 40 angenommen. Die der Tafel 95 entnommenen K-Werte für Methan sind daher mit dem aus dem Hilfsdiagramm dieser Tafel entnommenen Korrekturfaktor (für das Molgewicht 40 gleich 2,1) zu multiplizieren.

Um die ungefähre Lage des Gleichgewichtes zu schätzen, kann man von der Überlegung ausgehen, daß unter den Gleichgewichtsbedingungen die K-Werte für ungefähr die halbe Menge der vorliegenden Stoffe kleiner als eins sein müssen, während sie für die andere Hälfte entsprechend größer als eins sein müssen. Wir können nun den Tafeln 95 bis 97 entnehmen, daß dies für 15° C im vorliegenden Fall bei Drücken von etwa 20 ata zutrifft. In der Tabelle sind nun die den Tafeln entnommenen K-Werte für die Drücke von 18, 19, 20 und 21 ata eingetragen, wobei die Werte für Methan gleich mit dem Korrekturfaktor 2,1 multipliziert sind. Neben den K-Werten ist jeweils der Quotient aus dem betreffenden K-Wert und dem in der zweiten Spalte angegebenen Molenbruch Z eingetragen. Summiert man nun diese Quotienten, so sieht man, daß die Summe für 18 ata kleiner als eins ist, während bei den höheren Drücken die Summe darüber liegt. Der Taupunkt wird also bei einem Druck erreicht, der zwischen 18 und 19 ata liegt. Durch lineares Interpolieren bestimmt man diesen Druck zu 18,5 ata und erhält ebenfalls durch Interpolieren zwischen den Quotienten die Zahlenwerte für die Molenbrüche X der einzelnen Komponenten in der Flüssigkeit.

Komponente (1)	Z Molenbruch im Dampf (2)	18 ata (3)		19 ata (4)		20 ata (5)		21 ata (6)	
		K		K		K		K	
Methan	$Z=0{,}27$	8,8	0,031	8,4	0,032	8,0	0,034	7,6	0,036
Äthan	$Z=0{,}39$	1,65	0,236	1,6	0,244	1,5	0,260	1,45	0,269
Propan	$Z=0{,}34$	0,47	0,723	0,45	0,754	0,43	0,790	0,42	0,809
			0,990		1,030		1,084		1,114

$$18{,}25 \text{ ata}$$
$$\text{Methan} \quad X = 0{,}031$$
$$\text{Äthan} \quad X = 0{,}238$$
$$\text{Propan} \quad X = \underline{0{,}731}$$
$$1{,}000$$

Bei der Behandlung binärer Gleichgewichte, bei denen die Zusammensetzung der Dampfphase aus der flüssigen Phase mit Hilfe der Gl. 13a berechnet bzw. den Tafeln 130 oder 131 entnommen werden kann, ist es möglich, das unideale Verhalten der Dampfphase dadurch zu berücksichtigen, daß man für α^0 nicht den Quotienten aus den Partialdrücken, sondern den Quotienten aus den Gleichgewichtskonstanten einsetzt.

Nach den entwickelten Methoden können die Verdampfungsgleichgewichte von Kohlenwasserstoffmischungen bis in die Nähe des kritischen Zustandes ermittelt werden, wobei sich zeigt, daß der Unterschied in der Zusammensetzung des Dampfes und der Flüssigkeit mit wachsendem Druck abnimmt, so daß die Zerlegung eines Gemisches mit steigendem Druck immer schwieriger wird. Bei Drücken bzw. Temperaturen, welche über den kritischen Bedingungen einer der Komponenten liegen, bestehen nicht mehr im ganzen Konzentrationsbereich zwei Phasen. Dieses Verhalten ist an Hand der Abb. 23 erläutert.

Das betrachtete Gemisch soll sich bei mäßigen Drücken, z. B. bei Atmosphärendruck, mit großer Annäherung ideal verhalten und im Thiele-McCabe-Diagramm beispielsweise durch die Gleichgewichtskurve 1 dargestellt werden. Bei höherem Druck wird die Zusammensetzung von Dampf und Flüssigkeit den obigen Darlegungen entsprechend weniger unterschiedlich sein und etwa durch die Gleichgewichtskurve 2, bei noch höherem Druck durch die Kurve 3 dargestellt sein. Wird der Druck und damit die Temperatur über den kritischen Zustand der einen, hier der leichtflüchtigeren Komponente gesteigert, dann tritt in dem Konzentrationsbereich, in welchem diese Komponente überwiegt, keine Trennung in Flüssigkeit und Dampf ein (Kurve 4). Steigert man den Druck weiter, so daß auch der kritische Druck der zweiten Komponente überschritten wird, dann tritt die Trennung in zwei Phasen nur mehr in einem mittleren Konzentrationsbereich ein (Kurve 5), welcher Bereich mit steigendem Druck abnimmt und schließlich ganz verschwindet.

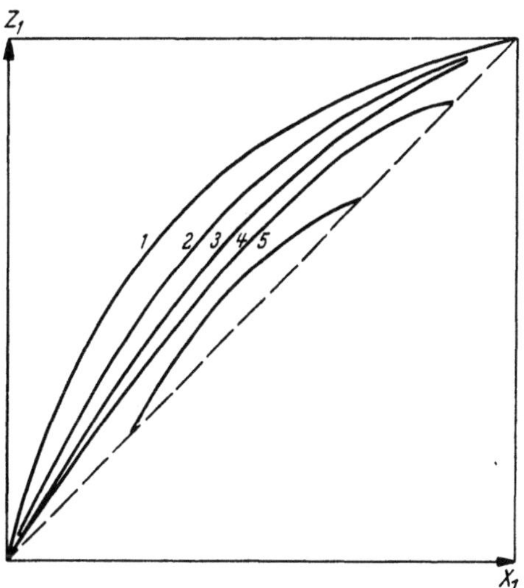

Abb. 23. Einfluß des Druckes auf das Verdampfungsgleichgewicht eines (idealen) binären Gemisches

Eine ausführliche Bibliographie über Verdampfungsgleichgewichte, insbesondere auch von Kohlenwasserstoffen bei höheren Drücken s. SAGE [28], HADDEN [30] u. HOUGEN [31].

Bei unidealen Gemischen, bei denen die rechnerische Verfolgung des Verdampfungsgleichgewichtes im allgemeinen mehr auf der Grundlage empirischer Näherungsgleichungen erfolgt, bezieht man zweckmäßigerweise in diese Gleichungen, welche das unideale Verhalten der flüssigen Lösung berücksichtigen, auch die Abweichungen der Gasphase ein. Es muß also bezüglich der Rechenmethodik für diesen Typ von Mischungen bei hohen Drücken nichts ergänzt werden, um so mehr, als die rein rechnerische Bestimmung des Verdampfungsgleichgewichtes hier weniger zuverlässig und daher von geringer praktischer Bedeutung ist.

f) Besondere Fälle der Gleichgewichtseinstellung und deren rechnerische Behandlung

Für die Gleichgewichtszustände, die sich bei einem Verdampfungs- oder Kondensationsvorgang einstellen, ist neben Temperatur und Druck sowie den physikalischen Eigenschaften der Komponenten bzw. des Gemisches auch noch maßgebend, wie der Vorgang geleitet wird. Es sind zwei Haupttypen zu unterscheiden, zwischen denen es natürlich Übergänge gibt.

1. Die Gleichgewichtseinstellung im geschlossenen System.

Hier bleibt die Gesamtmenge der vorhandenen Phasen miteinander in Kontakt. Realisiert ist diese Art der Gleichgewichtseinstellung dann, wenn man z. B. in einem geschlossenen Gefäß etwa durch Wärmezufuhr oder durch Absenkung des Druckes eine Flüssigkeit verdampft, ohne daß der gebildete Dampf entweichen kann, oder wenn z. B. eine überhitzte Flüssigkeit durch Entspannung teilweise verdampft wird[1]. Ebenso liegt eine Gleichgewichtseinstellung im geschlossenen System vor, wenn etwa ein Dampf durch teilweise Kondensation niedergeschlagen und die dabei entstehende Flüssigkeit im Gleichstrom mit dem Rest des Dampfes durch den Kondensator geführt wird.

2. Die Gleichgewichtseinstellung im offenen System.

Bei dieser Art der Gleichgewichtseinstellung wird die jeweils neugebildete Phase unmittelbar nach ihrem Entstehen aus dem System entfernt, wie dies beispielsweise bei der diskontinuierlichen Destillation aus einem Blasenapparat geschieht.

Aus diesen Definitionen geht hervor, daß die Gleichgewichtseinstellung im geschlossenen System auf die Gesamtmenge der vorhandenen Stoffe Bezug hat, während bei der Gleichgewichtseinstellung im offenen System nur die augenblicklich entstehende Teilmenge der sich bildenden Phase im Gleichgewicht mit der Phase steht, aus der sie hervorgeht.

Die rechnerische Verfolgung der Gleichgewichtseinstellung im geschlossenen System. In diesem Fall sind zwar die Konzentrationen in den koexistierenden Phasen unmittelbar aus den Gleichgewichtsbedingungen zu entnehmen; ist aber die Gesamtmenge der vorhandenen Stoffe gegeben und soll daraus ermittelt werden, wie sich die Stoffe mengenmäßig auf die koexistierenden Phasen verteilen, dann ergibt sich ein etwas abweichender Rechnungsgang.

Binäre Gemische. Hier wird die Zusammensetzung zweckmäßigerweise graphisch nach einer von H. Hausen [6] angegebenen Methode ermittelt, welche den Vorteil hat, daß sie auch auf unideale Gemische angewendet werden kann, sofern deren Thiele-McCabe-Kurve bekannt ist. Bezeichnet man den Molenbruch der flüchtigeren Komponente in der gesamten betrachteten Menge mit N_0 und verdampft man davon soviel, daß Σz Mole dampfförmig und Σx Mole flüssig sind, dann ergibt sich folgende Konstruktion (s. Abb. 24): Man zieht, ausgehend von dem auf der Diagonale liegenden Punkt A, dessen Abszisse gleich N_0 ist, eine Gerade zur Thiele-McCabe-Kurve, die um den Winkel ψ gegen die Senkrechte geneigt ist, wobei $\mathrm{tg}\,\psi = \dfrac{\Sigma z}{\Sigma x} = \lambda$ ist. Die Koordinaten des Schnittpunktes mit der Thiele-McCabe-Kurve Z und X geben die Zusammensetzung der beiden Phasen an.

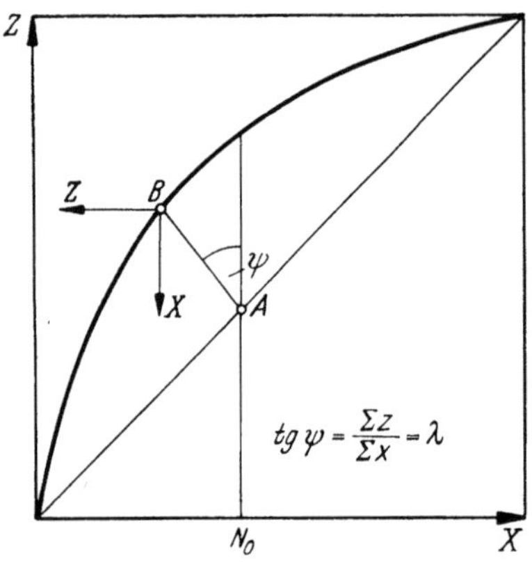

Abb. 24. Graphische Berechnung der geschlossenen Verdampfung eines binären Gemisches

Ideale Mehrstoffgemische. Hier ergibt sich folgendes:

Bezeichnet man mit n die Zahl der Mole eines Stoffes, die im System vorhanden sind, mit x die Zahl der Mole in der flüssigen Phase, mit z die Zahl der Mole in der Gasphase, mit X und Z die betreffenden Molenbrüche, und unterscheidet man ferner die Stoffe durch Indices, so daß beispielsweise mit x_1 angedeutet wird, daß sich die Größe auf den Stoff I bezieht und benennt man die Summe $x_1 + x_2 + \ldots$ mit Σx, dann kann man die für ideale Gemische abgeleitete Gl. 9 folgendermaßen schreiben:

$$p_1{}^0 \frac{x_1}{\Sigma x} = P \frac{z_1}{\Sigma z}$$

$$p_2{}^0 \frac{x_2}{\Sigma x} = P \frac{z_2}{\Sigma z} \tag{31}$$

$$p_3{}^0 \frac{x_3}{\Sigma x} = P \frac{z_3}{\Sigma z} \,,$$

---

[1] Ein Vorgang, welcher im Englischen mit "flashing" bezeichnet wird.

die noch durch die Mengenbedingungen

$$x_1 + z_1 = n_1 \tag{32}$$
$$x_2 + z_2 = n_2 \text{ usw.}$$

zu ergänzen wären. Schreibt man zweckmäßigerweise für den Quotienten aus dem Dampfdruck einer Komponente durch den Gesamtdruck $\frac{p^0}{P} = \varkappa$ mit dem jeweiligen Index und für das Verhältnis der in Molen gemessenen Gesamtmenge des Dampfes gebrochen durch die Gesamtmenge der Flüssigkeit $\frac{\Sigma z}{\Sigma x} = \lambda$, dann erhält man:

$$x_1 = \frac{n_1}{\lambda \varkappa_1 + 1}$$
$$x_2 = \frac{n_2}{\lambda \varkappa_2 + 1} \text{ usw.} \tag{33}$$

Die Größe λ kann nun aus den Werten für $\varkappa$ und n durch eine Gleichung ermittelt werden, die im Grade um eins niedriger ist als die Anzahl der Komponenten. So ergibt sich für binäre Gemische λ als Wurzel der linearen Gl.

$$\lambda = -\frac{n_1(\varkappa_1 - 1) + n_2(\varkappa_2 - 1)}{n_1 \varkappa_2(\varkappa_1 - 1) + n_2 \varkappa_1(\varkappa_2 - 1)} . \tag{34}$$

Bei Gemischen mit drei oder mehr Komponenten ist es zweckmäßiger, nicht die betreffenden Gleichungen aufzulösen, sondern λ durch Probieren zu ermitteln. Da λ das im Gleichgewicht bestehende Verhältnis der Gasmenge zur Flüssigkeitsmenge, also eine Größe bezeichnet, mit der eine klare physikalische Vorstellung zu verbinden ist, gelingt es bei einiger Erfahrung meist schon bei der ersten Schätzung, einigermaßen nahe an den gesuchten Wert heranzukommen. Im folgenden sei das Rechenverfahren an Hand eines Beispiels erläutert.

Beispiel 42.
Gegeben ein Gemisch, bestehend aus Propylen, Propan, i-Butan und n-Butan, dessen Zusammensetzung in der zweiten Spalte der untenstehenden Tabelle angegeben ist.
Zu bestimmen die Menge des flüssigen und dampfförmigen Anteils bei 10° C und 1,166 ata.
Die Rechnung ist in der untenstehenden Tabelle durchgeführt. In der dritten Spalte sind die Dampfdrücke der einzelnen Kohlenwasserstoffe eingetragen, welche aus Tafel 125 zu entnehmen sind, in der nächsten Spalte ist jeweils der Quotient $\varkappa$ aus dem Dampfdruck und dem Gesamtdruck eingetragen. Nun wurde λ zunächst auf 0,8 geschätzt und die Werte von x nach Gl. (33) berechnet. Durch Summieren dieser Zahlen wird Σx und durch Abziehen dieses Betrages von Σn der Zahlenwert von Σz bestimmt. Bildet man nun $\Sigma z/\Sigma x$, so erhält man die Zahl 0,770. Wäre λ richtig geschätzt worden, dann hätte man hier die gleiche Zahl erhalten müssen, die für λ angenommen wurde. Ist nun, wie im vorliegenden Fall, $\Sigma z/\Sigma x$ kleiner als die Annahme von λ, dann ist die Schätzung von λ zu groß gewesen; daher wird die Rechnung unter Verwendung einer neuen Schätzung wiederholt. Setzt man für λ die Zahl 0,40 ein, dann erhält man für $\Sigma z/\Sigma x$ 0,404, also eine Zahl, welche zu groß ist. Eine neuerliche Wiederholung der Rechnung für $\lambda = 0,47$ ergibt $\Sigma z/\Sigma x = 0,468$, womit eine hinreichende Übereinstimmung erzielt ist. Die für $\lambda = 0,47$ errechneten Werte für x bedeuten somit die im Gleichgewicht in der Flüssigkeit vorhandenen Mengen der einzelnen Komponenten in kMol. Um eine größere Genauigkeit zu erzielen, wäre gegebenenfalls die Rechnung unter neuerlicher Korrektur des eingesetzten λ-Wertes bis zur exakten Übereinstimmung von λ und $\Sigma z/\Sigma x$ fortzusetzen gewesen.

Komponente	Vorhandene Menge (k-Mole)	Dampfdruck bei 10° C (ata)	$\varkappa = \frac{p^0}{P}$	$\lambda = 0,8$		$\lambda = 0,40$		$\lambda = 0,47$	
				$\lambda\varkappa$	x	$\lambda\varkappa$	x	$\lambda\varkappa$	x
Propylen	$n_1 = 5,03$	4,45	3,82	3,058	1,240	1,529	1,988	1,795	1,80
Propan	$n_2 = 3,63$	3,60	3,09	2,472	1,045	1,236	1,624	1,453	1,48
i-Butan..........	$n_3 = 24,48$	1,13	0,968	0,774	13,80	0,387	17,65	0,455	16,92
n-Butan..........	$n_4 = 27,19$	0,74	0,635	0,508	18,01	0,254	21,70	0,298	20,92

Gesamtmenge Σn 60,33, Menge der Flüssigkeit $\Sigma x = 34,10$ 42,96 41,12
Menge des Dampfes $\Sigma z = 26,23$ 17,37 19,21
$\Sigma z/\Sigma x = 0,770 < \lambda$ $0,404 > \lambda$ $0,468 \sim \lambda$

Sehr häufig wird bei technischen Überlegungen die Lage des Gleichgewichtes bei verschiedenen Drücken interessieren. Man kann dann für die bei den Schätzungen verwendeten Werte von λ, die ungleich $\frac{\Sigma z}{\Sigma x}$ waren, den Druck $P_{\text{korr.}}$ ermitteln, für welchen die Schätzung richtig gewesen wäre. Man erhält dann:

$$P_{\text{korr.}} = \frac{P}{\lambda} \cdot \frac{\Sigma z}{\Sigma x} \, . \tag{35}$$

Beispiel 43.

Es ist der Druck zu berechnen, bei dem im Beispiel 42 die erste Schätzung von $\lambda = 0{,}8$ zutrifft. Wir erhalten diesen Druck nach Gl. (35) zu

$$P_{\text{korr.}} = \frac{P \, \Sigma z}{\lambda \, \Sigma x} = \frac{1{,}166 \cdot 0{,}77}{0{,}80} = 1{,}124 \text{ ata.}$$

Ideale Mehrstoffgemische bei höheren Drücken. Unter Drücken, bei denen die im Abschnitt e behandelten Abweichungen auftreten und demnach an Stelle der Drücke mit Fugazitäten zu rechnen ist, kann die obige Rechnungsmethode ebenfalls angewendet werden, nur ist dann $\varkappa$ durch die den Tafeln 95 bis 102 zu entnehmenden k-Werte zu ersetzen. Allerdings kann dann die Gl. 35 nur mehr für geringfügige Abweichungen in der Schätzung von λ und demnach für sehr kleine Korrekturen von P angewendet werden.

Die rechnerische Verfolgung der Gleichgewichtseinstellung im offenen System. Gemäß der Definition ist im offenen System jeweils nur die im Augenblick neugebildete Teilmenge der entstehenden Phase im Gleichgewicht mit der Phase, aus der sie entbunden wird. Betrachtet man z. B. einen Verdampfungsvorgang und bezeichnet man die vorhandene Flüssigkeitsmenge mit L, die eben verdampfte Flüssigkeitsmenge mit dL, den Molenbruch der leichter flüchtigen Komponente in der Flüssigkeit mit X, die Änderung von X infolge der Verdampfung von dL mit dX und den Molenbruch der leichter flüchtigen Komponente im eben gebildeten Dampf mit Z, so ergibt sich aus der Stoffbilanz die Gl.

$$LX + Z dL = (L + dL)(X + dX) \tag{36}$$

und daraus ergibt sich:

$$\frac{dL}{L} = \frac{dX}{Z - X} \, . \tag{37}$$

Wird die Flüssigkeitsmenge L_0, in welcher der Molenbruch der leichter flüchtigen Komponente gleich X_0 ist, auf die Menge L_i eingedampft, so vermindert sich X_0 auf X_i. Man erhält dafür durch Integration die Gl.

$$\ln \frac{L_i}{L_0} = \int\limits_{X_0}^{X_1} \frac{dX}{Z - X} \, , \tag{38}$$

für ideale Gemische erhält man daraus

$$\frac{L_i}{L_0} = \frac{X_0}{X_i} \left[\frac{1 - X_0}{X_0} \frac{X_i}{1 - X_i} \right]^{\frac{\alpha^0}{\alpha^0 - 1}} \, . \tag{39}$$

Es ist jedoch einfacher und zweckmäßiger, diese Rechnung graphisch nach einer von HAUSEN [6] angegebenen Methode durchzuführen. Bei dieser Methode hat man den Vorteil, daß auch uniideale Gemische betrachtet werden können, soferne nur ihre Thiele-McCabe-Kurve bekannt ist. Die Konstruktion wird folgendermaßen ausgeführt: Man zeichnet sich in ein Thiele-McCabe-Diagramm (s. Abb. 25) die Funktion $2X - Z$ ein, deren Kurve sehr leicht zu zeichnen ist, weil sie ebensoweit unterhalb der Diagonale für $\alpha^0{}_1 = 1$ liegt wie die betrachtete Thiele-McCabe-Kurve über der Diagonale. Um nun zu ermitteln wie sich die Zusammensetzung X_0 der Flüssigkeit ändert, wenn eine kleine Menge ΔL verdampft wird, zieht man, ausgehend von dem in der Abb. mit A bezeichneten Punkt, eine um den kleinen Winkel φ gegen die senkrechte geneigte Linie zur Thiele-McCabe-Kurve. Die Abszisse X des so erhaltenen Punktes B gibt die nunmehrige Zusammensetzung der Flüssigkeit an. Zwischen ΔL und dem Winkel φ besteht der folgende Zusammenhang:

$$\frac{L_0 - \Delta L}{L_0} = \frac{1}{1 + 2\,\mathrm{tg}\,\varphi} \cdot \qquad (40)$$

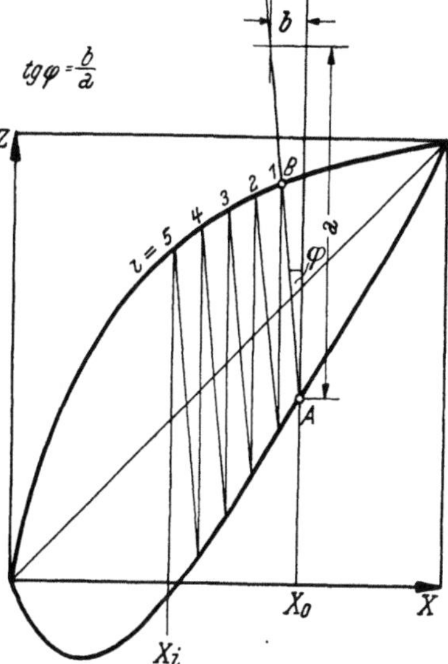

Abb. 25. Graphische Berechnung der offenen Verdampfung eines binären Gemisches

Um den Verlauf der Konzentrationsänderung beim weiteren Eindampfen zu ermitteln, ist diese Konstruktion fortzusetzen, wie in der Figur angedeutet ist, bis die gewünschte Konzentration bzw. das gewünschte Eindampfungsverhältnis erreicht ist. Der Zusammenhang zwischen der Anzahl der bei der Konstruktion ausgeführten Stufen i und dem Eindampfverhältnis ergibt sich aus der Gl.

$$\frac{L_i}{L_0} = \frac{1}{(1 + 2\,\mathrm{tg}\,\varphi)^i} \cdot \qquad (41)$$

Diese Gleichung kann graphisch an Hand der Tafel 103 ausgewertet werden, in welcher der Quotient $\frac{L_i}{L_0}$ gegen i für die Werte von $\mathrm{tg}\,\varphi = 0,05$, $0,1$ und $0,2$ aufgetragen ist. Die Rechnung geht also folgendermaßen vor sich: Ausgehend von der gegebenen Zusammensetzung X_0, zeichnet man, entsprechend der Abb. 25, eine Zickzacklinie zwischen den Kurven Z und $2X - Z$, wobei, abhängig von der Größe des betrachteten Intervalls, für die schrägen Linien die Neigung $1:20$, $1:10$ oder $1:5$ gegen die Senkrechte entsprechend $\mathrm{tg}\,\varphi = 0,05$, $0,1$ oder $0,2$ gewählt wird. Zwischen der Zahl der bei der Konstruktion ausgeführten Stufen, die notwendig sind, um den gesuchten X-Wert zu erreichen und den Quotienten $\frac{L_i}{L_0}$ ergibt dann Tafel 103 den Zusammenhang. Ist umgekehrt $\frac{L_i}{L_0}$ gegeben, so kann der Tafel die Stufenzahl i entnommen werden, die anzuwenden ist, um die gesuchte Zusammensetzung X_i zu erreichen. Bezüglich der Berechnung des offenen Verdampfungsvorganges bei Dreistoffgemischen siehe Abschnitt g.

g) Die rechnerische Behandlung des Phasengleichgewichtes in Dreistoffgemischen

Mit steigender Anzahl der Komponenten ergeben sich beim Phasengleichgewicht immer mehr Möglichkeiten im physikalischen Verhalten, da zwischen den einzelnen Komponenten die einzelnen etwa in Abb. 20 dargestellten Gemischtypen in mannigfacher Kombination auftreten können. Bilden die Bestandteile untereinander nur ideale Lösungen, dann können die behandelten Gleichungen (s. S. 134) zur Berechnung des Gleichgewichtes herangezogen werden. Verhalten sich jedoch einzelne Bestandteile gegeneinander unideal, dann versagen sowohl diese Methoden als auch die graphischen Verfahren, die für die Behandlung unidealer binärer Gemische unter c) angegeben wurden. Da bei sehr vielen Destillationsaufgaben Dreistoffgemische oder Mehrstoffgemische zu behandeln sind, die mit zulässigen Vernachlässigungen als Dreistoffgemische aufgefaßt werden können, so sollen im folgenden die graphischen Methoden erläutert werden, die es gestatten, das Phasengleichgewicht ternärer Systeme darzustellen und rechnerisch zu behandeln. (Über die algebraische Behandlung ternärer Verdampfungsgleichgewichte vgl. REDLICH u. KISTER [29].) Es ist klar, daß bei der graphischen Darstellung ternärer Systeme Gleichgewichtsflächen an Stelle der bei der graphischen Darstellung binärer Systeme auftretenden Gleichgewichtskurven treten. Es gelingt durch Darstellungsweisen, die etwa der karthographischen Darstellung des Geländes durch Höhenschichtlinien entsprechen, diese Gleichgewichtsflächen in einer Zeichenebene darzustellen.

Bei binären Systemen ist die Zusammensetzung durch die Angabe des Molenbruches einer Komponente definiert, da der Molenbruch der zweiten Komponente aus der Bedingung, daß die Summe der Molenbrüche aller Komponenten gleich eins ist, abgeleitet werden kann. Es besteht also die Möglichkeit, die Zusammensetzung eines binären Gemisches durch die Angabe eines Punktes zwischen Null und Eins der gewählten Koordinatenachse auszudrücken. Bei ternären Gemischen ist die Angabe der Molenbrüche zweier Komponenten nötig, die graphisch durch die beiden Koordinaten, welche die Lage eines Punktes in einer Ebene festlegen, ausgedrückt werden können. Es ist dabei üblich, kein rechtwinkeliges Koordinatensystem, sondern ein solches zu wählen, bei dem sich die Achsen unter einem Winkel von 60° schneiden. Alle denkbaren Zusammensetzungen eines ternären Gemisches können dann durch die Angabe der Lage eines Punktes ausgedrückt werden, der innerhalb eines aus der Koordinatenfläche ausgeschnittenen gleichseitigen Dreieckes liegt.

Das Beispiel einer solchen graphischen Darstellung zeigt Abb. 26. Die eingezeichneten Strecken entsprechen den Molenbrüchen der drei Komponenten in einem Mischungsverhältnis, welches durch den Punkt P dargestellt ist.

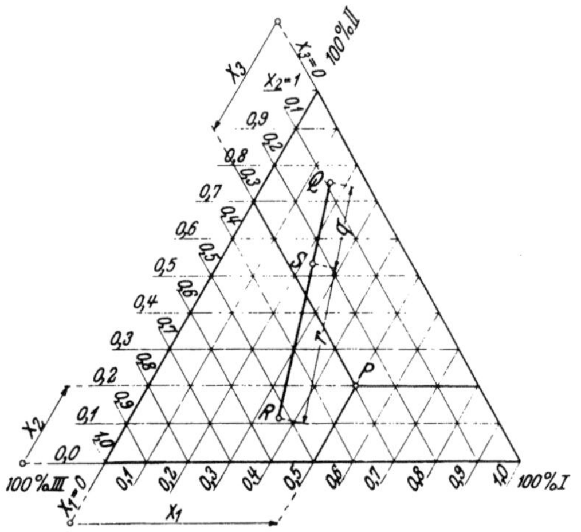

Allgemeine Eigenschaften der Dreieckskoordinaten. Eine wichtige Eigenschaft der Dreieckskoordinaten, die zweckmäßigerweise benutzt wird, wenn etwa die Zusammensetzung einer Mischung ermittelt werden soll, die aus zwei ternären Gemischen der gleichen Komponenten hergestellt wird, ist die folgende: Wenn man zwei Flüssigkeiten, deren Zusammensetzung durch die Punkte Q und R auf der Abb. 26 dargestellt ist, vermischt, so können dabei nur solche Zusammensetzungen erhalten werden, die durch Punkte darstellbar sind, welche auf der Verbindungsgeraden der beiden Punkte Q und R liegen. Soll aus den Flüssigkeiten Q und R eine Mischung mit der Zusammensetzung S erzeugt werden, so muß die angewendete Menge der Flüssigkeit Q sich zur angewendeten Menge der Flüssigkeit R so verhalten, wie die mit r bezeichnete Strecke zur Länge der mit q bezeichneten Strecke auf der Verbindungsgeraden. Durch eine derartige Konstruktion kann z. B. die Zusammensetzung und die Menge des Destillates einer Rektifizierkolonne aus dem Sumpfprodukt und dem Einsatz ermittelt werden.

Abb. 26. Graphische Darstellung der Zusammensetzung ternärer Gemische in Dreieckskoordinaten (Schema)

Die graphische Darstellung des ternären Verdampfungsgleichgewichtes im Dreieckskoordinatensystem. Die einfachste Methode besteht in einer Abänderung des Thiele-McCabe-Diagramms für Dreistoffgemische. Dazu wird in einem Dreiecksdiagramm, dessen Koordinaten die Zusammensetzung der Flüssigkeit angeben, die Zusammensetzung des Dampfes eingetragen. Man erhält dann ein zweites, verzerrtes Koordinatennetz, das die Zusammensetzung des Dampfes angibt. Liest man bei der gewählten Darstellungsweise die Koordinaten eines beliebigen Punktes ab, dann erhält man im unverzerrten System die Zusammensetzung der Flüssigkeit und im verzerrten Koordinatensystem die Zusammensetzung des Dampfes, der mit ihr im Gleichgewicht steht. Siehe dazu Abb. 27. Bei idealen Lösungen besteht das verzerrte Koordinatensystem, in welchem die Dampfzusammensetzung abzulesen ist, aus geraden Linien, während bei unidealen Systemen diese Linien gekrümmt sind. Bei idealen Systemen kann das verzerrte Koordinatensystem eben wegen der Geradlinigkeit so konstruiert werden, daß die Dampfzusammensetzungen der verschiedenen binären Lösungen, wie dies beispielsweise in der Abb. 27 geschehen ist, aus Thiele-McCabe-Kurven entnommen werden und über die Koordinatenachsen, welche die betreffenden binären Systeme darstellen, eingezeichnet werden. Verbindet man dann die erhaltenen Punkte, die hinsichtlich einer der Komponenten gleichen Molenbrüchen entsprechen, durch gerade Linien, dann erhält man das verzerrte Koordinatensystem. Bei unidealen Lösungen ist man darauf angewiesen, die experimentell bestimmten Gleichgewichtswerte in das Dreieckssystem einzutragen.

Die entwickelte Methode ist sehr geeignet, Gleichgewichtsverhältnisse darzustellen; bei idealen Systemen kann ferner graphisch, also ohne Rechenarbeit, das ternäre Gleichgewicht aus den binären Gleichgewichten abgeleitet werden. Für die Berechnung von Rektifizierkolonnen ist es aber zweckmäßiger, das ternäre Gleichgewicht nach einer Methode darzustellen, welche der von BAILEY für binäre Systeme vorgeschlagenen Darstellungsweise (s. Abb. 20) entspricht. Bei dieser Darstellungsweise, die sich eines räumlichen Koordinatensystems bedient, wird über dem Koordinatendreieck die Temperatur als dritte Dimension aufgetragen. An Stelle der Bailey-Kurven erhält man dann Flächen, die durch Höhenschichtenlinien, welche zugleich Isothermen darstellen, in einer Zeichenebene abgebildet werden können. Wie sich

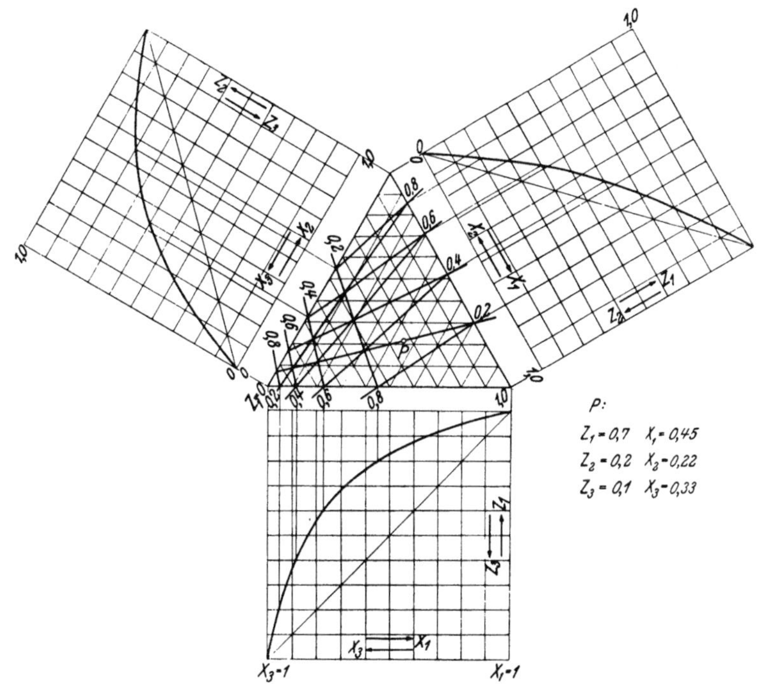

Abb. 27. Graphische Darstellung des Verdampfungsgleichgewichtes eines ternären idealen Gemisches (schematisch)

zeigen läßt, sind die Isothermen bei idealen Lösungen gerade Linien und können durch eine Konstruktion, welche der oben beschriebenen Ermittlung des verzerrten Koordinatensystems ähnlich ist, aus den Bailey-Kurven der binären Gemische ermittelt werden. S. Abb. 28. Zu diesem Zweck projiziert man die Punkte der Bailey-Kurven, welche passend gewählten Temperaturen entsprechen, auf die Seiten des Koordinatendreiecks und verbindet die für den Dampf oder für die Flüssigkeit erhaltenen Punkte gleicher Temperatur durch geradlinige Isothermen. Abb. 28, welche das räumliche Koordinatensystem im Schrägriß und im Grundriß darstellt, macht diese Verhältnisse vollkommen klar.

Will man zum Beispiel ermitteln, welche Zusammensetzung der Dampf hat, der mit einer bestimmten Flüssigkeit koexistiert, dann legt man (s. den Grundriß in Abb. 28) durch den Punkt F, welcher der Zusammensetzung der Flüssigkeit entspricht, eine Isotherme $K - L$ (wobei zwischen den gezeichneten Isothermen nötigenfalls interpoliert wird) und sucht auf der für die gleiche Temperatur gezeichneten Isotherme des Dampfes jenen Punkt D auf, welcher der Gleichgewichtsbedingung, die etwa durch die Formel $Z_1 = X_1 p_{1,0}/P$ ausgedrückt werden kann, genügt. Man kann den Punkt auf der Dampfisothermen jedoch auch mit Hilfe einer von THORMANN [9] angegebenen graphischen

Methode aufsuchen. Zu diesem Zweck teilt man die Dampfisotherme $M - N$ in demselben Verhältnis, in welchem die Flüssigkeitsisotherme $K - L$ durch den Punkt F geteilt wird (s. Abb. 28). Es muß also die Beziehung $\overline{KF} : \overline{FL} = \overline{MD} : \overline{DN}$ bestehen. Um diese Rechnung zu ersparen und zu ermöglichen, daß das Gleichgewicht unmittelbar aus dem Diagramm abzulesen ist, kann man in das Diagramm „Destillationslinien" einzeichnen, das sind Linien, welche zusammengehörige Punkte der Flüssigkeits- und Dampfisothermen verbinden. Bei idealen Systemen bilden, wie Abb. 28 zeigt, die Destilla-

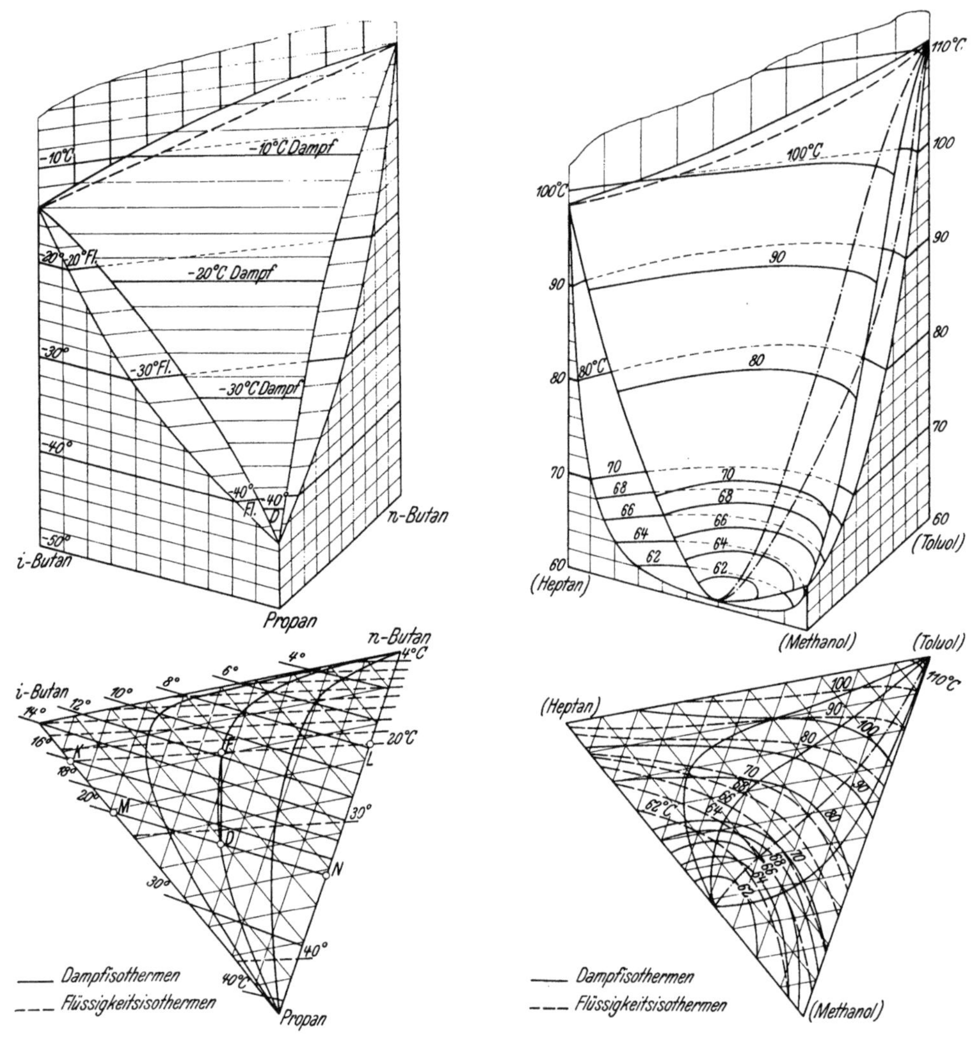

Abb. 28. Verdampfungsgleichgewicht; Phasendiagramm eines ternären, idealen Gemisches	Abb. 29. Verdampfungsgleichgewicht; Phasendiagramm eines ternären, unidealen Gemisches mit 2 Destillationsfeldern

tionslinien eine Schar hyperbelähnlicher Kurven, die von dem Punkt des Koordinatendreieckes, welcher der leichtestflüchtigen Komponente entspricht, zu dem Punkt verlaufen, welcher der schwerstflüchtigen Komponente entspricht. Im Grenzfall eines binären Gemisches bildet die entsprechende Seite des Koordinatendreieckes die Destillationslinie. Es sei ausdrücklich erwähnt, daß die Destillationslinien nur hyperbelähnlich sind und auch bei idealen Gemischen nicht symmetrisch im Koordinatendreieck liegen.

Ternäre Systeme, bei denen eine oder mehrere der Komponenten Azeotrope bilden oder nicht vollkommen ineinander löslich sind, können, ebenso wie derartige binäre Gemische, durch Destillation nicht unmittelbar in die reinen Komponenten zerlegt werden. Während bei binären Gemischen der azeotrope Punkt die Grenze für die Zerlegung bildet, ist beim ternären Gemisch eine der Destillationslinien die Grenze. Man kann dabei zwei Fälle unterscheiden.

1. Ternäre Systeme mit zwei Destillationsfeldern. Bilden zwei der Komponenten, aus denen sich das ternäre System aufbaut, ein azeotropes Gemisch, dann verlaufen die Destillationslinien in zwei voneinander getrennten Feldern. In Abb. 29 ist als Beispiel für dieses Verhalten das System Methanol-Heptan-Toluol dargestellt, wobei allerdings zugunsten einer deutlicheren Darstellung des Phasendiagramms auf eine genaue Einhaltung des Maßstabes verzichtet wurde. Zur besseren Übersicht ist in der Abb. 29 die Destillationslinie, welche die Grenze zwischen den beiden Feldern darstellt, strichpunktiert eingezeichnet. Aus einer Mischung, deren Zusammensetzung durch einen Punkt beispielsweise im links von der Grenzlinie gelegenen Feld wiedergegeben wird, kann durch Rektifikation nie eine Mischung erhalten werden, deren Zusammensetzung ein rechts von der Grenzlinie gelegener Punkt entspricht.

2. Ternäre Systeme mit drei Destillationsfeldern. Bilden die Komponenten des ternären Systems zwei binäre Azeotrope, dann bestehen drei Destillationsfelder. Der Bildung eines azeotropen Gemisches qualitativ gleichwertig ist das Bestehen beschränkter (oder mangelnder) Löslichkeit. Ein Beispiel für dieses Verhalten gibt das System Äthylalkohol—Wasser—Benzol, dessen Phasendiagramm in schematischer Darstellung Abb. 30 zeigt. Auch hier können bei der Zerlegung eines Gemisches durch Rektifikation die Grenzen der Destillationsfelder nicht überschritten werden. Im Bereich der Mischungslücke besteht aber (ebenso wie bei den entsprechenden binären Systemen) kein Bedürfnis nach einer Trennung durch Rektifikation, weil diese Mischungen ohnehin in zwei Phasen zerfallen. Man kann daher ein System nach Art des vorliegenden sogar dazu benützen, um aus dem binären System Alkohol—Wasser

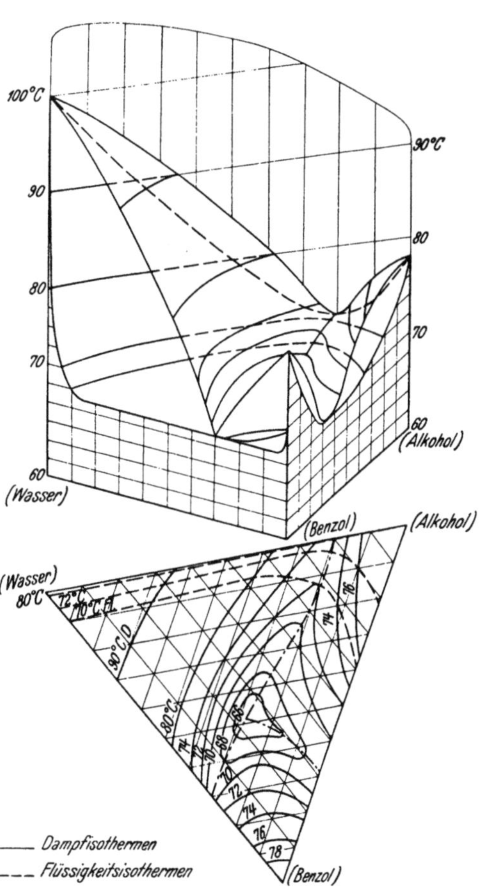

Abb. 30. Verdampfungsgleichgewicht; Phasendiagramm eines ternären, unidealen Gemisches mit 3 Destillationsfeldern

beide Komponenten rein darzustellen. Durch Benützung von Methanol als Hilfsstoff gelingt es in ähnlicher Weise auch zum Beispiel Toluol aus Benzinen abzuscheiden.

h) Das Verdampfungsgleichgewicht bei Mineralölen

In den bisherigen Abschnitten wurde ausschließlich auf die Berechnung der Phasengleichgewichte solcher Erdölprodukte Bezug genommen, die aus den niedrigsten Kohlenwasserstoffen etwa mit einer Kohlenstoffzahl von 1 bis 5 oder höchstens 7 bestehen. Bei schwereren Kohlenwasserstoffgemischen, wie sie die überwiegende Zahl der Mineralölprodukte und der Rohöle darstellen, ist man naturgemäß nicht in der Lage, die Zahl, die Art und die näheren Eigenschaften der chemischen Individuen, aus denen sich diese Öle aufbauen, im einzelnen anzugeben. Die Rechenmethoden bedürfen daher einer Modifikation. Am einfachsten ist es, die Mineralöle als Gemische einer beschränkten Anzahl von Fraktionen mit hinreichend engem Siedebereich anzusehen. Jede dieser Fraktionen wird in der Rechnung wie ein einheitlicher Stoff behandelt, dem ein Siedepunkt (bzw. Dampfdruck, Molgewicht und Gleichgewichtskonstante) zugeordnet wird. Formal unterscheidet sich dann die Rechnung nicht von den bereits behandelten Methoden.

Man kann aber ein Mineralöl auch als eine Mischung unendlich vieler Fraktionen ansehen, was den Vorteil ergibt, daß die in den Gleichungen auftretenden Summen zu bestimmten Integralen werden; dadurch wird die Rechnung beträchtlich erleichtert. Das Verdampfungsgleichgewicht eines idealen Gemisches mit „unendlich" vielen Komponenten kann also etwa aus der wahren Siedekurve exakt berechnet werden. Vgl. z. B. BROWN und SOUDERS [7] und die graphischen Methoden von HARBERT [8]. Bei praktischen Rechnungen wird jedoch meist nach empirischen Methoden vorgegangen, die unten erläutert sind, wobei man auch hier die Mineralölprodukte vor allem durch das Siedeverhalten charakterisiert (s. S. 30).

Die Siedeanalyse. Wie alle Gemische, haben Mineralöle keinen Siedepunkt, sondern einen mehr oder weniger breiten Siedebereich, der durch eine Destillationsanalyse etwa nach ENGLER oder A. S. T. M. festgestellt wird. Das Ergebnis dieser Analyse wird in Tabellenform oder in Form der „Siedekurve" angegeben. Bei diesen Analysenverfahren, die in den betreffenden Normen genau definiert sind, werden 100 cm³ des Mineralöls in einem Glaskolben zum Sieden gebracht und das aus dem überdestillierten Dampf niedergeschlagene Kondensat in einem Meßglas aufgefangen. Als „Siedebeginn nach ENGLER" wird die Temperatur des übergehenden Dampfes bezeichnet, bei welcher der erste Tropfen des Destillates in das Meßglas fällt; „Siedeende nach ENGLER" heißt die höchste im Verlaufe der Destillation erreichte Temperatur des übergehenden Dampfes. Es werden zusammengehörige Wertepaare von Temperatur und Destillationsmenge abgelesen, die, graphisch aufgetragen, die Siedekurve ergeben (s. die Erläuterungsabbildung auf Tafel 107). Wird die Siedeanalyse unter Verwendung einer möglichst hochwertigen Laboratoriumsrektifizierkolonne ausgeführt, dann erhält man die „wahre Siedekurve", die von der Engler-Kurve erheblich abweichen kann und die ein wesentlich genaueres Bild über das Siedeverhalten gibt. Beispielsweise besteht die wahre Siedekurve eines Gemisches homologer Kohlenwasserstoffe, etwa von n-Hexan, n-Heptan, n-Oktan und n-Nonan, aus einer Treppenlinie. In der Engler-Kurve werden die Ecken dieser Treppe je nach der Siededifferenz und der Menge der vorhandenen Kohlenwasserstoffe mehr oder weniger abgerundet. Mineralölprodukte, die sich aus einer großen Zahl von Kohlenwasserstoffen zusammensetzen und bei denen sich die Siedepunkte benachbart siedender Kohlenwasserstoffe jeweils nur geringfügig unterscheiden, ergeben eine Siedekurve, bei welcher die Abrundung der Treppenstufen zu einer mehr oder weniger steilen Kurve mit gleichmäßiger Neigung führt.

Aus der Siedeanalyse abgeleitete Kenngrößen. Um eine zahlenmäßige Kennzeichnung des Siedeverhaltens von Mineralölen zu ermöglichen, wird aus der Siedekurve eine Reihe von Kenngrößen abgeleitet. Diese sind:

1. Die 50%-Siedetemperatur $t_{E\,50}$. Darunter versteht man jene Temperatur, welche bei der Engler-Destillation abgelesen wird, wenn 50% der eingesetzten Menge übergegangen sind. Dieser Wert allein kennzeichnet nur engsiedende Fraktionen. In gleicher Weise ist die 10%-Siedetemperatur $t_{E\,10}$ und die 90%-Siedetemperatur $t_{E\,90}$ definiert.

2. Die Steilheit der Siedekurve s_E bezeichnet ihre Neigung in Grad Celsius pro Volumprozent. Häufig wird auch die mittlere Steilheit $\bar{s}_E$ angegeben, die meist als ein Sechzigstel der Differenz der Siedetemperatur bei 70%- und 10%-Destillat, also zu

$$s_E = \frac{t_{E\,70} - t_{E\,10}}{60}, \tag{42}$$

gelegentlich aber auch zu

$$\overline{s_E} = \frac{t_{E\,90} - t_{E\,10}}{80} \tag{43}$$

definiert wird.

3. Die mittlere Siedetemperatur $\overline{t_E}$ wird dadurch berechnet, daß das arithmetische Mittel aus $t_{E\,10}$, $t_{E\,30}$, $t_{E\,50}$, $t_{E\,70}$ und $t_{E\,90}$ gezogen wird, also

$$\overline{t_E} = \frac{t_{E\,10} + t_{E\,30} + t_{E\,50} + t_{E\,70} + t_{E\,90}}{5}. \tag{44}$$

4. Die mittlere molare Siedetemperatur $\overline{t_M}$ [1].

Die Mittelwertbildung der Siedetemperatur auf der Basis der überdestillierten Menge in Volumprozent befriedigt in physikalischer Beziehung nicht ganz als Kennzeichnungswert für das Verhalten eines Mineralöles, und zwar deshalb, weil mit steigendem Siedepunkt das Verhältnis aus Dichte zum Molekulargewicht abnimmt. Dadurch wird es möglich, daß Mineralöle mit gleicher mittlerer Siedetemperatur, aber verschiedener Steilheit der Engler-Kurve, große Unterschiede im mittleren Molgewicht oder, was dasselbe ist, in der Dampfdichte zeigen. Man benützt daher als Kennzeichen für das physikalische Verhalten von Mineralölen die mittlere molare Siedetemperatur $\overline{t_M}$, die aus der mittleren Siedetemperatur $\overline{t_E}$ durch Verminderung um eine Korrektur erhalten wird, die aus Tafel 104 entnommen werden kann und durch die mittlere Steilheit der Engler-Siedekurve gegeben ist. Dabei ist zu beachten, daß bei der Ermittlung der Korrektur dann, wenn aus dem Wert von $\overline{t_M}$ mit Hilfe der Tafel 105 der Watsonsche Kennfaktor, das Molgewicht oder andere physikalische Eigenschaften ermittelt werden sollen, die strichpunktierte Kurve zu verwenden ist, während dann, wenn jene Temperatur bestimmt werden soll, bei welcher effektiv 50 Mol% des betrachteten Öles überdestilliert sind, die ausgezogene Kurve zu verwenden ist. (S. WATSON [10], ferner WATSON und NELSON [11].)

Die Ermittlung der physikalischen Eigenschaften von Mineralölen aus der Siedeanalyse. Aus dem Siedeverhalten und aus der Dichte kann die relativ zuverlässigste Kennzeichnung von Mineralölen erfolgen (s. S. 30). Dazu dient der Watsonsche Kennfaktor, der ebenso wie das Molgewicht in Tafel 105 als Funktion der Dichte 15,6/15,6 und der mittleren molaren Siedetemperatur aufgetragen ist. Die Benützung der Tafeln 104 und 105 sei an Hand des folgenden Beispiels erläutert.

Beispiel 44.

Gegeben: ein Benzin mit der Dichte $D\ 15,6/15,6 = 0,753$, dessen Siedekurve in der Erläuterungsabbildung der Tafel 107 dargestellt ist.

Gesucht: Der Watsonsche Kennfaktor K_W und das Molgewicht M.

Wir erhalten, wenn die entsprechenden Werte der Erläuterungsabbildung Tafel 107 entnommen werden, nach:

Gl. (X-42) ..... $\overline{s_E} = \dfrac{t_{E\,90} - t_{E\,10}}{80} = \dfrac{253 - 138}{80} = 1,44^0\,\text{C/Vol}\%.$

Gl. (X-44) ..... $\overline{t_E} = \dfrac{t_{E\,10} + t_{E\,30} + t_{E\,50} + t_{E\,70} + t_{E\,90}}{5} = \dfrac{138 + 174 + 202 + 225 + 253}{5} = 198^0\,\text{C}.$

Tafel 104 .... für die Differenz $\overline{t_E} - \overline{t_M} = 8{,}5^0$ C (wobei, da es sich um die Bestimmung von M und K_W handelt, die strichpunktierte Kurve zu benützen ist). Mithin erhalten wir $\overline{t_M} = \overline{t_E} - 8{,}5 = 198 - 8{,}5 = 189{,}5$ und finden in

Tafel 105..... für $\overline{t_M} = 189{,}5$ und $D\ 15{,}6/15{,}6 = 0{,}753$ die Werte: $K_w = 12{,}5$ und $M = 165$.

Weitere physikalische Eigenschaften, wie Viskosität, spezifische Wärme, Wärmeinhalt und Verdampfungswärme können daraus mit den Tafeln 44 bis 46, 57, 58, 65 und 83 bis 87 ermittelt werden.

---

[1] An sich wäre es richtiger, vom molaren Mittelwert der Siedetemperatur oder von der molaren mittleren Siedetemperatur zu sprechen. Nun hat sich aber der Ausdruck „mittlere molare Siedetemperatur" bereits eingebürgert und daher wurde er beibehalten.

Die Engler-Kurven hochsiedender Öle sind infolge einer teilweisen Verkrackung der Produkte, insbesondere gegen Ende der Analyse, meist erheblich gefälscht. Zur Charakterisierung derartiger Produkte wird zweckmäßigerweise eine Siedekurve bei einer Vakuumdestillation aufgenommen, die nach den unten erläuterten Methoden auf atmosphärischen Druck umgerechnet wird. Häufig wird man jedoch die Werte von K_W aus dem Molgewicht und der Dichte (mit Hilfe der Tafel 105) oder aus der Viskosität und der Dichte (mit Hilfe der Tafeln 44, 45 oder 46) ermitteln. Über die Umrechnung von „waren Siedekurven" wie man sie beim Destillieren in einer Kolonne erhält, in Engler- (A. S. T. M.) Kurven vgl. GEDDES [39].

Das Verdampfungsgleichgewicht bei Mineralölen. Die Kennzeichnung des Verdampfungsgleichgewichtes erfolgt bei Mineralölen, sofern es sich um die Gleichgewichtseinstellung im geschlossenen System handelt (s. S. 147), durch die *Gleichgewichtsverdampfungskurve.* Diese gibt als Funktion der Temperatur die Menge des Öles in Volumprozenten an, welche unter der Voraussetzung der Gleichgewichtseinstellung in einem geschlossenen System unter einem gegebenen Druck verdampft. Die Gleichgewichtsverdampfungskurve, die in ihrer Form einer Engler-Kurve nicht unähnlich ist (s. die Erläuterungsabb. auf Tafel 107), kann auf Grund empirischer Beziehungen, die von PIROOMOV und BEISWENGER [12] angegeben wurden, aus dem Siedeverhalten ermittelt werden.

Für die Bestimmung der Gleichgewichtsverdampfungskurve bei 1 ata aus der Engler-Kurve dienen die Tafeln 106 und 107. Es kann angenommen werden, daß die Gleichgewichtsverdampfungskurve zwischen 10 und 90 % annähernd geradlinig verläuft, so daß dieser mittlere Teil durch den 50 %-Punkt der Gleichgewichtsverdampfungskurve t_{G50} und ihrer Neigung im geradlinigen Teil s_G definiert ist. Der angenäherte Verlauf der gekrümmten Teile zwischen 0 und 10 % und 90 und 100 % kann dadurch ermittelt werden, daß der Abstand des Anfangspunktes der Kurve t_{G0} bzw. des Endpunktes der Kurve t_{G100} von den Schnittpunkten ermittelt wird, die sich ergeben, wenn der geradlinige mittlere Teil bis zur Null- bzw. 100%-Linie verlängert wird.

Für die Ermittlung der Gleichgewichtsverdampfungskurve für 1 ata ergibt sich also folgendes Rechnungsschema:

Man erhält nach Tafel 106 aus t_{E50} und $\overline{s_E}$ den Abstand ΔG_{50} zwischen t_{E50} und t_{G50} und damit t_{G50} selbst; aus $\overline{s_E}$ den Wert s_G, und weiter erhält man nach Tafel 107 aus der mit ΔE_0 bezeichneten Differenz (10%-Siedepunkt minus Siedebeginn der Engler-Kurve) den Wert ΔG_0 und damit t_{G0},

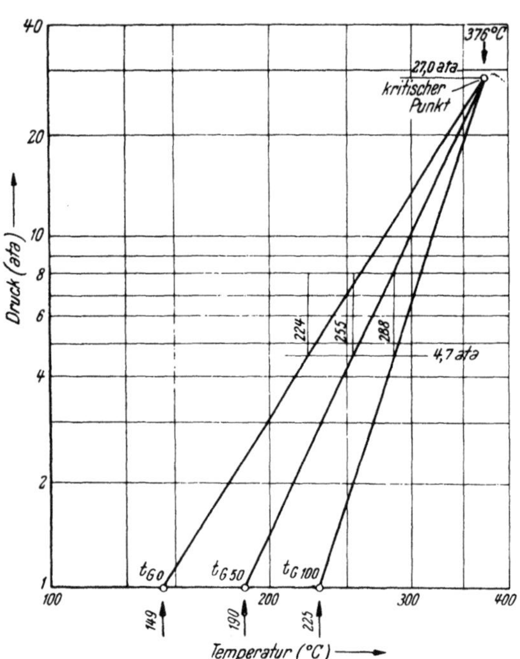

Abb. 31. Graphische Berechnung von Gleichgewichtsverdampfungskurven bei von 1 Ata abweichenden Drücken

und schließlich extrapoliert man die Engler-Kurve bis zur 100%-Linie, bestimmt die Differenz dieser Temperatur minus der 90%-Siedetemperatur nach ENGLER, welche mit ΔE_{100} bezeichnet wird, und ermittelt daraus den Wert von ΔG_{100} und damit t_{G100}.

Die Durchführung dieser Rechnung und die Konstruktion der Gleichgewichtsverdampfungskurve bei 1 ata aus der Engler-Kurve dürfte an Hand der auf Tafel 107 dargestellten Erläuterungsabbildung verständlich sein.

Für die Bestimmung der Gleichgewichtsverdampfungskurve bei höheren Drücken ist folgende Überlegung maßgebend: Der Anfangspunkt der Gleichgewichtsverdampfungskurve ist identisch mit dem Siedepunkt, während der Endpunkt dem Taupunkt beim betreffenden Druck entspricht[1]. Mit steigendem Druck und steigender Temperatur wird das Intervall zwischen diesen Punkten kleiner und verschwindet im kritischen Punkt überhaupt. Nun zeigt die Erfahrung, daß die Dampfdruckkurve, die eine Verbindung der Siedepunkte bei verschiedenen Drücken darstellt, ebenso wie die Taukurve im $\frac{1}{T}$ /log p-Koordinatennetz annähernd geradlinig verläuft. (Siehe z. B. die Dampfdruckkurve verschiedener Mineralölprodukte in Tafel 125.) Zeichnet man also in einem $\frac{1}{T}$ /log p-Koordinatennetz auf der 1-ata-Linie die Temperatur ein, die dem Anfangs- und dem Endpunkt der Gleichgewichtsverdampfungskurve entspricht (s. Abb. 31), und verbindet man die so erhaltenen Punkte mit dem ebenfalls eingezeichneten etwa nach Tafel 28 und Tafel 29 ermittelten kritischen Punkt durch gerade Linien, so stellen diese Linien die Dampfdruck- bzw. die Taudruckkurve dar[2]. Man kann also für beliebige Drücke die Temperatur des Siede- und des Taupunktes und damit die Temperatur des Anfangs- bzw. Endpunktes der Gleichgewichtsverdampfungskurve ablesen. Nun liegen auch die 50%-Punkte der Gleichgewichtsverdampfungskurven im 1/log p-Koordinatensystem auf einer annähernd geraden Linie, die im kritischen Punkt endet und deren Steilheit übrigens sehr nahe der Steilheit der Dampfdruckkurve eines reinen Kohlenwasserstoffes ist. Verbindet man also den 50%-Punkt der Gleichgewichtsverdampfungskurve bei 1 ata mit dem kritischen Punkt, dann können an dieser Geraden die 50%-Punkte der Gleichgewichtsverdampfungskurven für beliebige Drücke abgelesen werden. Die Neigung des mittleren Teiles der Gleichgewichtsverdampfungskurve kann schließlich ebenso wie für 1 ata der Tafel 106 entnommen werden, nur daß die Neigung nicht an der Kurve $\pi < 0{,}1$, sondern an jener Kurve abzulesen ist, welche dem entsprechenden reduzierten Druck zugeordnet ist.

Beispiel 45.
Gegeben: Das Öl, dessen Engler-Kurve in der Erläuterungsabbildung in der Tafel 107 eingezeichnet ist.
Gesucht: Die Gleichgewichtsverdampfungskurve bei 1 ata und bei 4,7 ata.
Aus der Engler-Kurve ergibt sich:

$$\overline{S_E} = \frac{253 - 138}{80} = 1{,}44^0\,\mathrm{C/Vol\%} \quad \text{und} \quad t_{E\,50} = 202^0\,\mathrm{C}.$$

Für die Gleichgewichtsverdampfungskurve ergibt sich nach Tafel 106: $\varDelta G_{50} = 12^0$ C, daraus $t_{G\,50} = t_{E\,50} - \varDelta G_{50} = 202 - 12 = 190^0$ C und ferner $\overline{S_G} = 0{,}7$. (Dabei war an der Kurve $\pi < 0{,}1$ abzulesen, weil ja die Gleichgewichtsverdampfungskurve für 1 ata zu ermitteln ist.) Zeichnet man durch den 50%-Punkt bei 190° C eine Gerade mit der Steilheit 0,7 C/Volumprozent (oder 70° C/100 %), erhält man für den mittleren geradlinigen Teil der Gleichgewichtsverdampfungskurve einen Verlauf, wie er in der Abbildung eingezeichnet ist. Es ergibt sich ferner aus der Engler-Kurve

$$\varDelta E_0 = 138 - 110 = 28^0\,\mathrm{C}$$
$$\varDelta E_{100} = 270 - 253 = 17^0\,\mathrm{C},$$

wobei der Endpunkt der Engler-Kurve durch Extrapolation bestimmt wurde und daraus nach Tafel 107... $\varDelta G_0 = 6^0$ C; $\varDelta G_{100} = 2^0$ C,
so daß die Gleichgewichtsverdampfungskurve durch Einzeichnen der zwischen 0 und 10 % sowie der zwischen 90 und 100 % gelegenen Stücke vervollständigt werden kann, wobei diese Kurvenstücke freihändig so einzuzeichnen sind, daß sie in den geradlinigen Teil der Kurve ohne Knick einmünden. Für die Ermittlung der Gleichgewichtsverdampfungskurve bei 4,7 ata wäre zunächst der Anfangs-, der 50%-Punkt und der Endpunkt der Gleichgewichtsverdampfungskurve in die Tafel 125 oder ein entsprechendes Liniennetz einzuzeichnen und sodann der kritische Punkt und die kritische Temperatur aus dem Siedeverhalten und der Dichte des Öls mit Hilfe der Tafeln 28 und 29 zu ermitteln.
Man erhält: $P_k = 27$ ata, $T_k = 376^0$ C.

Zeichnet man diese Werte und die Punkte $t_{G\,0}$, $t_{G\,50}$, $t_{G\,100}$ in ein $\frac{1}{T}$ /log p Koordinatennetz (z.B. in Tafel 125) ein, so erhält man die in Abb. 31 dargestellte Konstruktion und kann für die Gleichgewichtsverdampfungskurve bei 4,7 ata ablesen:

---

[1] Siedepunkt (vgl. S. 134) nicht identisch mit Siedebeginn nach Engler (vgl. S. 156.)
[2] Das gilt insbesondere in der Umgebung des kritischen Zustandes nur näherungsweise. Siehe S. 73.

$$t_{G\,0} = 224,\quad t_{G\,50} = 255,\quad t_{G\,100} = 288^{\circ}\ \text{C}.$$

Damit ist der ungefähre Verlauf der Kurve gegeben, wie er in der Erläuterungsabbildung der Tafel 107 eingezeichnet ist. Bei einem steileren Verlauf der Gleichgewichtsverdampfungskurve könnte es zweckmäßig sein, die Steilheit des mittleren Teiles nach Tafel 106 getrennt zu ermitteln, wie es für die Kurve bei 1 ata geschehen ist. Bei flachen Kurven wie im vorliegenden Beispiel ist die erreichte Genauigkeit dazu nicht ausreichend.

Thiele-McCabe-Kurven für Mineralöle. Die Darstellung des Verdampfungsgleichgewichtes von Mineralölen durch Kurven, die ähnlich den Gleichgewichtskurven sind, welche THIELE MCCABE für binäre Mischungen vorgeschlagen hat, ist sehr zweckmäßig, wenn es sich beispielsweise um die Berechnung von Rektifizierkolonnen handelt. Die Methode stammt von OBRYADCHAKOFF [13]. Jedes Öl wird als ein binäres Gemisch der beiden Fraktionen aufgefaßt, in die es zerlegt werden soll. Die leichtflüchtige Komponente ist dann durch den Teil des Öles repräsentiert, welcher unterhalb, die schwerflüchtige Komponente durch den Teil, welcher oberhalb der Temperatur siedet, bei welcher der Schnitt gelegt werden soll. Die Gleichgewichtskurve, die in der Form mit den auf Tafel 131 dargestellten Kurven annähernd übereinstimmt, ist dann durch Angabe eines Wertes für α^0 gegeben, der aus der Steilheit der wahren Siedekurve mit Hilfe der Tafel 108 ermittelt werden kann, wobei die α^0-Werte für atmosphärischen Druck an der Kurve $\pi < 0{,}1$, die für höhere Drücke jeweils an jener Kurve abzulesen sind, welche dem entsprechenden reduzierten Druck zukommt. Aus den Gleichgewichtskurven mit dem entsprechenden α^0-Wert in Tafel 131 sind dann zusammengehörige Werte X und Z für die Zusammensetzung von Dampf und Flüssigkeit zu entnehmen.

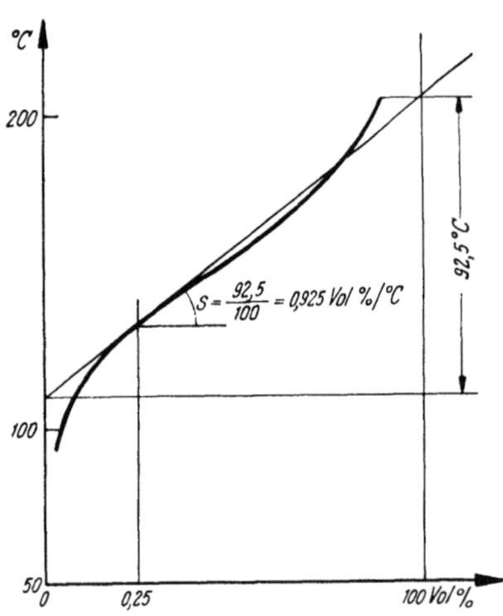

Abb. 32. Graphische Ermittlung der Steilheit einer Siedekurve

Es ist jedoch zu beachten, daß X und Z hier Volumanteile der Flüssigkeit bedeuten. Zu einer Flüssigkeit mit der Zusammensetzung X, die also 100 X-Volumprozent der leichten Fraktion enthält, gehört ein Dampf, welcher kondensiert eine Flüssigkeit ergäbe, die 100 Z-Volumprozent der leichten Fraktion enthält.

Beispiel 46.
Gegeben das Produkt, dessen wahre Siedekurve in der Abb. 32 dargestellt ist.
Von diesem Öl sollen bei 1 ata 25 Vol% einer leichten Fraktion abgetrennt werden. Aus der Abbildung ergibt sich die Steilheit der Siedekurve an der Stelle, an welcher der Schnitt gelegt werden soll, zu 0,925° C/Vol%. Der Tafel 108 ist dafür ein α^0-Wert von 3,6 zu entnehmen, wobei an der Kurve $\pi < 0{,}1$ abzulesen ist, da der Druck im vorliegenden Fall nur 1 ata beträgt. Bei höheren Drücken wäre nach Bestimmung des pseudokritischen Druckes nach Tafel 26 an der Kurve abzulesen, welche dem ermittelten pseudoreduzierten Druck (s. S. 70) entspricht. Bei der Berechnung der Rektifizierkolonne für das vorliegende Beispiel wären also die gleichen Thiele-McCabe-Kurven zu verwenden wie für ein Zweistoffgemisch, bei dem der Quotient aus den Dampfdrücken gleich 3,6 ist. Aus der Annahme über die Menge des Leichterflüchtigen im Sumpfprodukt und die Menge des Schwererflüchtigen im Kopfprodukt, die bei der Rechnung gemacht werden, kann man dann die Überschneidung der Siedekurven der erhaltenen Produkte ableiten.

3. Die Löslichkeit von Gasen in Flüssigkeiten

a) Die Änderung der Löslichkeit mit dem Partialdruck des gelösten Gases

Ist das Gas nur wenig löslich, wie z. B. Stickstoff in Wasser oder Wasserstoff in Erdölprodukten, dann gilt das Henrysche Gesetz bis zu sehr hohen Drücken, das heißt, die gelöste Menge ist proportional dem Partialdruck. Wenn die Löslichkeit größer ist, wie z. B. bei Kohlendioxyd in Wasser bei niedrigen Temperaturen, dann gilt der lineare Zusammenhang nur im Bereich kleinerer Partialdrücke. Wie aus Tafel 110 zu entnehmen ist, gilt das Henrysche Gesetz für Kohlendioxyd in Wasser bei 0° C etwa bis 12 Atmosphären und bei etwa 100° C etwa bis 120 Atmosphären. Bei größerer Löslichkeit sind zwei Fälle zu unterscheiden:

1. Vorherrschende physikalische Löslichkeit, wie sie zwischen chemisch ähnlichen Stoffen besteht, z. B. Lösung von gasförmigem Propan im Oktan (flüssig), dann erfolgt die Berechnung des Lösungsgleichgewichtes nach den Methoden des Abschnittes b).

2. Vorherrschende chemische Löslichkeit. Als Beispiel sei hier das System „wässrige Kaliumkarbonatlösung und Kohlendioxyd" diskutiert, doch gilt das Gesagte ebenso für Lösungen von Olefinen in Kupfer (1)- und Silbersalzlaugen und Schwefelwasserstoff oder Kohlendioxyd in Triäthanolaminlösungen, „Alkazidlauge" und ähnlichen Fällen.

Bei der Lösung von Kohlendioxyd in Kaliumcarbonatlösung findet eine chemische Reaktion statt und es wird Kaliumbicarbonat gebildet. Solange die Konzentration dieses Salzes so klein ist, daß es in Lösung bleibt, kann man das errechnete Gleichgewicht durch die Gleichung

$$K = \frac{[\mathrm{KHCO_3}]^2}{[\mathrm{K_2CO_3}]\, p_{\mathrm{CO_2}}} \tag{45}$$

darstellen. Dabei bedeutet: K die Gleichgewichtskonstante, $[\mathrm{KHCO_3}]$ die Konzentration des Bicarbonats, $[\mathrm{K_2CO_3}]$ die Konzentration des Kaliumcarbonats in kg-Äquivalent/m³, und $p_{\mathrm{CO_2}}$ den Partialdruck des Kohlendioxyds in mm Q. S. Die Gleichgewichtskonstante ist in Tafel 110 für verschiedene Temperaturen angegeben. Die Benützung der Tafel sei an Hand des folgenden Beispiels erläutert:

Beispiel 47.

Gegeben: Eine wässerige Lösung von Kaliumcarbonat, welche 15 Gew.-%, gleich 2,2 kg-Äquivalente/m³ enthält.

Gesucht: Die Menge Kohlendioxyd, welche in dieser Carbonatlauge bei 45° C und einem Kohlensäurepartialdruck von 180 mm Q. S. gelöst wird.

Nach Tafel 110 erhält man für die Gleichgewichtskonstante K bei 45° C den Wert 0,155. Bezeichnet man zur Vereinfachung der Schreibweise die Konzentration des $\mathrm{K_2CO_3}$ mit x und jene des $\mathrm{KHCO_3}$ mit y, dann erhält man nach Gl. (45) den Ausdruck

$$p = \frac{y^2}{x \cdot 0{,}155}\;.$$

Aus der Reaktionsgleichung $\mathrm{K_2CO_3} + \mathrm{CO_2} + \mathrm{H_2O} = 2\,\mathrm{KHCO_3}$ kann man nun ersehen, daß für jedes Mol Kohlendioxyd, das gelöst wird, zwei Äquivalente $\mathrm{KHCO_3}$ entstehen und zwei Äquivalente $\mathrm{K_2CO_3}$ verschwinden. Da in unserem Beispiel die Konzentration des $\mathrm{K_2CO_3}$ in der unbeladenen Lauge gleich 2,2 ist, schreiben wir $x + y = 2{,}2$. Setzt man dies in die Gl. (45) ein, so erhält man

$$p = \frac{y^2}{(2{,}2 - y)\,0{,}155}\;.$$

In der Gleichung ist nun gemäß der Reaktionsgleichung y aber auch gleich der Anzahl der Äquivalente Kohlendioxyd, welche in der Lauge gelöst sind. Setzt man für $p = 180$ mm Q. S. und löst man die Gleichung nach y auf, dann ergibt sich y zu 2,05. Es enthält also 1 m³ der gesättigten Lauge 2,05 kg-Äquivalente Kohlendioxyd, und da 1-kg-Äquivalent 12,2 nm³ entspricht, ist diese Menge gleich 25 nm³.

Die Löslichkeit von Kohlendioxyd und Schwefelwasserstoff in verschiedenen Lösungen von organischen Aminen ist in Tafel 111 dargestellt (s. auch BOTTOMS [14], MASON und DODGE [15], BOTTOMS [16].

b) Veränderung der Löslichkeit von Gasen mit der Temperatur

Im allgemeinen nimmt die Löslichkeit von Gasen, wie aus Tafel 109 zu ersehen ist, mit steigender Temperatur ab. Der Wasserstoff macht eine Ausnahme und zeigt in manchen Lösungsmitteln sogar eine geringfügige Zunahme der Löslichkeit mit wachsender Temperatur. Weitere Zahlenangaben über die Löslichkeiten von Gasen bei verschiedenen Temperaturen finden sich in Tafel 110 und 111 und in der Tab. 41.

Tabelle 41. *Gegenseitige Löslichkeit von Kohlenwasserstoffen bei 25° C*

Lösungsmittel	Gelöstes Gas (nm³ / m³ Lösungsmittel) bei 1 ata Gesamtdruck und 25° C								
	Methan	Äthan	Äthylen	Propan	Propylen	n-Butan	i-Butan	n-Buten	i-Buten
n-Hexan			2,1	17	13	110	51	110	81
n-Heptan			2,8	19	15	120	55	110	79
i-Oktan	0,32	4,6	2,6	18	14	110	52	100	73
i-Okten	0,21	4,4	2,8	19	14	110	62	110	83
Normalbenzin		3,8	2,0	17	13	120	64	110	83
Kerosin	0,38	3,0	2,3	15	12	85	40	86	62
Paraffinöl	0,35	2,4	1,5	9,0	7,6	48	14	49	35

4. Das Gleichgewicht zwischen kondensierten Phasen

a) Die gegenseitige Löslichkeit von Flüssigkeiten

Binäre Systeme. Zahlenangaben über die Löslichkeit bei einer Reihe von Stoffpaaren (hauptsächlich Hilfsstoffe bei der Selektivraffination) über einen größeren Temperaturbereich finden sich auf Tafel 112, weitere Angaben in Tab. 4. Es ist zu beachten, daß die Mischbarkeit von Flüssigkeiten mit steigender Temperatur sowohl erhöht als auch vermindert werden kann (s. z. B. die Mischbarkeit von Wasser und Furfurol, Tafel 112).

Ternäre Systeme. Angaben über die gegenseitige Löslichkeit werden bei Dreistoffgemischen am besten in Dreieckskoordinaten dargestellt. Näheres über die Eigenschaften

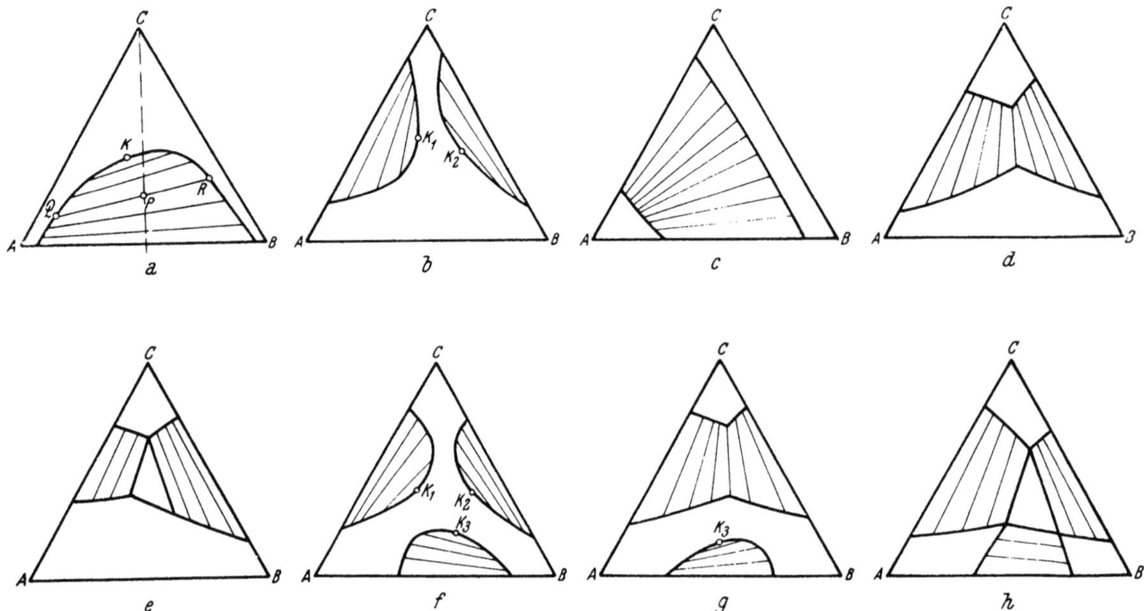

Abb. 33. Lösungsgleichgewicht, Phasendiagramme verschiedener Typen ternärer Gemische

von Dreieckskoordinaten s. S. 152. Gelegentlich wird auch eine Darstellungsweise gewählt, welche dem Thiele-McCabe-Diagramm ähnlich ist. Man trägt dabei die Molenbrüche (oder auch Gewichtsprozente) der betrachteten Komponente in der einen Phase gegen die Molenbrüche dieser Komponente in der zweiten Phase auf. Diese Darstellungsweise ist besonders bei der rechnerischen Verfolgung von Extraktionsvorgängen zweckmäßig.

Abb. 33 gibt eine Übersicht der verschiedenen Möglichkeiten für das Verhalten von ternären Systemen.

Sind nur zwei der betrachteten drei Stoffe ineinander nicht oder nur beschränkt löslich, dann zeigt das Phasendiagramm die in der Abb. 33 unter a) dargestellte Form. Alle ternären Mischungen, deren Zusammensetzung durch einen innerhalb der Kurve gelegenen Punkt dargestellt sind, zerfallen in zwei Phasen. Würde man beispielsweise die drei Stoffe A, B und C in solchen Mengen zusammenbringen, wie dies durch die Lage des Punktes P angedeutet ist, dann würden sich nach der Einstellung des Gleichgewichtes zwei flüssige Phasen bilden, deren Zusammensetzung durch die Lage der Punkte Q und R gegeben ist, welche auf den Schnittpunkten der durch P gelegten „Gleichgewichtslinie" mit der Begrenzungskurve der „Mischungslücke" liegen. Würde man nun weitere Mengen des Stoffes C hinzufügen, dann würde die auf die Gesamtmenge beider Phasen bezogene Zusammensetzung entlang der gestrichelten Linie in der Richtung auf C wandern, wobei die Zusammensetzung der beiden koexistierenden Phasen jeweils durch die Endpunkte der entsprechenden Gleichgewichtslinien gegeben wäre. Das Mengenverhältnis, in welchem die beiden Phasen zueinander stehen, ist dabei durch das Verhältnis der Strecken QP und PR gegeben, und zwar so, daß sich die Menge der an Stoff A reichen Phase zur Menge der an Stoff A armen Phase so verhält wie $\overline{PR}$ zu $\overline{QP}$. Unter Mengen sind dabei Mole bzw. Gewichte oder Volumina zu verstehen, je nachdem, ob die Konzentrationsangaben in Molenbrüchen, Gewichtsprozenten oder Volumprozenten erfolgen. Wurde bereits soviel vom Stoff C zugesetzt, daß die Zusammensetzung dem Schnittpunkt der strichlierten Geraden mit der Grenzkurve der Mischungslücke entspricht, dann hat die Menge der an A reichen Phase bereits auf Null abgenommen.

Wäre man von einer Mischung ausgegangen, welche durch einen Punkt dargestellt wird, welcher auf der Verbindungsgeraden zwischen C und K liegt, dann hätte der Zusatz des Stoffes C nicht die Verminderung der Menge einer der Phasen bewirkt, sondern bei annähernd gleichbleibendem Mengenverhältnis der beiden Phasen wäre beim Erreichen der Zusammensetzung, welcher der Punkt K entspricht, plötzlich eine einheitliche Lösung entstanden. Der Punkt K wird gelegentlich als kritischer Punkt bezeichnet; treffender und zu weniger Verwechslungen Anlaß gebend dürfte es sein, entsprechend der Namengebung in der amerikanischen Literatur (plait point) von einem Falt- oder Symmetriepunkt zu sprechen.

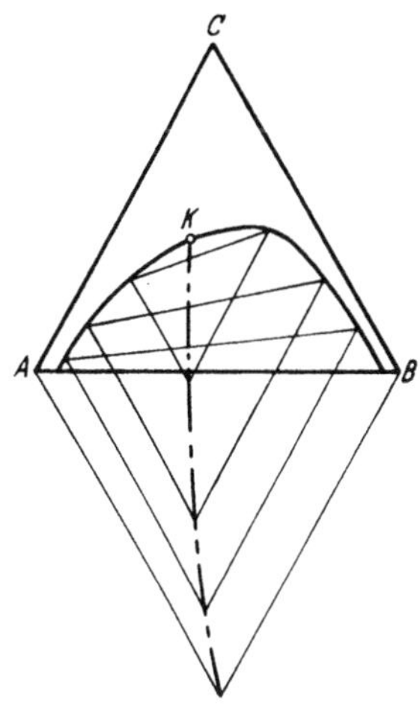

Abb. 34. Graphische Interpolation von Konoden

Wie aus den obigen Darlegungen zu entnehmen ist, erscheint das Lösungsgleichgewicht in einem ternären System nur dann gegeben, wenn außer der Grenzkurve der Mischungslücke noch eine möglichst große Anzahl von Gleichgewichtslinien (Konoden) und der Punkt K gegeben ist. Um aus gegebenen Gleichgewichtslinien weitere durch Inter- oder Extrapolieren zu erhalten, kann die in Abb. 34 dargestellte Konstruktion verwendet werden. Zeichnet man durch die Endpunkte der Konoden Parallele zu den gegenüberliegenden Seiten des Koordinatendreieckes, dann liegen die Schnittpunkte dieser Parallelen auf einer meist nur schwach gekrümmten Linie, welche auch durch den Punkt K geht. Man kann also mit dieser Methode auch aus mehreren Konoden die Lage von K extrapolieren.

Sind nur zwei von den betrachteten drei Stoffen unbegrenzt ineinander löslich, dann können die in der Abb. 33 unter b) bis e) dargestellten Fälle auftreten.

Der Fall b) dürfte ohne weitere Erklärung verständlich sein. Der Fall c) entsteht aus dem Fall a) dann, wenn beispielsweise mit sinkender Temperatur der Punkt K die Seite AC des Koordinatendreieckes erreicht.

Die Fälle d) und e) entstehen aus b), wenn sich die beiden Mischungslücken durchdringen. Treffen dabei die Punkte K_1 und K_2 aufeinander, dann entsteht der Fall d); tritt dies nicht ein, dann kommt es zum Fall e). Es ist zu beachten, daß in diesem Falle innerhalb des stark gezeichneten Dreieckes drei flüssige Phasen bestehen, deren Zusammensetzungen durch die Eckpunkte des Dreieckes gegeben sind.

Sind alle drei betrachteten Stoffe ineinander nur beschränkt löslich, dann können neben anderen Typen die in Abb. 33 unter f) bis h) dargestellten Fälle eintreten. Die Diagramme dürften ohne Erläuterung verständlich sein; im Fall h) können wieder drei Phasen nebeneinander auftreten.

Die Systeme, welche bei der Selektivraffination von Mineralölen auftreten, entsprechen wohl ausschließlich den Fällen a) und c). Zahlenangaben über die gegenseitige Löslichkeit bei einer Reihe von ternären Systemen finden sich auf Tafel 113 und 114.

Vielkomponentensysteme. Die graphische Darstellung des Phasengleichgewichtes von Systemen, wie sie etwa bei der Raffination von Mineralölen mit selektiven Lösungsmitteln auftreten, ist an sich in ebenen oder räumlichen Koordinaten nicht möglich, denn Mineralöle sind ein sehr komplexes Gemisch, dessen Komponenten weder der Art noch der Zahl nach bekannt sind. Von HUNTER und NASH [17] wurde nun eine Methode angegeben, die es erlaubt, auch derartige Systeme einigermaßen befriedigend in Dreiecksdiagrammen darzustellen. Dabei wird von folgenden Überlegungen ausgegangen. (S. auch THOMPSON [18]). Wir haben bisher bei den ternären Systemen jedem Punkt im Koordinatendreieck eine bestimmte Zusammensetzung zugeordnet und dabei stillschweigend vorausgesetzt, daß man, sofern die Mischungen nicht etwa aus bekannten Mengen der reinen Komponenten hergestellt wurden, deren Zusammensetzung auf analytischem Wege bestimmt. Hiezu braucht man aber nicht alle drei Komponenten zu bestimmen, es genügt auch, eine der Komponenten abzutrennen und eine geeignete physikalische Eigenschaft des verbleibenden binären Gemisches, wie etwa die Dichte oder die Lichtbrechung, zu bestimmen. Aus der Größe der gemessenen physikalischen Eigenschaft kann dann das Mischungsverhältnis der beiden Komponenten, aus denen das verbliebene binäre Gemisch besteht, eindeutig angegeben werden.

Hätten wir zum Beispiel das System Hexan—Benzol—Schwefeldioxyd (flüssig) vorliegen, dann könnte man etwa das Schwefeldioxyd abdestillieren und die verbleibende Benzol-Hexan-Mischung durch Bestimmung der Dichte oder einer anderen geeigneten physikalischen Eigenschaft analysieren. Da nun jeder Dichte ein bestimmtes Mischungsverhältnis zwischen Hexan und Benzol entspricht, so könnte man an der entsprechenden Seite des Koordinatendreieckes auch die Dichte der vom Schwefeldioxyd befreiten Benzol-Hexan-Mischung auftragen (s. Abb. 35). Verbindet man zum Beispiel den Punkt, welcher der Dichte 0,8237 entspricht und einem Hexan-Benzol-Mischungsverhältnis von etwa 1 : 3 zugeordnet ist, mit dem Punkt für das reine Schwefeldioxyd, so liegen auf dieser Linie alle ternären Mischungen mit dem Hexan-Benzol-Verhältnis 1 : 3. Bei Mineralölen kann man nun ähnlich vorgehen. Hier kann zwar einer bestimmten Dichte keine bestimmte Zusammensetzung eindeutig zugeordnet werden, es ist aber ein aus einem bestimmten Rohöl

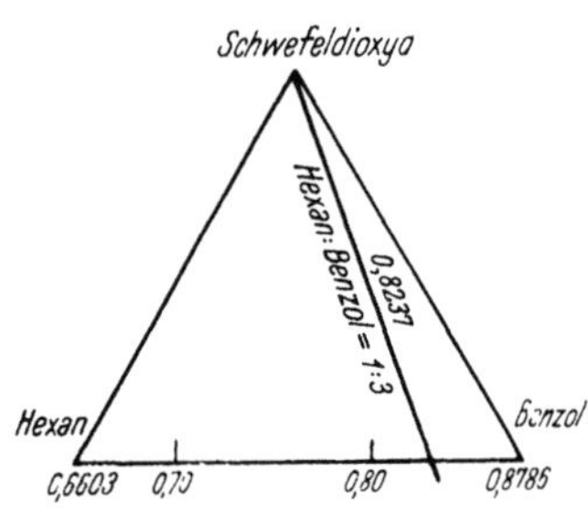

Abb. 35. Darstellung des Phasengleichgewichtes bei der Extraktion von Mineralölen (schematisch)

erhaltenes Raffinat oder Extrakt durch die Angabe der Dichte (oder einer anderen geeigneten physikalischen Konstante) doch einigermaßen definiert. Es ist wohl zu beachten, daß sich die Dichte bei Mischungen von der Art eines Mineralöles nicht streng additiv verhält und daß bei Ölen infolge der Zwei übersteigenden Zahl der Komponenten die Angabe einer physikalischen Eigenschaft offenbar nicht genügen kann, um das Gemisch wirklich zu definieren. Es können also bei der Selektivraffination aus einem Öl sehr wohl Fraktionen mit gleicher Dichte, im übrigen aber differierenden Eigenschaften erhalten werden. Solange man aber nur die Anwendung eines bestimmten Lösungsmittels und eine bestimmte Arbeitsweise bei der Extraktion im Auge hat, kann in Ermangelung einer besseren Möglichkeit eine lösungsmittelfreie Fraktion als definiert gelten, wenn eine einzige physikalische Eigenschaft angegeben ist. Neben der Dichte werden häufig auch die Viskositäts-Dichte-Konstante [s. S. 33), der Anilinpunkt, die Viskosität und andere physikalische Eigenschaften herangezogen.

Sollen solche Phasendiagramme nach experimentellen Untersuchungen gezeichnet werden, dann benützt man häufig dazu den Zusammenhang, der zwischen der Phasenzusammensetzung und der Menge besteht, in welcher die Phasen vorliegen (s. Abb. 36). Hat man beispielsweise ein Öl mit der Dichte 0,871 und setzt man diesem Öl 40 % des Lösungsmittels zu, so entspricht der Zusammensetzung der gesamten Mischung der Punkt P. Bestimmt man nun das Mengenverhältnis, in dem die beiden gebildeten Phasen vorliegen, und die Dichte der in den beiden Phasen enthaltenen Ölfraktionen, so kann man daraus die Lage der durch den Punkt P gelegten Gleichgewichtslinien (Konoden) konstruieren. Die Endpunkte der Gleichgewichtslinien müssen einerseits auf den Linien für die Dichten der erhaltenen Fraktionen liegen und anderseits muß das Verhältnis, in welchem die Gleichgewichtslinie durch den Punkt P geteilt wird, dem Mengenverhältnis der Phasen entsprechen. Verhält sich die Menge der Extraktphase zur Menge der Raffinatphase so wie 7 : 6 und beträgt die Dichte des Extraktes 0,926 und die des Raffinates 0,842, dann ergeben sich die in der Abb. 36 dargestellten Verhältnisse. Die Lage der Gleichgewichtslinie, in welcher der Bedingung genügt wird, daß sich $\overline{QP}$ zu $\overline{PR}$ so wie 7 : 6 verhalten, wird am besten durch Probieren ermittelt.

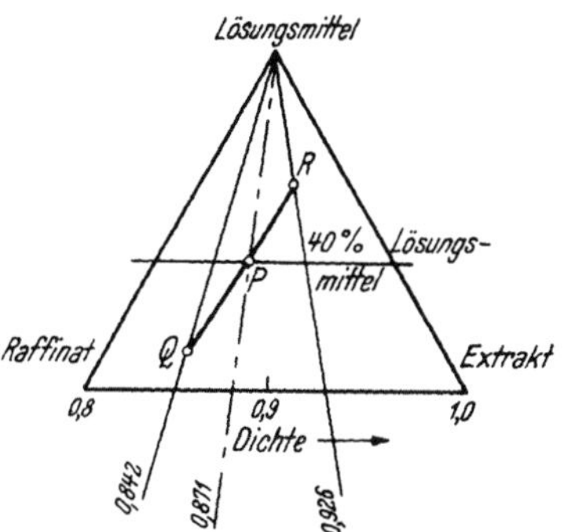

Abb. 36. Bestimmung von Konoden bei der Extraktion von Mineralölen (schematisch)

Leider ist diese an sich sehr bequeme Methode, die Lage der Gleichgewichtslinie zu bestimmen, wenig genau. Ein geringfügiger Fehler in der Bestimmung des Mengenverhältnisses kann nämlich das Ergebnis erheblich verfälschen und in den sehr häufigen Fällen, in welchen die Menge einer der Phasen relativ sehr klein ist, kann dieses Verhältnis auch nicht sehr genau bestimmt werden. Es ist daher zu empfehlen, die Lage der Gleichgewichtslinien dadurch zu bestimmen, daß auch die Lösungsmittelkonzentration in den beiden Phasen bestimmt wird. Leider wurde in vielen, insbesondere den älteren Arbeiten, nicht so vorgegangen und es sind daher viele der in der Literatur mitgeteilten Phasendiagramme fehlerhaft.

Es kann bei den Phasendiagrammen für Mineralöle gelegentlich vorkommen, daß ein Teil der Grenzkurve für die Mischungslücke außerhalb des Koordinatendreieckes liegt. Während bei ternären Systemen keine Zusammensetzung denkbar ist, die durch einen Punkt außerhalb des Koordinatendreieckes dargestellt würde, ist dies bei den Diagrammen für Mineralöle sehr wohl möglich. Ein Teil der Grenzkurve fällt immer dann aus der Dreiecksfläche heraus, wenn das Intervall der Dichte (oder der VGC), das zwischen die Eckpunkte des Dreieckes fällt, zu klein gewählt wurde, um alle Extrakte zu umfassen, die auftreten können. Zeichnet man solche Diagramme unter Wahl eines entsprechend größeren Dichteintervalls um, so gehen sie in Diagramme der gewöhnlichen Form über.

In Tafel 114 und 115 sind einige Phasendiagramme für Kohlenwasserstoffe und einige Mineralöle mit den häufigsten selektiven Lösungsmitteln wiedergegeben. Bei der großen Anzahl von Stoffen, deren Verwendung — sei es für sich allein oder in Form von Gemischen — als selektive Lösungsmittel vorgeschlagen wurde, und infolge des weiten Anwendungsgebietes der Selektivraffination zur Gewinnung von Schmierölen, zum Entfernen von Paraffin und Asphalt aus Ölen, zur Gewinnung aromatenreicher Treibstoffe usw. kann nur eine kleine Auswahl geboten werden. Vergl. a. BROWN [32], OTHMER u. TOBIAS [33] und HOUGEN [31]. Mit Rücksicht auf den großen Einfluß, den die

Art des angewandten Rohöles, aber auch seine Vorbehandlung durch Destillieren und Kracken auf das Verhalten gegen selektive Lösungsmittel ausübt, und infolge der oben erwähnten Mängel, welche der Darstellungsmethode anhaften, können die dargestellten Phasendiagramme nur als Beispiele gewertet werden. Aus diesem Grund und wegen der besseren Übersichtlichkeit der Diagramme wurde auch darauf verzichtet, Gleichgewichtslinien bzw. Hilfskurven zu deren Ermittlung in die Diagramme einzuzeichnen.

Die erwähnten Mängel der Darstellung des Lösungsgleichgewichtes bei der Selektivraffination in einem Koordinatendreieck zwingen oft dazu, diese einfache und übersichtliche Art zu verlassen. Eine wesentlich leistungsfähigere Darstellung besteht darin, die Menge und die Qualität des Extraktes und des Raffinates über der Menge des angewandten Extraktionsmittels aufzutragen. Diese Darstellungsweise hat auch den Vorteil, daß man dabei nicht gezwungen ist, die Qualität der Produkte durch Größen auszudrücken, welche sich beim Mischen annähernd additiv verhalten. Man kann also auch jene Größen verwenden, welche vorzüglich für die qualitative Kennzeichnung von Schmierölen herangezogen werden, wie die Viskositätspolhöhe (VP) oder auch den Viskositätsindex (VI). Beispiele für diese Darstellungsweise des Lösungsgleichgewichtes sind in Tafel 116 wiedergegeben. Tafel 116 zeigt das Ergebnis, welches bei der Extraktion des Destillates aus einem österreichischen Rohöl (spezifisches Gewicht 0,917 [15° C], Visk. 7,8° E [50° C], VP 2,40) nach dem SNP-Verfahren[1] erzielt werden kann, und Tafel 117 das Ergebnis, welches bei der Extraktion des entparaffinierten und entasphaltierten Rückstandes eines österreichischen Rohöles (spezifisches Gewicht 0,350 [15° C], Visk. 101° E [50° C], VP 2,85) nach diesem Verfahren erhalten werden kann.

5. Das Gleichgewicht zwischen flüssigen und festen Phasen

Gleichgewichte dieser Art sind bei der Verarbeitung der Mineralöle nur seltener von Bedeutung. Zwei derartige Fälle sollen im Folgenden dargestellt werden.

a) Die Löslichkeit von Paraffin in Mineralölen

Wie STRANG, HUNTER und NASH [20] gezeigt haben, bildet Paraffin mit Mineralölen im allgemeinen keine festen Lösungen. Faßt man das System Mineralöl—Paraffin als binär auf, was eine im allgemeinen noch eben zulässige Vereinfachung darstellt, dann kann das Verhalten beim Schmelzen in einem Diagramm nach Art der Abb. 37 dargestellt werden, in welchem über der Zusammensetzung etwa in Gewichts- oder Volumprozenten die Temperatur aufgetragen ist. E_δ und E_w bedeuten die Erstarrungspunkte des paraffinfreien Öles bzw. des Paraffins. Würde beispielsweise ein paraffinhaltiges Mineralöl, dessen Zusammensetzung der gestrichelten Linie entspricht, abgekühlt, so beginnt bei der Temperatur t_1 die Ausscheidung von festem Paraffin und es wird der Trübungspunkt erreicht; kühlt man weiter ab, dann vermehrt sich die Menge des ausgeschiedenen Paraffins in der vorliegenden Mischung aus flüssigem Öl und Paraffinkristallen. Die flüssige Phase wird dadurch immer ärmer an Paraffin. Ihre Zusammensetzung wird durch den Schnittpunkt der Linie $E_w — E$ mit der Horizontalen für die betreffende Temperatur gegeben. Mit dem Erreichen des Punktes E würde auch das Öl erstarren und es läge dann eine Mischung von festem Paraffin mit erstarrtem Öl vor.

Die binären Systeme von Mineralölen oder Paraffin mit den üblichen Hilfsstoffen für die Entparaffinierung zeigen ein ähnliches Verhalten wie das System Öl—Paraffin.

Um das Verhalten ternärer Systeme aus Öl, Paraffin und Hilfsstoffen für die Ent-

---

[1] Beim SNP-Verfahren (s. II. PÖLL [19]) werden die auf Schmieröl zu verarbeitenden Destillate oder Rückstände zuerst mit wassergesättigtem Kresol und anschließend mit wasserfreiem Kresol extrahiert. Dabei wird das Öl in drei Fraktionen zerlegt. Man bezeichnet den bei der ersten Extraktion gelösten Anteil als Extrakt und das Ungelöste, das einer zweiten Extraktion zugeführt wird, als Vorraffinat, während der bei der zweiten Extraktion gelöste Anteil als II. Raffinat und der ungelöste Anteil als I. Raffinat bezeichnet wird.

paraffinierung darzustellen, benützt man zweckmäßigerweise wieder Dreieckskoordinaten. (Über allgemeine Eigenschaften von Dreieckskoordinaten s. S. 152.) In Abb. 38 ist ein derartiges Phasendiagramm schematisch wiedergegeben. Da bei der technischen Durchführung von Entparaffinierungsverfahren im allgemeinen das Temperaturniveau, das in Abb. 38 etwa durch die Linie A—B angedeutet ist (in Abb. 37 durch die strichpunktierte Linie) nicht unterschritten wird, enthält das räumliche Phasendiagramm, das in Abb. 38 im Schräg- und Grundriß dargestellt ist, eine einzige Gleichgewichtsfläche $ABCD$, welche im Grundriß durch die Angabe von Isothermen der Löslichkeit abgebildet werden kann. Man könnte das Gleichgewicht an sich aus den Trübungspunkten der betrachteten Gemische aus Öl, Hilfsstoff und Paraffin angeben. Nun ist ein Gemisch aus Öl, Paraffin und dem verwendeten Paraffinfällungsmittel ja tatsächlich kein ternäres System und die Ausscheidung des Paraffins wird erheblich durch die Art der Abkühlung und andere Nebenumstände beeinflußt. Es ist daher zweckmäßig, bei der Bestimmung des Gleichgewichtes Methoden anzuwenden, welche die technische Durchführung der Entparaffinierung nach-

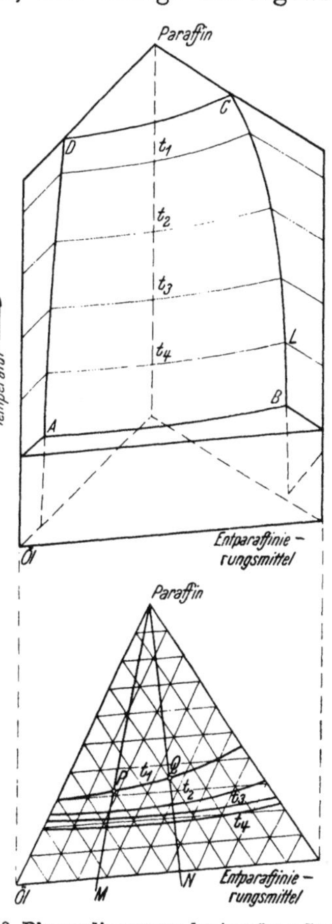

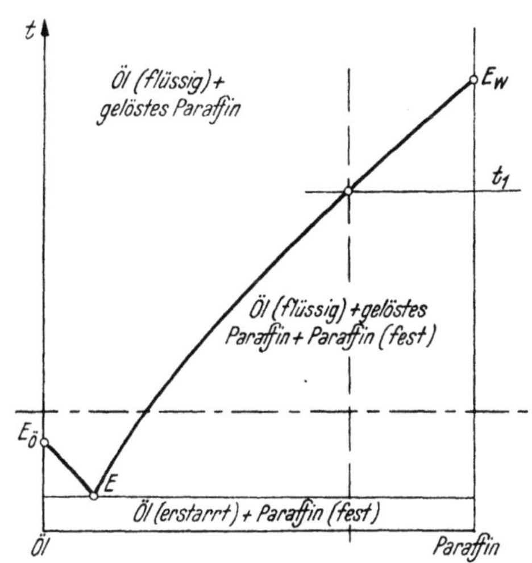

Abb. 37. Phasendiagramm, Paraffin-Mineralöle (schematisch)

Abb. 38. Phasendiagramm des ternären Systems Mineralöl—Paraffin—Entparaffinierungsmittel. (Schematisch)

ahmen. Man wird sich also mehrere Mischungen aus dem zu behandelnden Öl mit dem Paraffinfällungsmittel und ferner eine Lösung des Paraffins in dem Fällungsmittel herstellen, diese Mischungen auf die gewünschte Temperatur abkühlen, das ausgeschiedene Paraffin abfiltrieren und die Menge des in der flüssigen Phase noch gelösten Paraffins analytisch bestimmen. (Für die Herstellung der Paraffinlösung im Fällungsmittel ist natürlich ein Paraffin zu verwenden, das aus dem zu untersuchenden Öl unter Verwendung des benutzten Fällungsmittels abgeschieden wurde.) Würde etwa die Linie M oder N in Abb. 38 dem angewandten Mischungsverhältnis zwischen Öl und Fällungsmittel entsprechen, dann müßte man die Punkte P und Q, welche den gefundenen Paraffingehalten der flüssigen Phasen entsprechen, nur auf diesen Linien aufsuchen, um zu Punkten der Isotherme für die gewählte Filtrationstemperatur zu kommen.

Mit Hilfe eines so erhaltenen Phasendiagrammes, ferner einer Kurve, welche den Stockpunkt des Öles in Abhängigkeit von seinem Paraffingehalt, und einer Kurve, welche den Zusammenhang zwischen dem Schmelzpunkt von Mischungen des Paraffins mit dem Öl in Abhängigkeit von ihrer Zusammensetzung angibt, kann das Verhalten von

Ölen beim Entparaffinieren qualitativ und quantitativ übersehen werden (s. HUNTER [21]). Die Vorgangsweise dabei sei an Hand von Abb. 39 erläutert. Beträgt z. B. der Stockpunkt des zu entparaffinierenden Öles $t_1{}^0$ C, so wird der Paraffingehalt dieses Öles auf

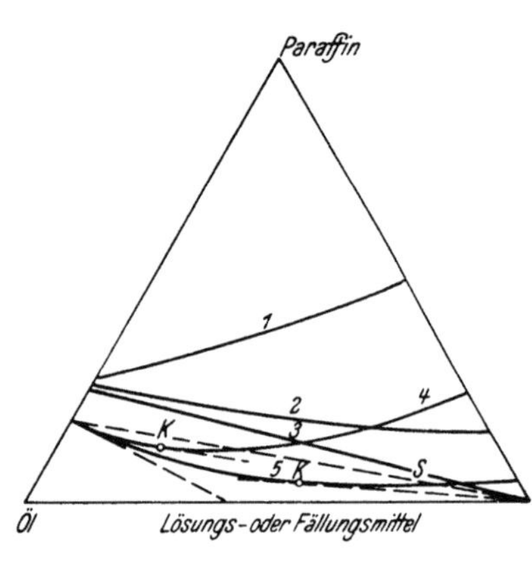

Abb. 39. Bestimmung des Stockpunktes und Paraffinschmelzpunktes aus dem Phasendiagramm

der Stockpunktskurve durch den Punkt S_1 und im Koordinatendreieck durch s_1 angegeben. Alle Mischungen dieses Öles mit dem Fällungsmittel müssen also auf der Verbindungsgeraden von s_1 mit dem Punkt für das reine Fällungsmittel liegen. Versetzt man nun z. B. 1 Teil des Öls mit 2 Teilen des Fällungsmittels, dann muß der Punkt P, welcher dieser Mischung entspricht, auf einer Geraden g durch den Punkt für das reine Paraffin liegen, welche die Seite des Koordinatendreieckes zwischen den Punkten für reines Öl und reines Fällungsmittel im Verhältnis 2 : 1 teilt. Der Schnittpunkt dieser beiden Geraden wird also dem Gemisch aus Öl und Fällungsmittel entsprechen. Wird die Mischung nun auf $t_2{}^0$ C abgekühlt, dann wird festes Paraffin ausgeschieden und die Zusammensetzung des flüssig gebliebenen Öles wird durch den Schnittpunkt Q der Isotherme für $t_2{}^0$ C und der Geraden g angegeben. Legt man durch Q und den Punkt für das reine Lösungsmittel eine Gerade,

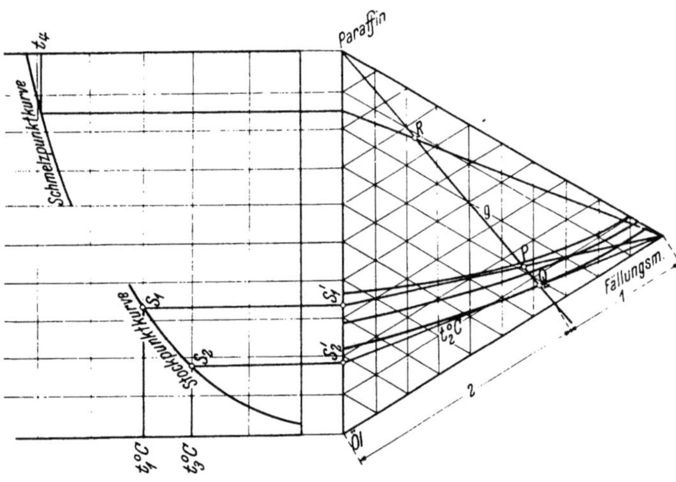

Abb. 40. Einteilung der Entparaffinierungsmittel in Typen

dann gibt der auf dieser Geraden liegende Punkt $S_2{}'$ bzw. S_2 den Paraffingehalt des entparaffinierten Öles an, aus dem mit Hilfe der Stockpunktskurve der Stockpunkt des entparaffinierten Öles zu $t_3{}^0$ C erhalten werden kann. Da es beim Filtrieren naturgemäß nicht gelingt, ein vollkommen ölfreies Paraffin zu erhalten, wird die Zusammensetzung des erhaltenen Filterkuchens nicht durch den Punkt für das reine Paraffin, sondern etwa durch den Punkt R gegeben, dessen Lage mit Hilfe der Schmelzpunktskurve aus dem Schmelzpunkt t_4 des Filterkuchens erhalten werden kann. Die zu erwartenden Ausbeuten an entparaffiniertem Öl und abfiltriertem Paraffin können aus der Lage der Punkte P, Q und R nach der bei der Erläuterung der Eigenschaften der Dreieckskoordinaten erwähnten Methode bestimmt werden.

Die Einteilung der Hilfsstoffe für die Entparaffinierung in Gruppen. Auf Grund der Form, welche die Lösungsisothermen im Dreiecksdiagramm zeigen, können die bei der Entparaffinierung verwendeten Hilfsstoffe in bezug auf ihr technologisches Verhalten eingeteilt werden. Es sind zu unterscheiden:

1. Lösungsmittel. Dies sind Stoffe, welche neben einer vollkommenen Mischbarkeit mit dem Öl ein beschränktes Lösungsvermögen für Paraffin besitzen, jedoch ist die Löslichkeit des Paraffins in diesen Stoffen bei der gleichen Temperatur größer als im paraffinfreien Öl (s. Kurve 1 in Abb. 40). Ihre Wirksamkeit beim Entparaffinieren besteht also nicht etwa in einer Herabsetzung der Löslichkeit des Paraffins, sondern ausschließlich in der Erleichterung des Filtrierens durch Herabsetzung der Viskosität.

Mit wachsender Menge des verwendeten Lösungsmittels wird, sofern man bei der gleichen Temperatur arbeitet, der Stockpunkt des erhaltenen entparaffinierten Öles erhöht. Ein typischer Vertreter dieser Gruppe von Lösungsmitteln ist etwa Leichtbenzin.

2. Fällungsmittel. Diese Stoffe besitzen für Paraffin bei den Entparaffinierungstemperaturen entweder überhaupt kein oder ein geringeres Lösungsvermögen als das zu entparaffinierende Öl (s. Kurven 2 und 3 in Abb. 40). Der Stockpunkt des erhaltenen Öles ist bei den Fällungsmitteln von der angewandten Menge in gewissen Grenzen unabhängig, wenn das Lösungsvermögen für Paraffin zu vernachlässigen ist; hingegen wird der Stockpunkt mit wachsender Menge des Fällungsmittels ein wenig verschlechtert, wenn das Fällungsmittel zwar eine kleine, aber doch merkliche Lösungsfähigkeit für Paraffin besitzt.

Ein besonderes Verhalten zeigen Lösungs- oder Fällungsmittel, wenn die Form der Lösungsisothermen die Form der Kurven 4 oder 5 in Abb. 40 zeigt. Das Wesentliche an der Kurvenform ist dabei die Tatsache, daß eine an die Isotherme gelegte Tangente eine größere Neigung besitzt als die Verbindungsgerade zwischen dem Ausgangspunkt der Isotherme an der Öl—Paraffin-Achse des Koordinatendreieckes und dem Punkt für das reine Lösungs- (Fällungs-) Mittel (in der Abb. 40 gestrichelt). Bei diesen Stoffen wird (bei gleicher Temperatur) durch einen vermehrten Zusatz der Stockpunkt des entparaffinierten Öles herabgesetzt[1]. Allerdings gilt dies nur bis zu jenem Punkt (in der Abb. 40 mit k bezeichnet), in welchem die an die Isotherme gelegte Tangente eben den Punkt für das reine Lösungsmittel trifft. Es ist zu beachten, daß die Form der Isothermen nicht nur von der Art des Lösungs- (Fällungs-) Mittels, sondern naturgemäß auch von der Art des behandelten Öles und von der Temperatur beeinflußt wird.

b) Das heterogene Gleichgewicht zwischen niedrigen Kohlenwasserstoffen und Wasser

Die ersten Glieder der Paraffin- und der Olefinreihe können, wie seit geraumer Zeit bekannt ist (s. VILLARD [22]), mit Wasser feste (kristallisierte) Verbindungen geben. Da manche dieser Verbindungen auch oberhalb von 0^0 C bestehen können, wurde dies der Anlaß zu unerwarteten Störungen in Ferngasleitungen und Gaszerlegungsanlagen, weil man naturgemäß mit einem „Einfrieren" von Leitungen bei Temperaturen oberhalb von 0^0 nicht gerechnet hatte. In Tafel 118 ist ein Zustandsdiagramm für die Hydrate der Kohlenwasserstoffe wiedergegeben, in welchem der Logarithmus des Druckes über der Temperatur aufgetragen ist. Es kann aus diesem Diagramm ohne weiteres entnommen werden, ob bei gegebenen Bedingungen des Druckes und der Temperatur mit dem Auftreten von festen Gashydraten gerechnet werden muß. Es versteht sich von selbst, daß unter Druck hier der Partialdruck des betrachteten Kohlenwasserstoffes verstanden werden muß.

Literatur

[1] G. N. LEWIS u. M. RANDALL: Thermodynamik; Wien 1927. [2] H. C. CARLSON u. A. P. COLBURN: Ind. Eng. Chem. **34**, 581; 1942. [3] A. M. CLARK: Trans. Farad. Soc. 284, XLI; 1945. [4] W. JOST u. R. HAASE: Z. Naturforsch. **1**, 576; 1946. [5] M. LECAT: L'azéotropisme Bruxelles 1918. [6] H. HAUSEN: in A. EUCKEN u. M. JAKOB: Der Chemieingenieur, Bd. 1/3, S. 103. [7] G. G. BROWN u. M. SOUDERS: in The Sience of Petroleum; Vol. II, S. 1549. [8] W. D. HARBERT: Ind. Eng. Chem. **39**, 1118; 1947. [9] K. THORMANN: Destillieren und Rektifizieren. Leipzig; 1928. [10] K. M. WATSON: in The Sience of Petroleum; Vol. II, S. 1377. [11] K. M. WATSON: u. E. F. NELSON: Ind. Eng. Chem. **25**, 880; 1933. [12] R. S. PIROOMOV u. G. A. BEISWENGER: A. P. I. Bulletin **10**, Nr. 2, 52; 1929. [13] S. M. OBRYADCHAKOFF: Ind. Eng. Chem. **24**, 155; 1932. [14] R. R. BOTTOMS: ebenda **23**, 501; 1931. [15] MASON u. DODGE: Trans. Am. Inst. Chem. Eng. **32**, 27; 1936. [16] R. R. BOTTOMS: In the Sience of Petroleum; Vol. III, S. 1811. [17] T. G. HUNTER u. A. W. NASH: Ind. Eng. Chem. **27**, 841; 1935. [18] F. E. A. THOMPSON: in The Sience of Petroleum; Vol. III, S. 1840.

---

[1] Der Anwendung der Fällungsmittel nach Punkt 2 ist dadurch eine Grenze gesetzt, daß dieselben bei tiefen Temperaturen unter Umständen auch „paraffinische" Schmierölanteile ausfallen können (selektive Nebenwirkung).

[19] H. Pöll: Mitt. Forsch. Chem. Ind. Österr. 2, 33, und 3, 48; 1946. [20] L. C. Strang, T. G. Hunter u. A. W. Nash: J. Inst. Petr. Techn. 23, 226; 1937. [21] T. G. Hunter: in The Sience of Petroleum; Vol. III, S. 1981. [22] Villard: Compt. Rend. 106, 1602; 1888, 107, 395; 1888, 111, 302; 1890. [23] A. F. Orlicek: Öst. Chem. Ztg. 50, 86; 1949 [24] L. H. Horsley: Anal. Chem. 19, 508; 1947 u. 21, 831; 1949. [25] H. Stage u. I. S. Baumgarten: Öl u. Kohle 40, 126; 1944. [26] W. K. Lewis u. C. D. Luke: Ind. Eng. Chem. 25, 725; 1933. [27] R. H. Newton: Ebenda 27, 302; 1935. [28] B. H. Sage: Ebenda 41, 474; 1949 und 42, 631; 1950. [29] O. Redlich u. A. T. Kister: Ebenda 40, 341, 345; 1948 u. J. Chem. Phys. 15, 849; 1947. [30] S. T. Hadden: Chem. Eng. Progr. 44, 37, 135; 1948. [31] O. A. Hougen: Ind. Eng. Chem. 40, 1556; 1948 u. 41, 1825; 1949. [32] T. F. Brown: Ebenda 40, 103; 1948. [33] D. F. Othmer u. P. E. Tobias: Ebenda 34, 690, 693, 696; 1942. [34] G. G. Brown: Petr. Engr. 11, 8, 25, 55; 1940. [35] M. Souders, C. W. Selheimer u. G. G. Brown: Ind. Eng. Chem. 24, 517; 1932. [36] R. R. White u. G. G. Brown: Ebenda 34, 1162; 1942 u. Natl. Petr. News No 43 R 374, No 47 R 432; 1942. [37] L. F. Stutzmann u. G. M. Brown: Chem. Eng. Progr. 45, 139; 1949. [38] K. A. Smith u. K. M. Watson: Ebenda 45, 494; 1949. [39] R. L. Geddes: Ind. Eng. Chem. 33, 794, 1941.

Verzeichnis der benutzten Sammelwerke

D'Ans, J. und E. Lax: Taschenbuch für Chemiker und Physiker. Berlin: Springer-Verlag. 1943.
Beilstein,: Handbuch der organischen Chemie. Berlin: Julius Springer. 1918—1938.
Bell, H. S.: American Petroleum Refining. New York: Van Nostrand Comp. 1945.
Berl, E. und Mitarbeiter: Chemische Ingenieurtechnik. Berlin: Julius Springer. 1935.
Bošnjaković, Fr.: Technische Thermodynamik. Leipzig: Steinkopf. 1944.
Dunstan, A. E., A. W. Nash, B. T. Brooks, H. Tizard: The Science of Petroleum. London: Oxford University Press. 1938.
Egloff, G.: Physical Constants of Hydrocarbons. New York: Reinhold Publishing Corp. 1939.
Jakob, M., A. Eucken und Mitarbeiter: Der Chemie-Ingenieur. Leipzig: Verlag Chemie. 1939.
Grosse, L. und Mitarbeiter: Arbeitsmappe für Mineralölingenieure. Berlin: V. D. I. Verlag. 1943.
Henning, F. und Mitarbeiter: Wärmetechnische Richtwerte. Berlin: V. D. I. Verlag. 1938.
,,Hütte", Des Ingenieurs Taschenbuch. Berlin: Ernst u. Sohn. 1942.
I.-G.-Farbenindustrie A. G., Wärmeatlas. Ludwigshafen. 1937.
Jellinek, K.: Lehrbuch der Physikalischen Chemie. Stuttgart: Enke. 1928.
Justi, E.: Spezifische Wärme. Enthalpie, Entropie und Dissoziation technischer Gase. Berlin: Julius Springer. 1938.
Kalichevsky, V. A. und B. A. Stagner: Chemical Refining of Petroleum. New York: Reinhold Publishing Corp. 1942.
Kadmer, E. H.: Schmierstoffe und Maschinenschmierung. Berlin: Borntraeger. 1940.
Kling, G.: I. G. Stoffwertesammlung. Ludwigshafen. 1941.
Landolt, H. und R. Börnstein: Physikalisch-chemische Tabellen. Berlin: Julius Springer. 1923—1936.
Lewis, G. N. und M. Randall: Thermodynamik. Wien: Julius Springer. 1927.
Marder, M.: Die Motorkraftstoffe. Berlin: Springer-Verlag. 1942.
Perry, J. H. und Mitarbeiter: Chemical Engineers' Handbook. London und New York: McGraw Hill. 1941.
Ritter, F.: Die Korrosion metallischer Werkstoffe. Wien: Springer-Verlag. 1944.
Schmidt, E.: Einführung in die technische Thermodynamik. Berlin: Springer-Verlag. 1944.
Thormann, K.: Destillieren und Rektifizieren. Leipzig: Spamer. 1918.
Timmermans, J.: Physico-Chemical Constants of Pure Organic Compounds. New York: Elsevier Publishing Comp. 1950.
Washburn, E. W. und Mitarbeiter: International Critical Tables. New York: 1926—1930.

Tafelverzeichnis

Tafel 1: Umrechnung der konventionellen Einheiten Grade A. P. I. und Grade Baumeé in die relative Dichte D 15,6/15,6.

Tafel 2: Spezifisches Volumen von flüssigem Methan.

Tafel 3: Spezifisches Volumen von flüssigem Äthylen.

Tafel 4: Spezifisches Volumen von flüssigem Äthan.

Tafel 5: Spezifisches Volumen von flüssigem Propan.

Tafel 6: Spezifisches Volumen von flüssigem i-Butan.

Tafel 7: Spezifisches Volumen von flüssigem n-Butan.

Tafel 8: Spezifisches Volumen von flüssigem n-Pentan.

Tafel 9: Spezifisches Volumen von flüssigem n-Hexan.

Tafel 10: Spezifisches Volumen von flüssigem n-Octan.

Tafel 11: Dichte der normalen Paraffinkohlenwasserstoffe im flüssigen Sättigungszustand — Abhängigkeit von der Temperatur.

Tafel 12: Dichte von Mineralöl (paraffinisch) im flüssigen Sättigungszustand — Abhängigkeit von der Temperatur.

Tafel 13: Dichte von Kohlenwasserstoffen und Mineralölprodukten (flüssig) — Abhängigkeit von Temperatur und Druck.

Tafel 14: Nomogramm zur Bestimmung der Volumsverminderung beim Mischen unpolarer Flüssigkeiten.

Tafel 15: Scheinbares spezifisches Gewicht von Kohlenwasserstoffgasen, gelöst in flüssigen Mineralölen.

Tafel 16: Kompressibilität von Luft und Wasserstoff.

Tafel 17: Kompressibilität von Kohlenoxyd und Kohlendioxyd.

Tafel 18: Kompressibilität von Ammoniak.

Tafel 19: Kompressibilität von Methan.

Tafel 20: Kompressibilität von Äthylen.

Tafel 21: Kompressibilität von Propylen.

Tafel 22: Kompressibilität von Propan und Acetylen.

Tafel 23: Kompressibilität von Kohlenwasserstoffen mit mehr als drei Kohlenstoffatomen.

Tafel 24: Spezifisches Volumen von Kohlenwasserstoffen im dampfförmigen Sättigungszustand.

Tafel 25: Pseudokritische Temperaturen von Mineralölen.

Tafel 26: Pseudokritische Drucke von Mineralölen.

Tafel 27: Kritischer Druck von Kohlenwasserstoffmischungen.

Tafel 28: Kritische Temperatur von Mineralölen.

Tafel 29: Kritischer Druck von Mineralölen.

Tafel 30: Umrechnung konventioneller Viskositätseinheiten in Centistokes, Korrektur des Temperatureinflusses.

Tafel 31: Dynamische Viskosität von verschiedenen Gasen bei 1 ata.

Tafel 32: Dynamische Viskosität von Stickstoff, Wasserstoff, Luft, Methan und Wasser.

Tafel 33: Dynamische Viskosität von Propan.

Tafel 34: Dynamische Viskosität von iso-Butan.

Tafel 35: Dynamische Viskosität von n-Butan.

Tafel 36: Dynamische Viskosität von n-Pentan.

Tafel 37: Kinematische Viskosität von Kohlenwasserstoffgasen.

Tafel 38: Kinematische Viskosität flüssiger Kohlenwasserstoffe.

Tafel 39: Dynamische Viskosität flüssiger organischer Verbindungen (Alkohole, Phenole, Äther, Aldehyde und Ketone).

Tafel 40: Dynamische Viskosität flüssiger organischer Verbindungen (Aromatische, Schwefel- und Stickstoffverbindungen).

Tafel 41: Dynamische Viskosität flüssiger organischer Verbindungen (Säurederivate und Ester).

Tafel 42: Orientierende Angaben über die Viskosität von Mineralölprodukten und Schmierstoffen.

Tafel 43: Orientierende Angaben über die Viskosität von Mineralölprodukten und Schmierstoffen (Fortsetzung).

Tafel 44: Bestimmung des Watsonschen Kennfaktors aus der Viskosität bei 38° C.
Tafel 45: Bestimmung des Watsonschen Kennfaktors aus der Viskosität bei 50° C.
Tafel 46: Bestimmung des Watsonschen Kennfaktors aus der Viskosität bei 100° C.
Tafel 47: Änderung der dynamischen Viskosität von Gasen mit dem Druck.
Tafel 48: Nomogramm zur Berechnung der Konzentration von Dämpfen in gr/Normalkubikmeter aus dem Partialdruck.
Tafel 49: Sumpftemperaturen in Mineralöldestillierkolonnen.
Tafel 50: Dampfdruck von Benzinen — Einfluß auf ihre Eignung als Motortreibstoff.
Tafel 51: Dampfdruck von Benzinen.
Tafel 52: Dampfdruck von Schmierölen.
Tafel 53: Nomogramm zur Ermittlung der Druckabhängigkeit der Molwärme von Gasen.
Tafel 54: Wahre spezifische Wärme organischer Verbindungen (flüssig).
Tafel 55: Wahre spezifische Wärme von Kohlenwasserstoffen (flüssig).
Tafel 56: Wahre spezifische Wärme bei konstantem Druck von organischen Verbindungen (dampfförmig) bei 1 ata.
Tafel 57: Spezifische Wärme von Mineralölen (flüssig).
Tafel 58: Spezifische Wärme von Mineralöldämpfen und Kohlenwasserstoffgasen bei 1 ata.
Tafel 59: Molare Verdampfungswärme von organischen Verbindungen beim normalen Siedepunkt (1 ata).
Tafel 60: Verdampfungswärme — Veränderung mit dem Druck bzw. der Temperatur.
Tafel 61: Nomogramm für die Bestimmung der Verdampfungswärme bei verschiedenen Temperaturen.
Tafel 62: Nomogramm für die Bestimmung der Temperaturabhängigkeit der Verdampfungswärme nach der Gleichung von THIESSEN.
Tafel 63: Molare Verdampfungswärme der Paraffinkohlenwasserstoffe.
Tafel 64: Spezifische Verdampfungswärme der Paraffinkohlenwasserstoffe.
Tafel 65: Verdampfungswärme von Mineralölen bei 1 ata.
Tafel 66: Lösungswärme leichter Kohlenwasserstoffe in Waschöl.
Tafel 67: i, t-Diagramm für Methan.
Tafel 68: i, t-Diagramm für Äthylen.
Tafel 69: i, t-Diagramm für Äthan.
Tafel 70: i, t-Diagramm für Propan.
Tafel 71: i, t-Diagramm für n-Butan.
Tafel 72: i, t-Diagramm für Pentan.
Tafel 73: i, t-Diagramm für n-Octan.
Tafel 74: i, t-Diagramm für Benzol.
Tafel 75: Wärmeinhalt gelöster Kohlenwasserstoffe (über den kritischen Punkt).
Tafel 76: i, t-Diagramm für Methanol.
Tafel 77: s, t-Diagramm für n-Butan.
Tafel 78: s, t-Diagramm für Toluol.
Tafel 79: i, s-Diagramm für Methan.
Tafel 80: i, s-Diagramm für Äthylen.
Tafel 81: i, s-Diagramm für Äthan.
Tafel 82: i, s-Diagramm für Propan.
Tafel 83: i, t-Diagramm für flüssige Mineralölprodukte.
Tafel 84: i, t-Diagramm für Mineralölprodukte (paraffinisch, Watsonscher Kennfaktor 12,5) bei 1 ata.
Tafel 85: i, t-Diagramm für Mineralölprodukte (Watsonscher Kennfaktor 11,88) bei 1 ata.
Tafel 86: i, t-Diagramm für Mineralölprodukte (naphthenisch, Watsonscher Kennfaktor 11,5) bei 1 ata.
Tafel 87: i, t-Diagramm für Mineralölprodukte (aromatisch, Watsonscher Kennfaktor 10,5) bei 1 ata.
Tafel 88: Korrektur der molaren Enthalpie für den realen Gaszustand.
Tafel 89: Wärmeleitfähigkeit von Gasen und Dämpfen bei 1 ata.
Tafel 90: Wärmeleitfähigkeit von Wasser und Wasserdampf.
Tafel 91: Wärmeleitfähigkeit von Kohlendioxyd.
Tafel 92: Wärmeleitfähigkeit flüssiger Mineralöle.
Tafel 93: Wärmeleitfähigkeit von Flüssigkeiten.
Tafel 94: Fugazität von Kohlenwasserstoffgasen.
Tafel 95: Konstanten des Verdampfungsgleichgewichtes für Methan.
Tafel 96: Konstanten des Verdampfungsgleichgewichtes für Äthan.
Tafel 97: Konstanten des Verdampfungsgleichgewichtes für Propan.
Tafel 98: Konstanten des Verdampfungsgleichgewichtes für i-Butan.
Tafel 99: Konstanten des Verdampfungsgleichgewichtes für n-Butan.

Tafel 100: Konstanten des Verdampfungsgleichgewichtes für Pentan.
Tafel 101: Konstanten des Verdampfungsgleichgewichtes für Hexan.
Tafel 102: Konstanten des Verdampfungsgleichgewichtes für Heptan.
Tafel 103: Hilfsdiagramm für die graphische Berechnung der Gleichgewichtseinstellung im offenen System.
Tafel 104: Bestimmung der mittleren molaren Siedetemperatur $\bar{t}_M$ aus der Siedekurve nach ENGLER (A. S. T. M.).
Tafel 105: Bestimmung des Watsonschen Kennfaktors und des Molgewichtes aus der Siedekurve nach ENGLER (A. S. T. M.).
Tafel 106: Ermittlung der mittleren Steilheit $\bar{S}_G$ und der 50-%-Siedetemperatur $t_{G\,50}$ der Gleichgewichtsverdampfungskurve aus der Siedekurve nach ENGLER (A. S. T. M.).
Tafel 107: Ermittlung des Siedebeginns und des Siedeendes der Gleichgewichtsverdampfungskurve aus der Siedekurve nach ENGLER (A. S. T. M.).
Tafel 108: Ermittlung der a^0-Werte der Thiele-McCabe-Kurven für Mineralöle aus der Steilheit der wahren Siedekurve.
Tafel 109: Löslichkeit von Gasen in Wasser.
Tafel 110: Löslichkeit von Kohlendioxyd in Wasser und Kaliumkarbonatlösung.
Tafel 111: Löslichkeit von Kohlendioxyd und Schwefelwasserstoff in Lösungen organischer Amine.
Tafel 112: Gegenseitige Löslichkeit verschiedener Flüssigkeiten (binäre Systeme)
Tafel 113: Löslichkeit von Kohlenwasserstoffen (ternäre Systeme).
Tafel 114: Löslichkeit von Kohlenwasserstoffen und Mineralölen in selektiven Lösungsmitteln.
Tafel 115: Löslichkeit von Mineralölen in selektiven Lösungsmitteln.
Tafel 116: Lösungsgleichgewicht bei der Extraktion eines Destillates aus einem österr. Rohöl nach dem SNP-Verfahren.
Tafel 117: Lösungsgleichgewicht bei der Extraktion des Rückstandes aus einem österr. Rohöl nach dem SNP-Verfahren.
Tafel 118: Zustandsdiagramm der Hydrate leichter Kohlenwasserstoffe.
Tafel 119: Nomogramm für die Ermittlung der reduzierten Temperatur.
Tafel 120: Nomogramm für die Ermittlung des reduzierten Druckes.
Tafel 121: Umrechnung konventioneller Viskositätseinheiten in Centistokes.
Tafel 122: Nomogramm für die Bestimmung der Viskositätspolhöhe.
Tafel 123: Nomogramm für die Bestimmung des Viskositätsindexes.
Tafel 124: Dampfdruck tiefsiedender Stoffe.
Tafel 125: Dampfdruck aliphatischer Kohlenwasserstoffe.
Tafel 126: Dampfdruck cyklischer Verbindungen.
Tafel 127: Dampfdruck aliphatischer Verbindungen (Alkohole, Äther, Aldehyde, Ketone, Säuren und Ester).
Tafel 128: Dampfdruck von Halogen und Stickstoffverbindungen.
Tafel 129: Nomogramm zur Bestimmung des Dampfdruckes von Mineralölprodukten.
Tafel 130: Nomogramm für die Umrechnung von Konzentrationsangaben und die Berechnung von Gleichgewichten binärer Gemische.
Tafel 131: Thiele-McCabe-Diagramm für ideale Gemische.
Tafel 132: Nomogramm zur Ermittlung des Verdampfungsgleichgewichtes unidealer binärer Gemische aus der Mischungswärme.
Tafel 133: Gleichgewichtskurven binärer Gemische (Kohlenwasserstoffe, Alkohole).
Tafel 134: Gleichgewichtskurven binärer Gemische (wässrige Systeme).

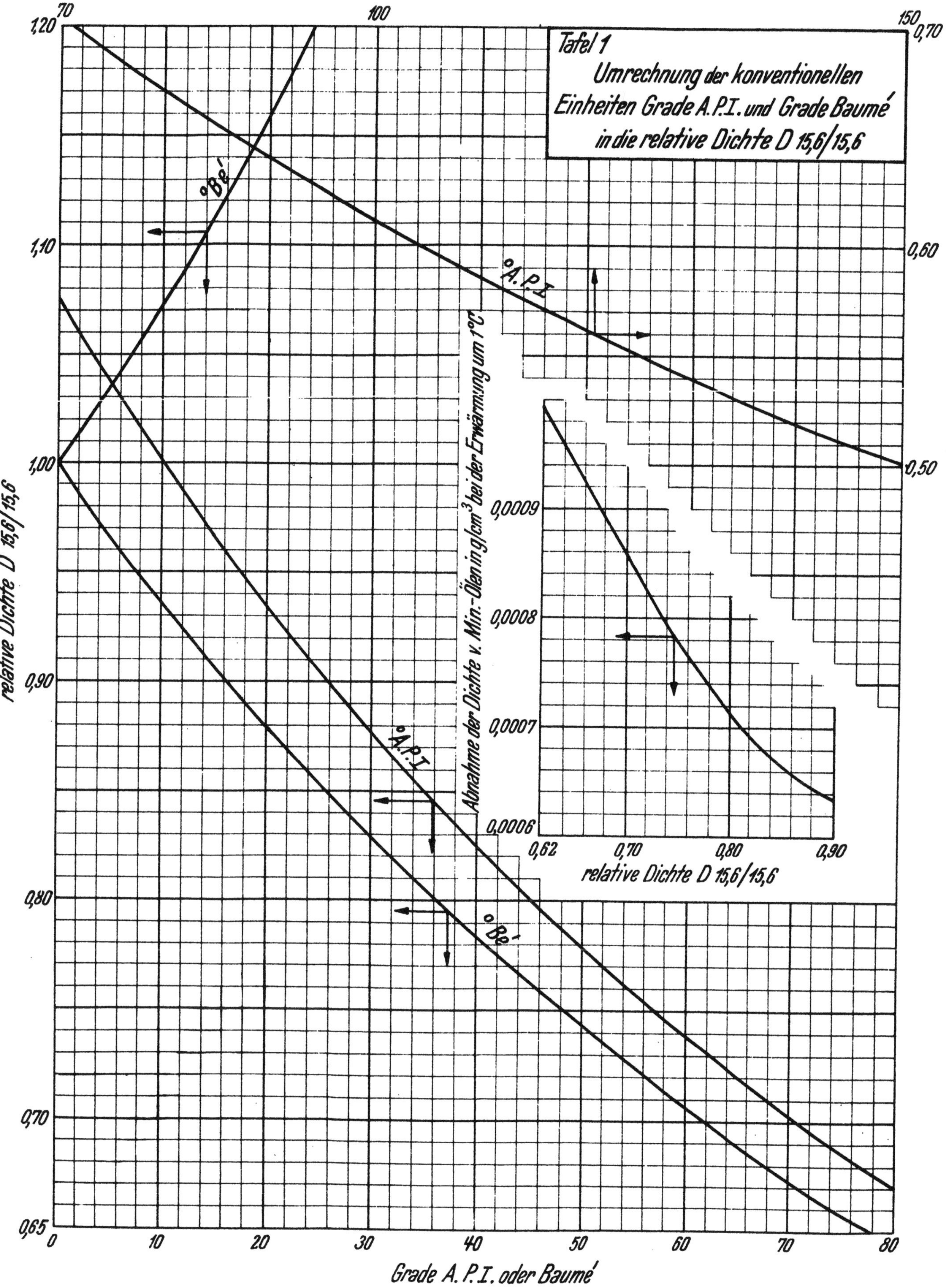
Tafel 1
Umrechnung der konventionellen
Einheiten Grade A.P.I. und Grade Baumé
in die relative Dichte D 15,6/15,6
°Bé
°A.P.I.
°A.P.I.
°Bé
relative Dichte D 15,6/15,6
Grade A. P. I. oder Baumé
Abnahme der Dichte v. Min.-Ölen in g/cm³ bei der Erwärmung um 1°C
relative Dichte D 15,6/15,6

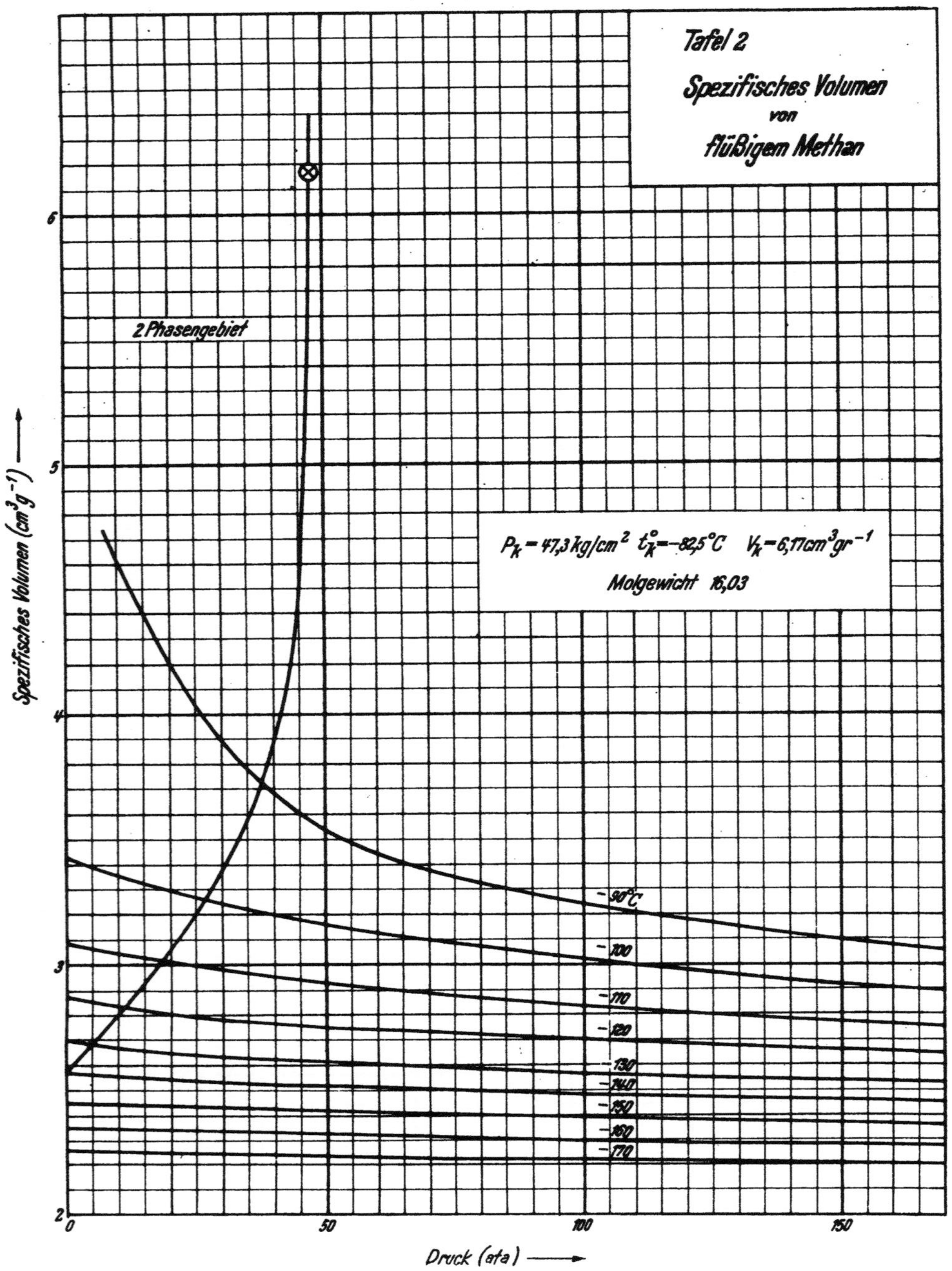
Tafel 2
Spezifisches Volumen
von
flüßigem Methan
2 Phasengebiet
$P_k = 47{,}3\ kg/cm^2$ $t_k^o = -82{,}5°C$ $V_k = 6{,}17 cm^3 gr^{-1}$
Molgewicht 16,03
−90°C
−100
−110
−120
−130
−140
−150
−160
−170
Spezifisches Volumen $(cm^3 g^{-1})$
Druck (ata)
0
50
100
150
2
3
4
5
6

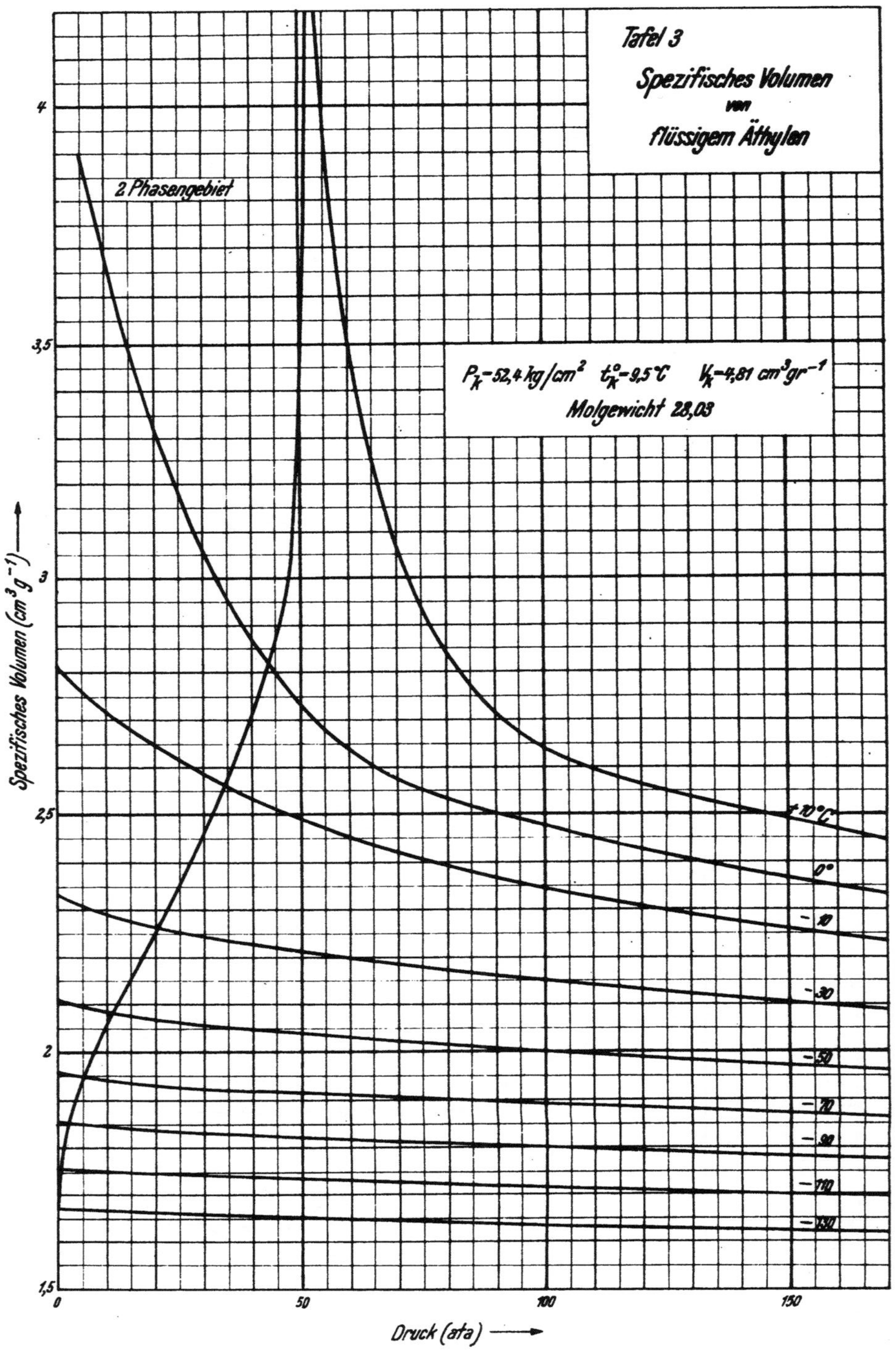
Tafel 3
Spezifisches Volumen
von
flüssigem Äthylen
2 Phasengebiet
$P_k = 52{,}4\ kg/cm^2$ $t_k^o = 9{,}5°C$ $V_k = 4{,}81\ cm^3 gr^{-1}$
Molgewicht 28,03
+10°C
0°
−10
−30
−50
−70
−90
−110
−130
Spezifisches Volumen $(cm^3 g^{-1})$
Druck (ata)
0
50
100
150
1,5
2
2,5
3
3,5
4

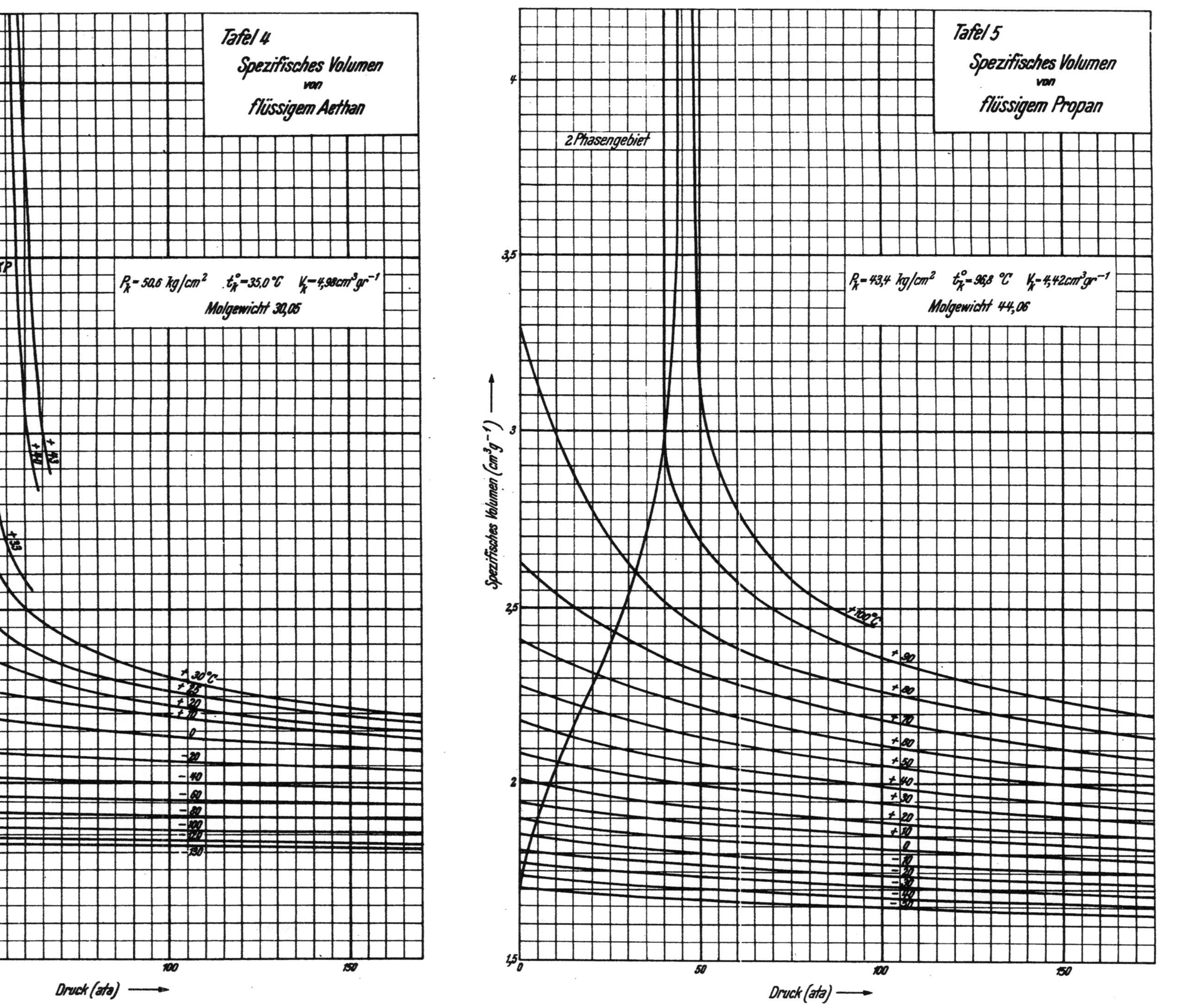

Tafel 4
Spezifisches Volumen
von
flüssigem Aethan
2.Phasengebiet
KP
$P_K = 50,6$ kg/cm² $t_K^\circ = 35,0$ °C $V_K = 4,98$ cm³ gr⁻¹
Molgewicht 30,05
+ 30 °C
+ 20
+ 10
0
- 20
- 40
- 60
- 80
- 100
- 120
- 130
Spezifisches Volumen (cm³ g⁻¹)
Druck (ata)

Tafel 5
Spezifisches Volumen
von
flüssigem Propan
2.Phasengebiet
$P_K = 43,4$ kg/cm² $t_K^\circ = 96,8$ °C $V_K = 4,42$ cm³ gr⁻¹
Molgewicht 44,06
+ 100°C
+ 90
+ 80
+ 70
+ 60
+ 50
+ 40
+ 30
+ 20
+ 10
0
- 20
- 30
- 40
- 50
Spezifisches Volumen (cm³ g⁻¹)
Druck (ata)

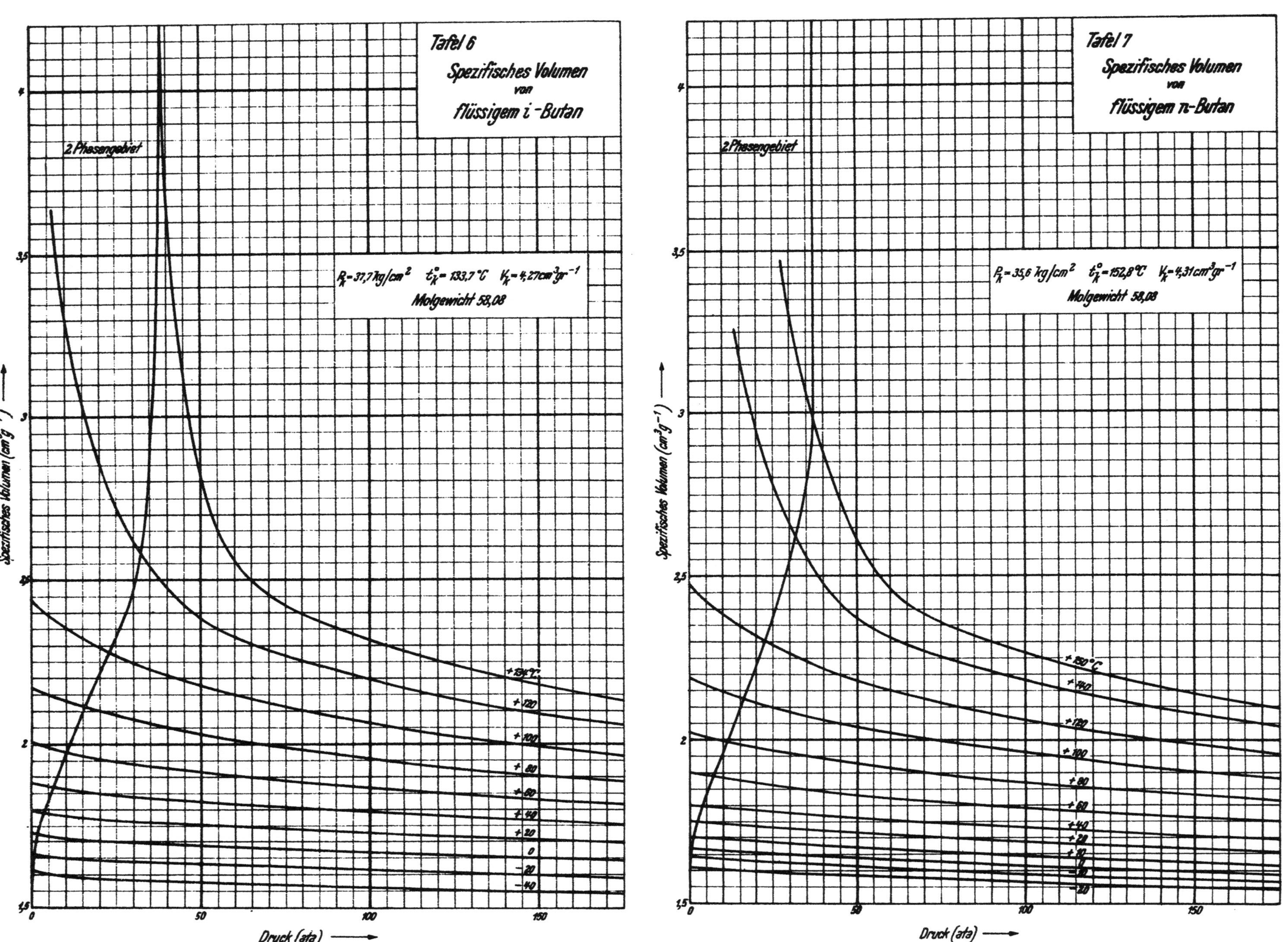

Tafel 6
Spezifisches Volumen
von
flüssigem i-Butan
2.Phasengebiet
$P_k = 37,7\,kg/cm^2 \quad t_k^\circ = 133,7\,°C \quad V_k = 4,27\,cm^3 gr^{-1}$
Molgewicht 58,08
Spezifisches Volumen $(cm^3 g^{-1})$
Druck (ata)
+ 134°C
+ 120
+ 100
+ 80
+ 60
+ 40
+ 20
0
- 20
- 40

Tafel 7
Spezifisches Volumen
von
flüssigem n-Butan
2.Phasengebiet
$P_k = 35,6\,kg/cm^2 \quad t_k^\circ = 152,8\,°C \quad V_k = 4,31\,cm^3 gr^{-1}$
Molgewicht 58,08
Spezifisches Volumen $(cm^3 g^{-1})$
Druck (ata)
+ 150°C
+ 140
+ 120
+ 100
+ 80
+ 60
+ 40
+ 20
+ 10
0
- 10
- 20

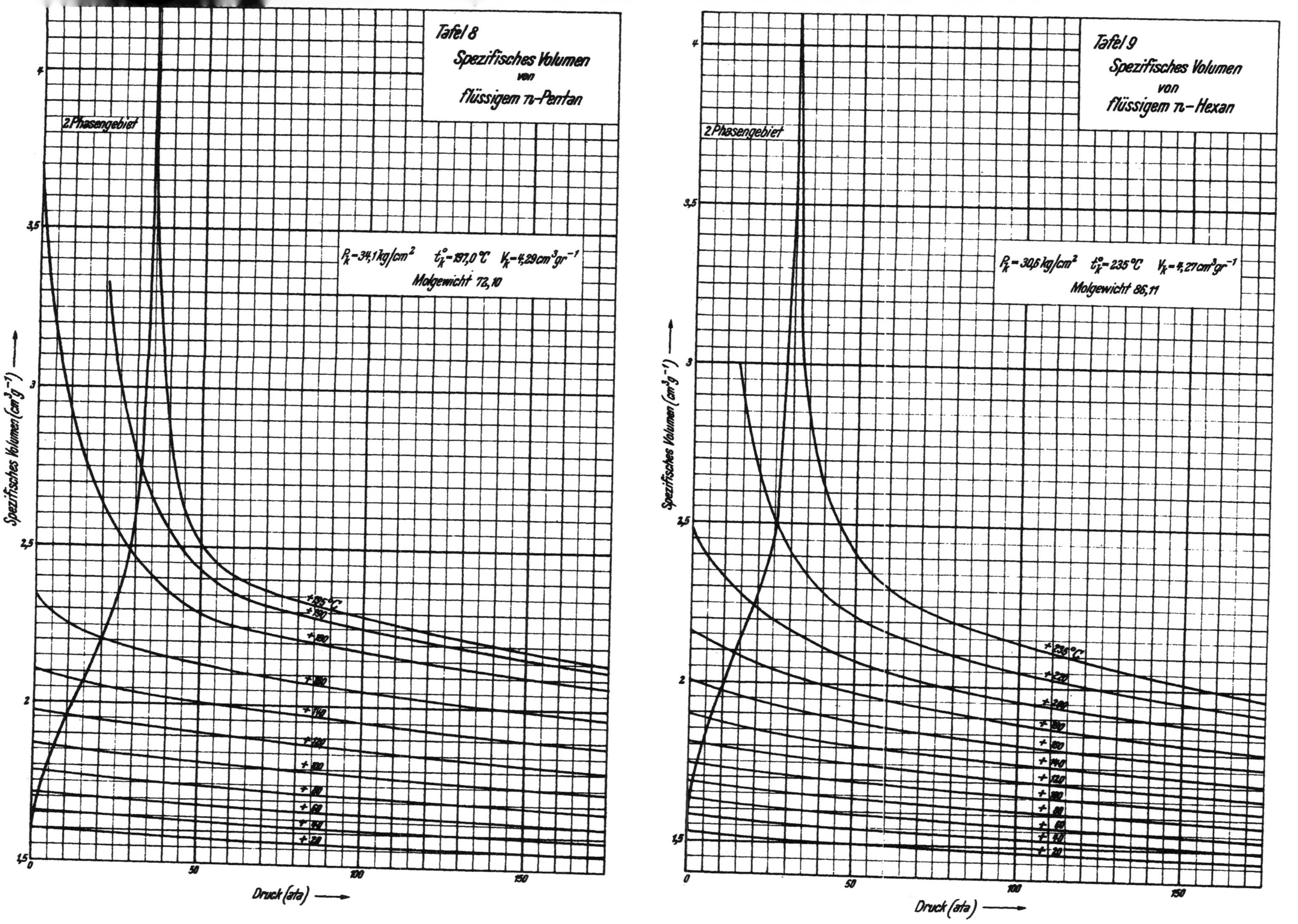

Tafel 8
Spezifisches Volumen von flüssigem n-Pentan
2.Phasengebiet
$P_k = 34,1$ kg/cm² $t_k^o = 197,0$ °C $V_k = 4,29$ cm³ gr⁻¹
Molgewicht 72,10
Spezifisches Volumen (cm³ g⁻¹)
Druck (ata)
Tafel 9
Spezifisches Volumen von flüssigem n-Hexan
2.Phasengebiet
$P_k = 30,5$ kg/cm² $t_k^o = 235$ °C $V_k = 4,27$ cm³ gr⁻¹
Molgewicht 86,11
Spezifisches Volumen (cm³ g⁻¹)
Druck (ata)

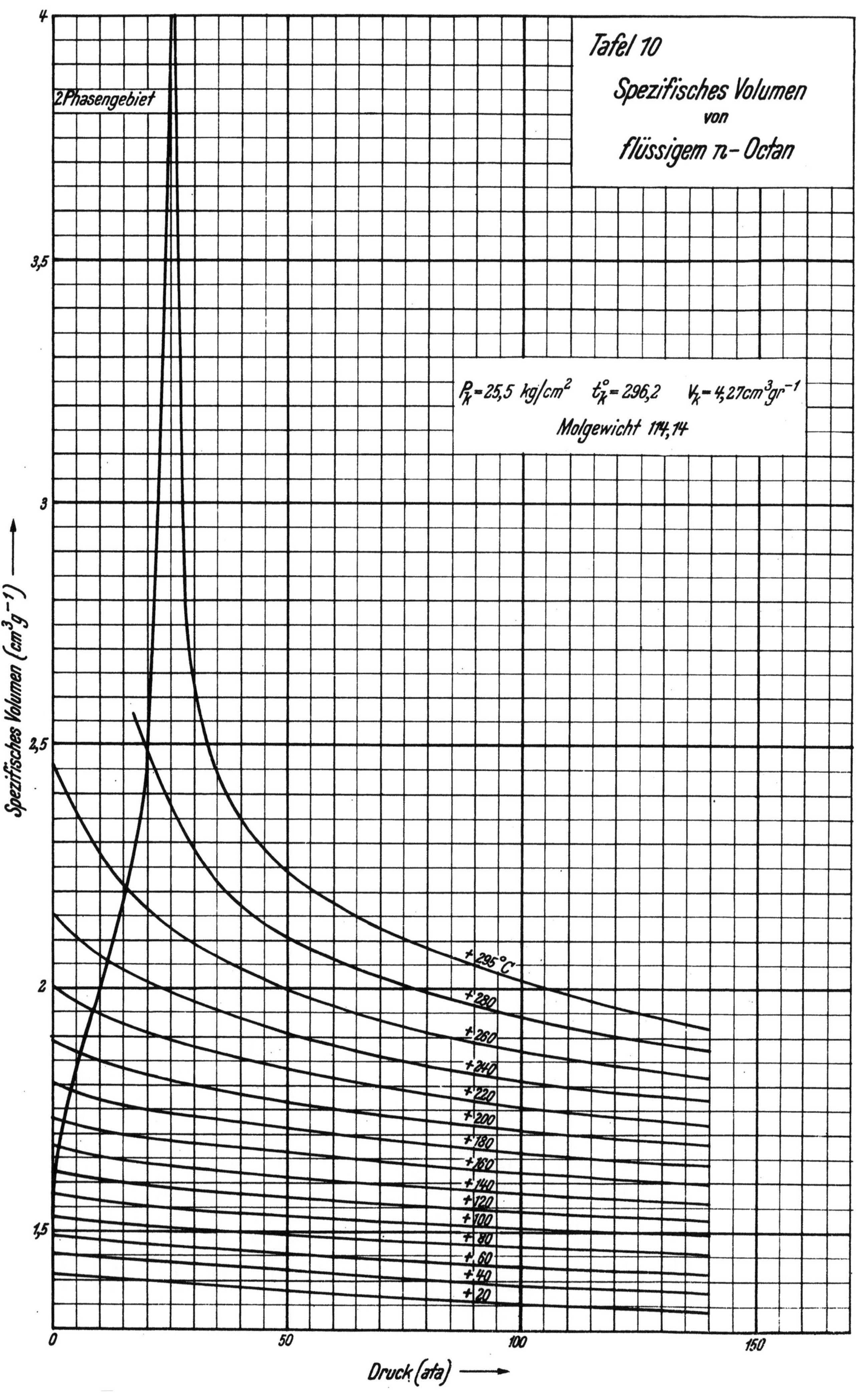

Tafel 10
Spezifisches Volumen
von
flüssigem n-Octan
2Phasengebiet
$P_k = 25,5\ kg/cm^2$ $t_k^o = 296,2$ $V_k = 4,27\,cm^3 gr^{-1}$
Molgewicht 114,14
Spezifisches Volumen $(cm^3 g^{-1})$
Druck (ata)
+295°C
+280
+260
+240
+220
+200
+180
+160
+140
+120
+100
+80
+60
+40
+20

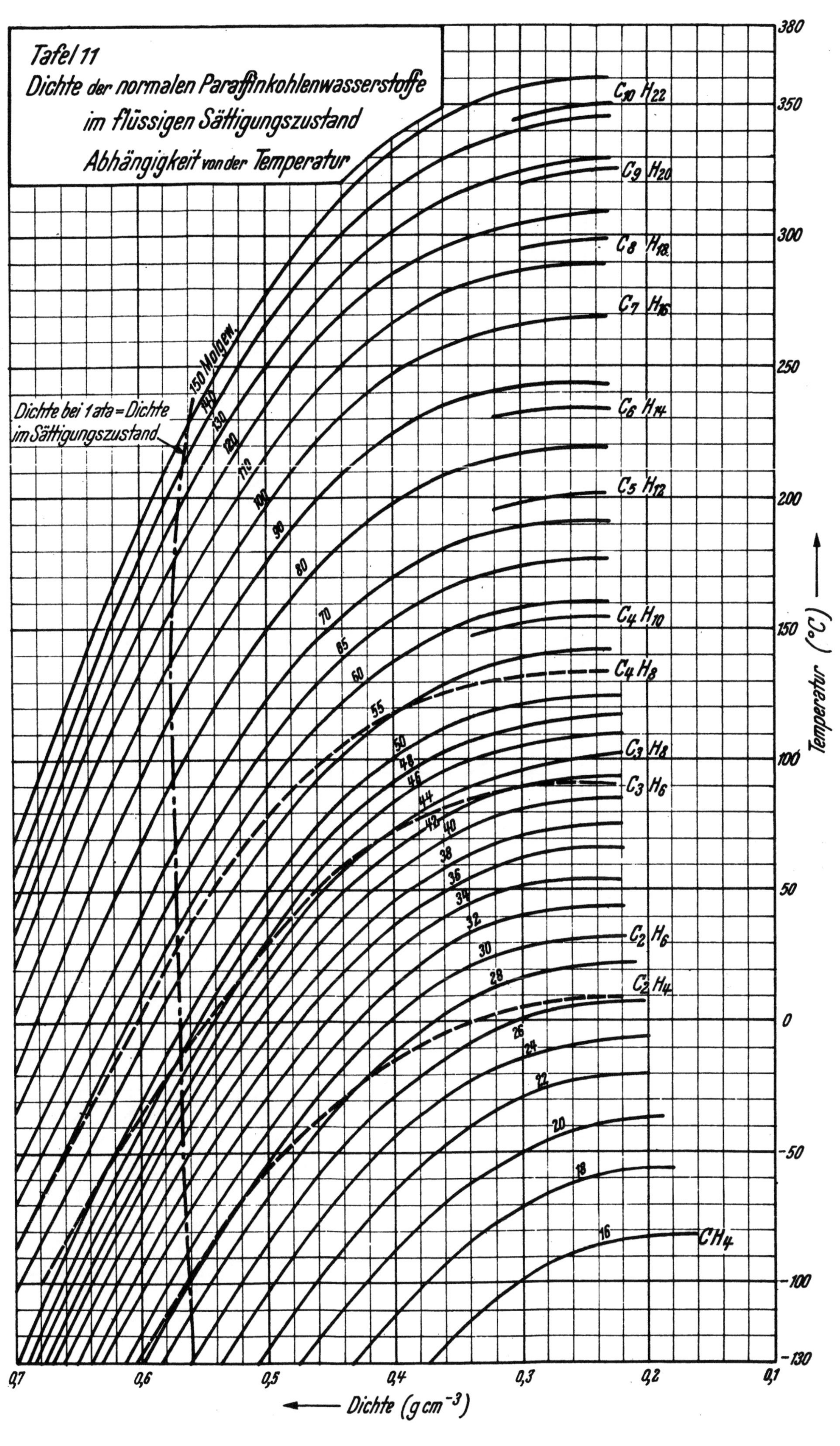

Tafel 11
Dichte der normalen Paraffinkohlenwasserstoffe
im flüssigen Sättigungszustand
Abhängigkeit von der Temperatur
Dichte bei 1 ata = Dichte im Sättigungszustand
150 Molgew.
140
130
120
110
100
90
80
70
65
60
55
50
48
46
44
43
40
38
36
34
32
30
28
26
24
22
20
18
16
$C_{10}H_{22}$
C_9H_{20}
C_8H_{18}
C_7H_{16}
C_6H_{14}
C_5H_{12}
C_4H_{10}
C_4H_8
C_3H_8
C_3H_6
C_2H_6
C_2H_4
CH_4
Temperatur (°C)
380
350
300
250
200
150
100
50
0
-50
-100
-130
Dichte (g cm⁻³)
0,7
0,6
0,5
0,4
0,3
0,2
0,1

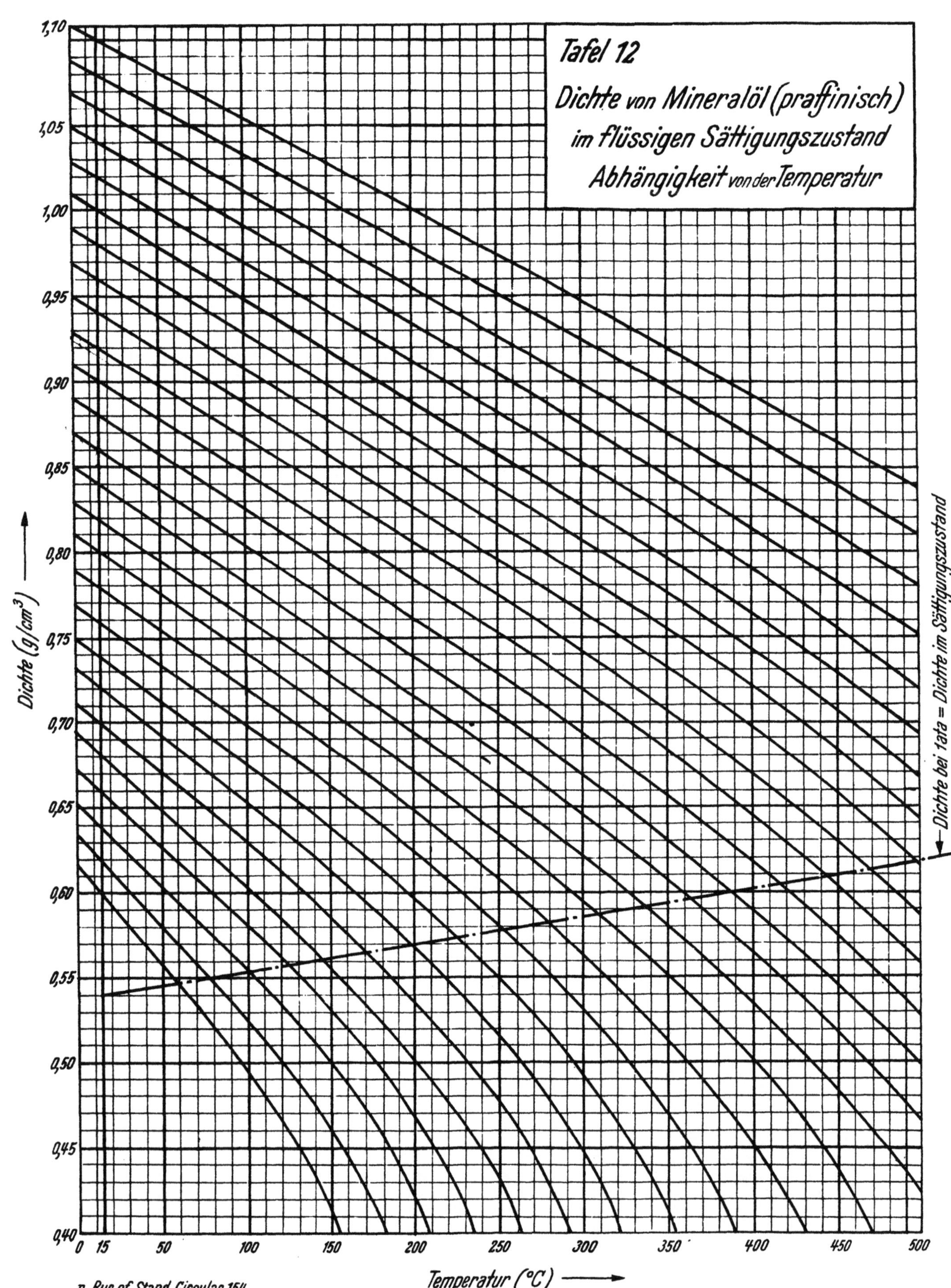

Tafel 12
Dichte von Mineralöl (praffinisch)
im flüssigen Sättigungszustand
Abhängigkeit von der Temperatur
Dichte (g/cm³)
1,70
1,05
1,00
0,95
0,90
0,85
0,80
0,75
0,70
0,65
0,60
0,55
0,50
0,45
0,40
Temperatur (°C)
0 15 50 100 150 200 250 300 350 400 450 500
Dichte bei 1ata = Dichte im Sättigungszustand
n. Bur. of. Stand. Circular 154.

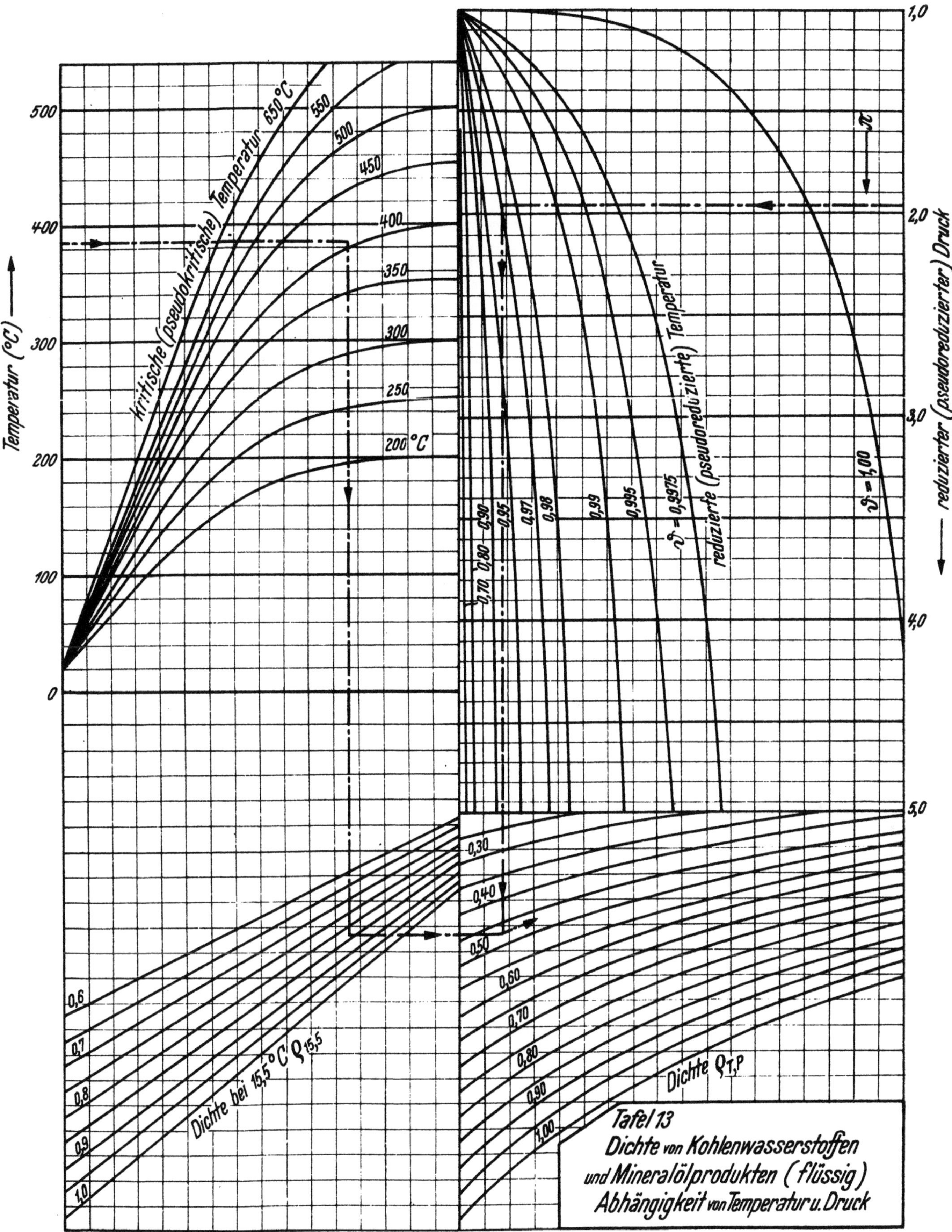

Gezeichnet nach Angaben von Watson, Nelson
u. Murphy: Oil and Gas J., Nov. 1936, 85.

Tafel 14
Nomogramm zur Bestimmung
der Volumsverminderung beim Mischen
unpolarer Flüssigkeiten

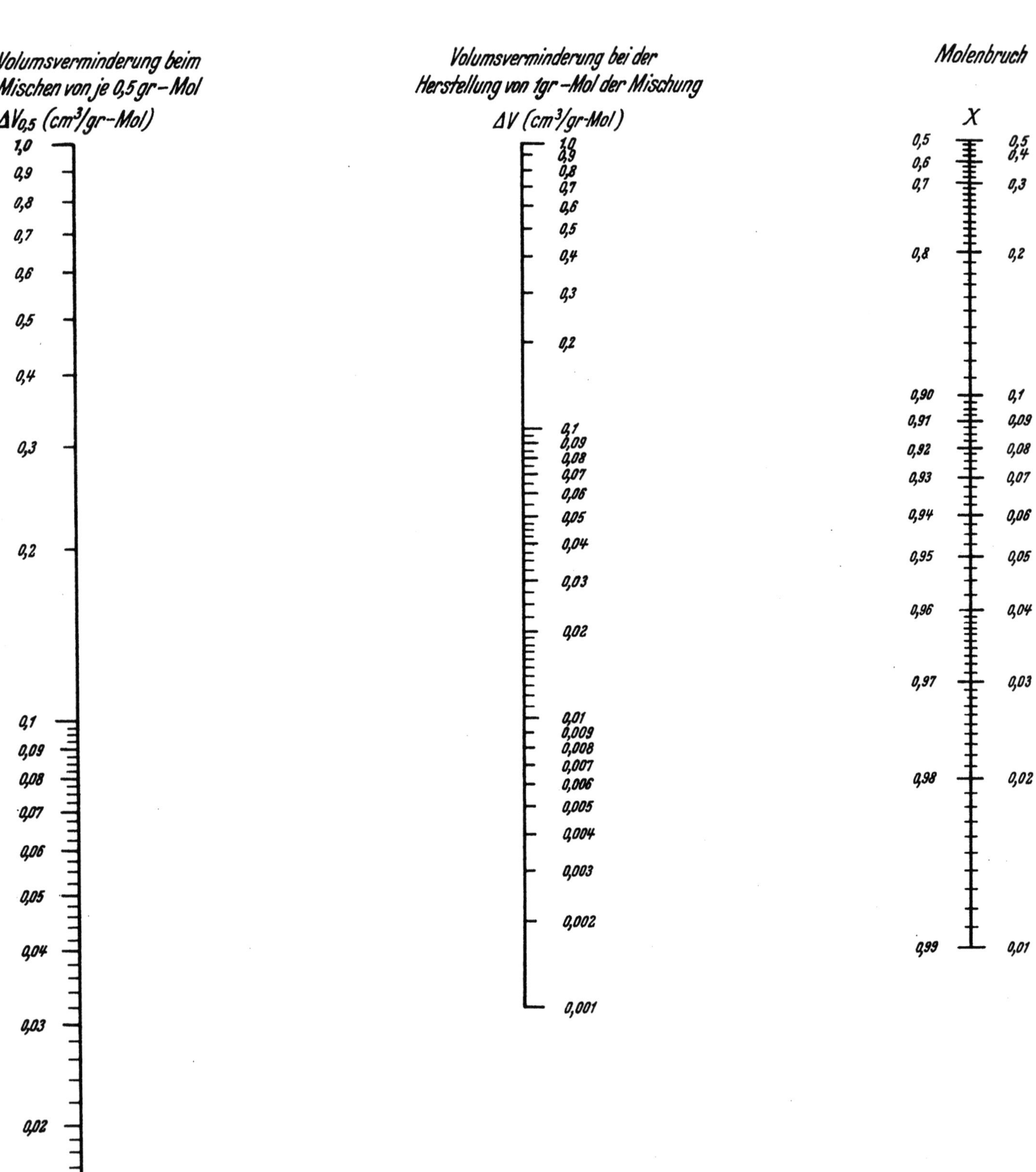

Volumsverminderung beim
Mischen von je 0,5 gr-Mol
$\Delta V_{0,5}$ (cm³/gr-Mol)
Volumsverminderung bei der
Herstellung von 1gr-Mol der Mischung
ΔV (cm³/gr-Mol)
Molenbruch
x

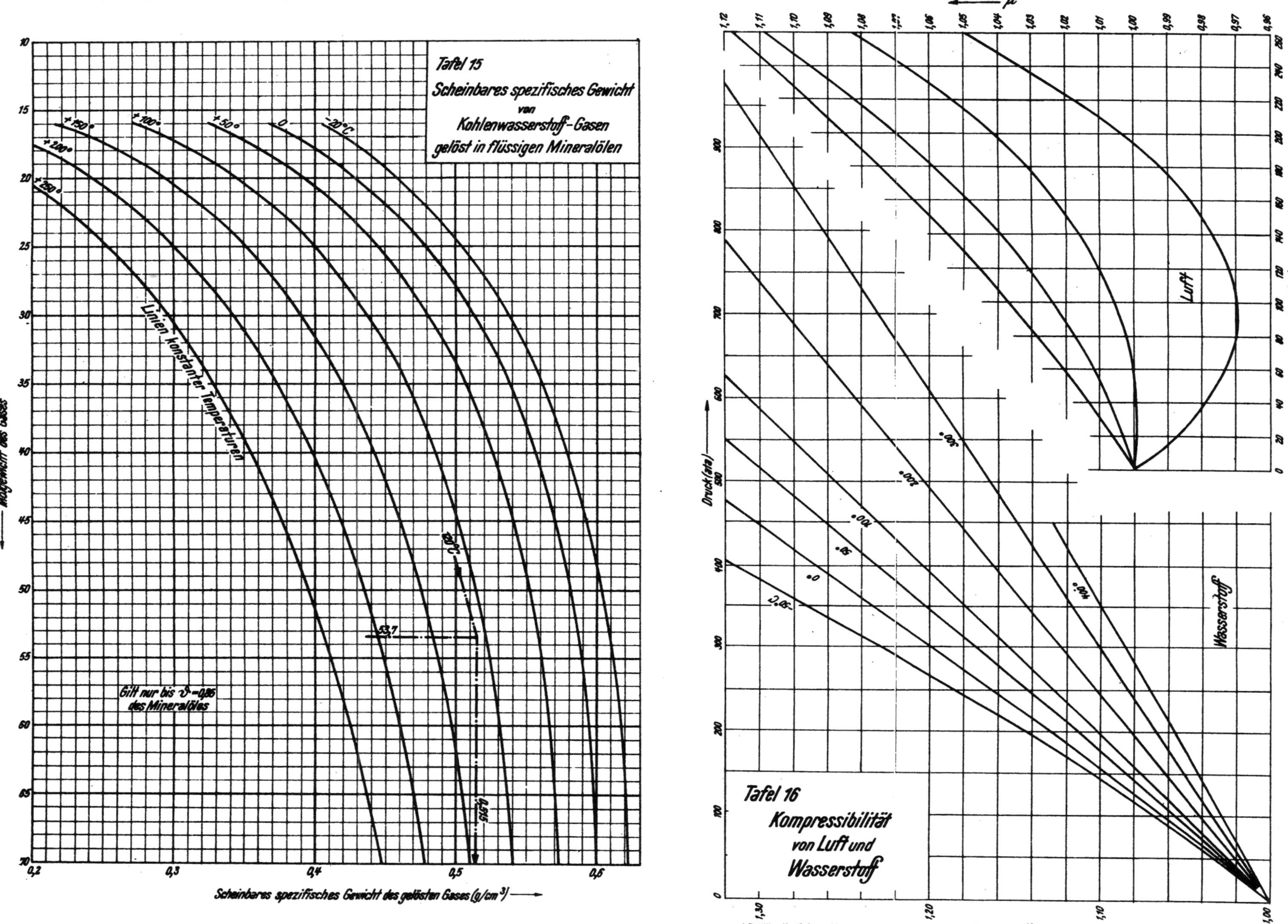

Tafel 15
Scheinbares spezifisches Gewicht
von
Kohlenwasserstoff-Gasen
gelöst in flüssigen Mineralölen
+150°
+100°
+50°
0
−20°C
+200°
+250°
Linien konstanter Temperaturen
Molgewicht des Gases
Gilt nur bis ϑ=0,85 des Mineralöles
20°C
53,7
0,515
Scheinbares spezifisches Gewicht des gelösten Gases (g/cm³)
Tafel 16
Kompressibilität
von Luft und
Wasserstoff
nach R. Witte „Handb. der prakt. Betriebskontrolle"
Luft
Wasserstoff
Druck (ata)
μ

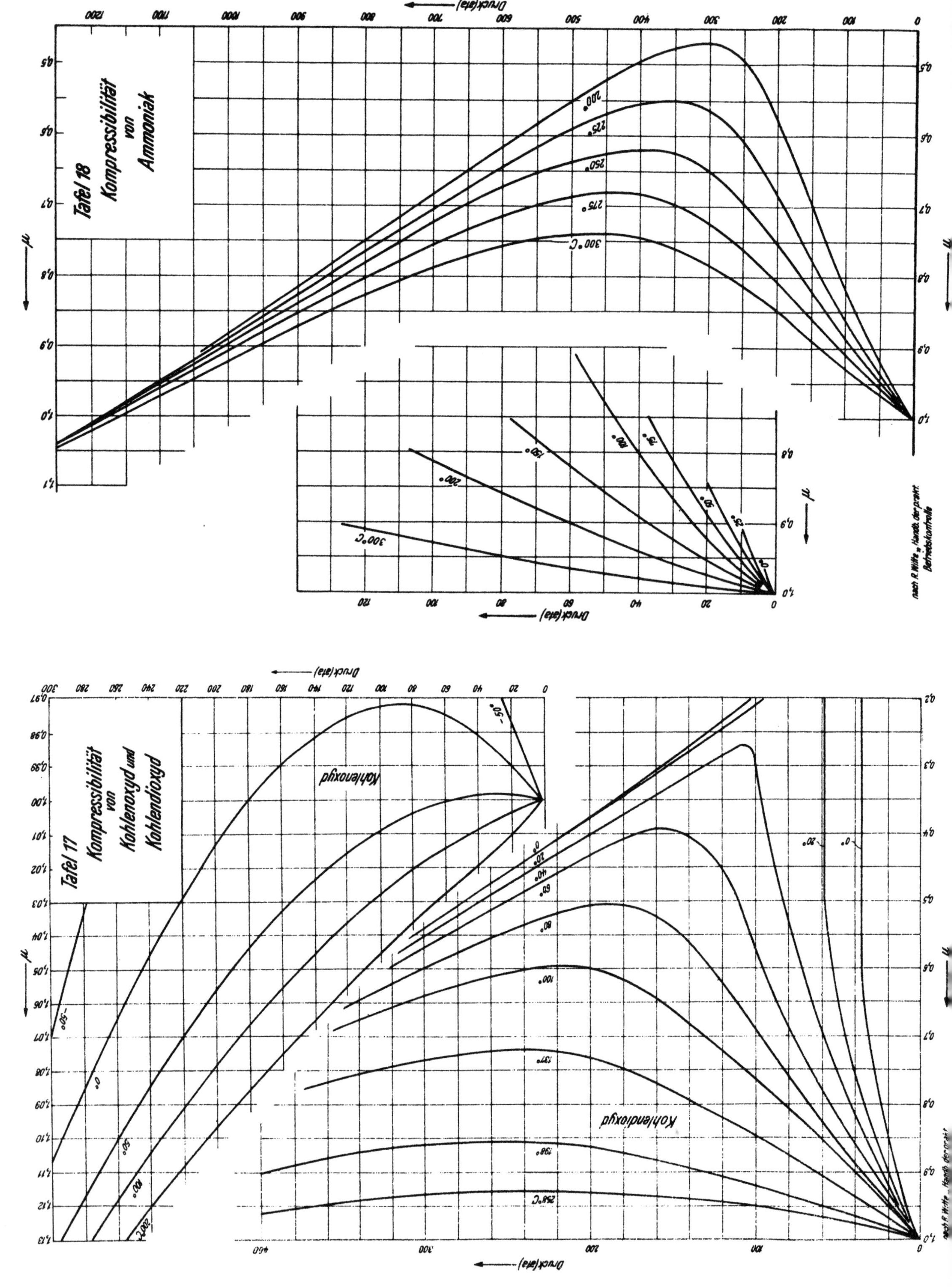

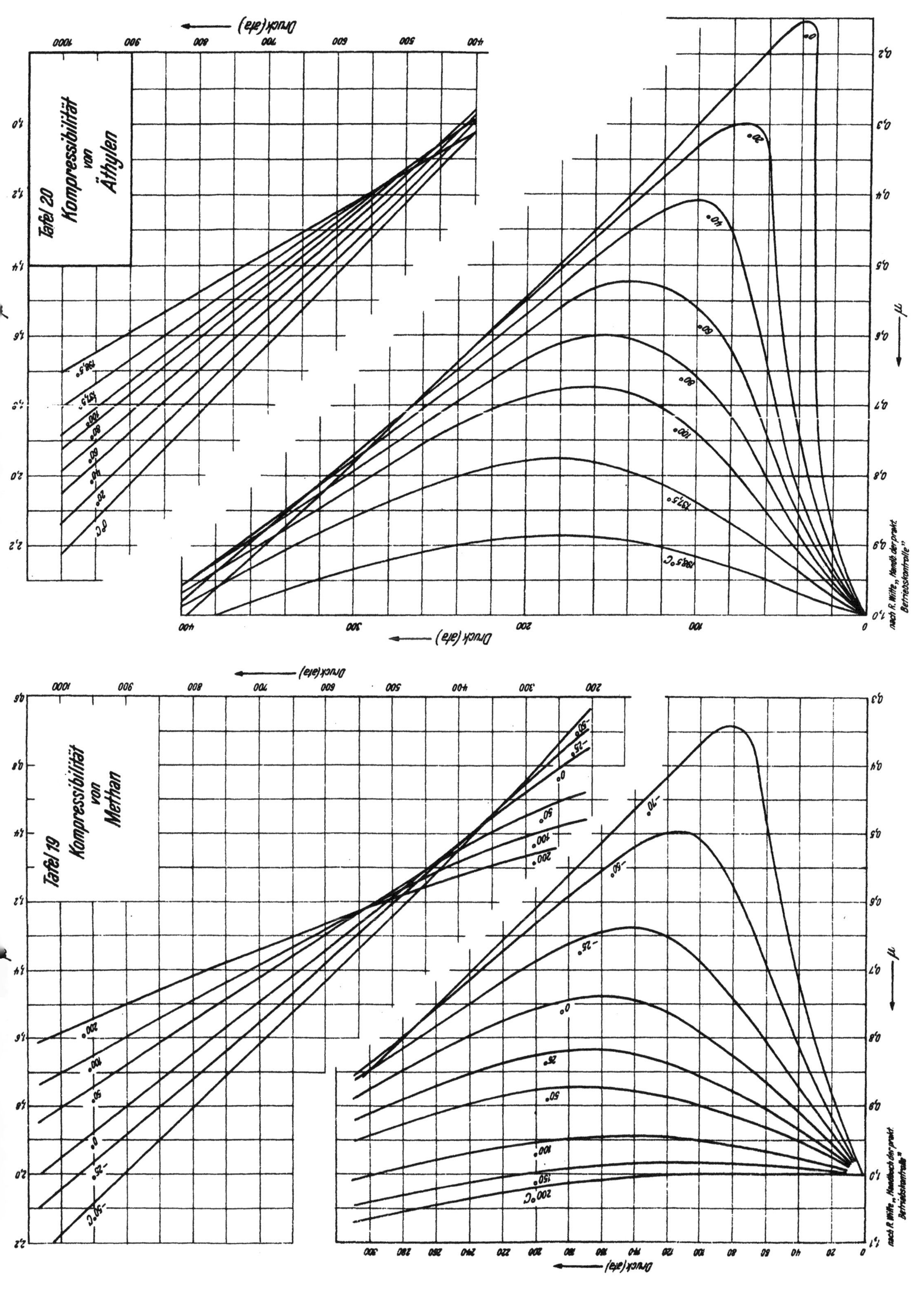

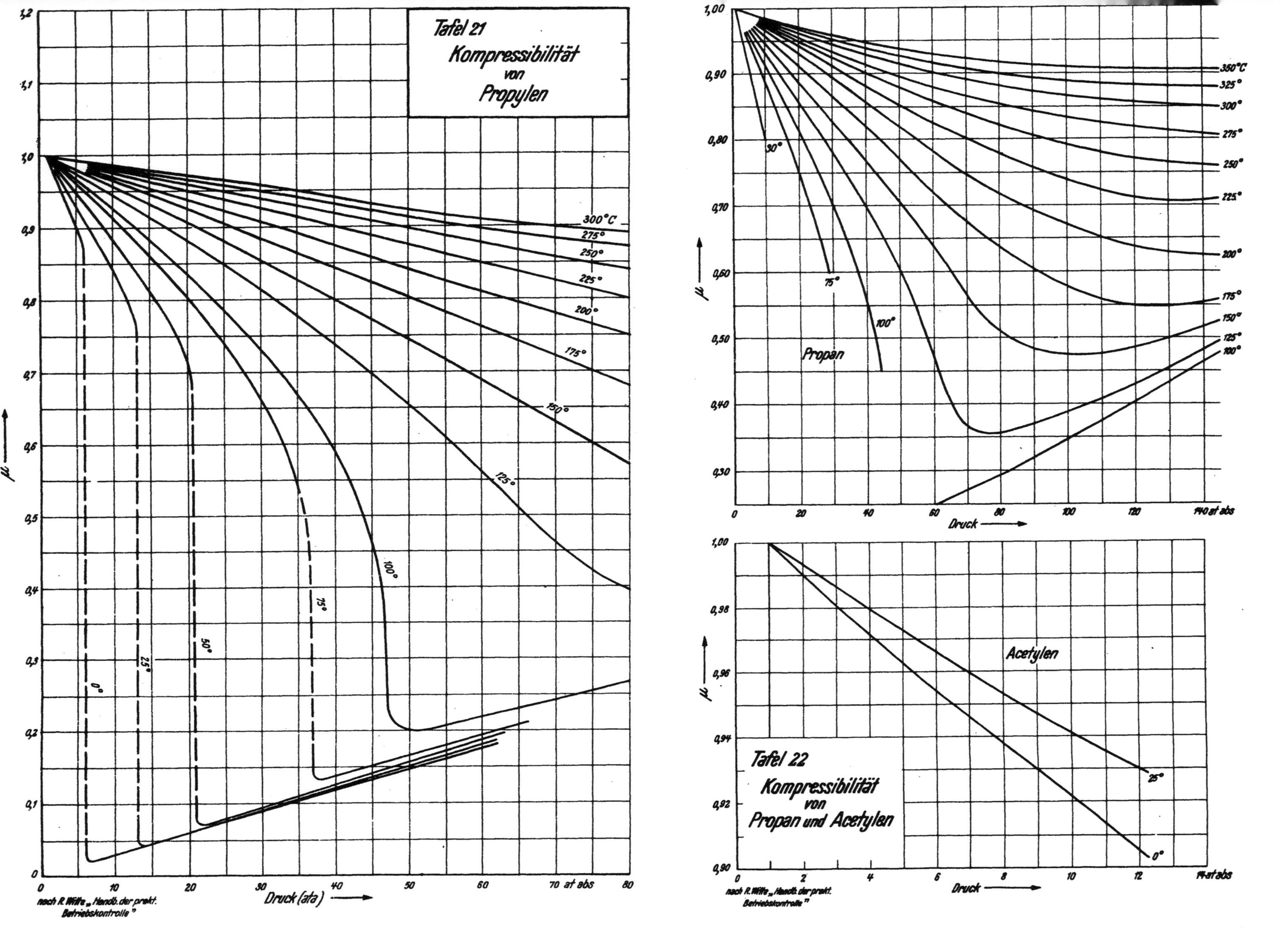

Tafel 21
Kompressibilität
von
Propylen
μ
300°C
275°
250°
225°
200°
175°
150°
125°
100°
75°
50°
25°
0°
Druck (ata)
nach R. Wilke „Handb. der prakt. Betriebskontrolle"
μ
350°C
325°
300°
275°
250°
225°
200°
175°
150°
125°
100°
90°
75°
100°
Propan
Druck
Tafel 22
Kompressibilität
von
Propan und Acetylen
μ
Acetylen
25°
0°
Druck
nach R. Wilke „Handb. der prakt. Betriebskontrolle"

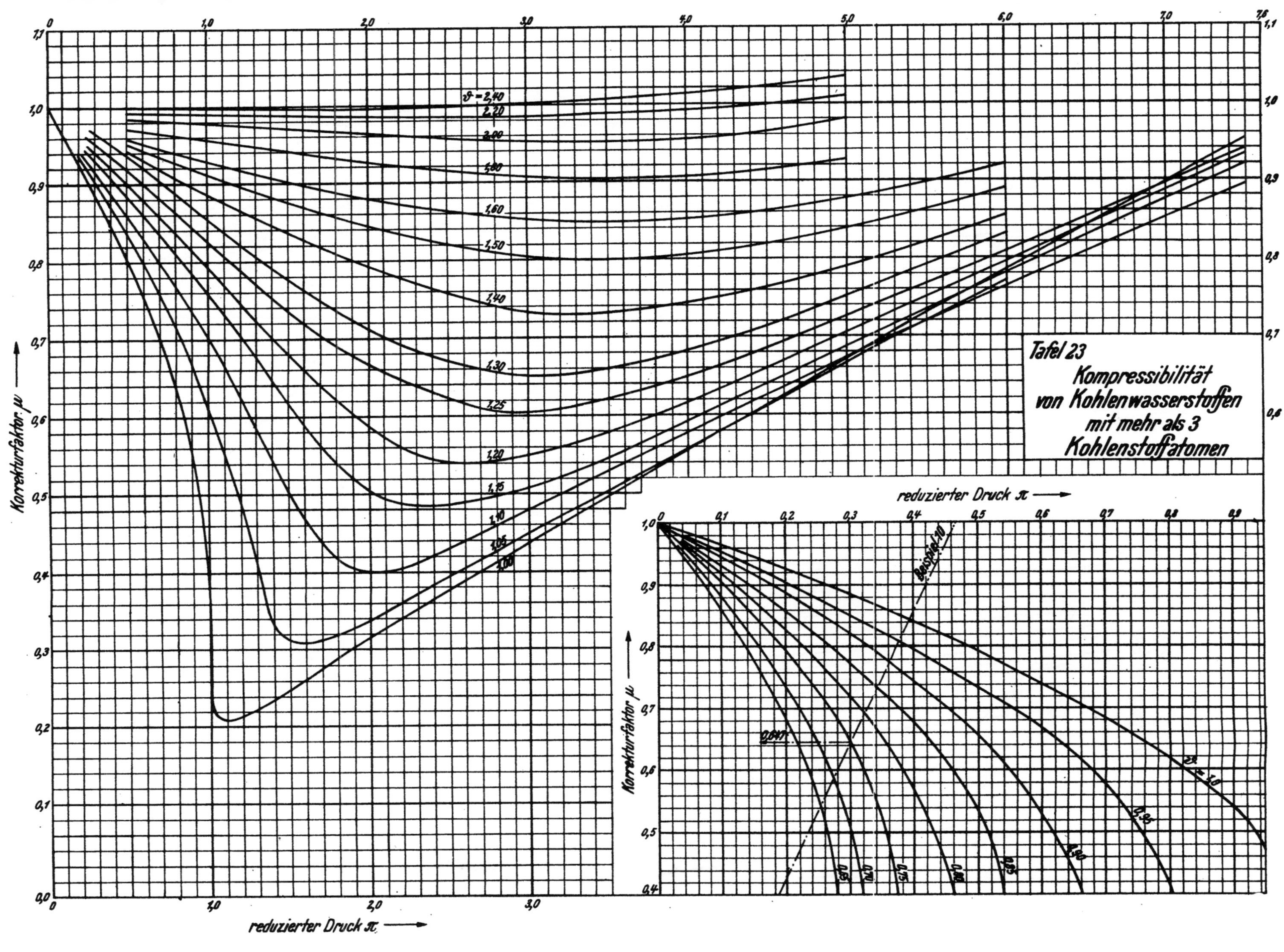

Tafel 23
Kompressibilität
von Kohlenwasserstoffen
mit mehr als 3
Kohlenstoffatomen
Korrekturfaktor μ
reduzierter Druck π
ϑ = 2,40
2,20
2,00
1,80
1,60
1,50
1,40
1,30
1,25
1,20
1,15
1,10
1,05
1,00
ϑ = 1,0
0,95
0,90
0,85
0,80
0,75
0,70
0,65
0,60
Beispiel 10

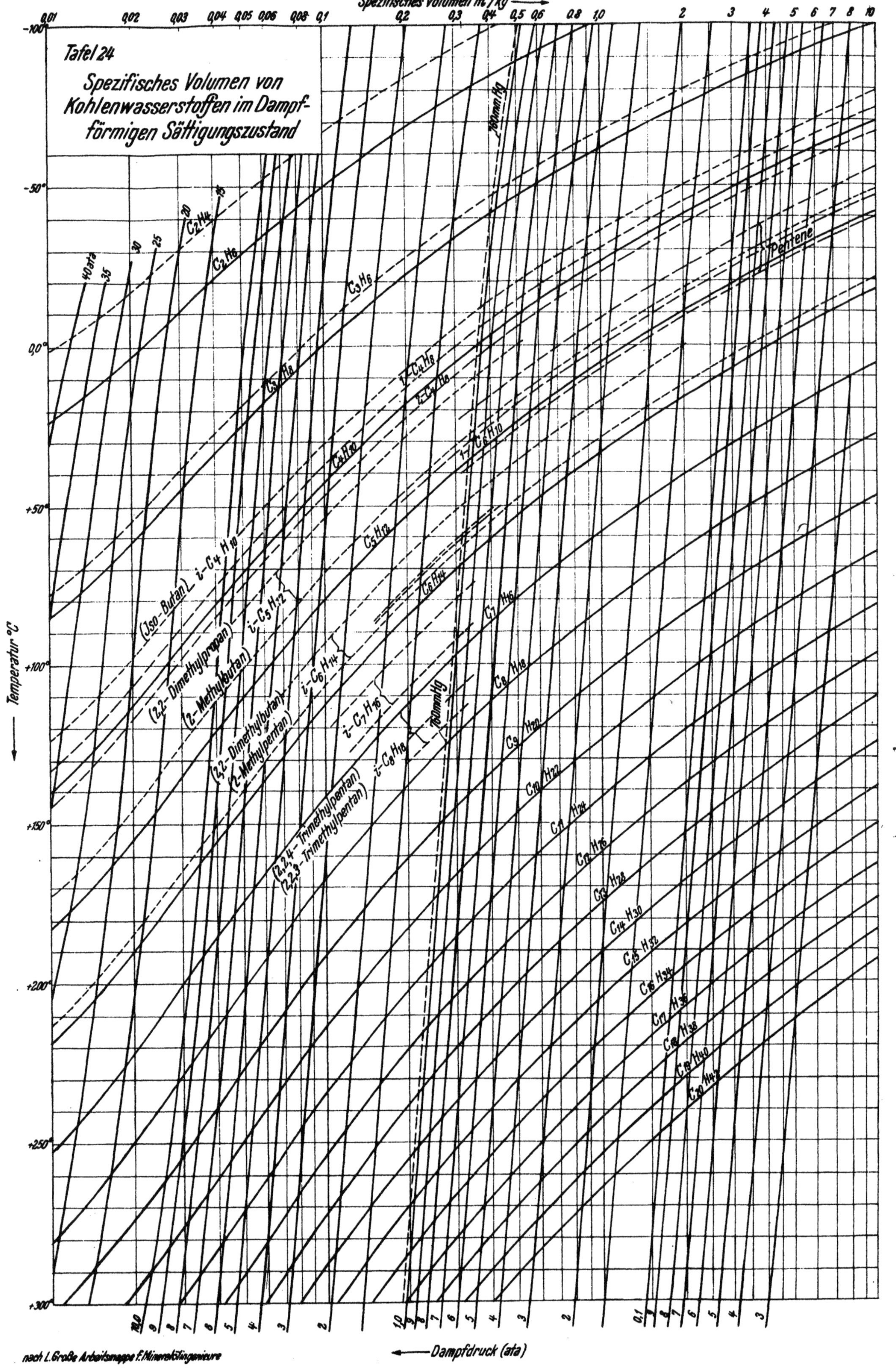
Spezifisches Volumen m³/kg →
Tafel 24
Spezifisches Volumen von
Kohlenwasserstoffen im Dampf-
förmigen Sättigungszustand
← Temperatur °C
← Dampfdruck (ata)
nach L. Große Arbeitsmappe f. Mineralölingenieure
40 ata
35
30
25
20
15
C₂H₄
C₂H₆
C₃H₆
C₃H₈
760 mm Hg
i-C₄H₁₀
i-C₄H₈
C₄H₁₀
i-C₅H₁₂
C₅H₁₂
(iso-Butan) i-C₄H₁₀
(2,2-Dimethylpropan) i-C₅H₁₂
(2-Methylbutan)
(2,2-Dimethylbutan) i-C₆H₁₄
(2-Methylpentan)
i-C₆H₁₄
i-C₇H₁₆
i-C₈H₁₈
(2,2,4-Trimethylpentan)
(2,2,3-Trimethylpentan)
C₆H₁₄
C₇H₁₆
C₈H₁₈
C₉H₂₀
C₁₀H₂₂
C₁₁H₂₄
C₁₂H₂₆
C₁₃H₂₈
C₁₄H₃₀
C₁₅H₃₂
C₁₆H₃₄
C₁₇H₃₆
C₁₈H₃₈
C₁₉H₄₀
C₂₀H₄₂
Pentene
760 mm Hg

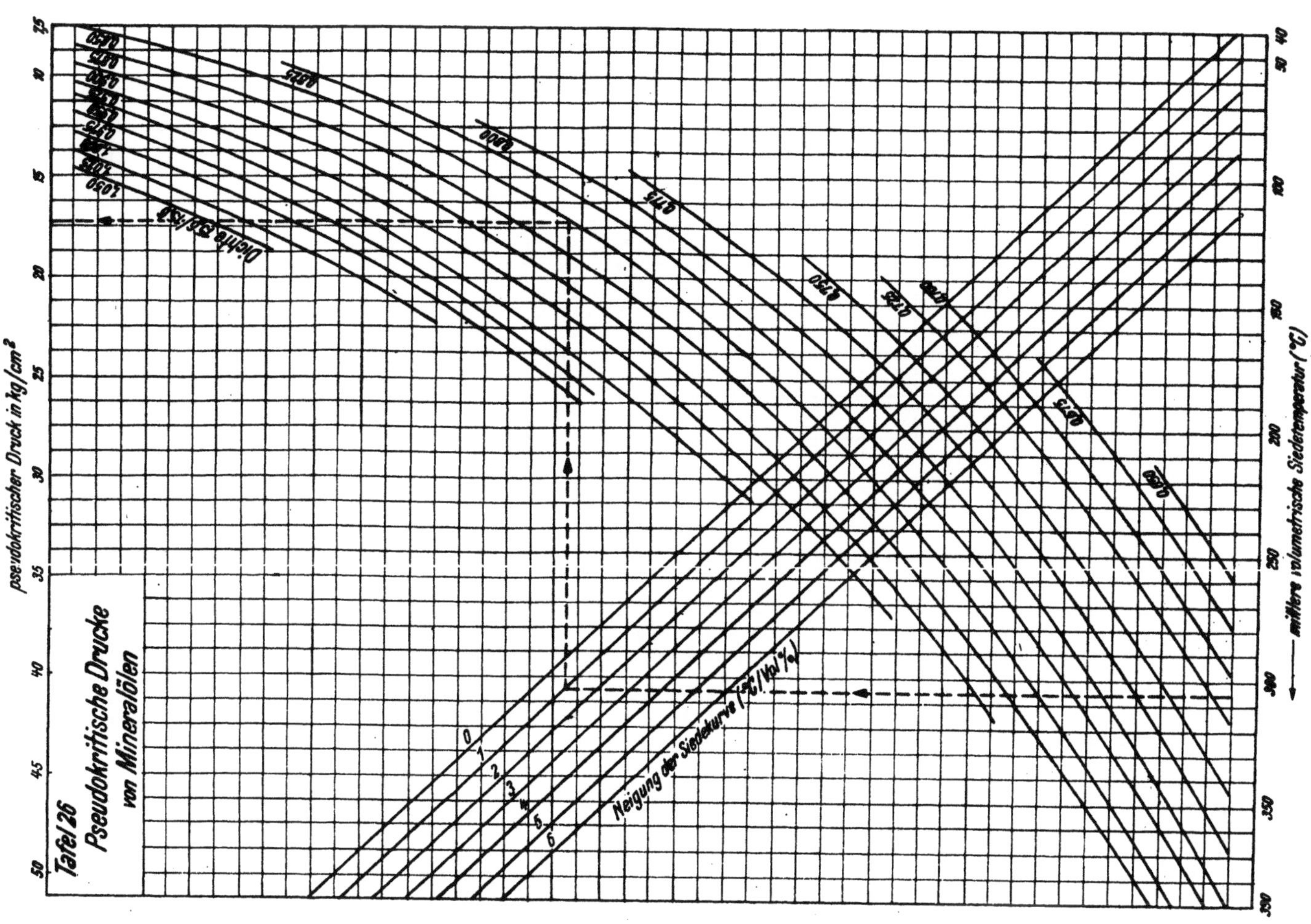

Tafel 26
Pseudokritische Drucke
von Mineralölen
pseudokritischer Druck in kg/cm²
mittlere volumetrische Siedetemperatur (°C)
Neigung der Siedekurve (°C/Vol%)
Dichte 15.6/15.6

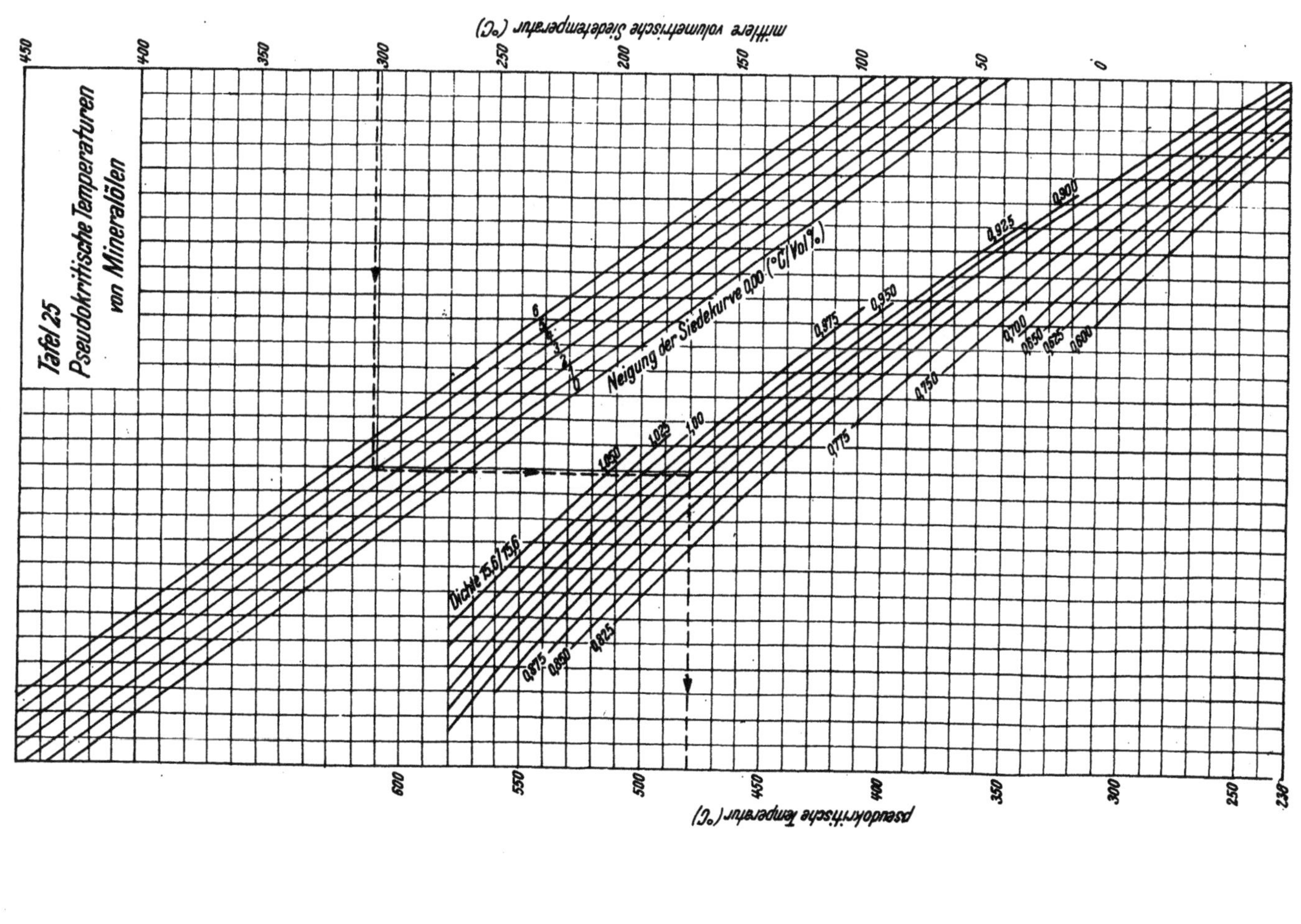

Tafel 25
Pseudokritische Temperaturen
von Mineralölen
mittlere volumetrische Siedetemperatur (°C)
pseudokritische Temperatur (°C)
Neigung der Siedekurve 0.00 (°C/Vol%)
Dichte 15.6/15.6

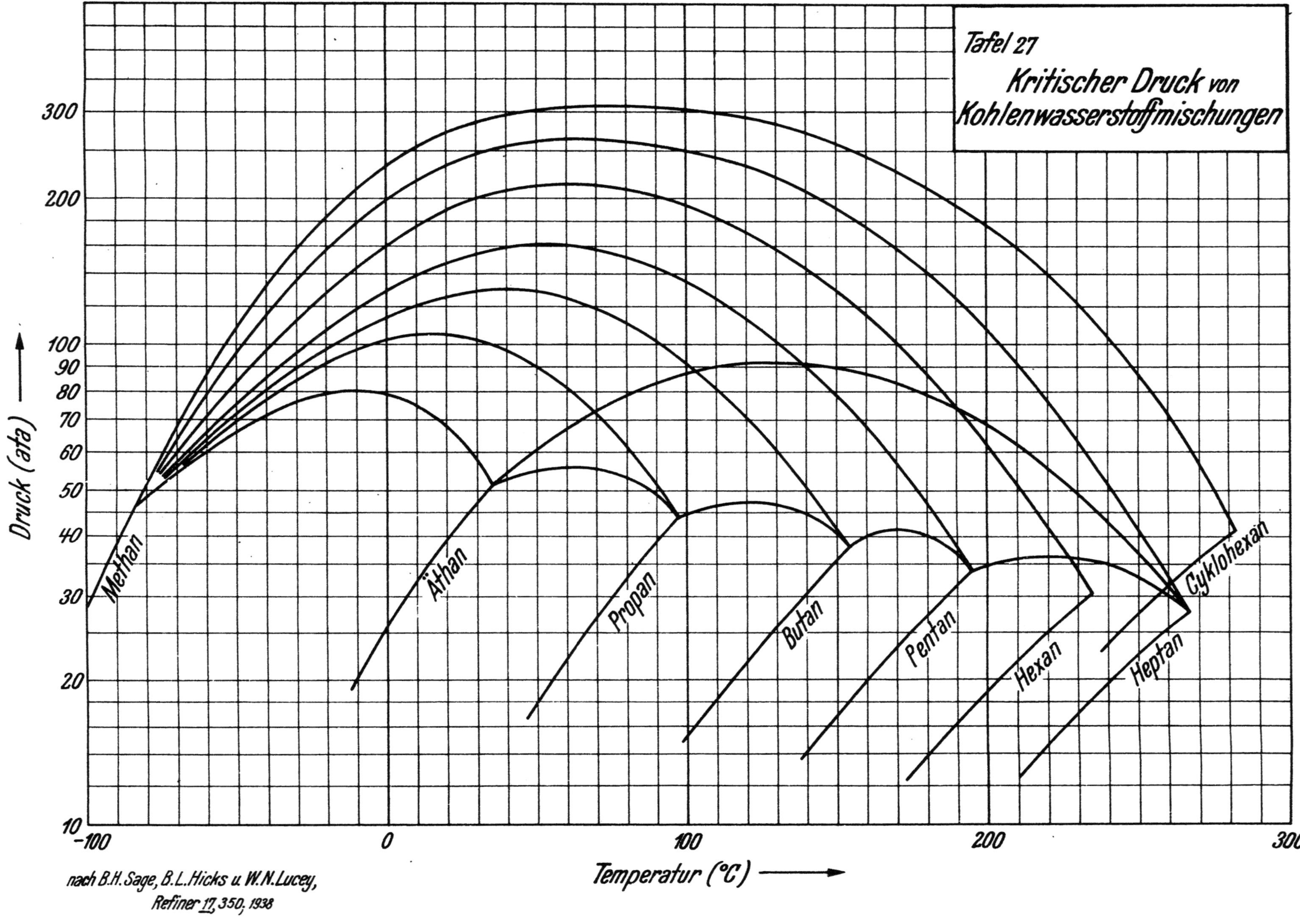

Tafel 27
Kritischer Druck von
Kohlenwasserstoffmischungen
Druck (ata)
Temperatur (°C)
Methan
Äthan
Propan
Butan
Pentan
Hexan
Heptan
Cyklohexan
nach B.H.Sage, B.L.Hicks u. W.N.Lucey,
Refiner 17, 350, 1938

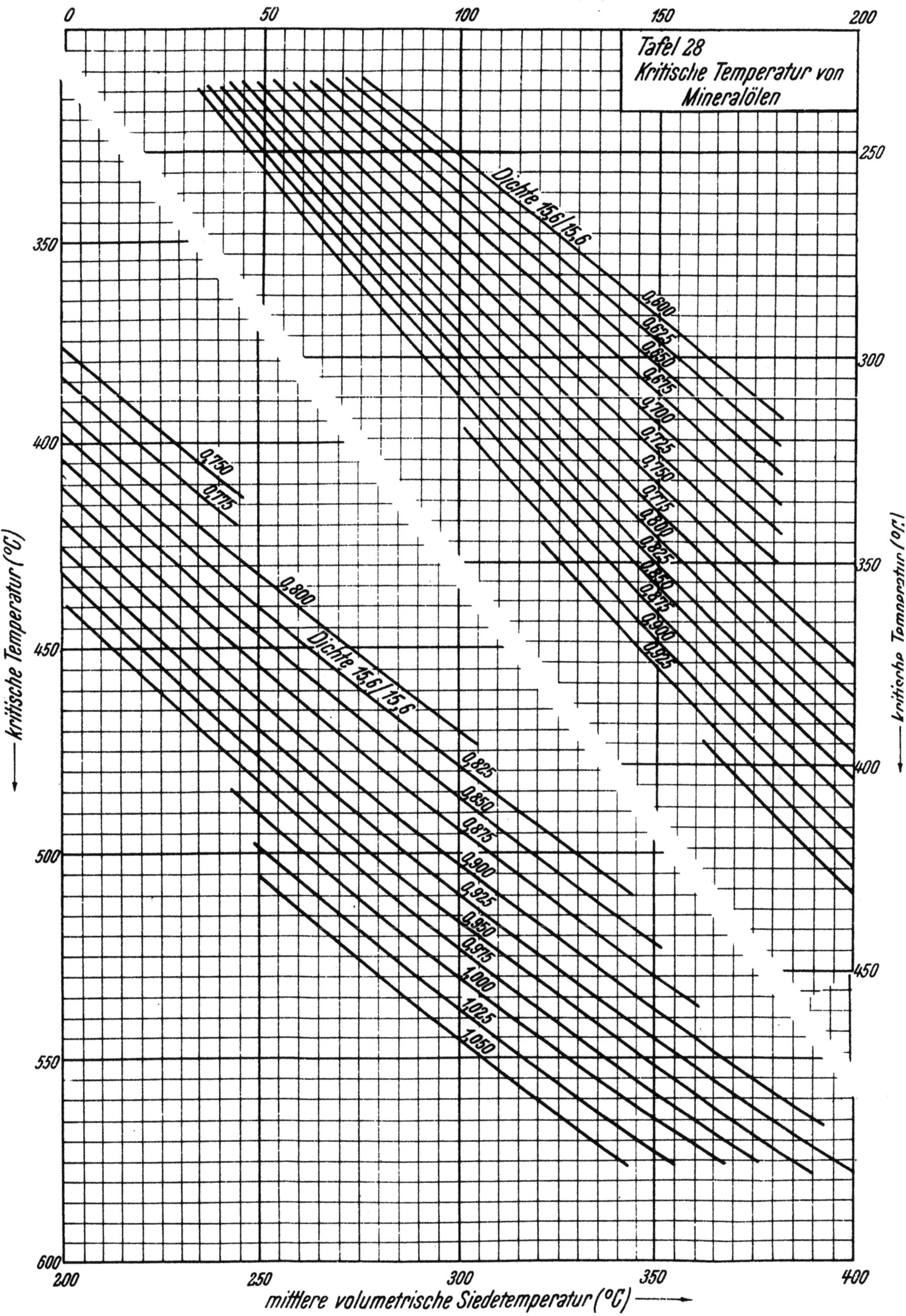

mittlere volumetrische Siedetemperatur (°C)
0   50   100   150   200
Tafel 28
Kritische Temperatur von
Mineralölen
Dichte 15,6/15,6
0,600
0,625
0,650
0,675
0,700
0,725
0,750
0,775
0,800
0,825
0,850
0,875
0,900
0,925
0,750
0,775
0,800
Dichte 15,6/15,6
0,825
0,850
0,875
0,900
0,925
0,950
0,975
1,000
1,025
1,050
kritische Temperatur (°C)
350
400
450
500
550
600
kritische Temperatur (°C)
250
300
350
400
450
mittlere volumetrische Siedetemperatur (°C)
200   250   300   350   400

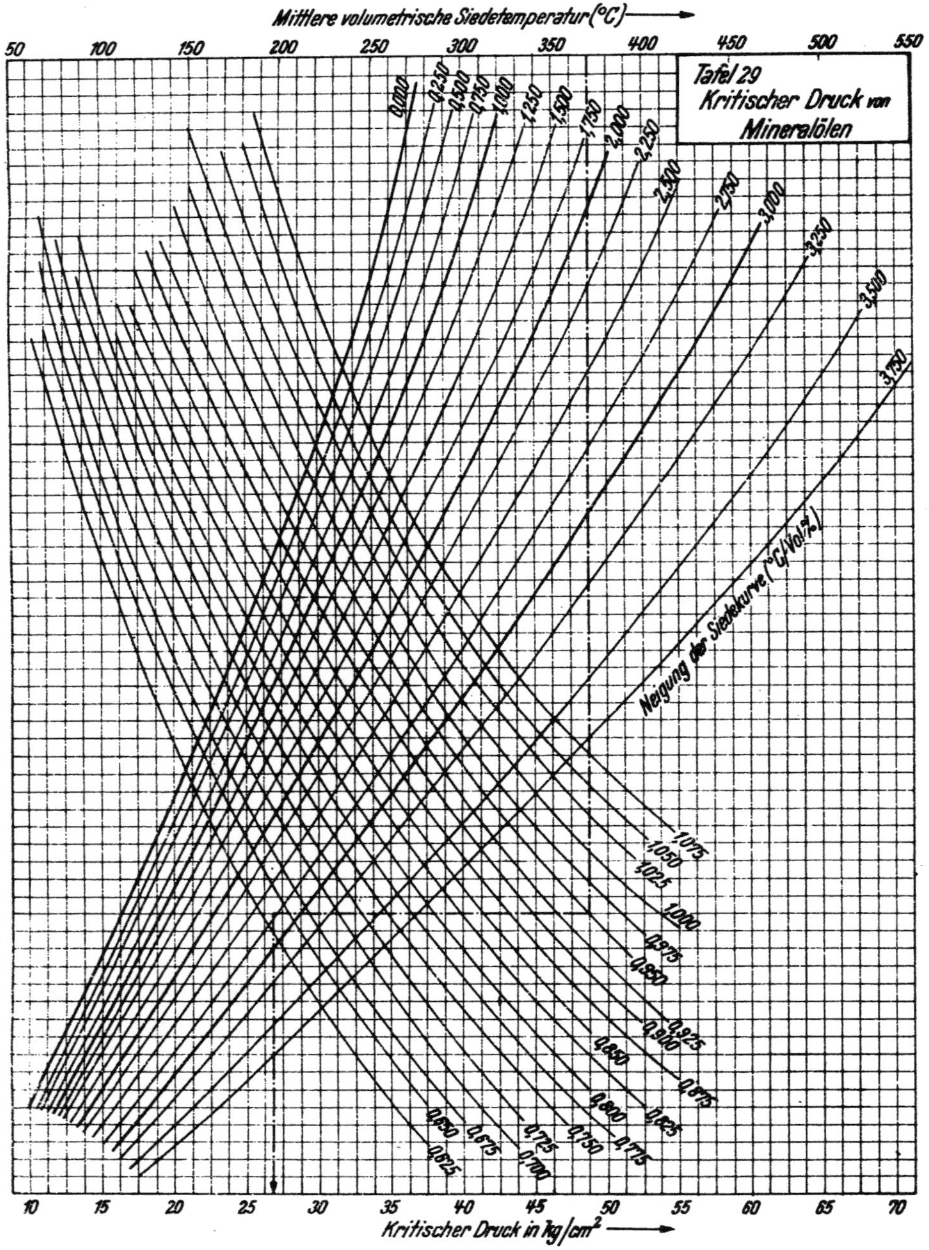

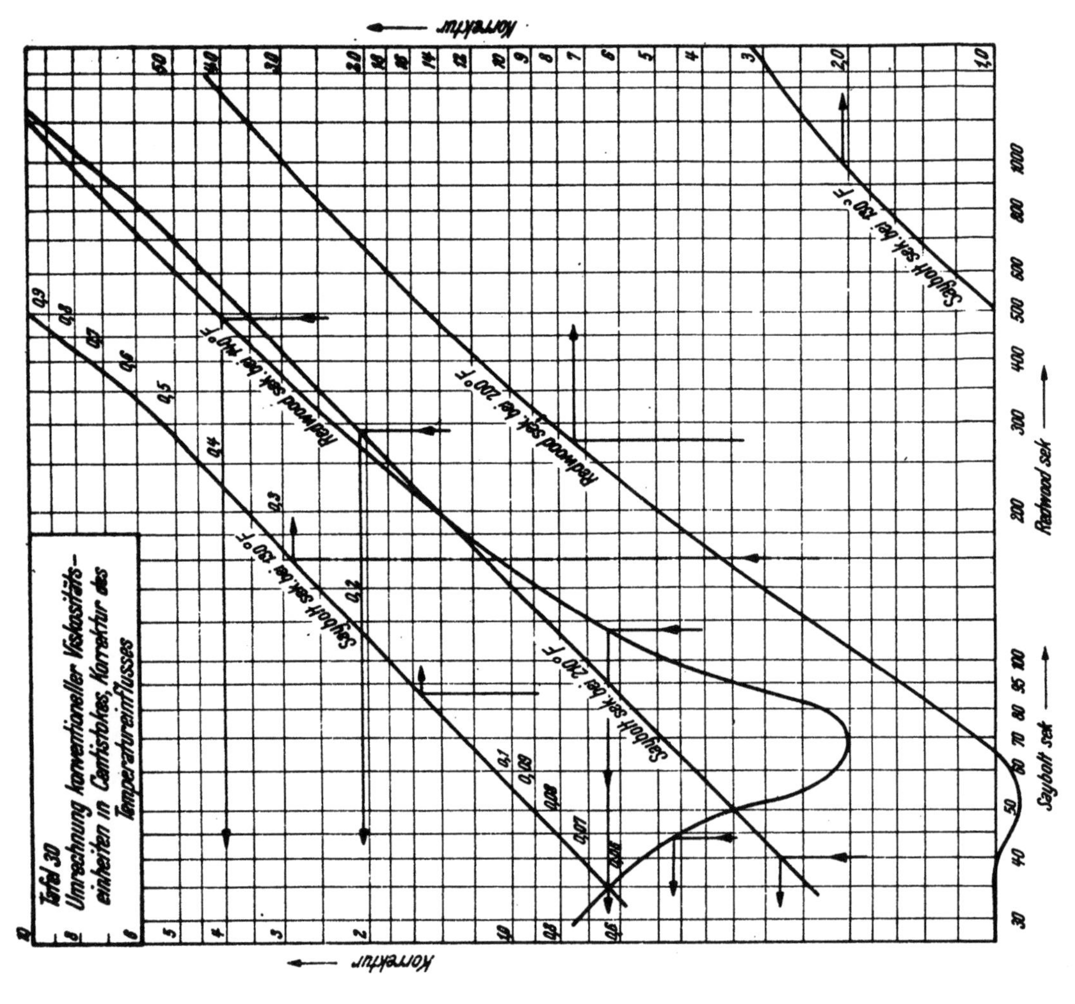

Tafel 30
Umrechnung konventioneller Viskositäts-
einheiten in Centistokes, Korrektur des
Temperatureinflusses
Korrektur
Saybolt sek bei 100 °F
Saybolt sek bei 210 °F
Redwood sek bei 140 °F
Redwood sek bei 200 °F
Saybolt sek bei 200 °F
Redwood sek
Saybolt sek

Tafel 20
Kritischer Druck von
Mineralölen
Mittlere volumetrische Siedetemperatur (°C)
Kritischer Druck in kg/cm²
Neigung der Siedekurve (°C/Vol.-%)

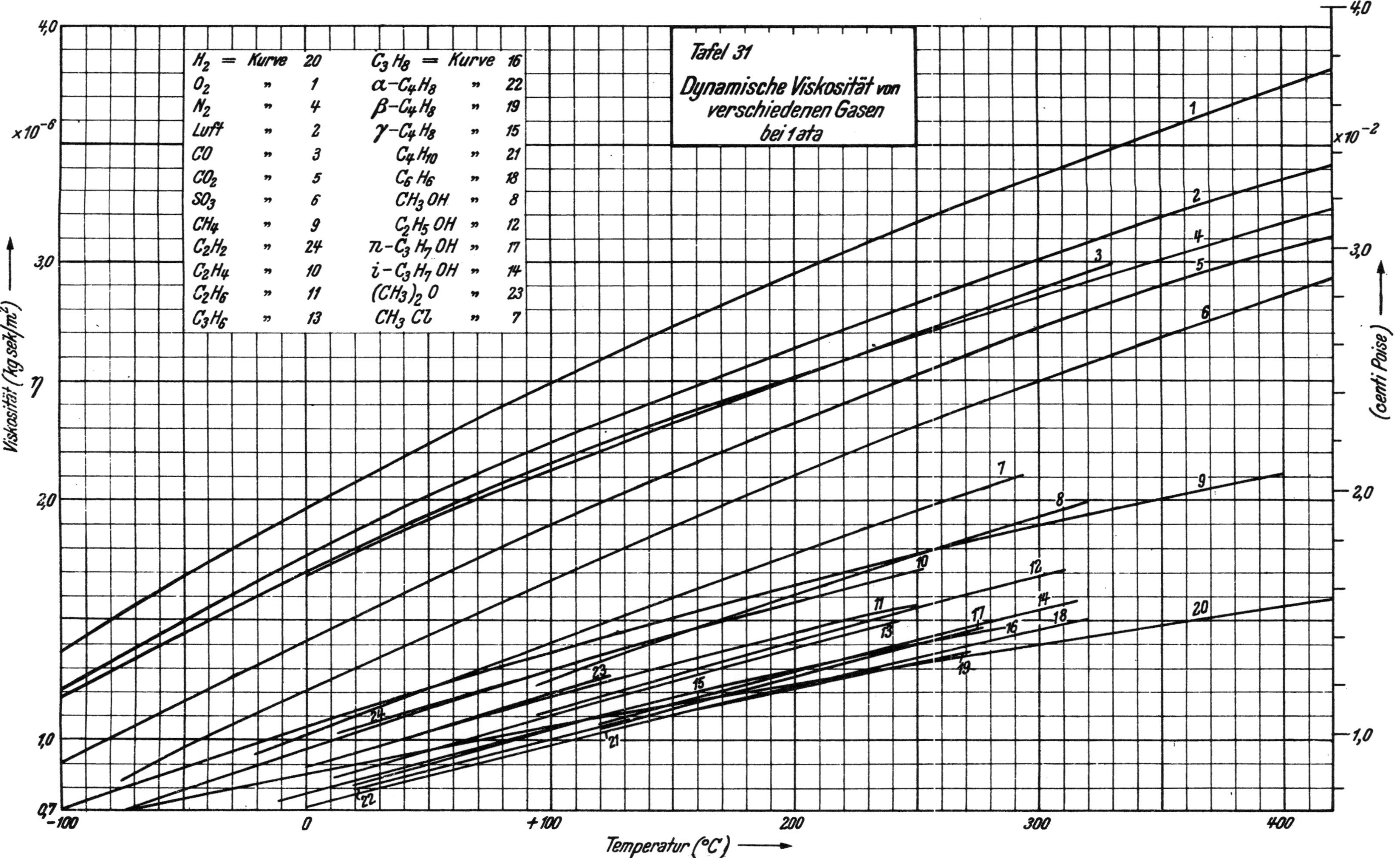

Tafel 31
Dynamische Viskosität von verschiedenen Gasen bei 1 ata
Viskosität (kg sek/m²)
(centi Poise)
Temperatur (°C)
H₂ = Kurve 20
O₂ " 1
N₂ " 4
Luft " 2
CO " 3
CO₂ " 5
SO₃ " 6
CH₄ " 9
C₂H₂ " 24
C₂H₄ " 10
C₂H₆ " 11
C₃H₆ " 13
C₃H₈ = Kurve 16
α-C₄H₈ " 22
β-C₄H₈ " 19
γ-C₄H₈ " 15
C₄H₁₀ " 21
C₆H₆ " 18
CH₃OH " 8
C₂H₅OH " 12
n-C₃H₇OH " 17
i-C₃H₇OH " 14
(CH₃)₂O " 23
CH₃Cl " 7

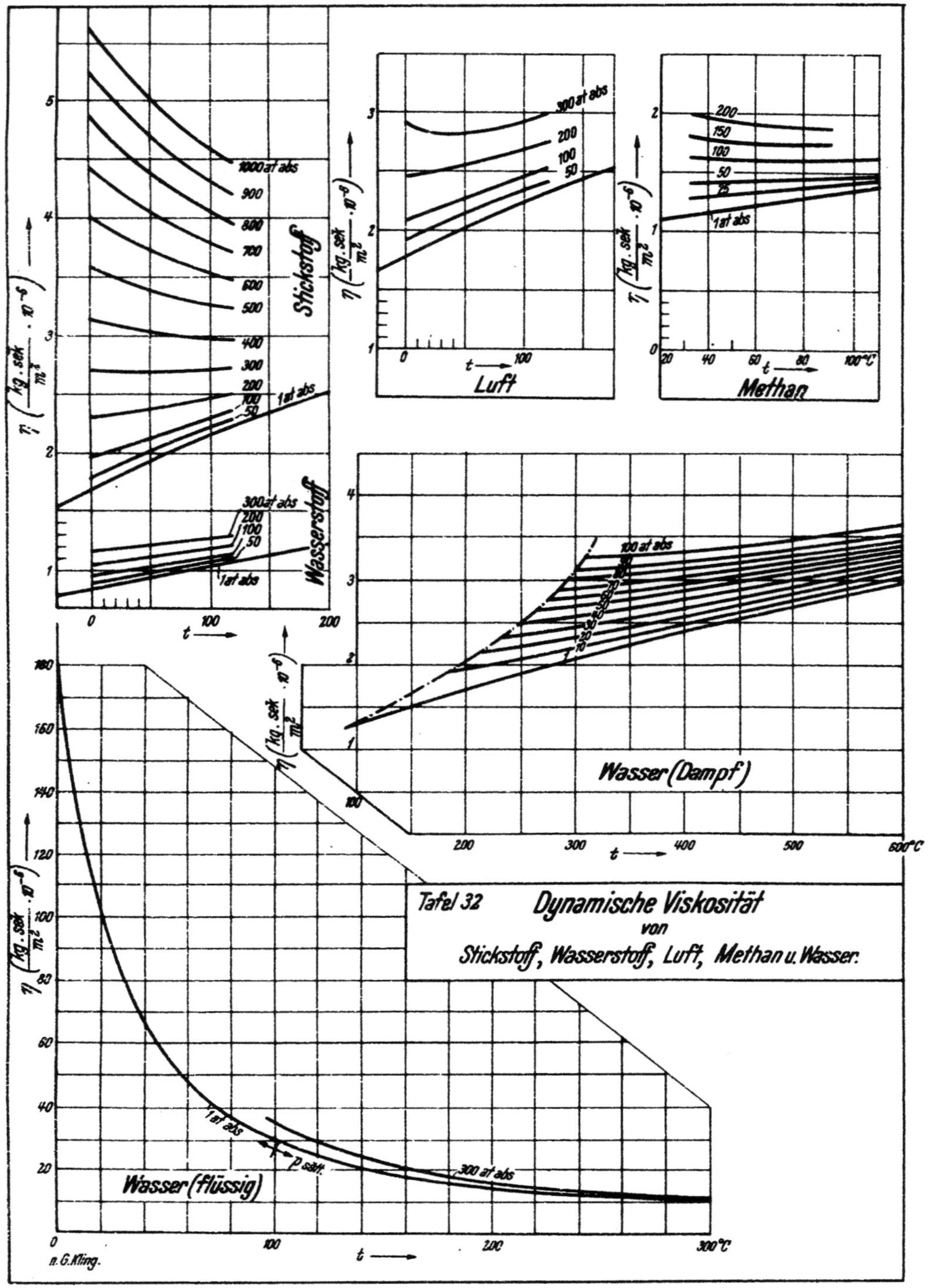

Tafel 32

Dynamische Viskosität
von
Stickstoff, Wasserstoff, Luft, Methan u. Wasser.

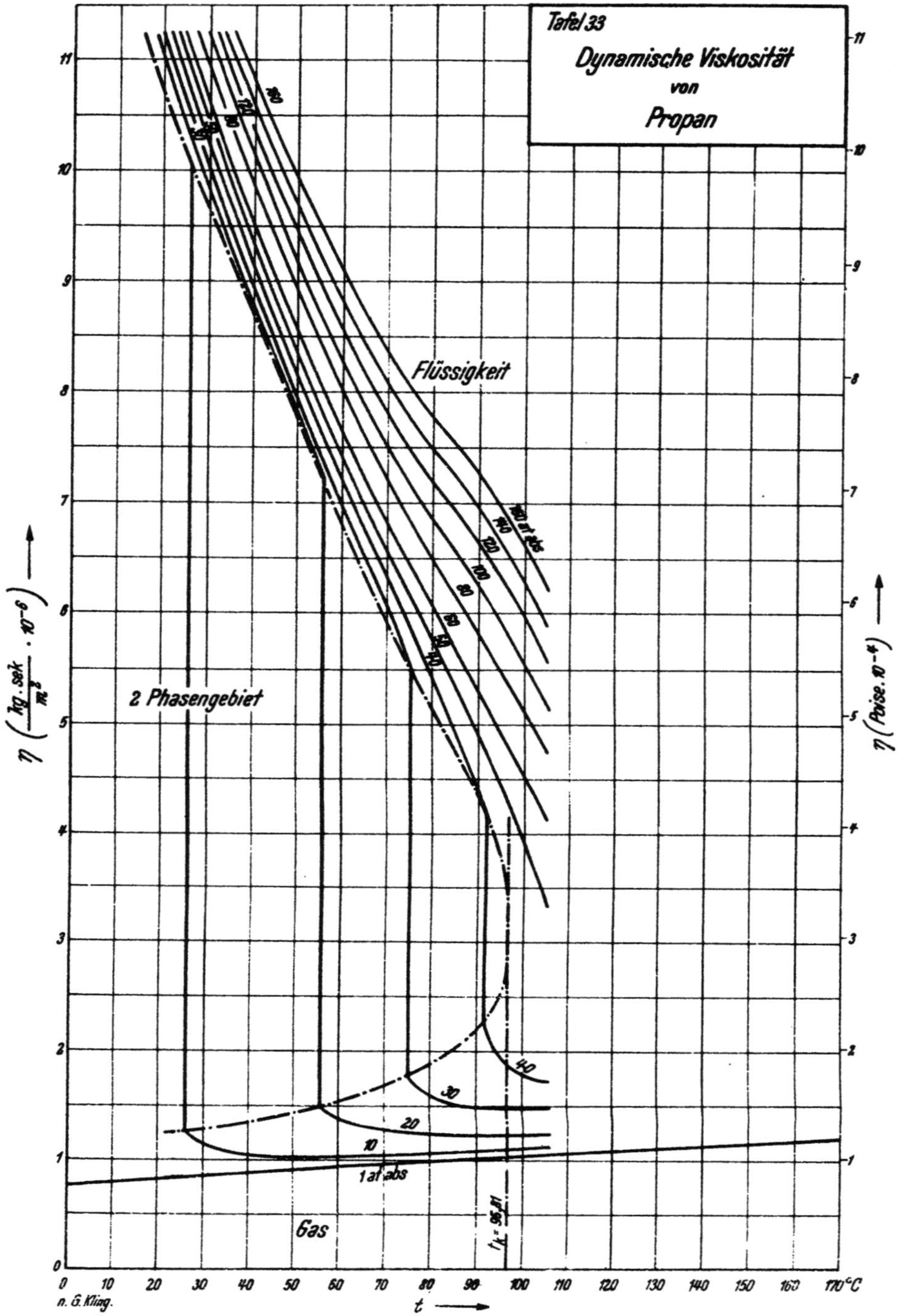

$\eta\left(\dfrac{kg \cdot sek}{m^2} \cdot 10^{-6}\right)$

Wasser (Flüssig)

Wasserstoff

Stickstoff

Luft

Methan

Wasser (Dampf)

Tafel 33

Dynamische Viskosität
von
Propan

$\eta\left(\dfrac{kg \cdot sek}{m^2} \cdot 10^{-6}\right)$

2 Phasengebiet

Gas

Flüssigkeit

$t_k = 96.81$

1 at abs

$\eta\left(Poise \cdot 10^{-4}\right)$

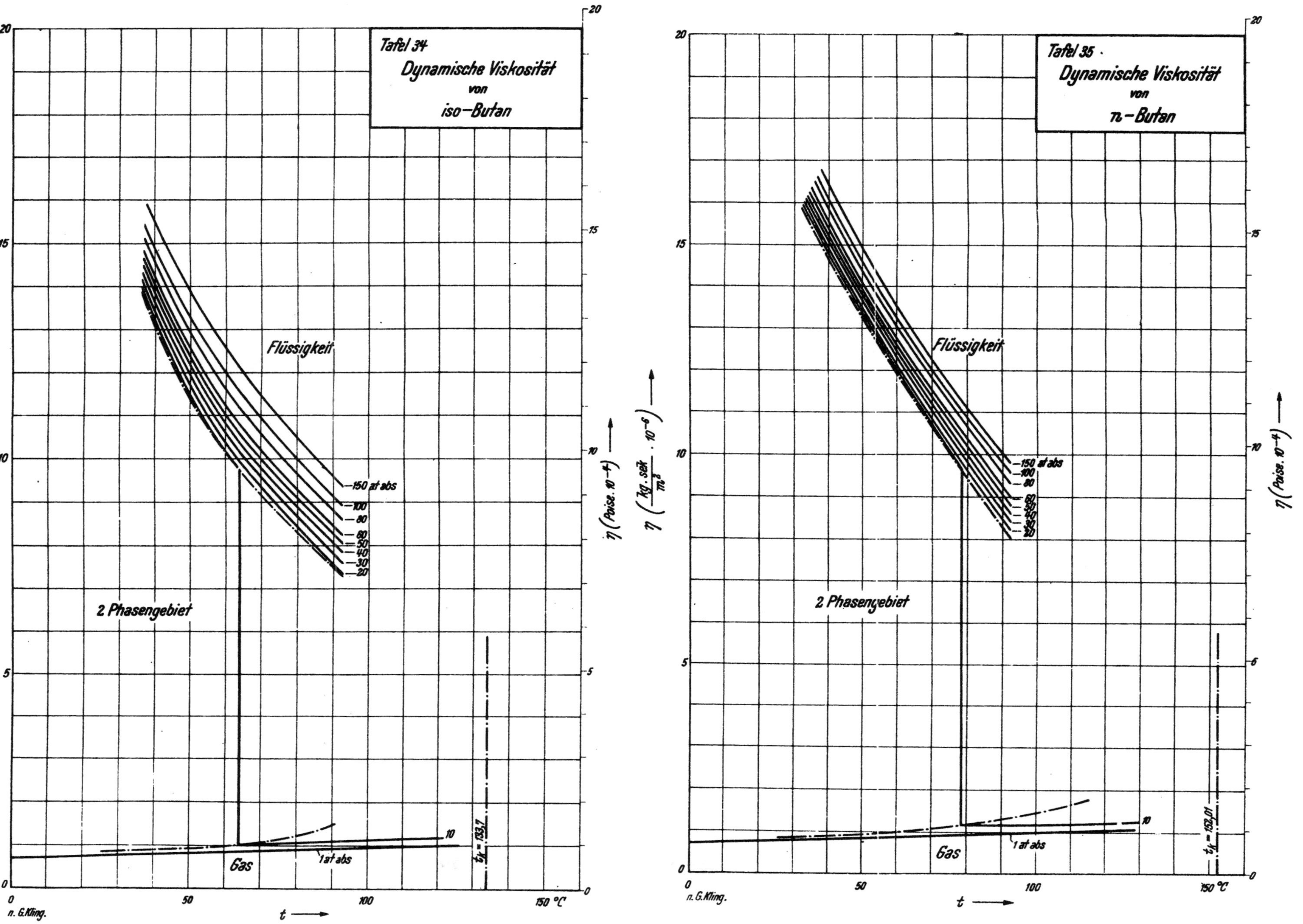

Tafel 34
Dynamische Viskosität
von
iso-Butan
η (kg·sek/m² · 10⁻⁶)
η (Poise · 10⁻⁴)
Flüssigkeit
150 at abs
100
80
60
50
40
30
20
2 Phasengebiet
Gas
1 at abs
10
t_k = 133,7
t
150 °C
n. G. Kling.
Tafel 35
Dynamische Viskosität
von
n-Butan
η (kg·sek/m² · 10⁻⁶)
η (Poise · 10⁻⁴)
Flüssigkeit
150 at abs
100
80
60
50
40
30
20
2 Phasengebiet
Gas
1 at abs
10
t_k = 152,01
t
150 °C
n. G. Kling.

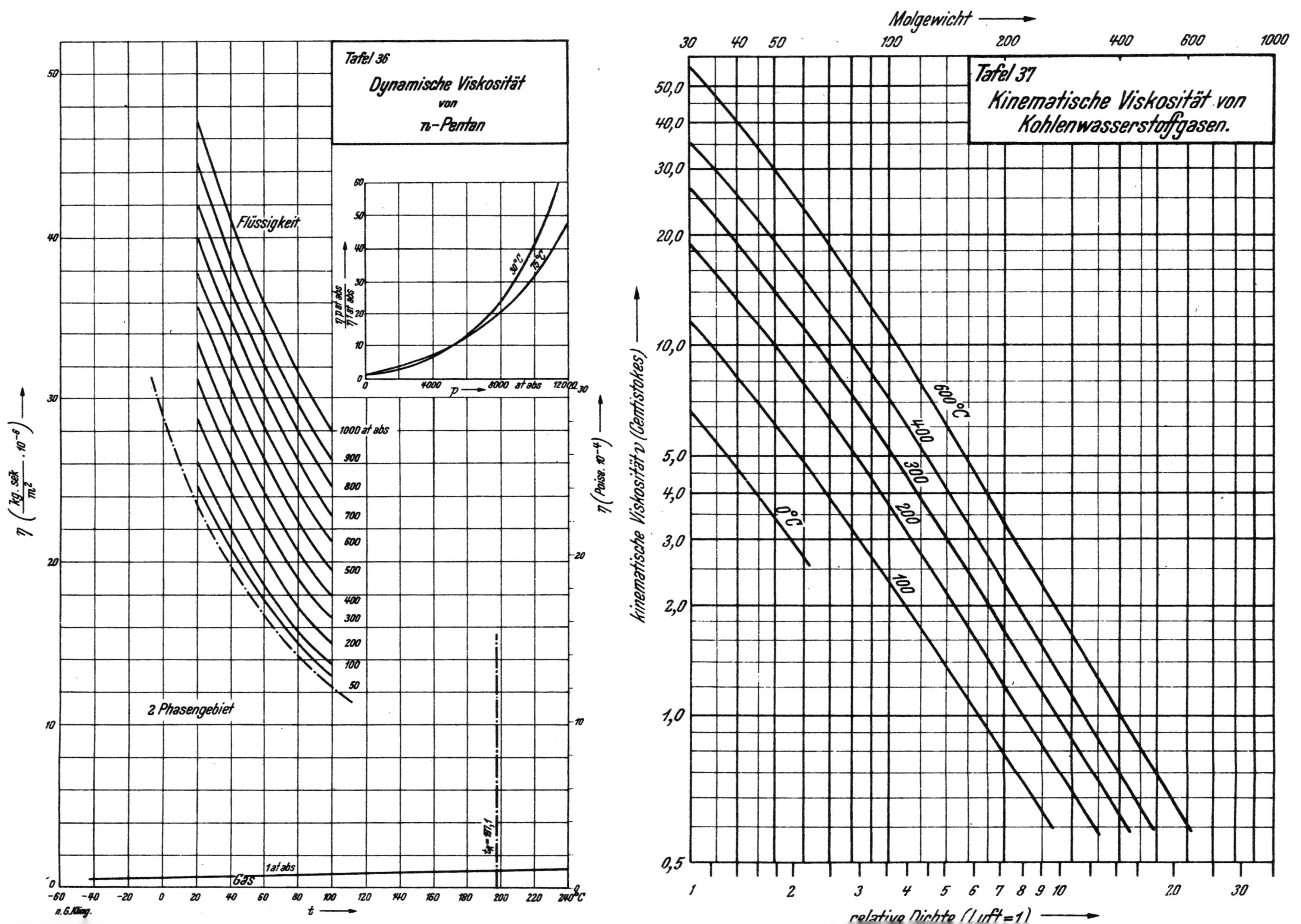

Tafel 36
Dynamische Viskosität
von
n–Pentan
Flüssigkeit
2 Phasengebiet
Gas
1 at abs
1000 at abs
900
800
700
600
500
400
300
200
100
50
n. G. Kling.
$\eta \left(\frac{kg \cdot sek}{m^2} \cdot 10^{-6} \right)$
η (Poise · 10⁻⁴)
t
Tafel 37
Kinematische Viskosität von
Kohlenwasserstoffgasen.
Molgewicht
600°C
400
300
200
100
0°C
kinematische Viskosität v (Centistokes)
relative Dichte (Luft = 1)

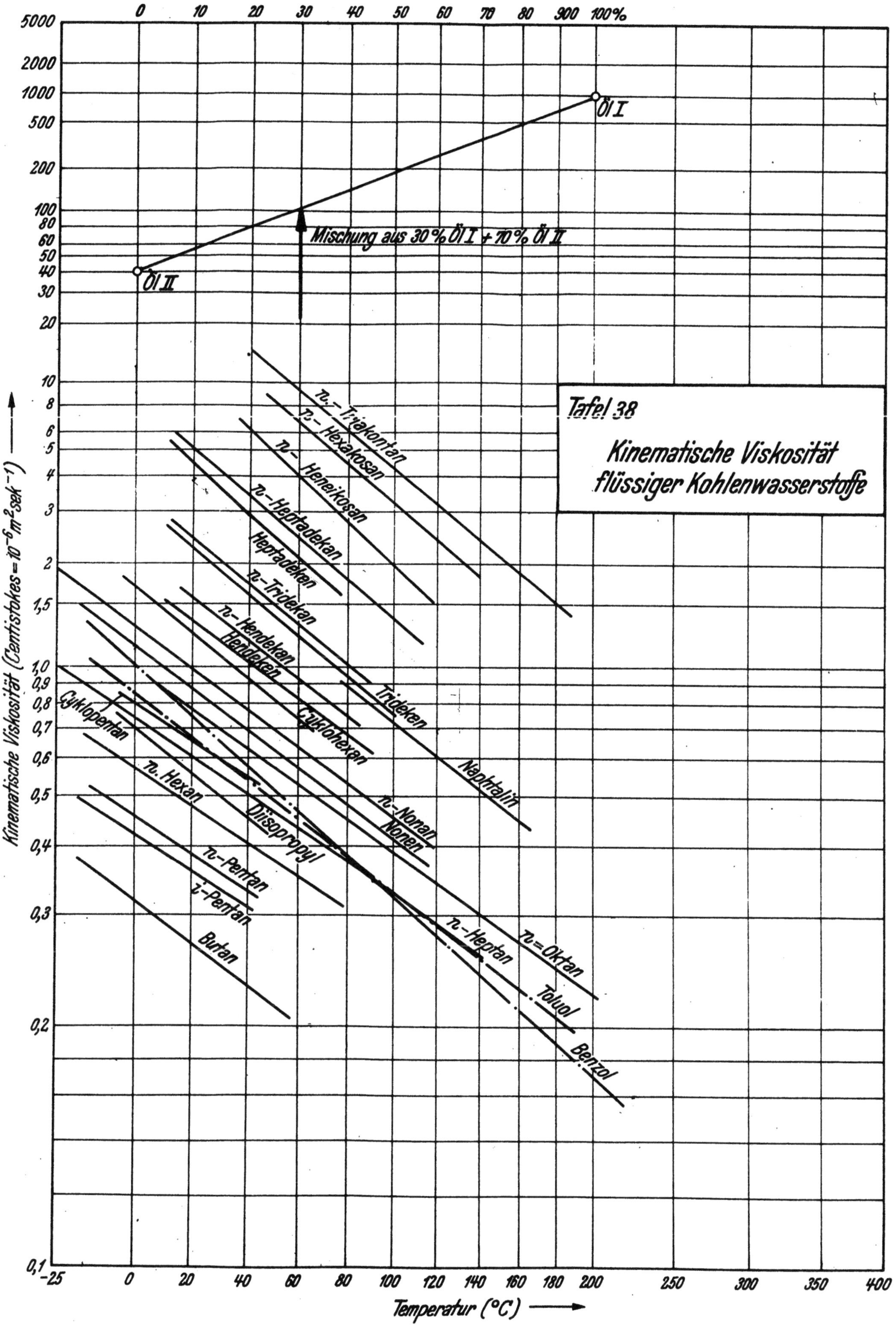

5000
2000
1000
500
200
100
80
60
50
40
30
20
10
8
6
5
4
3
2
1,5
1,0
0,9
0,8
0,7
0,6
0,5
0,4
0,3
0,2
0,1
0 10 20 30 40 50 60 70 80 900 100%
-25 0 20 40 60 80 100 120 140 160 180 200 250 300 350 400
Öl I
Öl II
Mischung aus 30% Öl I + 70% Öl II
Tafel 38
Kinematische Viskosität
flüssiger Kohlenwasserstoffe
Kinematische Viskosität (Centistokes = 10⁻⁶ m² sek⁻¹)
Temperatur (°C)
n.- Triakontan
n.- Hexakosan
n.- Heneikosan
n.-Heptadekan
Heptadekan
n.-Tridekan
n.- Hendekan
Hendeken
Tridekan
Cyklopentan
Cyklohexan
Naphtalin
n. Hexan
n.- Nonan
Nonen
Diisopropyl
n.-Pentan
i-Pentan
Butan
n.- Heptan
n = Oktan
Toluol
Benzol

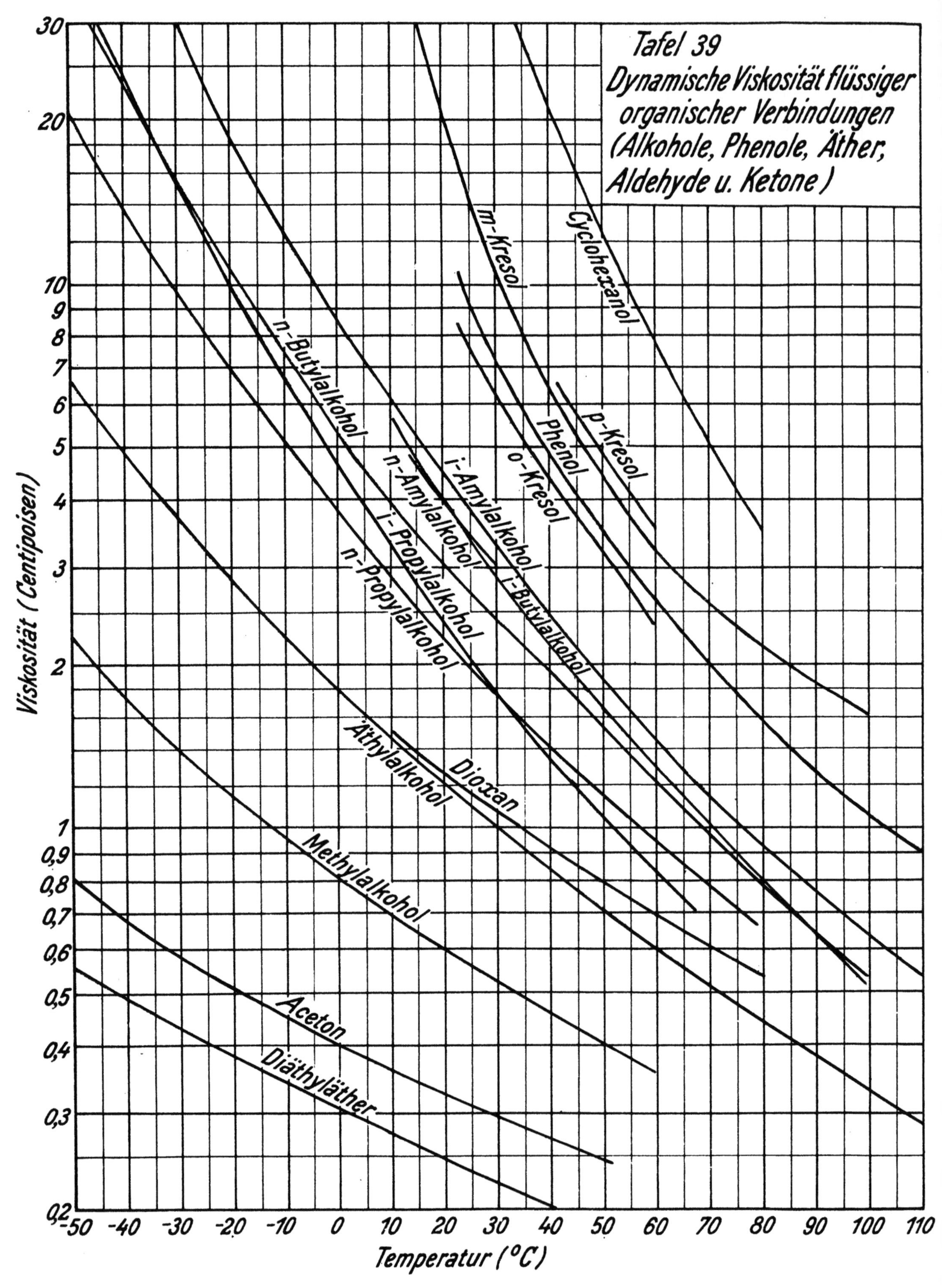

Tafel 39
Dynamische Viskosität flüssiger
organischer Verbindungen
(Alkohole, Phenole, Äther,
Aldehyde u. Ketone)
Viskosität (Centipoisen)
Temperatur (°C)
m-Kresol
Cyclohexanol
n-Butylalkohol
p-Kresol
Phenol
o-Kresol
i-Amylalkohol
n-Amylalkohol
i-Butylalkohol
i-Propylalkohol
n-Propylalkohol
Äthylalkohol
Dioxan
Methylalkohol
Aceton
Diäthyläther

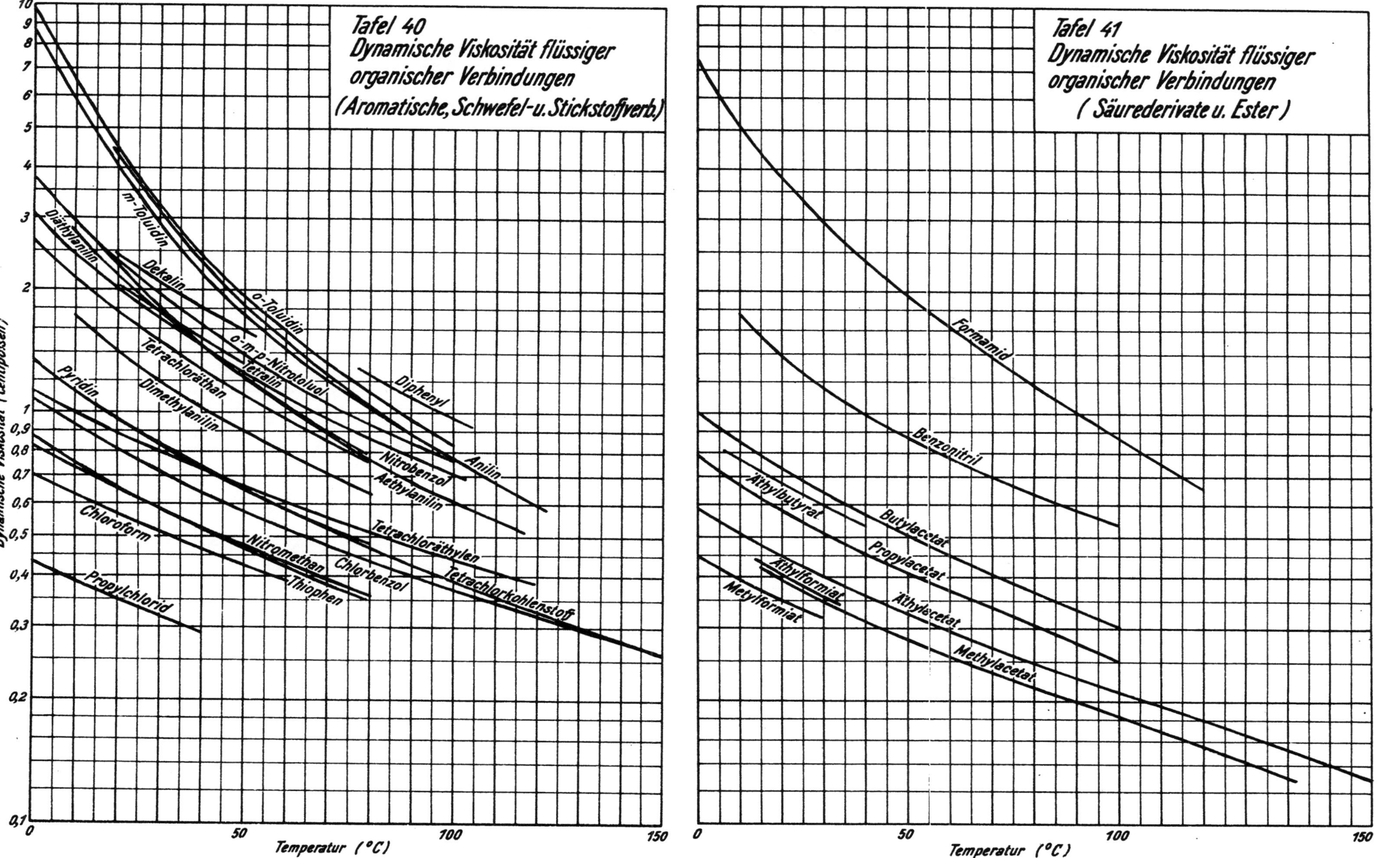

Tafel 40
Dynamische Viskosität flüssiger
organischer Verbindungen
(Aromatische, Schwefel-u. Stickstoffverb.)
Dynamische Viskosität (Centipoisen)
Temperatur (°C)
m-Toluidin
Diäthylanilin
Dekalin
o-Toluidin
o-m-p-Nitrotoluol
Tetralin
Tetrachloräthan
Pyridin
Dimethylanilin
Diphenyl
Nitrobenzol
Aethylanilin
Anilin
Chloroform
Nitromethan
Tetrachloräthylen
Chlorbenzol
Tetrachlorkohlenstoff
Propylchlorid
Thiophen
Tafel 41
Dynamische Viskosität flüssiger
organischer Verbindungen
(Säurederivate u. Ester)
Temperatur (°C)
Formamid
Benzonitril
Äthylbutyrat
Butylacetat
Propylacetat
Äthylformiat
Äthylacetat
Metylformiat
Methylacetat

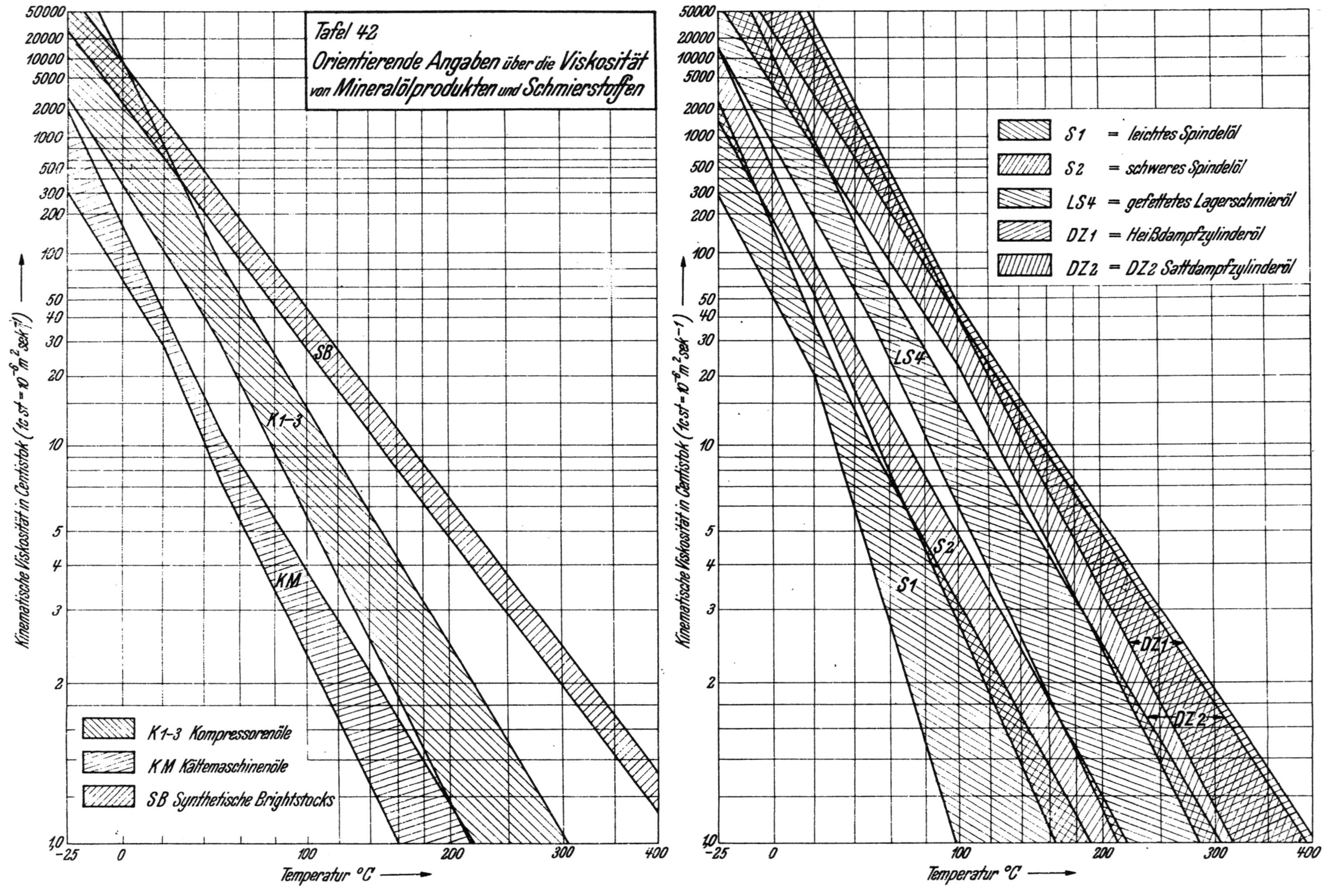

Tafel 42
Orientierende Angaben über die Viskosität von Mineralölprodukten und Schmierstoffen
Kinematische Viskosität in Centistok ($1c st = 10^{-6} m^2 sek^{-1}$)
Temperatur °C
K1-3 Kompressorenöle
KM Kältemaschinenöle
SB Synthetische Brightstocks
SB
K1-3
KM
S1 = leichtes Spindelöl
S2 = schweres Spindelöl
LS4 = gefettetes Lagerschmieröl
DZ1 = Heißdampfzylinderöl
DZ2 = DZ2 Sattdampfzylinderöl
LS4
S2
S1
DZ1
DZ2

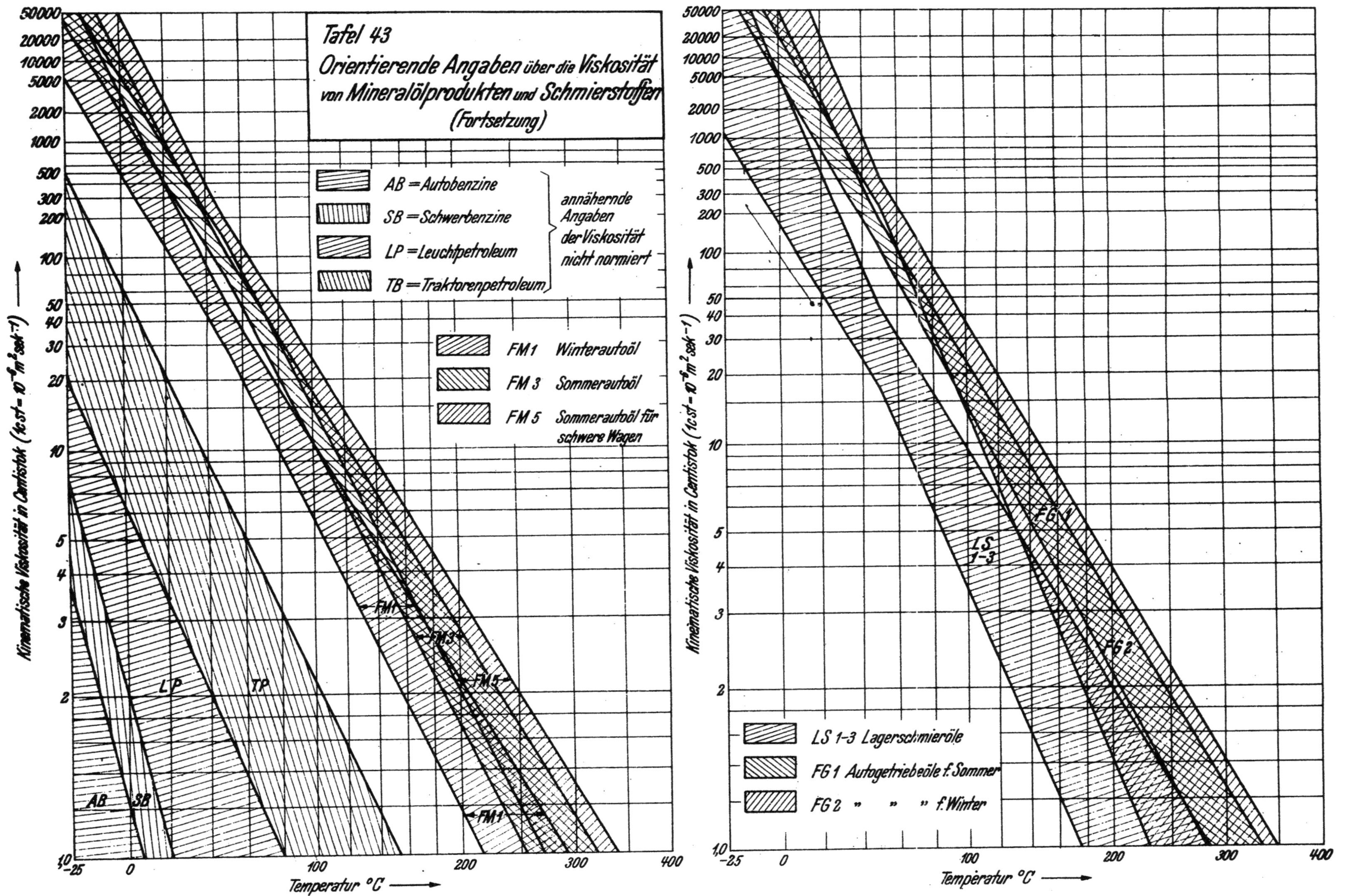

Tafel 43
Orientierende Angaben über die Viskosität von Mineralölprodukten und Schmierstoffen
(Fortsetzung)
AB = Autobenzine
SB = Schwerbenzine
LP = Leuchtpetroleum
TB = Traktorenpetroleum
annähernde Angaben der Viskosität nicht normiert
FM 1   Winterautoöl
FM 3   Sommerautoöl
FM 5   Sommerautoöl für schwere Wagen
Kinematische Viskosität in Centistok ($1 cst = 10^{-6} m^2 sek^{-1}$)
Kinematische Viskosität in Centistok
Temperatur °C
FM 1
FM 3
FM 5
LP
TP
AB
SB
LS 1-3 Lagerschmieröle
FG 1 Autogetriebeöle f. Sommer
FG 2   "   "   " f. Winter
FG 1
FG 2
LS 1-3
Temperatur °C

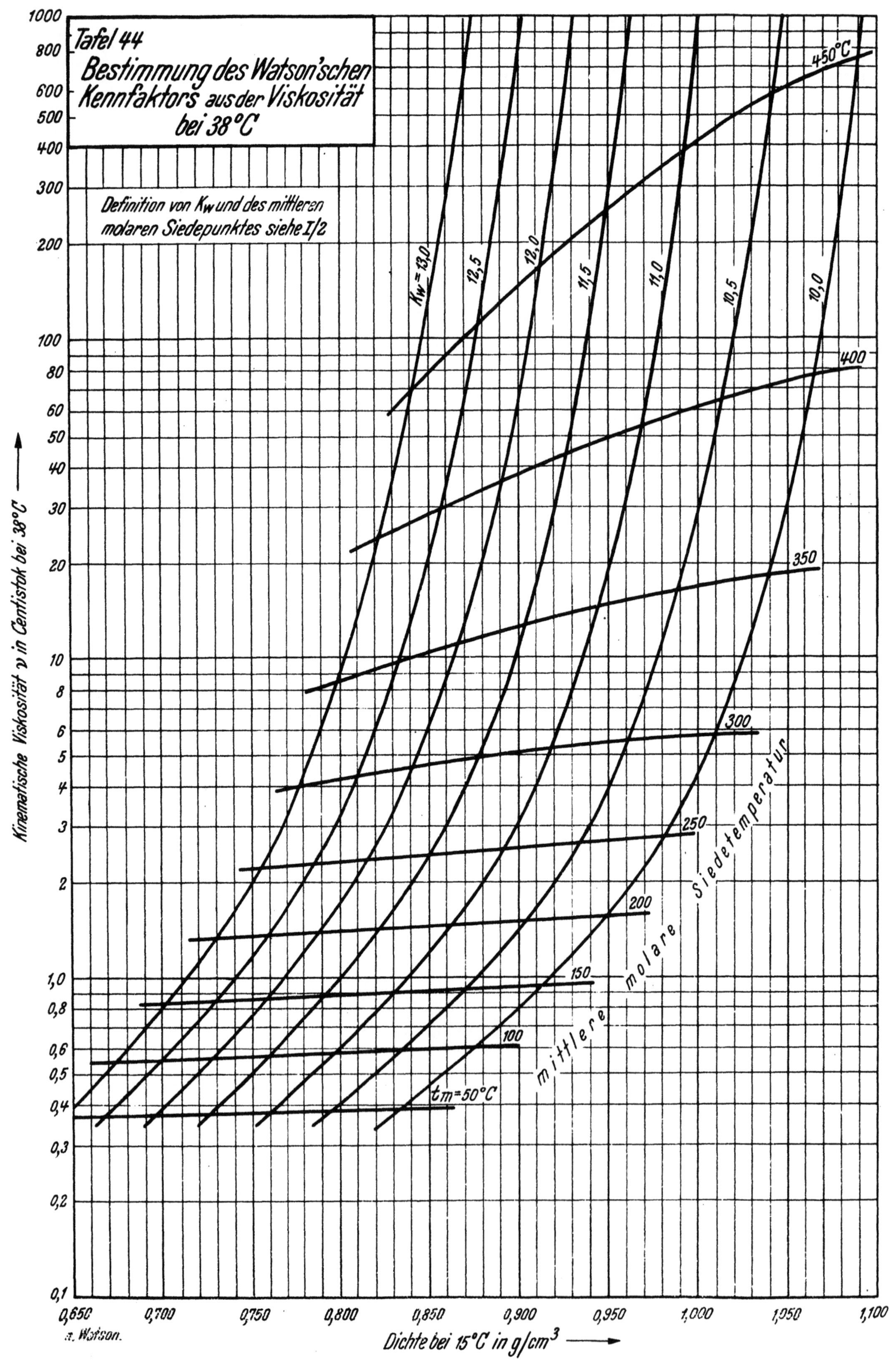

Tafel 44
Bestimmung des Watson'schen Kennfaktors aus der Viskosität bei 38°C
Definition von Kw und des mittleren molaren Siedepunktes siehe I/2
Kinematische Viskosität ν in Centistok bei 38°C
Dichte bei 15°C in g/cm³
s. Watson.
Kw = 13,0
12,5
12,0
11,5
11,0
10,5
10,0
450°C
400
350
300
250
200
150
100
tm = 50°C
mittlere molare Siedetemperatur

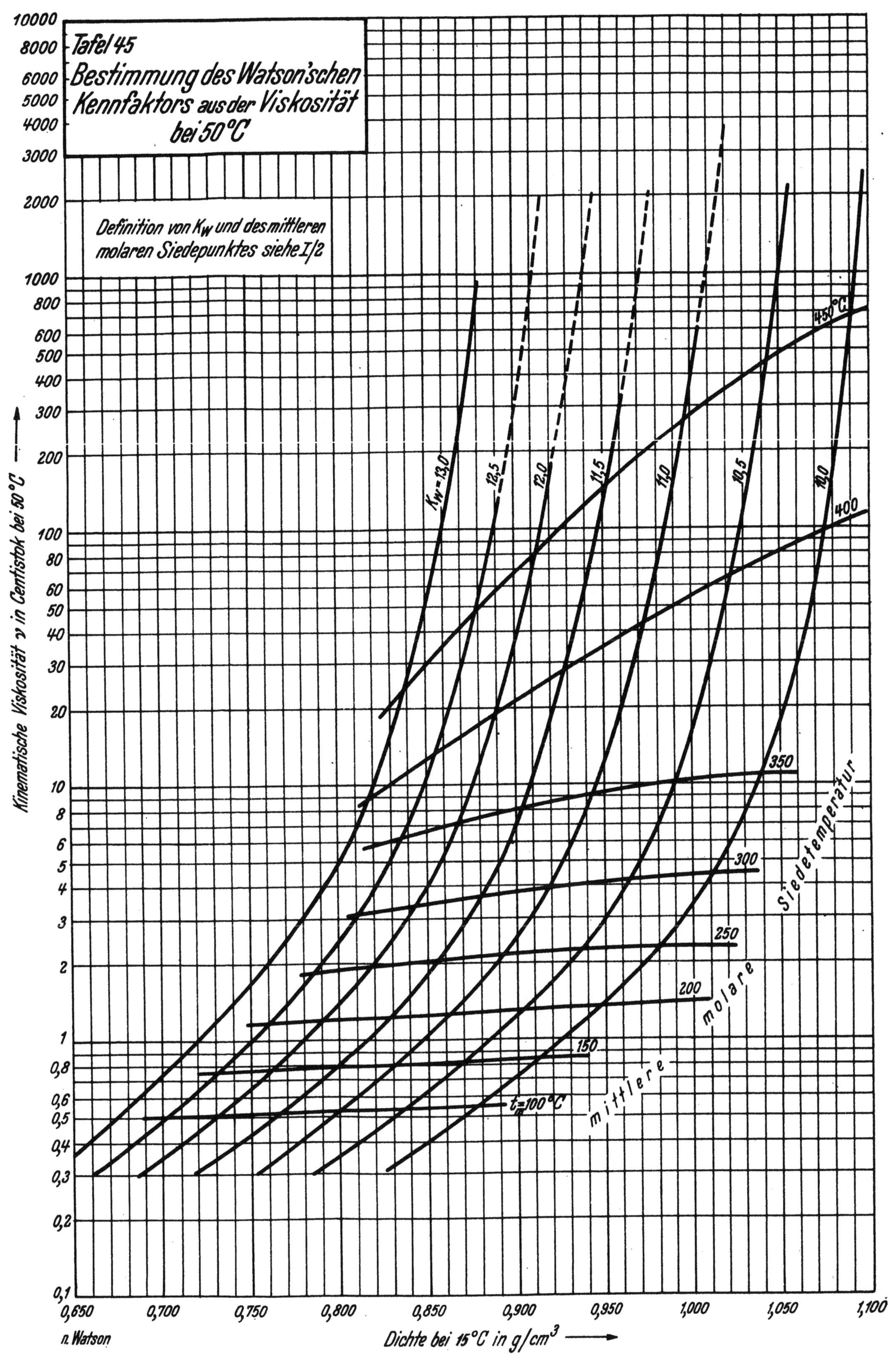

Tafel 45
Bestimmung des Watson'schen Kennfaktors aus der Viskosität bei 50°C
Definition von K_W und des mittleren molaren Siedepunktes siehe I/2
10000
8000
6000
5000
4000
3000
2000
1000
800
600
500
400
300
200
100
80
60
50
40
30
20
10
8
6
5
4
3
2
1
0,8
0,6
0,5
0,4
0,3
0,2
0,1
Kinematische Viskosität ν in Centistok bei 50°C
$K_W = 13,0$
12,5
12,0
11,5
11,0
10,5
10,0
450°C
400
350
300
250
200
150
$t_m = 100°C$
Siedetemperatur
mittlere molare
0,650
0,700
0,750
0,800
0,850
0,900
0,950
1,000
1,050
1,100
Dichte bei 15°C in g/cm³
n. Watson

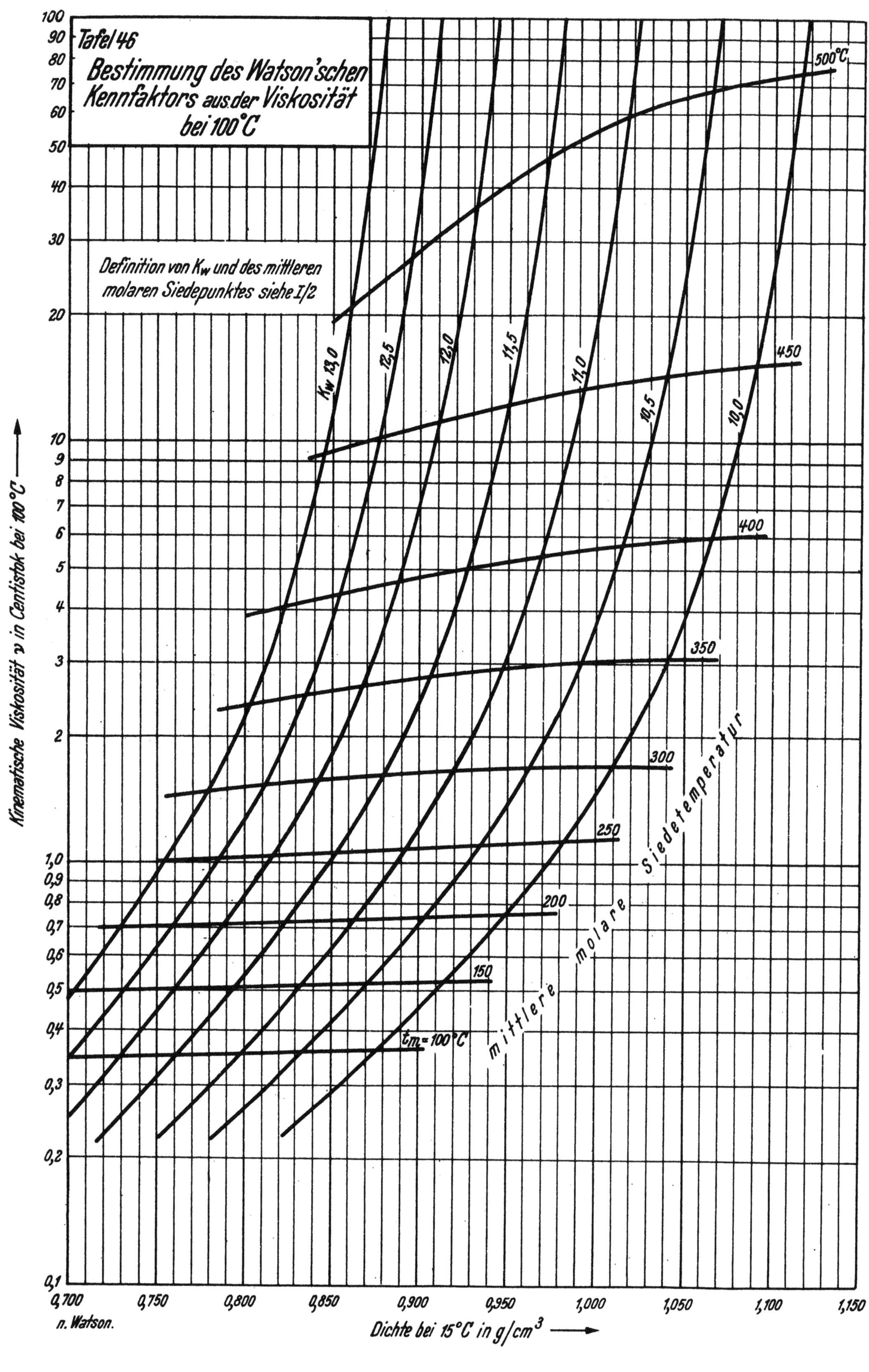

Tafel 46
Bestimmung des Watson'schen
Kennfaktors aus der Viskosität
bei 100°C
Definition von K_W und des mittleren
molaren Siedepunktes siehe I/2
Kinematische Viskosität ν in Centistok bei 100°C
Dichte bei 15°C in g/cm³
n. Watson.
K_W 13,0
12,5
12,0
11,5
11,0
10,5
10,0
500°C
450
400
350
300
250
200
150
$t_m = 100°C$
mittlere molare Siedetemperatur

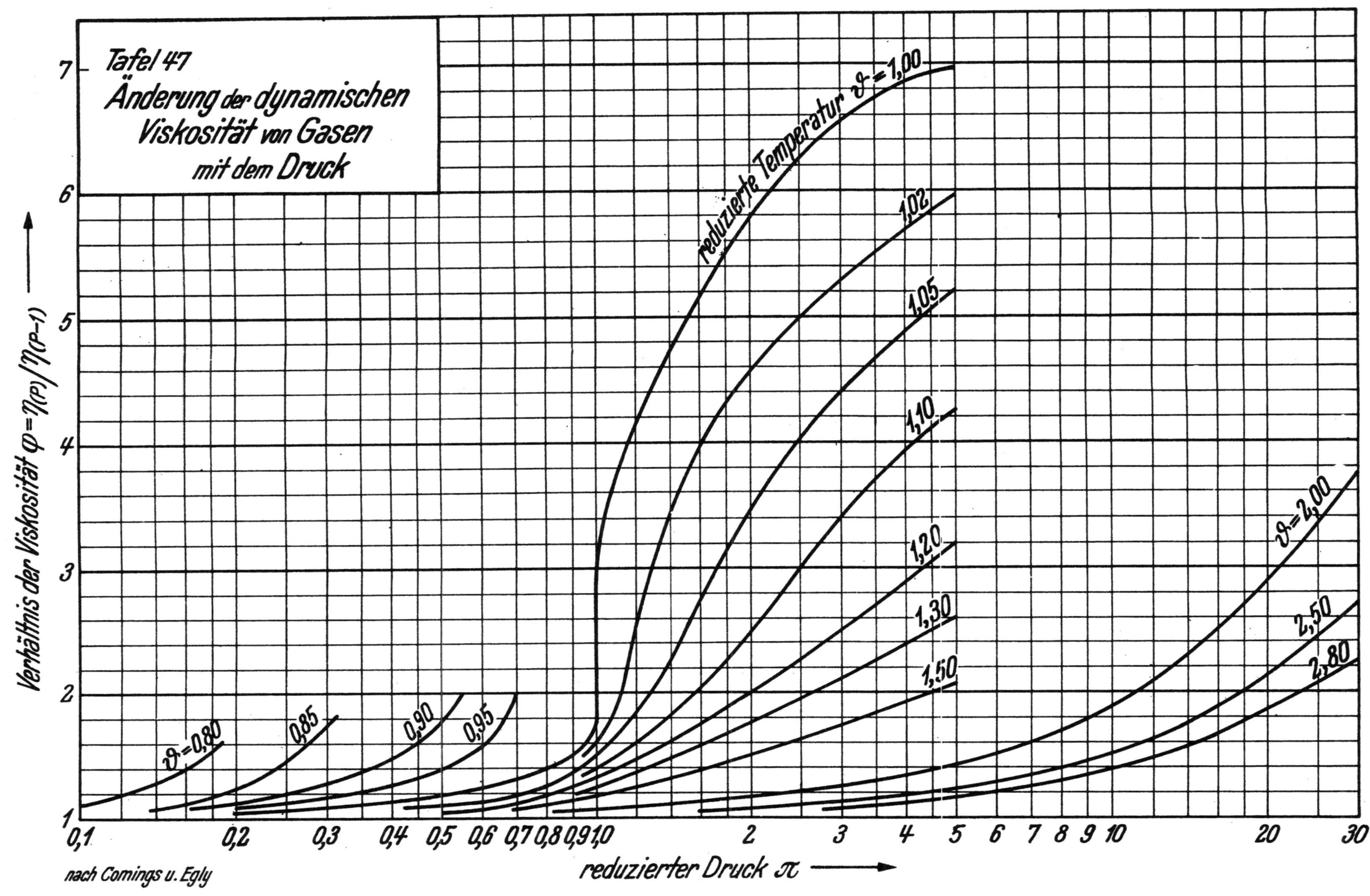

Tafel 47
Änderung der dynamischen
Viskosität von Gasen
mit dem Druck
reduzierte Temperatur ϑ = 1,00
1,02
1,05
1,10
1,20
1,30
1,50
ϑ = 2,00
2,50
2,80
ϑ = 0,80
0,85
0,90
0,95
Verhältnis der Viskosität φ = η(P)/η(P-1)
reduzierter Druck π
nach Comings u. Egly

Tafel 48. Nomogramm zur Berechnung der Konzentration von Dämpfen in gr/Normalkubikmeter aus dem Partialdruck

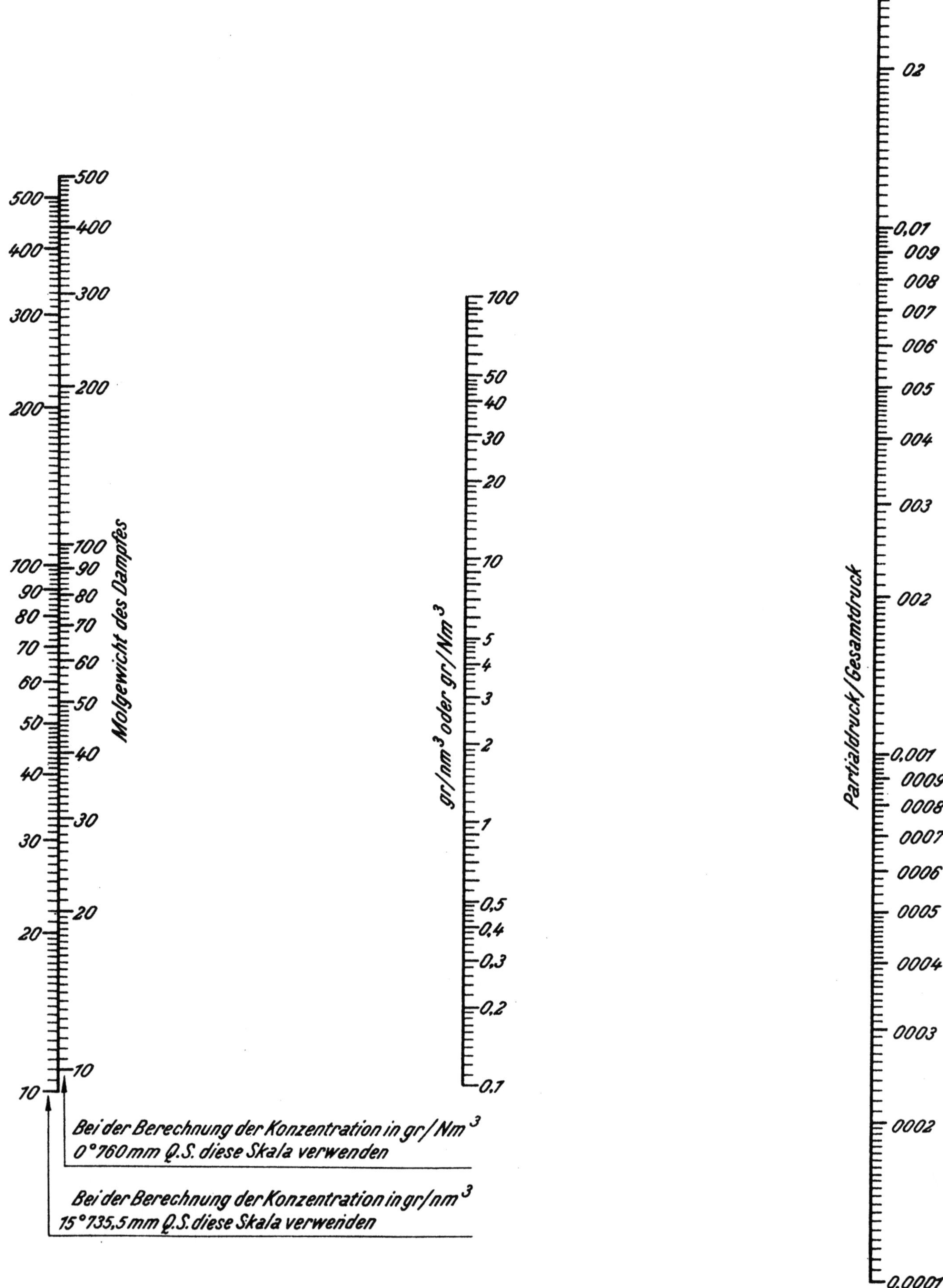

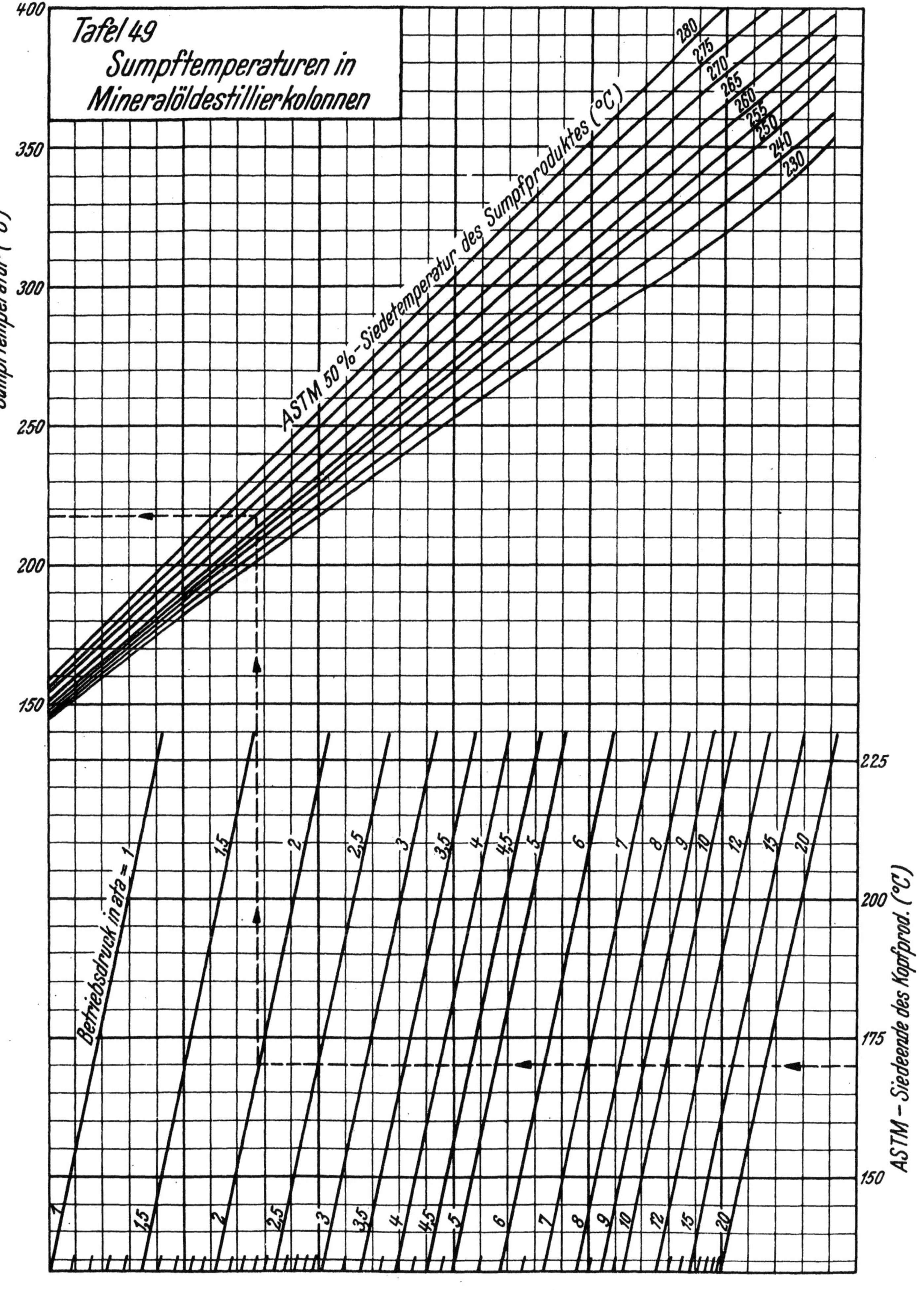

Tafel 49
Sumpftemperaturen in
Mineralöldestillierkolonnen
Sumpftemperatur (°C)
400
350
300
250
200
150
ASTM 50% - Siedetemperatur des Sumpfproduktes (°C)
280
275
270
265
260
255
250
240
230
Betriebsdruck in ata = 1
1,5
2
2,5
3
3,5
4
4,5
5
6
7
8
9
10
12
15
20
ASTM - Siedeende des Kopfprod. (°C)
225
200
175
150

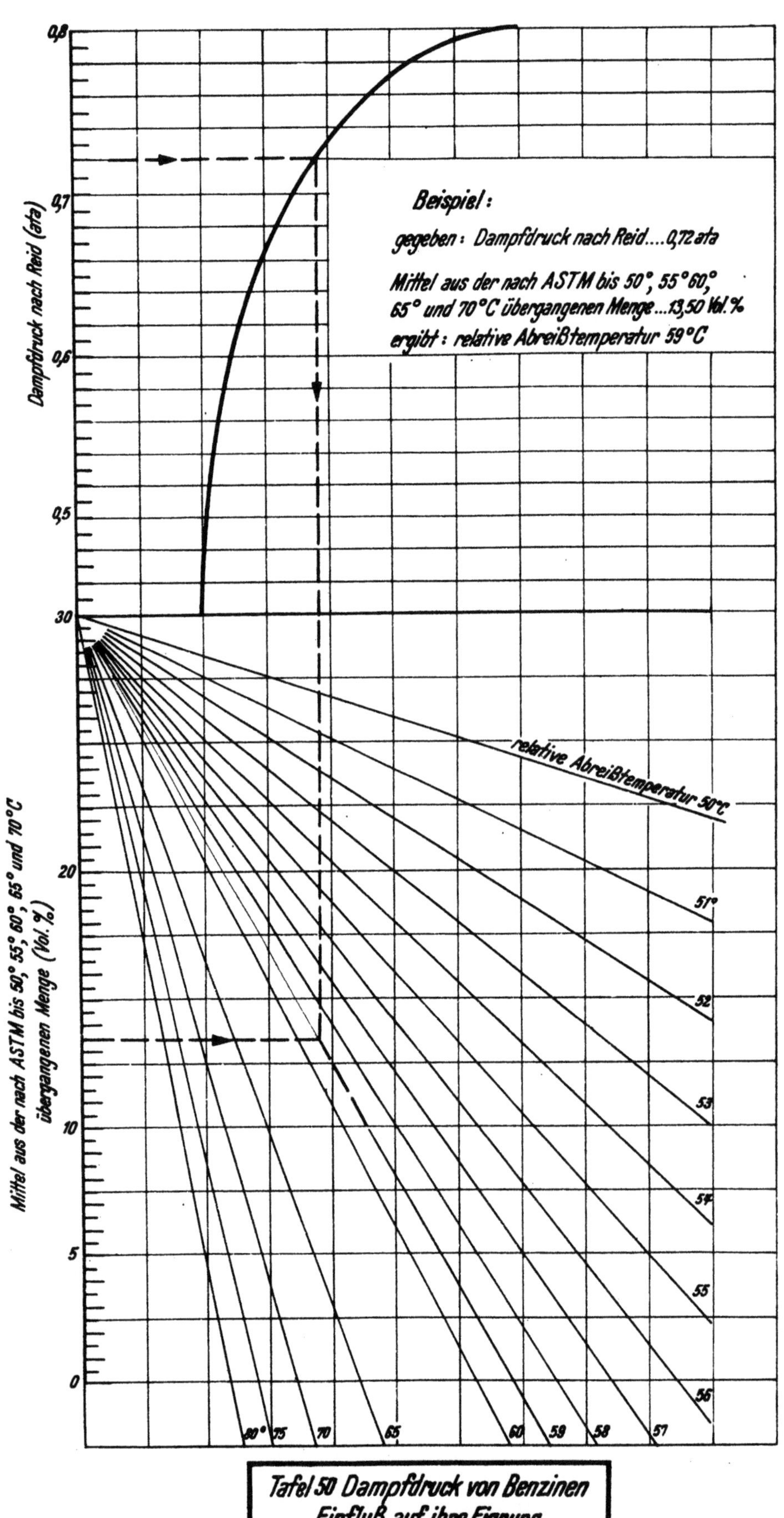

Dampfdruck nach Reid (ata)
Mittel aus der nach ASTM bis 50°, 55°, 60°, 65° und 70°C übergangenen Menge (Vol.%)
Beispiel:
gegeben: Dampfdruck nach Reid....0,72 ata
Mittel aus der nach ASTM bis 50°, 55° 60°,
65° und 70°C übergangenen Menge....13,50 Vol.%
ergibt: relative Abreißtemperatur 59°C
relative Abreißtemperatur 50°C
51°
52°
53°
54°
55°
56°
80° 75 70 65 60 59 58 57
Tafel 50 Dampfdruck von Benzinen
Einfluß auf ihre Eignung
als Motortreibstoff

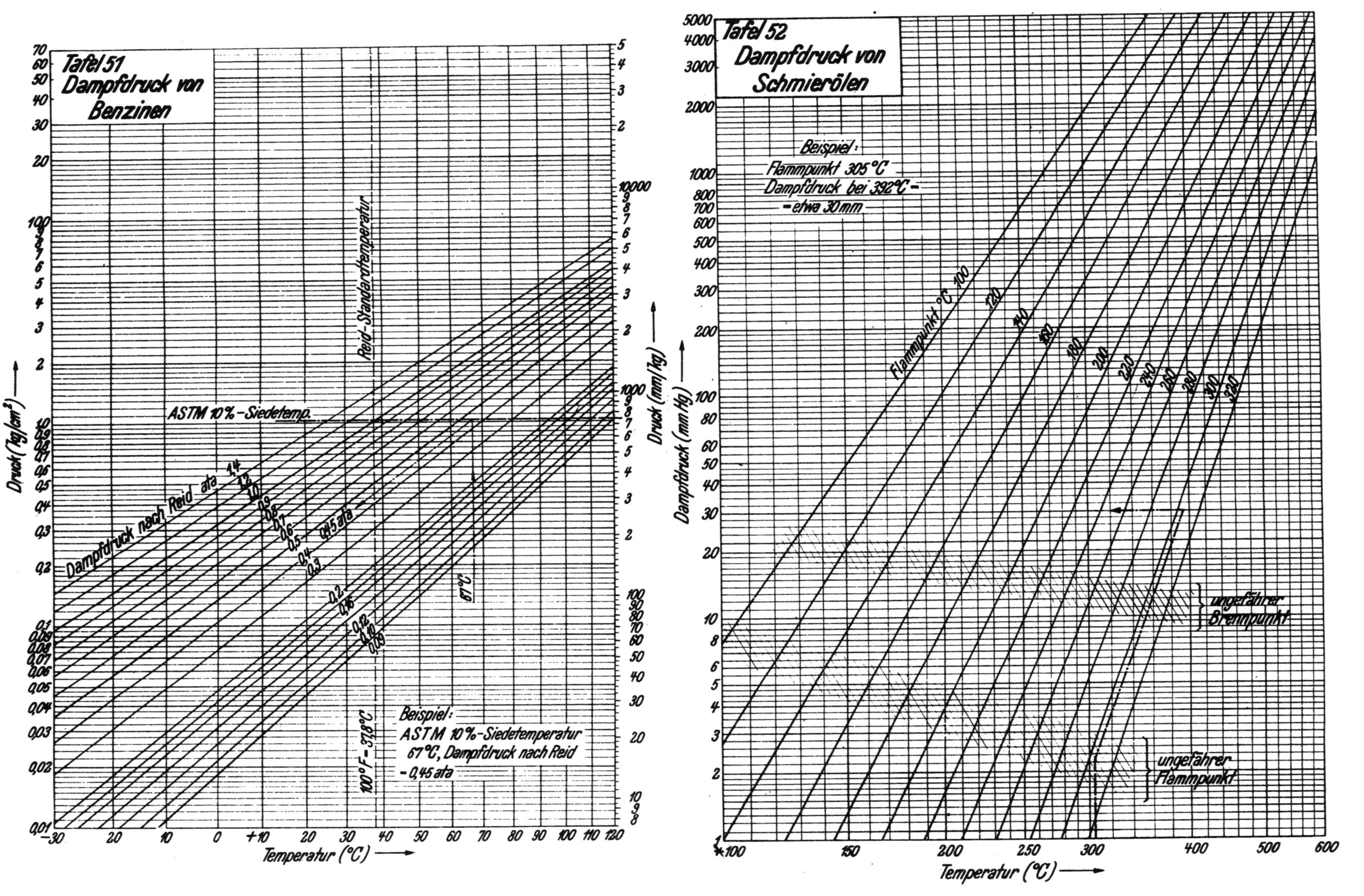

Tafel 51
Dampfdruck von Benzinen
Druck (kg/cm²)
Temperatur (°C)
Druck (mm Hg)
Reid-Standardtemperatur
ASTM 10%-Siedetemp.
Dampfdruck nach Reid ata
0,45 ata
67°C
100°F = 37,8°C
Beispiel:
ASTM 10%-Siedetemperatur
67°C, Dampfdruck nach Reid
= 0,45 ata
Tafel 52
Dampfdruck von Schmierölen
Dampfdruck (mm Hg)
Temperatur (°C)
Beispiel:
Flammpunkt 305°C
Dampfdruck bei 392°C =
= etwa 30 mm
Flammpunkt °C 100
ungefährer Brennpunkt
ungefährer Flammpunkt

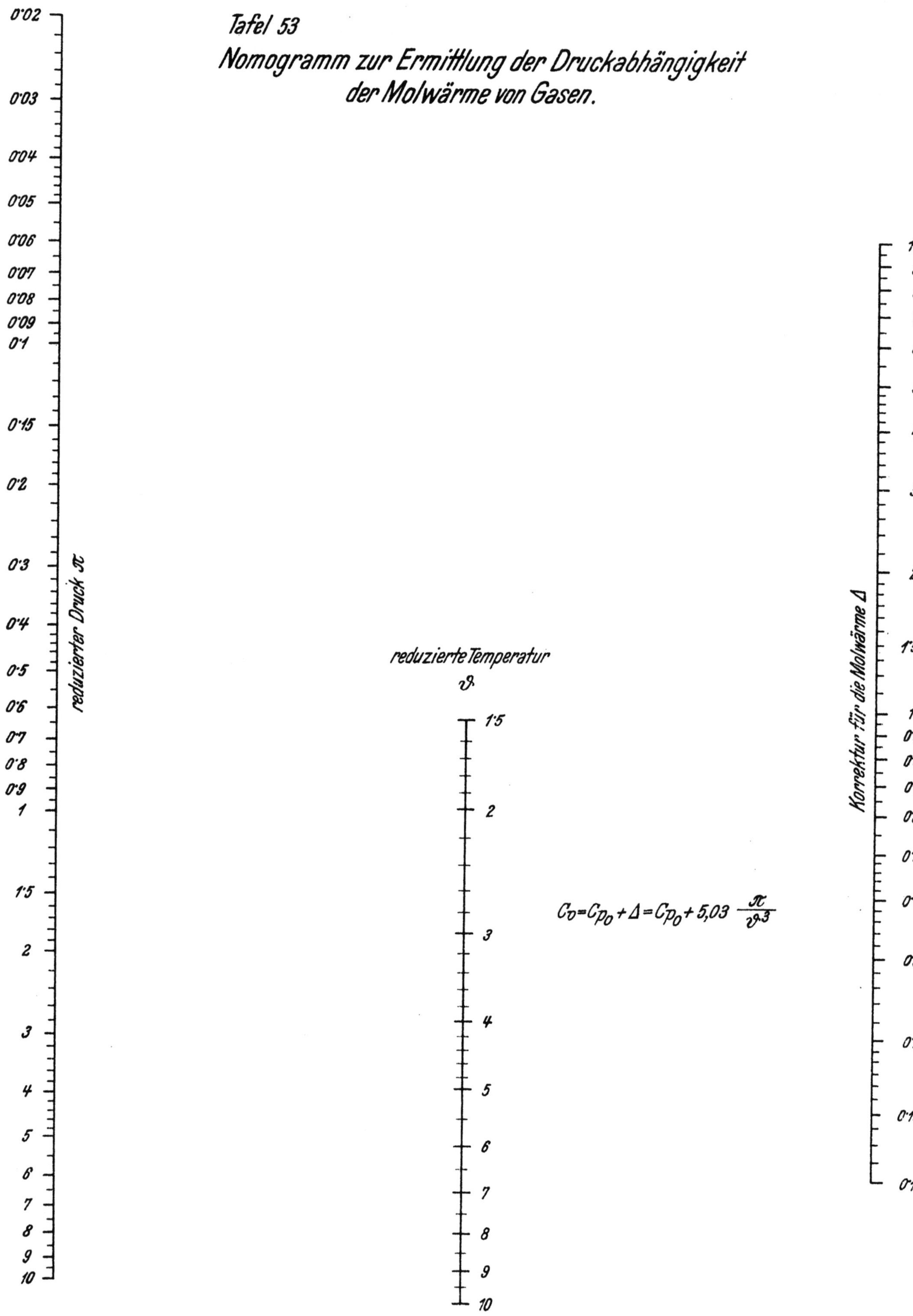

Tafel 53
Nomogramm zur Ermittlung der Druckabhängigkeit
der Molwärme von Gasen.
reduzierter Druck π
reduzierte Temperatur
ϑ
Korrektur für die Molwärme Δ
$C_v = C_{p_0} + \Delta = C_{p_0} + 5{,}03\ \dfrac{\pi}{\vartheta^3}$

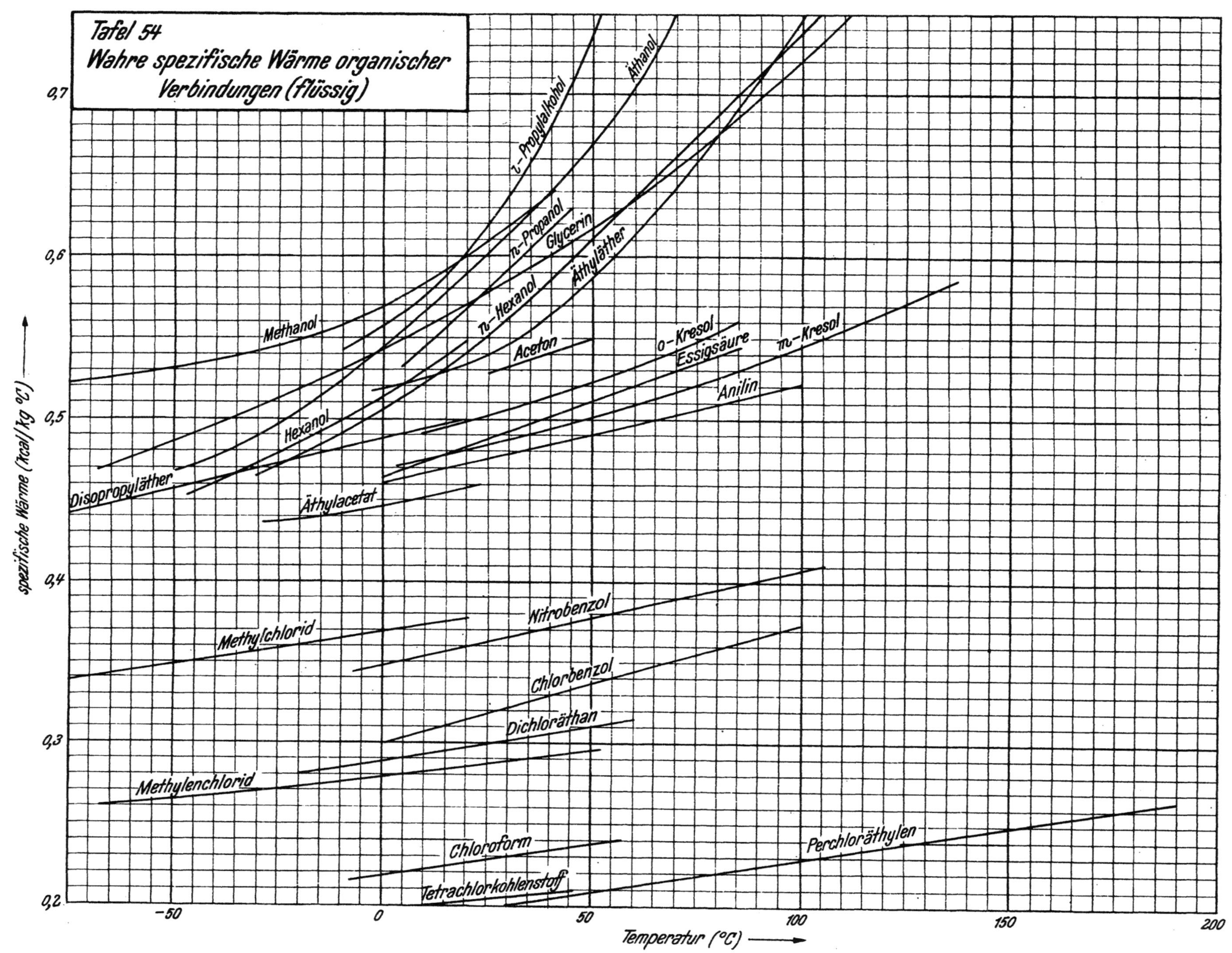

Tafel 54
Wahre spezifische Wärme organischer
Verbindungen (flüssig)
spezifische Wärme (kcal/kg °C)
Temperatur (°C)
i-Propylalkohol
Äthanol
n-Propanol
Glycerin
Äthyläther
n-Hexanol
Methanol
Aceton
o-Kresol
Essigsäure
m-Kresol
Anilin
Hexanol
Disopropyläther
Äthylacetat
Nitrobenzol
Methylchlorid
Chlorbenzol
Dichloräthan
Methylenchlorid
Chloroform
Perchloräthylen
Tetrachlorkohlenstoff
0,7
0,6
0,5
0,4
0,3
0,2
-50
0
50
100
150
200

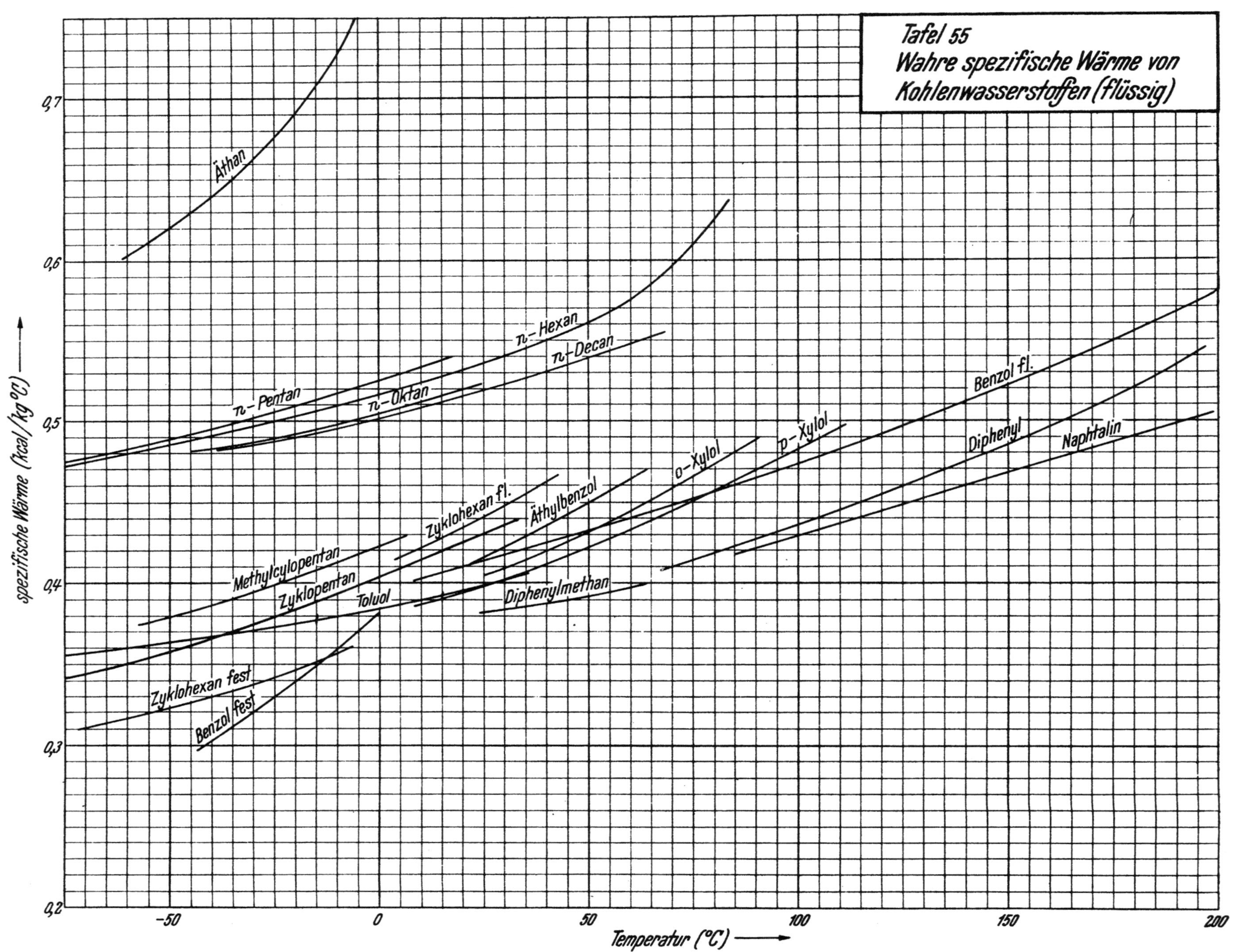

Tafel 55
Wahre spezifische Wärme von
Kohlenwasserstoffen (flüssig)
spezifische Wärme (kcal/kg °C)
Temperatur (°C)
Äthan
n-Hexan
n-Decan
n-Pentan
n-Oktan
Benzol fl.
Diphenyl
Naphtalin
Zyklohexan fl.
Äthylbenzol
o-Xylol
p-Xylol
Methylcylopentan
Zyklopentan
Toluol
Diphenylmethan
Zyklohexan fest
Benzol fest

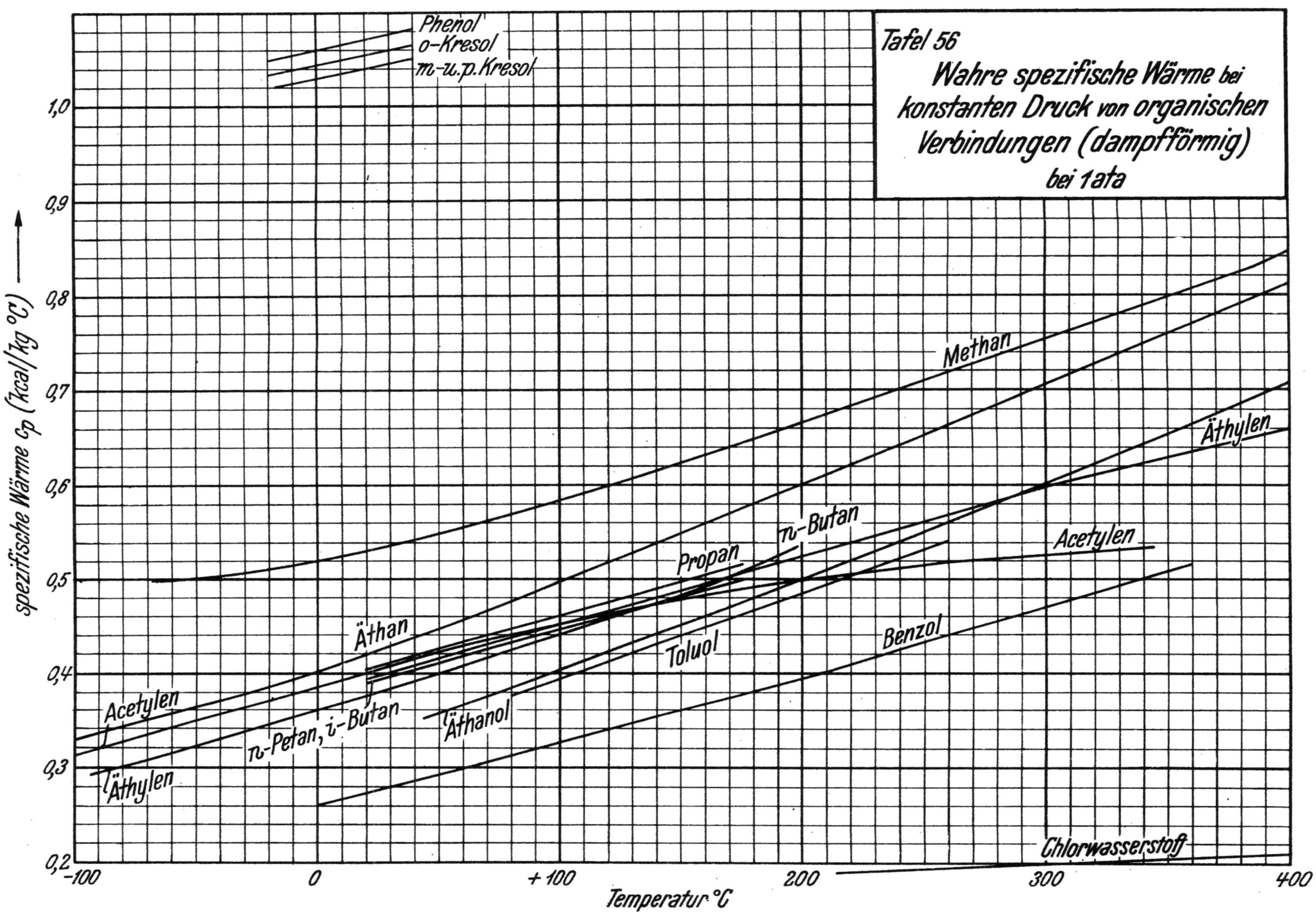

Tafel 56
Wahre spezifische Wärme bei konstanten Druck von organischen Verbindungen (dampfförmig) bei 1ata
spezifische Wärme cp (kcal/kg °C)
Temperatur °C
Phenol
o-Kresol
m-u.p.Kresol
Methan
Äthylen
Acetylen
n-Butan
Propan
Äthan
Toluol
Benzol
Acetylen
n-Petan, i-Butan
Äthanol
Äthylen
Chlorwasserstoff
-100
0
+100
200
300
400
0,2
0,3
0,4
0,5
0,6
0,7
0,8
0,9
1,0

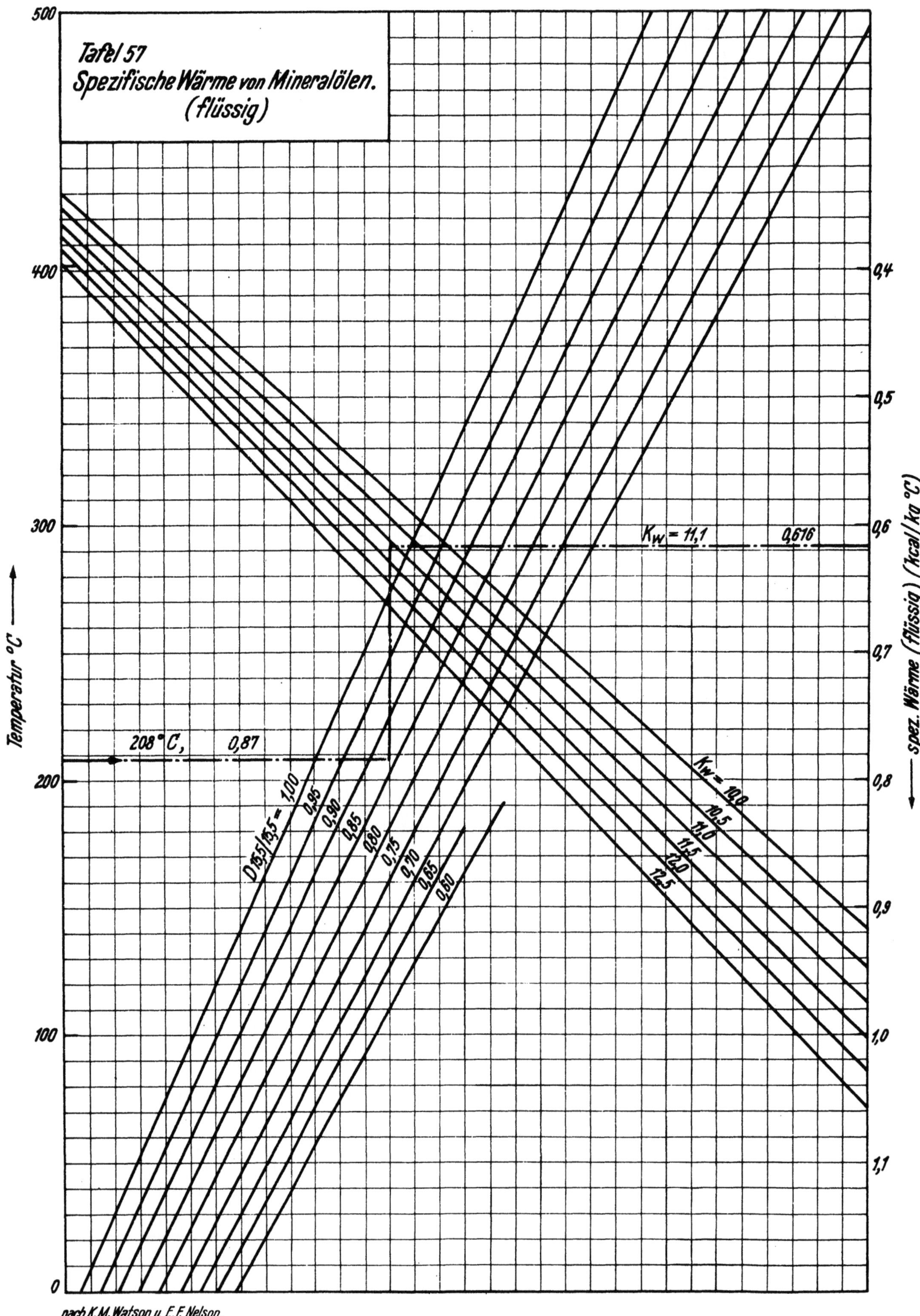

Tafel 57
Spezifische Wärme von Mineralölen.
(flüssig)
Temperatur °C
500
400
300
200
100
0
0,4
0,5
0,6
0,7
0,8
0,9
1,0
1,1
spez. Wärme (flüssig) (kcal/kg °C)
208°C,   0,87
K_w = 11,1   0,616
D 15,5/15,5 = 1,00
0,95
0,90
0,85
0,80
0,75
0,70
0,65
0,60
K_w = 10,0
10,5
11,0
11,5
12,0
12,5
nach K.M.Watson u. E.F.Nelson,
Ind. Eng. Chem. 25 880; 1933

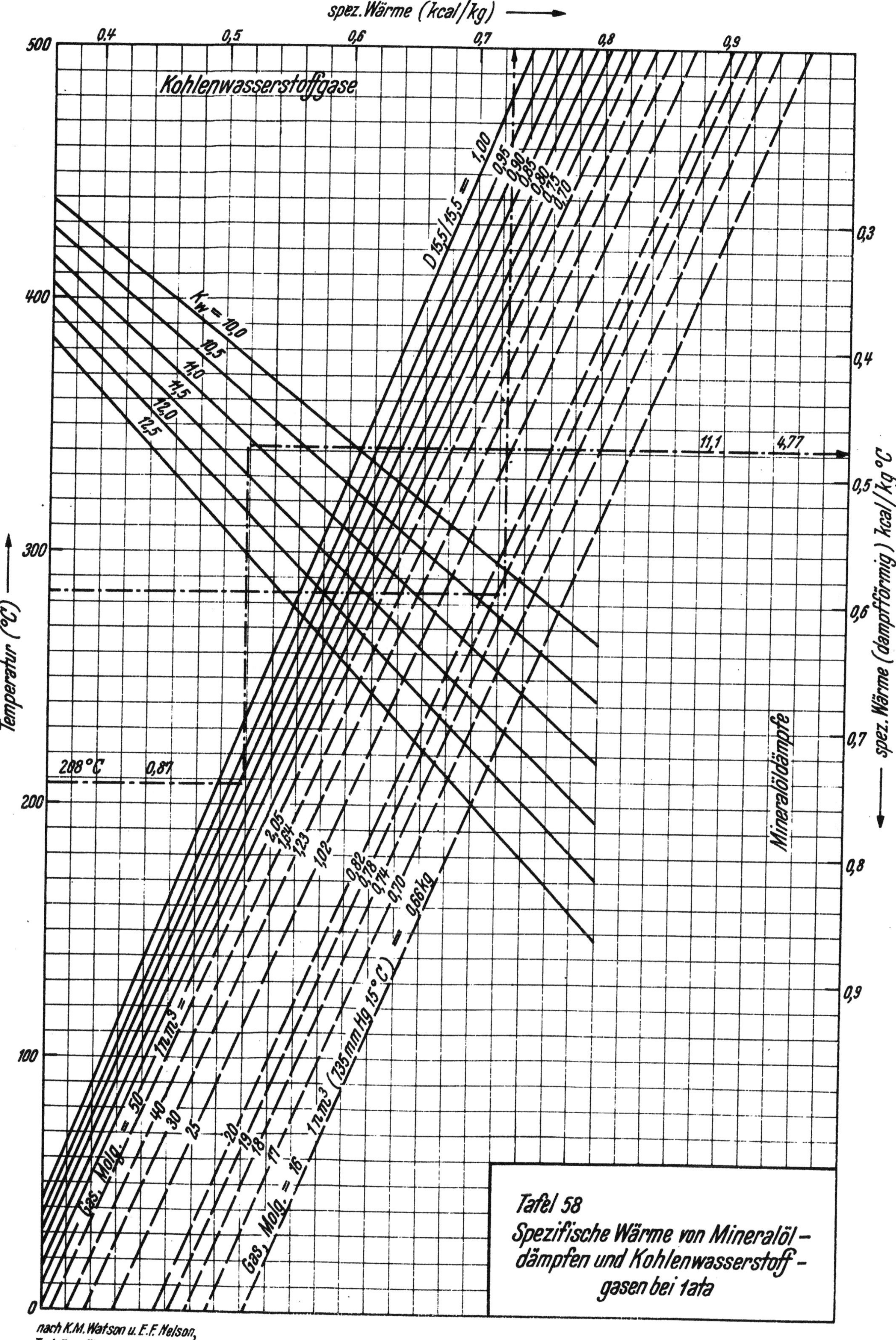

spez. Wärme (kcal/kg)
Kohlenwasserstoffgase
Temperatur (°C)
spez. Wärme (dampfförmig) kcal/kg °C
Mineralöldämpfe
D 15,5/15,5 =
1,00
0,95
0,90
0,85
0,80
0,75
0,70
K_W = 10,0
10,5
11,0
11,5
12,0
12,5
208 °C
0,87
11,1
4,77
2,05
1,64
1,23
1,02
0,82
0,78
0,74
0,70
0,66 kg
1 n.m³ (735 mm Hg 15°C)
m.m³
Gas, Molg. = 50
40
30
25
20
19
18
17
16
Gas, Molg. =
Tafel 58
Spezifische Wärme von Mineralöldämpfen und Kohlenwasserstoffgasen bei 1ata
nach K.M.Watson u. E.F.Nelson,
Ind. Eng. Chem. 25 880; 1933

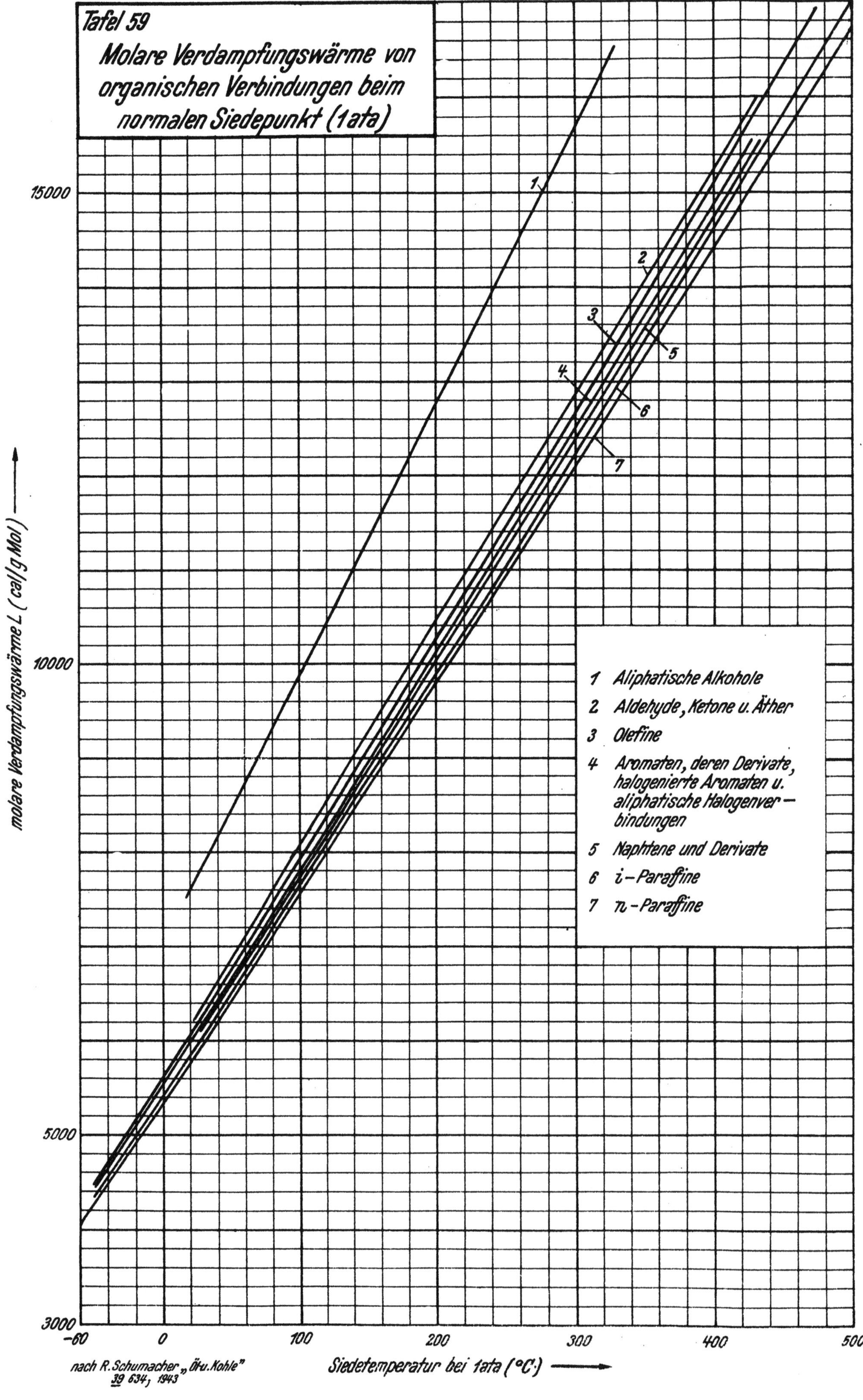

Tafel 59
Molare Verdampfungswärme von organischen Verbindungen beim normalen Siedepunkt (1ata)
molare Verdampfungswärme L (cal/g Mol)
15000
10000
5000
3000
1
2
3
4
5
6
7
1 Aliphatische Alkohole
2 Aldehyde, Ketone u. Äther
3 Olefine
4 Aromaten, deren Derivate, halogenierte Aromaten u. aliphatische Halogenverbindungen
5 Naphtene und Derivate
6 i - Paraffine
7 n - Paraffine
-60
0
100
200
300
400
500
Siedetemperatur bei 1ata (°C)
nach R. Schumacher „Öl u. Kohle"
39 634, 1943

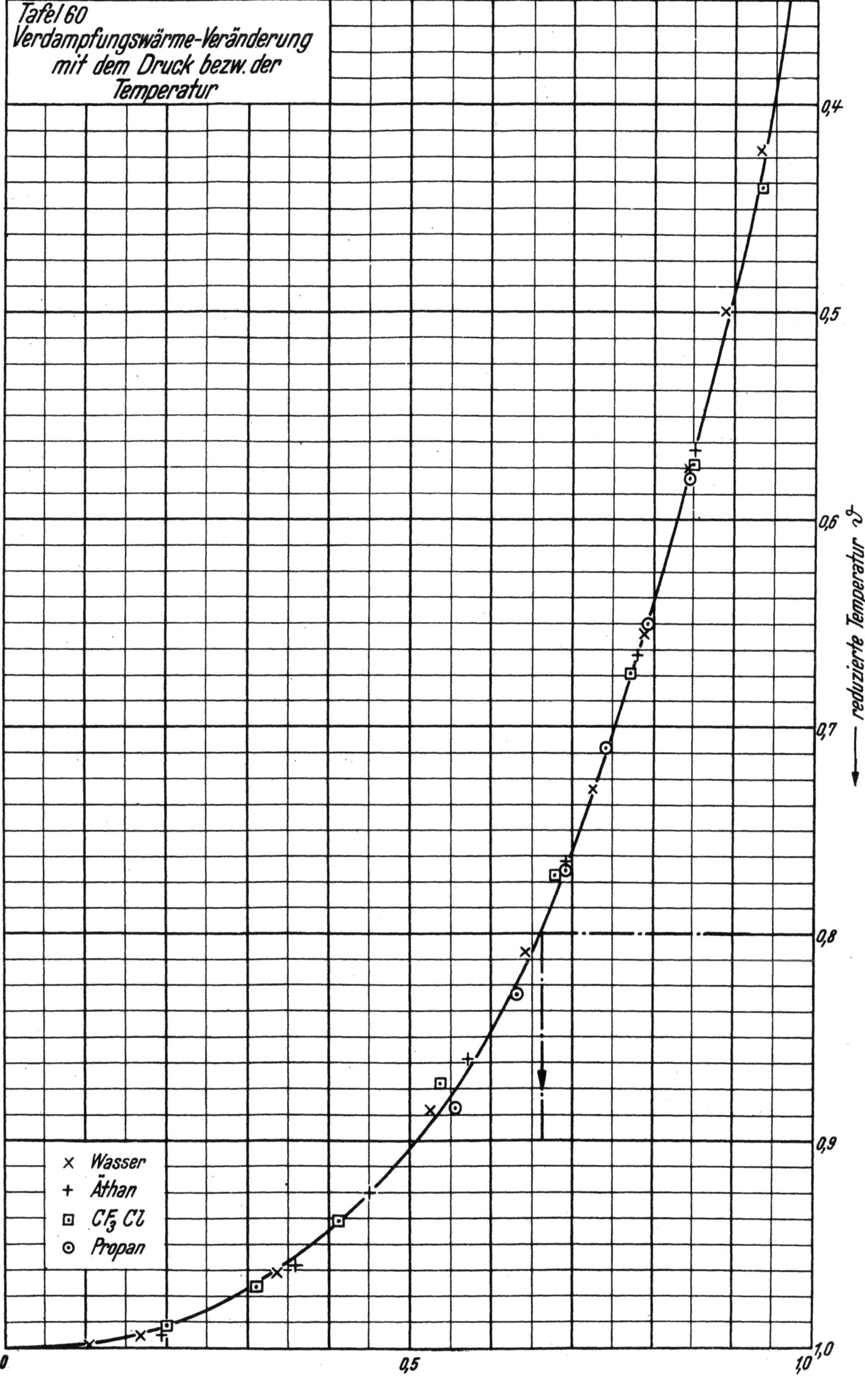

Tafel 60
Verdampfungswärme-Veränderung
mit dem Druck bezw. der
Temperatur
Wasser
Äthan
CF_3Cl
Propan
reduzierte Temperatur
0,4
0,5
0,6
0,7
0,8
0,9
1,0
0
0,5
1,0

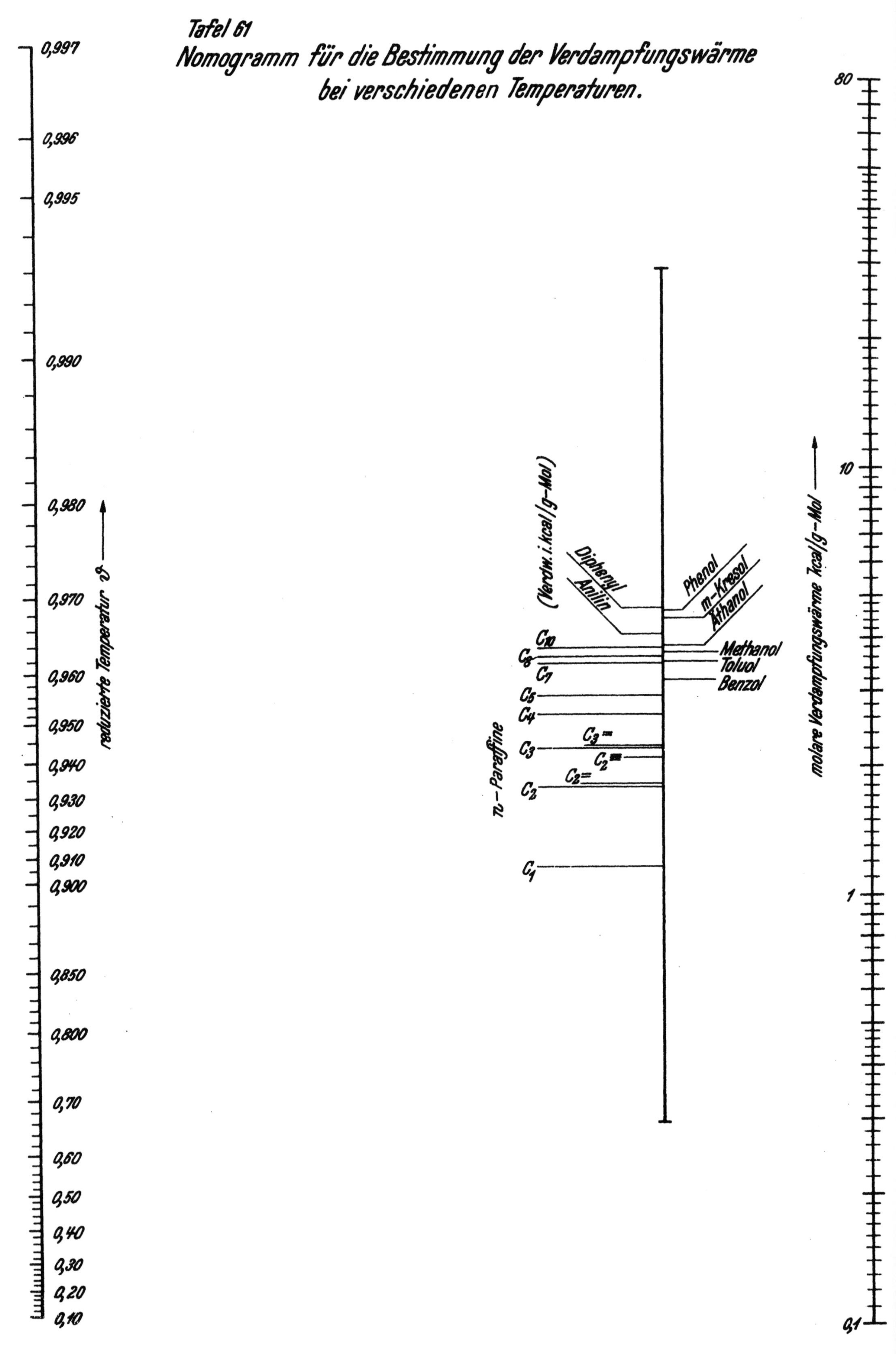

Tafel 61
Nomogramm für die Bestimmung der Verdampfungswärme
bei verschiedenen Temperaturen.
0,997
0,996
0,995
0,990
0,980
0,970
0,960
0,950
0,940
0,930
0,920
0,910
0,900
0,850
0,800
0,70
0,60
0,50
0,40
0,30
0,20
0,10
reduzierte Temperatur ϑ
n — Paraffine
(Verdw. i. kcal/g—Mol)
Diphenyl
Anilin
Phenol
m—Kresol
Äthanol
C10
C8
C7
Methanol
Toluol
Benzol
C5
C4
C3
C3 =
C2 =
C2 =
C2
C1
molare Verdampfungswärme kcal/g—Mol
80
10
1
0,1

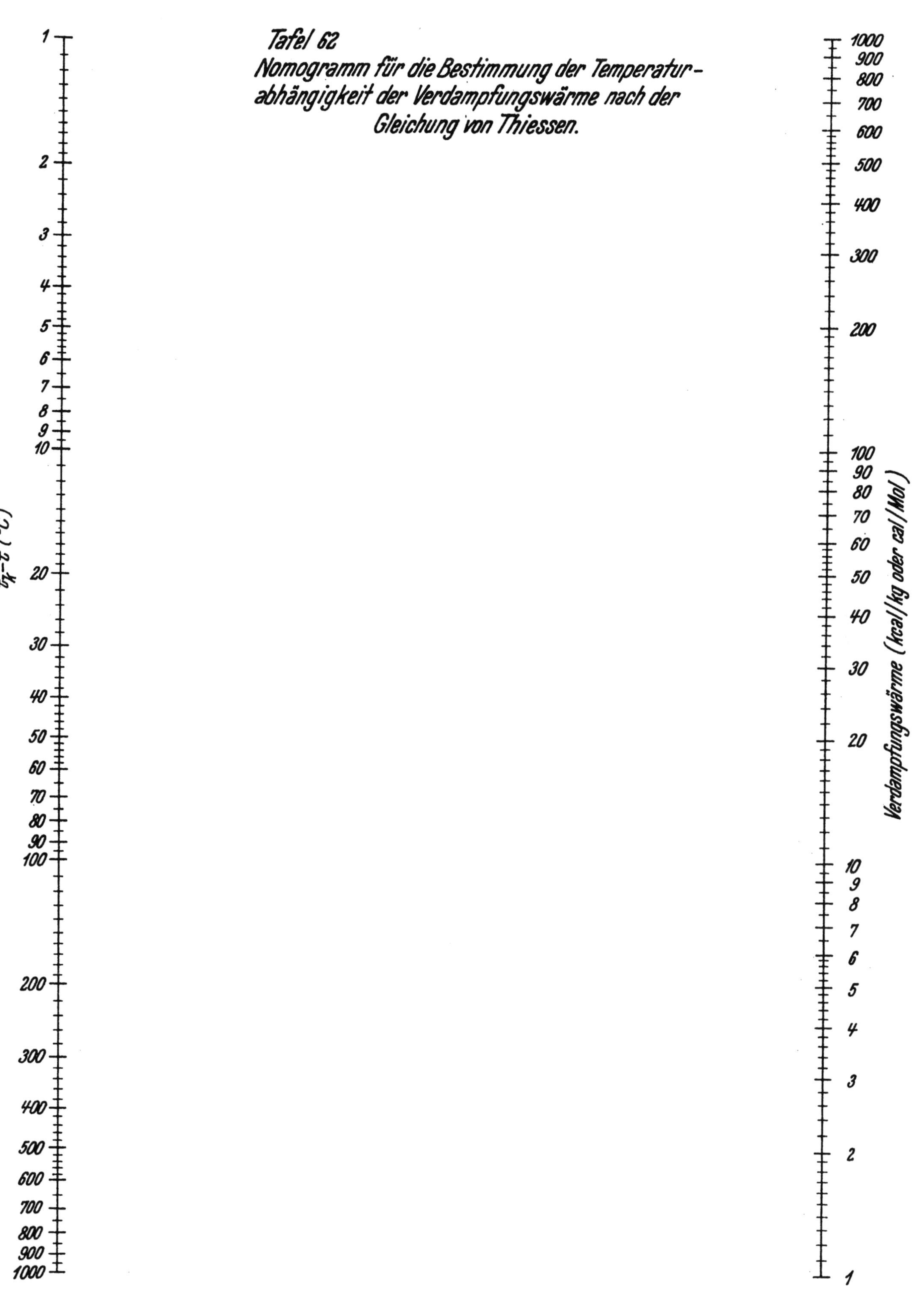

Tafel 62
Nomogramm für die Bestimmung der Temperatur-
abhängigkeit der Verdampfungswärme nach der
Gleichung von Thiessen.
$t_K - t\ (°C)$
Verdampfungswärme (kcal/kg oder cal/Mol)

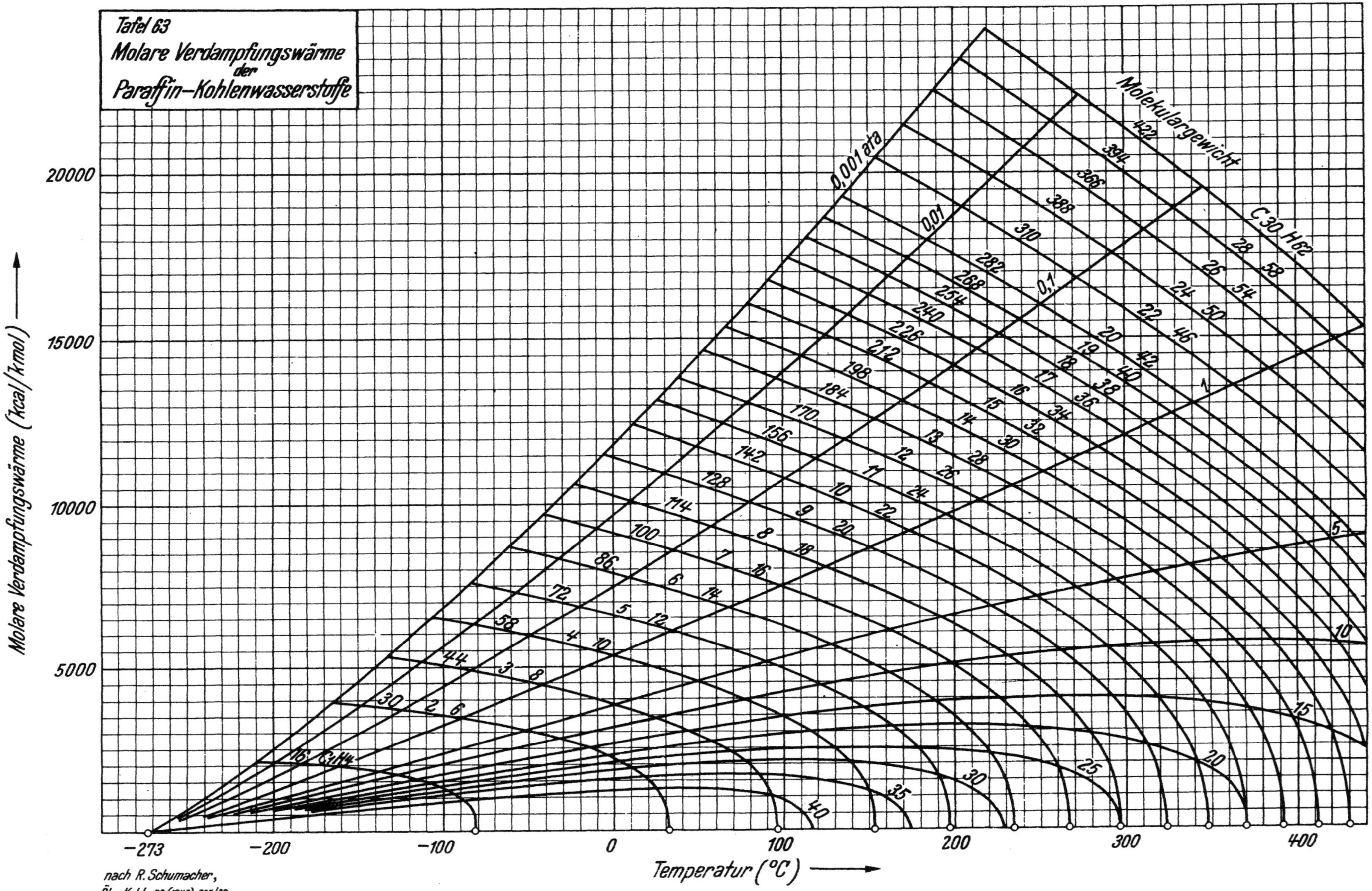
Molare Verdampfungswärme (kcal/kmol)
5000
10000
15000
20000
Temperatur (°C)
−273
−200
−100
0
100
200
300
400
0,001 ata
0,01
0,1
1
5
10
15
20
25
30
35
40
Molekulargewicht
C 30 H 62
16 C_1H_4
30
44
58
72
86
100
114
128
142
156
170
184
198
212
226
240
254
268
282
310
338
366
394
422

Tafel 63
Molare Verdampfungswärme der Paraffin-Kohlenwasserstoffe

nach R. Schumacher,
Öl u. Kohle 39 (1943), 634/39

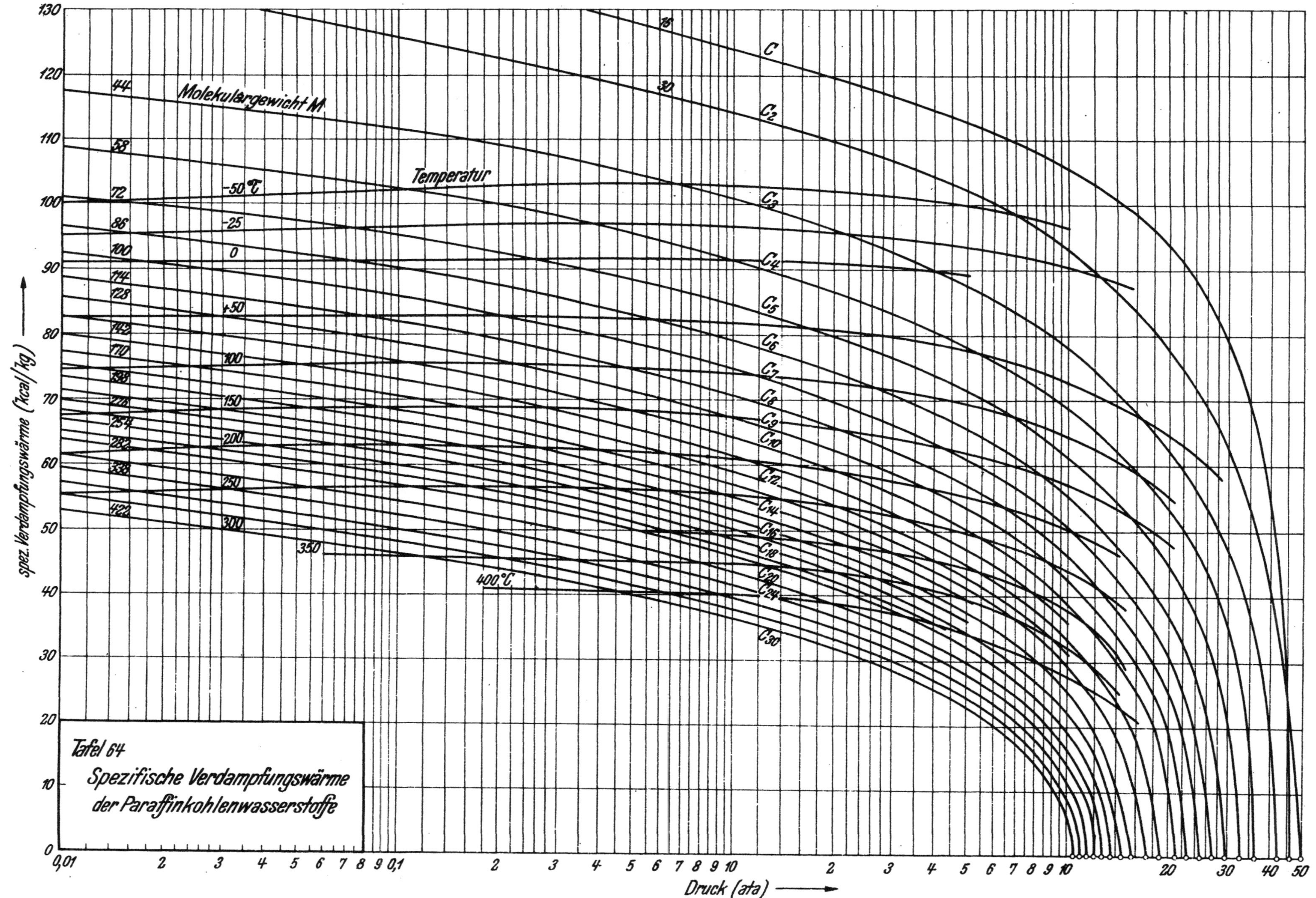

spez. Verdampfungswärme (kcal/kg)
Molekulargewicht M
Temperatur
Druck (ata)
Tafel 64
Spezifische Verdampfungswärme
der Paraffinkohlenwasserstoffe

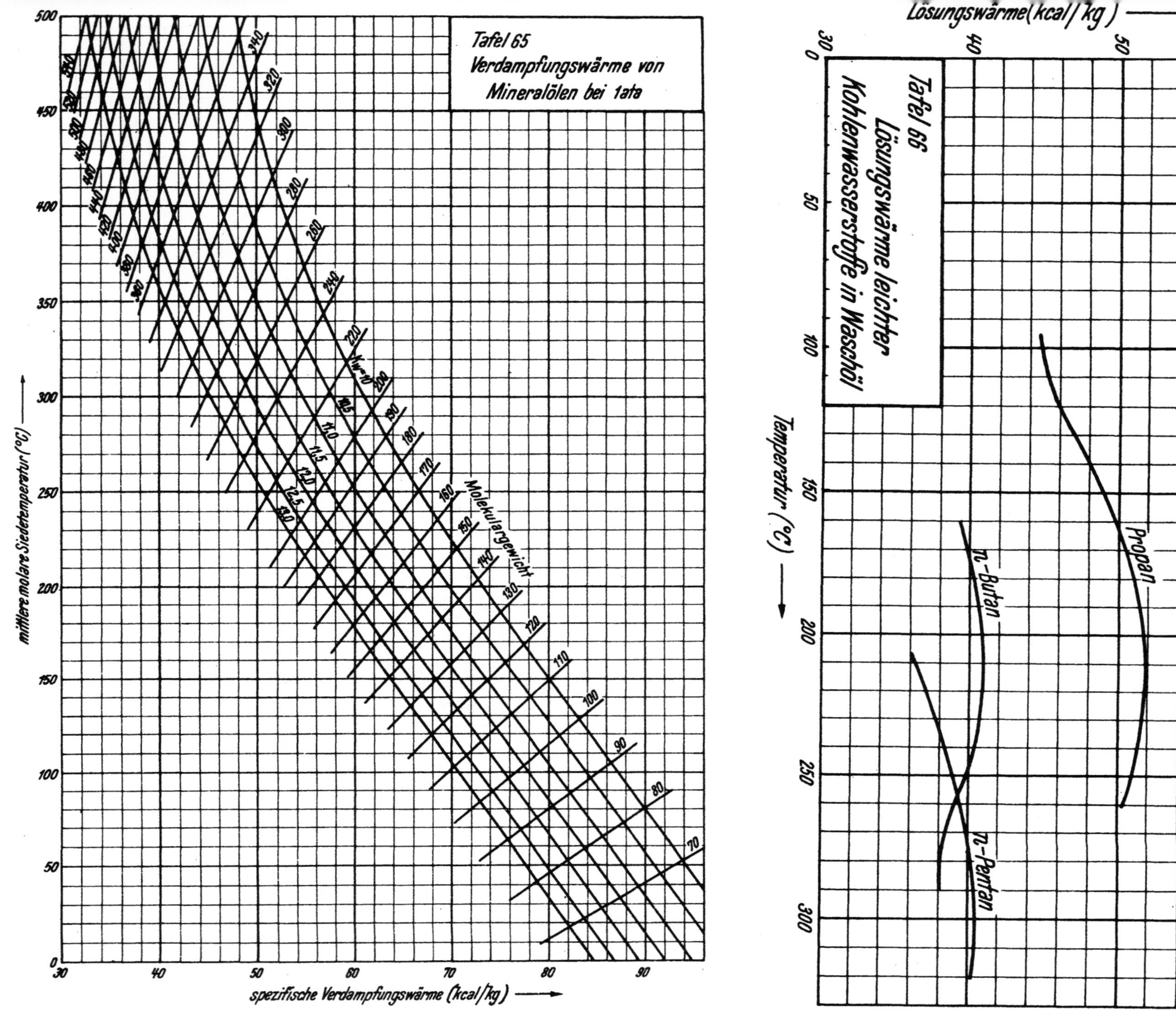

Tafel 65
Verdampfungswärme von
Mineralölen bei 1ata
mittlere molare Siedetemperatur (°C)
spezifische Verdampfungswärme (kcal/kg)
Molekulargewicht
Tafel 66
Lösungswärme leichter
Kohlenwasserstoffe in Waschöl
Lösungswärme (kcal/kg)
Temperatur (°C)
Äthan
Propan
n-Butan
n-Pentan

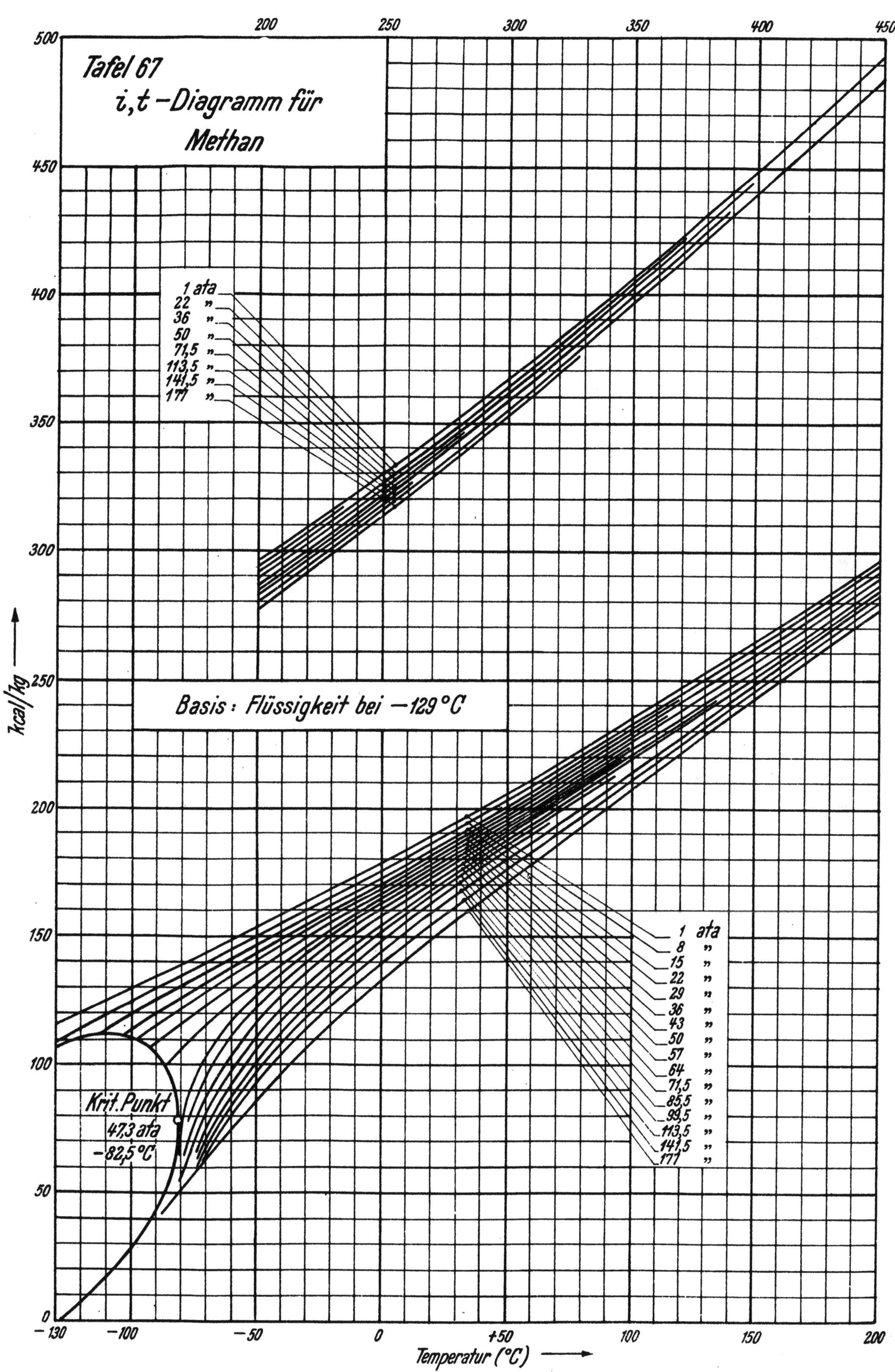

Tafel 67
i,t –Diagramm für
Methan
Basis: Flüssigkeit bei −129°C
kcal/kg
Temperatur (°C)
Krit.Punkt
47,3 ata
−82,5°C
1 ata
22 „
36 „
50 „
71,5 „
113,5 „
141,5 „
177 „
1 ata
8 „
15 „
22 „
29 „
36 „
43 „
50 „
57 „
64 „
71,5 „
85,5 „
99,5 „
113,5 „
141,5 „
177 „
500
450
400
350
300
250
200
150
100
50
0
200
250
300
350
400
450
−130
−100
−50
0
+50
100
150
200

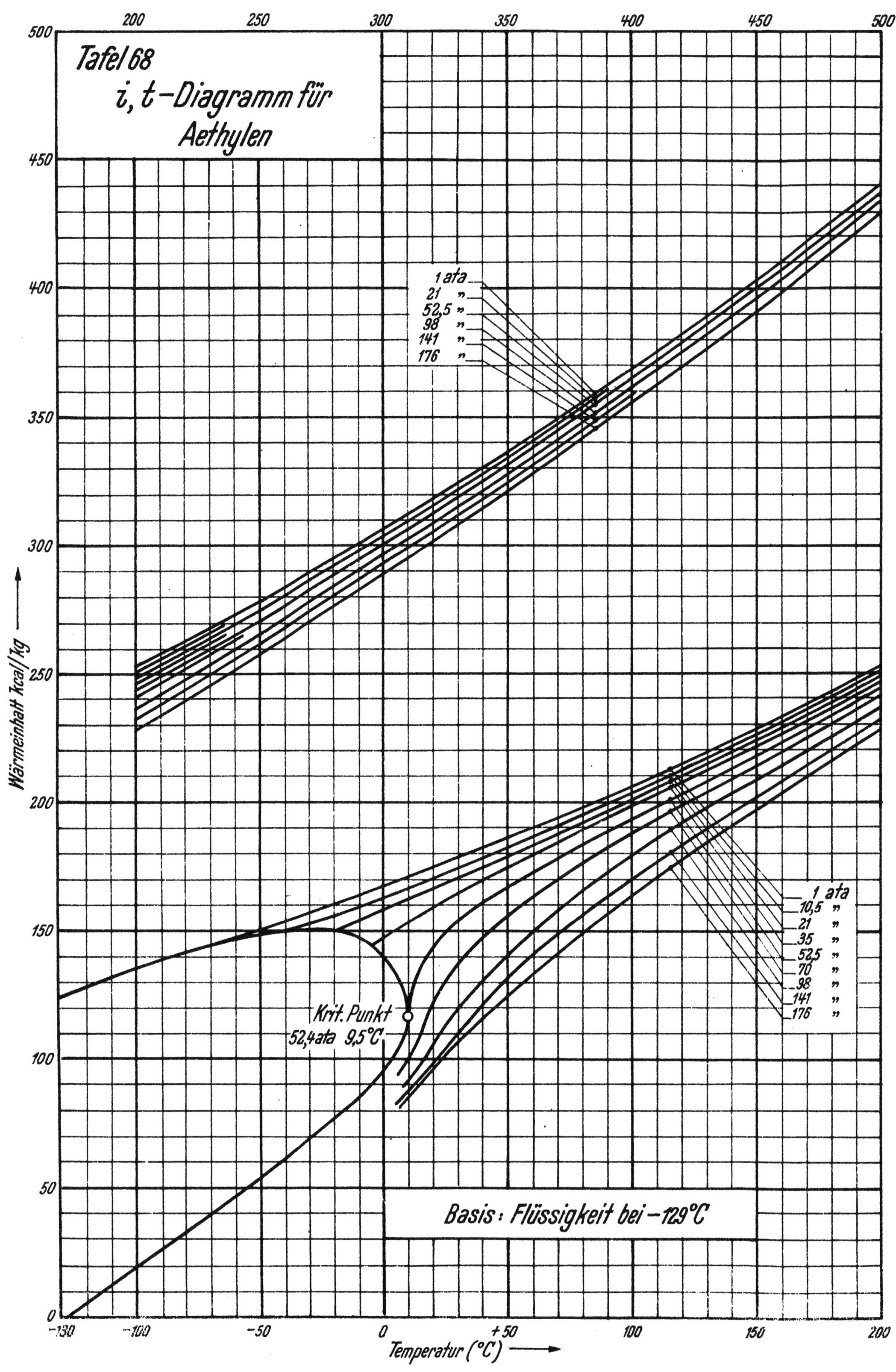

Tafel 68
i, t-Diagramm für
Aethylen
500
450
400
350
300
250
200
150
100
50
0
Wärmeinhalt kcal/kg
Temperatur (°C)
200 250 300 350 400 450 500
-150 -100 -50 0 +50 100 150 200
1 ata
21 "
52,5 "
98 "
141 "
176 "
1 ata
10,5 "
21 "
35 "
52,5 "
70 "
98 "
141 "
176 "
Krit. Punkt
52,4 ata 9,5°C
Basis: Flüssigkeit bei -129°C

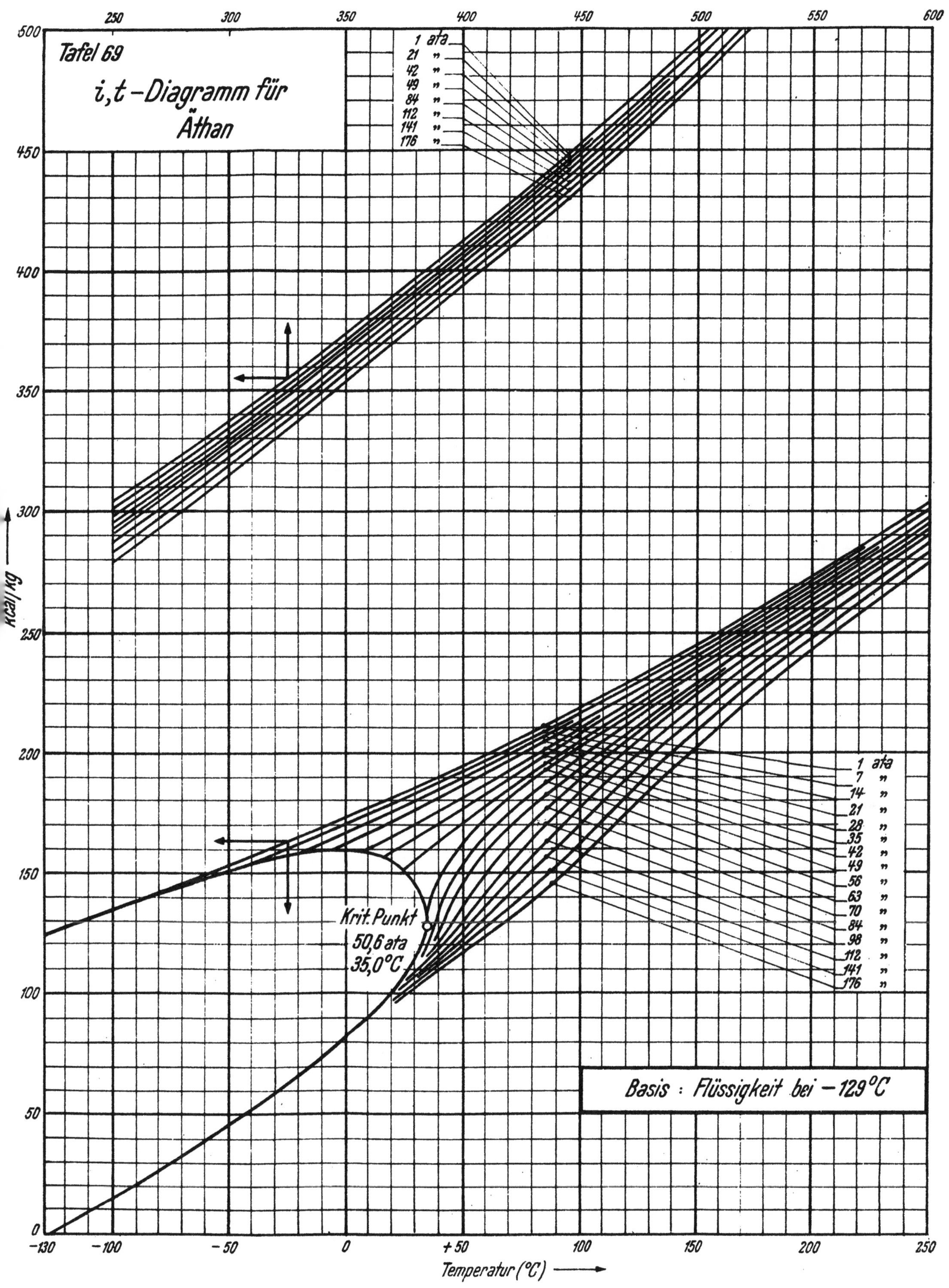

Tafel 69
i,t-Diagramm für
Äthan
1 ata
21 „
42 „
49 „
84 „
112 „
141 „
176 „
1 ata
7 „
14 „
21 „
28 „
35 „
42 „
49 „
56 „
63 „
70 „
84 „
98 „
112 „
141 „
176 „
Krit. Punkt
50,6 ata
35,0°C
Basis : Flüssigkeit bei −129°C
Temperatur (°C)
Kcal/kg

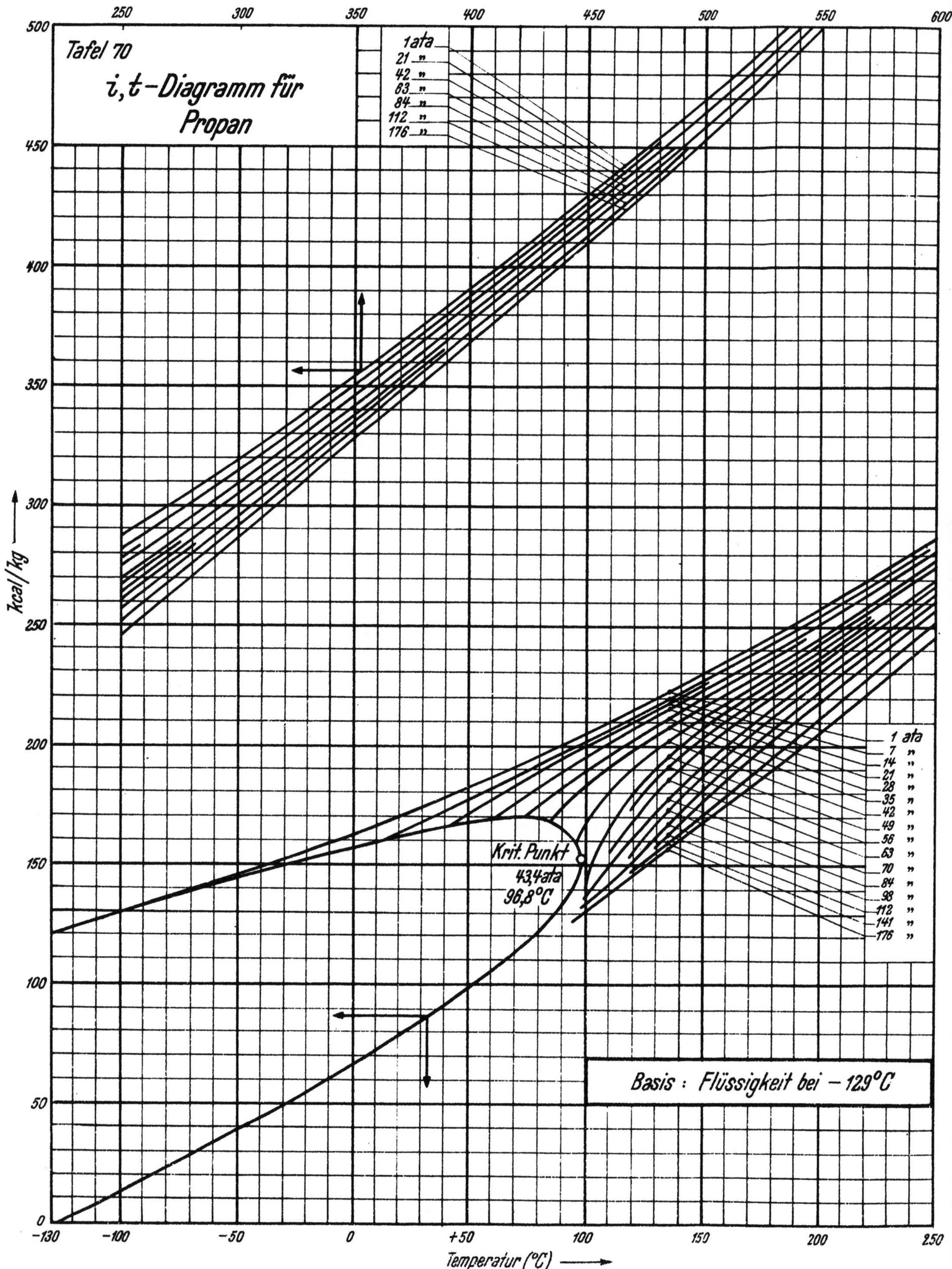

Tafel 70
i,t-Diagramm für
Propan
1 ata
21 „
42 „
83 „
84 „
112 „
176 „
1 ata
7 „
14 „
21 „
28 „
35 „
42 „
49 „
56 „
63 „
70 „
84 „
98 „
112 „
141 „
176 „
kcal/kg
Krit. Punkt
43,4 ata
96,8°C
Basis : Flüssigkeit bei − 129°C
Temperatur (°C)

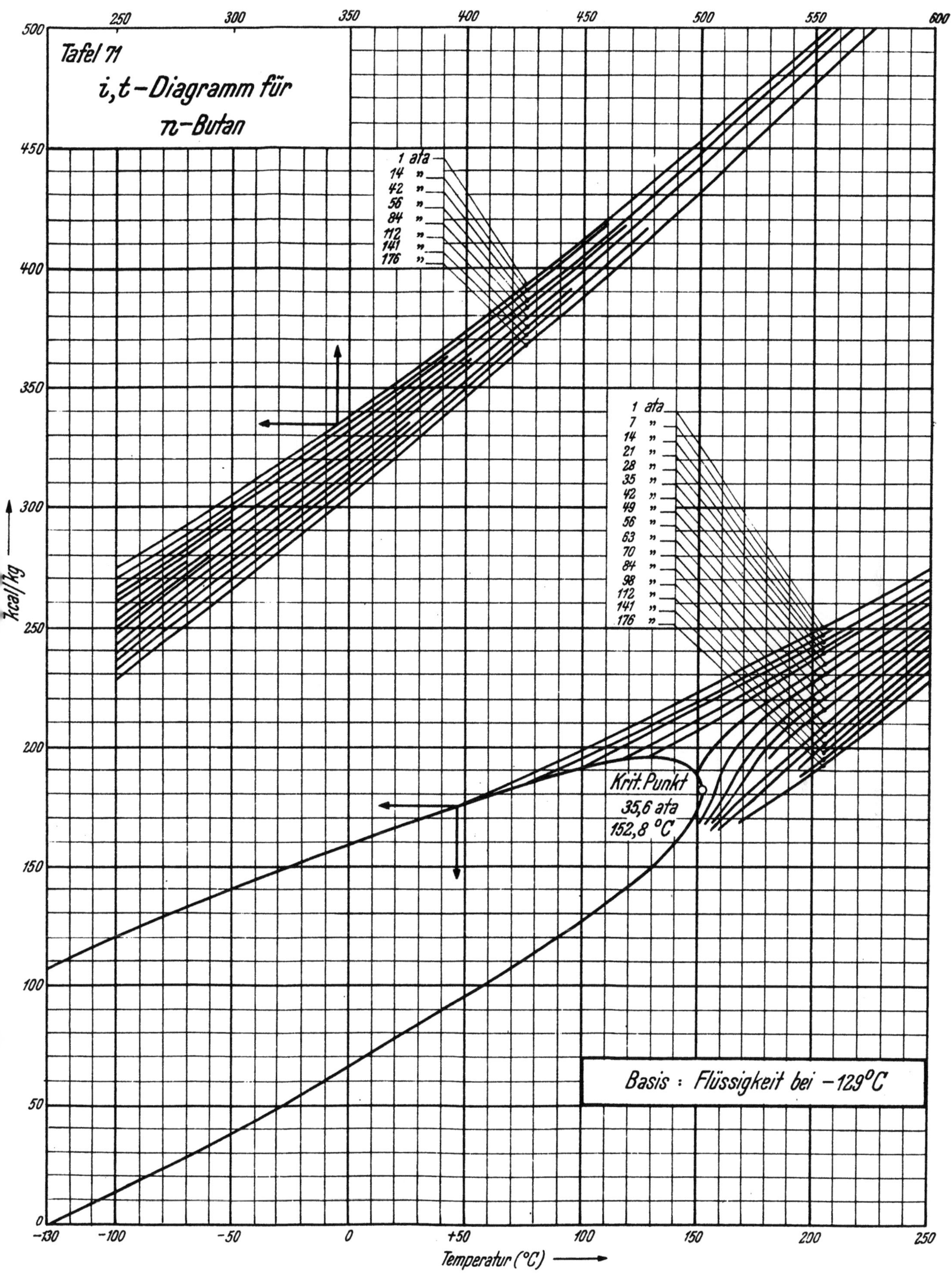

Tafel 71
i,t-Diagramm für
n-Butan
kcal/kg
1 ata
14 „
42 „
56 „
84 „
112 „
141 „
176 „
1 ata
7 „
14 „
21 „
28 „
35 „
42 „
49 „
56 „
63 „
70 „
84 „
98 „
112 „
141 „
176 „
Krit. Punkt
35,6 ata
152,8 °C
Basis : Flüssigkeit bei −129°C
Temperatur (°C)

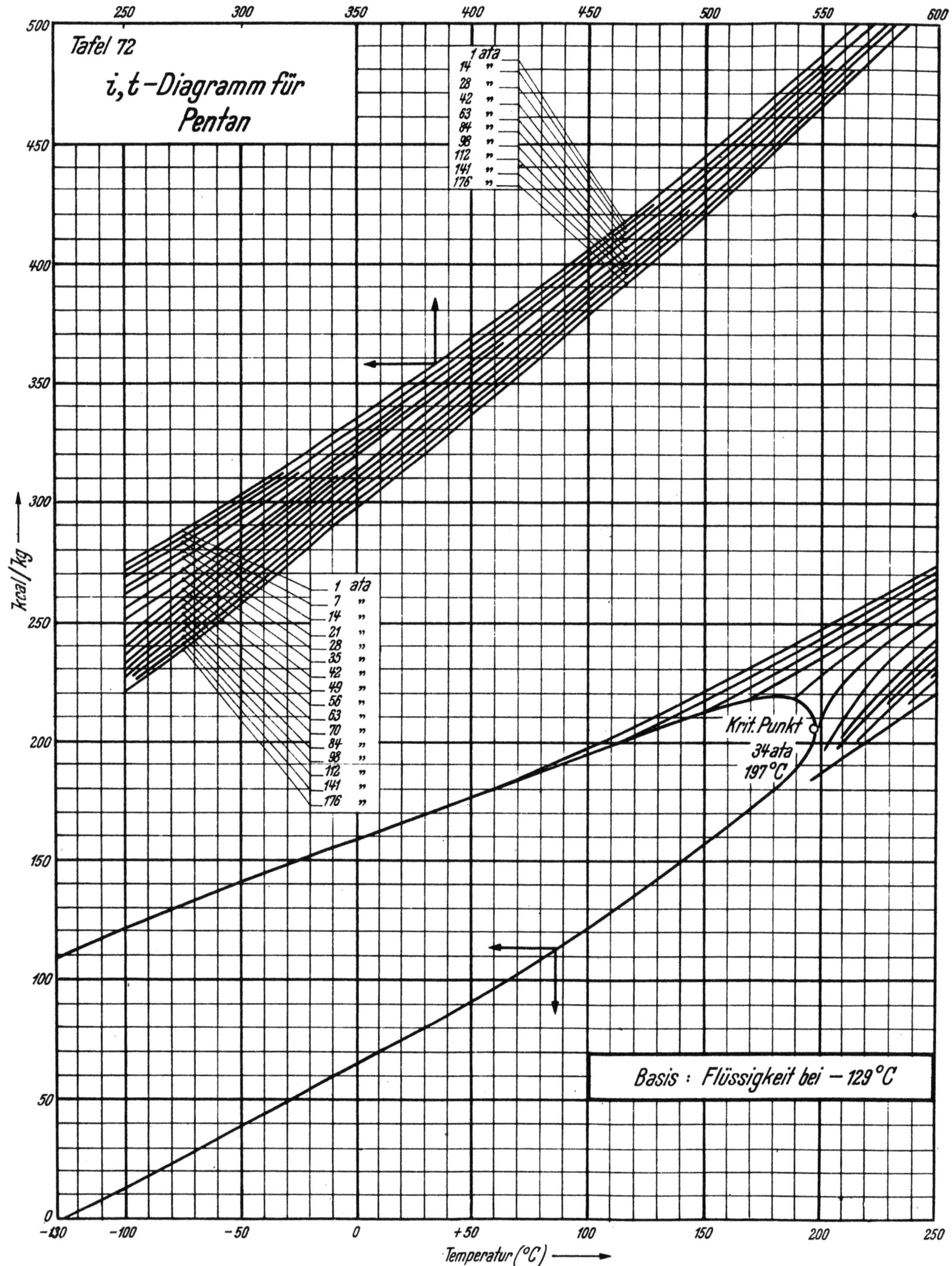

Tafel 72
i, t-Diagramm für
Pentan
kcal/kg
Temperatur (°C)
1 ata
14 "
28 "
42 "
63 "
84 "
98 "
112 "
141 "
176 "
1 ata
7 "
14 "
21 "
28 "
35 "
42 "
49 "
56 "
63 "
70 "
84 "
98 "
112 "
141 "
176 "
Krit. Punkt
34 ata
197°C
Basis : Flüssigkeit bei − 129°C

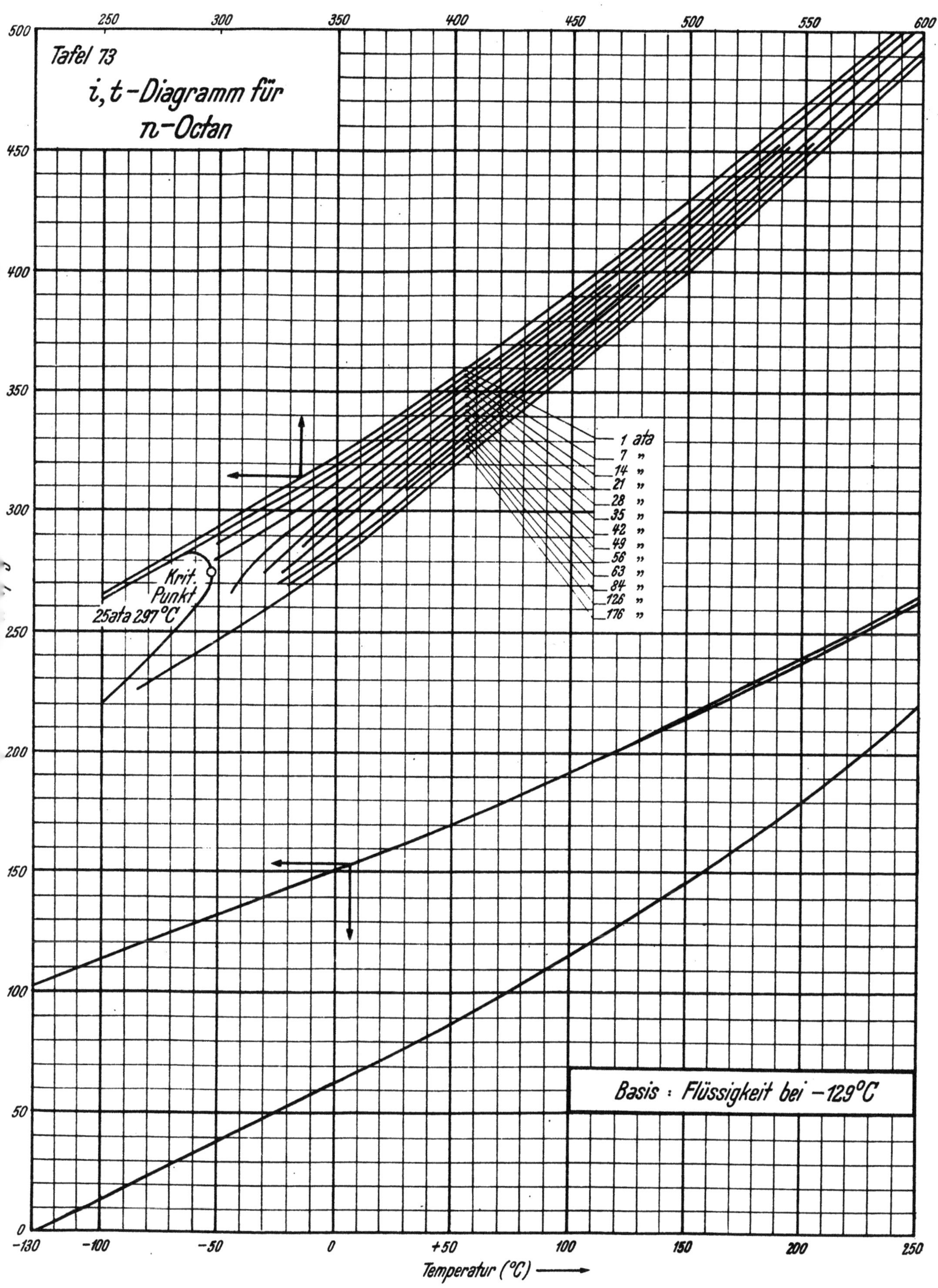

Tafel 73
i, t-Diagramm für
n-Octan
Krit.
Punkt
25ata 297°C
1 ata
7 "
14 "
21 "
28 "
35 "
42 "
49 "
56 "
63 "
84 "
126 "
176 "
Basis : Flüssigkeit bei -129°C
Temperatur (°C)

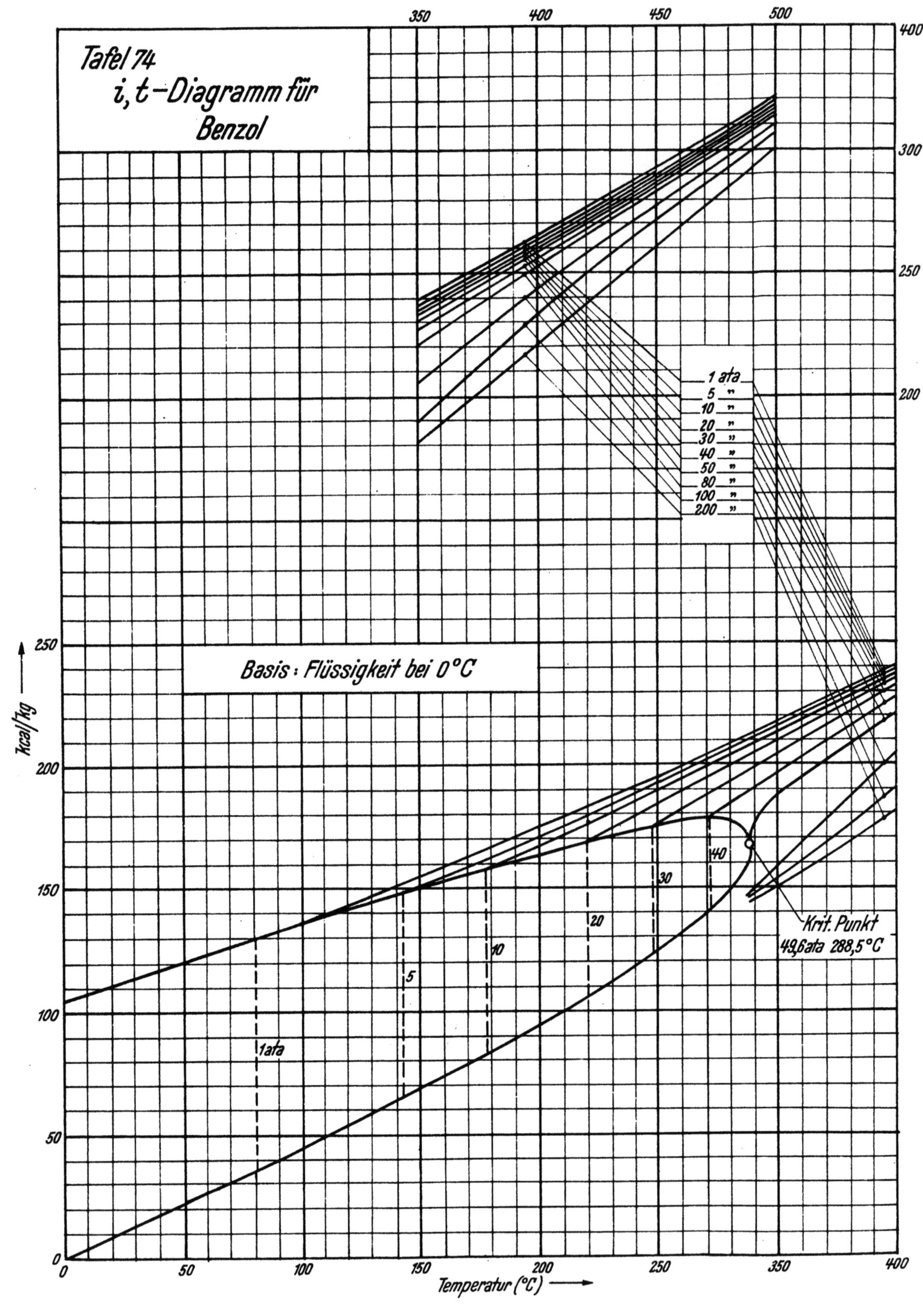

Tafel 74
i, t–Diagramm für
Benzol
Basis: Flüssigkeit bei 0°C
kcal/kg
Temperatur (°C)
350
400
450
500
1 ata
5 „
10 „
20 „
30 „
40 „
50 „
80 „
100 „
200 „
1 ata
5
10
20
30
40
Krit. Punkt
49,6 ata 288,5°C

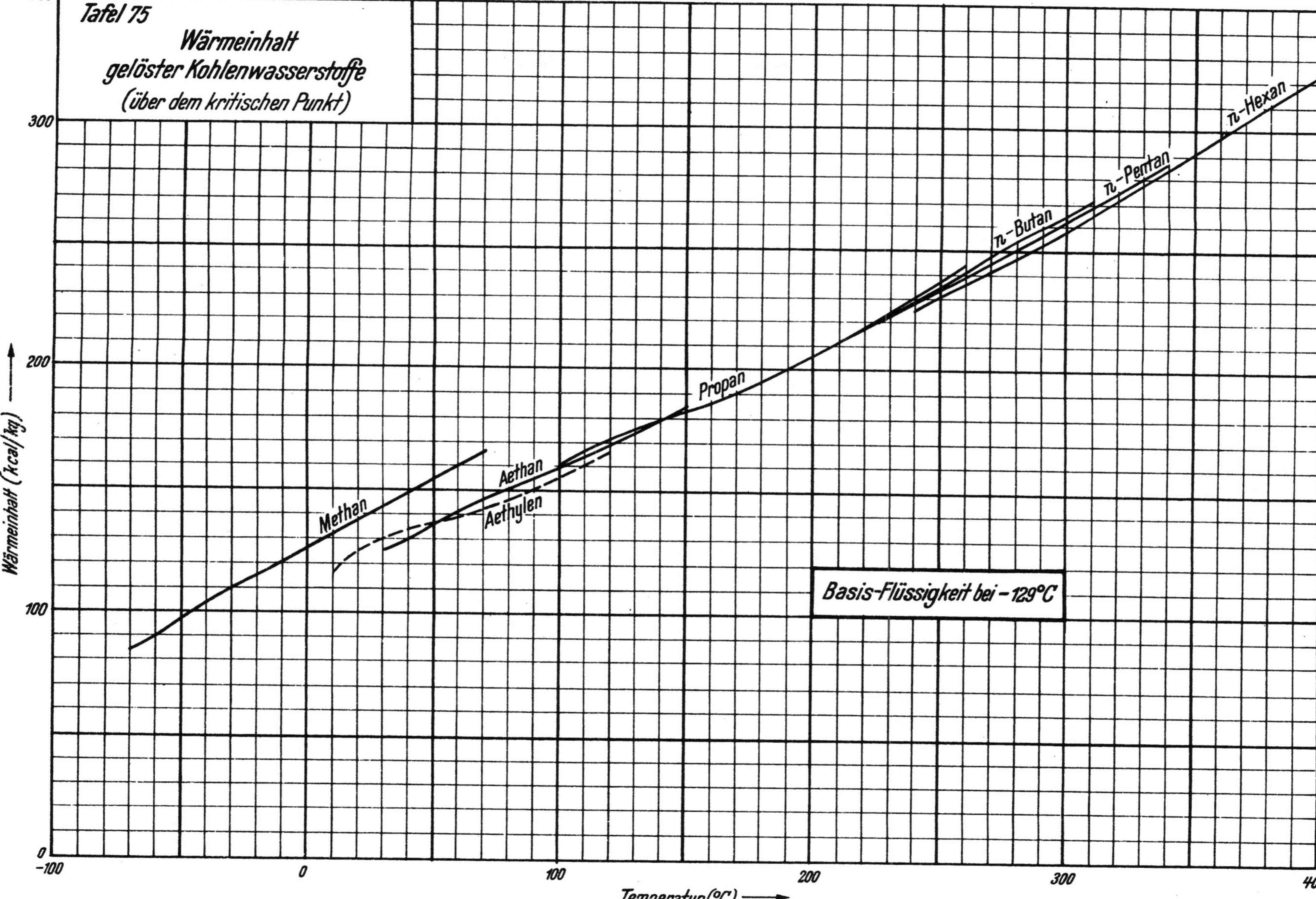

Tafel 75
Wärmeinhalt
gelöster Kohlenwasserstoffe
(über dem kritischen Punkt)
Wärmeinhalt (kcal/kg)
Temperatur (°C)
Methan
Aethan
Aethylen
Propan
n-Butan
n-Pentan
n-Hexan
Basis-Flüssigkeit bei −129°C
350
300
200
100
−100
0
100
200
300
400

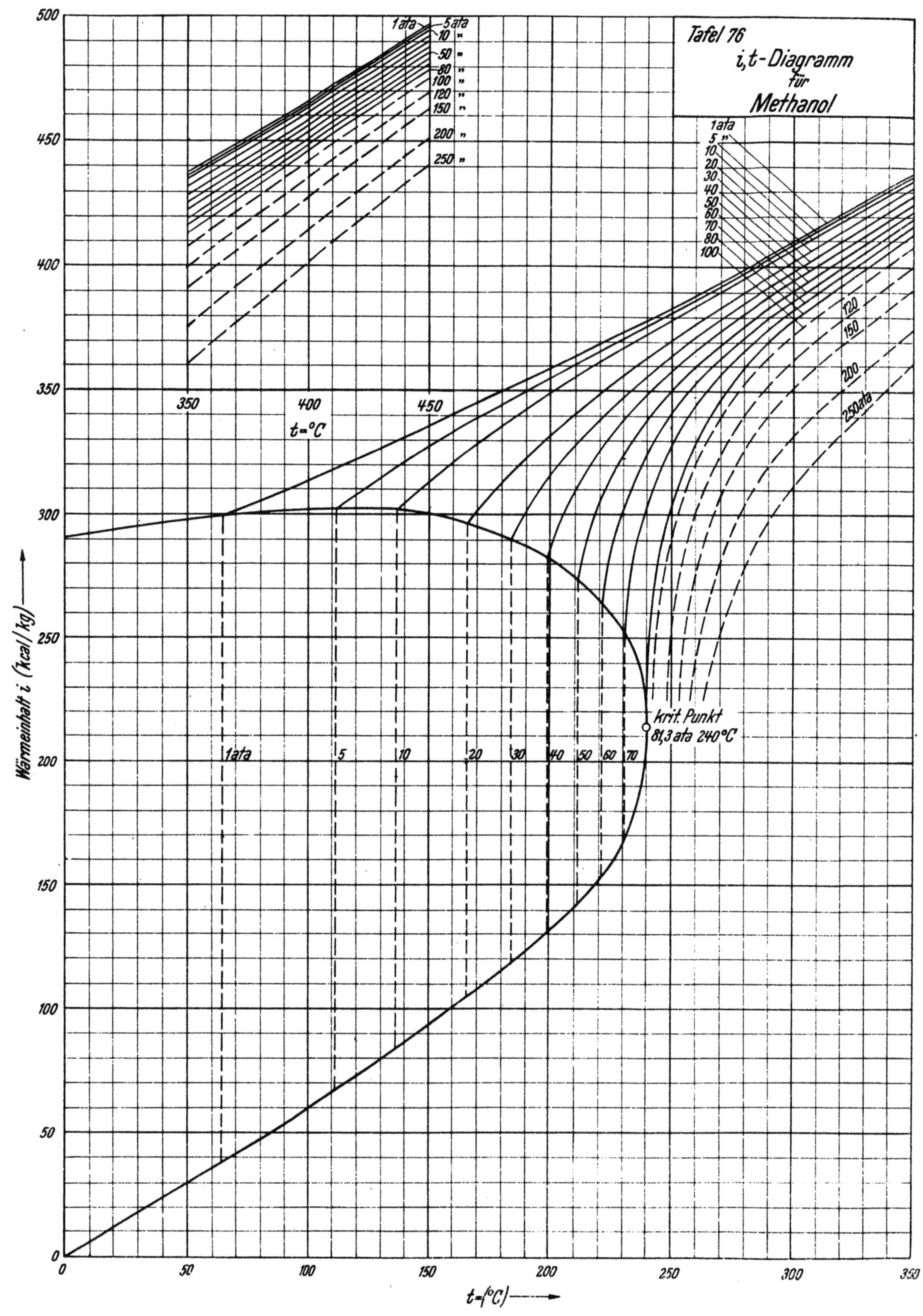

Tafel 76
i,t-Diagramm
für
Methanol
1ata
5 ata
10 "
50 "
80 "
100 "
120 "
150 "
200 "
250 "
1ata
5 "
10
20
30
40
50
60
70
80
100
120
150
200
250 ata
t=°C
350
400
450
Wärmeinhalt i (kcal/kg)
500
450
400
350
300
250
200
150
100
50
0
1ata
5
10
20
30
40
50
60
70
krit. Punkt
81,3 ata 240°C
t=(°C)
0
50
100
150
200
250
300
350

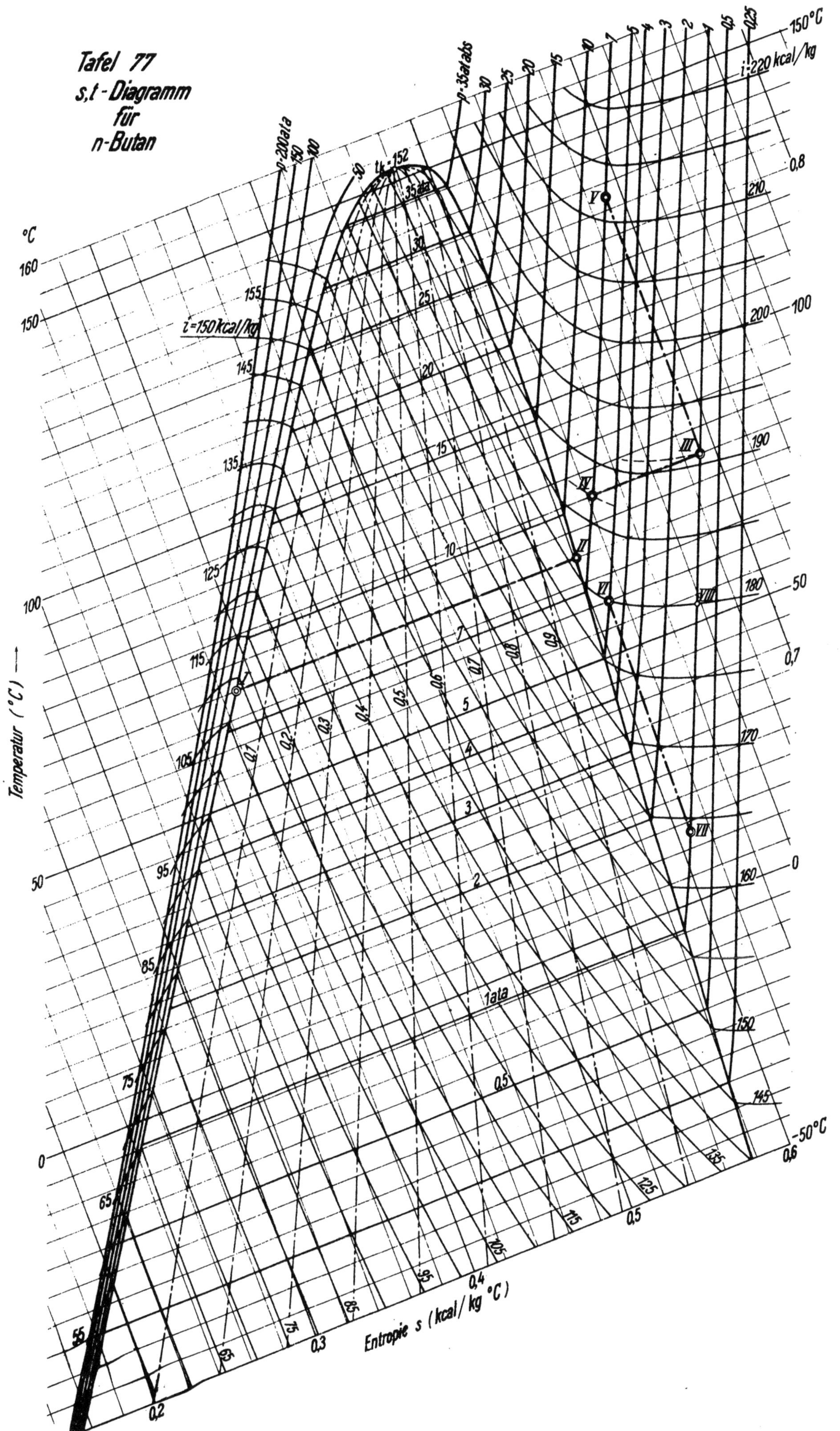

Tafel 77
s,t - Diagramm
für
n-Butan
°C
Temperatur (°C) →
Entropie s (kcal/ kg °C)
i=150 kcal/kg
i=220 kcal/kg
tk=152
p=200 ata
p=35 ata abs
1 ata
150°C
-50°C

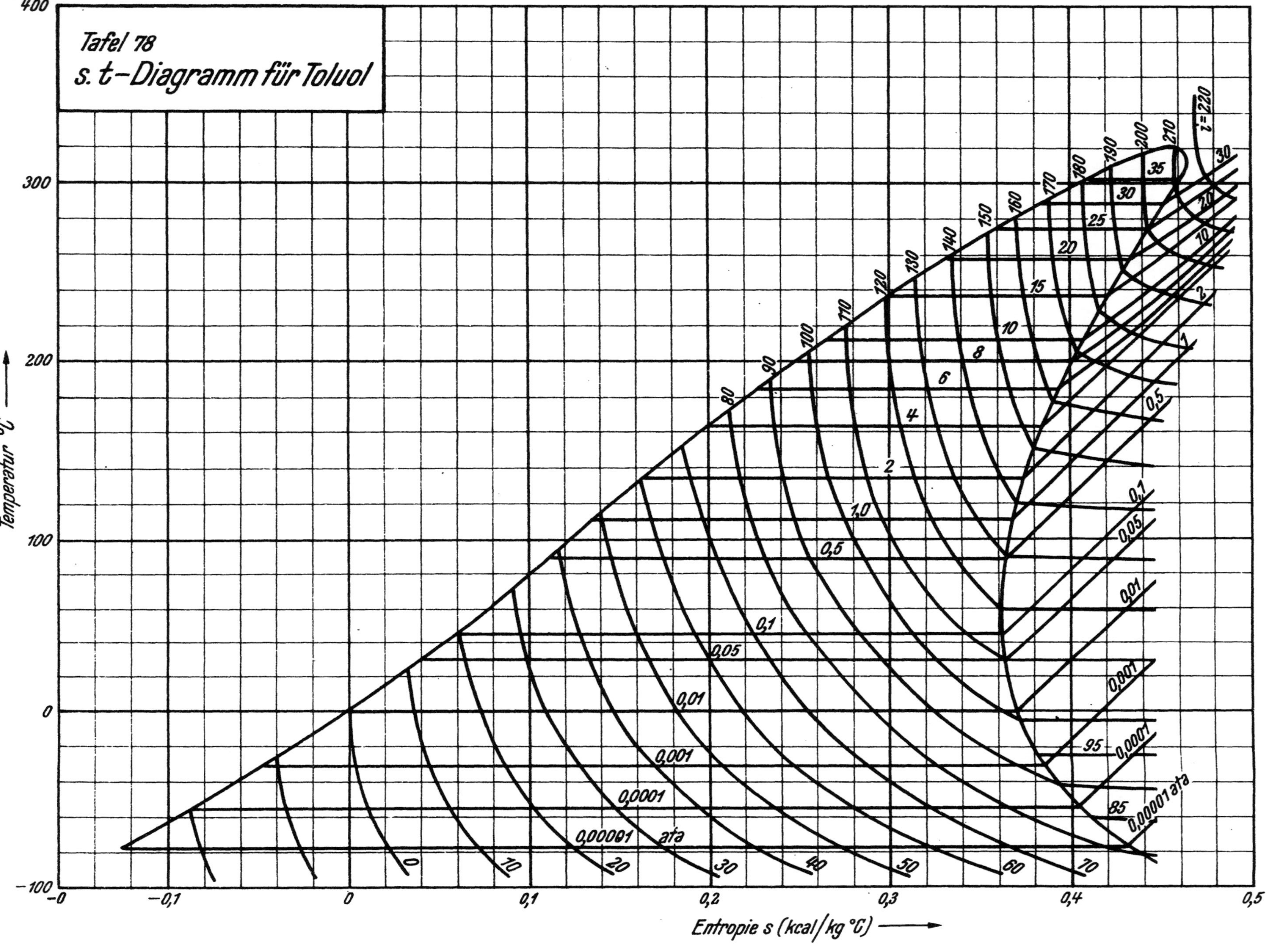

Tafel 78
s. t-Diagramm für Toluol
Temperatur °C
Entropie s (kcal/kg °C)

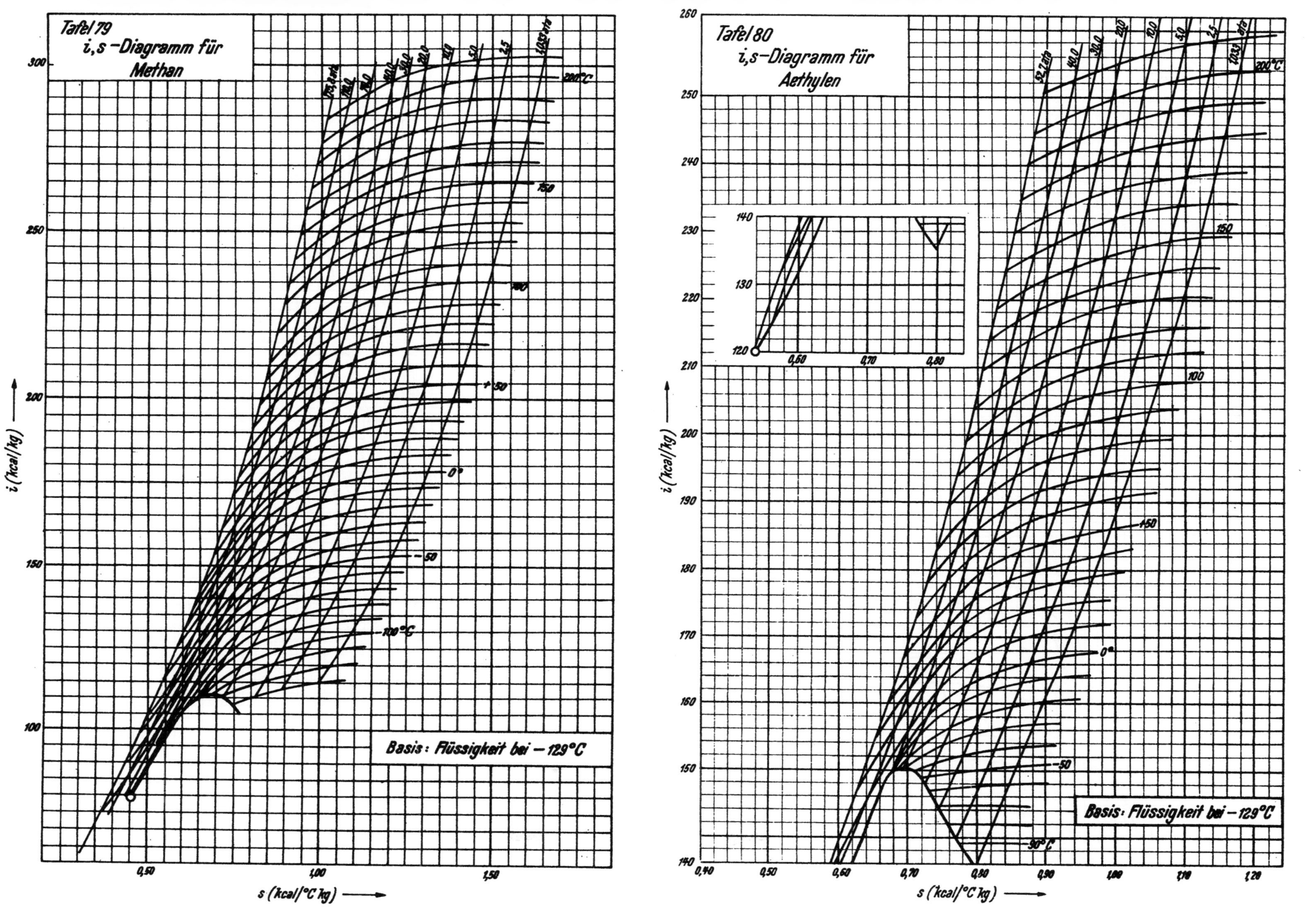

Tafel 79
i,s-Diagramm für Methan
Basis: Flüssigkeit bei −129°C
i (kcal/kg)
s (kcal/°C kg)
Tafel 80
i,s-Diagramm für Aethylen
Basis: Flüssigkeit bei −129°C
i (kcal/kg)
s (kcal/°C kg)

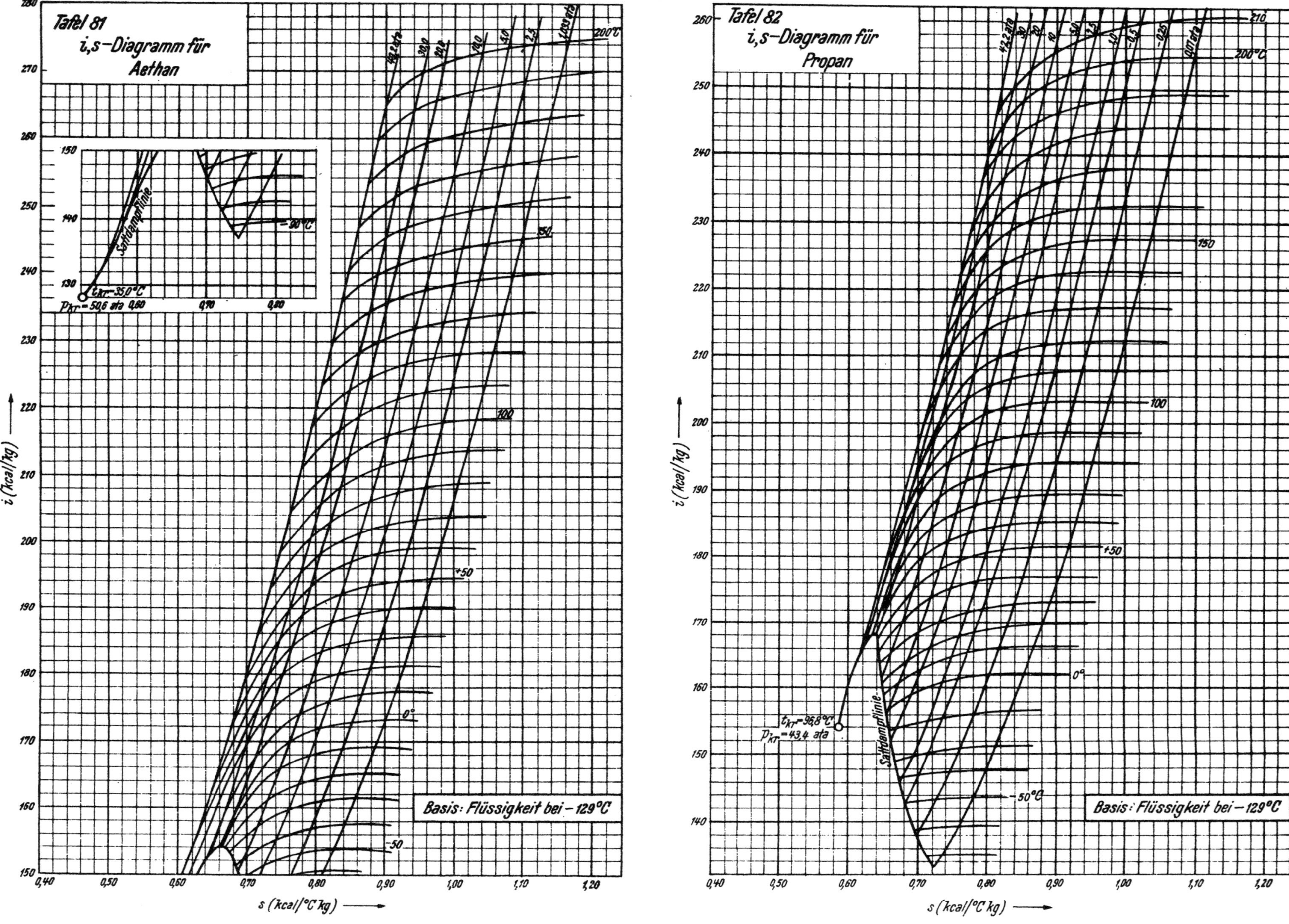

Tafel 81
i,s-Diagramm für
Aethan
i (kcal/kg)
s (kcal/°C kg)
t_kr=35,0°C
p_kr=50,6 ata
Sattdampflinie
-90°C
Basis: Flüssigkeit bei -129°C
-50
0°
+50
100
150
200°C
Tafel 82
i,s-Diagramm für
Propan
i (kcal/kg)
s (kcal/°C kg)
t_kr=96,8°C
p_kr=43,4 ata
Sattdampflinie
Basis: Flüssigkeit bei -129°C
-50°C
0°
+50
100
150
200°C

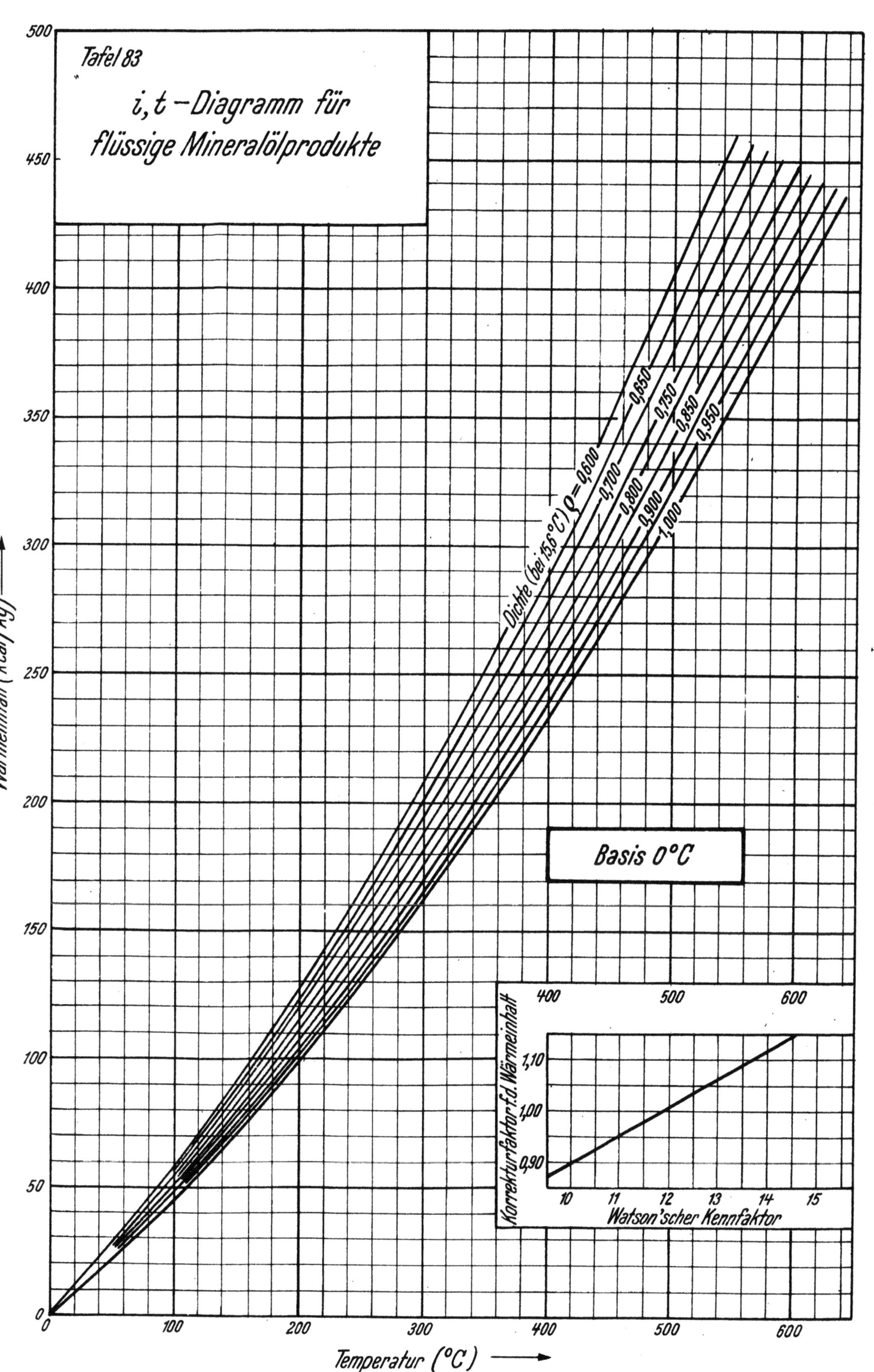

Tafel 83
i, t – Diagramm für flüssige Mineralölprodukte
Basis 0°C
Wärmeinhalt (kcal / kg)
Temperatur (°C)
Dichte (bei 15,6 °C) ϱ = 0,600
0,650
0,700
0,750
0,800
0,850
0,900
0,950
1,000
Korrekturfaktor f.d. Wärmeinhalt
Watson'scher Kennfaktor
400
500
600
1,10
1,00
0,90
10
11
12
13
14
15

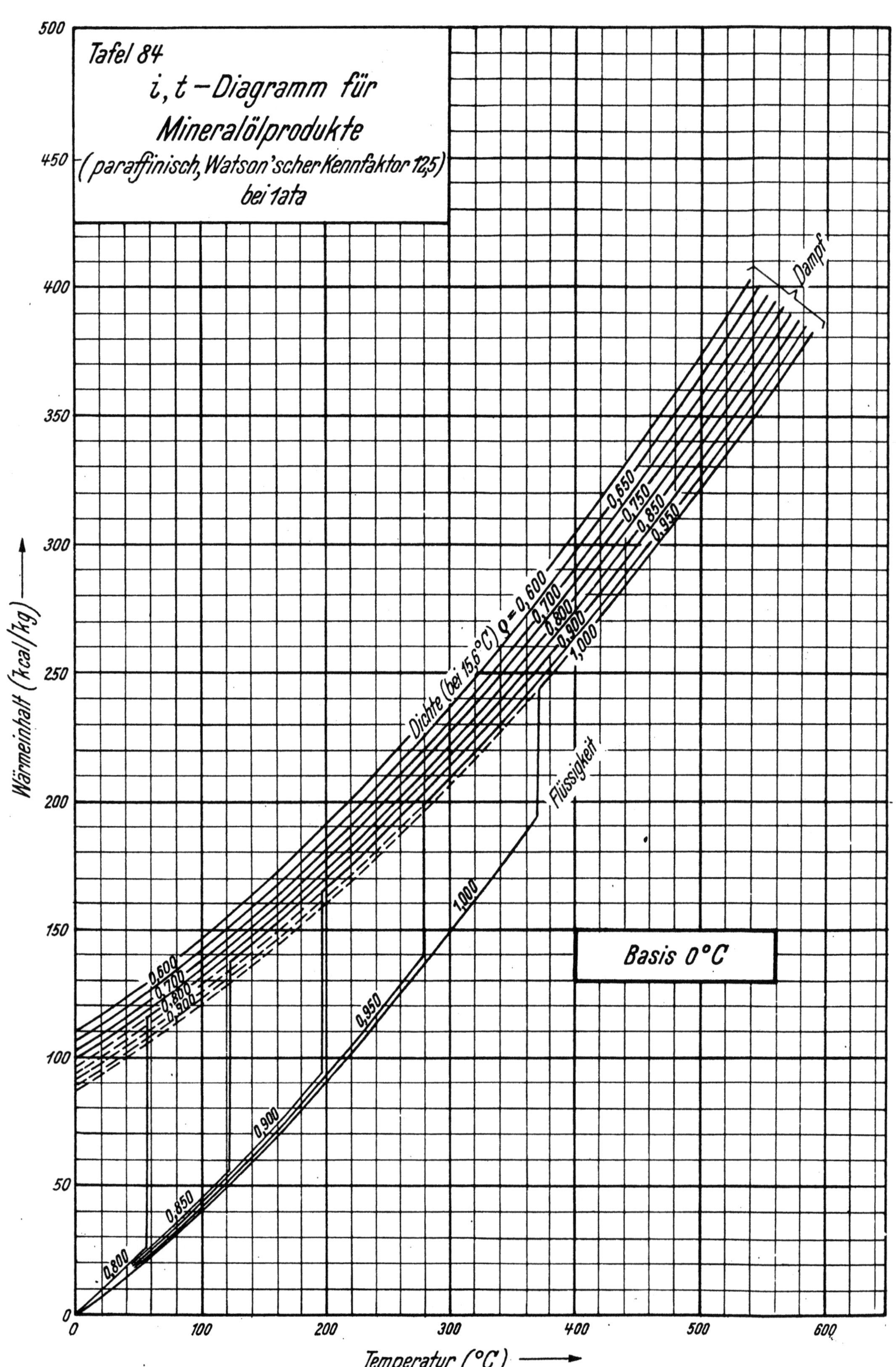

Tafel 84
i, t – Diagramm für
Mineralölprodukte
(paraffinisch, Watson'scher Kennfaktor 12,5)
bei 1 ata
Dampf
Dichte (bei 15,6 °C) ϱ = 0,600
0,650
0,700
0,750
0,800
0,850
0,900
0,950
1,000
Flüssigkeit
1,000
0,950
0,900
0,850
0,800
0,700
0,600
Basis 0°C
Wärmeinhalt (kcal/kg)
Temperatur (°C)
500
450
400
350
300
250
200
150
100
50
0
0
100
200
300
400
500
600

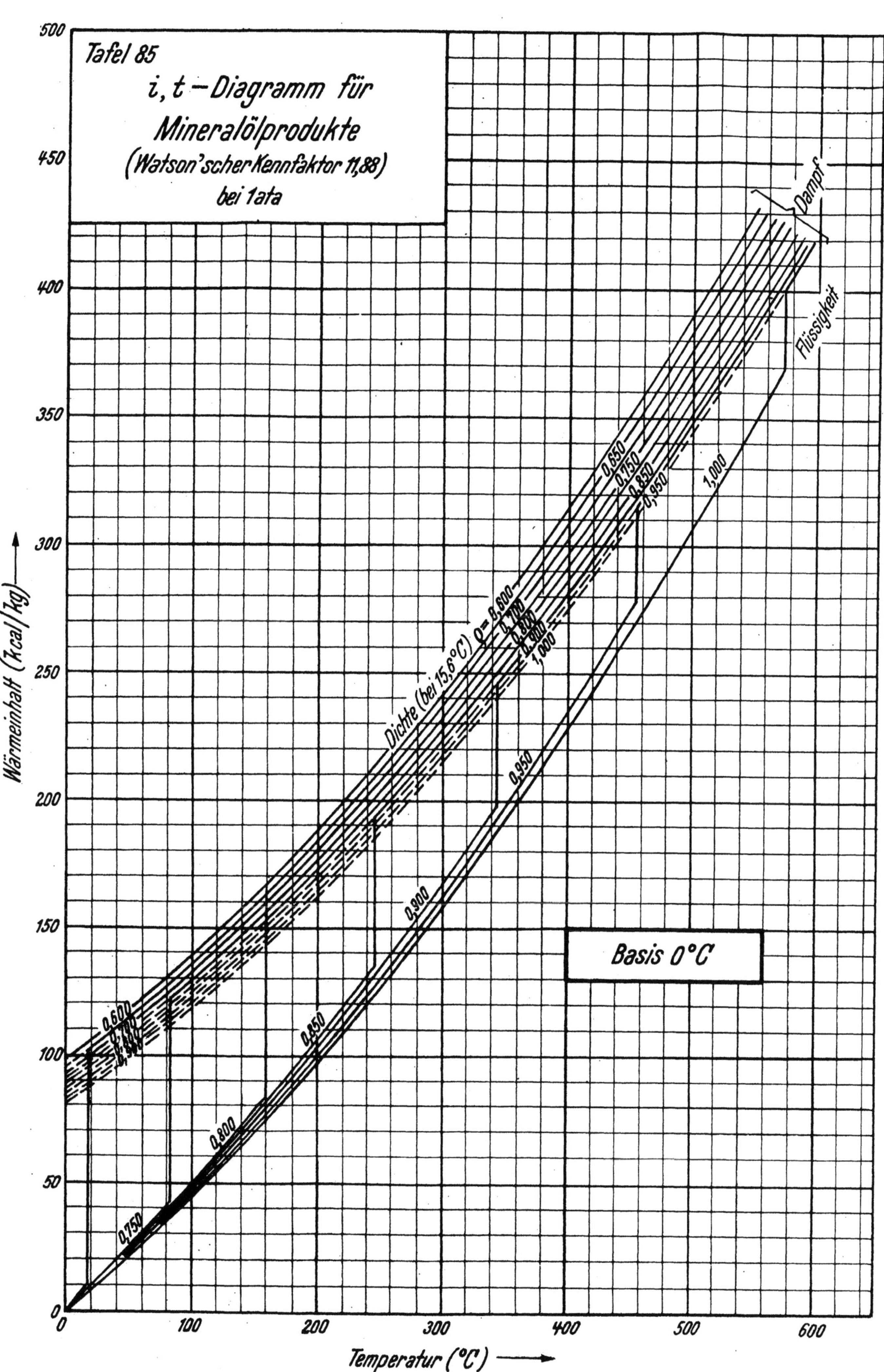

Tafel 85
i, t – Diagramm für
Mineralölprodukte
(Watson'scher Kennfaktor 11,88)
bei 1 ata
Basis 0°C
Wärmeinhalt (kcal/kg)
Temperatur (°C)
Dampf
Flüssigkeit
Dichte (bei 15,6°C) ϱ = 0,600
0,600
0,700
0,800
0,900
1,000
0,650
0,750
0,850
0,950
0,800
0,850
0,900
0,950
1,000
0,750

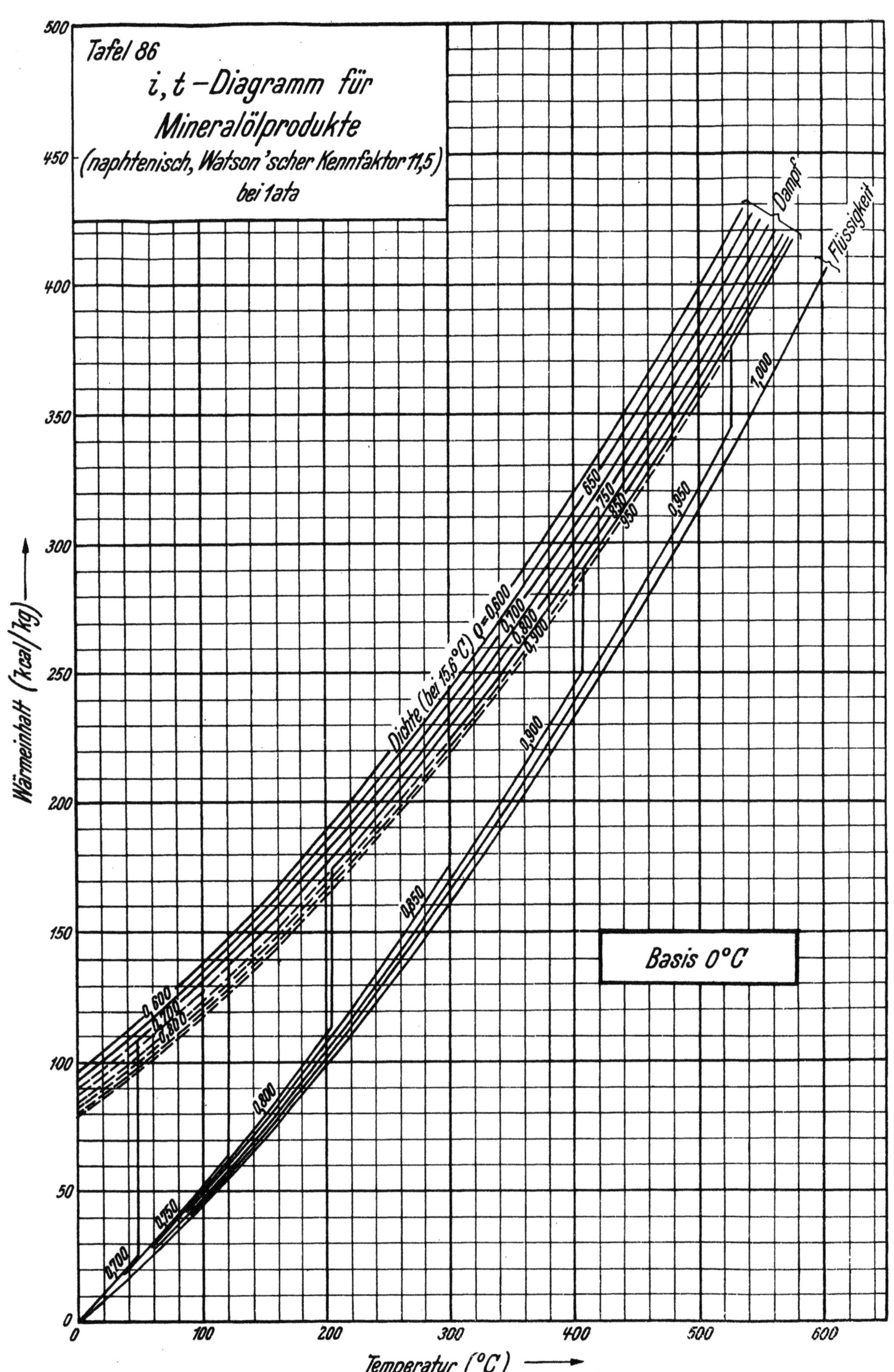

Tafel 86
i, t – Diagramm für
Mineralölprodukte
(naphtenisch, Watson'scher Kennfaktor 11,5)
bei 1 ata
Basis 0°C
Dampf
Flüssigkeit
Dichte (bei 15,6°C) ϱ=0,600
0,700
0,800
0,900
0,900
0,850
0,800
0,600
0,700
0,800
0,700
0,750
650
750
850
950
0,950
1,000
Wärmeinhalt (kcal/kg)
Temperatur (°C)
500
450
400
350
300
250
200
150
100
50
0
0
100
200
300
400
500
600

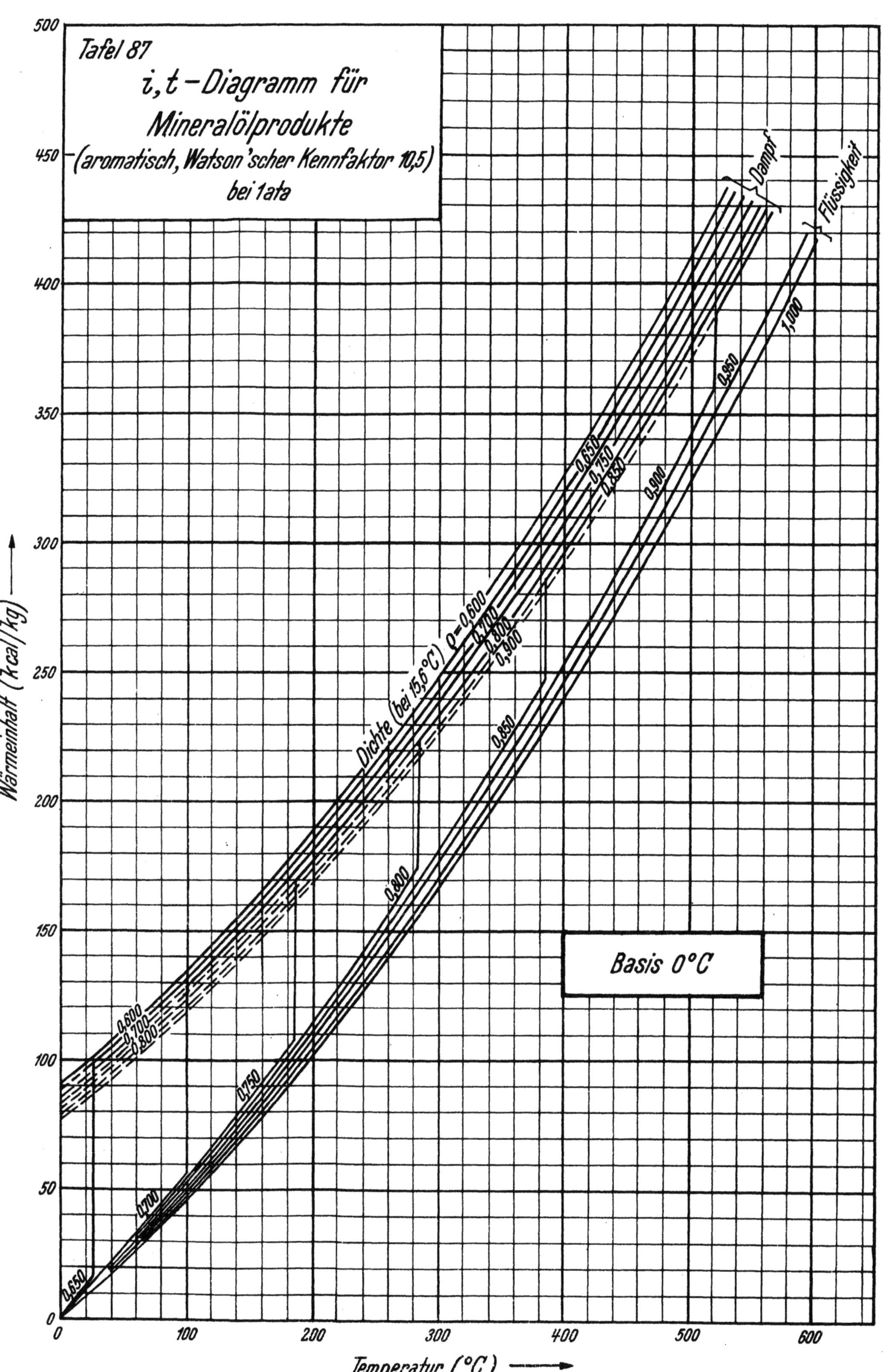

Tafel 87
i, t – Diagramm für
Mineralölprodukte
(aromatisch, Watson'scher Kennfaktor 10,5)
bei 1 ata
Basis 0°C
Dampf
Flüssigkeit
Wärmeinhalt (kcal/kg)
Temperatur (°C)
Dichte (bei 15,6°C) ϱ = 0,600
0,700
0,800
0,900
0,650
0,750
0,850
0,900
1,000
0,800
0,850
0,600
0,700
0,800
0,750
0,700
0,650
500
450
400
350
300
250
200
150
100
50
0
100
200
300
400
500
600

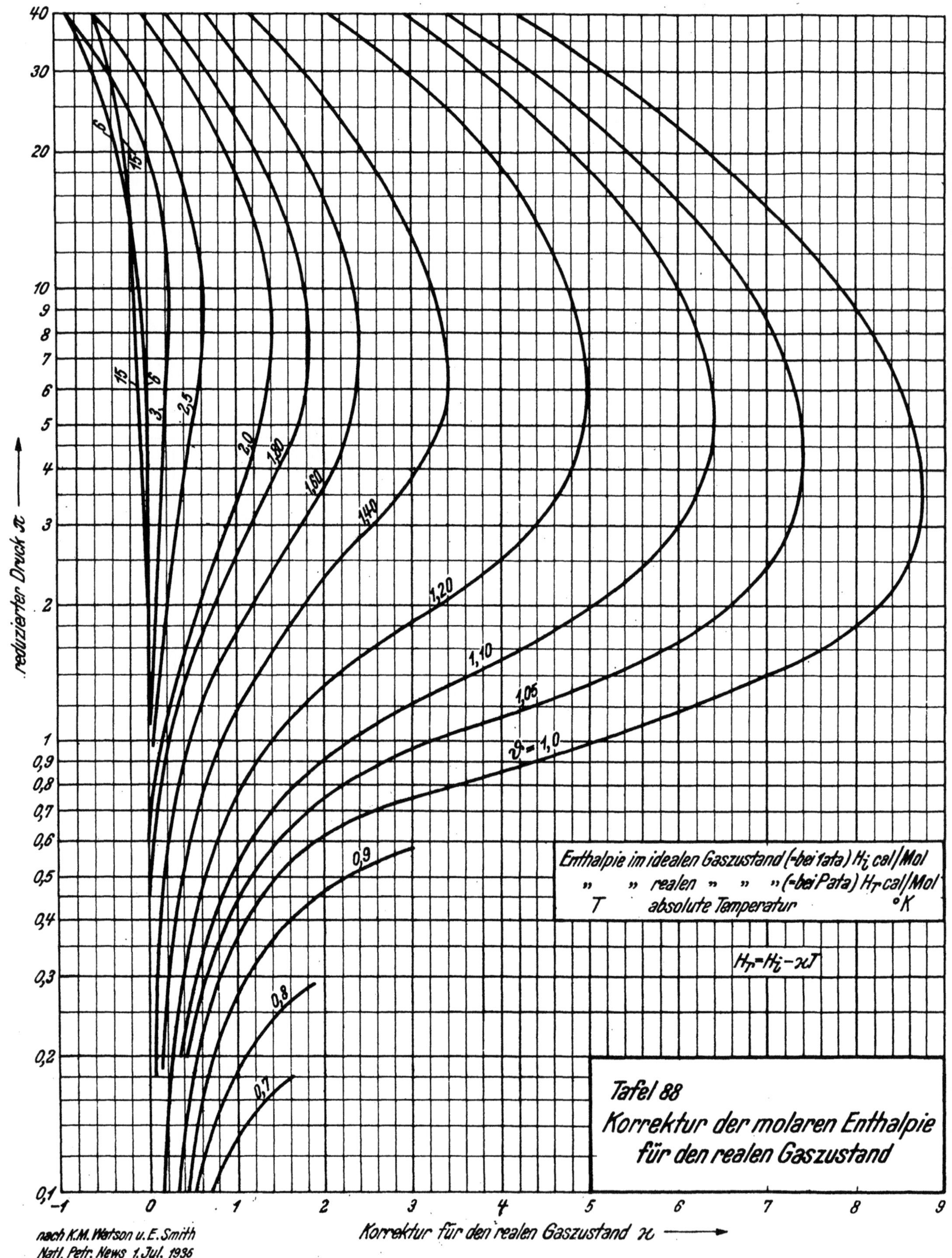

reduzierter Druck π
Korrektur für den realen Gaszustand κ

15
8
3
2,5
2,0
1,80
1,60
1,40
1,20
1,10
1,05
ϑ = 1,0
0,9
0,8
0,7

Enthalpie im idealen Gaszustand (=bei 1ata) Hᵢ cal/Mol
„   „   realen „   „ (=bei Pata) Hₜ cal/Mol
T   absolute Temperatur   °K

Hₜ = Hᵢ − κT

Tafel 88
Korrektur der molaren Enthalpie
für den realen Gaszustand

nach K.M. Watson u. E. Smith
Natl. Petr. News 1. Jul. 1936

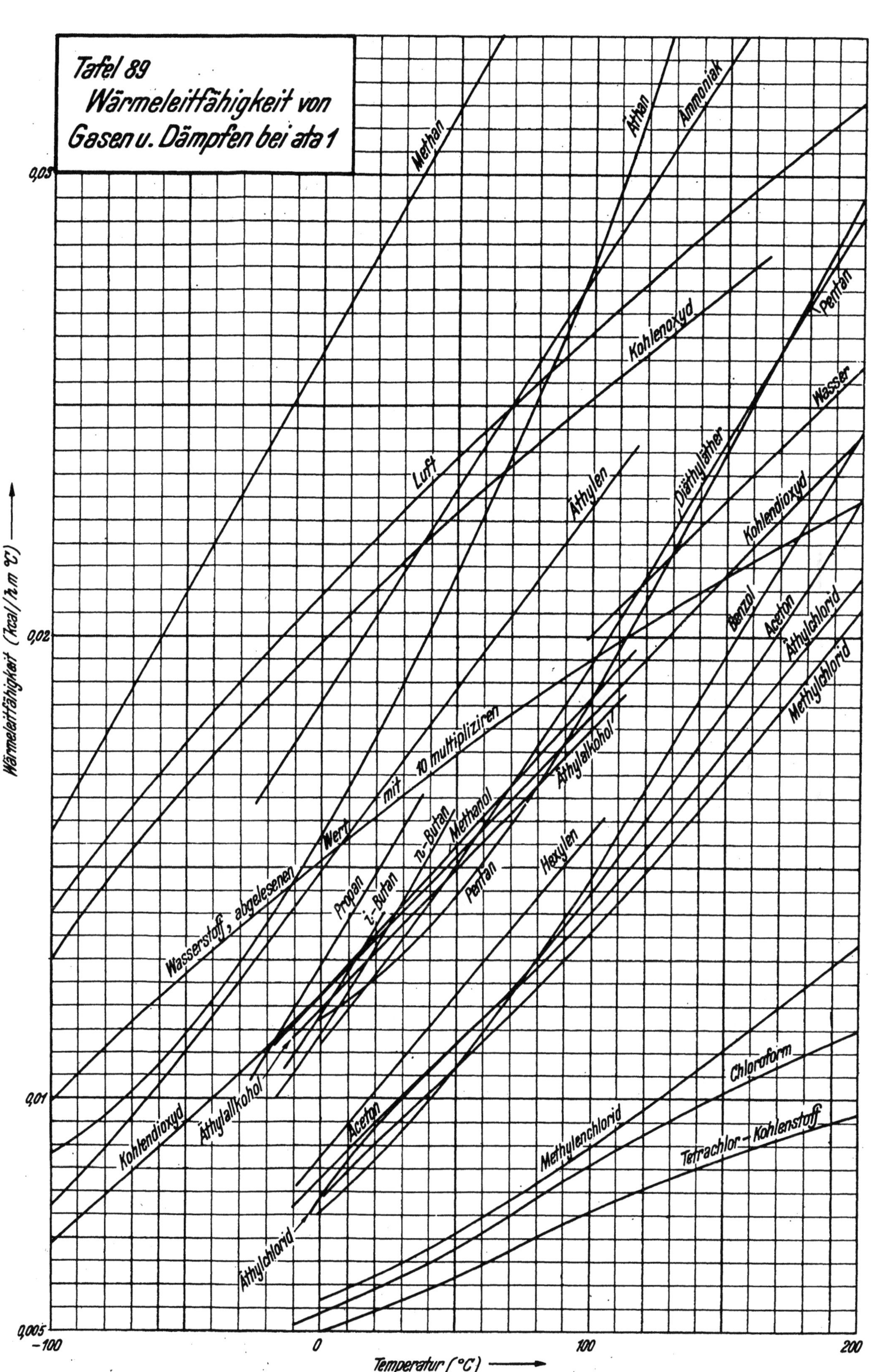

Tafel 89
Wärmeleitfähigkeit von
Gasen u. Dämpfen bei ata 1
Wärmeleitfähigkeit (kcal/h·m °C)
Temperatur (°C)
0,03
0,02
0,01
0,005
-100
0
100
200
Methan
Äthan
Ammoniak
Kohlenoxyd
Pentan
Luft
Äthylen
Diäthyläther
Wasser
Kohlendioxyd
Benzol
Aceton
Äthylchlorid
Methylchlorid
mit 10 multipliziren
Äthylalkohol
Wasserstoff, abgelesenen Wert
Propan
i.-Butan
n.-Butan
Methanol
Pentan
Hexylen
Kohlendioxyd
Äthylalkohol
Aceton
Methylenchlorid
Chloroform
Tetrachlor-Kohlenstoff
Äthylchlorid

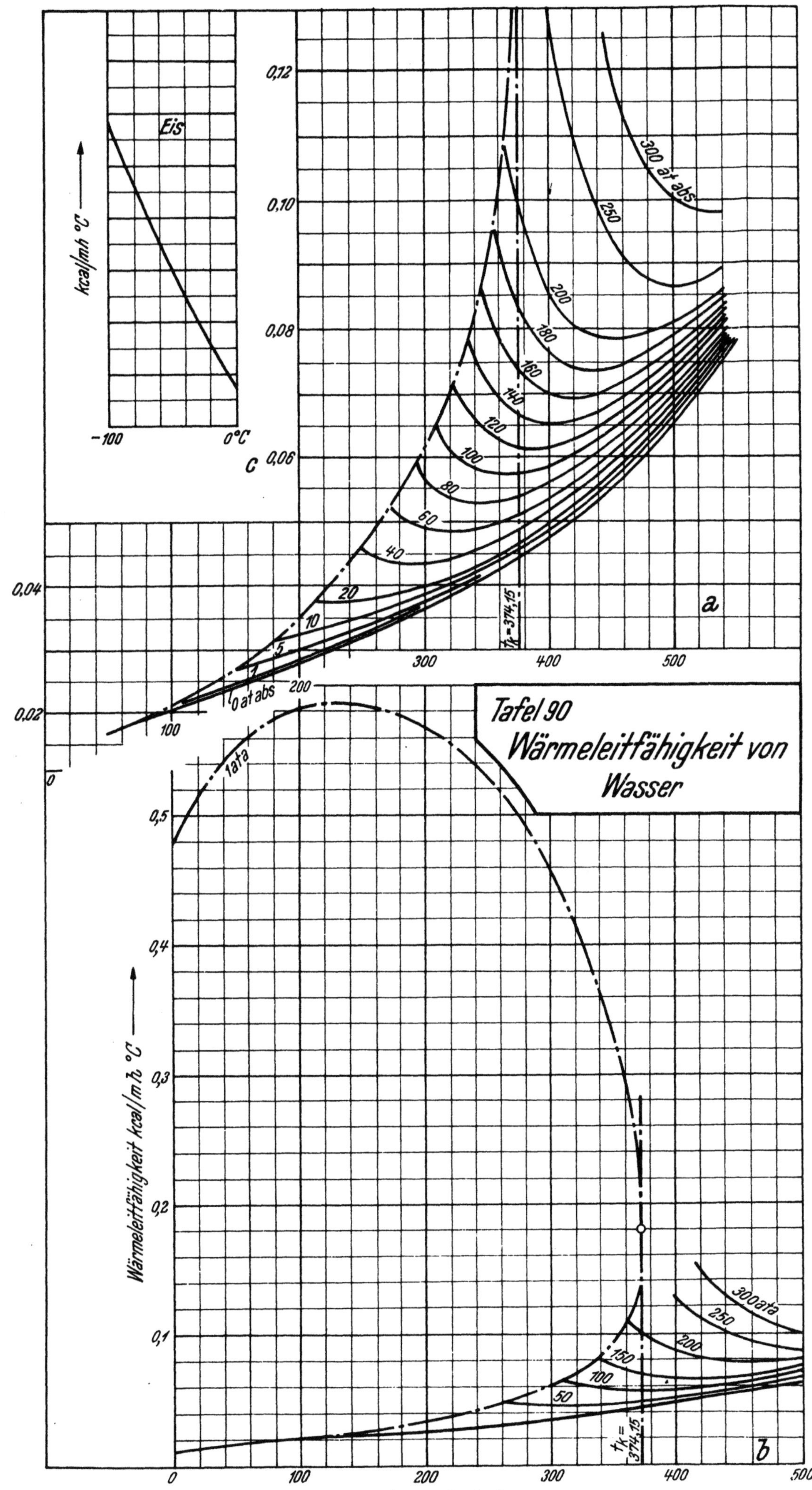

Tafel 90
Wärmeleitfähigkeit von Wasser
Temperatur (°C)
Wärmeleitfähigkeit kcal / m h °C
kcal/mh °C
Eis
a
b
c
-100
0°C
0,02
0,04
0,06
0,08
0,10
0,12
0,1
0,2
0,3
0,4
0,5
0
100
200
300
400
500
0 at abs
1 at abs
5
10
20
40
60
80
100
120
140
160
180
200
250
300 at abs
$t_k = 374,15$
1ata
50
100
150
200
250
300ata
$t_k = 374,15$

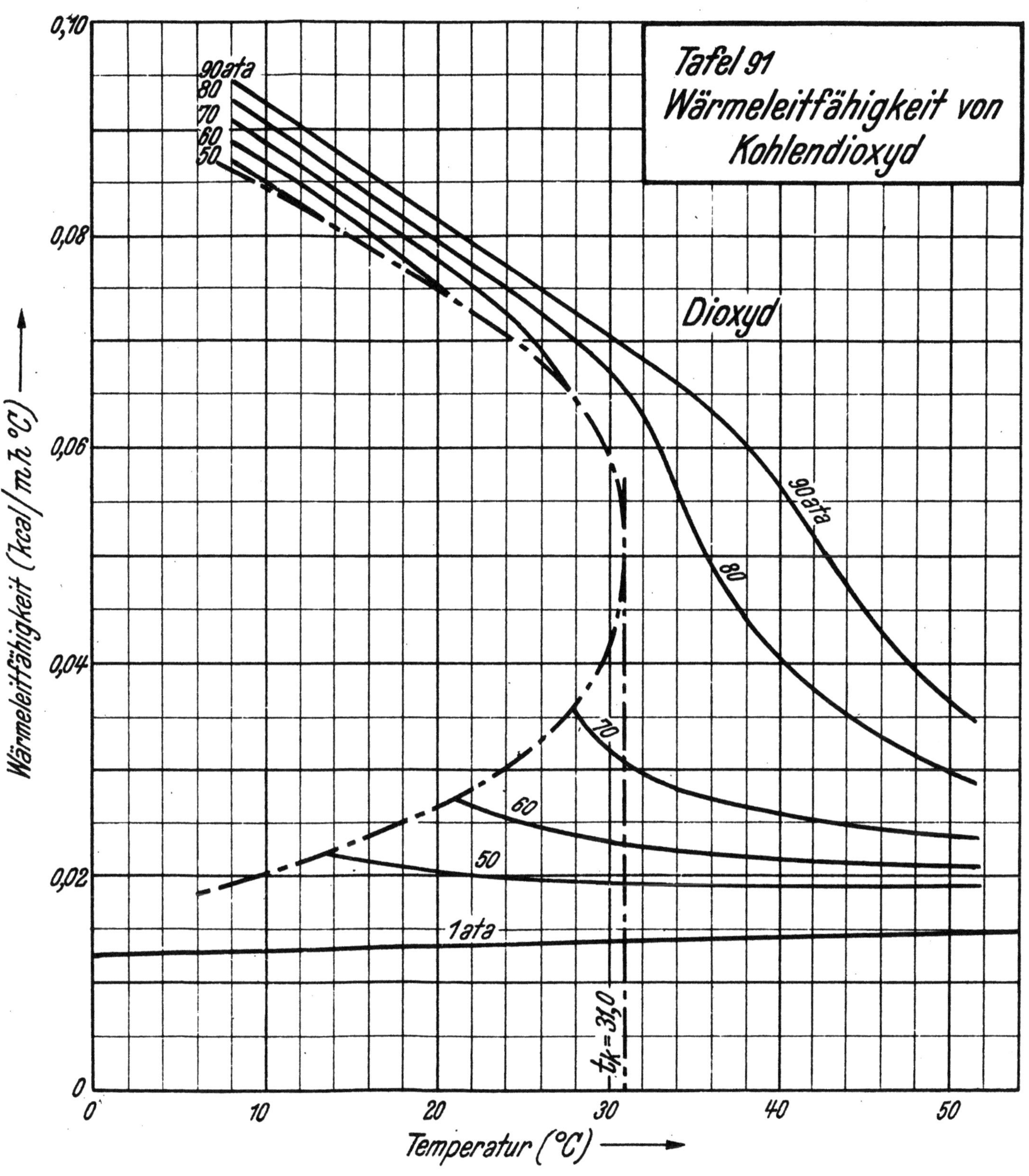

0,10
0,08
0,06
0,04
0,02
0
90ata
80
70
60
50
Tafel 91
Wärmeleitfähigkeit von
Kohlendioxyd
Dioxyd
90ata
80
70
60
50
1ata
tk=31,0
Wärmeleitfähigkeit (kcal/m.h °C)
0
10
20
30
40
50
Temperatur (°C)

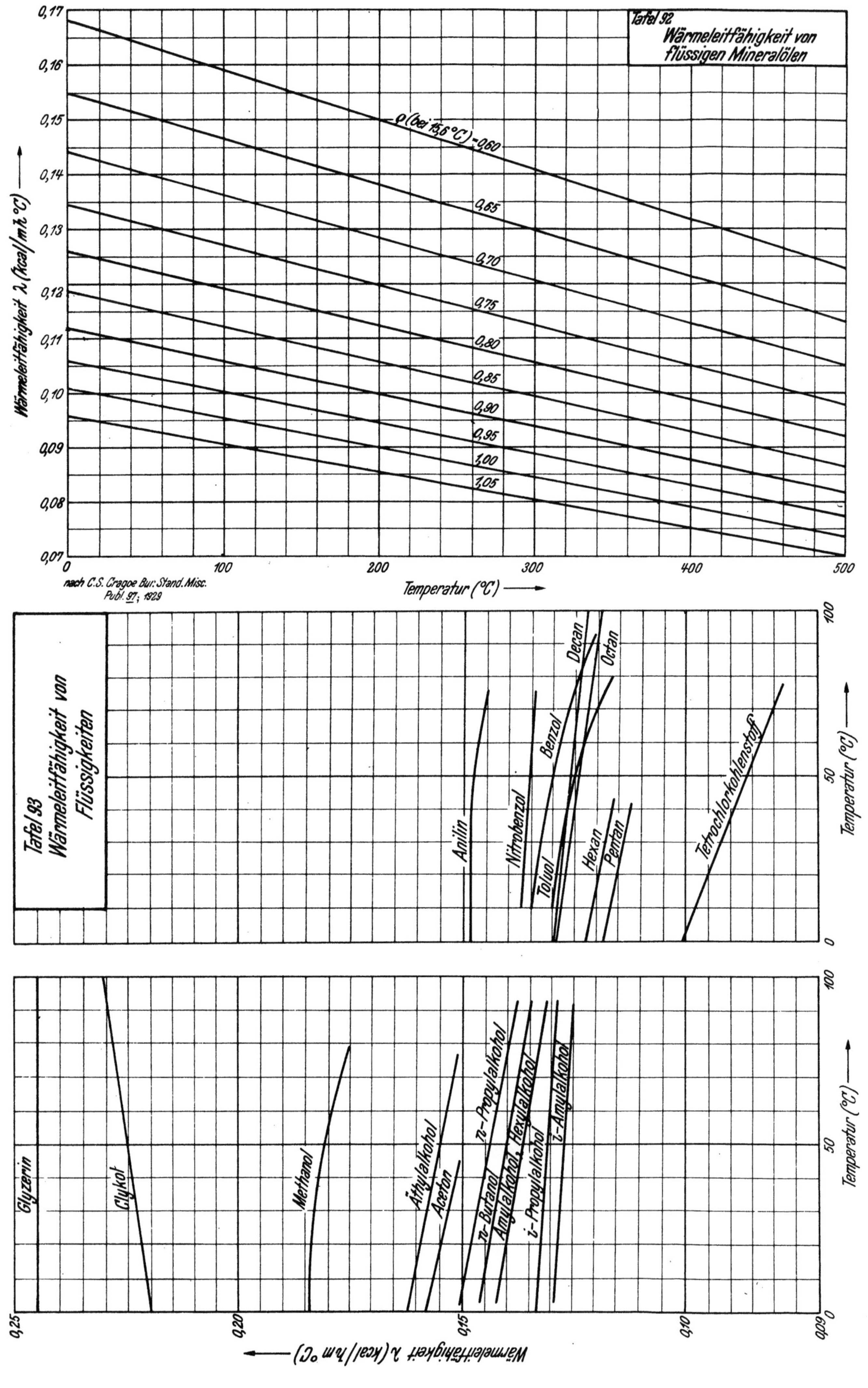

Tafel 92
Wärmeleitfähigkeit von flüssigen Mineralölen
Wärmeleitfähigkeit λ (kcal/m h °C)
ρ (bei 15,6 °C) = 0,60
0,65
0,70
0,75
0,80
0,85
0,90
0,95
1,00
1,05
0,17
0,16
0,15
0,14
0,13
0,12
0,11
0,10
0,09
0,08
0,07
0
100
200
300
400
500
Temperatur (°C)
nach C.S. Cragoe Bur. Stand. Misc. Publ. 97; 1929
Tafel 93
Wärmeleitfähigkeit von Flüssigkeiten
Anilin
Nitrobenzol
Toluol
Benzol
Decan
Octan
Hexan
Pentan
Tetrachlorkohlenstoff
Temperatur (°C)
Glyzerin
Glykol
Methanol
Äthylalkohol
Aceton
n-Propylalkohol
n-Butanol
Amylalkohol, Hexylalkohol
i-Propylalkohol
i-Amylalkohol
Temperatur (°C)
Wärmeleitfähigkeit λ (kcal/h m °C)
0,25
0,20
0,15
0,10
50
100

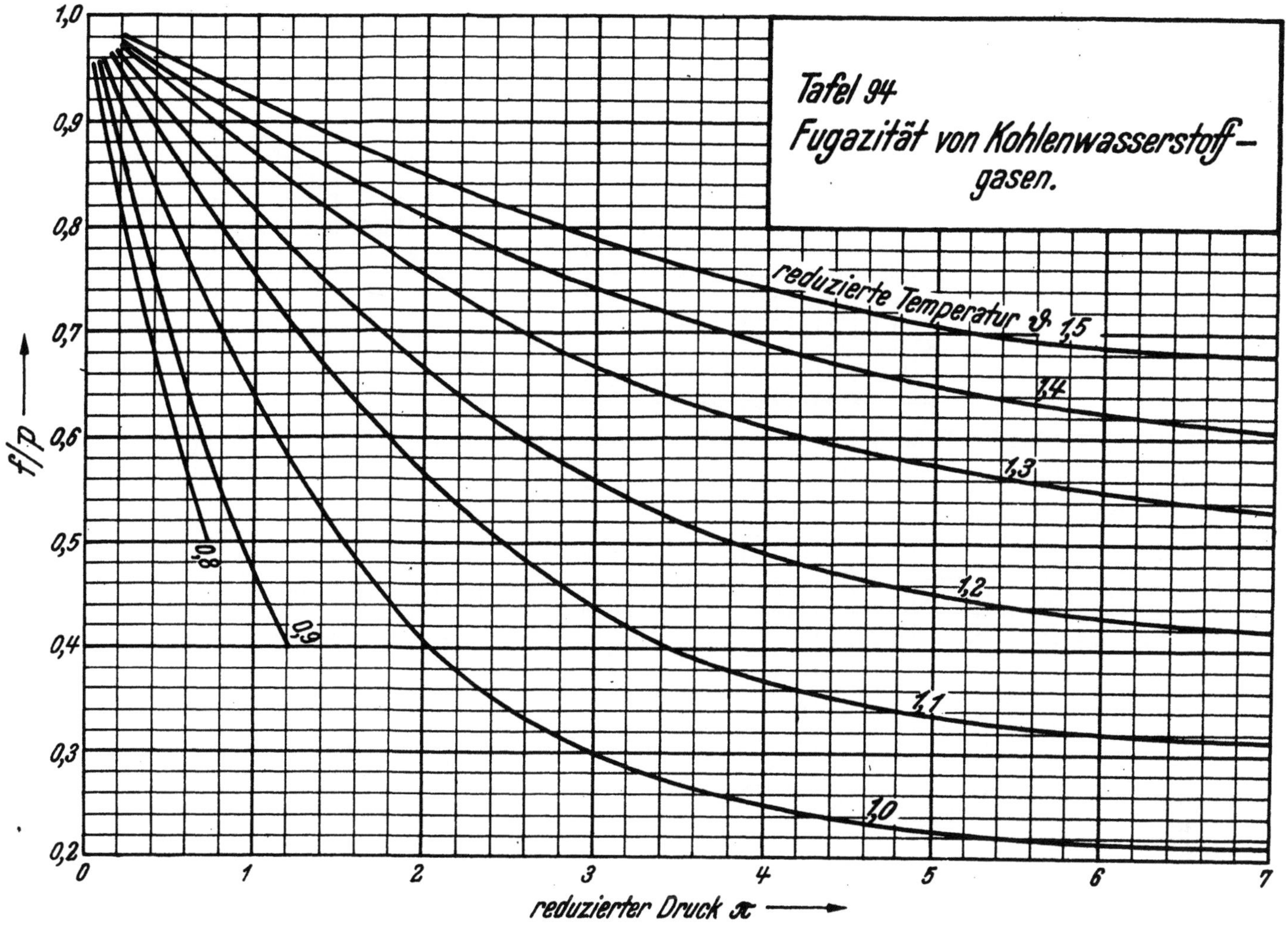
Tafel 94
Fugazität von Kohlenwasserstoff-gasen.
reduzierte Temperatur ϑ 1,5
1,4
1,3
1,2
1,1
1,0
0,9
0,8
f/p
reduzierter Druck π
1,0
0,9
0,8
0,7
0,6
0,5
0,4
0,3
0,2
0
1
2
3
4
5
6
7

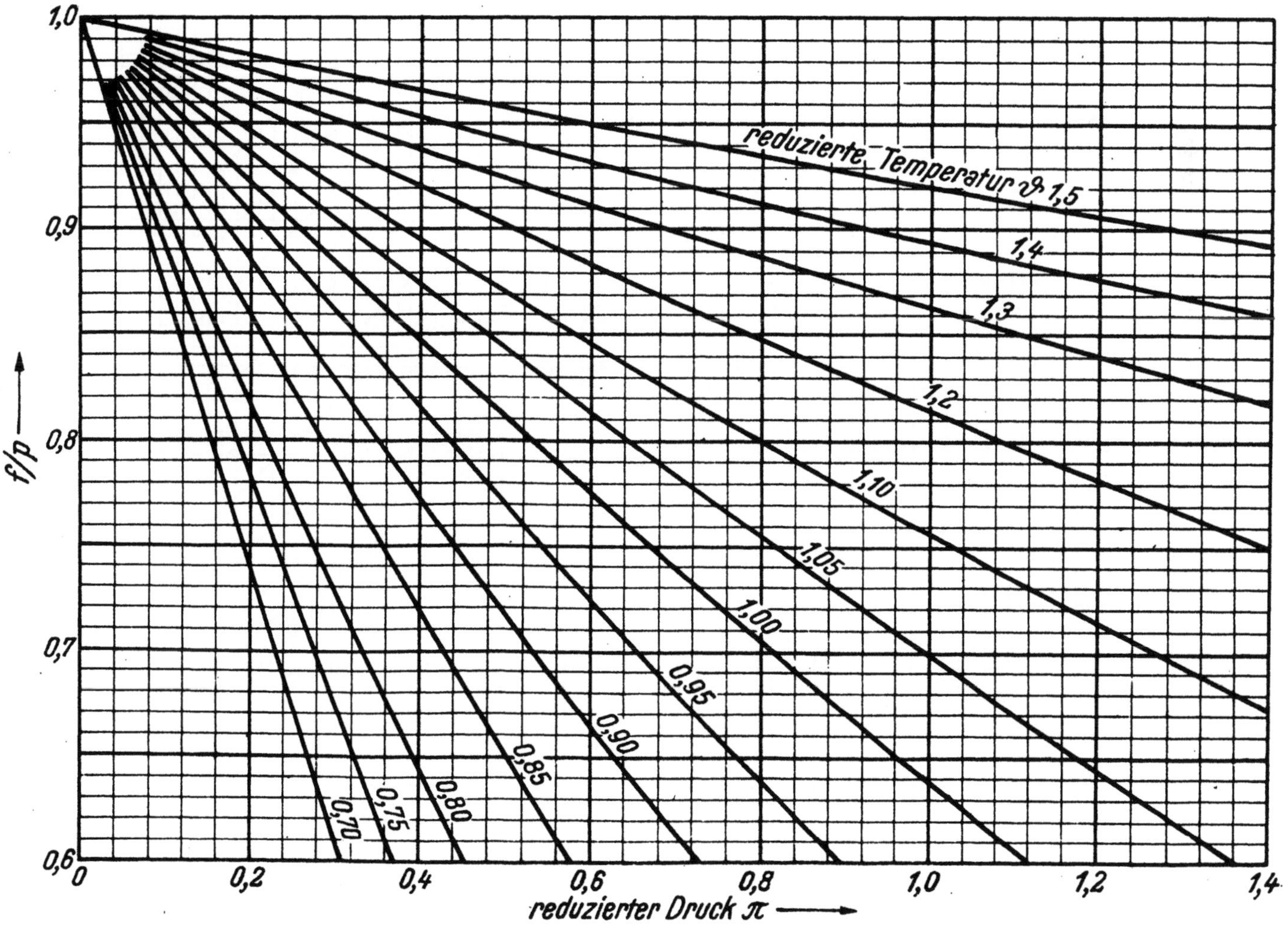
reduzierte Temperatur ϑ 1,5
1,4
1,3
1,2
1,10
1,05
1,00
0,95
0,90
0,85
0,80
0,75
0,70
f/p
reduzierter Druck π
1,0
0,9
0,8
0,7
0,6
0
0,2
0,4
0,6
0,8
1,0
1,2
1,4

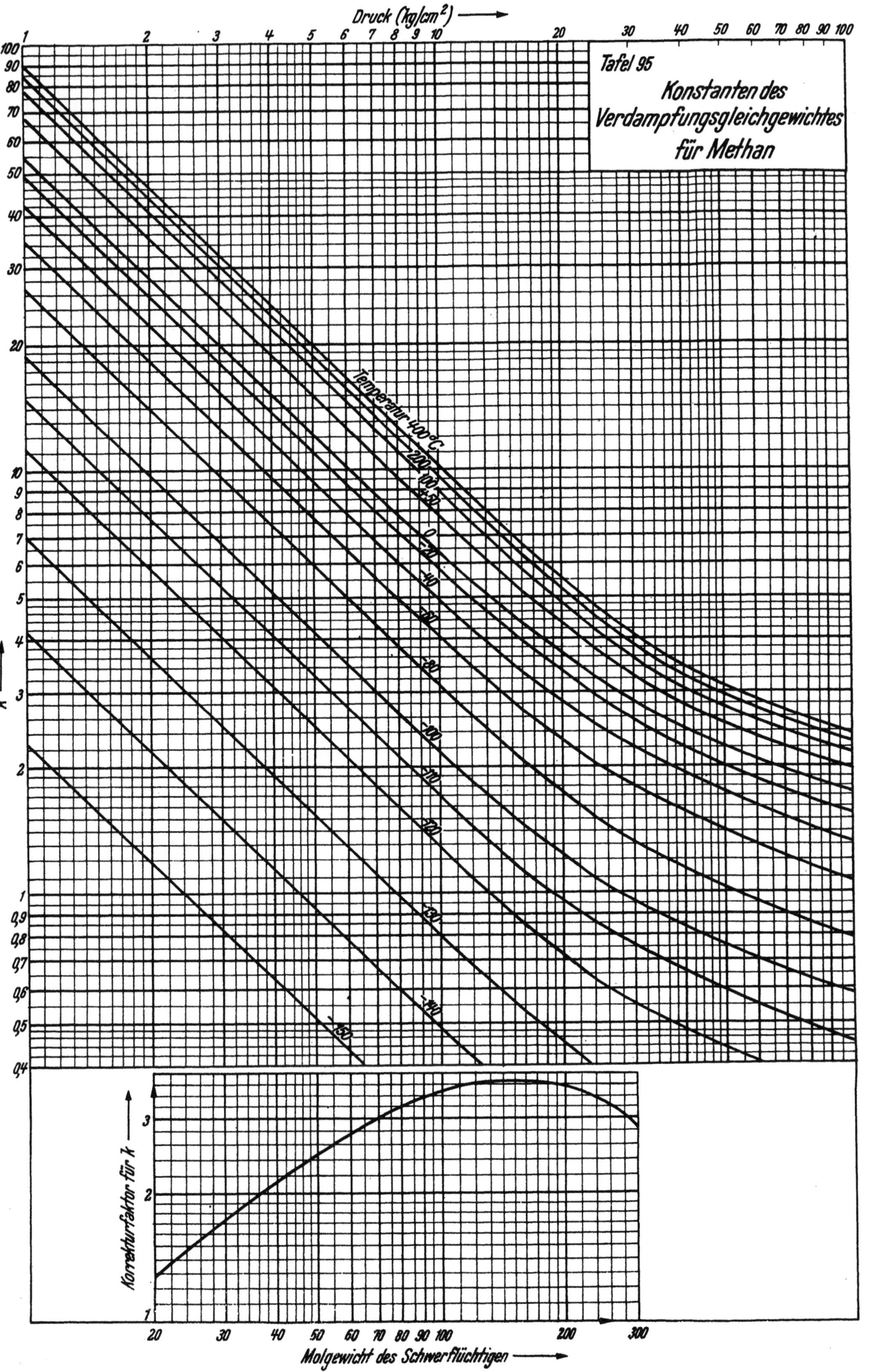

Druck (kg/cm²) →
Tafel 95
Konstanten des
Verdampfungsgleichgewichtes
für Methan
Temperatur 400°C
200
100
50
0
-40
-80
-100
-120
-140
-160
-180
-190
k →
Korrekturfaktor für k →
Molgewicht des Schwerflüchtigen →

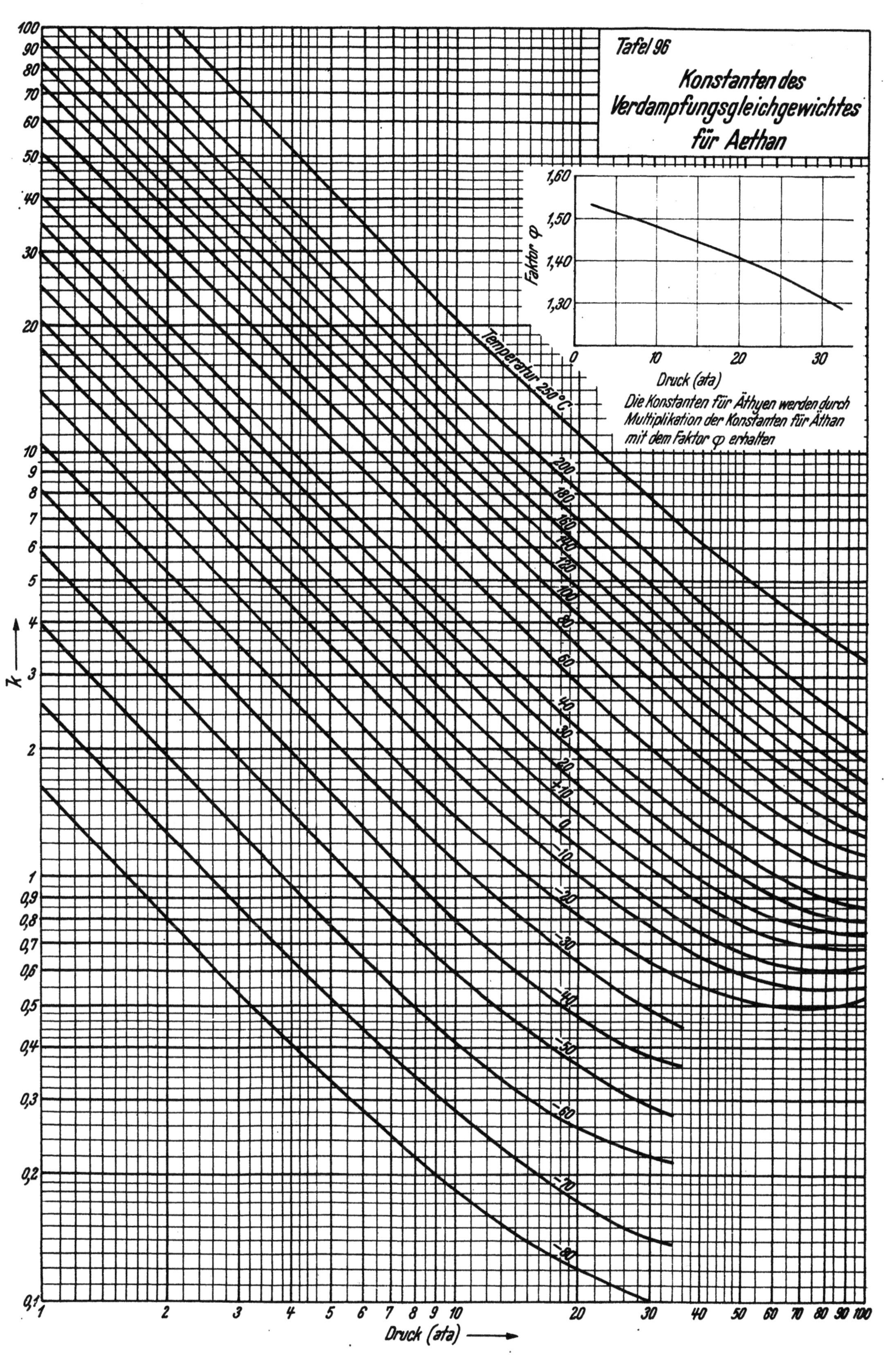

Tafel 96
Konstanten des
Verdampfungsgleichgewichtes
für Aethan
Faktor φ
1,60
1,50
1,40
1,30
Druck (ata)
0
10
20
30
Die Konstanten für Äthyen werden durch
Multiplikation der Konstanten für Äthan
mit dem Faktor φ erhalten
Temperatur 250°C
200
180
160
140
120
100
80
60
40
30
20
+10
0
-10
-20
-30
-40
-50
-60
-70
-80
K
Druck (ata)

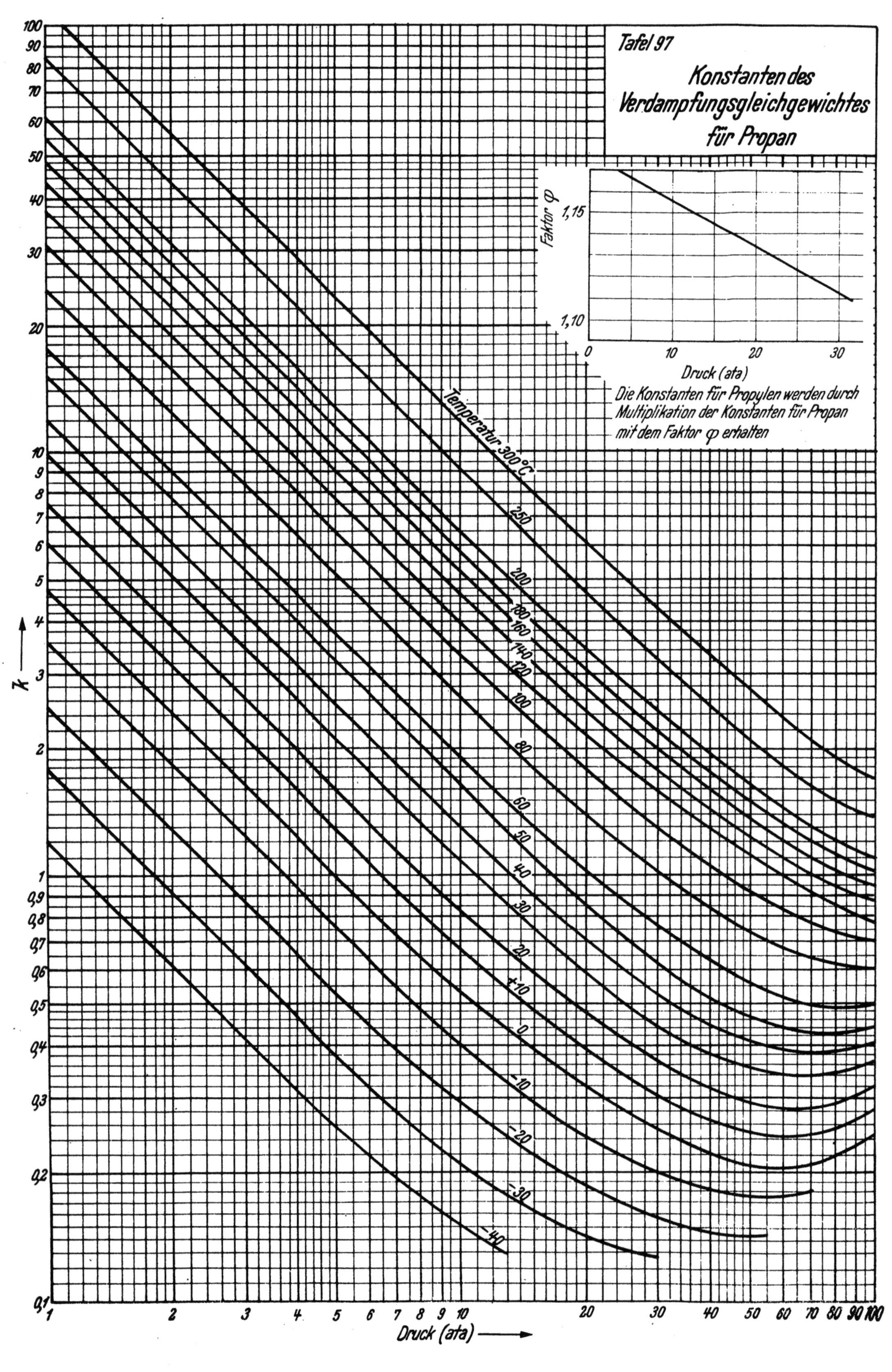

Tafel 97
Konstanten des
Verdampfungsgleichgewichtes
für Propan
Faktor φ
1,15
1,10
0
10
20
30
Druck (ata)
Die Konstanten für Propylen werden durch
Multiplikation der Konstanten für Propan
mit dem Faktor φ erhalten
Temperatur 300°C
250
200
180
160
140
120
100
80
60
50
40
30
20
+10
0
-10
-20
-30
-40
K
Druck (ata)

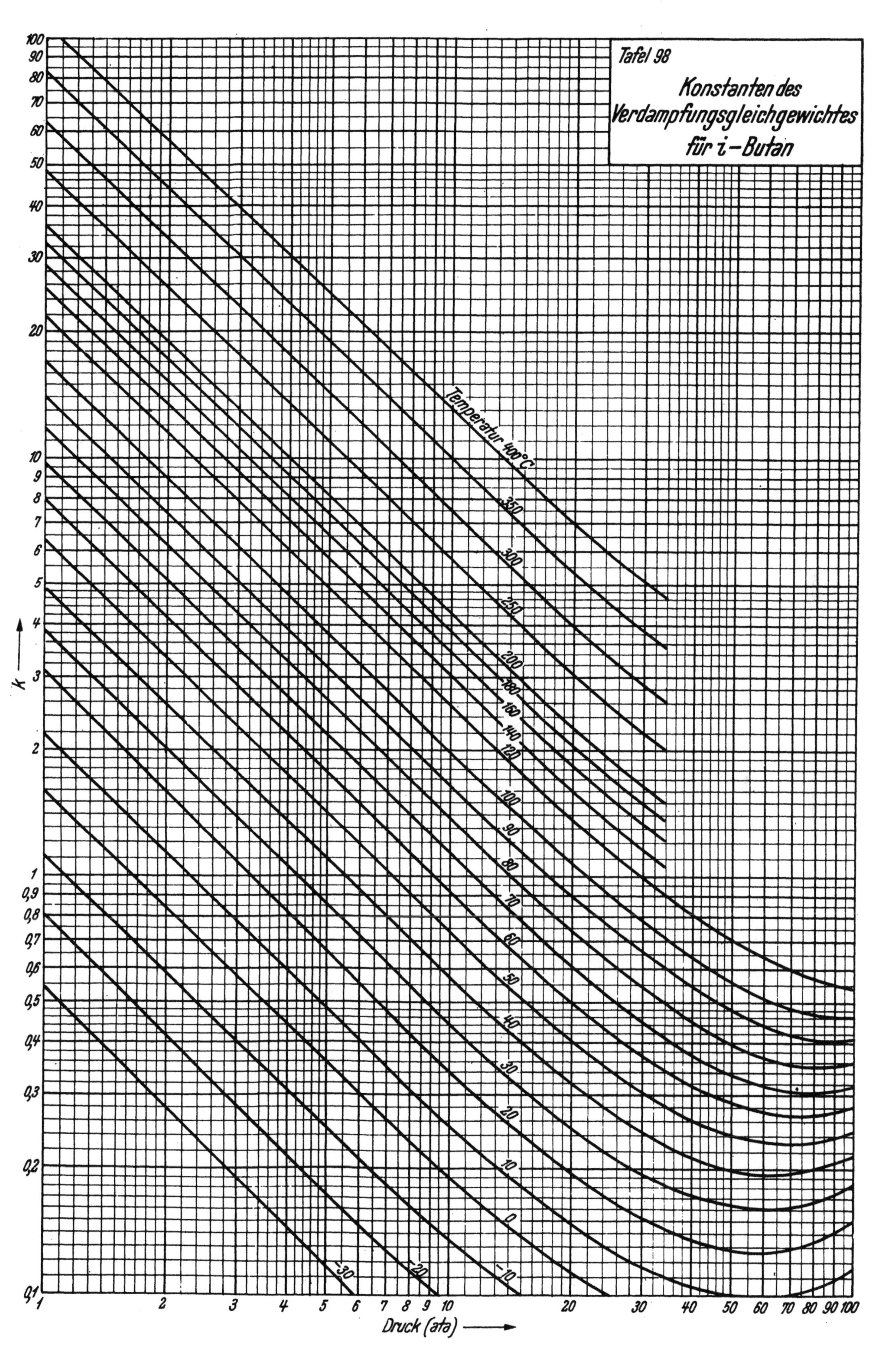

Tafel 98
Konstanten des
Verdampfungsgleichgewichtes
für i-Butan
Temperatur 400°C
350
300
250
200
180
160
140
120
100
90
80
70
60
50
40
30
20
10
0
-10
-20
-30
K
Druck (ata)

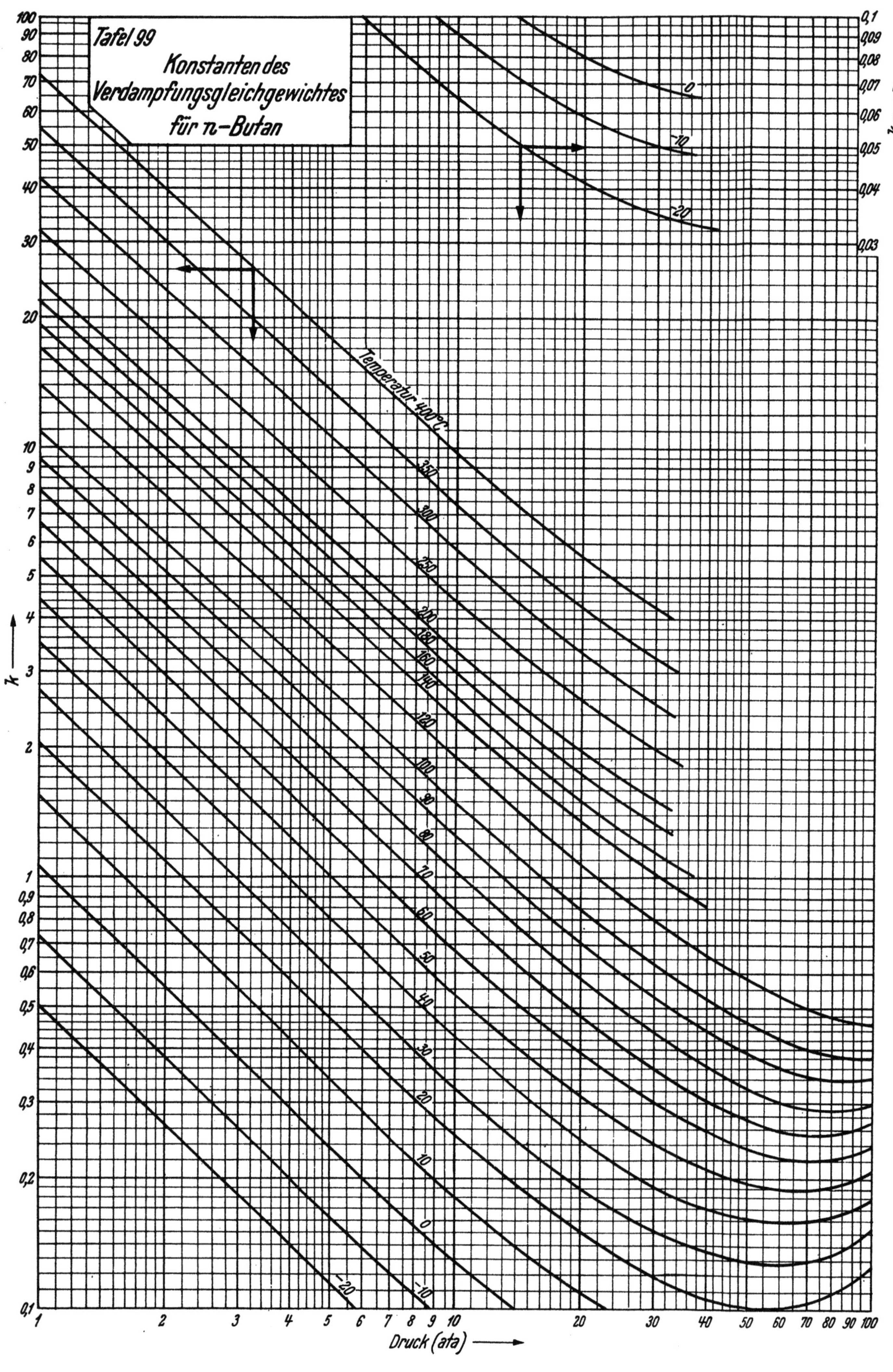

Tafel 99
Konstanten des
Verdampfungsgleichgewichtes
für n-Butan
Temperatur 400°C
350
300
250
200
180
160
140
120
100
90
80
70
60
50
40
30
20
10
0
-10
-20
0
-10
-20
k
k
Druck (ata)

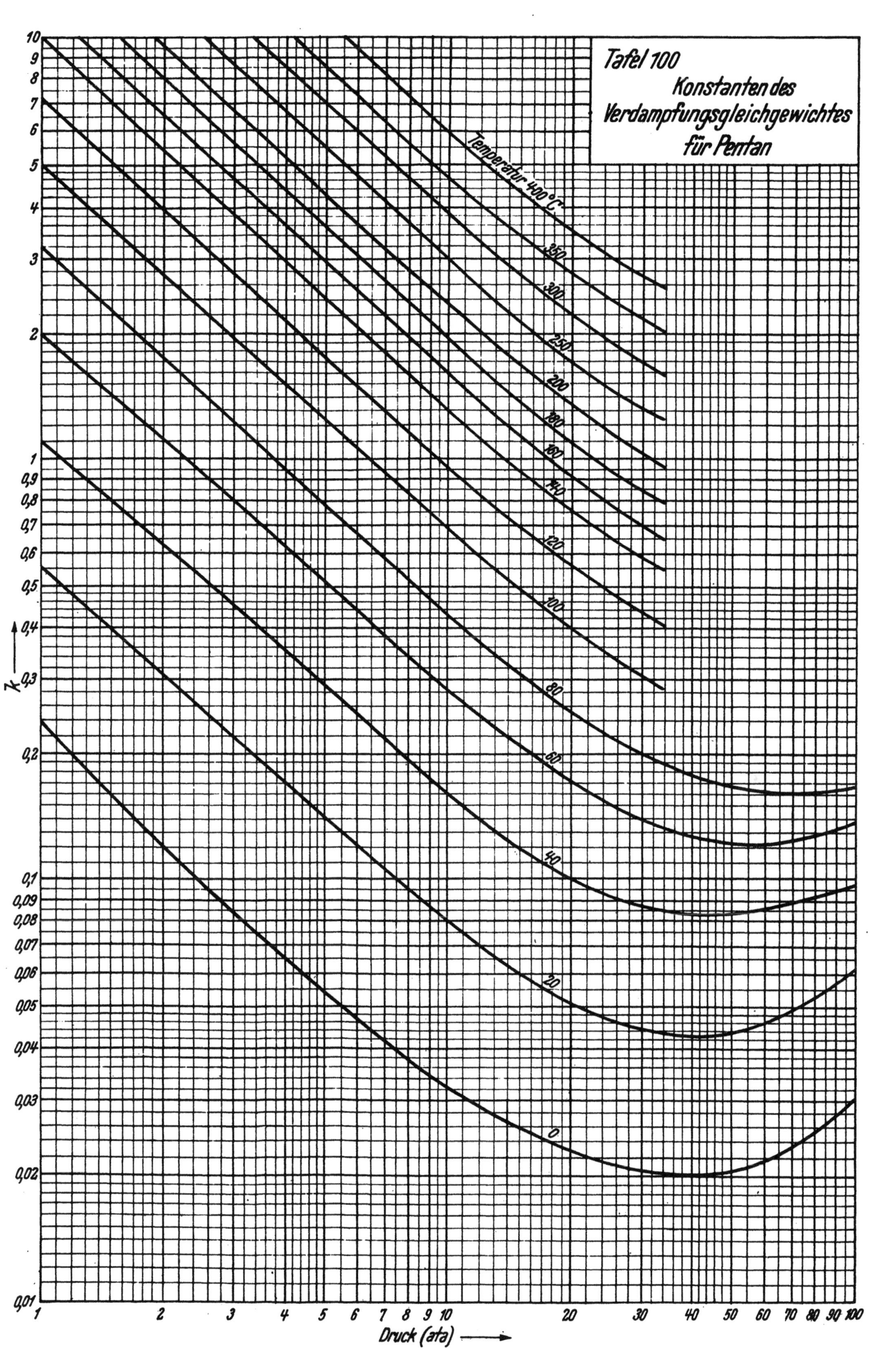

Tafel 100
Konstanten des
Verdampfungsgleichgewichtes
für Pentan
Temperatur 400 °C
350
300
250
200
180
160
140
120
100
80
60
40
20
0
k
Druck (ata)

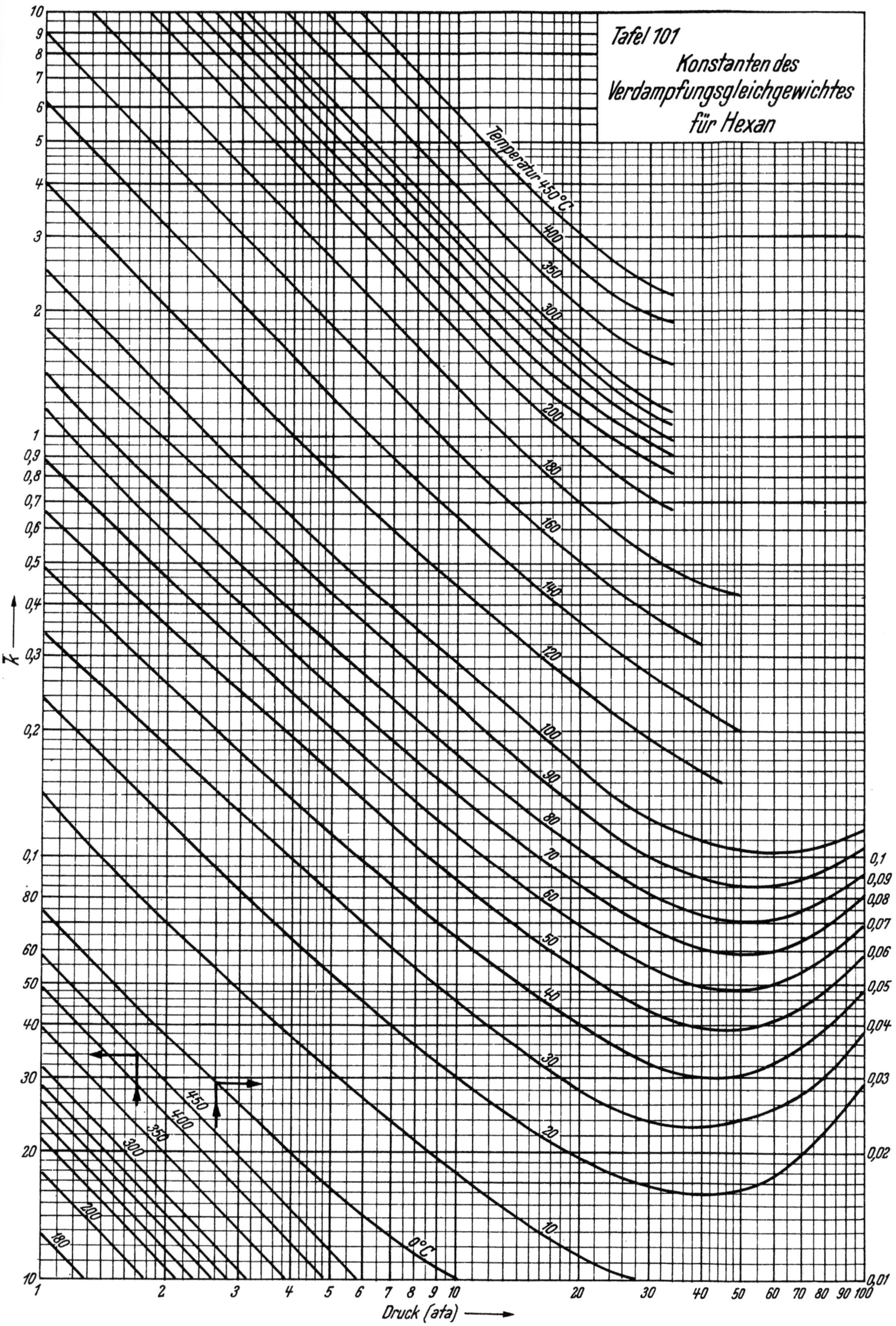

Tafel 101
Konstanten des
Verdampfungsgleichgewichtes
für Hexan
Temperatur 450°C
400
350
300
200
180
160
140
120
100
90
80
70
60
50
40
30
20
10
0°C
450
400
350
300
200
180
K
Druck (ata)

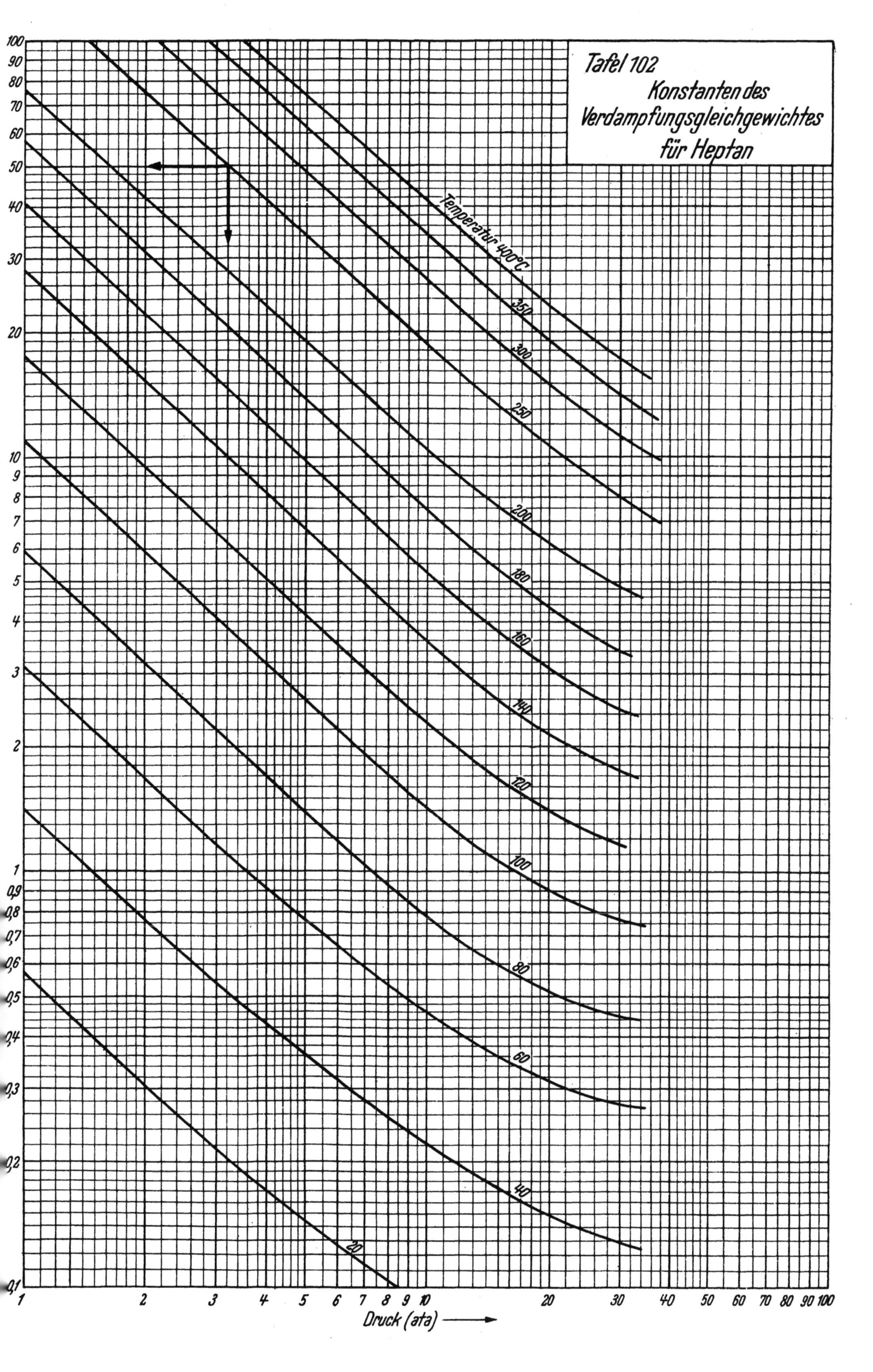

Tafel 102
Konstanten des
Verdampfungsgleichgewichtes
für Heptan
Temperatur 400°C
350
300
250
200
180
160
140
120
100
80
60
40
20
Druck (ata)

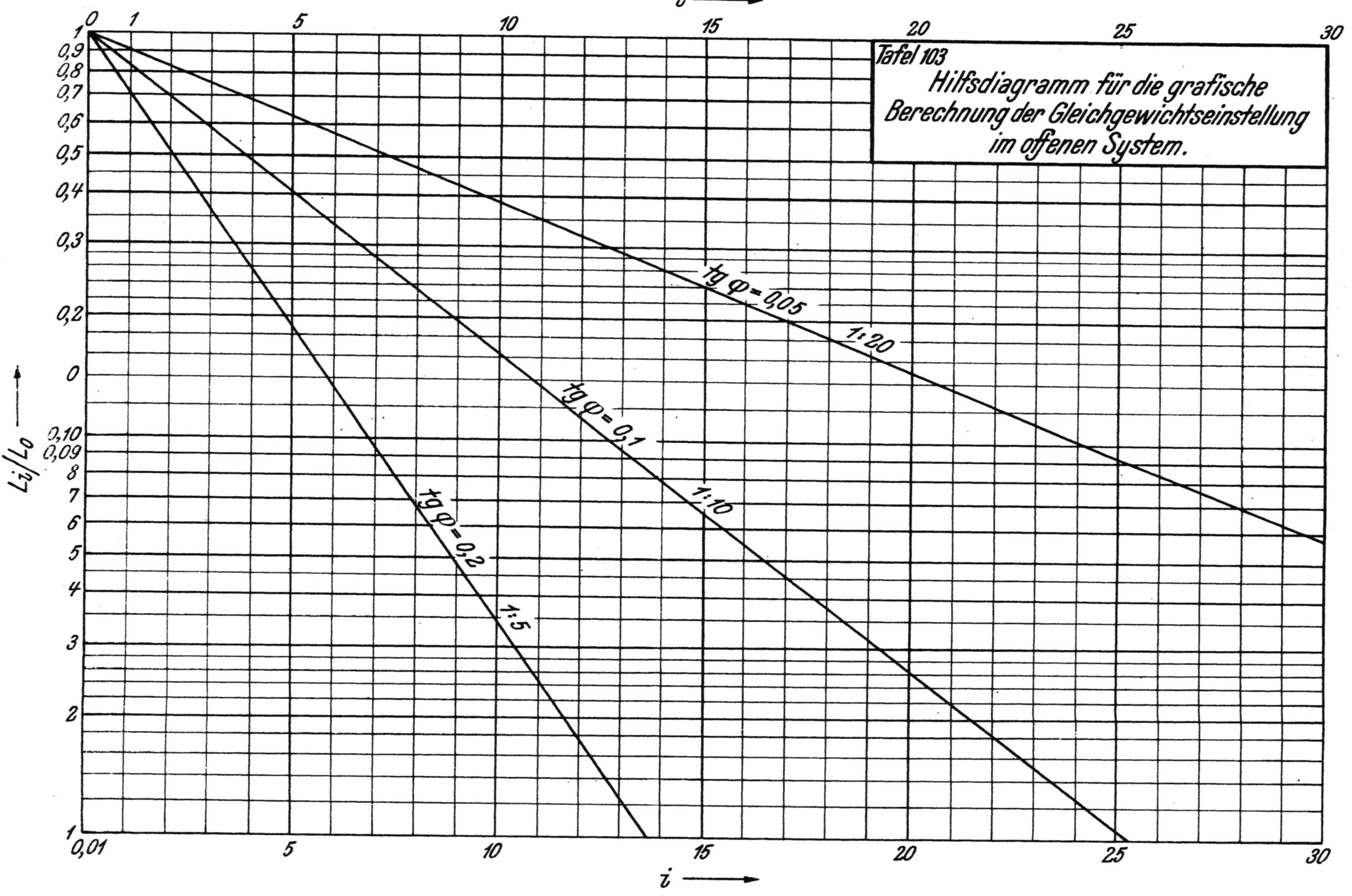

i
Li/Lo
Tafel 103
Hilfsdiagramm für die grafische
Berechnung der Gleichgewichtseinstellung
im offenen System.
tg φ = 0,05
1:20
tg φ = 0,1
1:10
tg φ = 0,2
1:5
i

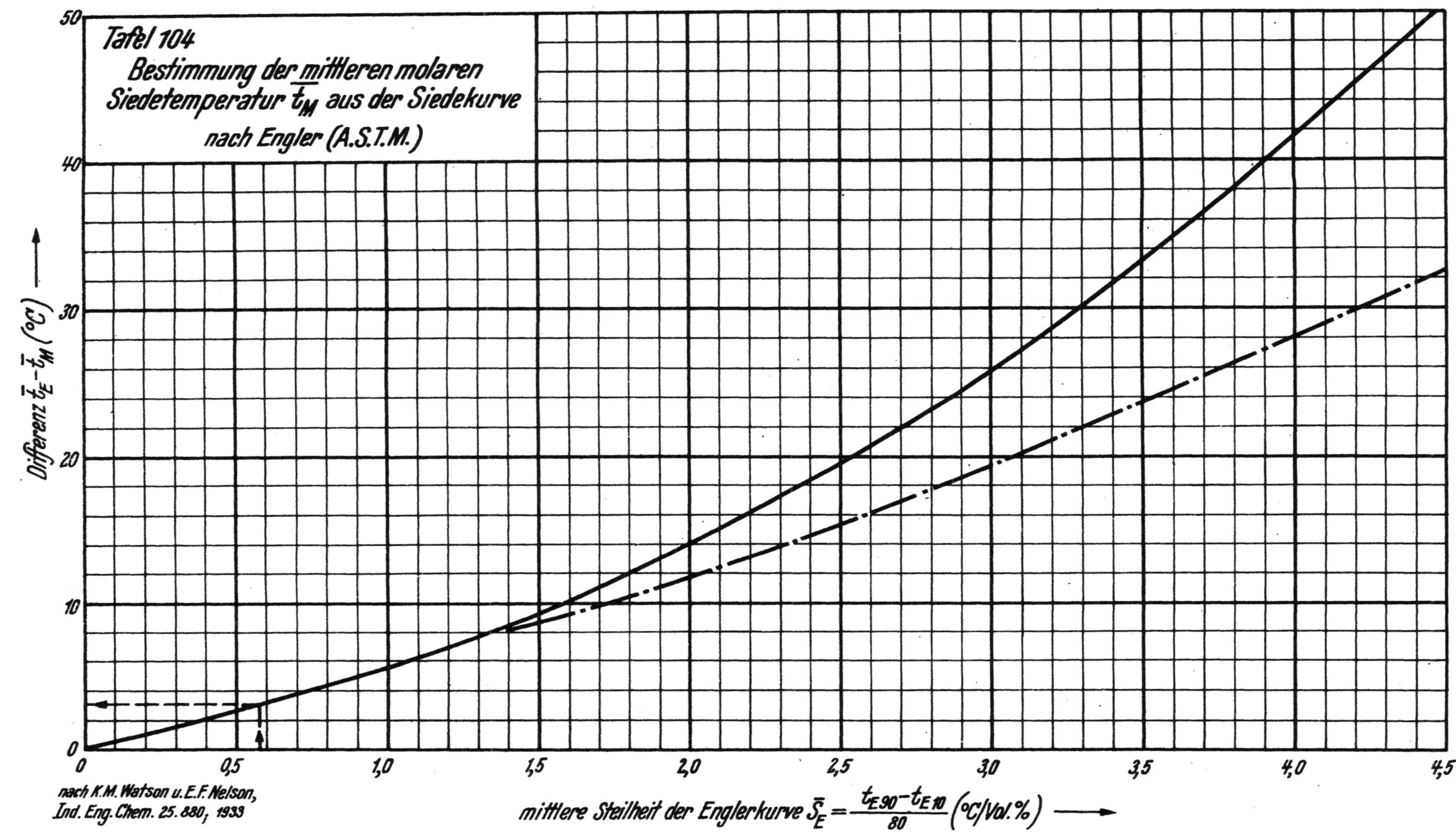

Tafel 104
Bestimmung der mittleren molaren
Siedetemperatur $\overline{t_M}$ aus der Siedekurve
nach Engler (A.S.T.M.)
Differenz $\overline{t_E} - \overline{t_M}$ (°C)
50
40
30
20
10
0
nach K.M. Watson u. E.F. Nelson,
Ind. Eng. Chem. 25.880, 1933
mittlere Steilheit der Englerkurve $\overline{S}_E = \dfrac{t_{E90} - t_{E10}}{80}$ (°C/Vol.%)
0   0,5   1,0   1,5   2,0   2,5   3,0   3,5   4,0   4,5

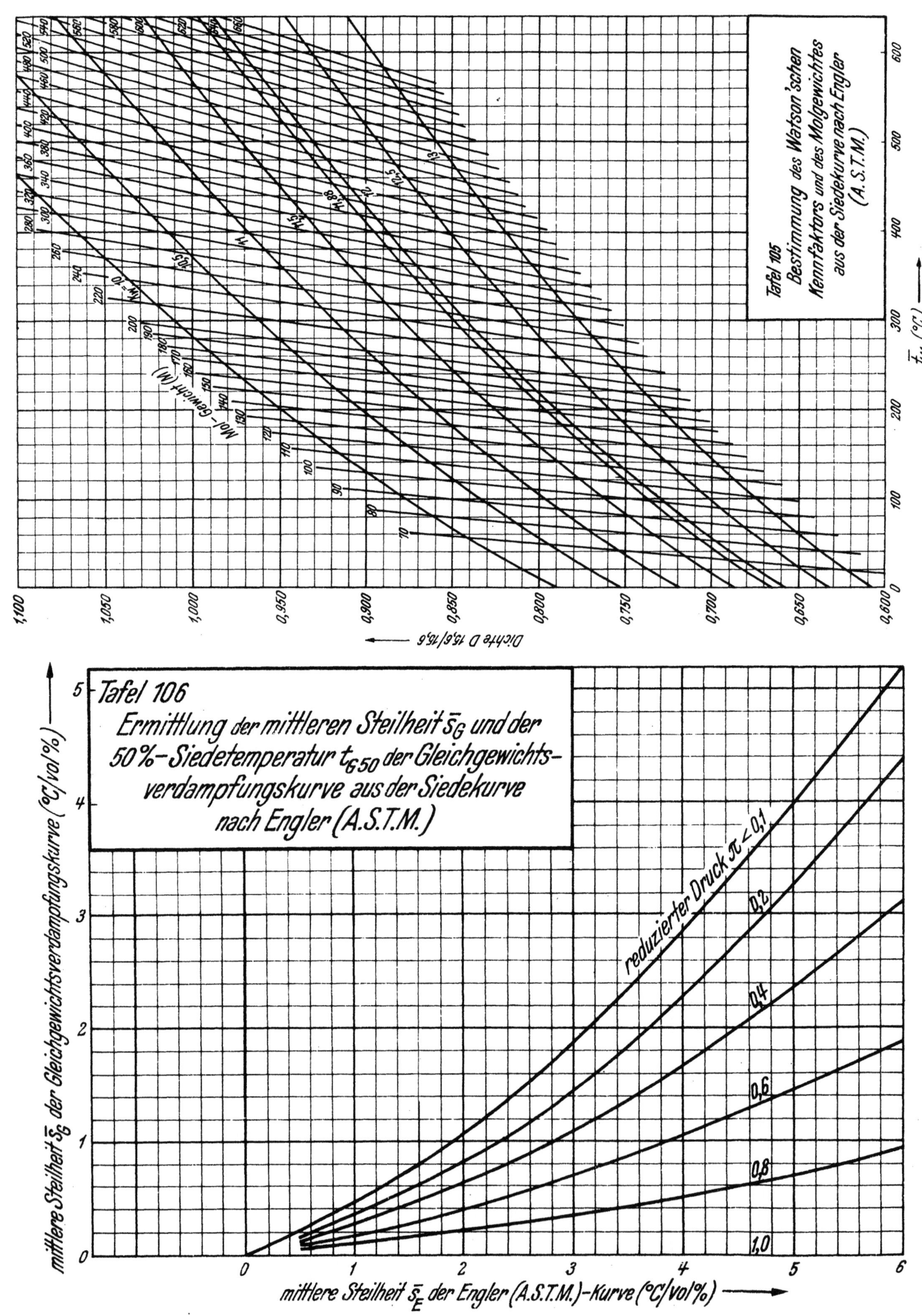

Tafel 105
Bestimmung des Watson'schen Kennfaktors und des Molgewichtes aus der Siedekurve nach Engler (A.S.T.M.)
t_w (°C)
Dichte D 15,6/15,6
Mol-Gewicht (M)
Tafel 106
Ermittlung der mittleren Steilheit s̄_G und der 50%-Siedetemperatur t_G50 der Gleichgewichtsverdampfungskurve aus der Siedekurve nach Engler (A.S.T.M.)
mittlere Steilheit s̄_G der Gleichgewichtsverdampfungskurve (°C/vol%)
mittlere Steilheit s̄_E der Engler (A.S.T.M.)-Kurve (°C/vol%)
reduzierter Druck π < 0,1
0,2
0,4
0,6
0,8
1,0

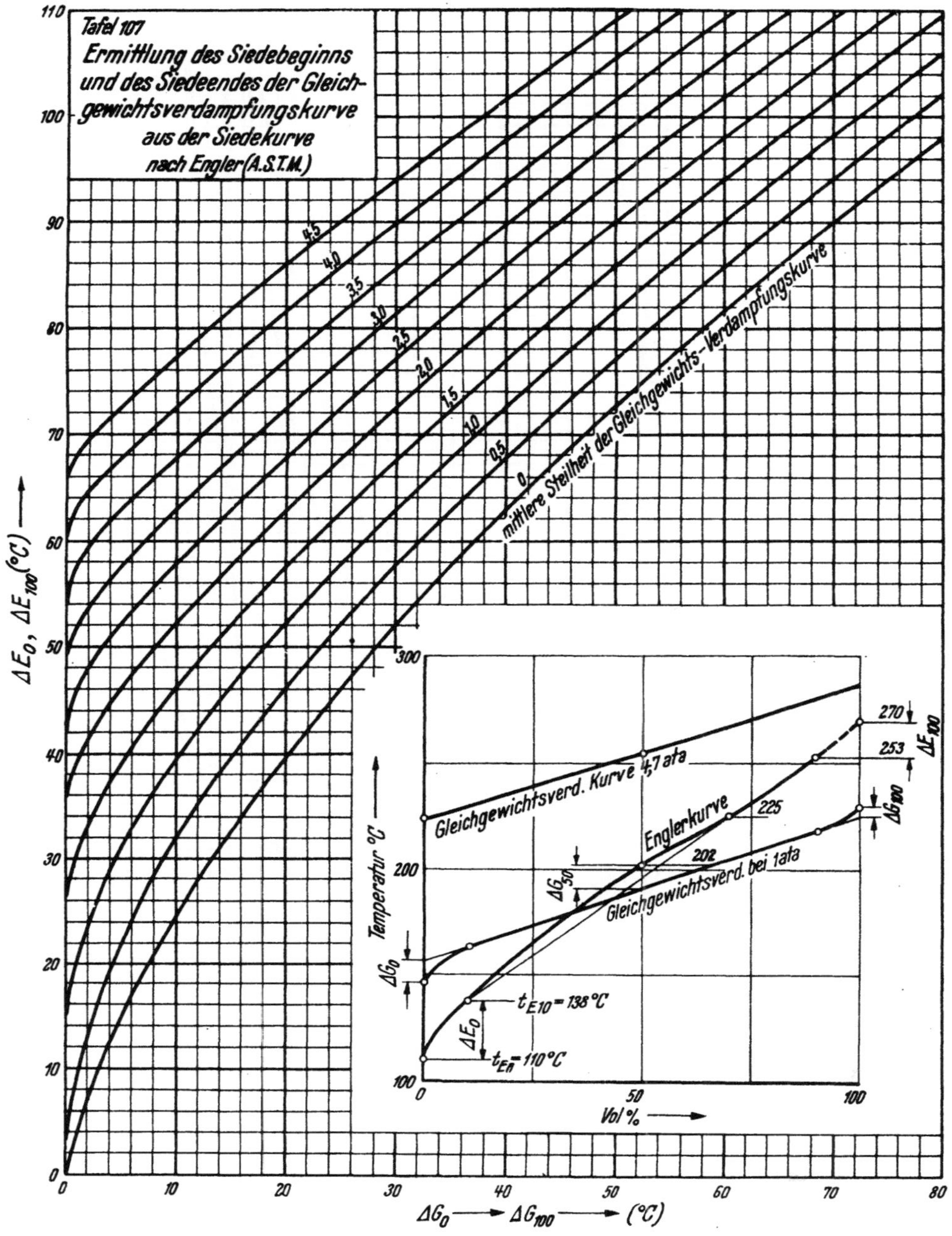
ΔE₀, ΔE₁₀₀ (°C)
ΔG₀ → ΔG₁₀₀ → (°C)
4,5
4,0
3,5
3,0
2,5
2,0
1,5
1,0
0,5
0
mittlere Steilheit der Gleichgewichts-Verdampfungskurve
Temperatur °C
Vol %
Gleichgewichtsverd. Kurve 4,7 ata
Englerkurve
Gleichgewichtsverd. bei 1 ata
270
253
225
202
ΔE₁₀₀
ΔG₁₀₀
ΔG₅₀
ΔG₀
ΔE₀
t E10 = 138 °C
t En = 110 °C

Tafel 107
Ermittlung des Siedebeginns und des Siedeendes der Gleichgewichtsverdampfungskurve aus der Siedekurve nach Engler (A.S.T.M.)

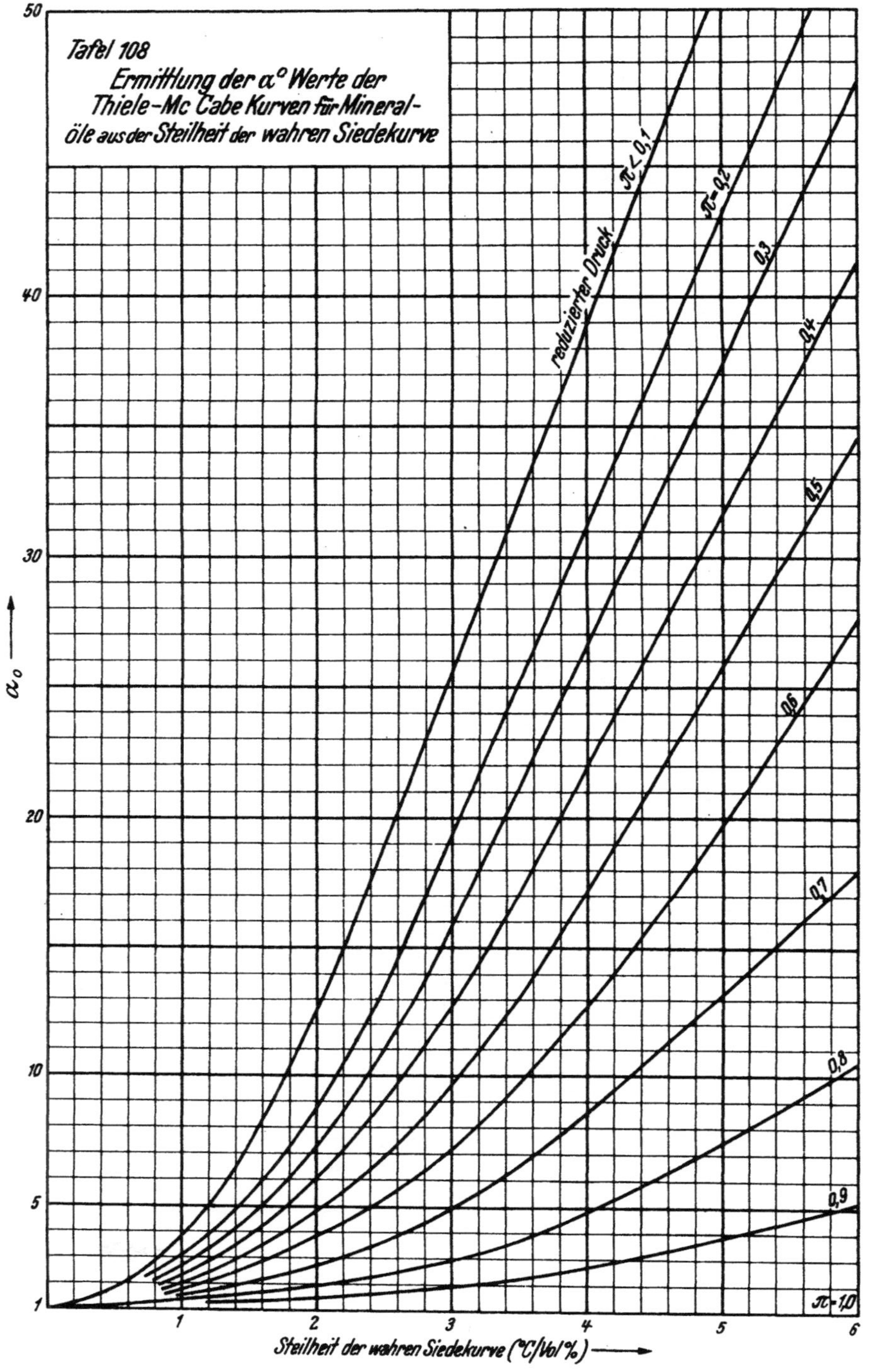
α₀
Steilheit der wahren Siedekurve (°C/Vol %)
reduzierter Druck
π ≤ 0,1
π = 0,2
0,3
0,4
0,5
0,6
0,7
0,8
0,9
π = 1,0

Tafel 108
Ermittlung der α° Werte der Thiele-Mc Cabe Kurven für Mineralöle aus der Steilheit der wahren Siedekurve

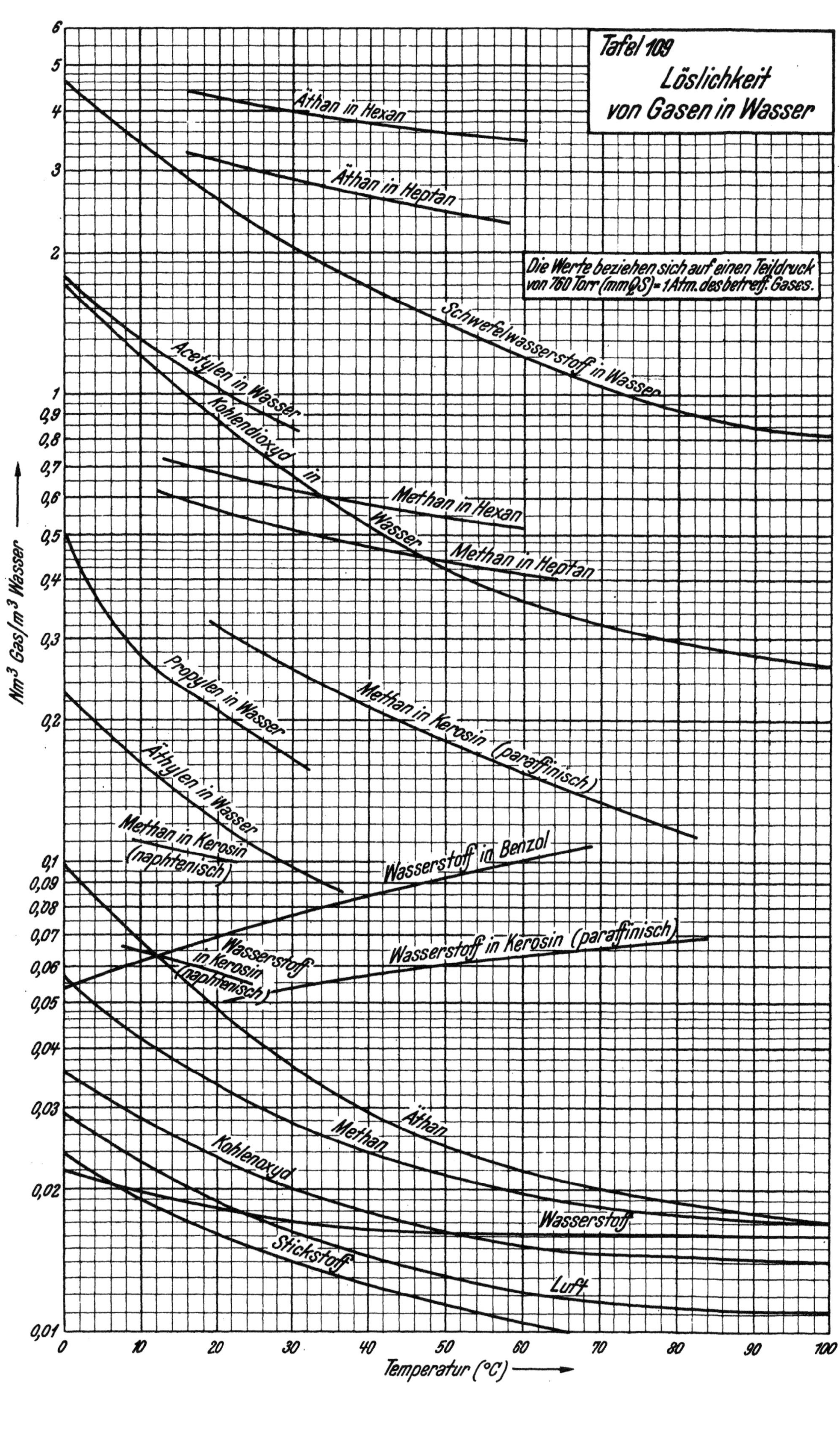

Tafel 109
Löslichkeit von Gasen in Wasser
Die Werte beziehen sich auf einen Teildruck von 760 Torr (mm QS) = 1 Atm. des betreff. Gases.
Nm³ Gas/m³ Wasser
Temperatur (°C)
Äthan in Hexan
Äthan in Heptan
Schwefelwasserstoff in Wasser
Acetylen in Wasser
Kohlendioxyd in Wasser
Methan in Hexan
Methan in Heptan
Propylen in Wasser
Methan in Kerosin (paraffinisch)
Äthylen in Wasser
Methan in Kerosin (naphtenisch)
Wasserstoff in Benzol
Wasserstoff in Kerosin (naphtenisch)
Wasserstoff in Kerosin (paraffinisch)
Äthan
Methan
Kohlenoxyd
Wasserstoff
Stickstoff
Luft

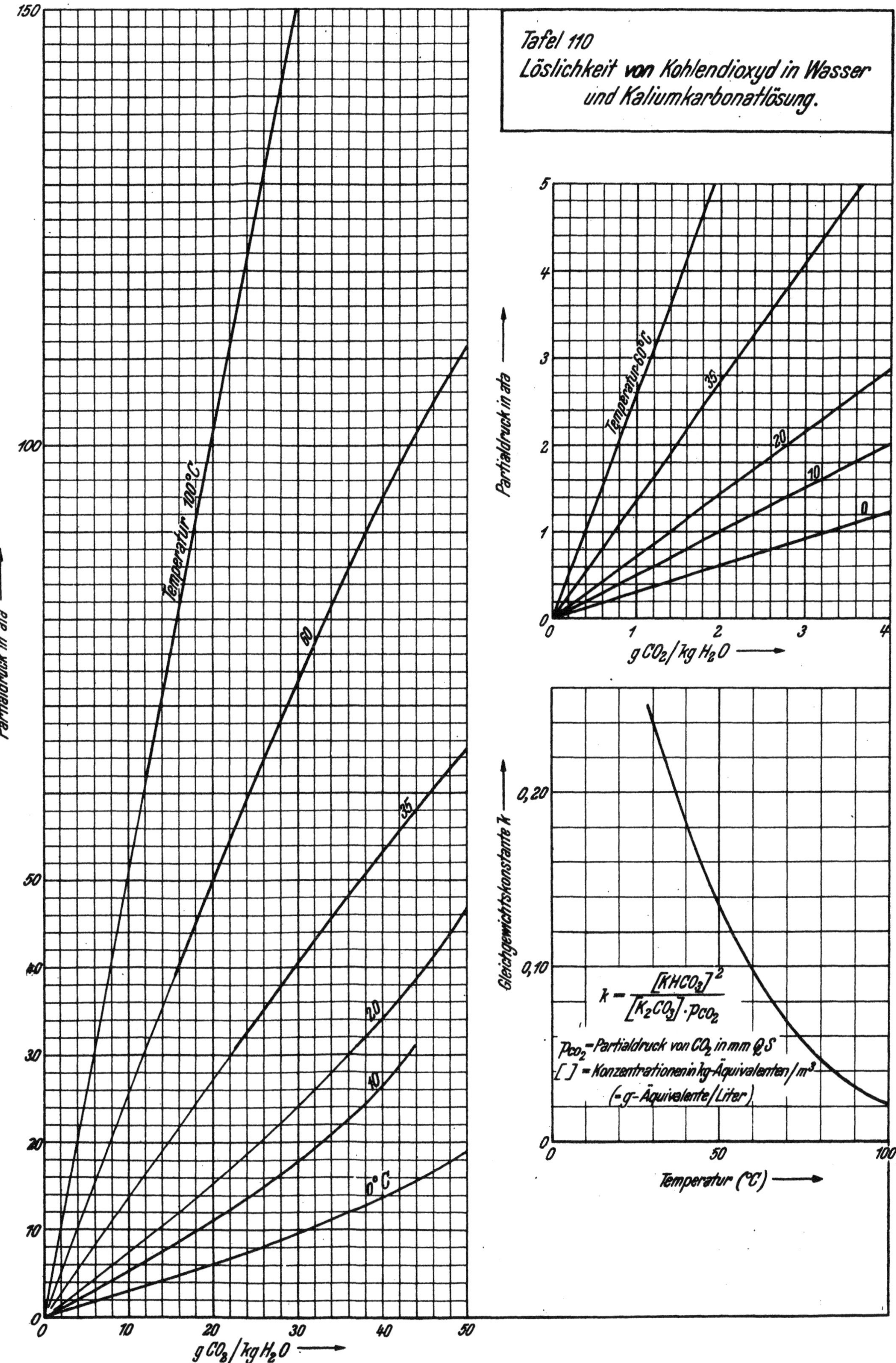

$$k = \frac{[KHCO_3]^2}{[K_2CO_3] \cdot p_{CO_2}}$$

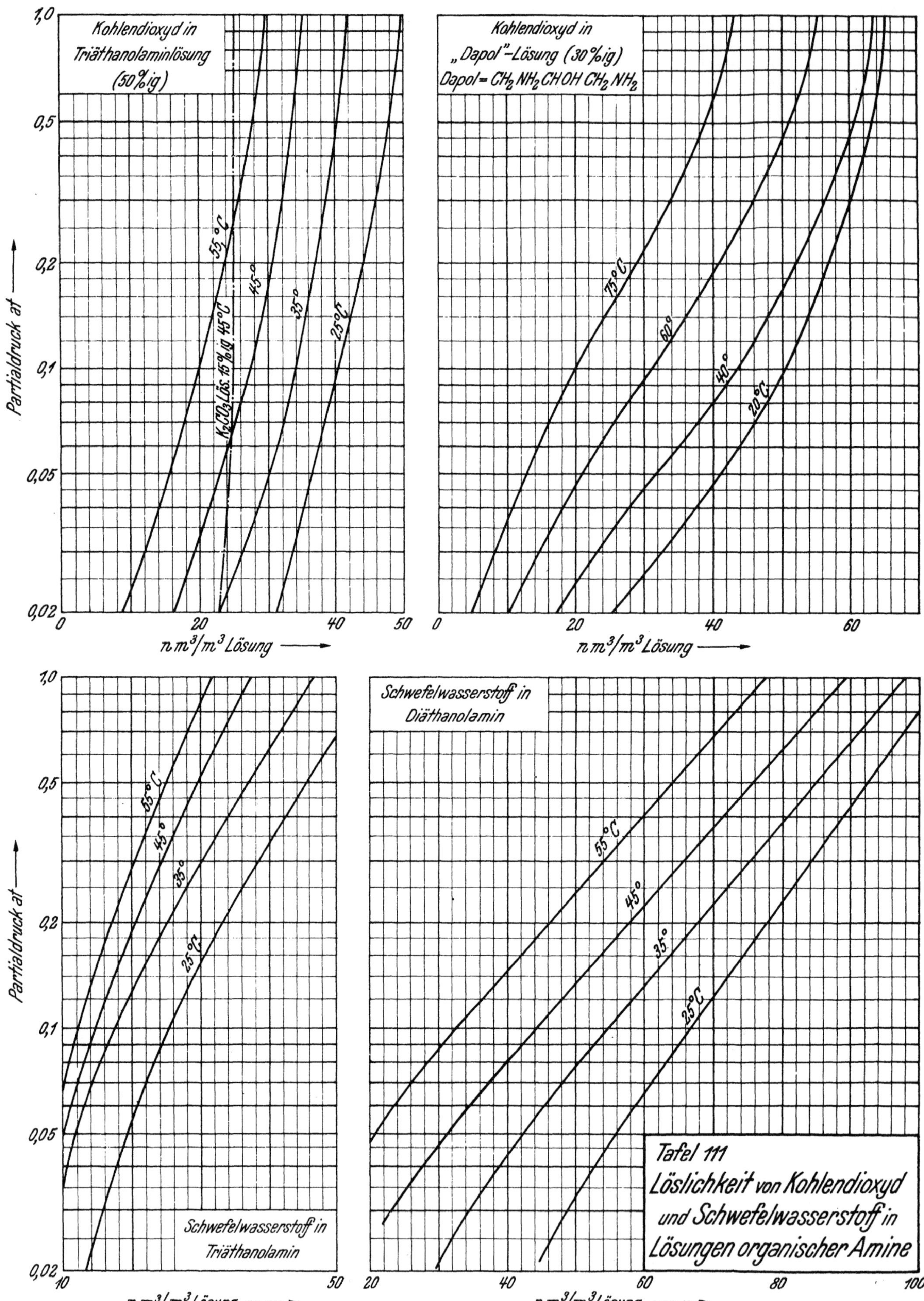

Kohlendioxyd in Triäthanolaminlösung (50 %ig)
Partialdruck at
55° C
45°
35°
25° C
K₂CO₃ Lös. 45 %ig. 45°
n m³/m³ Lösung

Kohlendioxyd in „Dapol"-Lösung (30 %ig)
Dapol = CH₂ NH₂ CH OH CH₂ NH₂
75° C
60°
40°
20° C
n m³/m³ Lösung

Partialdruck at
65° C
45°
35°
25° C
Schwefelwasserstoff in Triäthanolamin
n m³/m³ Lösung

Schwefelwasserstoff in Diäthanolamin
55° C
45°
35°
25° C
n m³/m³ Lösung

Tafel 111
Löslichkeit von Kohlendioxyd und Schwefelwasserstoff in Lösungen organischer Amine

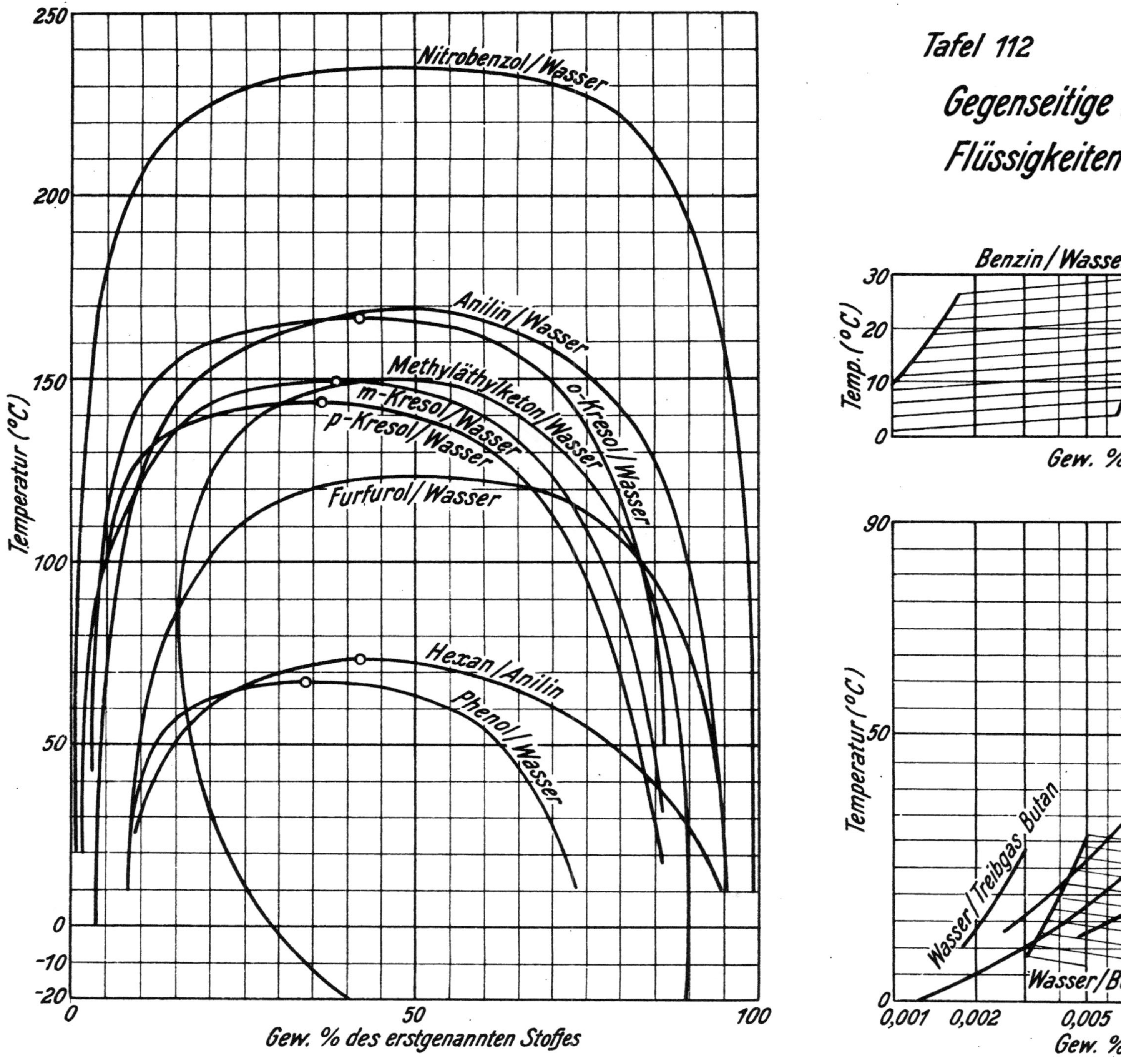

Tafel 112
Gegenseitige Löslichkeit verschiedener
Flüssigkeiten (binäre Systeme)
Nitrobenzol / Wasser
Anilin / Wasser
o-Kresol / Wasser
Methyläthylketon / Wasser
m-Kresol / Wasser
p-Kresol / Wasser
Furfurol / Wasser
Hexan / Anilin
Phenol / Wasser
Temperatur (°C)
Gew. % des erstgenannten Stoffes
Benzin / Wasser
Toluol / Wasser
Benzol / Wasser
Temp. (°C)
Gew. % Kohlenwasserstoff im Wasser
Wasser / Paraffinöl
Wasser / Petroleum
Wasser / Zyklohexan
Wasser / Tuluol
Wasser / Benzol
Wasser / Treibgas Butan
Wasser / Benzin
Temperatur (°C)
Gew. % Wasser im Kohlenwasserstoff

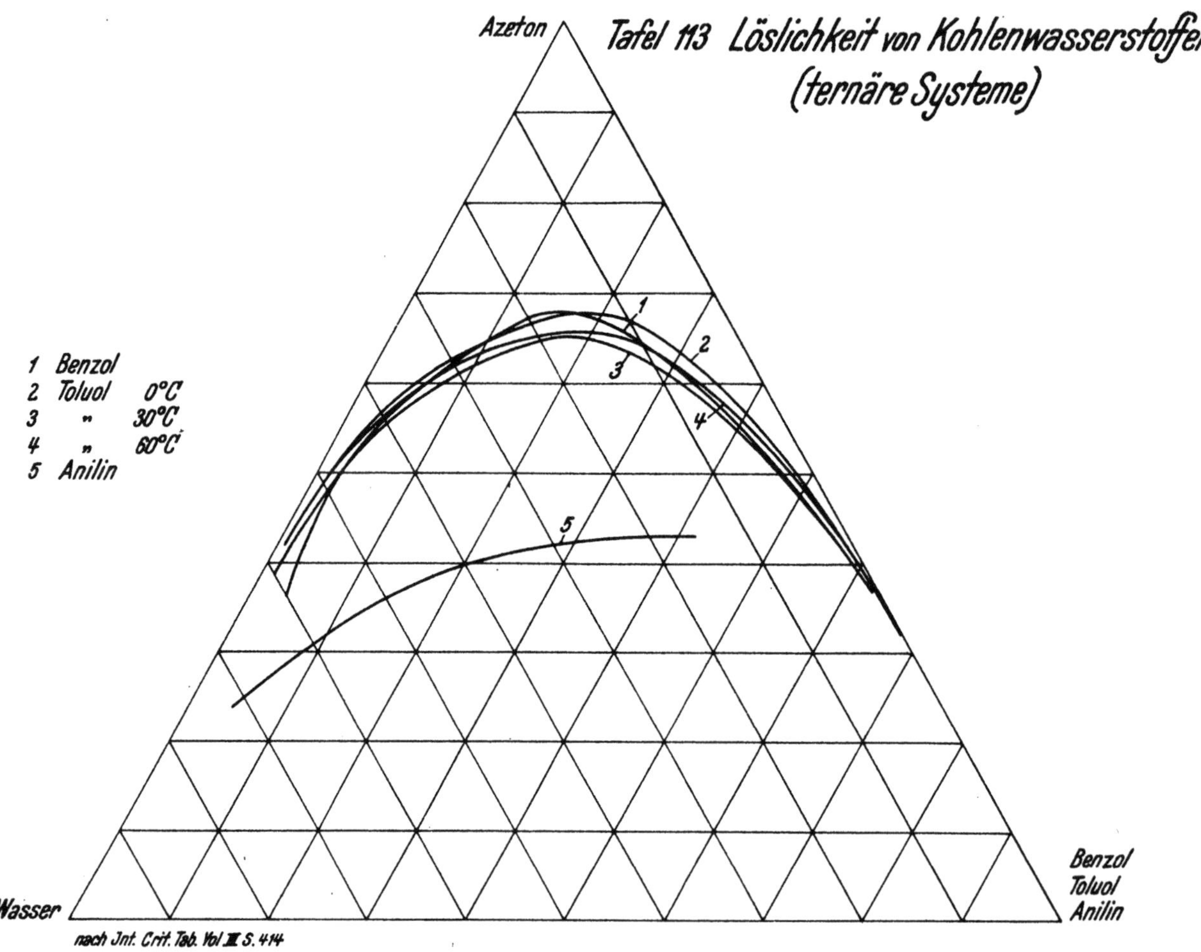

Azeton
Tafel 113 Löslichkeit von Kohlenwasserstoffen
(ternäre Systeme)
1 Benzol
2 Toluol   0°C
3   „   30°C
4   „   60°C
5 Anilin
1
2
3
4
5
Wasser
Benzol
Toluol
Anilin
nach Jnt. Crit. Tab. Vol. III S. 414
1 Wasser – Methanol – n-Heptan
2   „   n-Hexan
3   „   Äthylalkohol – n-Heptan
4   „   n-Hexan
5   „   Toluol
Zimmer-Temperatur
6   „   Methanol – Benzol   (20°C)
7a   „   Äthylalkohol   „   0°C
7b   „   „   „   25°C
7c   „   „   „   60°C
8   „   n-Butanol-Benzol   (22°C)
9   „   Äthylalkohol-Mesitylen (0°C)
10a „   „   m-Xylol   0°C
10b „   „   „   19°C
10c „   „   „   41
10d „   „   „   63
10e „   „   „   100
11   „   „   – p-Xylol   0 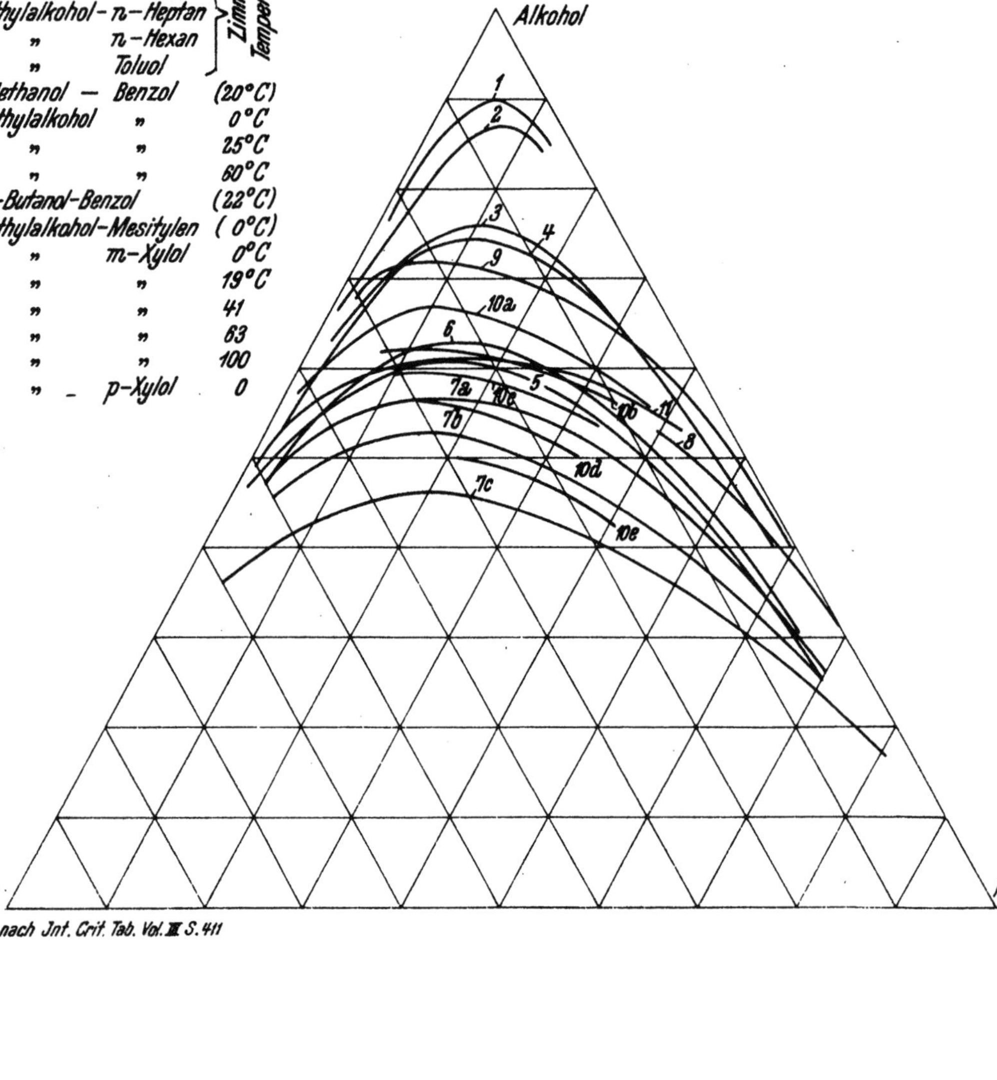
Alkohol
1
2
3
4
9
10a
6
7a
10c
5
10b
11
7b
8
10d
7c
10e
Wasser
Kohlenwasserstoff
nach Jnt. Crit. Tab. Vol. III S. 411

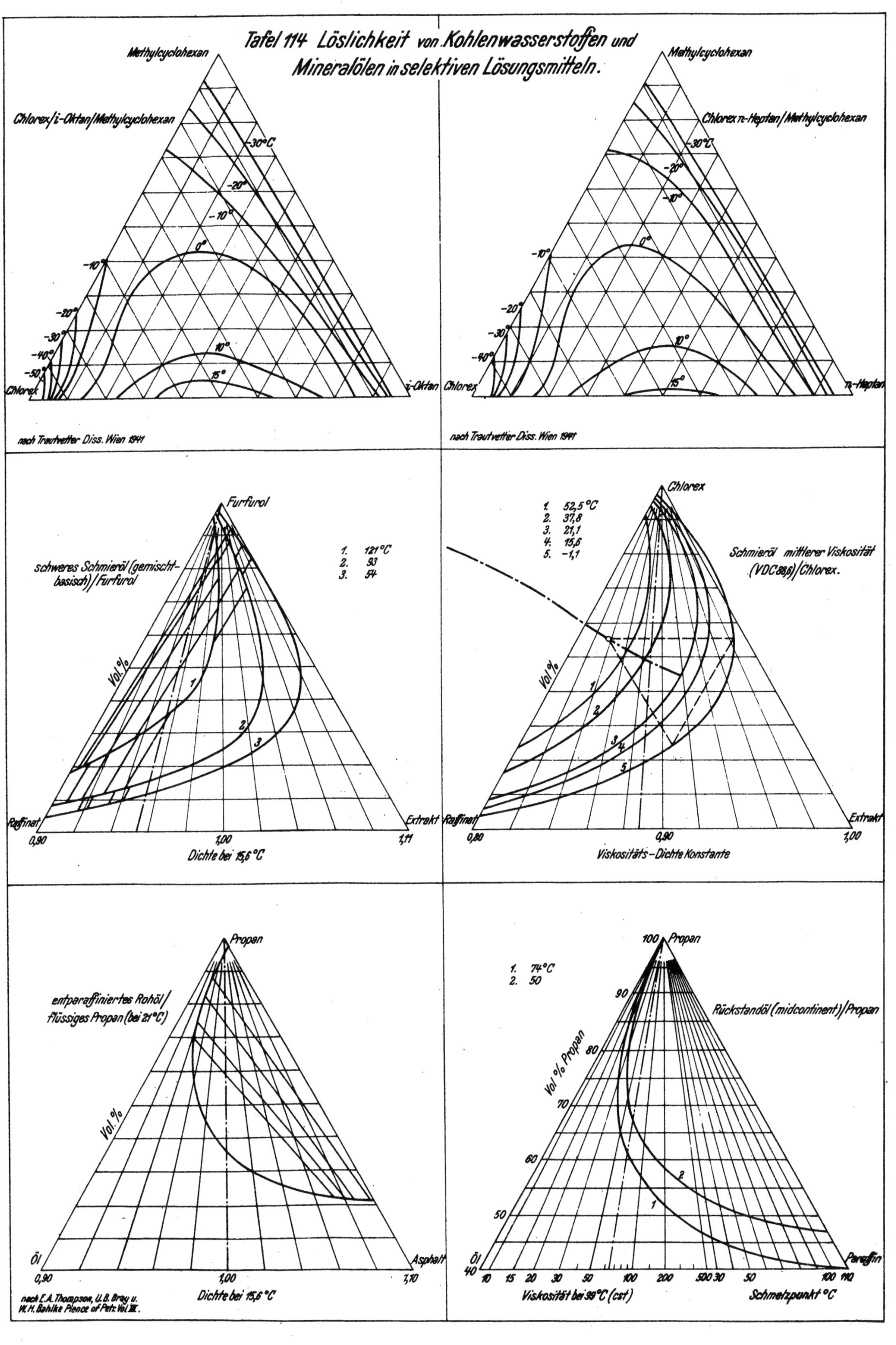

Tafel 114 Löslichkeit von Kohlenwasserstoffen und Mineralölen in selektiven Lösungsmitteln.
Methylcyclohexan
Chlorex/i-Oktan/Methylcyclohexan
-30°C
-20°
-10°
0°
-10°
-20°
-30°
-40°
-50°
10°
15°
Chlorex
i-Oktan
nach Trautvetter Diss. Wien 1941
Methylcyclohexan
Chlorex n-Heptan/Methylcyclohexan
-30°
-20°
-10°
0°
-10°
-20°
-30°
-40°
10°
15°
Chlorex
n-Heptan
nach Trautvetter Diss. Wien 1941
Furfurol
schweres Schmieröl (gemischt-basisch)/Furfurol
1. 121°C
2. 93
3. 54
Vol.%
1
2
3
Raffinat
Extrakt
0,90
1,00
1,11
Dichte bei 15,6°C
Chlorex
1. 52,5°C
2. 37,8
3. 21,1
4. 15,6
5. -1,1
Schmieröl mittlerer Viskosität (VDC 88,8)/Chlorex.
Vol.%
1
2
3
4
5
Raffinat
Extrakt
0,80
0,90
1,00
Viskositäts-Dichte Konstante
Propan
entparaffiniertes Rohöl/flüssiges Propan (bei 21°C)
Vol.%
Öl
Asphalt
0,90
1,00
1,10
Dichte bei 15,6°C
nach E.A.Thompson, U.B.Bray u. W.H.Bahlke Pience of Petr. Vol.III.
100 Propan
1. 74°C
2. 50
90
80
70
60
50
Rückstandöl (midcontinent)/Propan
Vol % Propan
1
2
Öl
Paraffin
40
10 15 20 30 50 100 200 500
Viskosität bei 99°C (cst)
30 50 100 110
Schmelzpunkt °C

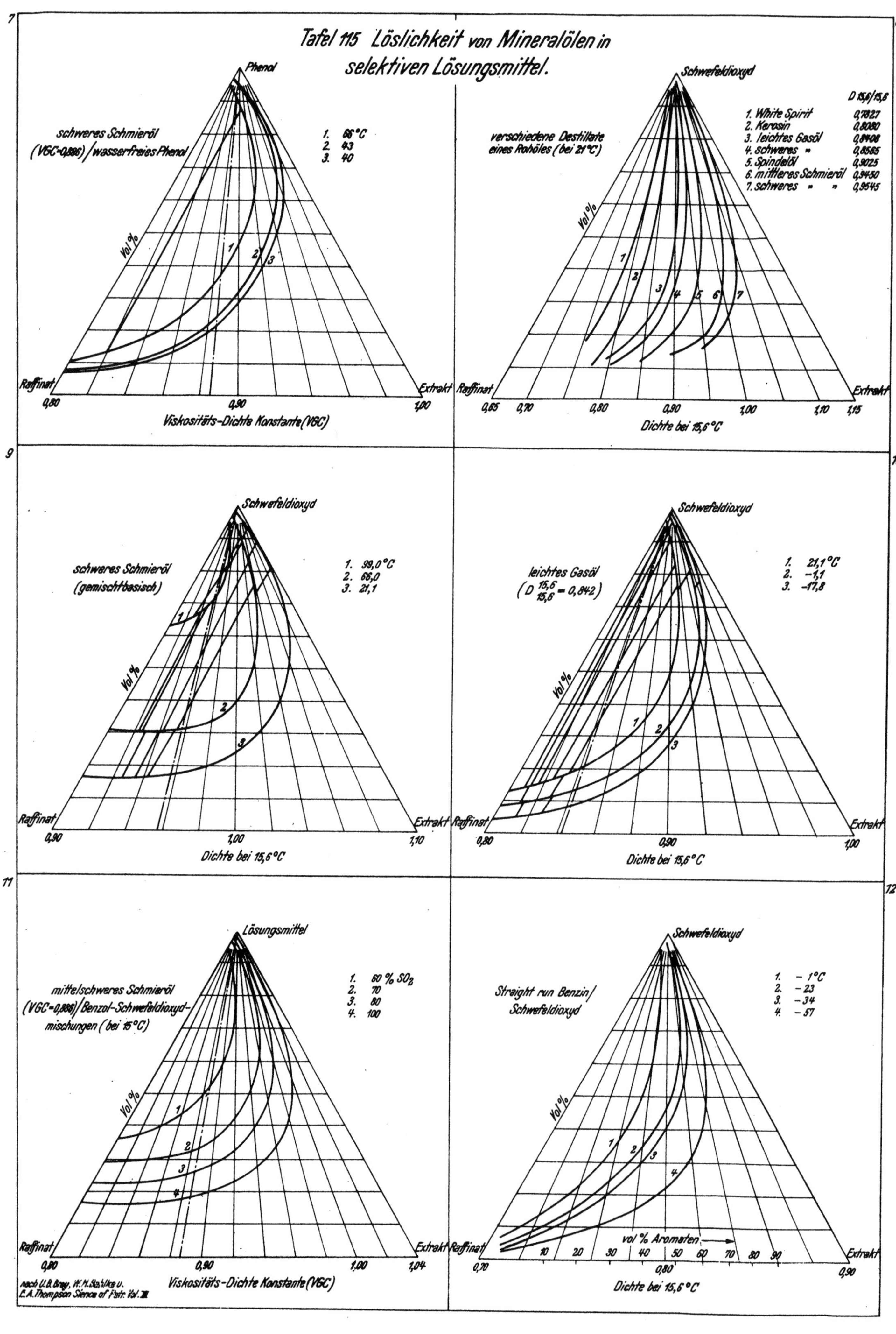

Tafel 115 Löslichkeit von Mineralölen in selektiven Lösungsmittel.
Phenol
schweres Schmieröl (VGC=0,896)/wasserfreies Phenol
1. 66°C
2. 43
3. 40
Vol %
Raffinat
Extrakt
0,80
0,90
1,00
Viskositäts-Dichte Konstante (VGC)
Schwefeldioxyd
verschiedene Destillate eines Rohöles (bei 21°C)
D 15,6/15,6
1. White Spirit   0,7827
2. Kerosin   0,8090
3. leichtes Gasöl 0,8408
4. schweres "   0,8565
5. Spindelöl   0,9025
6. mittleres Schmieröl 0,9450
7. schweres "   " 0,9545
Vol %
Raffinat
Extrakt
0,65   0,70   0,80   0,90   1,00   1,10   1,15
Dichte bei 15,6°C
Schwefeldioxyd
schweres Schmieröl (gemischtbasisch)
1. 99,0°C
2. 66,0
3. 21,1
Vol %
Raffinat
Extrakt
0,90
1,00
1,10
Dichte bei 15,6°C
Schwefeldioxyd
leichtes Gasöl (D 15,6/15,6 = 0,842)
1. 21,1°C
2. −1,1
3. −17,8
Vol %
Raffinat
Extrakt
0,80
0,90
1,00
Dichte bei 15,6°C
Lösungsmittel
mittelschweres Schmieröl (VGC=0,896)/Benzol-Schwefeldioxyd-mischungen (bei 15°C)
1. 60 % SO₂
2. 70
3. 80
4. 100
Vol %
Raffinat
Extrakt
0,80
0,90
1,00
1,04
Viskositäts-Dichte Konstante (VGC)
nach U.B. Bray, W.H. Stahl/Ung u.
E.A. Thompson Science of Petr. Vol. III
Schwefeldioxyd
Straight run Benzin/Schwefeldioxyd
1. − 1°C
2. − 23
3. − 34
4. − 57
Vol %
Raffinat
Extrakt
vol % Aromaten
10 20 30 40 50 60 70 80 90
0,70
0,80
0,90
Dichte bei 15,6°C

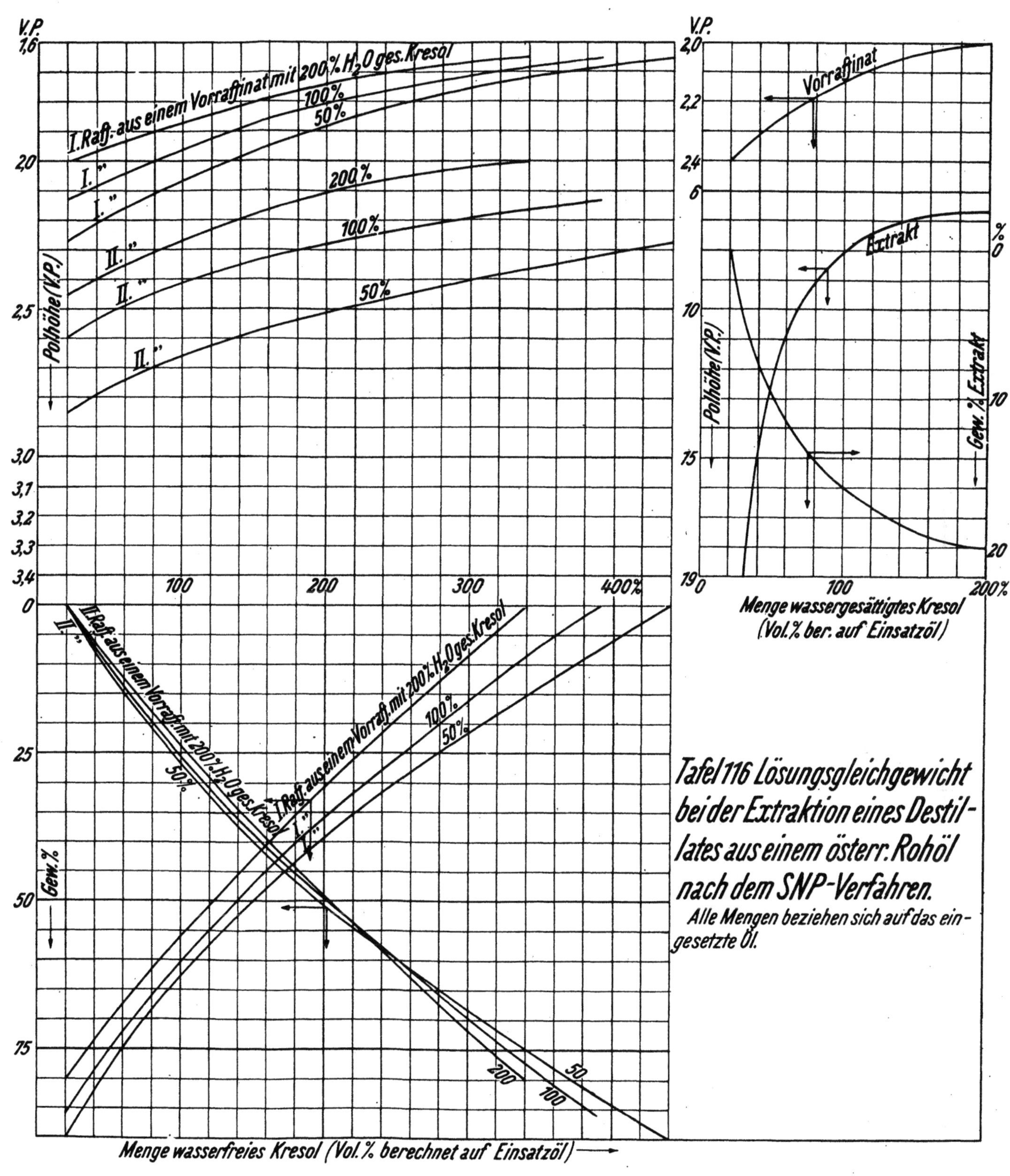

V.P.
1,6
2,0
2,5
3,0
3,1
3,2
3,3
3,4
Polhöhe (V.P.)
I.Raff.-aus einem Vorraffinat mit 200% H₂O ges.Kresol
100%
50%
I. "
I. "
200%
II. "
100%
II. "
50%
II. "
100
200
300
400%
0
25
50
75
Gew.%
II.Raff.aus einem Vorraffinat mit 200% H₂O ges.Kresol
I."
50%
I.Raff.aus einem Vorraff. mit 200% H₂O ges.Kresol
100%
50%
200
100
50
Menge wasserfreies Kresol (Vol.% berechnet auf Einsatzöl)
V.P.
2,0
2,2
2,4
6
Vorraffinat
%
0
Extrakt
10
Polhöhe (V.P.)
15
Gew.% Extrakt
10
19
0
100
200%
20
Menge wassergesättigtes Kresol
(Vol.% ber. auf Einsatzöl)
Tafel 116 Lösungsgleichgewicht bei der Extraktion eines Destillates aus einem österr. Rohöl nach dem SNP-Verfahren.
Alle Mengen beziehen sich auf das eingesetzte Öl.

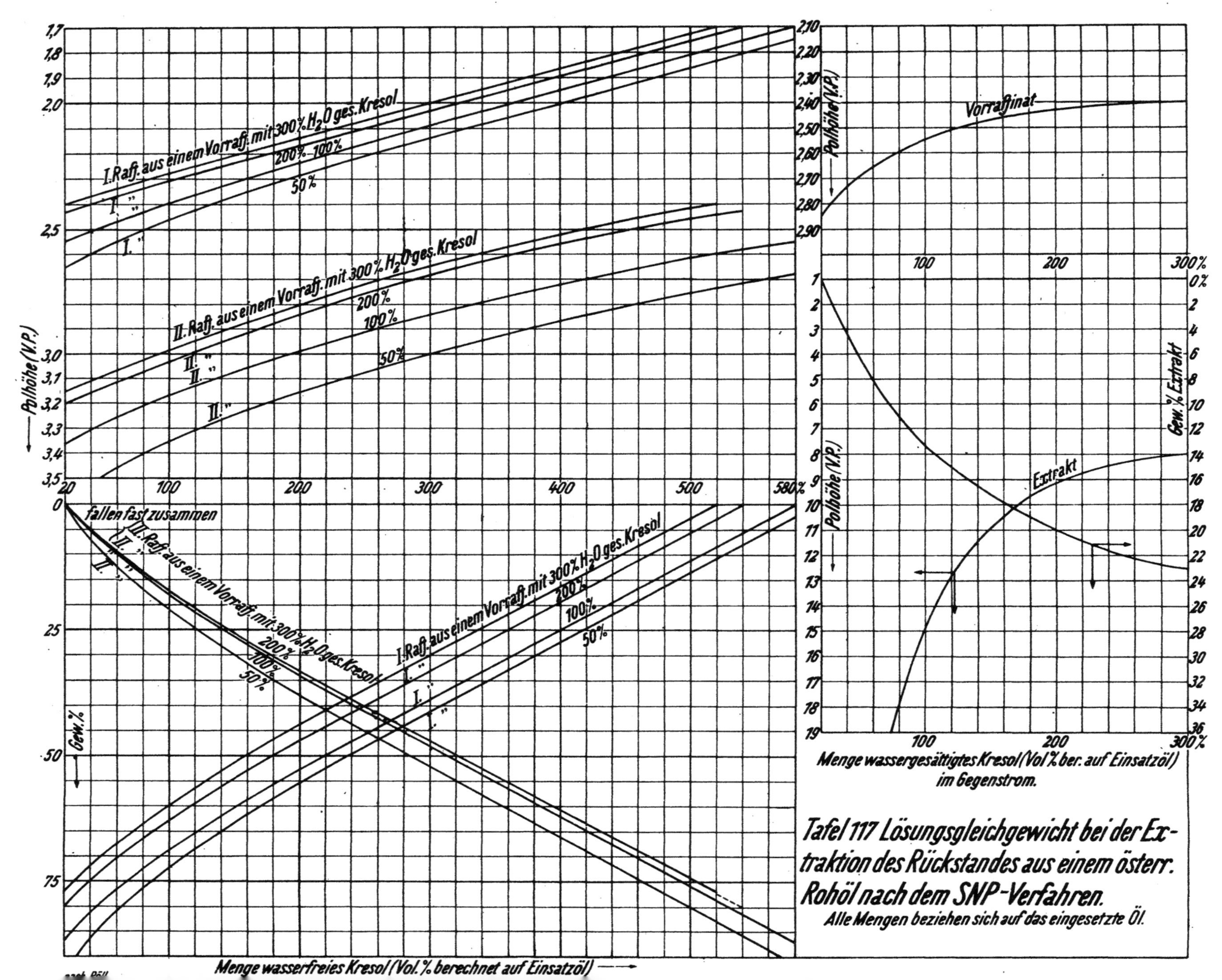

Polhöhe (V.P.)
I. Raff. aus einem Vorraff. mit 300% H₂O ges. Kresol
200% · 100%
50%
I. "
I. "
II. Raff. aus einem Vorraff. mit 300% H₂O ges. Kresol
200%
100%
50%
II. "
II. "
II. "
fallen fast zusammen
III. Raff. aus einem Vorraff. mit 300% H₂O ges. Kresol
200%
100%
50%
I. Raff. aus einem Vorraff. mit 300% H₂O ges. Kresol
200%
100%
50%
Gew. %
Menge wasserfreies Kresol (Vol.% berechnet auf Einsatzöl)
Polhöhe (V.P.)
Vorraffinat
Polhöhe (V.P.)
Gew.% Extrakt
Extrakt
Menge wassergesättigtes Kresol (Vol.% ber. auf Einsatzöl) im Gegenstrom.
Tafel 117 Lösungsgleichgewicht bei der Extraktion des Rückstandes aus einem österr. Rohöl nach dem SNP-Verfahren.
Alle Mengen beziehen sich auf das eingesetzte Öl.

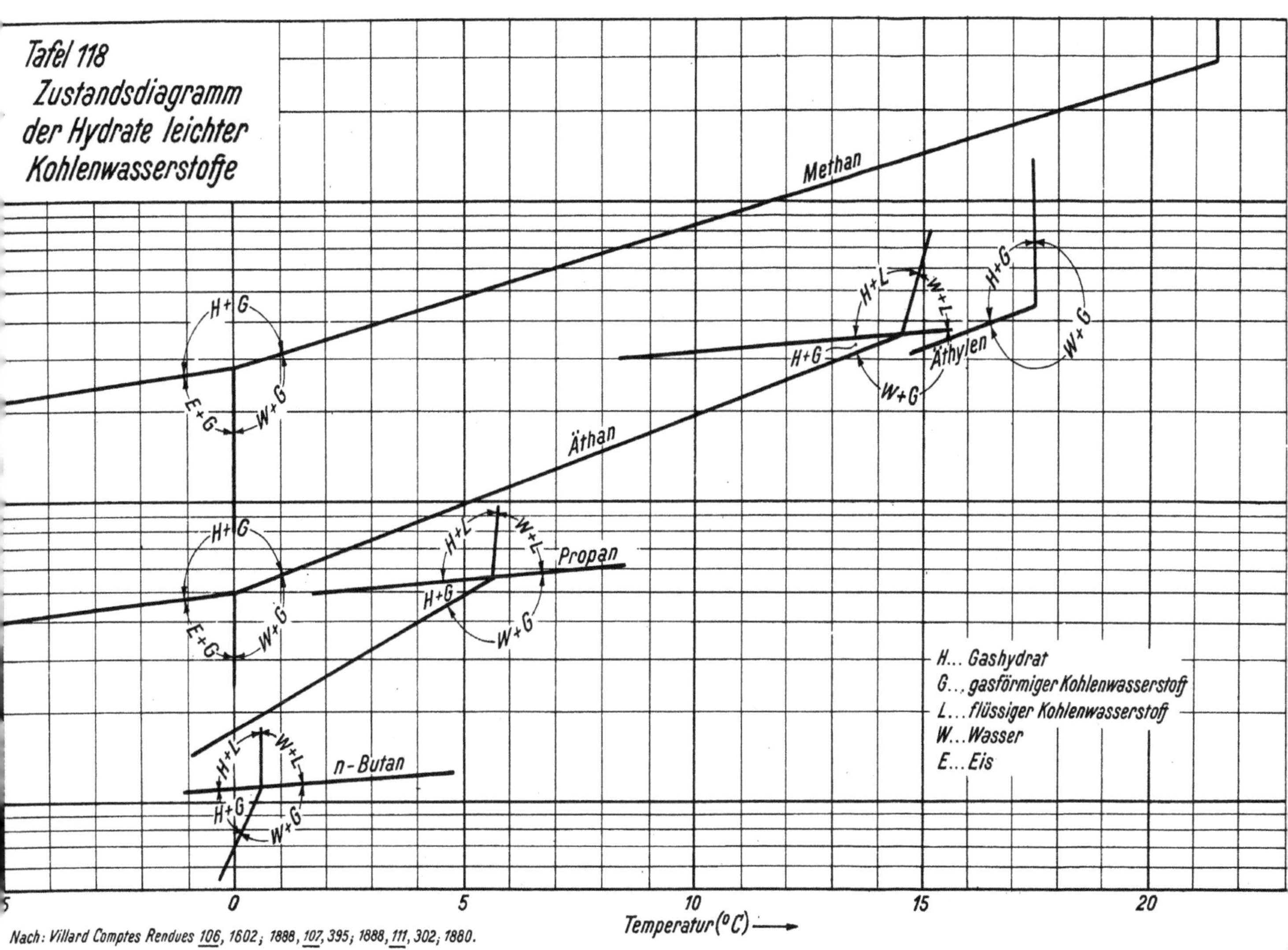

Nach: Villard Comptes Rendues 106, 1602; 1888, 107, 395; 1888, 111, 302; 1880.

Orlicek u. Pöll, Mineralöltechniker I

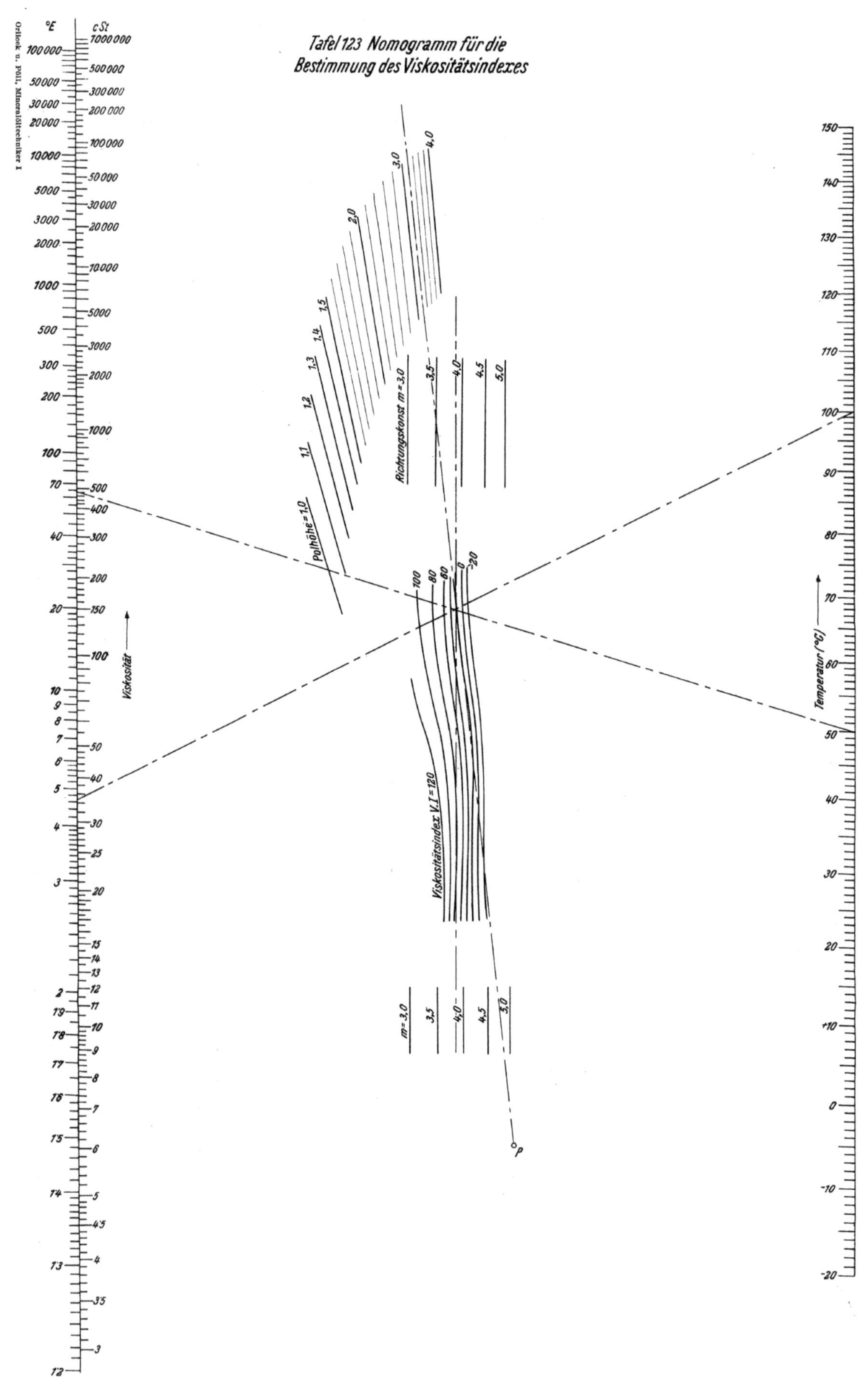

Tafel 123 Nomogramm für die
Bestimmung des Viskositätsindexes
Orlicek u. Pöll, Mineralöltechniker I
°E
cSt
Viskosität
Polhöhe = 1,0
Richtungskonst m = 3,0
Viskositätsindex V.I = 120
Temperatur (°C)
P

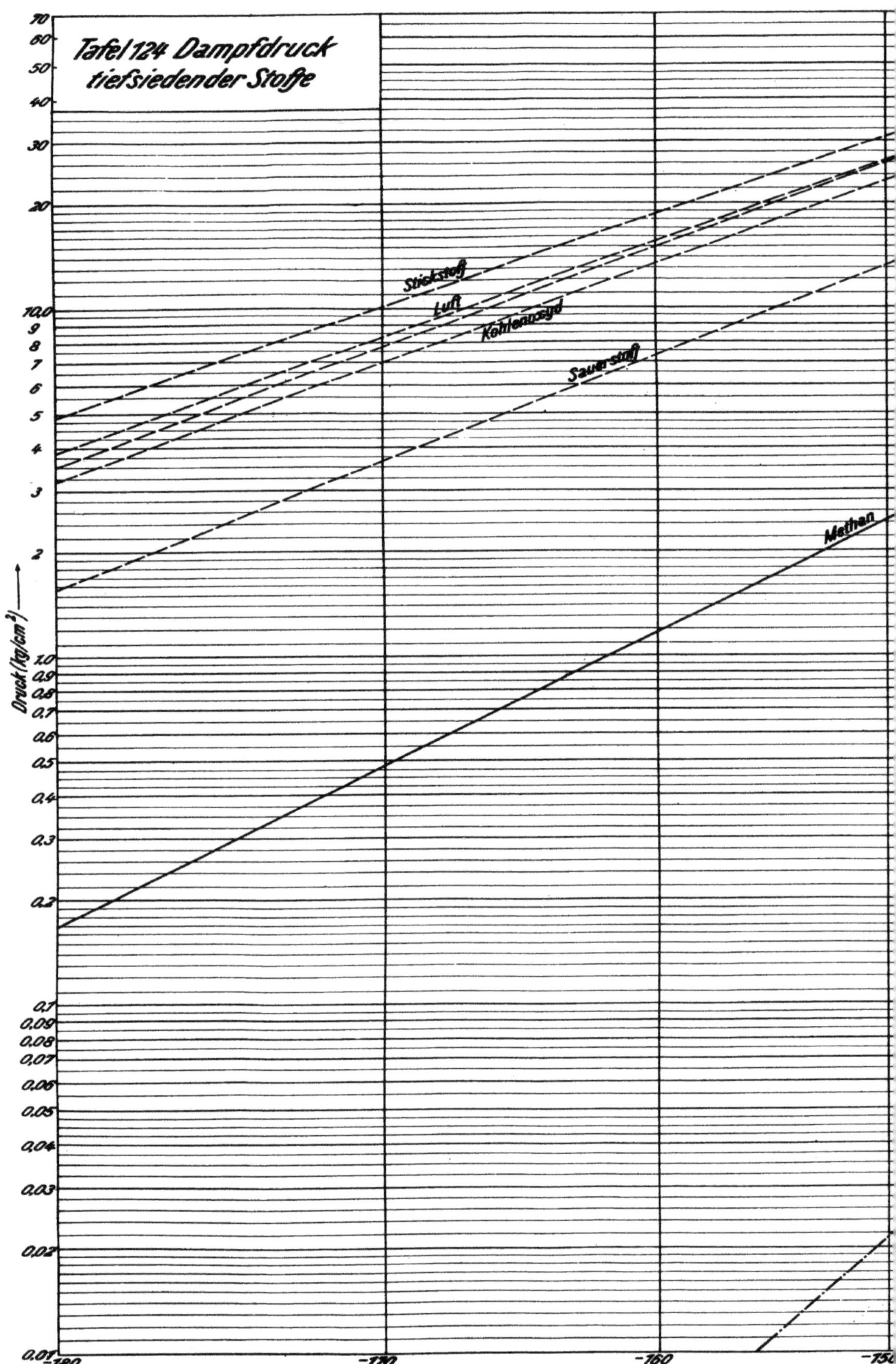

Tafel 124 Dampfdruck
tiefsiedender Stoffe
Druck (kg/cm²)
Stickstoff
Luft
Kohlenoxyd
Sauerstoff
Methan
70
60
50
40
30
20
10,0
9
8
7
6
5
4
3
2
1,0
0,9
0,8
0,7
0,6
0,5
0,4
0,3
0,2
0,1
0,09
0,08
0,07
0,06
0,05
0,04
0,03
0,02
0,01
-180
-170
-160
-150

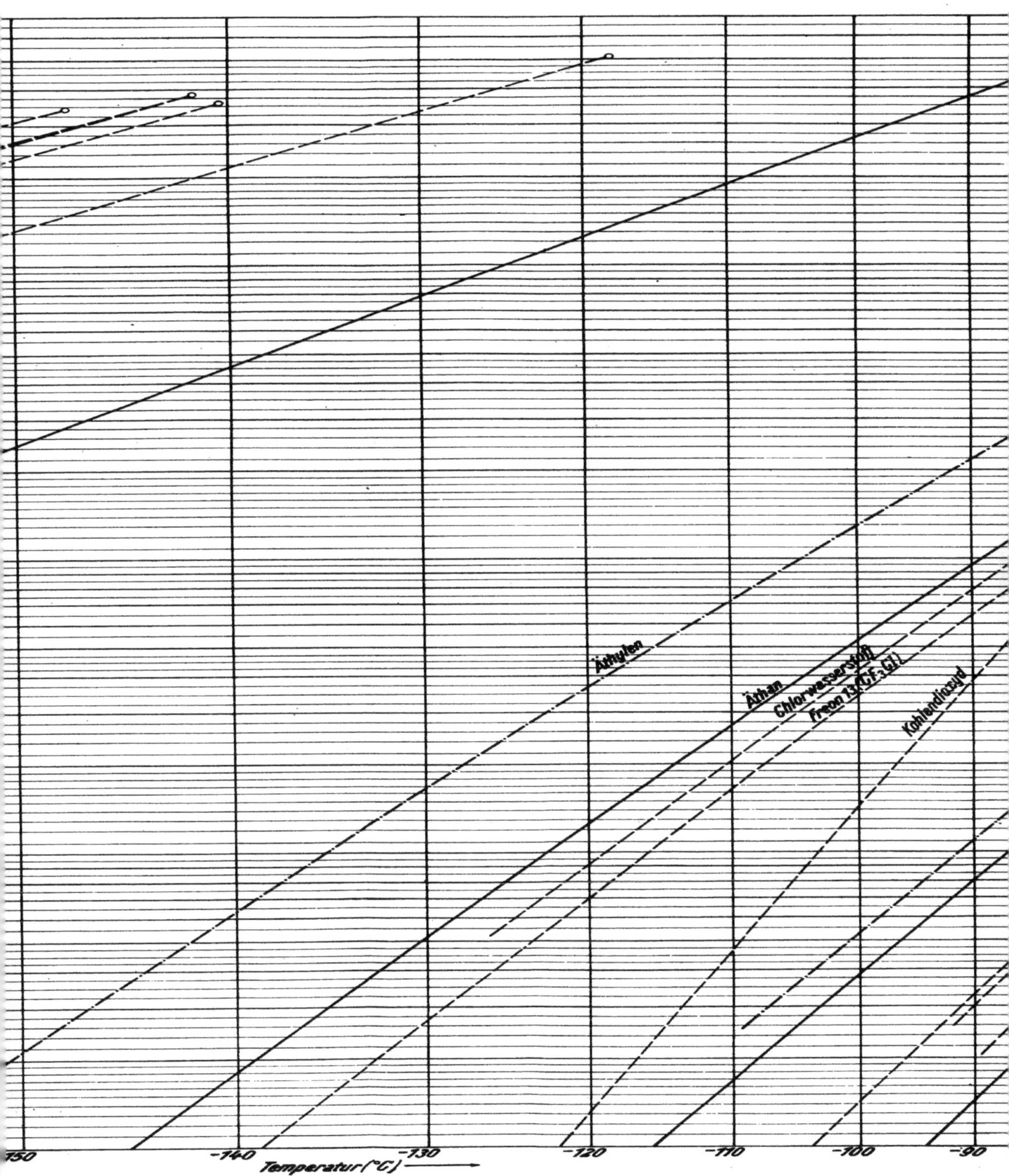

Äthylen
Äthan
Chlorwasserstoff
Freon 13 (CF₃Cl)
Kohlendioxyd
Temperatur [°C]
-150
-140
-130
-120
-110
-100
-90

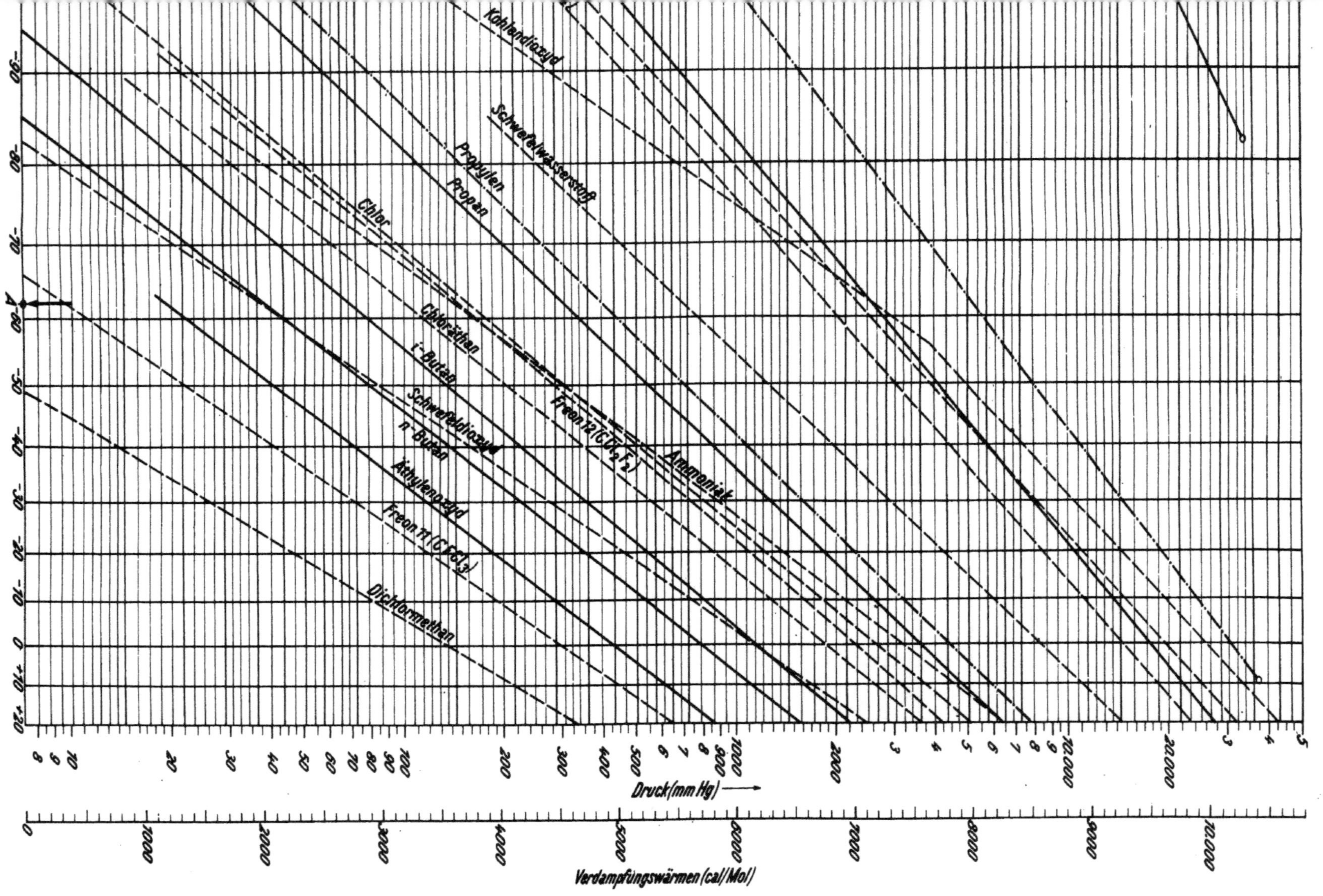

Kohlendioxid
Schwefelwasserstoff
Propylen
Propan
Chlor
Chloräthan
i-Butan
Schwefeldioxid
n-Butan
Äthylenoxyd
Freon 12 (CCl₂F₂)
Ammoniak
Freon 11 (CCl₃F)
Dichlormethan
Druck (mm Hg)
Verdampfungswärmen (cal/Mol)

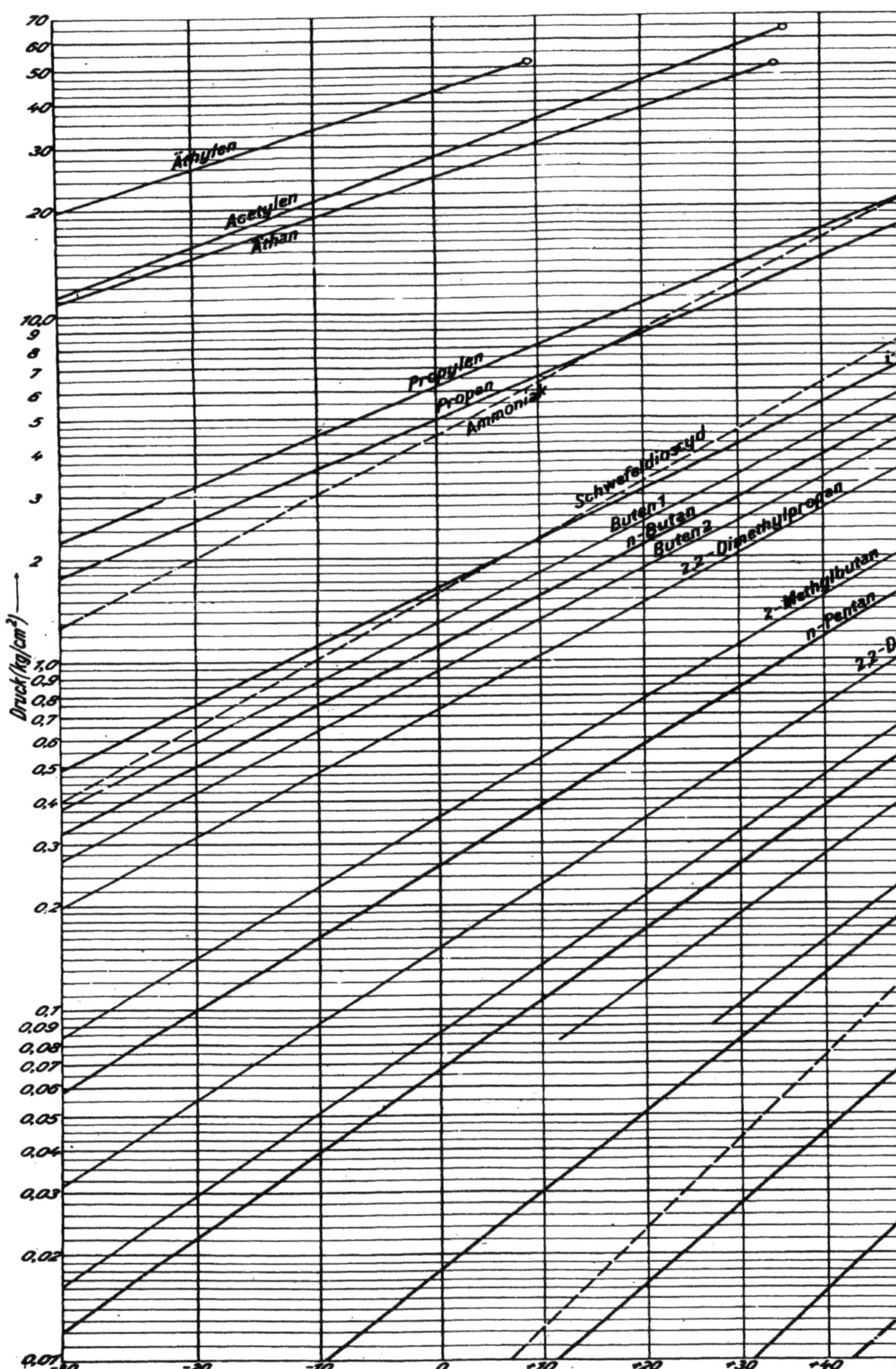

Orlicek u. Pöll, Mineralöltechniker I

i-Heptane
i-Oktane
ethylbutan
2-Dimethylpentan
n-Hexan
Wasser
n-Oktan
n-Nonan
n-Dekan
n-Heptan
Kerosen
Gasöl
$C_{11}H_{24}$
$C_{12}H_{26}$
$C_{13}H_{28}$
$C_{14}H_{30}$
$C_{15}H_{32}$
$C_{16}H_{34}$
$C_{17}H_{36}$
$C_{18}H_{38}$
$C_{19}H_{40}$
$C_{20}H_{42}$
$C_{21}H_{44}$
leichter Rückstand
schwerer Rückstand
Temperatur (°C)
+60 +70 +80 +90 +100 +150 +200 +250

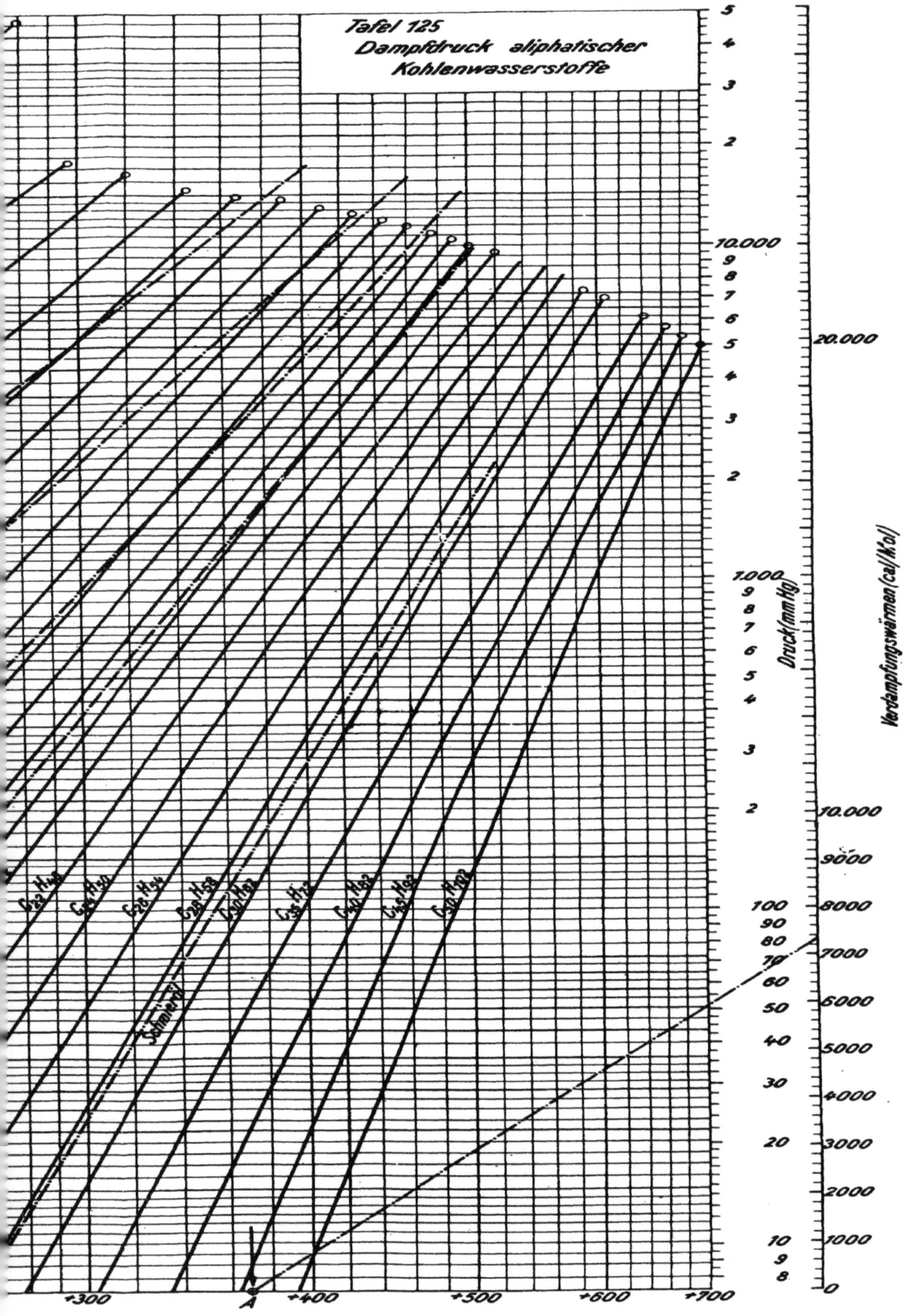

Tafel 125
Dampfdruck aliphatischer
Kohlenwasserstoffe
Druck (mm Hg)
Verdampfungswärmen (cal/Mol)

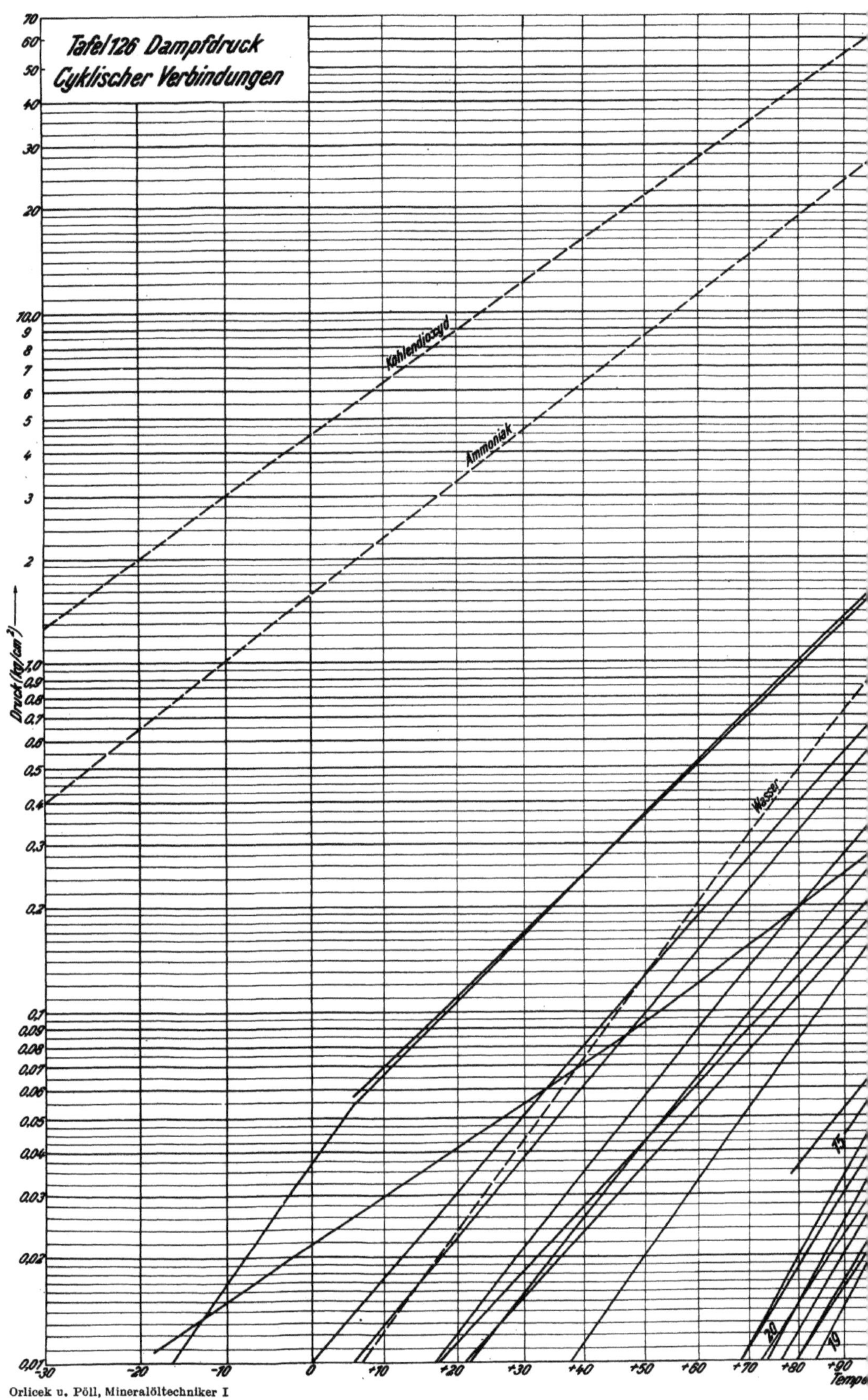

Orlicek u. Pöll, Mineralöltechniker I

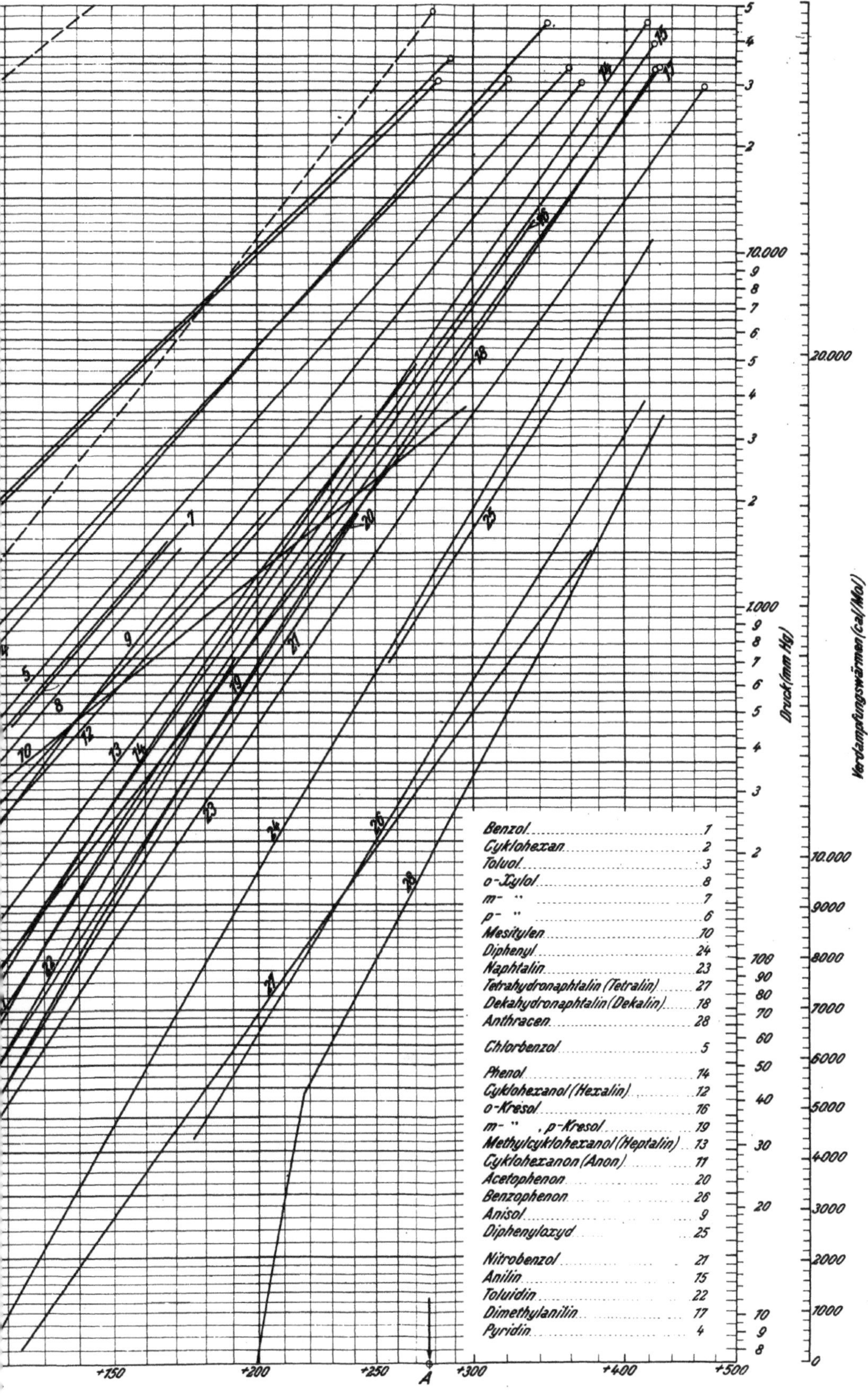

Druck (mm Hg)
Verdampfungswärmen (cal/Mol)
Benzol ... 1
Cyklohexan ... 2
Toluol ... 3
o-Xylol ... 8
m- " ... 7
p- " ... 6
Mesitylen ... 10
Diphenyl ... 24
Naphtalin ... 23
Tetrahydronaphtalin (Tetralin) ... 27
Dekahydronaphtalin (Dekalin) ... 18
Anthracen ... 28
Chlorbenzol ... 5
Phenol ... 14
Cyklohexanol (Hexalin) ... 12
o-Kresol ... 16
m- " , p-Kresol ... 19
Methylcyklohexanol (Heptalin) ... 13
Cyklohexanon (Anon) ... 11
Acetophenon ... 20
Benzophenon ... 26
Anisol ... 9
Diphenyloxyd ... 25
Nitrobenzol ... 21
Anilin ... 15
Toluidin ... 22
Dimethylanilin ... 17
Pyridin ... 4

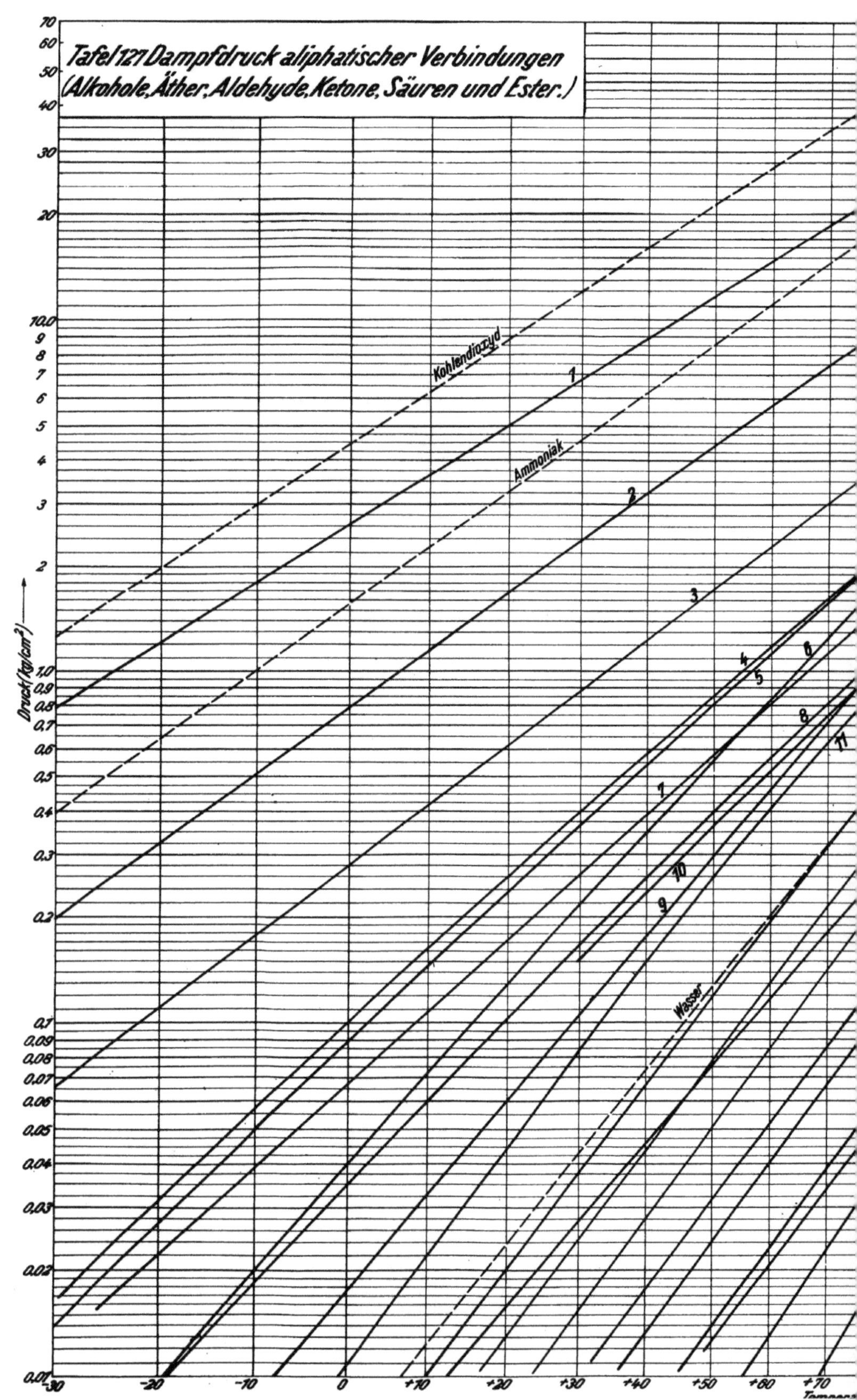

Tafel 127 Dampfdruck aliphatischer Verbindungen
(Alkohole, Äther, Aldehyde, Ketone, Säuren und Ester.)
Druck (kg/cm²)
Kohlendioxyd
Ammoniak
Wasser
1
2
3
4
5
6
7
8
9
10
11
-30
-20
-10
0
+10
+20
+30
+40
+50
+60
+70
Temperatur

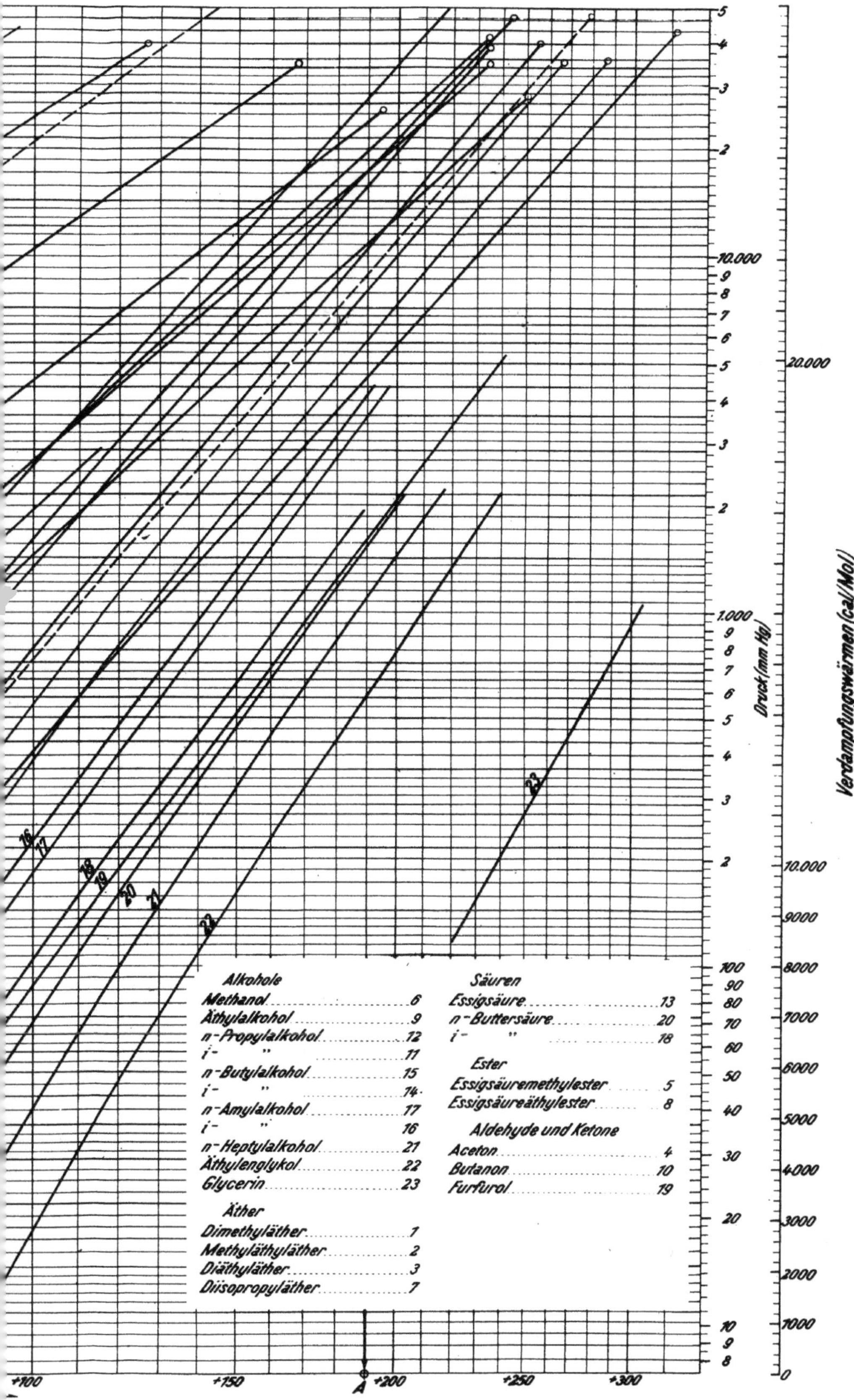

Druck (mm Hg)
Verdampfungswärmen (cal/Mol)
Alkohole
Methanol	6
Äthylalkohol	9
n-Propylalkohol	12
i-	"	11
n-Butylalkohol	15
i-	"	14
n-Amylalkohol	17
i-	"	16
n-Heptylalkohol	21
Äthylenglykol	22
Glycerin	23
Äther
Dimethyläther	1
Methyläthyläther	2
Diäthyläther	3
Diisopropyläther	7
Säuren
Essigsäure	13
n-Buttersäure	20
i-	"	18
Ester
Essigsäuremethylester	5
Essigsäureäthylester	8
Aldehyde und Ketone
Aceton	4
Butanon	10
Furfurol	19

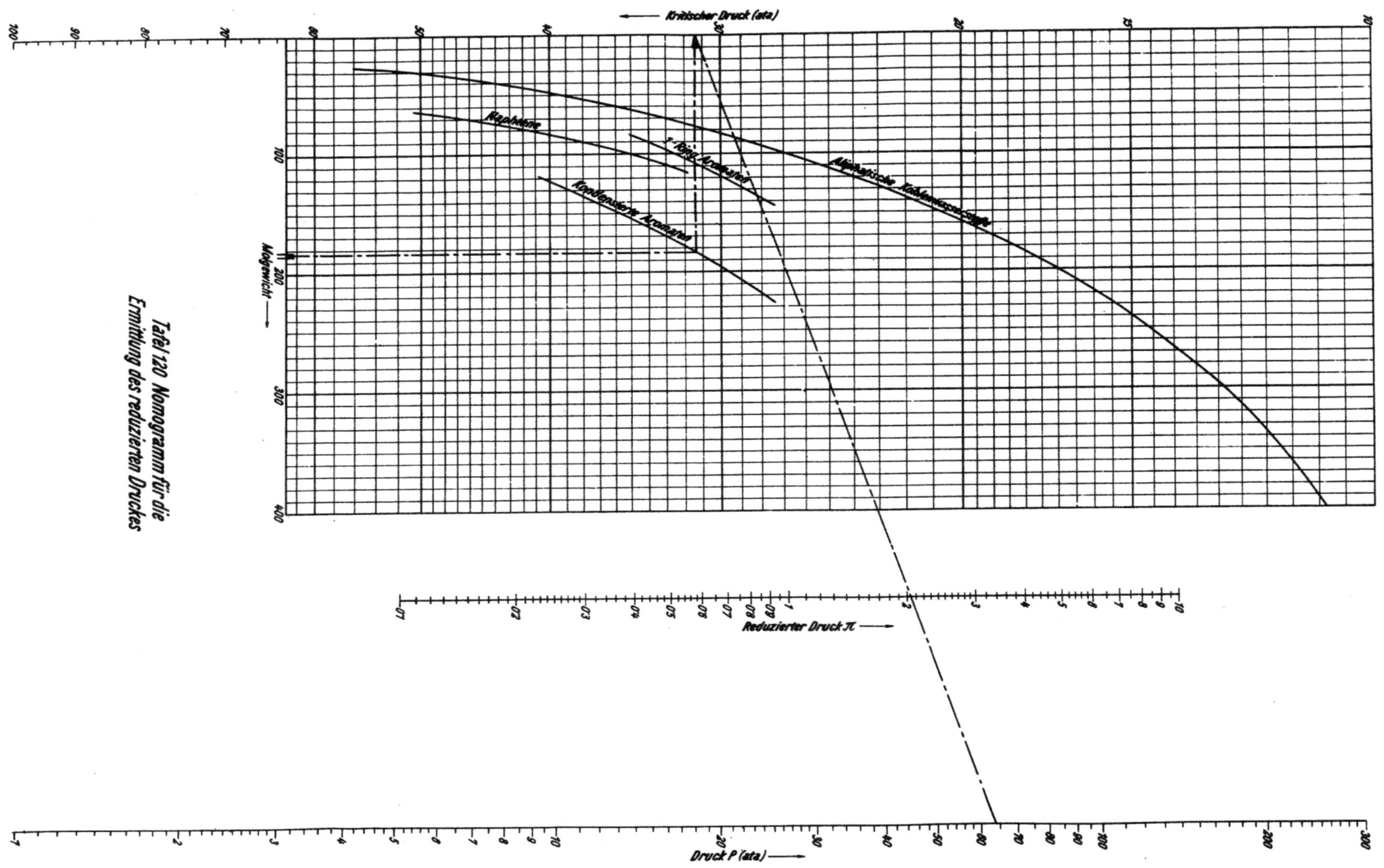

Tafel 120 Nomogramm für die
Ermittlung des reduzierten Druckes

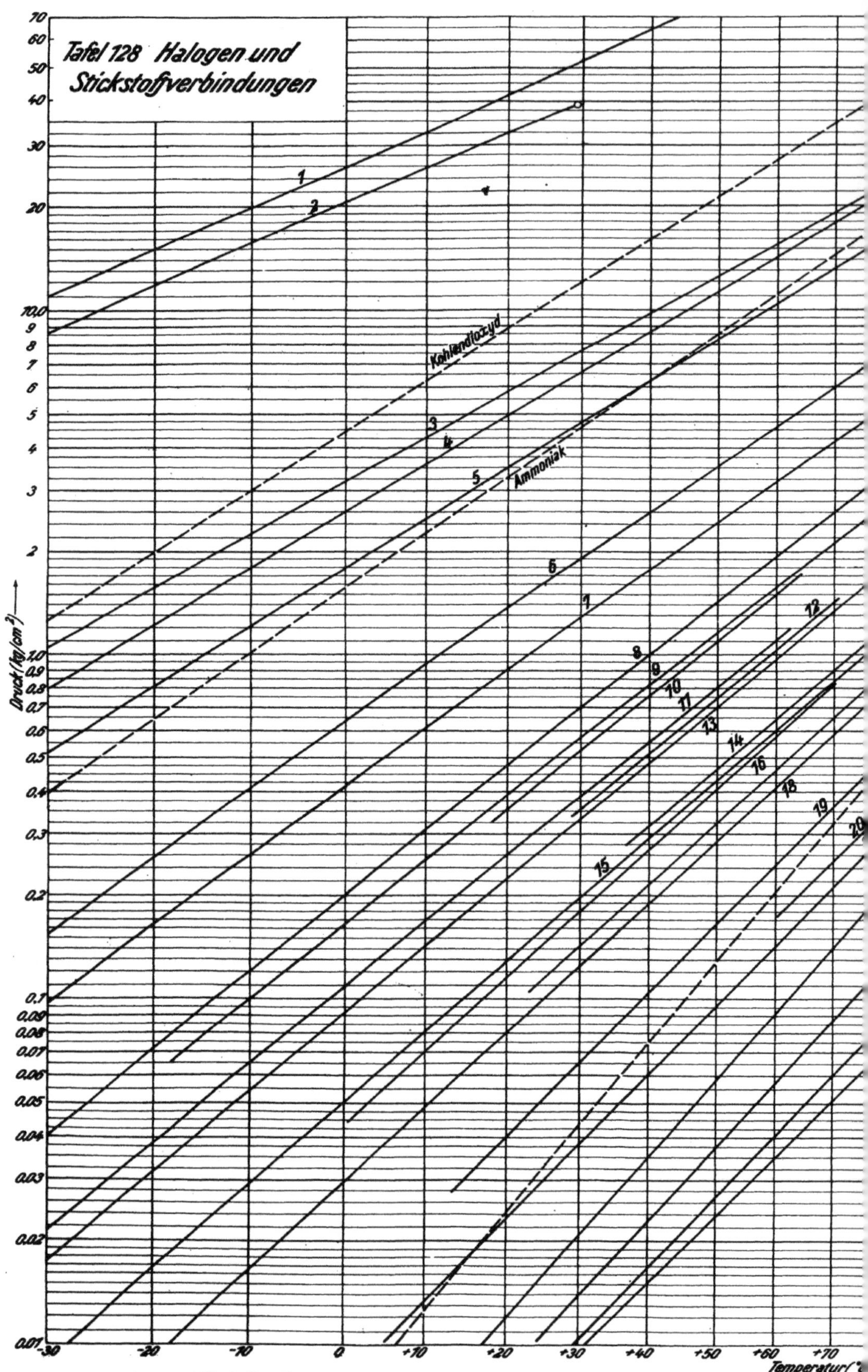

Orlicek u. Pöll, Mineralöltechniker I

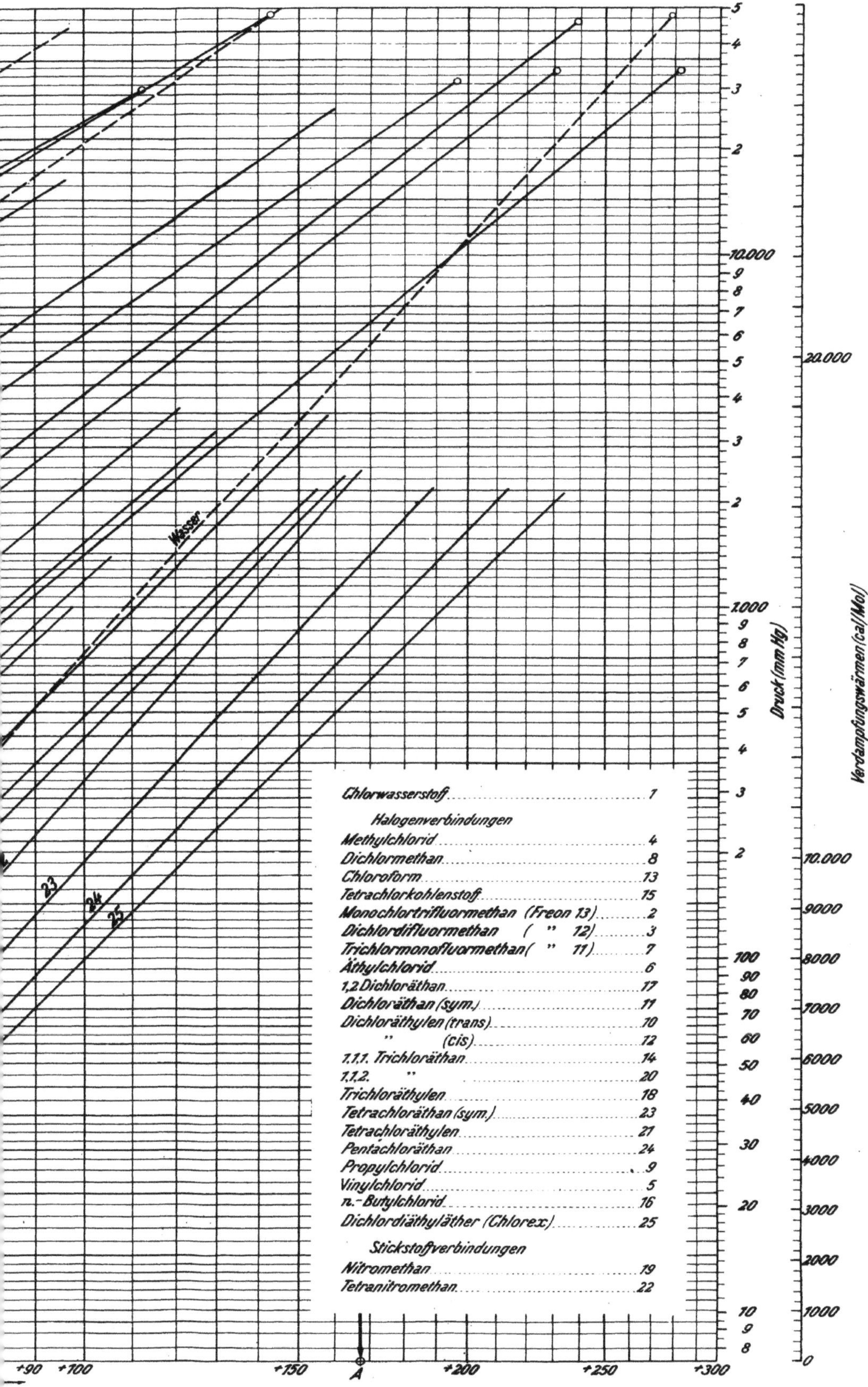

Wasser
23
24
25
Chlorwasserstoff 1
Halogenverbindungen
Methylchlorid 4
Dichlormethan 8
Chloroform 13
Tetrachlorkohlenstoff 15
Monochlortrifluormethan (Freon 13) 2
Dichlordifluormethan (" 12) 3
Trichlormonofluormethan(" 11) 7
Äthylchlorid 6
1,2 Dichloräthan 17
Dichloräthan (sym.) 11
Dichloräthylen (trans) 10
" (cis) 12
1.1.1. Trichloräthan 14
1.1.2. " 20
Trichloräthylen 18
Tetrachloräthan (sym.) 23
Tetrachloräthylen 27
Pentachloräthan 24
Propylchlorid 9
Vinylchlorid 5
n.-Butylchlorid 16
Dichlordiäthyläther (Chlorex) 25
Stickstoffverbindungen
Nitromethan 19
Tetranitromethan 22
Druck (mm Hg)
Verdampfungswärmen (cal/Mol)
+90 +100 +150 A +200 +250 +300

Tafel 129

Nomogramm zur Bestimmung des Dampfdruckes
von Mineralölprodukten

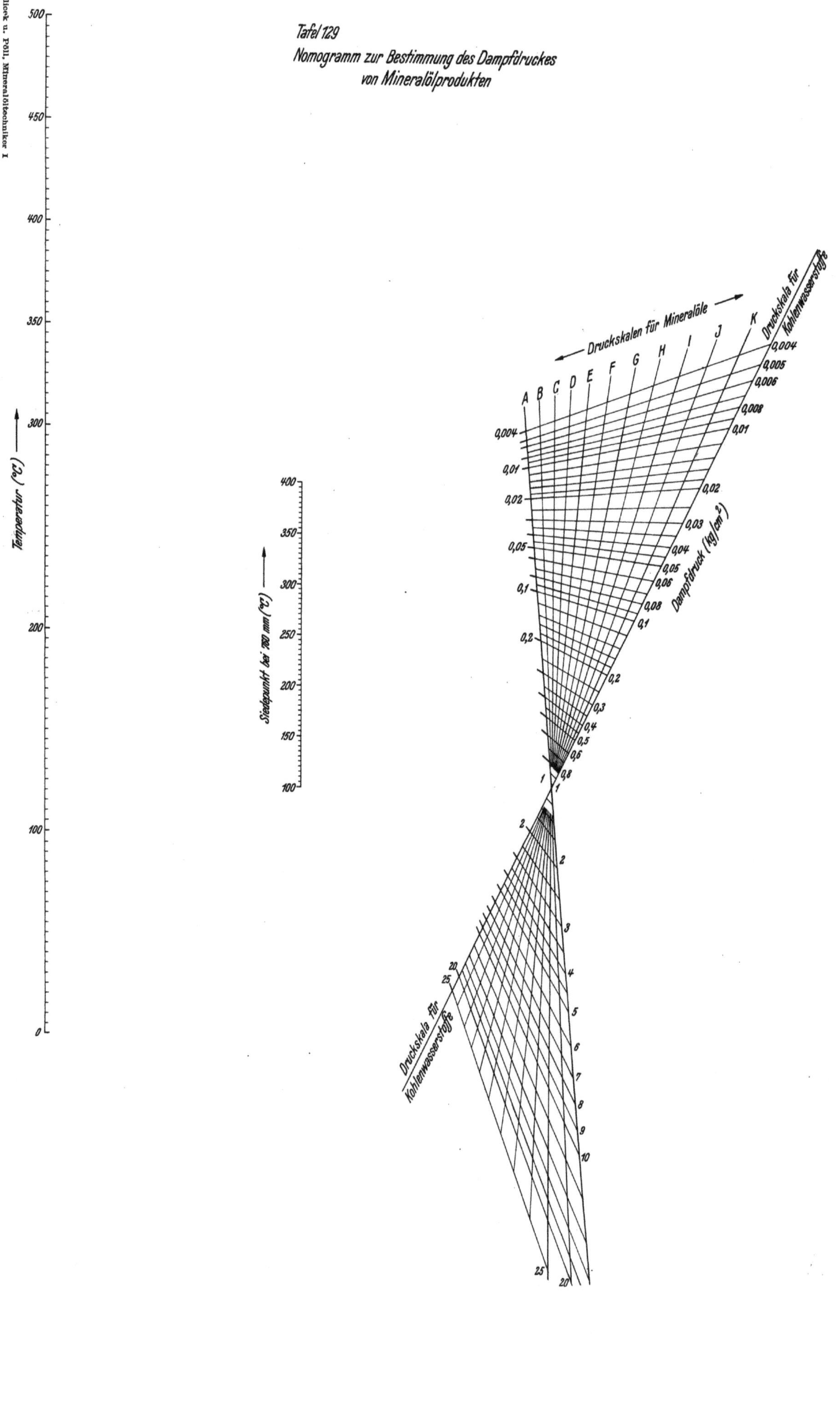

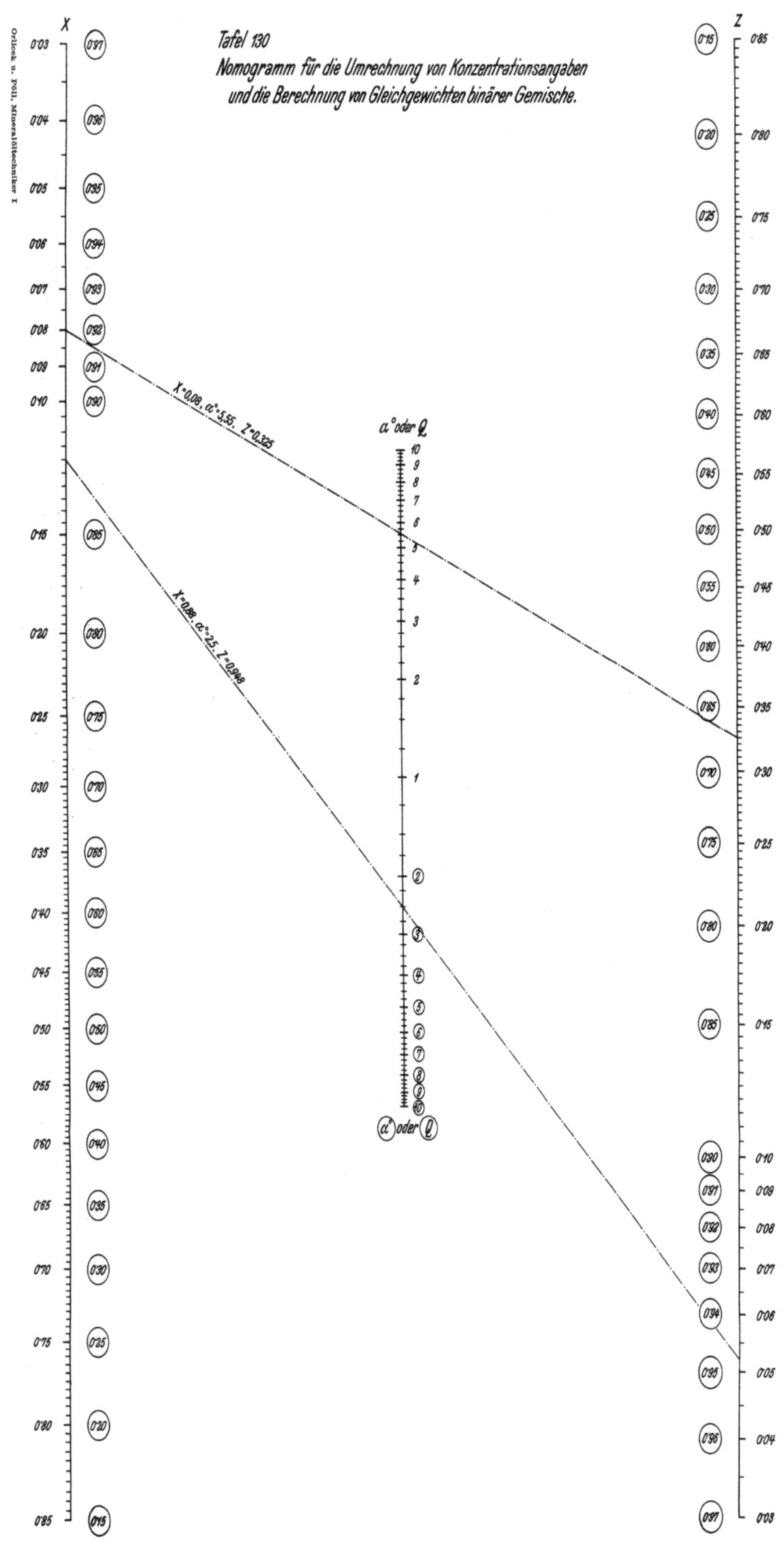

Tafel 130
Nomogramm für die Umrechnung von Konzentrationsangaben
und die Berechnung von Gleichgewichten binärer Gemische.
Orlicek u. Pöll, Mineralöltechniker I
X
Z
a° oder Q
a° oder Q
X=0,08, a°=5,55, Z=0,325
X=0,08, a°=2,5, Z=0,948

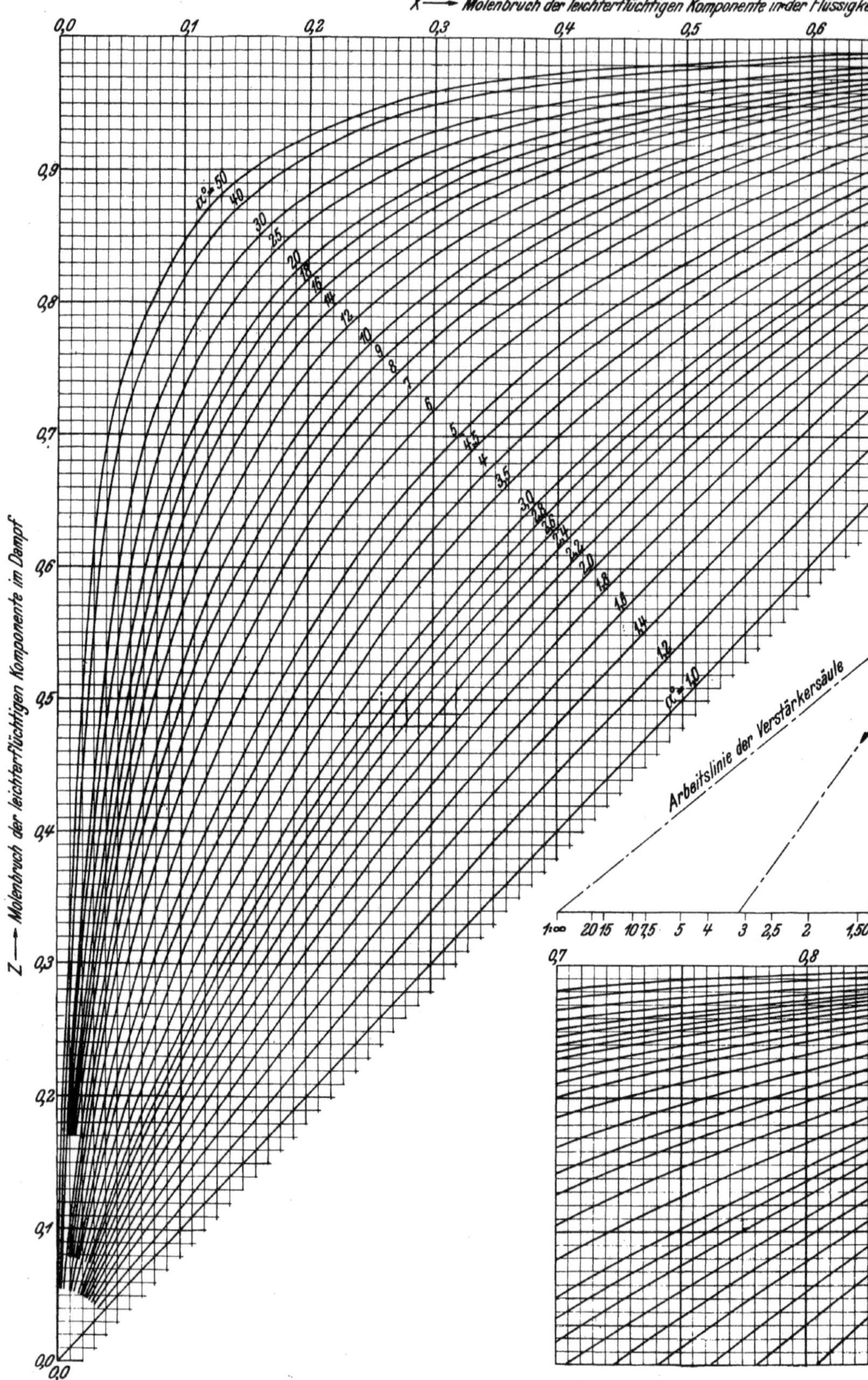

X ⟶ Molenbruch der leichterflüchtigen Komponente in der Flüssigke
Z ⟶ Molenbruch der leichterflüchtigen Komponente im Dampf
Arbeitslinie der Verstärkersäule
α° = 50
40
30
25
20
18
16
14
12
10
9
8
7
6
5
4,5
4
3,5
3,0
2,8
2,6
2,4
2,2
2,0
1,8
1,6
1,4
1,2
α° = 1,0
1:∞ 20 15 10 7,5 5 4 3 2,5 2 1,50
0,0 0,1 0,2 0,3 0,4 0,5 0,6
0,9
0,8
0,7
0,6
0,5
0,4
0,3
0,2
0,1
0,0
0,7 0,8

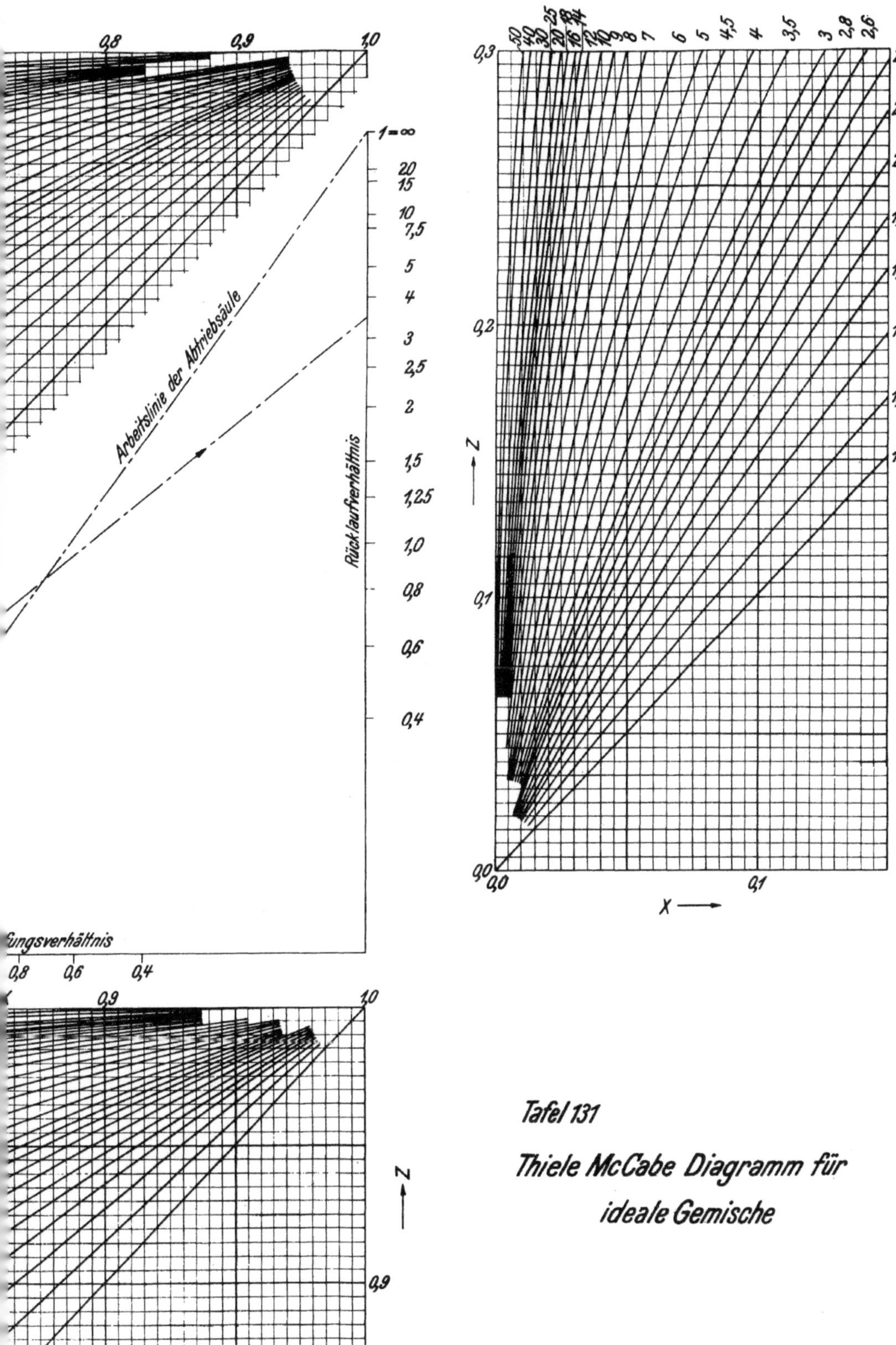

Arbeitslinie der Abtriebsäule
Rücklaufverhältnis
1=∞
20
15
10
7,5
5
4
3
2,5
2
1,5
1,25
1,0
0,8
0,6
0,4
...ungsverhältnis
Z
X
Tafel 131
Thiele McCabe Diagramm für
ideale Gemische

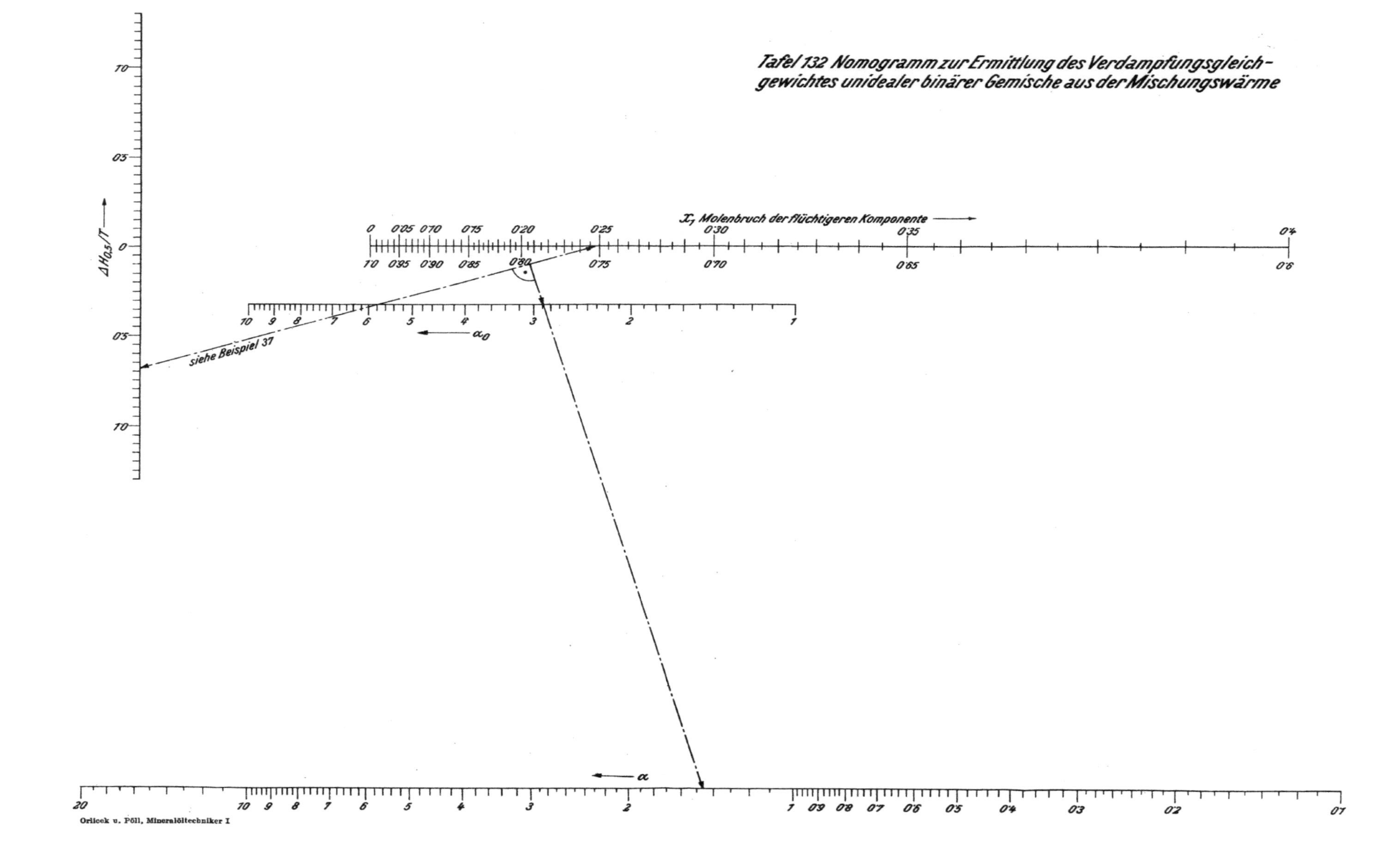

Tafel 132 Nomogramm zur Ermittlung des Verdampfungsgleichgewichtes unidealer binärer Gemische aus der Mischungswärme

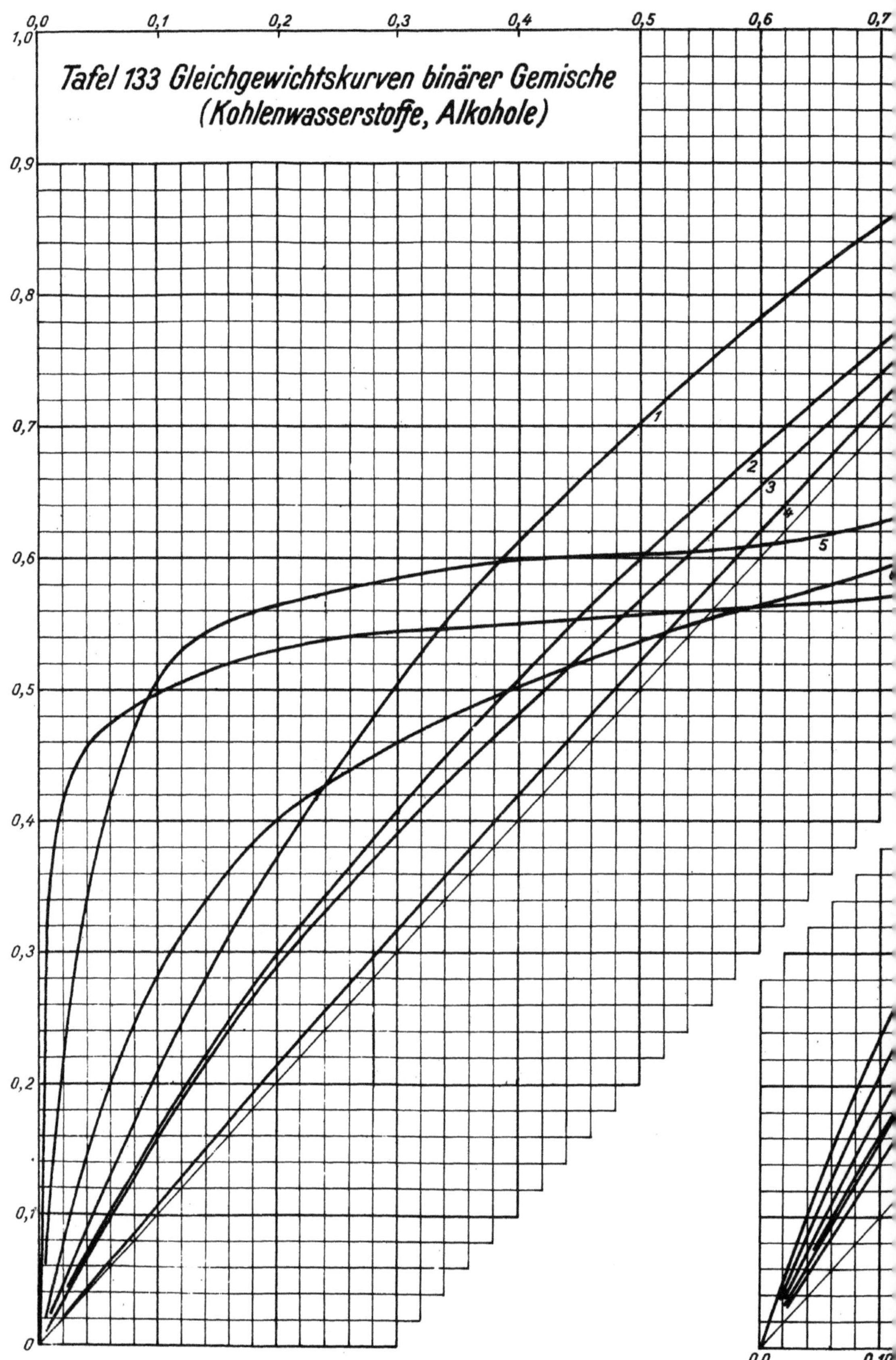

Orlicek u. Pöll, Mineralöltechniker I

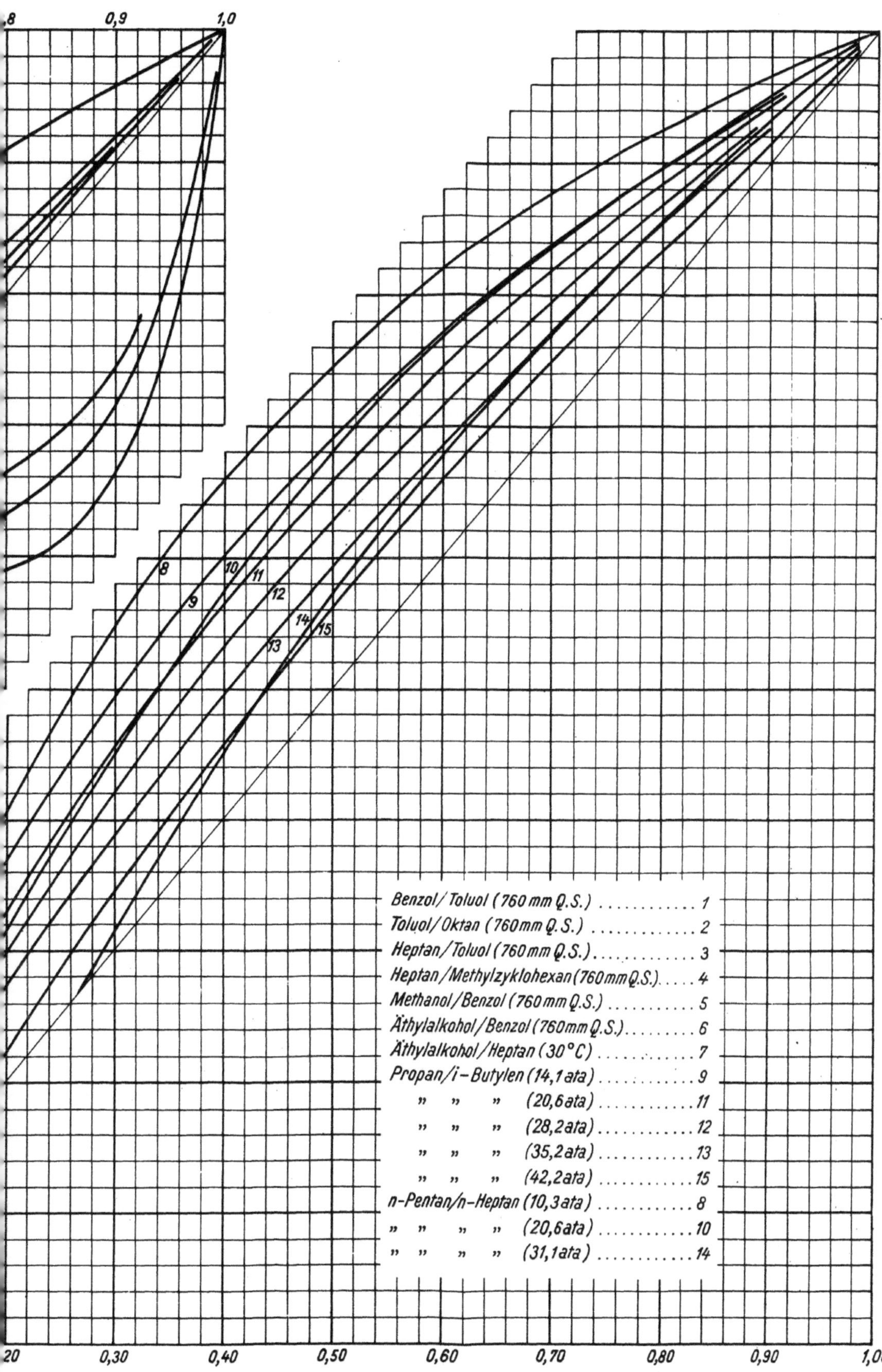

,8   0,9   1,0
8
10
11
9
12
14 15
13
Benzol/Toluol (760 mm Q.S.) 1
Toluol/Oktan (760 mm Q.S.) 2
Heptan/Toluol (760 mm Q.S.) 3
Heptan/Methylzyklohexan (760 mm Q.S.) 4
Methanol/Benzol (760 mm Q.S.) 5
Äthylalkohol/Benzol (760 mm Q.S.) 6
Äthylalkohol/Heptan (30°C) 7
Propan/i–Butylen (14,1 ata) 9
   „   „   „   (20,6 ata) 11
   „   „   „   (28,2 ata) 12
   „   „   „   (35,2 ata) 13
   „   „   „   (42,2 ata) 15
n-Pentan/n-Heptan (10,3 ata) 8
   „   „   „   „   (20,6 ata) 10
   „   „   „   „   (31,1 ata) 14
,20   0,30   0,40   0,50   0,60   0,70   0,80   0,90   1,00

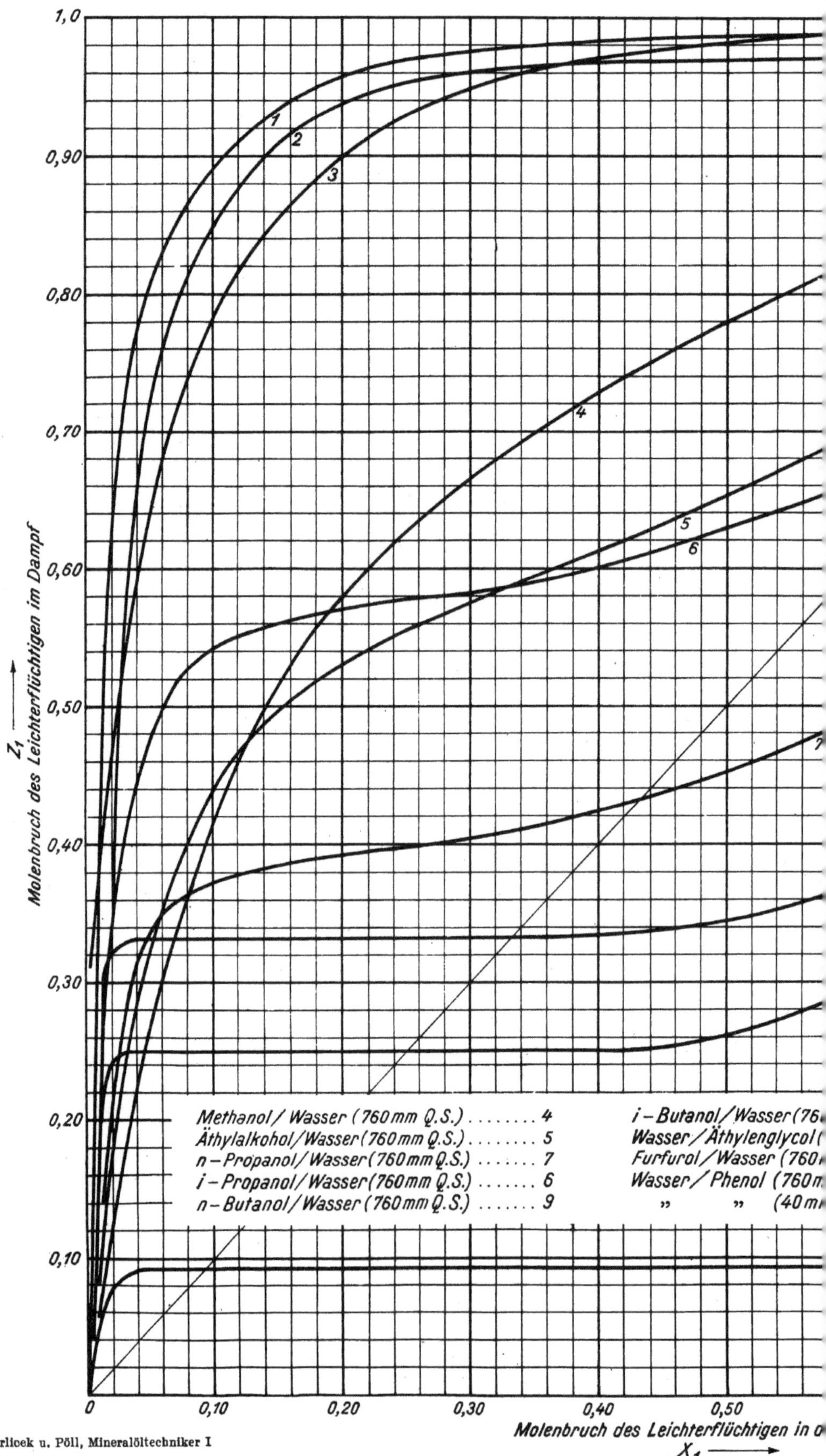

Orlicek u. Pöll, Mineralöltechniker I

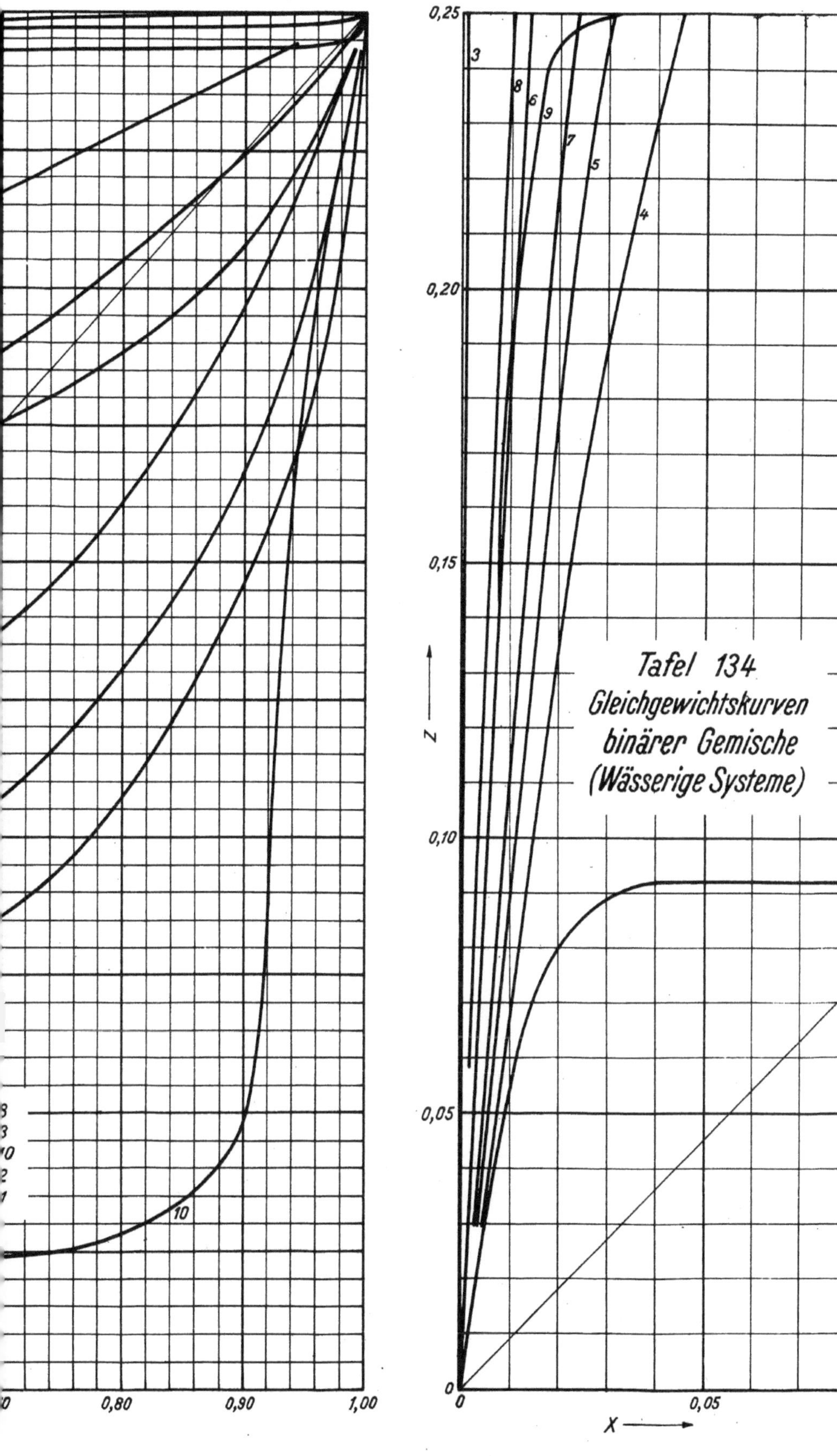

0,25
0,20
0,15
0,10
0,05
0
Z
X
0,05
0,80
0,90
1,00
3
8
6
9
7
5
4
10
Tafel 134
Gleichgewichtskurven
binärer Gemische
(Wässerige Systeme)

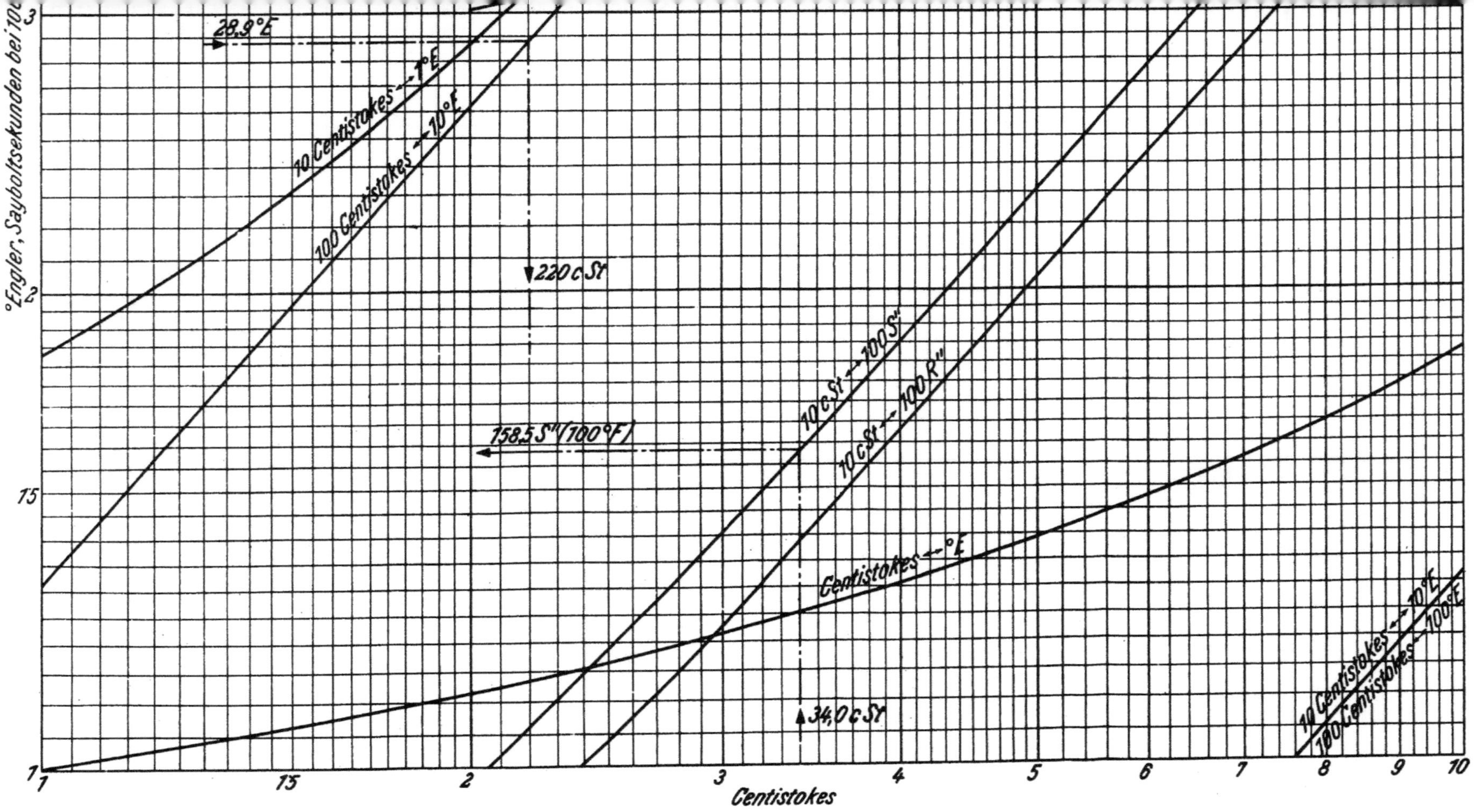

Orlicek u. Pöll, Mineralöltechniker I

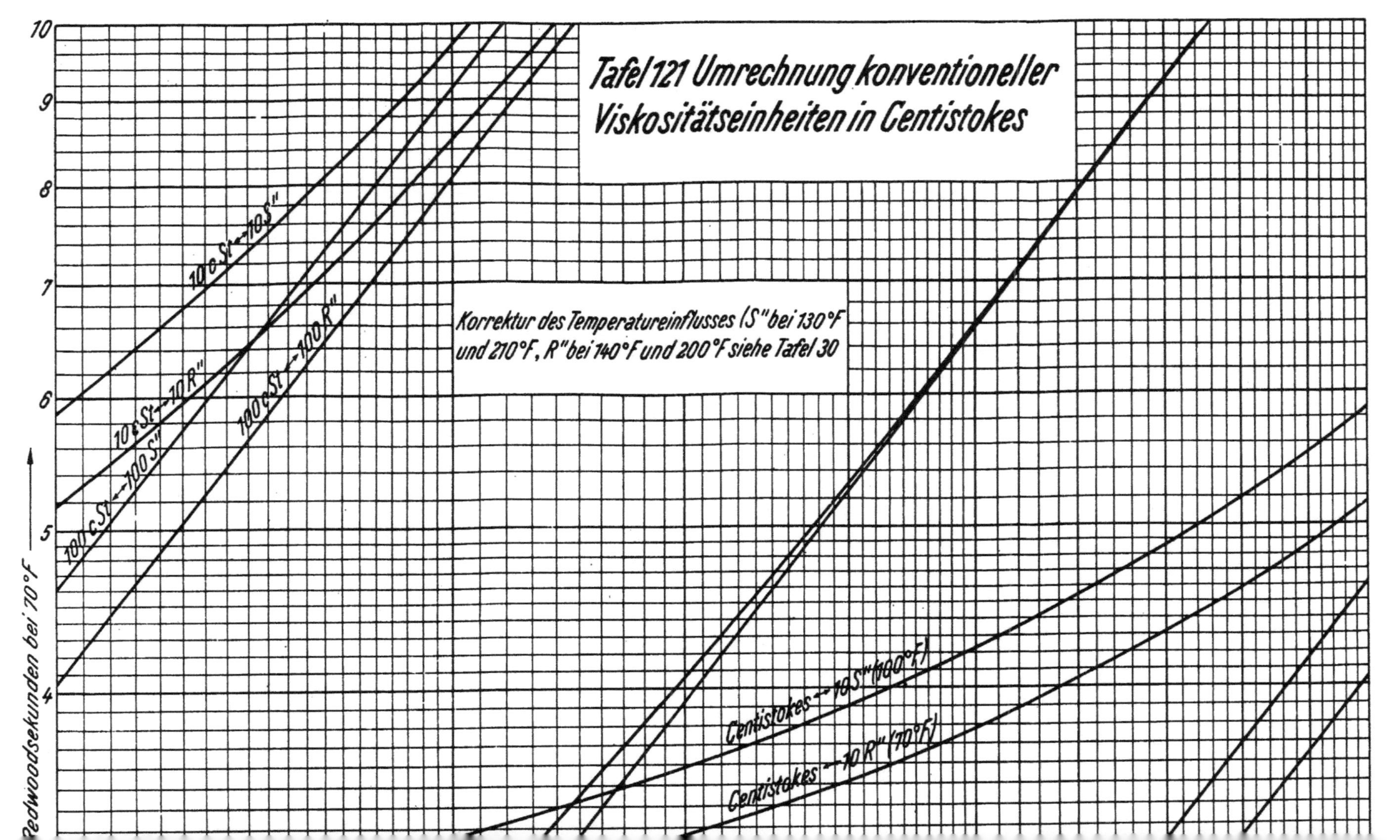

Tafel 121 Umrechnung konventioneller Viskositätseinheiten in Centistokes
Korrektur des Temperatureinflusses (S" bei 130°F und 210°F, R" bei 140°F und 200°F siehe Tafel 30
Redwoodsekunden bei 70°F
100 c St = 100 S"
10 c St = 10 R"
100 c St = 100 R"
10 c St = 10 S"
Centistokes = 10 S" (100°F)
Centistokes = 10 R" (70°F)

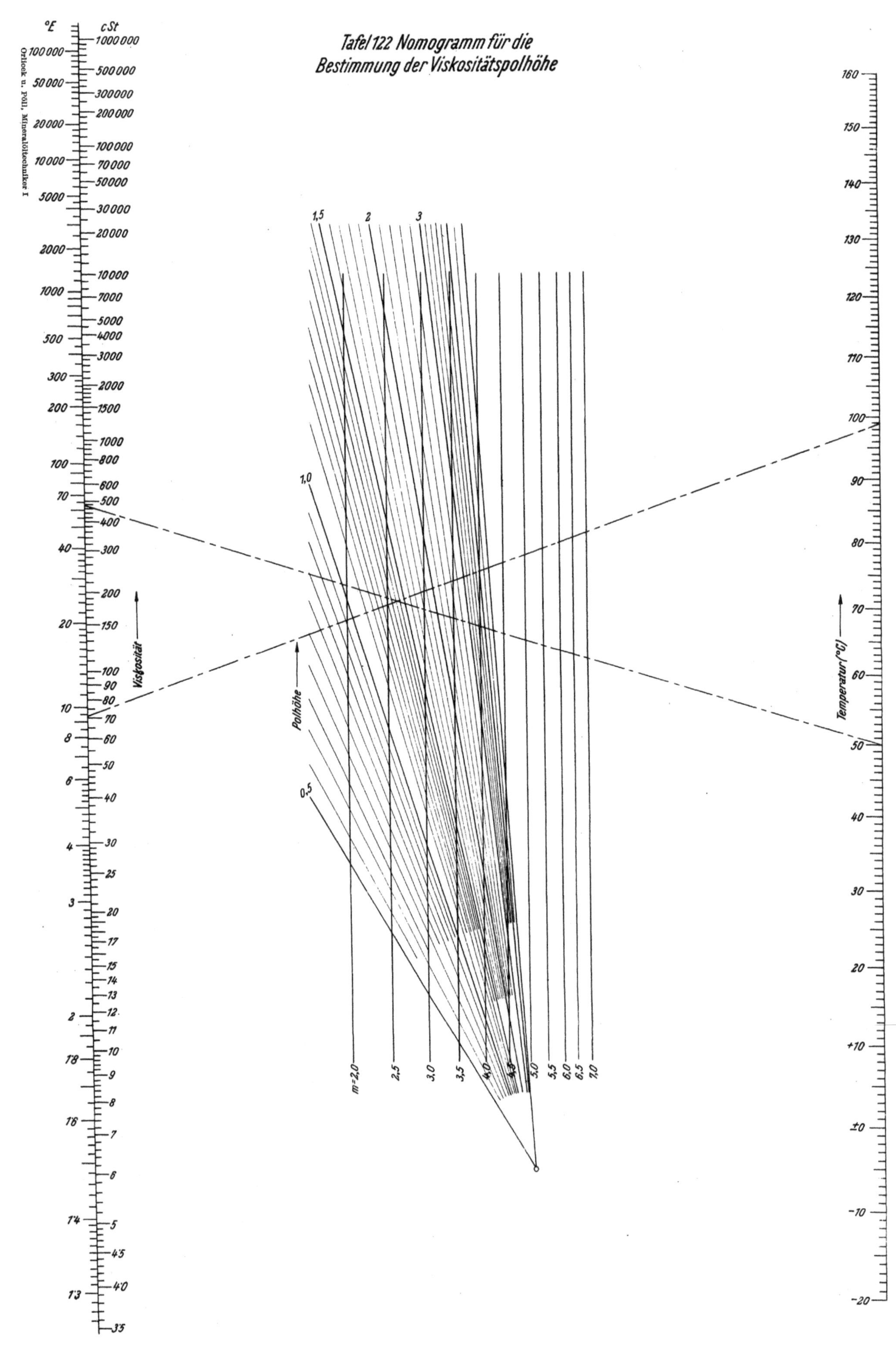

Tafel 122 Nomogramm für die
Bestimmung der Viskositätspolhöhe
°E
cSt
Orlicek u. Pöll, Mineralöltechniker I
Viskosität
Polhöhe
Temperatur (°C)
m=2,0
2,5
3,0
3,5
4,0
4,5
5,0
5,5
6,0
7,0
1,5
2
3
1,0
0,5